国家科学技术学术著作出版基金赞助出版

Flora of Hangzhou

杭州植物志

（第2卷）

《杭州植物志》编纂委员会　编著

总主编　余金良　卢毅军　金孝锋　傅承新

卷主编　李　攀　傅承新

ZHEJIANG UNIVERSITY PRESS
浙江大学出版社

Flora of Hangzhou

Volume 2

Editor
Editorial Board of *Flora of Hangzhou*

Editors-in-chief
Yu Jinliang Lu Yijun Jin Xiaofeng Fu Chengxin

Volume Editors-in-chief
Li Pan Fu Chengxin

ZHEJIANG UNIVERSITY PRESS
浙江大学出版社

图书在版编目(CIP)数据

杭州植物志. 第 2 卷 /《杭州植物志》编纂委员会编著. —杭州：浙江大学出版社，2017.12

ISBN 978-7-308-17095-6

Ⅰ. ①杭⋯ Ⅱ. ①杭⋯ Ⅲ. ①植物志—杭州 Ⅳ. ①Q948.525.51

中国版本图书馆 CIP 数据核字 (2017) 第 166125 号

杭州植物志(第 2 卷)

《杭州植物志》编纂委员会　编著

责任编辑	季峥(really@zju.edu.cn)　代小秋	
责任校对	舒莎珊　梁　容	
装帧设计	续设计	
出版发行	浙江大学出版社	
	(杭州市天目山路 148 号　邮政编码 310007)	
	(网址：http://www.zjupress.com)	
排　版	杭州林智广告有限公司	
印　刷	浙江印刷集团有限公司	
开　本	787mm×1092mm　1/16	
印　张	29.5	
插　页	4	
字　数	780 千	
版印次	2017 年 12 月第 1 版　2017 年 12 月第 1 次印刷	
书　号	ISBN 978-7-308-17095-6	
定　价	288.00 元	

内容简介

　　本卷共记载杭州八区（上城区、下城区、江干区、拱墅区、西湖区、滨江区、萧山区、余杭区）的野生和习见栽培的被子植物66科，281属，529种，6亚种，30变种，2变型；其中包括本志作者最近发表的浙江新记录1个，杭州新记录18个。每种植物有名称、形态特征、产地、生长环境、分布及用途等的介绍，并附有插图531幅及彩照50幅。

SUMMARY

This volume documents 66 families, 281 genera, 529 species, 6 subspecies, 30 varieties and 2 forms of wild or cultivated angiosperms in 8 districts of Hangzhou (Shangcheng, Xiacheng, Jianggan, Gongshu, Xihu, Binjiang, Xiaoshan, Yuhang). Noticeably the volume includes 1 new record of species in Zhejiang and 18 new records of species in Hangzhou discovered by the authors. Description of each species includes its scientific name, morphological characteristics, place of origin, growing environment, distribution, and use etc. The volume includes 531 illustrations and 50 color photographs.

《杭州植物志》编纂委员会

主编单位：杭州植物园　杭州师范大学　浙江大学

主　　任：吕雄伟

副 主 任：赵可新　章　红　余金良　王　恩　金孝锋　傅承新

委　　员：卢毅军　王　挺　高亚红　胡江琴　陈伟杰　王晓玥
　　　　　李　攀　赵云鹏　邱英雄

主　　编：余金良　卢毅军　金孝锋　傅承新

副 主 编：王　恩　王　挺　高亚红　李　攀　胡江琴　陈晓玲
　　　　　陈伟杰　王晓玥　赵云鹏　邱英雄

编　　委 (按姓氏拼音顺序)：

　　　　　蔡　鑫　曹亚男　陈　川　陈建民　陈露茜　丁华娇
　　　　　高　瞻　耿　新　郭　瑞　黎念林　楼建华　鲁益飞
　　　　　毛云锐　莫亚鹰　钱江波　邵仲达　王　泓　王瑞红
　　　　　王一涵　熊先华　应求是　于　炜　曾新宇　张鹏翀
　　　　　张永华　章银柯　朱春艳

顾　　问：裘宝林

本卷编著者

悬铃木科	谭远军 / 杭州植物园
豆科、萝摩科	李 攀 / 浙江大学
酢浆草科	毛云锐、邱英雄 / 浙江大学
牻牛儿苗科、旱金莲科、远志科、交让木科、黄杨科、漆树科、秋海棠科、瑞香科、石榴科、菱科、桃金娘科、野牡丹科、柳叶菜科、小二仙草科、五加科、旋花科	傅承新 / 浙江大学
芸香科	郑 丽 / 浙江大学
苦木科、楝科、锦葵科、大风子科、蓝果树科、八角枫科	郭 瑞、邱英雄 / 浙江大学
大戟科	陈露茜 / 浙江大学
水马齿科、木犀科	谢春香 / 浙江大学
冬青科	陈伟杰 / 杭州师范大学
卫矛科	陈 慧、耿 新 / 杭州师范大学
省沽油科、凤仙花科	金孝锋 / 杭州师范大学
槭树科	余金良 / 杭州植物园
七叶树科、无患子科、旌节花科	高亚红 / 杭州植物园
清风藤科、山茶科	于 炜、章丹峰 / 杭州植物园
鼠李科	熊先华 / 杭州师范大学
葡萄科	王一涵 / 浙江大学
杜英科、椴树科、梧桐科、猕猴桃科	王晓玥 / 杭州师范大学
藤黄科、柽柳科	莫亚鹰 / 杭州植物园
堇菜科	滕童莹、金孝锋 / 杭州师范大学
胡颓子科、山茱萸科、马钱科、龙胆科	曹亚男、邱英雄 / 浙江大学
千屈菜科	王瑞红 / 浙江大学
伞形科	邵仲达 / 浙江大学
杜鹃花科	朱春艳 / 杭州植物园
紫金牛科	张巧玲 / 杭州植物园
报春花科	王 泓 / 杭州师范大学
柿树科、野茉莉科	杨王伟、倪炎栋 / 杭州师范大学
山矾科	蔡 鑫 / 杭州师范大学
夹竹桃科	王丹丹 / 浙江大学
紫草科、马鞭草科	陈晓玲 / 杭州植物园
唇形科	赵云鹏 / 浙江大学
茄科	王 恩 / 杭州植物园
封面绘图	陈钰洁 / 杭州植物园

序

　　杭州是历史文化名城、风景名城，亦是世界名城。区内自然条件优越、地形多样，蕴藏着丰富的植物资源，其野生植物区系很有地域代表性。我国近代植物采集家和分类学家钟观光，以及其他著名植物学家钱崇澍、胡先骕、郑万钧、秦仁昌等，对杭州的植物做了大量的调查研究，之后，方云亿、张朝芳、郑朝宗等又做了很多深入的研究工作。这些工作都为《杭州植物志》的编写提供了宝贵的素材。在《杭州植物志》的编写工作中，又涌现了一批有志于从事植物资源调查与分类研究的年轻人，这对浙江乃至我国的植物分类的研究很有裨益。

　　随着时间、经济和社会的发展，一个地区的植物种类、分布、数量等都在不断变化，区域性植物志书的编写是了解和认识当地植物的必备参考书。杭州植物园、浙江大学和杭州师范大学联合在杭州开展了深入的野外调查，及时把握调查区域植物区系格局动态变化，编写《杭州植物志》，共收集维管束植物184科，1797种，新增植物种类百余种，为查清该地区内的植物物种多样性作出了重要贡献。本书的编写出版是对杭州近几十年来的植物考察、采集和研究工作的总结，为该地区的植物学研究提供了基础资料，也为《浙江植物志》（第二版）的编写提供了重要的参考资料。

该书参考并吸收了*Flora of China*中的部分新见解，按APG Ⅲ分类系统（2009），对部分科的次序进行调整，在学术思想上与时俱进，值得肯定。作为记载杭州植物的专著，正式出版的《杭州植物志》将在该地区的植物研究、教学、科学普及，环境保护，园林绿化等多领域发挥重要的作用。

中国植物学会名誉理事长
中国科学院院士

2017年5月

前言

杭州市地处长江三角洲南沿和钱塘江流域，中亚热带北缘，全市平均森林覆盖率为62.8%。杭州市辖上城区、下城区、江干区、拱墅区、西湖区、滨江区、萧山区、余杭区、富阳区、临安区10个区，建德1个县级市，桐庐、淳安2个县，全市总面积为16596km²。市内最高处在临安清凉峰，最低处在余杭东苕溪平原。市内地形复杂多样，山地、丘陵、平原兼有，江河湖溪，水系密布，地势高低悬殊，局部地区小气候资源丰富。其优越的自然条件和地理环境为植物生长提供了良好的条件，蕴藏的物种资源丰富，其中不乏珍稀、特有且起源古老的植物，以及众多的资源植物。

有关杭州植物的调查记载由来已久。20世纪初，日本的Honda首次对杭州的维管束植物进行了较系统的采集，Matsuda著有记录485种植物的名录。从1918年开始，我国近代植物采集家和分类学家钟观光在杭州及周边地区采集标本，并在1927年其任教于浙江大学农学院兼任西湖博物馆自然部主任期间，建立了植物标本室。之后，我国著名植物学家钱崇澍、胡先骕、郑万钧、秦仁昌等也对杭州的植物做了大量的调查研究。

从20世纪50年代开始，浙江师范学院、杭州植物园结合学生实习及杭州植物园建设，开展了杭州植物资源调查，采集了大量的植物标本。许多学者开展了分类学研究。其中，杭州植物园1982年编印的《杭州维管束植物名录》系统记载了杭州及近郊地区植物；郑朝宗教授1986年编印的《杭州西湖山区及近郊地区野生和常见栽培种子植物名录》记载了种子植物1469种。1993年，《浙江植物志》正式出版，其中记载了大量分布于杭州的植物。这些研究都为《杭州植物志》的编写提供了宝贵的资料。

近年来，随着杭州市经济迅猛发展、城市化进程加剧、旅游业升温、人类生产活动愈加频繁、外来植物被大量引进，这些因素都对当地自然环境产生强烈干扰，植物的种类、数量和动态都发生了改变，上述资料已经不能充分反映现有植物的真实状况。因此，系统地开展杭州市辖区植物资源调查，编写《杭州植物志》，将对杭州地区野生植物资源的研究、保护、开发和可持续性利用发挥重要的作用。鉴于此，从2012年开始，在杭州市科学技术委员会和杭州市西湖风景名胜区管委会（杭州市园林文物局）的资助下，杭州植物园联合杭州师范大学、浙江大学，组织多名有志于从事植物资源调查和分类学研究的人员，启动《杭州植物志》的编纂工作。其间，《杭州植物志》编纂委员会共组织4支调查队伍，开展了30多次不同规模的野外调查，尤其对之前留有空白和力所未及的地方做了重点补充调查，同时邀请了有关专家对部分疑难标本鉴定、书稿编写等工作进行全面指导。

本志在编写和出版过程中，还获得了国家科学技术学术著作出版基金的资助，得到了浙江大学出版社的大力支持。除杭州植物园标本馆外，浙江大学、杭州师范大学、浙江省自然博物馆、浙江农林大学等单位的标本馆在标本的查阅方面给予了巨大的帮助。除编委会所有成员外，参与本书编写工作的还有杭州植物园的胡中、江燕、刘锦、谭远军、王雪芬、吴玲、张巧玲、章丹峰、李晶萍、陈晓云、俞亚芬、魏婷、冯玉、陈钰洁、童军平，杭州师范大学的陈慧、岑佳梦、赵晓超、滕童莹、倪炎栋、杨王伟、何金晶，浙江大学的包慕霞、陈楠、樊宗、方囡、姜瑞、李熠婷、刘盛锋、刘世俊、刘燕婧、穆方舟、聂愉、帅世民、宋岳林、孙晨番、王丹丹、王裕舟、谢春香、张乃方、张衍远、郑丽、钟悦陶、周凯悦等，在此一并表示衷心的感谢！

在本志出版之际，还要特别感谢浙江大学出版社的老师们，正是有了他们的不懈努力，才能使本书顺利出版。

由于我们的调查积累和研究水平有限，即使我们做了很大的努力，仍难免会存在遗漏和错误，恳请读者批评指正。

《杭州植物志》编纂委员会

2017年1月

说明

1. 本志主要记录杭州市城区野生及常见栽培维管束植物，由于本志的大部分编纂工作在富阳、临安撤市设区前已完成，所以本志仅对杭州八区（上城区、下城区、江干区、拱墅区、西湖区、滨江区、萧山区、余杭区）的野生及常见栽培的维管束植物进行了系统记录。由杭州植物园、杭州师范大学和浙江大学的相关专家组织成立编纂委员会，具体负责本志的编研工作。

2. 本志中各大类群采用的分类系统分别为：蕨类植物参考*Flora of China*采用的分类系统（2013）；裸子植物采用郑万钧分类系统（1978）；被子植物采用恩格勒系统（1964），其中部分科的位置参考了APG（被子植物系统发育组）Ⅲ分类系统（2009）。科的编号基本遵循分类系统中的次序，属和种（含种下分类群）的编号依据检索表中的次序编排。

3. 本志共分三卷：第一卷包括概论（含自然概况、采集简史、植物区系特征、资源植物）、各论中的石松类与蕨类植物门、裸子植物门、被子植物门的三白草科至蔷薇科介绍；第二卷包括被子植物门的悬铃木科至茄科介绍；第三卷包括被子植物门的玄参科至兰科介绍，并附有杭州珍稀濒危植物与古树名木、采自杭州的植物模式标本介绍。

4. 本志旨在全面反映和介绍杭州八区区域内的植物，在标本考证和文献记载的基础上尽可能多地收集种类。所记载的科、属、种系以历年所采标本为主要依据，对部分仅有文献记载而未见标本、现在调查时很难见到的也予以保留，并加以说明。所记载的科、属有名称、形态特征、所含属种数目、地理分布的介绍。对含有2个以上属的科和2个以上种的属附有分属、分种检索表。每种植物均有名称、形态特征、产地、生长环境、分布及用途的介绍，除极少数种外，均附有插图。对误定或有争论的种类在最后会加以讨论。

5. 本志中的植物名称一般采用 *Flora of China*、《中国生物物种名录》（2013年光盘版）、《浙江植物志》《浙江种子植物鉴定检索手册》上的名称。如有不一致的，由作者考证后选用。学名的异名仅列出最常见的或与本地区相关的。在陈述性段落及检索表中，拉丁名用斜体表示；但在单独列项进行详细描述时及拉丁名索引中，拉丁名的正名用黑体正体，异名用斜体表示。

6. 本志中的插图部分主要引自《浙江植物志》《天目山植物志》《天目山药用植物志》（部分种类的线描图经过重新描绘），有极少数参考了其他有关书籍。彩色照片由王挺、高亚红、李攀、卢毅军提供。

目录

50．悬铃木科　Platanaceae

落叶乔木。树皮苍白色,常呈薄片状脱落,枝、叶被树枝状及星状茸毛。侧芽卵圆形,先端稍尖,有单独一块鳞片包着,包藏于膨大叶柄的基部,不具顶芽。叶互生,单叶,掌状分裂,偶有羽状脉而全缘,具短柄;托叶明显,基部鞘状,早落。花单性,雌雄同株,紧密球形的头状花序生于不同花枝上,雌花序有苞片,雄花序无苞片;萼片 3～8 枚,三角形,有短柔毛;花瓣与萼片同数,倒披针形;雄花有雄蕊 3～8 枚,花丝短,药隔顶端增大成圆盾状鳞片;雌花有 3～8 枚离生心皮,子房长卵球形,花柱凸出花序外,柱头位于内侧。果为聚合果;种子线形,胚有不等形的线形子叶。

1 属,8～11 种,分布于北美洲、亚洲西南部、欧洲东南部,1 种在亚洲的东南部(老挝和越南北部);我国引种栽培 3 种;浙江有 1 种;杭州有 1 种。

广泛用作行道树;木材可制作家具。

悬铃木属　Platanus L.

属特征同科。

二球悬铃木　(图 2-1)

Platanus acerifolia（Aiton）Willd.

落叶乔木,高 20～30m。树皮光滑,大片块状脱落;幼枝有灰黄色茸毛,老枝秃净,红褐色。叶阔卵形,宽 12～25cm,长 10～24cm,基部截形或微心形,上部掌状 5 裂,有时 7 裂或 3 裂,中央裂片三角形,宽度与长度约相等,全缘或有锯齿,两面幼时有灰黄色毛,下面毛更厚密,以后秃净;叶柄长 3～10cm,密生黄褐色毛;托叶长 1～1.5cm,基部鞘状,上部开裂。头状花序,花通常 4 数,雄蕊 4～8 枚,雌花心皮 6 枚,分离;雄花的萼片卵形,被毛;花瓣矩圆形,长为萼片的 2 倍。聚合果球形,通常 2 个串生,稀为 3 个或单生。小坚果多数,长约 9mm,长圆形,基部有长毛。花期 4 月,果期 9—10 月。$2n=42$。

图 2-1　二球悬铃木

本种是三球悬铃木 *P. orientalis* L. 与一球悬铃木 *P. occidentalis* L. 的杂交种。区内广泛栽培作行道树、观赏树。我国东北、华东、华中及华南均有栽培。

51. 豆科　Fabaceae

　　乔木、灌木或草本。茎直立、攀援或缠绕。复叶，有时叶轴顶端小叶退化成卷须状或刺毛状，稀单叶，互生，稀对生；托叶及小托叶常存在。总状或圆锥花序，稀头状、穗状花序或单生；花两性，稀杂性同株或雌雄异株，两侧对称，有时为辐射对称；苞片和小苞片常存在；萼片 5 枚，合生或分离，常不相等，有时成二唇形；花冠常为蝶形，通常位于外面上方的 1 枚称旗瓣，两侧 2 枚称翼瓣，最内面 2 枚称龙骨瓣，但有时为假蝶形，各瓣呈不同的覆瓦状排列，或花瓣同形，呈镊合状排列；雄蕊 10 枚，稀多数，分离或合生成二体（9＋1 或 5＋5），有时全部合生成单体，花药同型或异型，2 室，药室常纵裂；子房上位，1 枚心皮组成 1 室，有 1 至多数胚珠，边缘胎座，花柱及柱头单一。荚果背腹开裂为 2 枚果瓣，有时不开裂或分离成具 1 枚种子的节荚；种子通常无胚乳，子叶大，肉质或叶状。

　　约 650 属，18000 种，广布于全世界；我国约有 167 属，1673 种，南北均有分布；浙江有 72 属，195 种，4 亚种，12 变种，2 变型；杭州有 49 属，92 种，2 亚种，1 变种，2 变型。

　　本科植物对人类的经济生活极为重要，其中不少的种类是重要的油料、杂粮、蔬菜、饲料及药用植物，也是工业上制作树脂、树胶、染料等的重要原料，同时在材用、造纸、绿化、观赏及水土保持等方面均有重要的价值，尤其是它们的根部与根瘤菌共生，能吸取大气中的游离氮，对改良土壤增加氮肥，促进农、林业生产意义更大。

分 属 检 索 表

1. 花辐射对称，花瓣呈镊合状排列，通常在基部以上联合，雄蕊多数或有定数。
　　2. 雄蕊与花瓣同数或为其 2 倍；荚果成熟时横裂成数荚节，各含 1 粒种子 ………… 1. **含羞草属**　*Mimosa*
　　2. 雄蕊多数，通常在 10 枚以上；荚果成熟时不开裂。
　　　　3. 花丝分离，稀仅基部联合 ………………………………………… 2. **金合欢属**　*Acacia*
　　　　3. 花丝联合成管状 ………………………………………………… 3. **合欢属**　*Albizia*
1. 花两侧对称，花瓣呈覆瓦状排列，雄蕊 5～10 枚。
　　4. 花冠不呈蝶形，最上方 1 枚花瓣在最内面，其他各瓣近相似，呈上向覆瓦状排列，花丝通常分离。
　　　　5. 单叶，叶片全缘或 2 裂，有时深裂达基部 ………………………… 4. **紫荆属**　*Cercis*
　　　　5. 羽状复叶。
　　　　　　6. 叶常为 1 回偶数羽状复叶；能育雄蕊的花药通常孔裂 ……………… 5. **番泻决明属**　*Senna*
　　　　　　6. 叶常为 2 回偶数羽状复叶（在皂荚属中可兼有 1 回）；花药常纵裂。
　　　　　　　　7. 花两性；种子无胚乳，荚果扁平或稍肿胀；灌木或藤木，稀为小乔木，常具皮刺 …………
　　　　　　　　　　　　　　　　　　　　　　　　　　　　　　　　6. **云实属**　*Caesalpinia*
　　　　　　　　7. 花杂性，单性异株；种子含大量角状胚乳；落叶乔木。
　　　　　　　　　　8. 植株常具分枝粗刺；荚果长而扁平 ……………………… 7. **皂荚属**　*Gleditsia*
　　　　　　　　　　8. 植株不具刺；荚果肥厚、肿胀 …………………… 8. **肥皂荚属**　*Gymnocladus*
　　4. 花冠蝶形，旗瓣在最外面，翼瓣在内面，龙骨瓣在最内面，雄蕊通常合生成二体。
　　　　9. 雄蕊 10 枚，分离或仅基部联合。

10. 草本；通常为掌状 3 小叶 ……………………………………… 9. **野决明属** *Thermopsis*

10. 乔木或灌木；羽状复叶。

  11. 荚果扁平或稍肿胀，种子间不缢缩成念珠状 ………… 10. **红豆树属** *Ormosia*

  11. 荚果圆柱形，常在种子间缢缩成念珠状……………………… 11. **槐属** *Sophora*

9. 雄蕊 10 枚，联合成单体或二体，除紫穗槐属外，均有显著的雄蕊管。

  12. 荚果由数荚节组成，各含 1 枚种子，成熟时常逐节脱落，有时仅具单荚节。

    13. 复叶有小叶多数；雄蕊二体(5+5)；半灌木状草本 ……… 12. **合萌属** *Aeschynomene*

    13. 复叶有小叶 3 枚，稀 5～7 枚，或为单叶；雄蕊二体或单体；灌木或草本。

      14. 荚果具细长或稍短的子房柄，自背缝线深凹入达腹缝线，形成 1 个缺口，腹缝线在每一荚节中部不缢裂或微缢裂；子叶留土萌发 ………… 13. **长柄山蚂蝗属** *Hylodesmum*

      14. 荚果无细长的子房柄或少有短柄，背腹两缝线稍缢缩或腹缝线劲直，荚节通常为斜三角形或呈略宽的半倒卵形；子叶出土萌发。

        15. 叶柄不具翅；无小苞片；花瓣粉红色、紫色或紫堇色，有时兼有白色，脉纹不明显……………………………………………………………… 14. **山蚂蝗属** *Desmodium*

        15. 叶柄具翅；具小苞片；花瓣绿白色或黄白色，有明显脉纹 … 15. **小槐花属** *Ohwia*

  12. 荚果非由荚节组成，通常 2 瓣裂或不开裂。

    16. 乔木或灌木，如为攀援灌木时则小叶互生。

      17. 落叶或常绿乔木，或攀援灌木；托叶不变成刺；荚果不开裂，腹缝线上无翅……………………………………………………………………………………… 16. **黄檀属** *Dalbergia*

      17. 落叶乔木，稀灌木；托叶常成刺状；荚果 2 瓣裂，腹缝线上具狭翅…… 17. **刺槐属** *Robinia*

    16. 灌木或草本，如为攀援灌木时则小叶对生。

      18. 掌状复叶 ……………………………………………………… 18. **羽扇豆属** *Lupinus*

      18. 非掌状复叶。

        19. 羽状复叶，小叶 4 枚以上，如为 2 枚时则托叶大而显著呈叶状，叶轴顶端有时有卷须或少数变成刚毛状。

          20. 奇数羽状复叶。

            21. 茎直立。

              22. 草本 ……………………………………………… 19. **黄芪属** *Astragalus*

              22. 灌木或半灌木。

                23. 植物体不被上述毛；小叶片常具油点；花冠仅具旗瓣；荚果仅有 1 粒种子，不开裂 ………… 20. **紫穗槐属** *Amorpha*

                23. 植物体各部被紧贴的"丁"字形毛或二歧开展毛，有时为多节毛；小叶片不具油点；花冠具旗瓣、翼瓣和龙骨瓣；荚果有 1 至多数种子，常开裂 ……………………………………………… 21. **木蓝属** *Indigofera*

            21. 茎攀援或缠绕。

              24. 缠绕草本 ……………………………………… 22. **土圞儿属** *Apios*

              24. 攀援灌木。

                25. 荚果迟开裂或不裂；常绿 ……………… 23. **崖豆藤属** *Millettia*

                25. 荚果开裂；落叶 ……………………… 24. **紫藤属** *Wisteria*

          20. 偶数羽状复叶。

            26. 缠绕或攀援草本。

              27. 花柱圆柱形，在上部周围被柔毛或在其顶端有 1 丛髯毛………………………………………………………………………… 25. **野豌豆属** *Vicia*

              27. 花柱扁平，仅在上部内侧有刷状柔毛。

28. 托叶常小于小叶;雄蕊管口部斜形,花柱不向外纵折 ……………………
　　　　　……………………………………………… 26. 山黧豆属　*Lathyrus*

28. 托叶常大于小叶;雄蕊管口部截形,花柱向外纵折 …………………………
　　　　　………………………………………………………… 27. 豌豆属　*Pisum*

26. 直立草本,半灌木或灌木。

29. 复叶有多数小叶,托叶不显著,早落;荚果极细长,2瓣裂,有多数种子,种子
　　间有隔膜 …………………………………………… 28. 田菁属　*Sesbania*

29. 复叶有2~6枚小叶,托叶大而显著或变成托叶刺,宿存;荚果粗短或肿胀。

30. 灌木;托叶成硬针刺,叶轴顶端常延伸成针刺 … 29. 锦鸡儿属　*Caragana*

30. 草本;托叶、叶轴顶端非如上述。

31. 托叶线状披针形,中部以下与叶柄相连,全缘;荚果在土中成熟,表面
　　网纹显著,不开裂 …………………………… 30. 落花生属　*Arachis*

31. 托叶半箭头形或箭头形,边缘常有锯齿;荚果不在土中成熟,表面无
　　网纹,开裂,稀不裂 ……………………………… 25. 野豌豆属　*Vicia*

19. 单叶或为3出复叶。

32. 同一植株上既有单叶也有3出复叶 ………………… 31. 金雀儿属　*Cytisus*

32. 叶全部为单叶或全部为3出复叶。

33. 单叶 ………………………………………… 32. 猪屎豆属　*Crotalaria*

33. 3出复叶。

34. 小叶片下面有明显腺点。

35. 荚果有多数种子;花柱无毛 ……………… 33. 野扁豆属　*Dunbaria*

35. 荚果有2粒种子,稀1粒;花柱下部被毛 … 34. 鹿藿属　*Rhynchosia*

34. 小叶片下面无腺点。

36. 灌木或木质藤本。

37. 直立灌木。

38. 苞片及小苞片脱落,苞腋间具1枚花;花梗具关节,龙骨瓣先
　　端尖 ………………………… 35. 菽子梢属　*Campylotropis*

38. 苞片及小苞片宿存,苞腋间具2枚花;花梗无关节,龙骨瓣先
　　端钝 ……………………………… 36. 胡枝子属　*Lespedeza*

37. 木质藤本。

39. 无块根;龙骨瓣远较其他花瓣长,花药异型;种脐几与种子等
　　长或稍短 ………………………………… 37. 油麻藤属　*Mucuna*

39. 有块根;各花瓣近等长,花药同型;种脐远较种子为短 ……
　　………………………………………………… 38. 葛属　*Pueraria*

36. 草本或草质藤本。

40. 小叶片边缘有锯齿,托叶常与叶柄相连;子房基部无鞘状腺体。

41. 荚果螺旋形或多弯曲,具刺或无刺 … 39. 苜蓿属　*Medicago*

41. 荚果形状不如上述,无刺。

42. 羽状3小叶;花排成细长总状花序;荚果近球形或卵球
　　形,与宿存萼近等长 ………… 40. 草木犀属　*Melilotus*

42. 掌状3小叶;花排成密集的头状或穗状;荚果长圆球形或扁圆
　　球形,常包藏于宿存萼内 ………… 41. 车轴草属　*Trifolium*

40. 小叶片全缘或具裂片,托叶不与叶柄相连;子房基部有鞘状
　　腺体。

43. 荚果具 1 粒种子,不开裂;一年生铺地草本;托叶大,膜质,宿存…………………………………… 42. **鸡眼草属** *Kummerowia*

43. 荚果具 2 至多数种子;常为缠绕性稀直立草本;托叶非膜质。

44. 花单生、簇生或成总状花序,花轴延续,不具瘤节。

45. 直立草本或近半灌木;雄蕊单体,花药异型;荚果肿胀,球形、卵球形或长圆球形 …………………………………………………………………………… 32. **猪屎豆属** *Crotalaria*

45. 蔓性或缠绕草本;雄蕊二体,稀单体,花药同型;荚果非上述情况。

46. 花中等大,子房基部具鞘状腺体……………………………………………… 43. **两型豆属** *Amphicarpaea*

46. 花小,子房基部腺体环状,不发达 …………………………………………… 44. **大豆属** *Glycine*

44. 总状花序有肿胀而隆起的瘤节,花单生或数朵簇生于节上。

47. 花柱不具髯毛……………… 45. **刀豆属** *Canavalia*

47. 花柱上部沿内侧具纵列髯毛或在周围具茸毛。

48. 小叶片中部以上浅裂;有肉质块根;花柱长,顶端向内弯曲旋卷 ……… 46. **豆薯属** *Pachyrhizus*

48. 小叶片通常全缘;无肉质块根。

49. 荚果长圆状镰刀形,扁平;龙骨瓣先端具喙,花柱顶端不旋卷………… 47. **扁豆属** *Lablab*

49. 荚果细长,圆柱形,有时稍扁平;龙骨瓣先端圆钝,具喙或旋卷,花柱顶端旋卷或不旋卷。

50. 托叶常基着;龙骨瓣不具囊状附属物,先端与花柱增厚部分旋卷常超过 360°………………………………… 48. **菜豆属** *Phaseolus*

50. 托叶常盾着;龙骨瓣具囊状附属物,先端圆钝,具喙或与花柱增厚部分旋卷不超过 360°……………… 49. **豇豆属** *Vigna*

1. 含羞草属 Mimosa L.

灌木或多年生草本,稀为乔木或藤本;常具棘刺。2 回羽状复叶,或为 1 回羽状而羽片掌状排列;小叶小,有敏感性,触之羽片即下垂而小叶向上闭合。球形头状花序或圆柱形的穗状花序;花两性或单性,辐射对称,4 或 5 数;花小;花萼钟状,具短萼齿;花瓣多少合生;雄蕊数为花瓣数的 2 倍或与之同数,花丝丝状,分离或基部合生,远伸出花冠外;子房无柄或有短柄,花柱丝状,柱头微小,顶生。荚果长圆球形或线形,扁平,有 3～6 个荚节,荚节脱落后具长刺毛的荚缘宿存在果柄上;每一荚节有 1 粒种子,种子卵球形或圆球形,扁平。$2n=26,52$,偶有报道为 $2n=78,104$。

约 500 种,主要分布于美洲热带;我国有 3 种,1 变种,均非原产;浙江有 1 种;杭州有 1 种。

含羞草　(图 2-2)

Mimosa pudica L.

多年生或一年生半灌木状草本,高约 50cm。全株密布毛和刺;多分枝,枝披散。2 回羽状复叶,羽片通常 4 枚,指状排列于叶柄的顶端;每一羽片有小叶 14～48 枚,有敏感性,小叶片线状长圆形,长 8～13mm,宽 1.3～2mm,先端短渐尖,基部稍不对称,两面散生刺毛。头状花序圆球形,直径约为 1cm,单生或 2～3 个生于叶腋;具长的花序梗;苞片线形,较花长。花小;花萼漏斗状,长仅为花瓣的 1/8～1/6,有 8 枚微小萼齿,花冠淡红色,花瓣 4 枚,基部联合成钟形,雄蕊 4 枚,花丝基部合生,伸出花冠外;子房具短柄,有胚珠 3～5 颗,无毛,花柱丝状。荚果扁平,长 1～2cm,由 3～5 个荚节组成;种子卵球形,长约 3.5mm。花、果期 5—8 月。$2n=52$,偶有报道为 $2n=78$。

区内常见盆栽。原产于美洲热带;现广布于全世界热带地区。

图 2-2　含羞草

2. 金合欢属　Acacia Mill.

乔木、灌木或木质藤本,有刺或无刺。2 回羽状复叶,或叶片退化而叶柄变为扁平的叶状柄,但在幼苗期仍可见原始状态的羽状叶;托叶较小或刺状,稀膜质。头状或穗状花序,花序单生或数个簇生于叶腋,或再组成圆锥花序生于枝顶。花两性或杂性,3～5 基数;花小;花萼钟状或漏斗状,齿裂,花瓣联合或分离,雄蕊多数,花丝分离,凸出;子房有柄或无柄,胚珠多数,花柱丝状,柱头小,头状。荚果线形、长圆球形或卵球形,多扁平,稀圆筒形,缝线直或在种子间微缢缩而呈波状。$2n=26,52$,偶有报道为 $2n=19,38,40,78,104,208$。

800～900 种,广布于全世界热带、亚热带地区,主要分布于大洋洲和非洲;我国引种栽培 18 种;浙江引种栽培 9 种;杭州引种栽培 1 种。

银荆树　(图 2-3)

Acacia dealbata Link

常绿乔木或小乔木,高达 15m。树皮灰绿色,平滑;小枝具棱,被灰色短茸毛。2 回羽状复叶,羽片 8～25 对,在羽片轴上排列较密集,间距不超过

图 2-3　银荆树

小叶本身的宽度,叶柄及每对羽片着生处均有 1 枚腺体;小叶 60～100 枚,小叶片线形,长 2.6～4mm,宽 0.4～0.5mm,银灰色至淡绿色,被灰白色短柔毛。头状花序直径为 6～7mm,多数头状花序排成腋生的总状花序或顶生的圆锥花序;花序梗长约 3mm;花小,花冠淡黄至深黄色。荚果红棕色或黑色,带状,长 2.8～12cm,宽 7～13mm,两缝线在种子间多少缢缩,无毛,被灰白色蜡粉;有 3～10 粒种子,种子椭圆球形,扁平。花期 1—4 月,果期 5—8 月。$2n=$ 26,偶有报道为 $2n=52$。

区内有栽培。原产于澳大利亚;我国南方有引种栽培。

生长迅速,可作荒山造林、绿化、固堤保土树种;花极繁盛,可作蜜源植物和观赏植物;树皮为优良栲胶原料。

3. 合欢属 Albizia Durazz.

落叶乔木或灌木,稀为藤本;通常无刺。2 回偶数羽状复叶互生;总叶柄及叶轴上有腺体。头状、聚伞或穗状花序,再排成腋生或顶生的圆锥花序;花两性,5 基数;有梗或无梗;花萼钟状或漏斗状,具 5 枚齿或 5 浅裂;花瓣在中部以下合生成管;雄蕊 20～50 枚,花丝显著长于花冠,基部合生成管,花药小;子房具多颗胚珠。荚果带状,扁平,不开裂或迟裂;种子圆球形或卵球形,扁平,种皮厚,具马蹄形痕。$2n=26$。

约 150 种,分布于亚洲、非洲、大洋洲及美洲的热带、亚热带地区;我国有 17 种;浙江有 3 种;杭州有 2 种。

本属植物喜光、速生,耐干旱瘠薄,多为荒山荒地先锋树种;其经济价值主要是作木材和单宁,以及作庭院绿化树种。

1. 合欢 (图 2-4)

Albizia julibrissin Durazz.

落叶乔木,高达 16m。树皮灰褐色,密生皮孔,树冠开展;小枝微具棱。2 回羽状复叶,羽片 4～12(～20)对,叶柄近基部有 1 枚长圆形腺体;托叶小,线状披针形,早落;小叶 20～60 枚,小叶片镰刀形或斜长圆形,长 6～13mm,宽 1～4mm,先端有小尖头,叶缘及下面中脉有短柔毛,中脉紧靠上部叶缘。头状花序多个排成伞房状圆锥花序,顶生或腋生;花序梗长约 3cm,花序轴常呈“之”字形折曲;花连雄蕊长 2.5～4cm,具短花梗,花萼绿色,5 浅裂,长 3～4mm,被短柔毛;花冠淡粉红色,长 8～10mm,5 裂,裂片三角形,长约 1.5mm,外侧被短柔毛;雄蕊多数,花丝基部联合,上部粉红色。荚果带状,长 8～17cm,宽 1.5～2.5cm,扁平,幼时有毛,老时脱落;种子褐色,椭圆球形,扁平。花期 6—7 月,果期 8—10 月。$2n=26$。

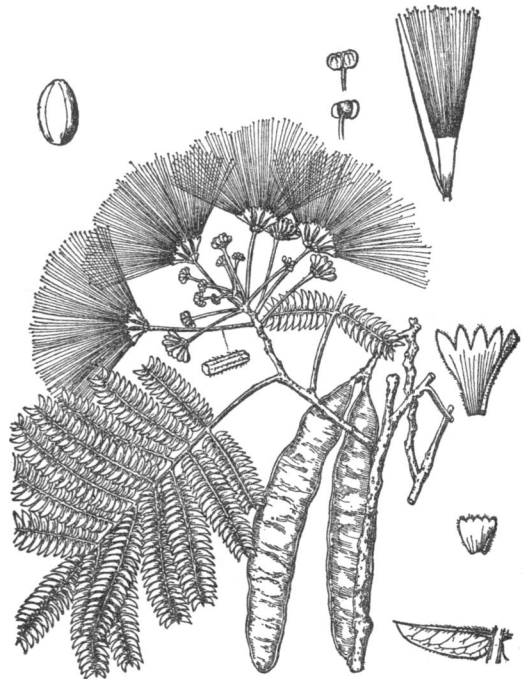

图 2-4 合欢

见于萧山区(河上)、西湖景区(龙井、桃源岭、中天竺),生于荒山坡、溪沟边疏林中或林缘,区内常见栽培。分布于安徽、福建、甘肃、贵州、河南、湖北、湖南、江苏、江西、山东、山西、台湾、云南;亚洲中部、东部及西南部也有。

树皮可提栲胶,制人造棉及纸浆;种子可榨油;根、树皮入药。

2. 山合欢　山槐　(图 2-5)

Albizia kalkora (Roxb.) Prain

落叶乔木或小乔木,高可达 15m。树皮深灰色,不裂;小枝深褐色,被短柔毛。2 回羽状复叶连叶柄长 20～35cm,羽片 2～4(～6)对,叶柄、叶轴及羽片轴被脱落性柔毛;叶柄基部 1～2cm 处及羽片轴最顶端 1 对小叶下各有 1 枚腺体;托叶线形,长约 3mm,早落;每一羽片有小叶 10～26 枚,小叶对生,小叶片长圆形或长圆状卵形,长 2～4cm,先端圆钝,有细尖头,基部偏斜,全缘,两面被脱落性短柔毛,中脉偏向内侧叶缘,但绝不紧靠;小叶柄极短。头状花序 2～5 个生于叶腋,或多个在枝顶排成伞房状;花序梗长 3～5(～7)cm,被柔毛。花冠白色,长为花萼的 2 倍;雄蕊花丝黄白色,稀粉红色,长于花冠数倍,基部联合成管状。荚果深棕色,长 10～20cm,宽 1.5～3cm,扁平,具长 0.5～1cm 果颈;有 6～11 粒种子;种子黄褐色,长圆形,长 1～1.2cm,宽约 6mm。花期 6—7 月,果期 9—10 月。$2n=26$。

图 2-5　山合欢

见于江干区(丁桥)、拱墅区(半山)、西湖区(双浦)、萧山区(楼塔、义桥)、余杭区(良渚、临平、鸬鸟、星桥、余杭、中泰)、西湖景区(宝石山、飞来峰、虎跑、黄龙洞、六和塔、南高峰等),生于向阳山坡、溪沟边、疏林中及荒山上。分布于安徽、福建、甘肃、广东、广西、贵州、海南、河南、湖北、湖南、江苏、江西、山东、山西、陕西、四川、台湾;印度、日本、缅甸、越南也有。

用途同合欢。

与上种的主要区别在于:本种有羽片 2～4(～6)对,小叶长 1.5～5cm,中脉偏向内侧边缘,但非紧靠内侧边缘。

4. 紫荆属　Cercis L.

落叶灌木或乔木;无刺。冬芽小,常数个叠生。单叶互生;叶片全缘或 2 裂,掌状脉;具长柄。总状花序或在老枝上簇生;花两性,稍两侧对称,通常先叶开放;有花梗;花萼通常红色,短钟状,微歪斜,喉部具一短花盘,先端不等 5 裂,萼齿短三角形;花冠通常红色或粉红色,花瓣 5 枚,不等大,近轴 3 枚较小,远轴 2 枚较大而包于最外面;雄蕊 10 枚,分离,花丝下部常有毛,花药背着生;子房有短柄,具 2～10 颗胚珠,花柱线形,柱头头状。荚果狭长圆形或带状,扁平,腹缝线有窄翅或无;有 2～10 粒种子,种子近球形,扁平;无胚乳。

约 8 种,其中 2 种分布于北美洲,1 种分布于欧洲;我国有 5 种;浙江有 4 种;杭州有 1 种。

紫荆 （图 2-6）

Cercis chinensis Bunge

落叶灌木或小乔木,高可达 15m,经栽培后多呈丛生灌木状。小枝无毛,具明显皮孔。叶片近圆形,长 6～14cm,宽 5～14cm,先端急尖或骤尖,基部心形,幼叶下面有疏柔毛,后两面无毛;叶柄长 3～3.5cm;托叶长方形,早落。花多数簇生于老枝上;花先叶开放;花梗纤细,长 6～10mm;小苞片 2 枚,长约 2.5mm;花冠紫红色,长 1～1.4cm。荚果薄革质,带状,长 5～14cm,宽1.3～1.5cm,扁平,顶端稍收缩而有短喙,基部长渐狭,沿腹缝线有宽约 1.5mm 的窄翅,具明显的网纹;有种子2～8 粒,种子深褐色,光亮,阔长圆球形,长 5～6mm,宽约 4mm。花期 4—5 月,果期 7—8 月。2n＝14。

区内常见栽培。全国各地有栽培;偶见野生。

为重要庭院观赏植物;材质坚重,可供建筑、制作家具等用;树皮、木材、根及花均可入药。

图 2-6　紫荆

5. 番泻决明属　Senna Mill.

草本、灌木或小乔木。偶数羽状复叶;小叶对生;叶柄及叶轴上有腺体或无。总状花序腋生或顶生;无小苞片;花近辐射对称;萼筒极短,5 裂,裂片覆瓦状排列;花瓣黄色,5 枚,近相等或在下方的较大;雄蕊 10 枚,花丝直伸,有时花药全部可育,有时 3 枚退化,能育的花药顶孔开裂;子房有柄或无柄,有多数胚珠,花柱内弯,柱头顶生。荚果圆柱形或扁平;种子间常有隔膜,开裂或不开裂,种子有胚乳。2n＝28,亦有报道为 2n＝21,22,24,26,56。

约 260 种,分布于泛热带地区;我国连引种栽培约有 15 种;浙江有 8 种;杭州有 5 种。

本属和山扁豆属 *Chamaecrista* Moench 有时一起并入广义的决明属 *Cassia* L. 中。最新的分子系统学研究表明本属、山扁豆属、狭义的决明属各自是一个单系类群(Marazzi, et al, 2006)。

分 种 检 索 表

1. 小叶 6～8 枚,小叶片先端圆钝,最下方的 1 对小叶间有腺体 1 枚。
  2. 植株无毛;花常多朵排成总状花序或近伞房状;荚果圆柱形。
    3. 能育雄蕊 7 枚;荚果长 13～17cm ·················· 1. **双荚决明**　*S. bicapsularis*
    3. 能育雄蕊 4 枚;荚果长 5～7cm ·················· 2. **多花决明**　*S. floribunda*
  2. 全株被短柔毛;花常 2 朵腋生;荚果近四棱形,顶端有长喙 ·········· 3. **钝叶决明**　*S. obtusifolia*
1. 小叶 6～10(～14) 枚,小叶片先端渐尖或急尖,小叶间无腺体。
  4. 小叶 6～10 枚,小叶片先端渐尖;荚果压扁,线状镰刀形,长 9～13cm ······ 4. **望江南**　*S. occidentalis*
  4. 小叶 8～14 枚,小叶片先端急尖;荚果近圆筒形,长 7～9cm ·········· 5. **槐叶决明**　*S. sophera*

1. 双荚决明

Senna bicapsularis（L.）Roxb.——*Cassia bicapsularis* L.

直立灌木。多分枝,无毛。叶长 7～12cm,有小叶 6～8 枚;叶柄长 2.5～4cm;小叶倒卵形或倒卵状长圆形,膜质,长 2.5～3.5cm,宽约 1.5cm,顶端圆钝,基部渐狭,偏斜,下面粉绿色,侧脉纤细,在近边缘处呈网结状;在最下方的 1 对小叶间有黑褐色线形而钝头的腺体 1 枚。总状花序生于枝条顶端的叶腋间,常集成伞房花序状,长度约与叶相等。花鲜黄色,直径约为 2cm;雄蕊 10 枚,7 枚能育,3 枚退化而无花药,能育雄蕊中有 3 枚特大,高出于花瓣,4 枚较小,短于花瓣。荚果圆柱状,直或微曲,长 13～17cm,直径为 1.6cm,缝线狭窄;种子 2 列。花期 10—11 月,果期 11 月至翌年 3 月。2*n*＝28。

区内有栽培。原产于美洲热带地区;现广布于全世界热带地区。

本种可作绿肥、绿篱及供观赏。

2. 多花决明

Senna floribunda（Cav.）H. S. Irwin & Barneby——*Cassia floribunda* Cav.

直立灌木,高 1～2m,无毛。叶长约 15cm,有小叶 6～8 枚;在每对小叶间的叶轴上均有 1 枚腺体,腺体圆形至线形;小叶卵形至卵状披针形,长 5～8cm,宽 2.5～3.5cm,顶端渐尖,基部楔形或狭楔形,有时偏斜,下面粉白色,有细注点,上面有乳凸;侧脉纤细,两面稍凸起,边全缘;小叶柄长 2～3mm;托叶线形,早落。总状花序生于枝条上部的叶腋或顶生,多少呈伞房式;花序梗长 4～5cm;萼片不相等,内生的长 8～10mm;花瓣黄色,宽阔,钝头,长 12～18mm;能育雄蕊 4 枚,花丝长短不一。荚果长 5～7cm,果瓣稍带革质,呈圆柱形,2 瓣开裂;种子多数。花期 5—7 月,果期 10—11 月。

区内有栽培。原产于美洲热带地区;现广布于全世界热带地区。

本种可作绿肥、固沙及观赏植物。

3. 钝叶决明 （图 2-7）

Senna obtusifolia（L.）H. S. Irwin & Barneby——*Cassia obtusifolia* L.

一年生半灌木状草本,高 0.5～1.5m;全体被短柔毛。茎直立,基部木质化。羽状复叶有 4～8 枚小叶;叶柄长 1.5～3cm;在最下两小叶间的叶轴上有一钻形腺体;托叶线形,长 8～13mm,被长柔毛,早落;小叶片倒卵形或倒卵状长圆形,长 1.5～6.5cm,宽 0.8～3cm,顶端 1 对较大,先端圆钝,有小尖头,基部不对称,幼时两面疏生长柔毛,后渐脱落,仅具缘毛。花通常 2 朵生于叶腋;花序梗极短;花梗长 1～2.3cm;萼裂片 5 枚,常不等大;花瓣黄色,倒卵形或宽椭圆形,长约 13mm,最下 2 枚稍长,具瓣柄及明显脉纹;雄蕊 10 枚,上方 3 枚不育,花药大,长 2～4mm;子房有柄,被白色柔毛。荚果线形,长 15～24cm,宽约 4mm,微弯,顶端有长喙,有

图 2-7　钝叶决明

多数种子;种子深褐色,有光泽,近菱形,长 4～6(～7)mm,直径为2.5～3mm,两侧面各有 1 条线形淡褐色斜凹纹。花期 6—9 月,果期 10 月。$2n=26$,偶有报道为 $2n=28,56$。

区内有栽培。原产于美洲热带地区;现广布于全世界热带及亚热带地区。

种子入药;种子和叶均有毒。

4. 望江南 （图 2-8）

Senna occidentalis（L.）Link——*Cassia occidentalis* L.

半灌木状草本,高 0.8～1.5m。茎直立,基部木质化,幼枝具棱,近无毛。羽状复叶长 15～20cm,有 6～10 枚小叶;叶柄长 3～5cm,近基部内侧有一腺体;托叶膜质,卵状披针形,早落;小叶片卵形至椭圆状披针形,长 2.5～7.5cm,宽 1～2.5cm,先端渐尖,基部宽楔形或圆形,顶端 2 枚基部偏斜,边缘具缘毛,侧脉6～13 对。总状花序伞房状,顶生或腋生,有少数花;苞片线状披针形或卵形,长渐尖,早落;花梗长约 2cm;萼片不相等,外面的近圆形,内面的近卵形,长 8～9mm;花瓣黄色,倒卵形,长10～12mm,宽约 8mm,先端圆或微凹,基部具短瓣柄;雄蕊 10 枚,上方 3 枚匙形,无花药,能育花药卵形,长于花丝;子房有柄,密生白色柔毛,花柱卷曲。荚果压扁,线状镰刀形,长 9～13cm,宽约 8mm,顶端具短喙,具横向平行凹纹,边缘增厚,表面疏生短柔毛,种子间具横隔;有 25～30(～40)粒种子,种子暗绿褐色,卵球形,长 3～4mm,扁平,无光泽。花期 8—9 月,果期 9—10 月。$2n=28$,偶有报道为 $2n=26,56$。

区内有栽培。原产于美洲热带地区;现广布于全世界热带地区。

种子入药;种子含有毒蛋白和大黄素,对牲畜有害,误食能致死。

图 2-8　望江南

图 2-9　槐叶决明

5. 槐叶决明　茳芒决明　（图 2-9）

Senna sophera（L.）Roxb.——*Cassia sophera* L.

灌木或半灌木,高 0.9～1.5m。羽状复叶有 8～14 枚小叶;叶柄基部附近有一腺体;托叶早落;小叶片卵形至披针形,长 1.7～6cm,宽 1.2～2.5cm,先端急尖或短渐尖,基部近圆形,边缘有缘毛。总状花序伞房状,顶生或腋生,有少数花;花萼 5 枚;花冠黄色,直径约为 2cm,长约 1.2cm;雄蕊 10 枚,其中仅 7 枚发育,余 3 枚退化,最下面 2 枚雄蕊花药较大。荚果近圆筒形,长 7～9cm,宽约 1cm,膨胀,边缘棕黄色,中间为棕色,疏被毛;有多粒种子。花期 8—9 月,果期 10—11 月。$2n=28$。

区内有栽培。原产于亚洲热带地区;我国长江以南各省、区均有栽培。

嫩叶及荚果可以食用;种子、根入药。

6. 云实属　Caesalpinia L.

乔木、灌木或藤本,常有刺。2 回偶数羽状复叶;托叶各式,小托叶缺或变为刺。总状花序或圆锥花序,腋生或顶生;花中等大或大,通常美丽,苞片早落,小苞片缺;萼片 5 枚,基部合生,最下方 1 枚明显较大;花冠黄色或橙黄色,花瓣 5 枚,稍不相等,具瓣柄;雄蕊 10 枚,分离,2 轮排列,花药背着;子房无柄或近无柄,花柱圆柱形,柱头平截或凹入,有 1～7 颗胚珠。荚果木质或革质,少有肉质、卵球形、长圆球形或披针形,有时呈镰刀状弯曲,扁平或肿胀,平滑、有刺或有刚毛,开裂或不开裂;有 1 至数粒种子,种子卵球形或球形,无胚乳。$2n=24$,偶有报道为 $2n=22,28,48$。

约 100 种,分布于热带和亚热带地区;我国有 17 种;浙江有 2 种;杭州有 1 种。

云实　(图 2-10)

Caesalpinia decapetala (Roth) Alston——*C. sepiaria* Roxb.

落叶攀援灌木;全体散生倒钩状皮刺。幼枝及幼叶被褐色或灰黄色短柔毛,后渐脱落,老枝红褐色。2 回羽状复叶,长 20～30cm,羽片 3～10 对;小叶 14～30 枚,小叶片长圆形,长 9～25mm,宽 6～12mm,两端钝圆,微偏斜,全缘,两面均被脱落性短柔毛,小叶柄极短。总状花序顶生,直立,长 13～25(～35)cm,具多花,密被短柔毛;花梗长 3～4cm,顶端具关节;花萼长 7～12mm,萼筒短,萼片 5 枚,长圆形;花冠黄色,膜质,花瓣 5 枚,均具短瓣柄,上方 1 枚较小而位于最内面,其余 4 枚近等长;雄蕊 10 枚,分离,与花瓣近等长,花丝基部密被绵毛;子房线形,柱头略膨大。荚果栗褐色,脆革质,长圆球形,长 6～12cm,宽 2.3～3cm,扁平,略肿胀,顶端有尖喙,沿腹缝线有宽约 3mm 狭翅,成熟时沿腹缝线开裂;有 6～9 粒种子,种子棕褐色,长圆球形,长约 1cm。花期 4—5 月,果期 9—10 月。$2n=22,24$。

见于余杭区(百丈、黄湖、良渚、中泰)、西湖景区(飞来峰、九曜山、灵山、龙井、三台山),生于山谷、山坡、路边、村旁、灌丛中或林缘。分布于安徽、福建、甘肃、广东、广西、贵州、海南、河北、

图 2-10　云实

河南、湖北、湖南、江苏、江西、陕西、四川、台湾、云南；孟加拉、不丹、印度、日本、老挝、马来西亚、缅甸、尼泊尔、巴基斯坦、斯里兰卡、泰国、越南也有。

本种可供观赏，也可作绿篱；树皮、果壳含单宁；种子含油量为35%，可制肥皂及润滑油；荚果、种子、花、茎及根均入药。

7. 皂荚属 Gleditsia L.

落叶乔木或灌木。树干和枝条常具分枝的枝刺；无顶芽，侧芽叠生。1回羽状复叶，或同一株上兼有2回羽状复叶；托叶小，早落；小叶片常有锯齿，稀全缘。穗状或总状花序侧生，稀为圆锥花序；花杂性或单性异株；花萼钟形，3～5裂，裂片近相等；花冠淡绿色或绿白色，花瓣与萼片同数，稍不相等，与花萼等长或稍长；雄蕊6～10枚，凸出，离生，近等长，花药"丁"字形着生；子房无柄或有短柄，花柱短，柱头顶生，有1至多颗胚珠。荚果扁，劲直、弯曲或扭曲，不开裂或迟裂；有1至多粒种子，种子扁，卵球形或椭圆球形，有角质胚乳。

约16种，分布于亚洲中部和东南部、南美洲、北美洲、非洲热带；我国有6种，2变种；浙江有2种；杭州有2种。

1. 山皂荚 （图2-11）

Gleditsia japonica Miq.

落叶乔木或小乔木，高达25m。小枝紫褐色或脱皮后呈灰绿色，具白色皮孔，光滑无毛；分枝刺粗壮，紫褐色或棕黑色，基部较细，圆柱形，基部以上至近中部最宽，稍扁。1回或兼有2回羽状复叶，长11～25cm，羽片2～6对；小叶6～20枚，小叶片纸质或厚纸质，长圆形或卵状披针形，长2～7cm，宽1～3cm（2回羽状复叶的小叶片显著小于1回羽状复叶的小叶片），先端圆钝，有时微凹，基部宽楔形或圆形，微偏斜，边缘具波状疏圆齿，上面无毛，下面基部及中脉微被毛；小叶柄极短。穗状花序，腋生或顶生，被短柔毛，雄花序长8～20cm，雌花序长5～16cm；花单性，同株或异株；雄花直径为5～6mm，外面密被褐色短柔毛，花萼3～4裂，萼片三角状披针形，花瓣4枚，黄绿色，椭圆形，被柔毛，雄蕊6～9枚；雌花大小和形状与雄花相似，萼片和花瓣均4～5枚，退化雄蕊4～8枚，子房无毛，花柱短，下弯，柱头膨大，2裂，具多数胚珠。荚果带状，长20～35cm，宽2～4cm，扁平，镰刀形弯曲或不规则扭曲，常具泡状隆起，无毛，果颈长1.5～4cm；具多数种子，种子深棕色，光滑，椭圆球形，长9～10mm。花期4—6月，果期8—11月。$2n=28$。

见于西湖景区（北高峰、飞来峰），生于山坡林

图2-11 山皂荚

中。分布于安徽、河北、河南、湖南、江苏、江西、辽宁、山东;日本、朝鲜半岛也有。

2. 皂荚 （图 2-12）
Gleditsia sinensis Lam.

落叶乔木或小乔木,高达 30m。树皮暗灰色,粗糙不裂;分枝刺粗壮,从中部至顶端呈圆锥形,从基部至顶端横切面均呈圆形,稀无刺;小枝无毛。1 回羽状复叶,常簇生状,长 10～18cm;小叶6～14(～18)枚,小叶片卵形、长圆状卵形或卵状披针形,长 2～8cm,宽 1～4cm,先端圆钝,具短尖头,基部圆形或楔形,有时稍偏斜,叶缘具细锯齿或较粗锯齿,无毛或下面中脉稍被毛,下面细脉明显;小叶柄长 1～2mm,被短柔毛。总状花序细长,腋生或顶生。花梗长 2～10mm;花杂性,花萼 4裂,裂片三角状披针形;花瓣 4 枚,黄白色;雄蕊 8枚,4 枚长 4 枚短;子房线形,沿腹缝线有短柔毛。荚果稍肥厚,木质,劲直或略弯曲,基部渐狭成长柄状;经冬不落;有多数种子;种子红棕色,有光泽,长椭圆球形,长 10～12mm,扁平。花期 5—6月,果期 8—12 月。2n=28。

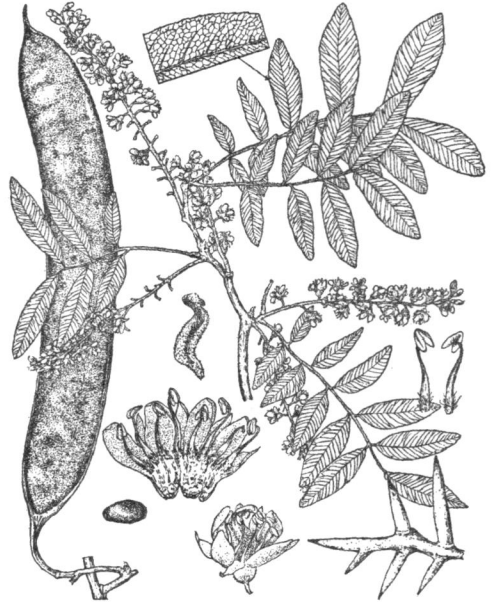

图 2-12　皂荚

见于西湖景区(飞来峰、葛岭、翁家山),生于路旁、沟边、向阳山坡或房前屋后,亦常见栽培。分布于安徽、福建、甘肃、广东、广西、贵州、河北、河南、湖北、湖南、江苏、江西、山西、陕西、四川、云南。

木材坚重致密,切面光滑,但易开裂,可作室内装修、农具及细木工用材;果富含皂素,可作肥皂;种子可榨油;种仁可食;枝刺及种子还可供药用。

与上种的主要区别在于:本种枝刺在基部最粗;成年树为 1 回羽状复叶;荚果稍肥厚,劲直或略弯曲,种子间不缢缩。

8. 肥皂荚属　Gymnocladus Lam.

落叶乔木,无刺。小枝粗壮,无顶芽。2 回偶数羽状复叶;托叶小,早落;小叶互生;叶片全缘。顶生圆锥花序或总状花序;花杂性异株、单性异株或同株,辐射对称;花萼筒状,4～5 裂,花瓣4～5枚,稍长于花萼;雄蕊 10 枚,分离,5 枚长 5 枚短,直立,较花冠短,花丝粗,被长柔毛,花药背着,药室纵裂;子房无柄,有 2～8 颗胚珠,花柱短而直,柱头偏斜。荚果肥厚、肉质、近圆柱形,2 瓣裂;种子大,稍扁平,萌发时子叶留土。

3～4 种,分布于东亚和北美洲;我国原产 1 种,引种栽培 1 种;浙江均有;杭州有 1 种。

肥皂荚 （图 2-13）
Gymnocladus chinensis Baill.

落叶乔木,高达 20m。树皮灰褐色,具明显的白色皮孔;当年生小枝被锈色或白色短柔毛,后脱落；叶柄下芽叠生。2回偶数羽状复叶，羽片3～6(～10)对，在叶轴上对生、近对生或互生；小叶16～24(～30)枚，互生或有时近对生，小叶片长圆形或卵状长圆形，长1.5～3.5(～4)cm，宽1～1.5(～2.2)cm，两端圆钝，先端有时微凹，基部稍斜，幼时两面多少被柔毛，老时渐脱落，至几无毛，或下面毛仍较密；小叶柄长约1mm；小托叶钻形，宿存。总状花序顶生；苞片微小或缺；花杂性异株；花梗长5～8mm；花萼具5裂齿，萼筒漏斗状，长5～6mm，有纵脉10条，外面多少被柔毛；花冠白色或带紫色，花瓣5枚，长圆形，先端钝，较花萼稍长，被硬毛；花丝有柔毛；子房无柄，无毛，花柱粗短，柱头头状，有4颗胚珠。荚果肥厚，长椭圆球形，长7～14cm，宽3～4cm，顶端有短喙，无毛；有2～4粒种子，种子黑色，扁球形，直径约为2cm。花期4—5月，果期8—10月。$2n=28$。

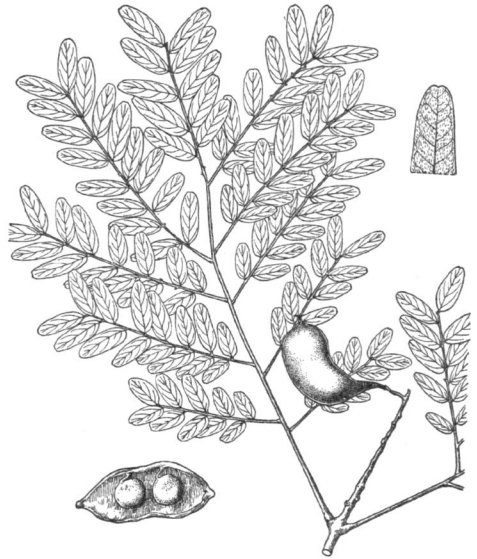

图2-13 肥皂荚

见于西湖景区(九溪、龙井、梅家坞、云栖)，生于山坡、疏林中、空旷地或房前屋后。分布于安徽、福建、广东、广西、湖北、湖南、江苏、江西、四川。

木材纹理直，质略坚重，宜作农具或车辆之用；荚果富含皂素，为优良的制皂原料，亦可药用；种仁可食，并可榨油；树冠优美，为庭院观赏植物。

9. 野决明属 Thermopsis R. Br.

多年生草本。具木质根状茎。掌状3小叶；托叶叶状，离生。总状花序顶生或与叶对生；苞片大，叶状；花萼钟状，萼齿5枚，近相等或上方2枚多少合生成二唇形；花冠黄色，稀紫色，花瓣5枚，全部有长瓣柄；雄蕊10枚，分离，花药同型；子房线形，无子房柄或具短柄。荚果扁平或稍膨胀，线形或长椭圆球形，挺直或稍弯曲；有多数种子。

约32种，分布于亚洲和北美洲；我国有8种；浙江有1种；杭州有1种。

小叶野决明 霍州油菜 (图2-14)
Thermopsis chinensis Benth. ex S. Moore

多年生草本，高50～90cm。茎直立，疏生长柔毛，后近无毛，有时上部有分枝，具棱。掌状3小叶；叶柄长1.5～2(～3)cm；托叶线形至披针形，长1.5～3cm，离生；小叶片长圆状倒卵形或长圆状倒披针形，有时稍带菱形，长1.5～4.5cm，宽0.5～1.8cm，先端圆

图2-14 小叶野决明

钝,具小尖头,基部楔形,上面无毛,下面疏生柔毛;近无小叶柄。总状花序顶生,多花密生;苞片卵状披针形,长 0.7~1.2cm,较花梗短或近等长;花萼管状,长约 8mm,被长柔毛,萼齿 5枚,上方 2 枚近合生,下方 3 枚披针形;花冠黄色,长 2.3~2.5cm,旗瓣近宽卵形,先端微凹,有瓣柄,龙骨瓣及翼瓣均有耳及长瓣柄;雄蕊 10 枚,分离;子房近无柄。荚果茶褐色,线状披针形至线形,长 4~8cm,宽 6~9mm,扁平顶端具喙,密被短柔毛;有 10~12 粒种子,种子红褐色,近肾形,长约 3.5mm,密生树脂状腺点。花期 4—6 月,果期 7—8 月。$2n=18$。

见于西湖景区(云栖),生于田边、路旁或空旷地、草丛中。分布于安徽、福建、河北、湖北、江苏、陕西;日本也有。

根及种子入药;嫩叶作绿肥;种子可榨油。

10. 红豆树属　Ormosia G. Jacks.

乔木,稀灌木。裸芽,稀鳞芽。奇数羽状复叶,稀单叶或为 3 小叶,小叶对生;托叶显著或不显著,通常无小托叶;小叶片全缘。圆锥花序顶生,或总状花序腋生;花萼宽钟形,萼齿 5 枚,近相等或上方 2 枚联合而稍呈二唇形;花冠白色、橙红色或紫色,伸出萼筒外,旗瓣近圆形,龙骨瓣前沿不联合;雄蕊 10 枚,花丝分离,不等长且内弯,很少 5 枚发育,5 枚退化;子房有柄或无柄,花柱长,顶端略旋卷,具 2 至数颗胚珠。荚果木质、革质或稍肉质,具横隔或不具横隔,基部有宿存萼;种子具红色种皮,形状和大小不一。

约 120 种,主要分布于全世界热带和亚热带地区;我国有 35 种,2 变种,2 变型;浙江有 2种;杭州有 2 种。

1. 花榈木　(图 2-15)

Ormosia henryi Prain

常绿小乔木或乔木,高达 13m。树皮青灰色,光滑;幼枝密被灰黄色茸毛;裸芽。小叶5~9 枚,叶轴密被茸毛;无托叶;小叶片革质,椭圆形、长圆状倒披针形或长椭圆状卵形,长6~10(~17)cm,宽 2~6cm,先端急尖或短渐尖,基部圆或宽楔形,全缘,下面密被灰黄色毡毛状茸毛,小叶柄被茸毛。圆锥花序顶生或腋生,或总状花序腋生,花序梗、花梗及花萼均密被灰黄色茸毛;萼筒短,倒圆锥形,萼齿 5 枚,卵状三角形,与萼筒近等长;花冠黄白色,旗瓣有瓣柄;雄蕊 10 枚,分离,凸出;子房边缘具疏长毛,近无柄。荚果木质,长圆形,长 7~11cm,宽2~3cm,扁平稍有喙,无毛;有 2~7 粒种子,种子间横隔明显,种子鲜红色,椭圆球形,长 8~15mm,种脐较小,长约 3mm。花期 6—7 月,果期 10—11 月。$2n=16$。

图 2-15　花榈木

见于余杭区(余杭)、西湖景区(九溪、韬光、五云山),生于山谷、山坡、林中或林缘。分布于安徽、广东、贵州、湖北、湖南、江西、四川、云南。

心材质坚重、结构细致,花纹美丽,为优质家具用材;枝、叶入药。

2. 红豆树

Ormosia hosiei Hemsl. & E. H. Wilson

常绿乔木,高可达20m以上。树皮幼时绿色,平滑,老时灰色,浅纵裂;幼枝初疏被毛,后脱落。小叶5~7(~9)枚,叶柄及小叶柄近无毛;无托叶;小叶片长卵形、长圆状倒卵形至长圆状倒披针形,长5~13cm,宽2.5~6.5cm,先端急尖或短渐尖,基部楔形或圆钝,上面绿色,下面灰白绿色,两面无毛或下面沿中脉两侧疏被毛。圆锥花序顶生或腋生;花萼钟状,密生黄棕色短柔毛,萼齿短,近圆形;花冠白色或淡红色,稍有芳香;雄蕊10枚,花丝分离;子房无毛,有5~6颗胚珠。荚果暗褐色,木质,卵球形、椭圆球形或长椭圆球形,长4~6.5cm,宽2.5~4cm,扁平,顶端喙状;有1~2粒种子,种子间无横隔,种子鲜红色,有光泽,近扁圆球形,长1.3~2cm,种脐长8~9mm。花期4—6月,果期9—11月。$2n=16$。

区内有栽培。分布于安徽、福建、甘肃、贵州、湖北、江苏、江西、陕西、四川。

材质坚韧细致,花纹美丽,可为优质的木雕工艺及家具用材;树姿优雅,种子鲜红色,是良好的庭院观赏树种;种子入药。

与上种的主要区别在于:本种叶轴、小叶柄及小叶无毛,小叶片上面光亮;荚果无横隔,具1~2粒种子,种子较大,种脐较长。

11. 槐属 Sophora L.

常绿或落叶,乔木或灌木,稀草本。奇数羽状复叶,稀单叶,小叶对生或近对生;托叶和小托叶存在或缺,有时托叶变成刺;小叶片全缘。总状花序或圆锥花序顶生、腋生或与叶对生;苞片小,线形,或缺如;花萼宽钟状,5齿裂,不相等而呈二唇形或近相等;花冠白色、黄色或蓝紫色,旗瓣圆形、椭圆形或倒卵形,通常较龙骨瓣短,具瓣柄或无,翼瓣斜长圆形,有耳或无耳,龙骨瓣长圆形,近于直立;雄蕊10枚,离生或基部稍合生成环状,有时成二体(9+1),花药背着;子房有毛,具短柄,花柱内弯,柱头头状,有多数胚珠。荚果肉质、革质或木质,圆柱状或稍压扁,种子间通常缢缩成串珠状,有时多少卷曲,偶有4条软木栓翅,开裂或不开裂;种子数目不定,种子倒卵球形或球形,具种阜。$2n=18,28,36$,偶有报道为$2n=21,22,54$。

52种,主要分布于亚洲至大洋洲;我国约有23种;浙江有5种,1变种,1变型;杭州有2种,1变型。

分 种 检 索 表

1. 多年生草本或半灌木;总状花序;荚果革质,串珠状不明显 ┈┈┈┈┈┈┈┈┈┈ 1. **苦参** S. flavescens
1. 乔木;圆锥花序;荚果肉质,呈串珠状。
  2. 高达20m以上,小枝不弯曲下垂 ┈┈┈┈┈┈┈┈┈┈┈┈┈ 2. **槐树** S. japonica
  2. 高达4m,小枝弯曲下垂 ┈┈┈┈┈┈┈┈┈┈┈┈┈┈┈ 2a. **龙爪槐** f. pendula

1. 苦参 （图 2-16）

Sophora flavescens Aiton

多年生草本或半灌木,高可达 3m。根圆柱状,外皮黄白色,有刺激性气味,味极苦而持久。茎有不规则纵沟,幼枝初有毛,后脱落。奇数羽状复叶,长 20～25（～35）cm,有小叶 11～35 枚;托叶线形,长 5～8mm,早落;小叶片披针形或线状披针形,稀椭圆形,长 3～4cm,宽 1.2～2cm,先端渐尖,基部楔形,叶缘向下反卷,上面有疏毛或无毛,下面密生平贴柔毛。总状花序顶生,长 15～25cm,具多数花;花梗长 3～5mm,被柔毛;花萼钟状,偏斜,萼齿短三角形,被贴伏柔毛;花冠黄白色,长约 1.5cm,旗瓣匙形,先端钝圆,长约 12mm,翼瓣和龙骨瓣稍短;雄蕊花丝有毛,基部稍合生;子房线形,密被淡黄色柔毛,花柱纤细。荚果革质,线形,长 5～10cm,种子间微缢缩,呈不明显串珠状,顶端具长 1～1.5cm 的喙,疏生短柔毛;有 2～6（～8）粒种子,种子棕褐色,卵球形,长约 6mm。花期 5—7 月,果期 7—9 月。$2n=18$。

见于余杭区(百丈、黄湖、鸬鸟)、西湖景区(黄龙洞、玉皇山),生于沙地、向阳山坡、草丛、路边、溪沟边。分布于全国各地;印度、日本、朝鲜半岛、俄罗斯也有。

根入药;茎皮纤维能织麻袋。

图 2-16　苦参

图 2-17　槐树

2. 槐树　槐 （图 2-17）

Sophora japonica L.

落叶乔木,高达 20m 以上。树皮暗灰色,成块状深裂;二年生枝绿色,皮孔明显;冬芽被锈色细毛,芽鳞不显著,着生于叶痕中央,无顶芽。羽状复叶长 15～25cm,有小叶 7～17 枚,小叶对生;托叶线形,常呈镰刀状弯曲,长约 8mm,早落;小叶片卵状长圆形或卵状披针形,长 2.5～

7.5cm,宽1.5～3cm,先端急尖至渐尖,基部宽楔形,下面疏生短柔毛;小叶柄长约2mm,密生白色短柔毛。圆锥花序顶生,长15～30cm;花序梗及花梗微被柔毛,花梗长1.5～2mm;花萼长约4mm,微被柔毛;花冠乳白色,旗瓣宽心形,微有紫脉,先端凹,有短柄,翼瓣和龙骨瓣均为长方形;雄蕊不等长,基部联合;子房有柄,密被白色绢毛,柱头不明显。荚果黄绿色,肉质,串珠状,长2.5～5cm,无毛,不裂;有1～6粒种子,种子棕黑色,椭圆球形或肾形,长约8mm。花期7—8月,果期9—10月。$2n=28$。

区内常见栽培。我国各地广泛栽培;少有野生,生于海拔400m以上山地。

木材质坚重,有弹性,耐水湿,适于作建筑、家具、车辆、农具用材;花蕾、果实、根皮、枝、叶均供药用。

与上种的主要区别在于:本种为乔木;圆锥花序;荚果肉质,无毛。

2a. 龙爪槐

f. pendula Hort.

与原种的主要区别在于:本变型为小乔木,高达4m,小枝屈曲下垂。

区内常见栽培。全国各地广泛栽培。

12. 合萌属 Aeschynomene L.

草本或半灌木。茎直立。偶数羽状复叶,小叶小,多数,常易闭合,托叶卵形至针形,无小托叶。总状花序腋生。花小;花萼二唇形,全缘或上唇2齿裂,下唇3齿裂;花冠黄色,旗瓣圆形,无瓣柄,翼瓣近匙形,较短而具瓣柄,龙骨瓣弯曲,稍有喙,具瓣柄,雄蕊二体(5+5),花药同型,子房具柄,有2至多数胚珠,花柱丝状,内弯。荚果扁平,由4～10个荚节组成,不开裂,在节处断裂;每节有1粒种子。$2n=20,40$,偶有报道为$2n=38,80$。

30余种,分布于热带及温带地区;我国仅有1种;浙江及杭州也有。

合萌 (图2-18)

Aeschynomene indica L.

一年生半灌木状草本,高30～100cm。茎直立,圆柱形,具细棱线,无毛。偶数羽状复叶,小叶40～60枚;托叶膜质,披针形,长约1cm,基部耳形;小叶片线状长椭圆形,长3～8mm,宽1～3mm,先端钝,具小尖头,基部圆形,仅具1条脉;无小叶柄。总状花序腋生,有2～4朵花;花序梗疏生刺毛,与花梗均具黏性;苞片2枚,膜质,边缘有锯齿;小苞片披针状卵形,宿存;花萼长约4mm,上唇2裂,下唇3浅裂;花冠黄色,带紫纹,

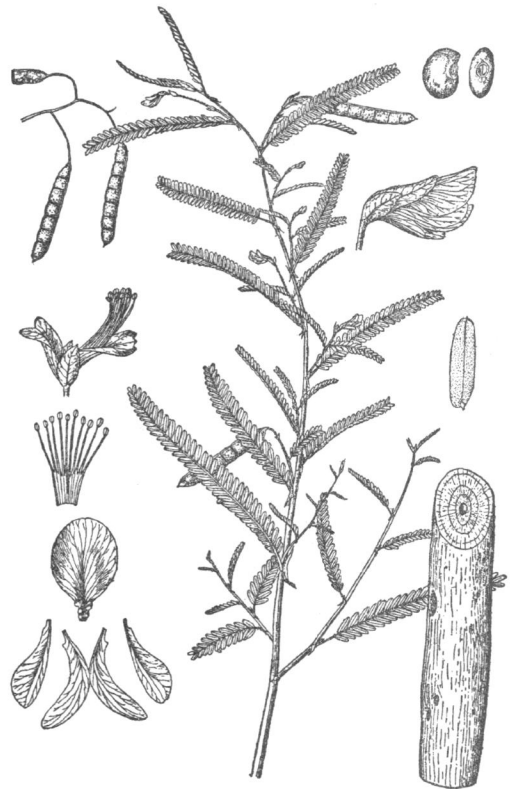

图2-18 合萌

旗瓣近圆形,长约 8mm,无瓣柄,翼瓣匙形,一侧稍宽,较短于旗瓣,龙骨瓣近镰刀形,最短,与翼瓣均具短瓣柄;雄蕊二体,花药同型;子房有柄,无毛。荚果线状,长 1～3cm,宽约 3mm,稍扁平,由 4～10 个荚节组成,腹缝直,背缝多少呈波状,平滑或有小疣凸,成熟时逐节断裂。花期 7—8 月,果期 9—10 月。$2n=40$,偶有报道为 $2n=38$。

　　见于江干区(彭埠)、余杭区(余杭)、西湖景区(梵村、桃源岭),生于湿地、塘边、溪旁及田埂上。分布于安徽、福建、广东、广西、海南、河北、河南、湖北、湖南、吉林、江苏、江西、辽宁、山东、山西、陕西、四川、台湾、云南;不丹、印度、日本、朝鲜半岛、老挝、马来西亚、缅甸、尼泊尔、巴基斯坦、斯里兰卡、泰国、越南、非洲热带、澳大利亚、太平洋岛屿、南美洲也有。

　　全草及去皮的茎入药。

13. 长柄山蚂蝗属　Hylodesmum H. Ohashi & R. R. Mill

　　多年生草本或亚灌木状。根状茎多少木质。叶为羽状复叶;小叶 3～7 枚,全缘或浅波状;有托叶和小托叶。花序顶生或腋生,或有时从能育枝的基部单独发出,总状花序,少为稀疏的圆锥花序;具苞片,通常无小苞片,每节通常着生 2～3 朵花;花梗通常有钩状毛和短柔毛;花萼宽钟状,5 裂,上部 2 裂片完全合生而成 4 裂或先端微 2 裂,裂片较萼筒长或短;旗瓣宽椭圆形或倒卵形,具短瓣柄,翼瓣、龙骨瓣通常狭椭圆形,有瓣柄或无;雄蕊单体,少有近单体;子房具细长或稍短的柄。荚果具细长或稍短的果颈(子房柄),有荚节 2～5 个,背缝线于荚节间凹入,几达腹缝线而成一深缺口,腹缝线在每一荚节中部不缢缩或微缢缩;荚节通常为斜三角形或略呈宽的半倒卵形;种子通常较大,种脐周围无边状的假种皮;子叶不出土,留土萌发。$2n=22$。

　　约 14 种,主要分布于东亚,3 种产于北美洲;我国有 10 种,5 亚种;浙江有 3 种,2 亚种;杭州有 1 种,2 亚种。

　　本属有时被并入广义的山蚂蝗属 Desmodium Desv.,但本属具有单体雄蕊,荚果具细长或稍短的子房柄,荚节通常为斜三角形或呈略宽的半倒卵形,背缝线于荚节间凹入,几达腹缝线而成一深缺口,不为念珠状,种子通常较大,种脐无边状假种皮,子叶留土萌发,这些特征与山蚂蝗属包括已单独分立的几个近缘属,均有明显区别,因而同意独立成属。

分 种 检 索 表

1. 叶两面被短柔毛,顶生圆锥花序,果柄长 4m 以上。
　2. 顶生小叶片圆菱形,果柄长 4～7mm ·················· 1. **长柄山蚂蝗**　*H. podocarpum*
　2. 顶生小叶片宽卵形,果柄长 7～10mm ·················· 1a. **宽卵叶长柄山蚂蝗**　subsp. *fallax*
1. 叶两面无毛或近无毛,顶生总状花序,果柄长 1～3mm ········· 1b. **尖叶长柄山蚂蝗**　subsp. *oxyphyllum*

1. **长柄山蚂蝗**　圆菱叶山蚂蝗　(图 2-19)

Hylodesmum podocarpum(DC.) H. Ohashi & R. R. Mill——*Desmodium podocarpum* DC.——*Podocarpium podocarpum*(DC.) Y. C. Yang & P. H. Huang

　　小灌木或半灌木,高 50～100cm。茎直立,微具棱,被短柔毛,通常不分枝。3 出羽状复叶,常聚生茎中上部,近枝顶更密;叶柄长 2～13cm,上面略具沟槽,疏被短柔毛;托叶线状披针形,长 7～10mm;顶生小叶片圆菱形,长(2～)4～7cm,宽(2～)3.5～6cm,先端骤急尖,基部宽楔形,两面疏生短柔毛,有时上面近无毛;侧生小叶片略小,基部稍偏斜,小叶柄长 3～4mm,密被柔毛;小托叶钻形,与小叶柄近等长,宿存。圆锥花序顶生,果时长达 40cm,稀为总状花序腋生;花序轴密被柔毛,每节着生 1～2 朵花;苞片小,卵形,被柔毛;花梗细,长 2～3mm,果时可增长至 5mm;花萼钟状,长 1.5～2mm,萼齿短,宽三角形,疏被毛;花冠紫红色,长约 4mm,旗瓣近圆形,先端微凹,翼瓣和龙骨瓣具瓣柄;雄蕊 10枚,单体,子房线形,有柄,微被毛。荚果长 2～16mm,通常具 2 个荚节,两面被短钩状毛,腹缝线近平直,背缝线在种子间缢缩至近腹缝线,果柄长 4～7mm,顶端通常膝曲;种子肾圆形,长约 2.5mm。花期 7—8 月,果期 9—10月。$2n=22$。

见于萧山区(楼塔)、西湖景区(玉皇山),生于向阳山坡、路边、草丛中或疏林下。分布于安徽、甘肃、广东、广西、贵州、河北、河南、湖北、湖南、江苏、江西、山东、陕西、四川、台湾、西藏、云南;印度、日本、朝鲜半岛、尼泊尔、巴基斯坦、菲律宾也有。

根及全草入药。

图 2-19 长柄山蚂蝗

1a. 宽卵叶长柄山蚂蝗 宽卵叶山蚂蝗 (图 2-20)

subsp. **fallax** (Schindl.) H. Ohashi & R. R. Mill——*Desmodium fallax* Schindl. ——*D. podocarpum* DC. subsp. *fallax* (Schindl.) Ohashi

与原种的主要区别在于:本亚种叶通常全部聚生或近聚生于茎顶,顶生小叶片宽卵形,先端渐尖或尾尖,长 5～13cm,宽 3～8cm,两面被短柔毛。花在圆锥花序上排列较疏松。果柄长 7～10mm。花期 8—9 月,果期 9—11 月。$2n=22$。

见于萧山区(进化)、余杭区(鸬鸟、中泰)、西湖景区(飞来峰、云栖),生于山坡、山谷、疏林下或林缘、灌丛中。分布于安徽、福建、甘肃、广东、广西、贵州、湖北、湖南、江苏、江西、山西、陕西、四川、云南;日本、朝鲜半岛也有。

用途同原种。

1b. 尖叶长柄山蚂蝗 尖叶山蚂蝗 (图 2-21)

subsp. **oxyphyllum** (DC.) H. Ohashi & R. R. Mill——*Desmodium oxyphyllum* DC. ——*D. podocarpum* DC. subsp. *oxyphyllum* (DC.) Y. C. Yang & P. H. Huang

与原种的主要区别在于:本亚种茎常分枝。

图 2-20 宽卵叶长柄山蚂蝗

叶在枝上多散生,稀聚生,顶生小叶片长卵形或椭圆状菱形,长 3～13cm,宽 1～4cm,先端短渐尖,两面通常无毛或近无毛。顶生花序总状而非圆锥状。果柄长 1～3mm。花期 8—9 月,果期 9—11 月。$2n=22$。

见于西湖景区(飞来峰、茅家埠),生于山坡、路边、林缘、灌丛中或荒山。分布于安徽、福建、广东、广西、贵州、河北、河南、黑龙江、吉林、江苏、江西、辽宁、陕西、四川、云南;不丹、印度、印度尼西亚、日本、朝鲜半岛、老挝、缅甸、尼泊尔、俄罗斯、越南也有。

用途同原种。

图 2-21　尖叶长柄山蚂蝗

14．山蚂蝗属　Desmodium Desv.

草本、亚灌木或灌木。叶为羽状 3 出复叶或退化为单小叶;叶柄两侧无翅;具托叶和小托叶,托叶通常干膜质,有条纹,小托叶钻形或丝状;小叶全缘或浅波状。花组成腋生或顶生的总状花序或圆锥花序,少为单生或成对生于叶腋;苞片宿存或早落,无小苞片;花通常较小;花萼钟状,4～5 裂,裂片较萼筒长或短,上部裂片全缘或先端 2 裂至微裂;花冠通常粉红色、紫色、紫堇色,有时兼有白色,脉纹不明显,旗瓣椭圆形、宽椭圆形、倒卵形、宽倒卵形至近圆形,翼瓣多少与龙骨瓣粘连,均有瓣柄;雄蕊二体(9＋1)或少有单体;子房通常无柄,有胚珠数颗。荚果扁平,不开裂,背腹两缝线稍缢缩或腹缝线劲直,荚节数枚;子叶出土萌发。$2n=22$,偶有报道为 $2n=18,20,24,42,44$。

约 280 种,分布于热带、亚热带地区;我国约有 32 种;浙江有 4 种;杭州有 1 种。

广义的山蚂蝗属 Desmodium Desv. 亦包括长柄山蚂蝗属 Hylodesmum H. Ohashi ＆ R. R. Mill 和小槐花属 Ohwia H. Ohashi。

假地豆　(图 2-22)

Desmodium heterocarpon（L.）DC.

半灌木或小灌木,高 0.3～1.5m。茎直立或平卧,多少被伏毛或开展毛,老时渐疏。羽状 3 出复叶;叶柄长 1～3cm,上面有沟槽;托叶三角状披针形,长 0.5～1cm,具 10 余条纵脉;顶生小叶片椭圆形、长椭圆形或倒卵状椭圆形,长

图 2-22　假地豆

2～6cm，宽 1.3～3cm，先端圆钝或微凹，基部圆形或宽楔形，上面无毛，下面多少被伏毛；侧生小叶片较小；小叶柄长 1～2mm，密被伏毛；小托叶钻形，略长于小叶柄。总状花序腋生或顶生，长 3～10cm，花密集；花序轴密被毛，每节着生 1～3 朵花；花梗纤细，长 2～5mm，多少被毛；苞片卵状披针形，具缘毛，早落，无小苞片；花萼钟状，萼齿三角状披针形，长于萼筒；花冠紫红色或蓝紫色，长 5～6mm，旗瓣宽倒卵形，翼瓣倒卵形，有耳，龙骨瓣极弯曲，先端钝；雄蕊 10 枚，二体，子房线形，被短柔毛。荚果线形，长 1～2.5mm，宽 2～3mm，扁平，多少被毛，两缝线毛较密，背缝线成波状，腹缝线几平直，具 4～8 个荚节；种子暗褐色，有光泽，肾圆形，长 1.5～2mm，扁平。花期 7—9 月，果期 9—11 月。$2n=22$，偶有报道为 $2n=20$。

见于萧山区（楼塔）、余杭区（余杭）、西湖景区（九溪、青龙山），生于山坡、山谷、路旁、疏林下或灌丛中。分布于福建、广东、广西、贵州、海南、湖北、湖南、江苏、江西、四川、台湾、云南；不丹、柬埔寨、印度、印度尼西亚、日本、老挝、马来西亚、缅甸、尼泊尔、菲律宾、斯里兰卡、泰国、越南、非洲、大洋洲、太平洋岛屿也有。

全草入药。

15. 小槐花属　Ohwia H. Ohashi

灌木。叶为羽状 3 出复叶；具托叶；叶柄两侧具翅。花组成腋生或顶生的总状花序或圆锥花序；具苞片和小苞片；花萼钟状，4 裂，上部裂片先端 2 裂，最下部的裂片较侧裂片长；花冠绿白色或黄白色，具明显脉纹，旗瓣椭圆形，有瓣柄，龙骨瓣较翼瓣长；雄蕊二体；雌蕊基部有花盘，子房具柄，花柱弧形上弯，柱头小。荚果线形，荚节数枚，窄椭圆球形；子叶出土萌发。

2 种，分布于东亚至东南亚；我国均产；浙江有 1 种；杭州有 1 种。

本属有时作为广义的山蚂蝗属 Desmodium Desv. 的一个亚属；但因其叶柄具翅，具小苞片，花瓣绿白色或黄白色，有明显的脉纹，而与狭义的山蚂蝗属有着明显的区别，所以有时亦独立成属。本志采用后一种观点。

小槐花　（图 2-23）
Ohwia caudata （Thunb.） Ohashi——*Desmodium caudatum*（Thunb.）DC.

灌木，高 0.5～2m；全体几无毛。茎直立，多分枝。羽状 3 出复叶；叶柄长 1～3.5cm，两侧具狭翅；托叶三角状钻形，长 5～8mm，疏被长柔毛；小叶片披针形、宽披针形或长椭圆形，稀椭圆形，长 2.5～9cm，宽 1～4cm，先端渐尖或尾尖，稀钝尖，基部楔形或宽楔形，稀圆形，上面浓绿色，疏被短柔毛，下面粉绿色，毛稍密，两面脉上的毛较密；小叶柄短，长 1～2mm；小托叶钻形，与小叶柄近等长，宿存。总状花序腋生或顶生；花序轴密被柔毛；苞片和小苞片钻形，

图 2-23　小槐花

密被短柔毛;花萼狭钟状,5 齿裂,二唇形,上方 2 枚几合生,下方 3 枚披针形,密被毛;花冠绿白色或淡黄白色,长约 7mm,旗瓣长圆形,先端圆钝,翼瓣狭小,基部有瓣柄,龙骨瓣狭长圆形,基部亦有瓣柄;雄蕊 10 枚,二体;子房线形,密被绢毛。荚果带状,长 4～8cm,宽 3～4mm,有 4～8 个荚节,两缝线均缢缩成浅波状,密被棕色钩状毛;种子长圆球形,长 5～7mm,宽 2～3mm,扁平。花期 7—9 月,果期 9—11 月。$2n=22$。

　　见于西湖区(双浦)、余杭区(鸬鸟、余杭)、西湖景区(飞来峰、云栖),生于山坡、山沟、疏林下、灌丛中或空旷地。分布于安徽、福建、广东、广西、贵州、湖北、湖南、江苏、江西、四川、台湾、西藏、云南;不丹、印度、印度尼西亚、日本、朝鲜半岛、老挝、马来西亚、缅甸、斯里兰卡、越南也有。

　　根及全草入药;又可作牧草。

16. 黄檀属　Dalbergia L. f.

　　落叶或常绿,乔木、灌木或攀援灌木。无顶芽。奇数羽状复叶,稀单叶;托叶早落;小叶互生,小叶片全缘;无小托叶。花通常多数,排成顶生或腋生的二歧聚伞花序或圆锥花序;苞片小,宿存,小苞片极小,通常早落;花萼钟形,5 齿裂,萼齿上方 2 枚较宽短;花冠伸出萼外,白色、紫色或黄色,花瓣具瓣柄;雄蕊 10 或 9 枚,单体或二体(5＋5,稀 9＋1),花药小,药室顶裂;子房有 1 至数颗胚珠,有柄,花柱短,内弯。荚果长圆球形或带状,薄而扁平,不开裂,荚缝薄,无翅;有 1 至数粒种子,种子肾形,扁平。

　　约 100 种,分布于热带、亚热带地区;我国约有 28 种;浙江有 8 种;杭州有 2 种。

1. 黄檀　(图 2-24)

Dalbergia hupeana Hance

落叶乔木,高可达 17m。树皮条片状纵裂;当年生小枝绿色,皮孔明显,无毛;二年生小枝灰褐色,冬芽紫褐色,略扁平,顶端圆钝。奇数羽状复叶有小叶 9～11 枚;小叶片长圆形或宽椭圆形,长 3～5.5cm,宽 1.5～3cm,先端圆钝,微凹,基部圆形或宽楔形,两面被平伏短柔毛。圆锥花序顶生或生于近枝顶叶腋;花序梗近无毛;花梗及花萼被锈色柔毛;花萼 5 齿裂,上方 2 枚宽卵形,几合生,最下方 1 枚较长,披针形;花冠淡紫色或黄白色,具紫色条斑;雄蕊 10 枚,成二体(5＋5),花丝上部分离;子房无毛,有 1～4 颗胚珠。荚果长圆球形,长 3～9cm,扁平,不开裂;有 1～3 粒种子,种子黑色,有光泽,近肾形,长约 9mm,宽约 4mm,扁平。花期 5—6 月,果期 8—9 月。$2n=20$。

　　见于西湖区(双浦)、萧山区(南阳、义桥)、余杭区(良渚、临平、余杭)、西湖景区(宝石山、虎跑、灵峰、南屏山、桃源岭、玉皇山等),生于山坡、溪沟边、路旁、林缘或疏林

图 2-24　黄檀

中。分布于安徽、福建、广东、广西、河南、湖北、湖南、江苏、江西、山东、山西、四川、云南。

　　木材坚重致密,可作各种负重力和强拉力的用具及器材;根及叶入药。

2. 香港黄檀 （图 2-25）

Dalbergia millettii Benth.

藤本状攀援灌木。小枝常弯曲成钩状,主干和大枝有明显的纵向沟和棱。奇数羽状复叶有小叶 15~35 枚;叶轴被微毛;小叶片长圆形,长 6~16mm,宽 2.8~3.8mm,两端圆形至平截,先端有时微凹,两面均无毛;小叶柄被微毛。圆锥花序腋生,长 1~1.5cm,宽 1.2~1.5cm;苞片和小苞片宿存;花梗短,被短柔毛;花萼钟状,5 齿裂,最下方 1 枚最长,卵状三角形,中间 2 枚先端钝或近圆形,最上方 2 枚合生或近合生,先端钝或近截形;花冠白色,旗瓣倒卵状圆形,先端微缺,翼瓣长圆形,龙骨瓣斜长圆形,先端圆钝;雄蕊 9 枚,单体;子房具柄。荚果狭长圆球形,长 3.5~5.5cm,宽 1.3~1.8cm,果瓣全部有网纹;通常有 1 粒种子,稀 2~3 粒。花期 6—7 月,果期 8—9 月。$2n=20$。

见于萧山区(进化),生于山坡、路边、溪沟边、林中或灌丛中。分布于广东、广西、陕西。

叶入药。

与上种的主要区别在于:本种为攀援灌木,小叶 15~35 枚。

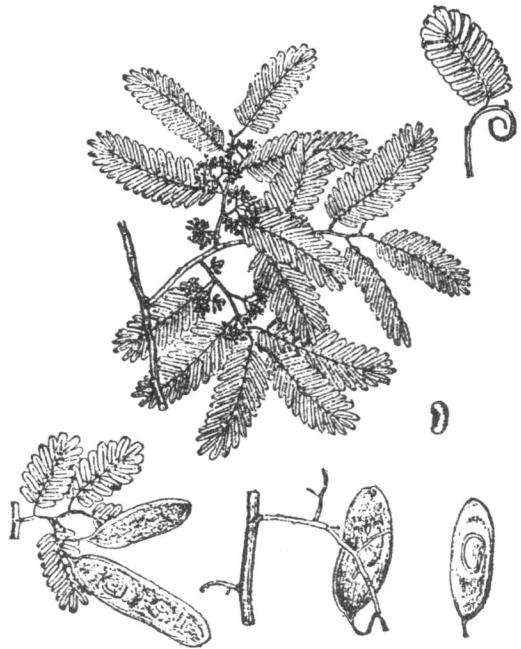

图 2-25　香港黄檀

17. 刺槐属　Robinia L.

落叶乔木或灌木。枝常有托叶刺;叶柄下芽,无顶芽。奇数羽状复叶,小叶对生;小叶片全缘;有小托叶。总状花序腋生,下垂;苞片膜质,早落;花萼钟状,5 齿裂,稍二唇形,上方 2 枚几合生;花冠白色或红色,各瓣均具瓣柄,旗瓣圆形,向外反曲,无附属物,翼瓣镰刀状长圆形,龙骨瓣内弯,先端钝;雄蕊 10 枚,二体(9+1),花药同型或其中 5 枚略小;子房有柄,胚珠多数,花柱上弯,先端有毛。荚果长圆球形或线形,扁平,沿腹缝线有狭翅,种子间不具隔膜,成熟时开裂,果瓣薄;种子长圆球形或肾形,偏斜,无种阜。

约 20 种,分布于北美洲;我国引种栽培 3 种;浙江有 2 种;杭州有 2 种。

1. 毛刺槐　毛洋槐　粉花刺槐

Robinia hispida L.

落叶灌木,高可达 5m。嫩枝、花序轴及花梗密被红色刺毛;二年生枝褐色,无毛;叶柄下芽,无顶芽。奇数羽状复叶,小叶 7~13 枚;小叶片卵形或卵状长圆形,长 2~4cm,宽 1.5~3cm,先端钝或钝尖,基部圆形或宽楔形,老叶两面无毛;小叶柄长约 3mm;小托叶钻形,短于小叶柄。总状花序腋生,具 3~7 朵花;花萼杯状,浅裂,外被刺毛及柔毛;花冠玫瑰红色或淡紫色。荚果革质,线状长圆形,长 5~8cm,宽 1.2~1.5cm,被红色硬刺毛。$2n=30$。

区内有栽培。原产于北美洲。

花色艳丽,供观赏;一般用刺槐作砧木,嫁接繁殖。

2. 刺槐 (图 2-26)

Robinia pseudoacacia L.

乔木,高达 25m,胸径可达 1m。树皮灰褐色至黑褐色,深纵裂;小枝暗褐色,无毛或幼时有细微毛。奇数羽状复叶有小叶 7～19 枚;小叶片椭圆形、长圆形或宽卵形,长 2～5.5cm,宽 1～2cm,先端圆形或微凹,有时有小尖头,基部圆形或宽楔形,两面无毛或下面幼时被绢毛;小叶柄长约 2mm,具针状小托叶。总状花序长 10～20cm,花序梗及花梗有柔毛;花萼钟状,具柔毛;花冠白色,芳香,长 15～18mm,旗瓣基部有 2 个黄色斑点;子房无毛。荚果赤褐色,线状长圆球形,长 5～10cm,宽 1～1.5cm,扁平;有3～10 粒种子,种子黑褐色,肾形,扁平。花期 4—5 月,果期 7—8 月。$2n=22$,偶有报道为 $2n=20$。

见于西湖区(留下)、萧山区(浦阳)、西湖景区(宝石山、孤山、九溪、龙井、云栖)。原产于北美洲;我国从长春以南至华南各地普遍栽培,多栽于公路边及村舍附近。

本种是优良的行道树种、庭院观赏树种和重要的速生用材树种;木材坚硬耐水,可作枕木、车辆、家具、建筑用材;树皮可作造纸和烤胶原料;树皮根及叶可入药;花流蜜多,蜜质上等,是优良的蜜源植物。

与上种的主要区别在于:本种小枝、花梗及荚果无刺毛,花冠白色。

图 2-26　刺槐

18. 羽扇豆属　Lupinus L.

一年生或多年生草本,偶为半灌木,多少被毛。掌状复叶,互生(单叶种类我国未见有引种);具长柄;托叶通常线形,锥尖,基部与叶柄合生;小叶全缘,长圆形至线形,近无柄。总状花序大多顶生,多花;苞片通常早落;花各色,美丽,轮生或互生;小苞片 2 枚,贴萼生;花萼二唇形,萼齿 4～5 枚,短尖,上、下萼齿不等长,萼筒短,上侧常呈囊状隆起;旗瓣圆形或卵形,翼瓣先端常连生,包围龙骨瓣,龙骨瓣弯头,并具尖喙;雄蕊单体,形成闭合的雄蕊管,花药二型,长短交互;子房无柄或近无柄,被毛,胚珠 2 至多数,花柱上弯,无毛,柱头顶生,下侧常具 1 圈须毛。荚果线形,多少扁平,种子间呈斜向凹陷的分隔,稍缢缩,2 瓣裂,果瓣革质,通常密被毛;有种子 2～6 粒,种子大,扁平,珠柄短,无种阜;胚厚,并具长胚根。$2n=32,34,36,38,40,42,44,48,50,52,54,56,96$。

约 200 种,分布于北美洲、南美洲、北非和地中海地区;我国引种栽培 7 种;浙江栽培 1 种;

杭州栽培 1 种。

主要供庭院栽培观赏用,也有作覆盖植物及饲料。

多叶羽扇豆

Lupinus polyphyllus Lindl.

多年生草本,高 50~100cm。茎直立,分枝成丛,全株无毛或上部被稀疏柔毛。掌状复叶,小叶(5)9~15(~18)枚;叶柄远长于小叶,托叶披针形,下半部连生于叶柄,先端长锥尖;小叶椭圆状倒披针形,长(3~)4~10(~15)cm,宽 1~2.5cm,先端钝圆至锐尖,基部狭楔形,上面通常无毛,下面多少被贴伏毛。总状花序远长于复叶,长 15~40cm;苞片卵状披针形,长 5mm,被毛,早落;花多而稠密,互生,长 10~15mm;花梗长 4~10mm;萼二唇形,密被贴伏绢毛,上唇较短,具双齿尖,下唇全缘;花冠蓝色至堇青色,无毛,旗瓣反折,龙骨瓣喙尖,先端呈蓝黑色。荚果长圆球形,长 3~5cm,宽 1.5~2cm,密被绢毛;有种子 4~8 粒;种子卵球形,长 4mm,宽 3mm,灰褐色,具深褐色斑纹,平滑。花期 6—8 月,果期 7—10 月。$2n=48$,偶有报道为 $2n=96$。

区内有栽培。原产于美国西部。

本种和其他种杂交产生一些栽培变种,供观赏。

19. 黄芪属　Astragalus L.

草本或半灌木。羽状复叶,稀 3 小叶或单叶;托叶有时与叶柄合生;小叶片全缘;小托叶缺。花排列成腋生总状花序或密集排列成头状的小伞形花序;苞片小,小苞片微小或缺;花萼管状,萼齿 5 枚,近相等;花冠红紫色、白色或淡黄色,旗瓣直,卵形、长圆形或琴形,龙骨瓣钝头,与翼瓣近等长,各瓣均具长瓣柄;雄蕊二体(9+1),花药同型;子房无柄,稀有柄,有多数胚珠。荚果膜质,线形或长圆球形,背缝线向内凹入,往往纵隔成 2 室;种子常肾形,无种阜。关于染色体数目的报道极多,多为 $2n=16,32$。

约 1600 种,除大洋洲外,分布于全世界亚热带及温带地区;我国约有 300 种;浙江引种栽培 3 种;杭州栽培 1 种。

本属植物有些种类是有名的中药材,有些则是优良的绿肥、饲料及蜜源植物。

紫云英　(图 2-27)

Astragalus sinicus L.

越年生草本,高 10~25cm;全株疏生白色伏毛。茎纤细,基部匍匐,多分枝。羽状复叶,有 7~13枚小叶;叶柄长 2~5cm;托叶离生,卵形,长 3~6mm;小叶片倒卵形或宽椭圆形,长 6~15mm,先端圆,有时微凹,基部宽楔形,两面被伏毛,下面较密。伞形花序有 7~10 朵花,聚生于

图 2-27　紫云英

花序梗顶端,呈头状;花序梗长 5～15cm;花梗长 1～2mm;花萼长约 4mm,萼齿披针形,与萼筒近等长;花冠红紫色,稀白色,旗瓣倒卵形,长约 1.1cm,翼瓣较短,长约 9mm,龙骨瓣钝头,长约 1cm,均具瓣柄;雄蕊二体,花药同型;子房有短柄,无毛。荚果熟时黑色,长圆球形,长 1.5～2.5cm,顶端具喙,微弯;种子棕色,肾形,光滑无毛。花期 3—5 月,果期 4—6 月。$2n＝16$。

见于萧山区(北干)、西湖景区(赤山埠、梵村、虎跑、金沙港、九溪、棋盘山等),通常栽于稻田中,或散生于山坡、溪畔、林缘、路旁、田塍及屋前。分布于福建、甘肃、广东、广西、贵州、河北、湖南、江苏、江西、陕西、四川、台湾、云南;日本也有。

全草是优良的绿肥和饲料,又为重要的蜜源植物;种子及全草入药。

20. 紫穗槐属　Amorpha L.

落叶灌木或半灌木。枝无刺,冬芽 2～3 个叠生。奇数羽状复叶,小叶对生或近对生,小叶片全缘;托叶线形,早落。穗形总状花序顶生或腋生;花萼钟状,5 齿裂,通常具腺点;花冠仅具旗瓣,叠抱着雄蕊,翼瓣和龙骨瓣退化;雄蕊 10 枚,呈不明显二体,花药同型,子房具 2 颗胚珠。荚果短,长圆球形,镰刀状或新月状,不开裂,果瓣密布小腺点;有 1～2 粒种子,种子有光泽。$2n＝20,40$。

约 25 种,分布于北美洲;我国有 1 种;浙江及杭州也有。

紫穗槐　(图 2-28)

Amorpha fruticosa L.

落叶灌木,高可达 4m。小枝初疏生短柔毛,后光滑。小叶 11～25 枚,小叶片长卵形或长椭圆形,长 1.5～4cm,宽 0.6～1.5cm,先端圆钝或微凹,有小尖头,基部圆形,两面无毛或近无毛;小托叶钻形,长 1～3mm。总状花序穗状,集生于枝条上部,长 7～15cm;花紧密;花梗纤细,长约 1.5mm;萼齿钝三角形,比萼筒短,外面被细毛;旗瓣蓝紫色或紫褐色,宽倒卵形,长约 6mm;花药黄色,伸出花冠之外。荚果深褐色,顶端有小尖头,表面有腺点状小瘤点;种子棕色,狭长圆球形,长约 5mm,顶端上弯,有光泽。花期 5—6 月,果期 7—9 月。$2n＝40$。

区内有栽培。原产于美国东部;我国北自黑龙江、内蒙古,南至长江流域均有引种。

耐旱耐涝,耐瘠薄及轻度盐碱,为优良的固坡保土及绿肥植物;叶和种子可作饲料;枝条可编筐篮;荚果含油量为 8％～22％;花为良好蜜源。

图 2-28　紫穗槐

21. 木蓝属　Indigofera L.

落叶灌木或草本,稀小乔木。植株多少被平贴"丁"字形毛,有时被开展毛、多节毛及腺毛。

奇数羽状复叶,偶为羽状 3 出复叶或单叶;具托叶及小托叶,有时无小托叶。总状花序腋生,稀头状或穗状;花萼钟状或斜杯状,萼齿 5 枚,等长或最下 1 枚较长;花冠紫红色至淡红色,有时白色或黄色,旗瓣卵形或长圆形,基部具短柄,外面常被毛,稀无毛,翼瓣较狭长,具耳,龙骨瓣匙形,常有距,与翼瓣勾连;雄蕊二体(9+1),花药同型,顶端具硬尖或腺点,有时两端或一端具髯毛;子房无柄,有 1 至多数胚珠。荚果线形至圆柱形,稀长圆球形或卵球形,被毛或无毛;种子肾形、长圆球形或近方形。$2n=16,32$,偶有报道为 $2n=12,14,22,48$。

700 余种,广布于亚热带及热带地区;我国有 80 种;浙江有 10 种,2 变种;杭州有 3 种。

本属植物可供观赏,作绿肥、饲料、染料及药用。

分 种 检 索 表

1. 花常长 9mm 以下;荚果常被毛。
  2. 叶柄长 2～5cm,小叶片长圆状椭圆形或卵状椭圆形,顶生小叶片最大,长可达 6cm;花梗长 1.5mm;荚果长达 7cm ·················· 1. **多花木蓝** *I. amblyantha*
  2. 叶柄长 1～1.5cm,小叶片倒卵形或倒卵状椭圆形,顶生的与侧生的近等大,长 1～2cm;花梗长约 1mm;荚果较短,长达 5cm ·················· 2. **河北木蓝** *I. bungeana*
1. 花常长 9mm 以上;荚果无毛 ·················· 3. **华东木蓝** *I. fortunei*

1. **多花木蓝** （图 2-29）

Indigofera amblyantha Craib

小灌木,高 80～150cm。茎圆柱形,褐色或淡褐色,少分枝,幼枝具棱,密被白色平贴"丁"字形毛,后变无毛。羽状复叶有 7～9(～11) 枚小叶;叶柄长 2～5cm,被平贴毛;托叶微小,三角状披针形,长 1.5mm;小叶片的形状、大小变化大,长 1.5～6cm,宽 1～2(～2.5)cm,顶生的较大,先端圆钝,具小尖头,基部楔形或宽楔形,两面被平贴毛,下面较密;小叶柄长约 1.5mm,被毛;小托叶微小。总状花序长达 9cm,近无花序梗,花梗长约 1.5mm;苞片线形,长 2mm,早落;花萼长约 3.5mm,萼齿 5 枚,不等长,最下方萼齿长达 2mm;花冠淡红色,旗瓣倒宽卵形,长 6～6.5mm,翼瓣长约 7mm,龙骨瓣较翼瓣稍短,中下部有距,各瓣均具瓣柄;花药圆球形,无髯毛;子房线形,被毛,有多数胚珠。荚果线状圆柱形,长 3.5～7cm,被毛;种子褐色,长圆球形,长约 2.5mm。花期 5—7 月,果期 9—11 月。$2n=48$。

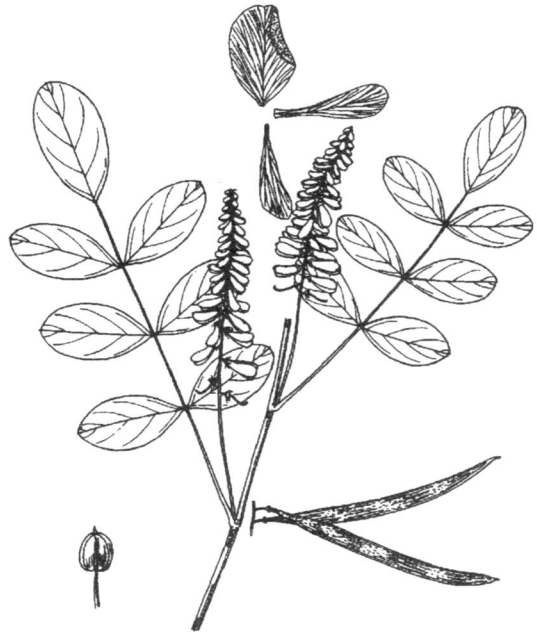

图 2-29 多花木蓝

见于余杭区(黄湖、良渚、中泰),生于山坡、路旁、灌丛中或林缘。分布于安徽、甘肃、贵州、河北、河南、湖北、湖南、江苏、江西、山西、陕西、四川。

根及全草入药。

2. 河北木蓝　马棘　（图 2-30）

Indigofera bungeana Walp.　——*I. pseudotinctoria* Matsum.

小灌木,高 40～150cm。茎多分枝,枝细长,圆柱形,幼时可具棱,被平贴"丁"字形毛。羽状复叶长 3.5～5.5cm,有 7～11 枚小叶;叶柄长 1～1.5cm,被毛;托叶小,早落;小叶片倒卵状椭圆形、倒卵形或椭圆形,长 1～2cm,宽 0.5～1.1cm,先端圆或微凹,具小尖头,两面被平贴毛;小叶柄长约 1mm;小托叶不明显。总状花序长 3～11cm,常长于复叶,花密集;花序梗短于叶柄;花梗长约 1mm;花萼长 2.5～3.5mm,萼齿 5 枚,不等长或近相等;花冠淡红色或紫红色,长 5～6mm,旗瓣倒宽卵形,外被"丁"字形毛,翼瓣基部具耳,龙骨瓣两侧有距,各瓣均具瓣柄;花药圆球形,无髯毛;子房线形,被毛,有多数胚珠。荚果线状圆柱形,长 2～5cm,直径约为 3mm,被毛;种子长圆球形。花期 7～8 月,果期 9—11 月。2n＝16。

见于西湖区(三墩)、萧山区(戴村、进化、南阳)、余杭区(临平、鸬鸟、星桥)、西湖景区(飞来峰、孤山、虎跑、南高峰、玉皇山、云栖等),生于山坡、林缘及灌丛中。分布于安徽、福建、甘肃、广西、贵州、河北、河南、江苏、江西、辽宁、内蒙古、宁夏、青海、山东、山西、陕西、四川、西藏、云南;日本、朝鲜半岛也有。

根及全草入药。

图 2-30　河北木蓝

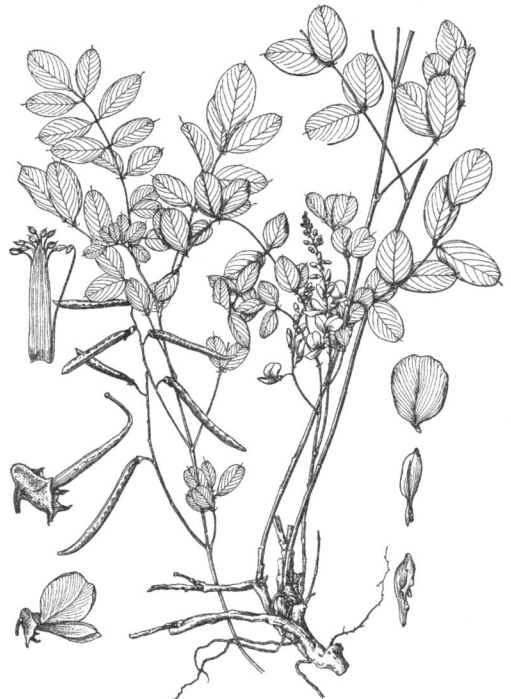

图 2-31　华东木蓝

3. 华东木蓝　（图 2-31）

Indigofera fortunei Craib

小灌木,高 30～80cm。茎直立,灰褐色或灰色,分枝具棱,无毛。羽状复叶有 7～15 枚小叶,小叶对生;叶柄长 1.5～4cm,叶轴上面常具浅槽,近无毛;托叶线状披针形,长 3.5～4mm,

早落；小叶片宽卵形、卵形或卵状椭圆形，稀卵状披针形，长 1.5～3(～5.5)cm，宽 0.8～2.5 (～3)cm，先端圆钝或急尖，有时微凹，具小尖头，基部圆形或宽楔形，幼时在下面中脉及边缘疏生"丁"字形毛，后脱落无毛，网状细脉明显；小叶柄长约 1mm；小托叶钻形。总状花序长 8～15cm；花序梗常短于叶柄，无毛，苞片卵形，早落；花梗长达 3mm；花萼斜杯状，长 2.5mm，萼齿 5 枚，三角形，长约 0.5mm，最下方 1 枚稍长；花冠紫红色或粉红色，长 9～11mm，旗瓣倒宽卵形，先端微凹，外面密被短柔毛，翼瓣与龙骨瓣近等长或稍短，有瓣柄及短距；花药两端有髯毛；子房无毛，有 10 余颗胚珠。荚果线状圆柱形，长 3～4.5cm，无毛。花期 4—5 月，果期 6—11 月。

见于拱墅区（半山）、西湖区（留下）、萧山区（蜀山、闻堰）、余杭区（百丈、黄湖、良渚、余杭）、西湖景区（北高峰、茅家埠、三台山、云栖），生于山坡、疏林或灌丛中。分布于安徽、河南、湖北、江苏、江西、陕西。

22. 土圞儿属　Apios Fabr.

多年生缠绕草本。有块根。羽状复叶，有 3～7(～9) 枚小叶；托叶及小托叶常存在。总状花序短，腋生；苞片及小苞片小，早落；花萼上方 2 枚齿合生，最下方 1 枚齿最长；花冠绿黄色，有时暗紫红色，旗瓣宽，外反，龙骨瓣初时成一内弯的管，最后旋卷，翼瓣最短；雄蕊二体(9＋1)，花药同型；子房基部有腺体，花柱无毛，柱头顶生。荚果线形，稍扁平；有多数种子。

约 10 种，分布于东亚和北美洲；我国有 6 种；浙江有 1 种；杭州有 1 种。

土圞儿　土栾儿　（图 2-32）

Apios fortunei Maxim.

多年生缠绕草本。块根宽椭圆形或纺锤形。茎细长，被倒向的短硬毛。羽状复叶，有 3～5(～7) 枚小叶；叶柄长 2.5～7cm；托叶宽线形，长 3～4mm；顶生小叶片较大，宽卵形至卵状披针形，长 4～10cm，宽 2～6cm，先端渐尖或尾状，有小尖头，基部圆形或宽楔形，两面有糙伏毛，脉上尤密，小叶柄长 1～2.5cm，侧生小叶片常为斜卵形。总状花序长 8～15(～28)cm；苞片和小苞片线形，被短硬毛，早落；花梗长 4～7mm；花萼钟形，长约 5mm，具明显脉纹，萼筒长 2.5～3mm，萼齿 5 枚，上方 2 枚合生，较宽，长约 2mm，宽约 4mm，最下方 1 枚齿最长，长约 2mm；花冠淡黄绿色，有时带紫晕，旗瓣宽倒卵形，长、宽近相等，1(～1.5)cm，翼瓣最短，长 7～8mm，龙骨瓣最长，长约 1.2cm，初时内卷成 1 管，先端弯曲，后旋卷；雄蕊二体；子房无柄，线形，疏被白短毛，花柱长，卷曲。荚果线形，长 5～8cm，被短柔毛；有多数种子。花期

图 2-32　土圞儿

6—7月，果期9—10月。

见于萧山区（进化、楼塔）、西湖景区（梵村、灵峰、云栖、中天竺），生于向阳山坡、疏林下、林缘和灌丛中，常缠绕在其他植物上。分布于福建、甘肃、广东、广西、贵州、河南、湖北、湖南、江西、四川；日本也有。

块根入药。

23. 崖豆藤属　Millettia Wight & Arn.

木质藤本、乔木或灌木，常绿，稀落叶。奇数羽状复叶；小叶对生，小叶片全缘；小托叶存在或缺。圆锥花序顶生或腋生，腋生者有时呈总状。花萼钟状或筒状，4～5齿裂，稀平截；花冠紫色、玫瑰红色或白色，旗瓣阔，外面秃净或被毛，基部内面有时有胼胝体或耳，翼瓣镰刀状长圆形，龙骨瓣内弯，先端圆钝；雄蕊10枚，单体或二体（9＋1）；子房无柄，稀具柄，线形，花柱长或短，直或上弯。荚果扁平或肿胀，开裂、迟裂或不裂，果瓣木质或革质；有1至数粒种子，种子凸镜状，扁圆形或肾形。$2n=20,22$，偶有报道为$2n=16,24,32,36,48$。

约200种，主要分布于亚洲和非洲热带、亚热带；我国有35种；浙江有5种，1变种；杭州有1种。

网络崖豆藤　昆明鸡血藤　（图2-33）

Millettia reticulata Benth.

半常绿或落叶攀援灌木，长5m以上。小枝黄褐色，无毛。小叶5～9枚，托叶钻形，基部距突明显；小叶片革质，卵状椭圆形、长椭圆形或卵形，长2.5～12cm，宽1.5～5.5cm，先端尾尖、钝头，微凹，基部圆形，两面无毛，下面网状细脉隆起。圆锥花序顶生，下垂，长达15cm，花序梗被黄色疏柔毛；花萼钟状，长3～5mm，萼齿短，先端钝，边缘有淡黄色短柔毛；花冠紫红色或玫瑰红色，无毛；雄蕊10枚，二体；子房线形，几无柄，花柱圆柱形，向上弯曲。荚果紫褐色，线状长圆形至倒披针状长圆形，长达16cm，宽1～1.5cm，扁平，无毛，种子间略缢缩，顶端具喙，熟时开裂，果瓣木质，扭曲；有3～10粒种子，种子褐色具花纹，扁圆球形。花期6～8月，果期10—11月。$2n=48$。

区内常见，生于山地、沟谷、灌丛或疏林下。分布于安徽、福建、广东、广西、贵州、海南、湖北、湖南、江苏、江西、陕西、四川、台湾、云南；越南也有。

根、茎入药；也可栽植于庭院供观赏。

图2-33　网络崖豆藤

24. 紫藤属 Wisteria Nutt.

落叶木质藤本。奇数羽状复叶互生;托叶早落;小叶 9～19 枚,对生,小叶片全缘;有小托叶。长总状花序生于去年生小枝顶端,下垂;花萼钟状,萼齿短,5 枚,上方 2 枚常合生,下方 3 枚较长;花冠白色、蓝色、淡紫色或青紫色,旗瓣大,反卷,近基部常有耳和 2 个胼胝体,翼瓣镰刀状,基部亦有耳,龙骨瓣钝;雄蕊 10 枚,二体(9+1);子房有毛,花柱上弯,柱头顶生,头状。荚果长线形,扁平,有柄,种子间通常缢缩,成熟时开裂;有数粒种子,种子扁圆球形。

约 10 种,分布于东亚、澳大利亚和北美洲东北部;我国有 7 种;浙江有 2 种,1 变型;杭州有 1 种,1 变型。

1. 紫藤 (图 2-34)

Wisteria sinensis (Sims) Sweet

落叶木质藤木。茎皮黄褐色;嫩枝伏生丝状毛,后渐无毛。奇数羽状复叶有小叶 7～13 枚;托叶线状披针形,早落;小叶片卵状披针形或卵状长圆形,长 4～11cm,宽 2～5cm,先端渐尖或尾尖,基部圆形或宽楔形,幼时两面被柔毛,后渐脱落,仅中脉被柔毛;小叶柄长 2～4mm,密被短柔毛;小托叶针刺状。总状花序生于去年生枝顶端,长 15～30cm,下垂,花密集;花序梗及花序轴密被黄褐色柔毛;花梗长 1～2cm,被短柔毛,花萼宽钟状,被疏柔毛;花冠紫色或深紫色,旗瓣近圆形,长约 2cm,有短柄,内侧近基部有 2 个胼胝体,反折,翼瓣和龙骨瓣稍短于旗瓣,基部均有瓣柄及耳,子房有柄,密被灰白色茸毛,花柱上弯,有数颗胚珠。荚果线形或线状倒披针形,长 10～20cm,扁平,密被灰黄色茸毛;有 1～3(～5)粒种子,成熟时开裂,种子灰褐色,扁球形,直径为 0.7～1cm,种皮有花纹。花期 4—5 月,果期 5—10 月。$2n=16$,偶有报道为 $2n=32$。

图 2-34 紫藤

区内常见,生于向阳山坡、沟谷、空旷地、灌丛中、疏林下。分布于安徽、福建、广西、河北、河南、湖北、湖南、江苏、江西、山东、山西、陕西;日本也有。

花含芳香油;茎皮纤维可制绳索或造纸;根、茎皮及花均入药;种子有防腐作用;并常作庭院栽培树种,供观赏。

1a. 白花紫藤

f. alba (Lindl.) Rehder & E. H. Wilson

与原种的主要区别在于:本变型花白色。

区内公园、庭院有栽培。分布于湖北。

25. 野豌豆属 Vicia L.

一年生、越年生或多年生草本。茎通常攀援,稀直立或匍匐。偶数羽状复叶互生;叶轴顶端小叶退化成分枝或不分枝的卷须或小刺毛,稀成为小叶状;托叶半箭头形,有时为线状披针形或半卵形。花单生或为腋生的总状花序,有时呈圆锥状。花萼钟状,常偏斜,萼齿5枚,通常以下齿最长;花冠白色、蓝色、紫色或紫红色,多少伸出萼外,旗瓣倒卵形或长圆形,常较长,龙骨瓣与翼瓣粘合,较短,均具瓣柄;雄蕊二体(9+1),花药同型;子房近无柄,有2至多数胚珠,花柱细,圆柱形或上部扁平,背面有1丛髯毛或四周被柔毛。荚果侧扁,稀圆柱形;种子球形或肾形。染色体数目报道极多,多为 $2n=10,12,14,24$。

　　200多种,分布于北半球温带地区及南美洲;我国有40种;浙江有10种;杭州有7种。

分 种 检 索 表

1. 叶轴顶端小叶退化成小刺毛。
　2. 越年生草本;花1至数朵腋生,花冠白色,有黑色斑块,长3.2~3.5cm;栽培 ………… 1. **蚕豆** *V. faba*
　2. 多年生草本;花3~18朵成总状花序,花冠紫红色,长1.1~1.8cm;野生 …… 2. **牯岭野豌豆** *V. kulingana*
1. 叶轴顶端小叶退化成卷须·分枝或不分枝。
　3. 总状花序有7至多朵花;花长9~18mm;小叶8~24枚。
　　4. 多年生草本,疏生短柔毛;花冠蓝色或淡红色,长0.9~1.2cm;野生 …… 3. **广布野豌豆** *V. cracca*
　　4. 一年生、越年生草本,全体被长柔毛;花冠堇蓝色,长1.5~1.8cm;栽培 …………………
　　　………………………………………………………………… 4. **长柔毛野豌豆** *V. villosa*
　3. 总状花序有2~6朵花或1~2朵花腋生,花长3.5~15mm;小叶6~16枚。
　　5. 花长1.2~1.5cm,1~2朵花腋生,几无花序梗,花冠紫红色 ……………… 5. **大巢菜** *V. sativa*
　　5. 花长3.5~6mm,1~2朵或2~6朵花排列成总状花序,有花序梗,花冠淡紫色或蓝色,稀白色。
　　　6. 总状花序有2~6朵花,花长3.5mm,子房无柄,被硬毛 ……………… 6. **小巢菜** *V. hirsuta*
　　　6. 总状花序仅有1~2朵花,花长可达6mm,子房有柄,无毛 …… 7. **四籽野豌豆** *V. tetrasperma*

1. 蚕豆 (图 2-35)

Vicia faba L.

　　越年生草本,高50~150cm。茎直立。无毛,常具棱。偶数羽状复叶有2~6枚小叶;叶轴顶端具不发达刺毛状卷须;叶柄长约2.5cm;托叶半箭头状,长约1.5cm,边缘有细齿,基部贴生在叶柄上;小叶片椭圆形、宽椭圆形或倒卵状长圆形,长3~6cm,宽2~3.5cm,先端钝圆,稀急尖,具小尖头,基部宽楔形,两面无毛。花1至数朵腋生;花序梗极短;花萼钟状,长1.2~1.3cm,萼齿5枚,上方2枚短,三角形,下方3枚卵状椭圆形,长4~5mm;旗瓣白色,有紫色条纹,提琴状,长3.2~3.5cm,先端钝或具小尖,向基部渐狭,翼瓣白色,中间有黑色斑块,倒卵状长圆形,长2.5~2.8cm,具耳及瓣柄,瓣柄长约1.2cm,龙骨瓣长1.9~2.2cm,也具细长瓣柄;子房幼时两缝线上被极细毛,无柄,花柱顶端背部有1丛毛。荚果大,肥厚,长5~12.5cm,宽约2cm;有2~5粒种子,种子扁平。花期3—4月,果

图 2-35 蚕豆

期5—6月。2n＝12,偶有报道为2n＝14。

区内常见栽培。原产于里海南部至北非;现世界各地广泛栽培。

种子供食用、磨粉及作饲料;茎、叶是优良绿肥;花及茎秆能止血。

2. 牯岭野豌豆 无萼齿野豌豆 (图 2-36)

Vicia kulingana L. H. Bailey——V. *edentata* F. T. Wang & Tang

多年生直立草本,高 40～80cm。茎具棱及沟
槽,无毛。偶数羽状复叶有 4 枚小叶,稀2～8 枚;
叶轴顶端卷须不发达,呈刺毛状;叶柄长2～10mm;
托叶半箭头状或披针形;小叶片卵形或卵状披针
形,长 2～10.5cm,宽 1～4cm,先端急尖至长渐
尖,具小尖头,基部楔形或宽楔形,两面近无毛,有
明显细脉。总状花序腋生,基部偶有分枝,长
1.5～1.8cm,有 3～18 朵花;苞片卵形,长 4～
8mm,小苞片常脱落;花梗长 2～3mm;花萼斜管
状,长5～6mm,基部一侧稍凸出,萼齿 5 枚,长
0.5～1mm;花冠紫红色,旗瓣提琴状,长 11～
18mm,先端圆,微凹,向基部渐狭,翼瓣与之等
长,有耳,龙骨瓣略短,均具长 9～10mm 的细瓣
柄;子房无毛,有细长柄,花柱中部以上四周被长
柔毛。荚果斜长椭圆球形,长3.5～4.5cm,宽约
8mm,无毛,具不明显斜皱纹;有 1～5 粒种子,种
子青褐色,扁球形。花期 6—8月,果期 8—10月。
2n＝14。

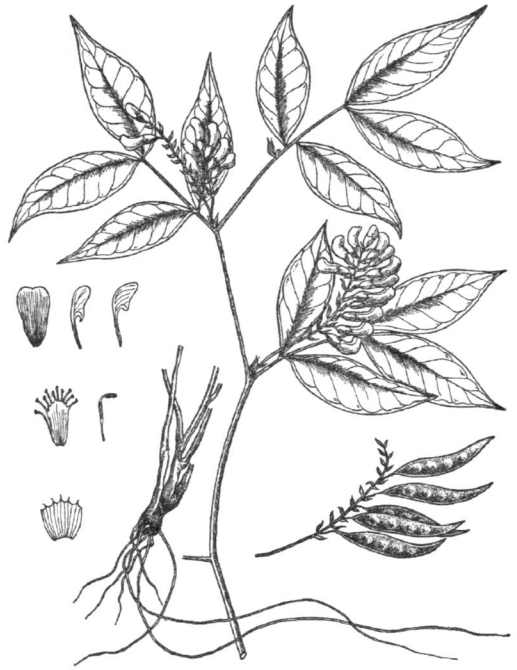

图 2-36 牯岭野豌豆

见于余杭区(余杭)、西湖景区(赤山埠、九溪、
茅家埠、玉皇山),生于山坡、林缘、山顶及杂草丛中。分布于河南、湖南、江西、山东。

《浙江植物志》认为无萼齿野豌豆 V. *edentata* F. T. Wang & Tang 作为一个独立的种存
在,但目前一般认为它在本种的变异范围之内。此外,该种在发表时缺乏拉丁文的描述或特征
辑要,根据《国际植物命名法规》,这一名称是无效的。

3. 广布野豌豆 (图 2-37)

Vicia cracca L.

多年生蔓性草本,高 60～100cm。茎具棱,疏生短柔毛。羽状复叶有 8～24 枚小叶,叶轴
顶端有分枝卷须;托叶披针形或戟形,有毛;小叶片狭椭圆形、线形至线状披针形,长 1～
2.5cm,宽 2～8mm,先端圆钝,具小尖头,基部圆形,两面疏生毛或近无毛。总状花序腋生,常
较复叶短,有 7～25 朵花;花序梗长 2～6cm;花梗长 1～1.5mm;花萼斜钟状,长约 5mm,外被
黄色短柔毛,萼齿 5 枚,其中 4 枚三角形,长 0.5～1mm,最下 1 枚披针形,长约 2mm;花冠蓝色
或淡红色,旗瓣提琴形,长 9～12mm,先端微凹,翼瓣与之近等长,龙骨瓣长 7～9mm,均有长
4～6mm 的瓣柄;子房有柄,柄长 2～4mm,花柱上部被长柔毛。荚果长圆球形,长 2.3～3cm,
宽6～8mm,有不明显网纹,无毛;有 4～6 粒种子。花期 4—9月,果期 6—10月。2n＝14,28,

偶有报道为 $2n=12,21,22,24$。

区内常见,生于农田、田边或草坡。分布于全国各地;日本、哈萨克斯坦、蒙古、越南、亚洲西南部、欧洲也有。

可作牧草、饲料及绿肥;入药效用与小巢菜同。

图 2-37　广布野豌豆

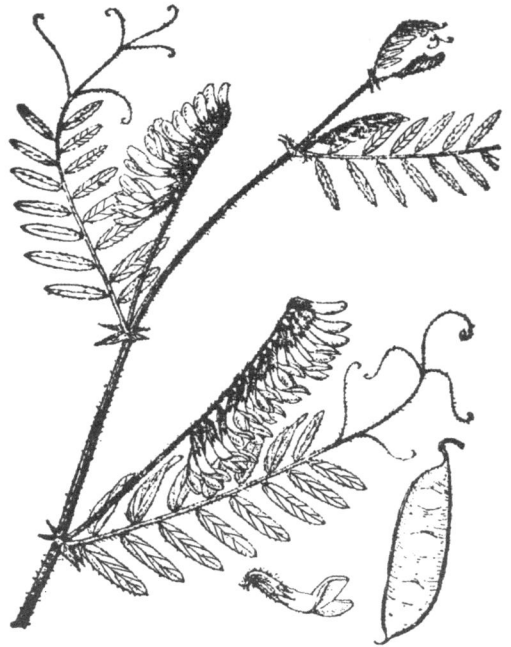

图 2-38　长柔毛野豌豆

4. 长柔毛野豌豆 　(图 2-38)

Vicia villosa Roth

一年生、越年生草本,高 30～70(～100)cm。全体被淡黄色长柔毛;茎细弱,具棱,有分枝。偶数羽状复叶有 12～18(～20)枚小叶;叶轴粗壮,顶端有分枝卷须;托叶半箭头形,长约 8mm;小叶片长圆形、线状长圆形或线状披针形,长 1～2cm,宽 2～4mm,先端钝,具小尖头,基部圆形,两面有长柔毛。花多数,疏生于总状花序的一侧,花萼斜钟状,长约 5mm,有长柔毛,萼齿 5枚,上方 2 枚齿三角形,较短,下方 3 枚齿披针形,较长,有淡黄色长柔毛;花冠堇蓝色,稀白色,旗瓣提琴状长圆形,长 1.5～1.8cm,宽 5～6mm,先端微凹,翼瓣狭长圆形,长 1.3～1.5cm,一侧有耳及较长的瓣柄,龙骨瓣较翼瓣短或近等长,先端稍弯,有耳和较长瓣柄;子房有细长柄,无毛,花柱周围有长柔毛。荚果长圆球形,长约 3cm,宽约 1cm,两侧扁平,无毛;有 2～8 粒种子,种子近黑色,球形。花、果期 5—7 月。$2n=14$,偶有报道为 $2n=10,12,28$。

区内有栽培,亦偶见逸生。原产于欧洲。

本种为优良的饲料及绿肥植物。

5. 大巢菜　救荒野豌豆 　(图 2-39)

Vicia sativa Guss.

一年生、越年生草本,高 20～80cm。茎细弱,具棱,疏被黄色短柔毛。偶数羽状复叶有

6～14 枚小叶;叶轴顶端有分枝卷须;叶柄长不超过 4mm,托叶半箭头形,边缘具齿;小叶片线形,倒卵状长圆形或倒披针形,长 0.7～2.3cm,宽 2～8mm,先端截形或微凹,具小尖头,基部楔形,两面疏生黄色短柔毛,小叶柄短。花 1～2 朵腋生;花序梗极短,疏被毛;花萼长约 8mm,外被黄色短柔毛,萼齿 5 枚,线状披针形,长约 3.5mm;花冠紫红色,旗瓣宽卵形,长 1.2～1.5cm,有宽瓣柄,翼瓣倒卵状长圆形,长 1～1.2cm,有耳,龙骨瓣先端稍弯,与翼瓣均具长约 5.5mm 的瓣柄;子房有短柄,被黄色短柔毛,花柱上部背面有一簇黄色髯毛。荚果扁平,线形,长 3～5cm,宽 4～7mm,近无毛;有 6～9 粒种子,种子熟时黑褐色,球形。花期 3—6 月,果期 4—7 月。$2n=10,12,14$,偶有报道为 $2n=6,18$。

区内常见,生于路旁灌丛中、山坡路旁、山谷及平原地区。分布于安徽、福建、甘肃、广东、贵州、河北、黑龙江、湖北、江苏、内蒙古、四川、台湾、新疆、云南。

茎、叶为优良饲料及绿肥。

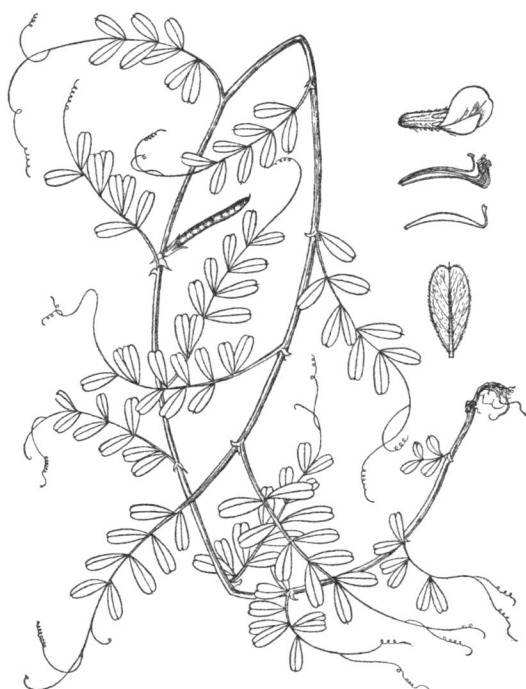

图 2-39　大巢菜

图 2-40　小巢菜

6. 小巢菜　(图 2-40)

Vicia hirsuta（L.）Gray

一年生、越年生草本,高 10～60cm。茎纤细,具棱,几无毛或疏生短柔毛。偶数羽状复叶有 8～16 枚小叶;叶轴顶端有羽状分枝卷须;叶柄长 2～4mm;托叶一侧有线形的齿;小叶片线形或线状长圆形,长 3～15mm,宽 1～4mm,先端截形,具小尖头,基部楔形,两面无毛。总状花序腋生,较叶短,有 2～6 朵花;花萼钟状,长约 3mm,外面疏生短柔毛,萼齿 5 枚,线形,长约 1.5mm;花冠淡紫色,稀白色,旗瓣椭圆形,长约 3.5mm,先端截形,有小尖头,翼瓣与旗瓣近等长,先端圆钝,瓣柄长约 1mm,无耳,龙骨瓣稍短,瓣柄长 1mm;雄蕊二体;子房无柄,密生棕色长硬毛,花柱顶端周围有短毛。荚果扁平,长圆球形,长 7～10mm,宽 3.5～4mm,外面被硬毛;有1~2粒种子,种子棕色,扁圆球形。花、果期3—5月。$2n=14$,偶有报道为$2n=12$。

　　见于江干区(彭埠)、拱墅区(半山)、西湖区(留下)、滨江区(长河)、萧山区(楼塔)、余杭区(百丈、良渚)、西湖景区(大麦岭、水乐洞),生于山坡、山脚及草地上。分布于安徽、福建、甘肃、广东、广西、贵州、江苏、青海、陕西、四川、台湾、新疆、云南;不丹、印度、日本、朝鲜半岛、尼泊尔、巴基斯坦、中亚、西亚、非洲、欧洲、北大西洋岛屿也有。

　　全草可作优良青饲料或干饲料;又可入药。

7. 四籽野豌豆　(图 2-41)

Vicia tetrasperma (L.) Schreb.

　　一年生、越年生草本,高 20~50cm。茎纤细,具棱,分枝多,被疏柔毛或近无毛。偶数羽状复叶有 6~12 枚小叶;叶轴顶端有分枝卷须;托叶半箭头形,长 4~5mm;小叶片线形或线状长圆形,长 4~5mm,宽 2~4mm,先端圆钝,具小尖头,基部楔形,上面无毛,下面疏生毛。总状花序腋生,有 1~2 朵花;花序梗细,比复叶短或近等长;花梗丝状,长 3~4mm;花萼长约 3mm,萼齿 5 枚,三角状卵形,近等长,较萼筒短;花冠紫色或蓝紫色,旗瓣长圆状倒卵形,长 4.5~6mm,先端微凹,翼瓣倒卵状长圆形,与旗瓣近等长,先端圆,有耳及瓣柄,龙骨瓣弯卵形,比翼瓣略短,也具耳及瓣柄;子房有短柄,无毛,花柱上部周围有毛。荚果线状长圆球形,长 1~1.4cm,宽约 4mm,两侧扁,无毛;有 3~4 粒种子,种子球形。花期 4—6 月,果期 6—8 月。$2n=14$。

　　见于江干区(彭埠)、滨江区(长河)、余杭区(黄湖),生于田边、荒地及草地上。分布于安徽、福建、甘肃、贵州、河北、湖北、湖南、江苏、江西、陕西、四川、台湾、新疆、云南;不丹、印度、日本、朝鲜半岛、巴基斯坦、中亚、西亚、北非、北大西洋岛屿、欧洲也有。

　　用途同小巢菜。

图 2-41　四籽野豌豆

26. 山黧豆属　Lathyrus L.

　　一年生或多年生草本。茎攀援,稀直立,与叶柄常多少具棱角及翅。偶数羽状复叶有 1 至数对小叶;叶轴顶端小叶常变为卷须或刚毛,极稀延伸成叶状;托叶叶状,半箭头形或箭头形。花单生或为腋生总状花序;花萼钟状,萼筒基部偏斜或背部偏突,萼齿近等长或上方 2 枚较短;花冠蓝紫色、玫瑰红色、白色或黄色,常较花萼长,旗瓣具宽短的瓣柄,龙骨瓣比翼瓣短;雄蕊二体(9+1),花药同型;子房无柄或有柄,常有多数胚珠,花柱扁平内弯,沿内侧有髯毛,柱头头状。荚果近圆柱状或扁平,无隔膜;有数粒至多数种子,种子球形。染色体数目报道极多,绝大多数为$2n=14$,偶有报道为$2n=9,16,28,42$。

　　约 130 种,分布于北温带、非洲热带和南美洲;我国有 16 种;浙江连栽培的共有 4 种,1 亚种；杭州有 2 种。

本属植物可供食用、观赏，作青饲料及绿肥用。

1. 大山黧豆 （图 2-42）

Lathyrus davidii Hance

多年生草本，高 80～150cm。茎直立或斜生，有细纵沟，多分枝，无毛。偶数羽状复叶，叶轴末端具卷须分枝；小叶 2～5 对，卵形或椭圆形，长 3～10cm，宽 2～6cm，先端急尖，基部宽楔形或圆形，全缘，两面无毛，下面苍白色；托叶半箭头形，全缘或下缘稍有锯齿，长 2～6cm，宽 1～3cm。总状花序腋生，约与叶等长，有花 10 余朵，花黄色，长 1.5～2cm；花萼斜钟状，萼齿短小；旗瓣长圆形，与翼瓣近等长，龙骨瓣比翼瓣稍短；子房条形，无毛。荚果条状长圆球形，长 8～15cm，宽 5～6mm；种子近球形，紫褐色。花期 5～7 月，果期 7～9 月。$2n=14$。

见于萧山区（楼塔），生于山坡脚下。分布于安徽、甘肃、河北、河南、黑龙江、湖北、吉林、辽宁、内蒙古、山东、陕西；日本、朝鲜半岛及俄罗斯也有。浙江新记录。

图 2-42 大山黧豆

2. 香豌豆 （图 2-43）

Lathyrus odoratus L.

一年生攀援草本。茎及叶轴有明显的翅，疏被短柔毛。小叶 2 枚，顶端小叶退化成三至五歧卷须；托叶半箭头形；小叶片宽椭圆形或卵形，长 3.5～6.5cm，宽 1.5～4cm，先端急尖，基部宽楔形，上面近无毛，下面被短柔毛。总状花序腋生，有 1～3 朵花；花序梗较复叶长；花梗短，有柔毛；花有香气；花萼宽钟状，萼齿 5 枚，披针形；花冠颜色多种，长 2～3cm；雄蕊二体；子房密被锈色长硬毛，花柱扁平，扭转，内侧有髯毛。荚果扁平，长圆球形，长 5～7cm，顶端向上弯曲成细长的喙，有长毛；有数至多粒种子，种子灰棕色，近球形。花、果期 6～9 月。$2n=14$。

区内偶见栽培。原产于意大利；我国各地庭院有栽培。

供观赏。

与上种的区别在于：本种为一年生攀援草本，小叶 2 枚，总状花序有花 1～3 朵。

图 2-43 香豌豆

27．豌豆属　Pisum L.

一年生或多年生草本。偶数羽状复叶有 2～6 枚小叶;叶轴顶端有羽状分枝的卷须;托叶大,叶状。花单生或排成腋生总状花序;苞片小,早落,小苞片缺;花萼斜钟状或基部浅囊状,萼齿 5 枚,近相等或上方 2 枚较宽;花冠白色或紫红色,伸出花萼外,旗瓣大,宽倒卵形或近圆形,有瓣柄,龙骨瓣短于翼瓣,内弯,先端钝;雄蕊二体(9＋1),花药同型;子房有数颗胚珠,花柱内弯,上部沿内侧有髯毛。荚果侧扁,略歪斜,膨胀;种子球形。

约 6 种,分布于地中海地区和西亚;我国栽培 1 种;浙江及杭州也有。

豌豆　(图 2-44)

Pisum sativum L.

一年生、越年生草本,高可达 2m;全株无毛,常被白粉。茎攀援,与分枝均具 4 条棱。偶数羽状复叶互生,有 2～6 枚小叶;叶轴顶端具羽状分枝的卷须;叶柄长 2～4cm,具棱;托叶大,叶状,长可达 5cm,下部边缘有细牙齿;小叶片宽椭圆形或椭圆形,长 2～4.5cm,宽1～2.5cm,先端圆形,基部宽楔形,以基部小叶片为大。花单生或 2～3 朵排成腋生总状花序;花萼钟状,长约 1.3cm,萼齿 5 枚,披针形,与萼筒近等长,上方 2枚较宽;花冠白色或紫红色,旗瓣大,近圆形,长约2cm,有短而宽的瓣柄,翼瓣宽倒卵形,较短,稍与龙骨瓣粘连,基部一侧具耳,与龙骨瓣均具瓣柄;雄蕊二体;子房近新月形,花柱扁,上部内侧有髯毛,弯曲,与子房成直角。荚果近圆筒形,长 5～10cm;有 2～9 粒种子,种子球形。花、果期 4—5 月。$2n＝14$,偶有报道为$2n＝28,56,84,98,112,224$。

图 2-44　豌豆

区内常见栽培。原产于地中海地区;现我国各地广泛栽培。

种子、嫩荚及嫩苗可供食用;种子可入药;又可作绿肥及饲料。

28．田菁属　Sesbania Scop.

半灌木状草本或灌木,稀乔木状,有时具刺。偶数羽状复叶有多数小叶;托叶不显著,早落;小叶片常具腺点。总状花序腋生,有花数朵;花萼钟状或宽钟状,呈二唇形或 5 齿裂;花冠远较花萼长,通常黄色而带紫色斑点或条纹,稀紫色或白色,旗瓣宽,基部有瓣柄,翼瓣与龙骨瓣均具耳及细瓣柄,龙骨瓣钝头,直或弯曲,具短喙;雄蕊二体(9＋1),花药同型;子房具柄,有多数胚珠。荚果极细长,2 瓣开裂;有多数种子,种子间有隔膜。$2n＝12,24$,偶有报道为 $2n＝14,23$。

约 70 种,分布于热带地区;我国有 5 种;浙江有 1 种;杭州有 1 种。

田菁 （图 2-45）

Sesbania cannabina（Retz.）Poir.

一年生半灌木状草本,高 2~3m。茎直立,小枝与叶轴无刺。偶数羽状复叶有 20~60 枚小叶;托叶披针形或披针状钻形,长可达 1cm,基部盾着,早落;小叶片线形或线状长圆形,长 0.8~2.5cm,宽 2.5~5mm,先端钝,有小尖头,基部圆形,两面密生褐色小腺点,幼时被茸毛,后渐脱落,仅下面多少有毛;小托叶针形。总状花序腋生,疏生 2~6 朵花;花萼钟状,萼齿 5 枚,近三角形,短于萼筒,无毛;花冠黄色,长 1~1.5cm,旗瓣常有紫斑,扁圆形,长稍短于宽,有瓣柄,翼瓣与龙骨瓣均有耳及瓣柄;雄蕊二体,花药同型;子房线形,无毛,花柱内弯。荚果极细长,细圆柱形,长 15~18cm,直径为 2~3mm,2 瓣开裂;有多数种子,种子黑褐色,长圆球形,长约 3mm,直径约为 1.5mm。$2n=24$,偶有报道为 $2n=12$。

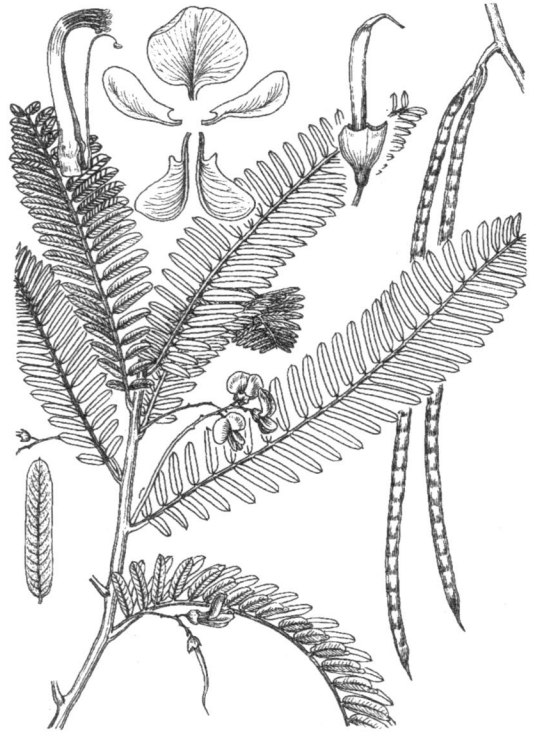

见于西湖区(三墩)、萧山区(临浦、南阳)、余杭区(乔司),生于水田、水沟等潮湿低地或栽培。分布于安徽、福建、广东、广西、贵州、海南、河北、河南、湖北、湖南、江苏、江西、内蒙古、山东、山西、台湾、云南。

耐潮湿和盐碱,常栽培于沿海岸边作护堤树种;纤维可代麻用;茎、叶可作绿肥及饲料。

图 2-45　田菁

29. 锦鸡儿属　Caragana Fabr.

落叶灌木,稀乔木;有刺或无刺。偶数羽状复叶或假掌状复叶;叶轴顶端常有一刺或刺毛;托叶膜质或硬化成针刺,脱落或宿存。花单生或很少为 2~3 朵组成的小伞形花序,着生于老枝的节上或新枝的基部;花梗常具关节;苞片 1~2 枚,着生于关节处,常退化成刚毛状或不存在,小苞片缺如或 1 至数枚生于花萼下方;花萼筒状或钟状,基部偏斜,呈浅囊状或囊状,5 齿裂,萼齿近相等或上方 2 枚较小;花冠黄色,稀紫红色或白色;雄蕊 10 枚,二体(9+1);子房近无柄,花柱直或稍内弯,无髯毛,胚珠多数。荚果线形,成熟时圆柱状,2 瓣裂;种子横长圆球形或近球形,无种阜。$2n=16,32$,偶有报道为 $2n=18$,20,24,30。

80 余种,分布于东欧及亚洲;我国约有 50 种;浙江有 2 种;杭州有 1 种。

锦鸡儿 （图 2-46）

Caragana sinica（Buc'hoz）Rehder

灌木,高 1~2m。枝直伸或开展,小枝黄褐色或灰色,多少有棱,无毛。1 回羽状复叶有小叶 4 枚,上面 1 对通常较大;叶轴长约 2.5cm,先端硬化成针刺;托叶三角状披针形,先端硬化成针刺;小叶片革质或硬纸质,倒卵形、倒卵状楔形或长圆状倒卵形,长 1～3.5cm,宽 0.5～1.5cm,先端圆或微凹,通常具短尖头。花单生于叶腋;花两性,长 2.5～3cm;花梗长 0.8～1.5cm,中部具关节,关节上有极细小苞片;花萼钟状,长约 1cm,萼齿宽三角形,基部具浅囊状凸起;花冠黄色带红,凋谢时红褐色,长 2～3cm,旗瓣狭倒卵形,基部带红色,翼瓣长圆形,先端圆钝,耳极短而圆,龙骨瓣紫色,先端钝;花药黄色;子房线形,无毛。荚果稍扁,长3～3.5cm,宽约 0.5cm,无毛。花期 4—5 月,果期 5—8 月。$2n=24$。

见于余杭区(百丈)、西湖景区(虎跑、龙井、云栖),生于山坡、山谷、路旁、灌丛中或栽培。分布于安徽、福建、甘肃、广西、贵州、河北、河南、湖北、湖南、江苏、江西、辽宁、山东、陕西、四川、云南;朝鲜半岛也有。

根皮入药;花可和鸡蛋炒食;也为庭院观赏植物。

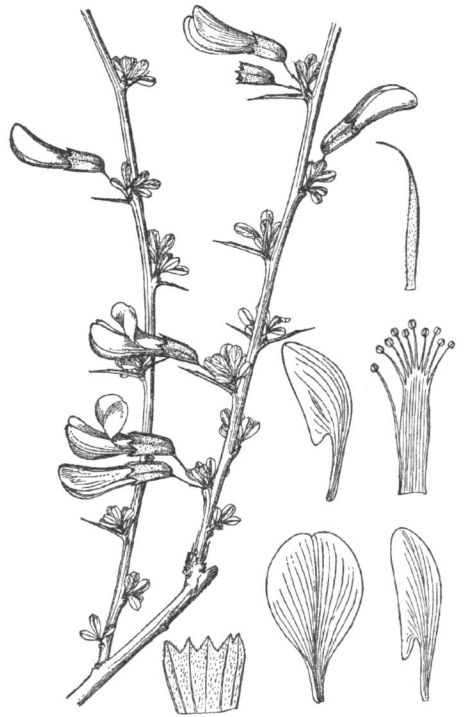

图 2-46　锦鸡儿

30. 落花生属　Arachis L.

矮小草本。茎常匍匐。偶数羽状复叶有 4～6 枚小叶,托叶与叶柄合生。花单生或数朵聚生于叶腋;萼筒纤弱,形似花梗,萼齿 5 枚,上方 4 枚合生,下方 1 枚分离,花冠黄色,花瓣和雄蕊生于萼筒顶端,旗瓣圆形,翼瓣长圆形,龙骨瓣内弯,具喙;花丝合生成一狭管,有时仅 9 枚,花药异型,长短间生;子房近无柄,有 2～3(～5)颗胚珠,受精后花托延长成下弯的柄,将尚未膨大的子房推入土中成熟。荚果长圆状圆柱形,稍呈念珠状,表面有网纹,不开裂。$2n=20,40$,偶有报道为 $2n=18,21,38$。

约 19 种,分布于美洲热带及非洲。其中,落花生 *A. hypogaea* L. 广泛栽培于世界各地,我国各地均有栽培;浙江及杭州也有。

落花生　(图 2-47)

Arachis hypogaea L.

一年生草本,高 20～70cm;全株被毛。根部有根瘤。茎基部匍匐,多分枝,具棱,被棕色长柔毛。羽状复叶,通常有 4 枚小叶;叶柄长 3～6cm,托叶

图 2-47　落花生

线状披针形,长1.5~3cm,部分与叶柄合生;小叶片长圆形至倒卵形,长2~4cm,宽1.3~2.5cm,先端圆钝或急尖,两面无毛。花单生或数朵聚生于叶腋;花萼与花托合生成托管,呈花梗状,长达2.5cm;萼齿二唇形,长6mm;花冠黄色,旗瓣近圆形,长8~9mm,龙骨瓣先端具喙,与翼瓣均较短;雄蕊9枚合生,1枚退化;子房藏于托管中。荚果于地下成熟,革质,长圆状圆柱形,长1~5cm,具网纹;有1~3(~5)粒种子。花期6—7月,果期9—10月。$2n=40$,偶有报道为$2n=20,38$。

区内常见栽培。原产于巴西;现世界各地广泛栽培。

种子可供食用,又可榨油供食用及制肥皂等用,油粕可作饲料及肥料;茎、叶是极好的绿肥。

31. 金雀儿属　Cytisus L.

灌木或小乔木。常为掌状3出复叶,有时单叶或无叶;托叶小,针刺状或不明显。总状花序顶生时则甚长,叶腋生时则短,几成簇生;苞片和小苞片均小,早落;萼二唇形,萼齿短小,上方2枚齿联合或分离,下方3枚齿细尖;花冠黄色,偶为紫色或白色,旗瓣圆形或卵形,翼瓣倒卵形或长圆形,龙骨瓣弯曲,先端钝或偶为渐尖,均无毛,瓣柄分离;雄蕊10枚,联合成闭合的雄蕊管,花丝细,花药二型,长短交互,背着和底着;子房无柄或具短柄,通常被毛,胚珠多数,花柱无毛,细长,旋曲,柱头顶生,头状或歪形。荚果扁平,长圆球形至线形,2瓣裂;种子具种阜。染色体数目多为$2n=46,48$,偶有报道为$2n=20,24,50,52,54,96$。

约50种,分布于欧洲、西亚和北非;我国引种栽培2种;浙江有1种;杭州有1种。

金雀儿

Cytisus scoparius（L.）Link

灌木,高80~250cm。枝丛生,直立,分枝细长,无毛,具纵长的细棱。上部常为单叶,下部为掌状3出复叶;具短柄;托叶小,通常不明显或无;小叶倒卵形至椭圆形全缘,长5~15mm,宽3~5mm,茎上部的单叶更小,先端钝圆,基部渐狭至短柄,上面无毛或近无毛,下面稀被贴伏短柔毛。花单生于上部叶腋,于枝梢排成总状花序,基部有呈苞片状叶;花梗细,长约1cm;无小苞片;萼二唇形,无毛,通常粉白色,长约4mm,萼甚细短,上唇3短尖,下唇3短尖;花冠鲜黄色,无毛,长1.5~2.5cm,旗瓣卵形至圆形,先端微凹,翼瓣与旗瓣等长,钝头,龙骨瓣阔,弯头;雄蕊单体,花药二型;花柱细,伸出花冠并向内旋曲,长达2cm。荚果扁平,阔线形,长4~5cm,宽1cm,缝线上被长柔毛;有多数种子,种子椭圆球形,长3mm,灰黄色。花期5—7月。$2n=46,48$。

区内常见栽培。原产于欧洲;我国公园、庭院常见栽培。

花绚丽,供观赏。

32. 猪屎豆属　Crotalaria L.

草本或灌木。单叶或掌状3出复叶;托叶离生,叶状、刚毛状或缺。花单生或成总状花序,稀密集排列成头状。花萼5深裂,萼筒短,萼齿披针形、线形或三角形,近等长或近二唇形;花冠黄色或白色,稀蓝紫色,与花萼等长或较长,旗瓣圆形或卵形,基部通常有2个胼胝体,并具短瓣柄,翼瓣倒卵形或长圆形,较短,龙骨瓣与旗瓣常近等长,极弯曲,背部几成直角,先端具明显尖喙；雄蕊 10 枚，合生成单体，花药异型，5 枚长的长椭圆形，5 枚短的近球形；子房无柄或具短柄，有 2 至多数胚珠，花柱长，基部膝曲，中部以上内侧有毛，柱头斜生。荚果圆柱形、长圆球形、卵球形或球形，无隔膜，肿胀，熟时摇之有响声。染色体数目报道极多，多为 $2n=16$，亦有报道为 $2n=8,14,32,48,64$。

约 550 种，分布于热带或亚热带地区；我国有 37 种；浙江连栽培共有 11 种；杭州有 3 种。本属植物是良好的绿肥植物或纤维植物，并可保持水土及改良土壤。

分 种 检 索 表

1. 掌状 3 小叶；花萼近钟形，萼齿与萼筒近等长 ·························· 1. 猪屎豆 *C. pallida*
1. 单叶；花萼通常二唇形，上唇 2 枚齿较宽大，下唇 3 枚齿较狭窄。
　　2. 叶片线形、披针形或长圆形，宽 0.2～1cm；花冠与花萼近等长，长约 1cm；荚果长 1～1.3cm ·······
　　··· 2. 野百合 *C. sessiliflora*
　　2. 叶片倒披针状长圆形或倒卵状长圆形，宽 2～5.8cm；花冠明显伸出花萼外，长在 1.5cm 以上；荚果长
　　3.5～4.5cm ·························· 3. 大托叶猪屎豆 *C. spectabilis*

1. 猪屎豆 （图 2-48）

Crotalaria pallida Aiton

半灌木状草本，高 60～100cm。茎直立，与分枝具浅沟纹，被紧贴短柔毛。掌状 3 小复叶互生；叶柄长 2～6cm；托叶细小，早落；小叶片倒卵状长圆形或长椭圆形，顶生小叶片最大，倒卵形或宽椭圆形，长 3～7cm，宽 1.6～4cm，先端钝，通常微凹，基部楔形，上面无毛，有棕红色小腺点，下面有贴伏短绢毛，侧脉明显，6～8 对。总状花序长 15～30cm，有 20～50 朵花；苞片早落，小苞片着生于萼筒中部；花梗长 2～3mm；花萼长 6～7mm，薄被绢毛，萼齿披针形，与萼筒等长或略长；花冠黄色，长 1～1.5cm，旗瓣具紫红色条纹，翼瓣略短小，龙骨瓣与旗瓣等长或稍长，均具瓣柄。荚果圆柱状，长 3.7～4.5cm，直径为 7～8mm，幼时被毛，后渐脱落近无毛，开裂时 2 枚果瓣扭转；有 20～30 粒种子。花、果期 8—10 月。$2n=16$。

区内有栽培。可能原产于非洲热带；现广泛分布于全世界热带地区。

种子入药；茎、叶可作绿肥及饲料。

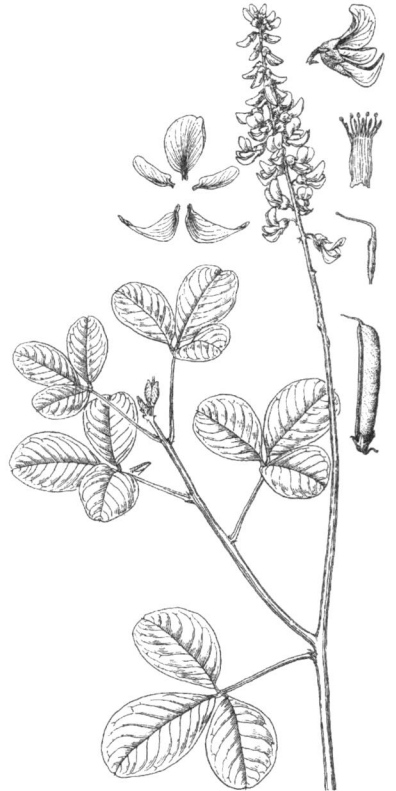

2. 野百合 （图 2-49）

Crotalaria sessiliflora L.

一年生草本，高 20～100cm。茎直立，基部有时木质化，单一或有分枝，被淡黄褐色丝质长糙毛。单叶互生；叶片线形或披针形，有时长圆形，长 2～7.5cm，宽 0.2～1cm，先端急尖，基部略狭窄成短柄至几无柄，上面疏被毛或近无毛，下面密被绢毛，中脉尤密；托叶极细小，刚毛状。总状花序顶生，兼有腋生，长 2～7cm，密生 2～20 朵花；苞片线形；小苞片线形，生于花梗上部，

图 2-48　猪屎豆

与花萼均被黄褐色长糙毛；花梗极短，果时下垂；花萼长约 1cm，果时可增长至 1.5cm，上方 2 枚齿卵状披针形，下方 3 枚齿狭长而尖锐；花冠淡蓝色或淡紫色，与花萼近等长，旗瓣倒卵形，先端微凹，翼瓣长椭圆形，龙骨瓣有长喙；雄蕊单体，花药异型；子房无毛。荚果长圆球形，长 1～1.3cm，直径为 4～5mm，无毛，外面包围宿存萼；有 10～15 粒种子。花期 9—10 月，果期 9—12 月。$2n=16$。

见于余杭区（余杭），生于向阳山坡、林缘、矮草丛中及裸岩旁。分布于安徽、福建、广东、广西、贵州、海南、河南、湖北、湖南、江苏、江西、辽宁、山东、四川、台湾、西藏、云南；孟加拉、不丹、柬埔寨、印度、印度尼西亚、日本、朝鲜半岛、老挝、马来西亚、缅甸、尼泊尔、巴基斯坦、菲律宾、泰国、越南、太平洋岛屿也有。

全草及种子入药。

图 2-49　野百合

图 2-50　大托叶猪屎豆

3. 大托叶猪屎豆　（图 2-50）

Crotalaria spectabilis Roth

一年生草本，高 1～1.5m。茎直立，与分枝均粗壮，圆柱形。单叶互生；叶片倒披针状长圆形或倒卵状长圆形，长 5～12cm，宽 2～5.8cm，先端钝或急尖，有小尖头，基部楔形，上面无毛，下面密被紧贴绢毛；托叶大，宽卵形。总状花序顶生，长 20～40cm；苞片叶状宽卵形，长 6～8mm，常反曲，宿存；花梗长 0.8～1.6cm；小苞片小，线形，生于花梗中部以下；花萼长 1.1～1.2cm，5 深裂，上方 2 枚齿较宽，三角形，下方 3 枚齿较狭长，较萼筒长 1 倍；花冠黄色或紫色，旗瓣扁圆形，长 1.5～1.8cm，翼瓣倒卵状长圆形，长 1～1.4cm，龙骨瓣镰刀状弯曲，先端具喙；雄蕊单体，花药异型。荚果圆柱形，长 3.5～4.5cm，直径约为 1.5cm，近无毛；有 20～30 粒种子，种子黑色，圆球形，直径约为 2mm。花、果期 8—10 月。$2n=16$，偶有报道为 $2n=32$。

区内有栽培。原产于印度；世界各地均有栽培。

33. 野扁豆属　Dunbaria Wight & Arn.

缠绕草本或木质藤本。羽状 3 出复叶互生;小叶片下面有明显腺点;托叶和小托叶早落,有时无小托叶。总状花序腋生,稀单生于叶腋;苞片早落或缺,小苞片缺或偶存。花萼 5裂,上方 2 枚齿合生,最下 1 枚齿最长;花冠黄色,多少伸出萼外,旗瓣和翼瓣具耳,龙骨瓣稍短,弯曲,各瓣均具瓣柄;雄蕊二体(9+1),花药同型;子房通常无柄,有多数胚珠,基部有腺体,花柱线状,柱头小。荚果线形或线状长圆形,挺直或镰刀状,扁平,开裂后果瓣扭曲。$2n=20,22$。

约 15 种,分布于亚洲热带,南至大洋洲;我国约有 7 种;浙江有 1 种;杭州有 1 种。

毛野扁豆　野扁豆　(图 2-51)

Dunbaria villosa(Thunb.) Makino——*Glycine villosa* Thunb.

多年生缠绕草本,植株各部均有锈色腺点。茎细弱,具棱纹,密被倒向短柔毛。羽状 3 小叶,互生;叶柄长 0.6~2.5cm;托叶卵形,长 1~2mm;顶生小叶片较大,近扁菱形,长 1.3~3cm,宽 1.5~3.5cm,先端骤突尖或急尖而钝,基部圆形至截形,两面疏被极短柔毛;侧生小叶片斜宽卵形,较小;小托叶钻形。总状花序腋生,有 2~7 朵花;苞片早落,小苞片缺;花萼钟状,长 9~11mm,萼齿 5 枚,上方 2 枚合生,最下 1 枚最长,长 6~7mm;花冠黄色,旗瓣肾形,长 1.4~1.6cm,先端微凹,基部有耳及瓣柄,翼瓣亦有耳,与旗瓣近等长,龙骨瓣极弯曲,稍短;子房密被长柔毛及锈色腺点,基部有杯状腺体,花柱纤细,上部无毛。荚果线形,长 4~5cm,宽约 0.7cm,扁平,顶端有尖喙,密被短毛及锈色腺点;有 5、6(7)粒种子。花期 8—9 月,果期 9—11 月。$2n=22$。

见于萧山区(新街、戴村、南阳)、余杭区(鸬鸟)、西湖景区(黄龙洞、桃源岭、中天竺),生于草丛中或灌丛中。分布于安徽、广西、贵州、湖北、湖南、江苏、江西、台湾;柬埔寨、印度、印度尼西亚、日本、朝鲜半岛、老挝、菲律宾、泰国、越南也有。

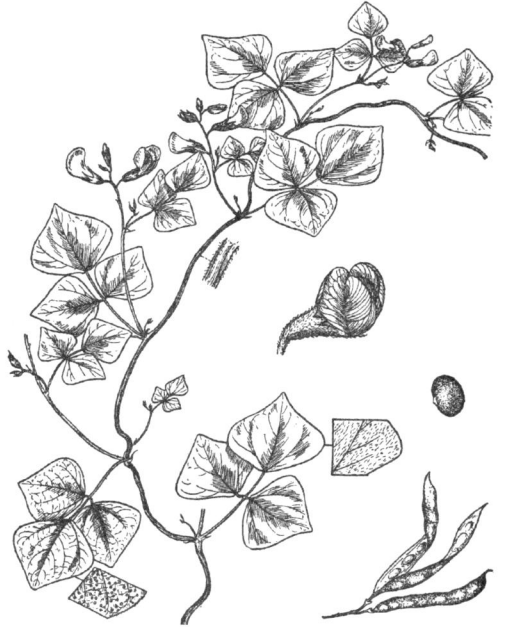

图 2-51　毛野扁豆

种子入药。

34. 鹿藿属　Rhynchosia Lour.

草本或半灌木。茎常缠绕状或匍匐。羽状 3 出复叶;小叶片下面常有腺点,小托叶存在或缺。总状花序腋生;花萼钟状,萼齿 5 枚,上方 2 枚齿多少合生;花冠黄色,稀紫色,长或短于花萼,旗瓣基部有耳,龙骨瓣内弯;雄蕊二体(9+1),花药同型;子房近无柄,有 2 颗胚珠,花柱长,弯曲,下部被毛,基部常有腺体。荚果长圆球形、斜圆球形或近镰刀状,扁平或膨胀;有 1~2 粒种子。2n=22,偶有报道为 2n=24。

约 150 种,广布于热带和亚热带地区;我国有 12 种;浙江有 3 种;杭州有 2 种。

1. 渐尖叶鹿藿 (图 2-52)

Rhynchosia acuminatifolia Makino

多年生缠绕草本,长 1~1.5m。茎纤细,与叶柄、花序等均密被硬毛或近无毛。羽状 3 出复叶;叶柄长 1~4cm;托叶披针形;顶生小叶片长卵形、卵形或菱状卵形,长 3.5~9cm,宽 2~5cm,先端渐尖或长渐尖,有小尖头,基部圆形或截形,上面疏生细毛,下面仅脉上有毛及散生松脂状腺点,基出 3 脉明显,小叶柄长 0.4~1.1cm;侧生小叶片较小,斜卵形,小叶柄也较短,有钻形小托叶。总状花序腋生,长 1.5~2.5cm,常比叶短,有 10~15 朵花,较密集;小苞片小,卵形,长约 1mm;花梗细长,长 4~5mm;花萼斜钟状,长约 4mm,上方 2 枚齿合生,浅 2 裂,下方 3 枚齿卵形或三角形,以最下 1 枚齿最长,长约 1.5mm;花冠黄色,旗瓣长 8~9mm,翼瓣与龙骨瓣略短。荚果红色,长 1.8~2cm,宽约 8mm,顶端具尖喙,被微细毛及散生橘黄色腺点。花期 7—8 月,果期 9—10 月。

图 2-52 渐尖叶鹿藿

见于西湖区(双浦)、萧山区(河上)、西湖景区(烟霞洞、云栖),生于山坡、林下、林缘及路边。分布于安徽、贵州、江苏;日本也有。

2. 鹿藿 (图 2-53)

Rhynchosia volubilis Lour.

多年生缠绕草本;植株各部密被棕黄色开展柔毛。羽状 3 出复叶;叶柄长 1~6cm;托叶膜质,线状披针形,长 6~8mm,宿存;顶生小叶片圆菱形,长 2~7cm,宽 2.3~6cm,先端急尖或圆钝,基部近截形,两面被毛,下面尤密,并散生橘红色腺点;侧生小叶片较小,斜卵形或斜宽椭圆形;小叶柄长 2~7mm,侧生的较短,小托叶锥状。总状花序有 10 余朵花,有时聚生成圆锥状;花萼钟状,长 4~5mm,密被毛及腺点,萼齿 5 枚,上方 2 枚合生至中部,下方 3 枚卵状披针形,以最下 1 枚最长,长约 3mm;花冠黄色,长 7~8mm,各瓣近等长,均具耳及瓣柄,旗瓣较宽,两侧有内弯的耳,基部有附属体,龙骨瓣先端有长喙。荚果红褐色,长圆球形,长约 1.5cm,宽 7~9mm,熟时开裂,露出 2 粒黑色种子;种子近球形,直径为 3~4mm,有光泽。花期 7—9 月,果期 10—11 月。2n=22。

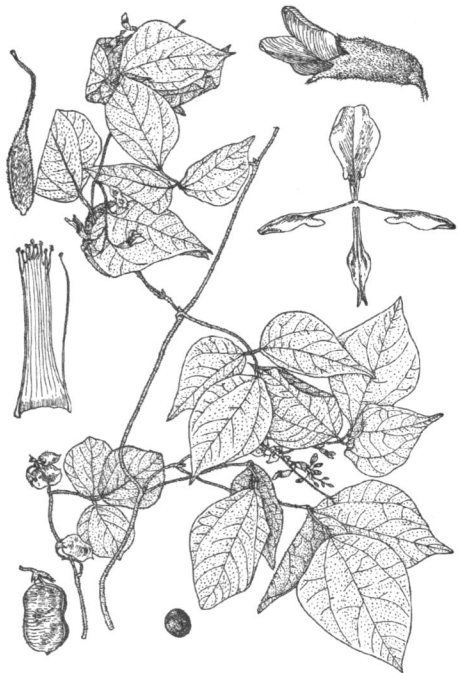
图 2-53 鹿藿

见于萧山区(南阳、衙前)、西湖景区(南高峰),生于山坡、路边及草丛中。分布于广东、海南、台湾;日本、朝鲜半岛、越南也有。

种子入药。

与上种的主要区别在于:本种顶生小叶片圆菱形,先端急尖或圆钝。

35. 菥子梢属 Campylotropis Bunge

落叶灌木。羽状3小叶,通常多少被毛;托叶2枚,钻形,宿存;小叶片先端具细尖头。总状花序腋生,有时再组成圆锥花序;苞片宽卵状、渐尖或披针形,早落,每一苞片内有1朵花,小苞片亦早落;花梗在花萼下有关节,花通常自关节处脱落;花萼钟状,5齿裂,或上方2枚齿几全部合生;花冠通常紫色或紫红色,旗瓣卵形或近圆形,先端通常急尖,龙骨瓣弯曲,先端有尖喙;雄蕊10枚,二体(9+1);子房有短柄,1室,1颗胚珠。荚果卵球形或长圆球形,扁平,不开裂;具1粒种子;果瓣有网纹。$2n=22$,偶有报道为$2n=33$。

约60种,分布于亚洲温带;我国约有50种;浙江有1种;杭州有1种。

本属易与近缘的胡枝子属 Lespedeza Michx. 混淆,主要区别在于:本属花梗有关节,每一苞腋具1朵花,苞片早落,龙骨瓣先端急尖;后者花梗不具关节,每一苞腋具2朵花,苞片宿存,龙骨瓣先端钝。

菥子梢 (图2-54)

Campylotropis macrocarpa (Bunge) Rehder

小灌木,高1~2m。幼枝密被白色或淡黄色短柔毛,具明显或不明显纵棱。羽状3小叶;小叶片长圆形或椭圆形,先端微凹或钝圆,具短尖头,基部圆形,全缘,上面近无毛,下面有淡黄色短柔毛,细脉明显;顶生小叶片长3~6.5cm,宽1.5~4cm;侧生小叶片稍小。总状花序,有时为圆锥花序,腋生或顶生,长4~8(~12)cm;花序梗及花梗均被开展的短柔毛;花梗纤细,长可达1cm,在萼下有关节,花自关节处脱落;花萼宽钟状,5齿裂,上方2枚齿多少合生,萼齿三角形,被疏柔毛;花冠红紫色,长约1cm,旗瓣先端紫色,向基部色渐淡,倒卵形,翼瓣斜长方形,基部有耳,龙骨瓣镰刀形,弯曲近90°,先端尖;子房仅两缝线被长柔毛,花柱纤细,长达1cm。荚果斜椭圆球形,长1~1.2cm,宽5~6mm,网纹明显,腹缝线有短柔毛;具1粒种子,种子褐色,近圆球形,直径约为1.5mm,扁平。花期6—8月,果期9—11月。$2n=22$。

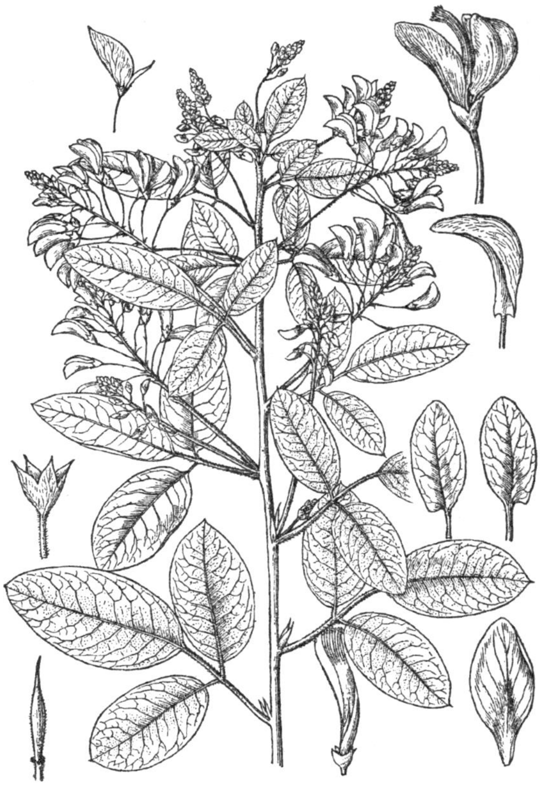

图2-54 菥子梢

见于萧山区(进化),生于山坡、山沟、林缘或疏林下。分布于安徽、福建、甘肃、广西、贵州、河北、河南、湖北、湖南、江苏、辽宁、山东、山西、陕西、四川、云南;朝鲜半岛也有。

根及全草入药。

36. 胡枝子属　Lespedeza Michx.

灌木、半灌木或多年生草本。羽状 3 小叶;托叶钻形或线形,通常宿存;小叶片全缘,先端有刺尖,小托叶缺如。总状花序腋生,或花序梗及花序轴极缩短而呈簇生状,或在顶端再集生成圆锥花序;每一苞腋具 2 朵花;苞片及小苞片均宿存;花梗在花萼下不具关节;花二型,同一植株仅具前者或两者兼有:一种具花冠,结实或不结实,另一种为闭锁花,花冠极退化,结实;花萼钟形,萼齿 5 枚,或上方 2 枚多少合生;花冠超出花萼,花瓣有瓣柄,旗瓣倒卵形或长圆形,翼瓣长圆形,龙骨瓣先端钝,内弯;雄蕊 10 枚,二体(9+1);子房有 1 颗胚珠,花柱上弯,柱头小,顶生。荚果扁平,卵球形或椭圆球形,不开裂,果瓣常有网纹;有 1 粒种子。

60 余种,分布于亚洲、澳大利亚及北美洲;我国约有 26 种;浙江有 19 种;杭州有 10 种。

分 种 检 索 表

1. 直立灌木,植株较高大,通常高在 1m 以上;无闭锁花。
　2. 小叶片先端锐尖;花冠淡黄绿色或绿白色 ······································ 1. **绿叶胡枝子**　*L. buergeri*
　2. 小叶片先端圆钝,微凹缺,稀钝尖;花冠紫红色。
　　3. 萼齿三角形或卵状三角形,长不超过 2.5mm ······················· 2. **胡枝子**　*L. bicolor*
　　3. 萼齿狭披针形,长在 4mm 以上。
　　　4. 植株较粗壮,小枝明显条棱;小叶片宽椭圆形或宽倒卵形 ········· 3. **大叶胡枝子**　*L. davidii*
　　　4. 小枝圆柱形或稍具条纹;小叶片卵形或椭圆形 ············ 4. **日本胡枝子**　*L. thunbergii*
1. 灌木或半灌木,直立或平卧,植株较矮小,高通常在 1m 以下,稀 1~2m;具闭锁花。
　5. 植株平卧或斜生,密被棕黄色或淡黄色粗毛;小叶片倒卵形或宽卵形,两面密被长柔毛;花冠黄白色或白色 ··· 5. **铁马鞭**　*L. pilosa*
　5. 植株直立,稀呈披散状。
　　6. 总状花序几无花序梗,明显短于复叶。
　　　7. 小叶片椭圆形或倒卵形,先端圆钝、截形或微凹,长约为宽的 3 倍,两面密被柔毛 ··············
　　　　·· 6. **中华胡枝子**　*L. chinensis*
　　　7. 小叶片线状楔形,先端截形或圆钝,长为宽的 5~6 倍,上面无毛或几无毛,下面密被白色柔毛
　　　　·· 7. **截叶铁扫帚**　*L. cuneata*
　　6. 总状花序具明显花序梗,长于复叶。
　　　8. 花冠紫红色、紫色或蓝紫色 ·· 8. **多花胡枝子**　*L. floribunda*
　　　8. 花冠黄白色或白色,旗瓣基部有时有紫斑。
　　　　9. 小叶片两面被柔毛;花序梗较粗壮,总状花序有花 10 朵以上;荚果密被毛 ······················
　　　　　·· 9. **绒毛胡枝子**　*L. tomentosa*
　　　　9. 小叶片仅下面被白色柔毛;花序梗纤细如丝状,总状花序有花(2~)4~6(~8)朵;荚果近无毛或疏被毛 ··· 10. **细梗胡枝子**　*L. virgata*

1. 绿叶胡枝子　(图 2-55)

Lespedeza buergeri Miq.

落叶灌木,高 1～3m。幼枝密被毛,二年生枝灰黄色或灰褐色,无毛或几无毛;芽单生于叶腋,芽鳞通常左右排列,压扁状,紧贴小枝。叶柄长 2～5mm,上面常有沟槽;托叶线状披针形;顶生小叶片羊皮纸质,卵状椭圆形至卵状披针形,长 1.8～7cm,宽 1～3cm,先端急尖或短渐尖,有小尖头,基部钝圆,上面无毛,下面有贴伏长粗毛;侧生小叶片略小。总状花序腋生,长于或短于复叶,近枝顶常分枝,呈圆锥状;花序梗短或几无花序梗;苞片及小苞片长卵形,密被柔毛;花萼钟状,长 3～4mm,萼齿 5 枚,上方 2 枚近合生;花冠淡黄绿色或绿白色,长约 10mm,旗瓣近圆形,基部两侧有耳,翼瓣较旗瓣短,龙骨瓣长于旗瓣;子房有毛,花柱丝状,柱头头状。荚果长圆状卵球形,长约 10mm,有网纹和长柔毛。花期 4—6 月,果期 8—10 月。

见于余杭区(鸬鸟),生于向阳山坡、沟边、路旁、灌丛中或林缘。分布于安徽、甘肃、河南、湖北、江苏、江西、山西、陕西、四川;日本也有。

种子含油;根及叶入药。

图 2-55　绿叶胡枝子

2. 胡枝子　(图 2-56)

Lespedeza bicolor Turcz.

直立灌木,高 0.7～2m。小枝黄色或暗褐色,有棱,幼嫩部分被短柔毛。叶柄上面有纵沟,长 0.5～4cm,被白色短柔毛;托叶披针形或线状披针形,长 3～4mm;小叶片纸质或草质,卵形、倒卵形或卵状长圆形;顶生小叶片长 1.5～5cm,宽 1～3cm,先端圆钝或微凹,稀稍尖,具小尖头,基部圆形或宽楔形,上面绿色,无毛,下面色较淡,被短柔毛。总状花序腋生,长于复叶,在枝顶常成圆锥花序;花序梗长 3～10cm,被短柔毛;花梗短,长约 2mm;小苞片卵形或卵状披针形,长约 1mm,密被短柔毛;花萼杯状,长约 5mm,5齿裂,萼齿三角形或卵状三角形,通常短于萼筒,上方 2 枚齿近合生;花冠紫红色,长 9～10mm,旗瓣倒卵形,先端微凹,翼瓣较旗瓣短,基部有耳和瓣柄,龙骨瓣等长于或稍短于旗瓣;子房线形,有柄,被短柔毛。荚果斜卵球形或斜倒卵球形,长约 1cm,宽约 5mm,具网脉,被短柔毛。花期 7—9 月,果期 9—10 月。$2n=$

图 2-56　胡枝子

22,偶有报道为 $2n=18,42$。

见于江干区(丁桥)、拱墅区(半山)、西湖区(双浦)、萧山区(城山、河上)、余杭区(良渚、临平、星桥)、西湖景区(葛岭、美人峰、玉皇山),生于山坡、路旁、空旷地、灌丛中或疏林下。分布于安徽、福建、甘肃、广东、广西、河北、河南、黑龙江、湖南、吉林、江苏、辽宁、内蒙古、山东、山西、陕西;日本、朝鲜半岛、俄罗斯也有。

耐干旱、瘠薄;可作绿肥及饲料;根入药;花艳丽,可栽于庭院供观赏。

3. 大叶胡枝子 (图 2-57)

Lespedeza davidii Pranch.

落叶灌木,高 1~3m。小枝较粗壮,具较明显的条棱,密被柔毛;老枝具木栓翅。叶柄长 1~3cm;托叶卵状披针形,长约 5mm,密被短柔毛;小叶片宽椭圆形、宽倒卵形或近圆形,长 3.5~9(~11)cm,宽 2.5~6(~7)cm,先端钝圆或微凹,基部圆形或宽楔形,两面密被短柔毛,下面尤密。总状花序腋生,在枝顶成圆锥花序,较复叶长或短,花密集;花序梗及花梗均密被柔毛;苞片及小苞片卵形至披针形,密被柔毛;花萼宽钟状,长约 6mm,5 深裂达中部以下,萼齿狭披针形,先端长渐尖,密被柔毛;花冠紫红色,长 10~12mm,旗瓣长圆形,先端钝圆或微凹,翼瓣狭长圆形,较旗瓣短,龙骨瓣斜卵形,与旗瓣等长,花瓣均具耳及瓣柄;子房密被柔毛。荚果斜卵球形、倒卵球形或椭圆球形,长 0.8~1(~1.2)cm,顶端具短尖,密被绢毛;种子成熟时豆青色,干后暗色,长 3~5mm,扁平,光滑无毛。花期 7—9 月,果期 9—11 月。

见于萧山区(瓜沥、进化)、余杭区(良渚、余杭),生于向阳山坡、沟边、灌丛中或疏林下。分布于安徽、福建、广东、广西、贵州、河南、湖南、江苏、江西、四川。

图 2-57 大叶胡枝子

本种较耐旱,根系发达,可作水土保持树种;根及叶入药;花密集而美丽,可供观赏。

4. 日本胡枝子 中华垂花胡枝子 (图 2-58)

Lespedeza thunbergii (DC.) Nakai——*L. formosa* (Vogel) Koehne——*L. thunbergii* subsp. *formosa* (Vogel) H. Ohashi

灌木、亚灌木或多年生草本;直立,高 1~3m。多分枝,被毛。叶柄长 1~5cm,有柔毛;托叶线状披针形,长 4~6mm;顶生小叶片椭圆形或卵形,少有为倒卵形的,长 2.5~6cm,宽 1~3cm,先端锐尖或稍钝,具小尖头,基部宽楔形或近圆形,上面被微柔毛或渐变为无毛,下面贴生短柔毛,侧生小叶片较小。总状花序腋生,明显长于复叶,或为圆锥花序顶生;花序梗可长达 10cm,被短柔毛;花萼长 4~7mm,5 齿裂,萼齿狭披针形,稍短于萼筒或长达萼筒的 3 倍;花冠紫红色,长10~15mm,旗瓣长圆形或近圆形,先端圆钝,基部具瓣柄及耳,翼瓣倒卵状长圆形,长7~8mm,龙骨瓣等长于或稍长于旗瓣,明显长于翼瓣;子房线形,具柄,密被短柔毛。荚果倒卵球形或倒卵状长圆球形,长约8mm,宽4mm,具网纹,疏被柔毛。花期8—9月,果期9—11月。2n=22。

见于西湖区(双浦)、萧山区(进化)、余杭区(塘栖)、西湖景区(宝石山、青龙山、桃桂山、五云山、云栖、紫云洞),生于向阳山坡、山谷、路边、灌丛中或林缘。分布于安徽、福建、甘肃、广东、广西、贵州、河北、河南、湖北、湖南、江苏、江西、山东、陕西、四川、台湾、云南;印度、日本、朝鲜半岛也有。

花及根皮入药;花色艳丽,可作庭院栽培植物供观赏。

图 2-58　日本胡枝子

5. 铁马鞭 （图 2-59）

Lespedeza pilosa (Thunb.) Siebold & Zucc.

半灌木,高达80cm;全体密被淡黄色或棕黄色长柔毛。茎细长披散。叶柄长3~20mm;托叶钻形,长约3mm;顶生小叶片宽卵形或倒卵形,长0.8~2.5cm,宽0.6~1.2cm,先端钝圆、截形或微凹,有短尖,基部圆形或宽楔形,两面密被长柔毛;侧生小叶片明显较小。总状花序腋生,通常有3~5朵花;花序梗和花梗均极短或几无梗,呈簇生状;苞片及小苞片披针形,长约5mm;花萼5深裂达中部以下,萼齿披针形,先端长渐尖,边缘具长缘毛;花冠黄白色或白色,旗瓣基部有紫斑,椭圆形或倒卵形,长约7mm,先端微凹,具瓣柄,翼瓣较旗瓣短,龙骨瓣长约8mm;闭锁花常1~3朵簇生于枝上部叶腋,无花梗或几无花梗,全部结实。荚果宽卵球形,长3~4mm,凸镜状,顶端具喙,两面密被长柔毛;种子灰绿色,椭圆球形,光滑无毛。花期7—9月,果期9—10月。2n=20。

见于萧山区(进化)、余杭区(良渚、鸬鸟)、西湖景区(北高峰、金鼓洞),生于向阳山坡、路边、田边、灌丛中或疏林下。分布于安徽、福建、甘肃、广东、贵州、湖北、湖南、江苏、江西、陕西、四川、西藏;日本、朝鲜半岛也有。

根及全草入药。

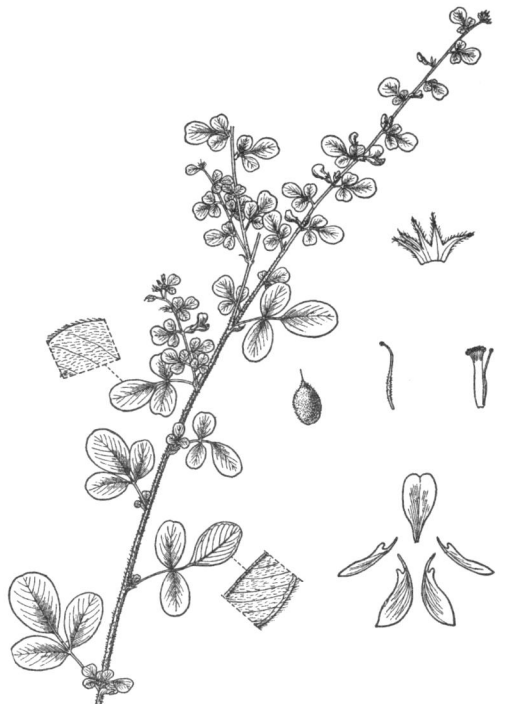

图 2-59　铁马鞭

6. 中华胡枝子 （图 2-60）

Lespedeza chinensis G. Don

直立或披散小灌木，高 0.4～1m。小枝被白色短柔毛。叶柄长 0.3～2.5cm，叶柄、叶轴及小叶柄密被柔毛；托叶钻形，长约 5mm，有疏柔毛；顶生小叶片长椭圆形、倒卵状长圆形、卵形或倒卵形，长 1～3.5cm，宽 0.3～1.2cm，先端钝圆、截形或微凹，具小尖头，边缘稍反卷，两面被毛，下面较密；侧生小叶片较小。总状花序腋生，短于复叶，花少数；花序梗极短；小苞片披针形，长约 2mm，被短柔毛；花萼狭钟状，长约为花冠之半，5 深裂达中部以下，萼齿狭披针形，先端长渐尖，外面被短柔毛，边缘有毛；花冠白色或淡黄色，长约 8mm，旗瓣倒卵状椭圆形，基部具瓣柄及耳，翼瓣狭长圆形，较旗瓣短，龙骨瓣长于旗瓣；闭锁花簇生于下部枝条叶腋。荚果卵球形，长约 4mm，表面有网纹，密被短柔毛；种子豆青色，肾状椭圆球形，长约 2mm，光滑无毛。花期 8—9 月，果期 10—11 月。

见于余杭区（鸬鸟）、西湖景区（孤山、云栖），生于山坡、路旁、草丛中或疏林下。分布于安徽、福建、广东、湖北、湖南、江苏、江西、四川、台湾。

根及全草入药。

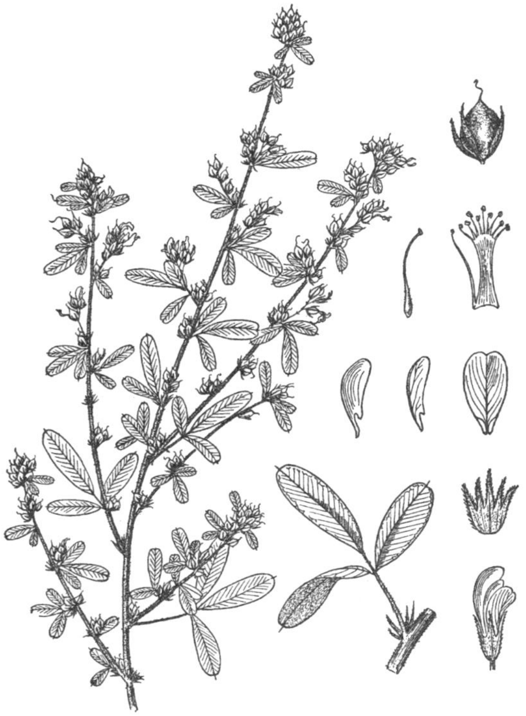

图 2-60 中华胡枝子

7. 截叶铁扫帚 （图 2-61）

Lespedeza cuneata (Dumort.-Cours.) G. Don

半灌木，高 0.5～1m。枝具条棱，有短柔毛。叶柄长 4～10mm，被白色柔毛；托叶线形，具 3 条脉；小叶片线状楔形，先端截形或圆钝，微凹，具小尖头，基部楔形，上面几无毛，下面密被柔毛；顶生小叶片长 1～3cm，宽 2～5mm；侧生小叶片较小。总状花序腋生，显著短于复叶，有 2～4 朵花，有时花单生；几无花序梗；小苞片 2 枚，狭卵形，长 1～1.5mm；花萼狭钟状，长约 4mm，5 深裂达中部以下，萼齿披针形，被白色短柔毛；花冠白色或淡黄色，长约 7mm，旗瓣基部有紫斑，倒卵状长圆形，先端圆钝，微凹，翼瓣与旗瓣近等长，龙骨瓣先端带紫色，略长于旗

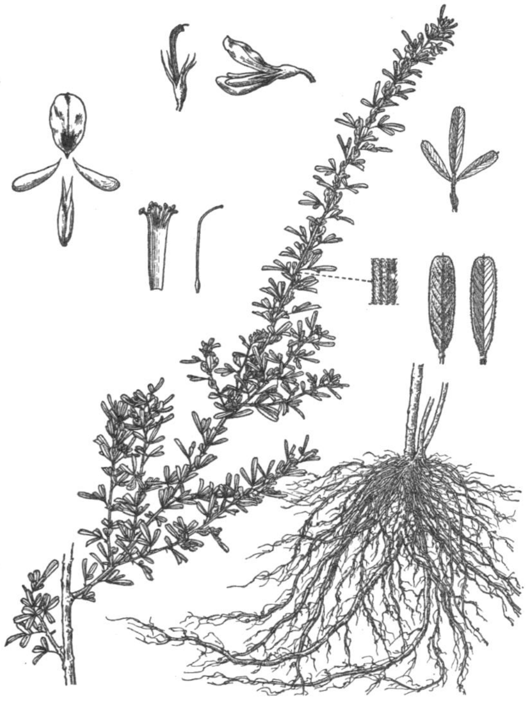

图 2-61 截叶铁扫帚

瓣;子房及花柱被短柔毛;闭锁花簇生于叶腋。荚果宽卵球形或斜卵球形,长约 3mm,被柔毛;种子赭褐色,肾圆形,光滑无毛。花期 6—9 月,果期 10—11 月。$2n=20$。

见于西湖区(留下)、滨江区(长河)、萧山区(楼塔、进化)、余杭区(良渚)、西湖景区(北高峰、梵村、黄龙洞、龙井、满觉陇、桃源岭等),生于山坡、路边、林隙、空旷地及草丛中。分布于甘肃、广东、河南、湖北、湖南、山东、陕西、四川、台湾、西藏、云南、阿富汗、不丹、印度、印度尼西亚、日本、朝鲜半岛、老挝、马来西亚、尼泊尔、巴基斯坦、菲律宾、泰国、越南也有。

全草入药。

8. 多花胡枝子　(图 2-62)

Lespedeza floribunda Bunge

直立小灌木,高 30～100cm。根细长。茎常近基部多分枝,枝微具棱,被灰白色柔毛。叶柄长 3～6mm;托叶钻形,长约 5mm;顶生小叶片倒卵形或倒卵状长圆形,长 0.6～2.5cm,宽 0.4～1.6cm,先端钝圆、截形或微凹,有小尖头,基部楔形或近圆形,上面无毛或有疏毛,下面密被白色伏毛;侧生小叶片明显较小。总状花序腋生,明显长于复叶,具多数花;小苞片卵形,长约 1mm,先端急尖;花萼宽钟状,长 4～5mm,5 深裂,萼齿狭披针形,疏被白色柔毛;花冠紫色、紫红色或蓝紫色,长约 8mm,旗瓣椭圆形,先端钝圆,基部有瓣柄,翼瓣稍短,龙骨瓣略长于旗瓣,先端钝;闭锁花簇生于叶腋,呈头状花序。荚果菱状卵球形,长约 5mm,超出宿存萼,密被柔毛,有网纹;种子暗褐色,近卵球形。花期 7—9 月,果期 9—10 月。

图 2-62　多花胡枝子

见于江干区(乔司)、西湖区(双浦)、西湖景区(宝石山、九溪、梅家坞、棋盘山),生于干旱山坡、路旁、灌丛中或疏林下。分布于安徽、福建、甘肃、广东、河北、河南、湖北、江苏、辽宁、宁夏、青海、山东、山西、陕西、四川;印度、巴基斯坦也有。

根入药。

9. 绒毛胡枝子　(图 2-63)

Lespedeza tomentosa (Thunb.) Siebold ex Maxim.

直立灌木或半灌木,高 1～2m,全体被黄色或黄锈色茸毛。茎单一或上部有少数分枝。叶柄长 0.5～2cm;托叶钻形或线状披针形,长约 4.5mm;顶生小叶片狭长圆形、长圆形或卵状长圆形,长 1.5～6cm,宽 0.5～2.5cm,先端钝圆,有时微凹,有短尖头,基部圆形,边缘稍向下反卷,上面中脉凹陷,疏被短柔毛或近无毛,下面密被黄褐色茸毛或柔毛;侧生小叶片较小。总状花序在茎上部腋生或在枝顶成圆锥花序,显著长于复叶,花密集,花 10 朵以上;花序梗粗壮,长 4～8(～12)cm;苞片长圆形,小苞片线状披针形,长约 2mm;花萼浅杯状,长约 6mm,5 深裂,萼齿狭披针形,长约 4mm,先端长渐尖,密被柔毛;花冠白色或淡黄色,长约 1cm,旗瓣椭圆形,翼瓣较旗瓣短,龙骨瓣较旗瓣稍长;子房密被短柔毛;闭锁花着生于茎上部叶腋,簇生成头状。荚果倒卵球形或卵状长圆球形,长约 4mm,顶端有短尖,密被贴伏柔毛,网纹明显;种子豆青色,近椭圆球形,长约 1.5mm。花期 7—8 月,果期 9—10 月。2n＝20,22。

　　见于萧山区(南阳),生于向阳山坡、路旁灌丛或林缘。分布于全国各地(除西藏、新疆外);印度、日本、朝鲜半岛、蒙古、尼泊尔、巴基斯坦、俄罗斯也有。

　　种子含油量为 7%;根及叶入药。

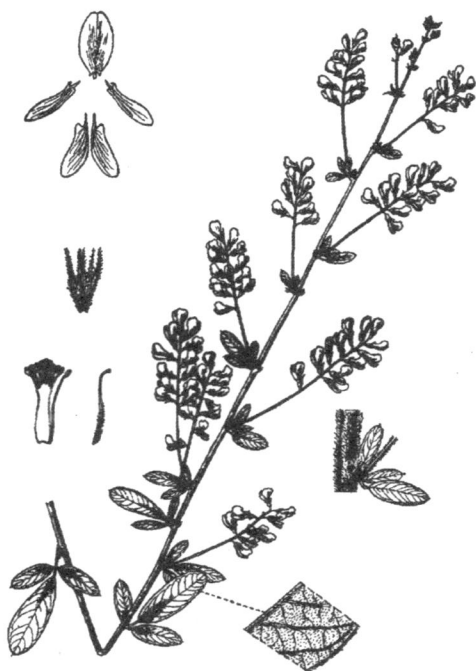

图 2-63　绒毛胡枝子

图 2-64　细梗胡枝子

10. 细梗胡枝子　(图 2-64)

Lespedeza virgata (Thunb.) DC.

　　小灌木,高 25～80cm。小枝纤细,微具棱,被白色贴伏柔毛或近无毛。叶柄长 0.3～1.5cm,上面具沟槽,被短柔毛;托叶钻形,长约 5mm;顶生小叶片长圆形、卵状长圆形或倒卵形,长 0.4～2cm,宽0.3～1.2cm,先端钝圆,有时微凹,有小尖头,基部圆形,上面无毛,下面被短柔毛,边缘稍反卷;侧生小叶片略小;小叶柄极短,被贴伏柔毛。总状花序腋生,长于复叶,通常仅有(2～)4～6(～8)朵花;花序梗纤细如发丝,被白色短柔毛;苞片及小苞片披针形;花萼狭钟状,5 深裂达中部以下,萼齿狭披针形,先端长渐尖;花冠白色或黄白色,旗瓣基部有紫斑,长约 6mm,翼瓣较短,龙骨瓣与旗瓣近等长;闭锁花簇生于叶腋,无花梗。荚果近卵球形,长约 4mm,通常不超出花萼,疏被短柔毛或近无毛,具网纹。花期 7—8 月,果期 9—10 月。

　　见于萧山区(南阳)、西湖景区(葛岭、栖霞岭、玉皇山),生于山脚、山坡、路边灌丛中。分布于安徽、福建、贵州、河北、河南、湖北、湖南、江苏、江西、辽宁、山东、山西、陕西、台湾;日本、朝鲜半岛也有。

　　根及叶入药。

37. 油麻藤属　Mucuna Adans.

一年生或多年生木质或草质藤本,稀直立。羽状 3 出复叶,托叶早落,小托叶存在。总状花序,稀圆锥花序,腋生或生于老茎上,花多数聚生于花序轴隆起的节上;花萼钟状,5 齿裂,上方 2 枚齿常合生;花冠深紫色、黄绿色或近白色,旗瓣长通常只有龙骨瓣长之半,基部有内弯的耳,龙骨瓣长于或近等长于翼瓣,先端内弯成硬喙状;雄蕊 10 枚,成二体(9＋1),花药异型,5 枚较长,与花瓣互生,花药基着,另 5 枚较短,与花瓣对生,花药"丁"字状着生;子房无柄,多少被毛,花柱通常无毛。荚果线形或长圆球形,平滑或有斜向横折襞,沿荚缝线有隆脊,多被柔毛或刺激性刺毛;有少数至多数种子,种子通常较大,种脐短或长,线形,无种阜,含多种生物碱。

约 160 种,分布于热带、亚热带地区;我国约有 30 种;浙江有 4 种;杭州有 2 种。

1. 褶皮黧豆　宁油麻藤　(图 2-65)

Mucuna lamellata Wilmot-Dear——*M. paohwashanica* Tang ＆ F. T. Wang

攀援藤本。茎稍带木质,具纵沟槽,无毛或具疏毛。羽状复叶具 3 小叶,叶长 17～27cm;托叶长 2～2.5mm,不久脱落;叶柄长 7～11cm;小叶薄纸质,顶生小叶菱状卵形,长 6～13cm,宽 4～9.5cm,先端渐尖,具短尖头,长 4mm,基部圆或稍楔形;侧生小叶明显偏斜,长 8～14cm,基部截形,侧脉每边 4～6 条,在两面隆起;小托叶长 2～3mm,线形;小叶柄长 4～5mm。总状花序腋生,长 7～27cm,花生于花序上部,通常每节有 3 朵花;苞片和小苞片披针形、线状披针形或狭卵形,长约 7mm,宽约 2mm,早落;花梗长 7～8mm,密被锈色柔毛和浅黄色贴伏毛;花萼密被绢质柔毛,萼筒杯状,长 5～6mm,宽 8～10mm;花冠深紫色或红色,旗瓣宽椭圆形,长 2～2.5cm,先端宽圆形,2 浅裂,基部耳长约 1mm,瓣柄长,宽约 2mm,翼瓣长圆形,长 3.2～4cm,宽 9～12mm,瓣柄长约 6mm,耳长约 2mm,近基部边缘有睫毛,龙骨瓣较纤细,长(3.6～)4(～4.5)cm,先端弯曲,弯折长约 1cm,基部瓣

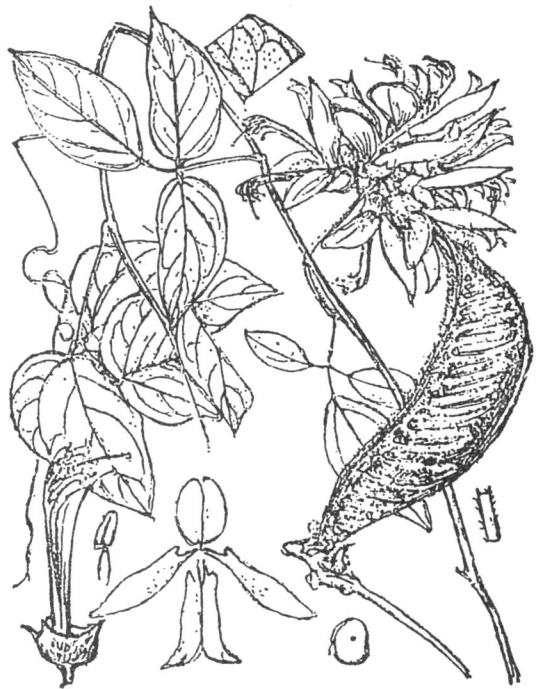

图 2-65　褶皮黧豆

柄长 6～7mm,耳长 1～2mm;雄蕊约与龙骨瓣相等;子房线形,长约 7mm,具 5 枚胚珠,花柱长约 3.4cm,柱头小。荚果革质,长圆球形,基部和先端弯曲,外形不对称,幼时密被锈褐色刚毛,最后被柔毛和凋落的锈色螫毛,背腹缝两侧具宽 2～4mm 的翅;种子 3～5 枚,深红褐色或黑色,光滑,种脐黑色,无假种皮。花期 4—5 月,果期 9—10 月。

见于西湖区(留下),生于山坡、沟边、林中、灌丛中。分布于福建、广东、广西、湖北、江苏、江西。杭州新记录。

2. 常春油麻藤　（图 2-66）

Mucuna sempervirens Hemsl.

常绿木质藤本，长达 10m，基部直径可达 20cm。茎枝有明显纵沟，皮暗褐色。羽状 3 出复叶；叶柄长 5.5～12cm，具浅沟，无毛；小叶片革质，全缘；顶生小叶片卵状椭圆形或卵状长圆形，长 7～13cm，先端渐尖或短渐尖，基部圆楔形；侧生小叶片基部偏斜，上面深绿色，有光泽，下面浅绿色，幼时疏被平伏毛，老时脱落。总状花序生于老茎上，花多数；花萼钟状，外面有稀疏锈色长硬毛，内面密生绢毛；花冠紫红色，大而美丽，干后变黑色，长约 6.5cm，旗瓣宽卵形，长约 2.5cm，翼瓣卵状长圆形，长约 4.2cm；子房无柄，被锈色长硬毛，花柱无毛。荚果近木质，长线形，长达 60cm，扁平，被黄锈色毛，两缝线有隆起的脊，表面无皱褶，种子间沿两缝线略缢缩；有 10～17 粒种子，种子棕褐色，扁长圆球形，长 2～2.8cm，种脐包围种子的1/2～2/3。花期 4—5 月，果期 9—10 月。2n＝22,44。

见于西湖区（双浦）、西湖景区（慈云岭、飞来峰、虎跑、九曜山、玉皇山），生于稍荫蔽的山坡、山谷、溪沟边、林下及岩石旁。分布于福建、广东、广西、贵州、湖北、湖南、江西、陕西、四川、云南；不丹、印度、日本、缅甸也有。

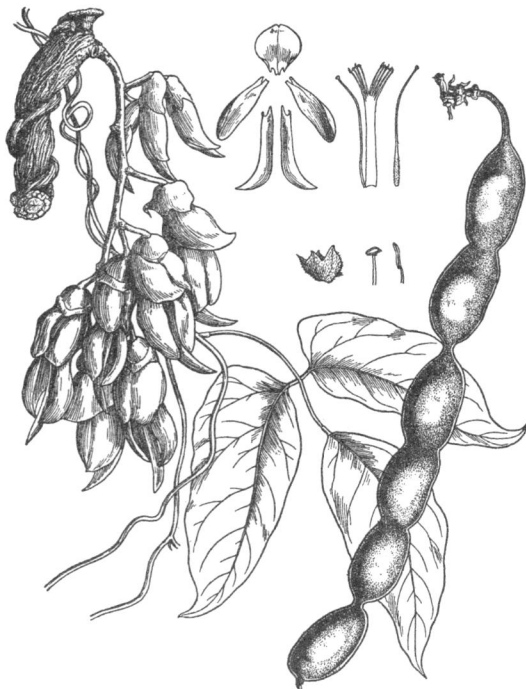

图 2-66　常春油麻藤

根、茎皮及种子入药；茎皮纤维可编麻袋及造纸；块根可提制淀粉；花大而美丽，可供观赏。

与上种的主要区别在于：本种果瓣木质，无皱褶，被柔毛。

38. 葛属　Pueraria DC.

草质或基部木质的缠绕藤本。羽状 3 出复叶；托叶基部着生或盾状着生；小叶片大，全缘或有时分裂；有小托叶。总状花序腋生，常数朵簇生于花序轴稍凸起的节上；苞片狭小，早落；花萼钟状，萼齿 5 枚，不等长，上方 2 枚多少合生；花冠蓝紫色或紫色，凸出萼外，旗瓣近圆形或倒卵形，具瓣柄，有耳，翼瓣较狭，在中部与龙骨瓣贴生；雄蕊 10 枚，单体；子房无柄，稀具短柄，基部具鞘状腺体；花柱丝状，极上弯，无毛，柱头头状。荚果线形，多少扁平，内部填实或种子之间有隔膜，有多数种子；种子近圆球形或横长圆球形，扁平。

约 20 种，分布于亚洲热带至日本；我国有 8 种，2 变种；浙江有 2 种，2 变种；杭州有 1 变种。

分子系统学研究表明本属是一个多系类群，因而不是自然的分类群，需要加以修订（Lee，et al，2001）。

野葛 葛藤 （图 2-67）

Pueraria montana（Lour.）Merr. var. lobata（Willd.）Sanjappa & Pradeep——*P. lobata*（Willd.）Ohwi

多年生大藤本,长达 10m。块根肥厚,圆柱形。茎基部粗壮,木质化,上部多分枝,小枝密被棕褐色粗毛。叶柄长 5.5～14（～22）cm;托叶卵形至披针形,盾状着生;小叶片全缘,有时浅裂,上面疏被贴伏毛,下面毛较密,并有霜粉;顶生小叶片菱状卵形,基部圆形;侧生小叶片较小,斜卵形;小托叶针状。总状花序腋生,有时具分枝,长 15～20cm,被褐色或银灰色毛;小苞片披针形或卵状披针形,密被硬毛;花萼密被褐色粗毛,萼齿 5 枚,披针形,长于萼筒;花冠紫红色,长 15～18cm,旗瓣近圆形,先端微凹,翼瓣卵形,一侧或两侧有耳,龙骨瓣为两侧不对称的长方形;子房密被细毛。荚果线形,长 5～11cm,宽 9～10mm,扁平,密被黄色长硬毛;种子赤褐色,扁圆球形,长约 5mm,有光泽。花期 7—9 月,果期 9—10 月。$2n=22$。

见于西湖区（双浦）、萧山区（南阳）、余杭区（鸬鸟、瓶窑）、西湖景区（九溪、桃源岭、玉皇山、紫云洞）,生于山坡、草地、沟边、路边或疏林中。分布于全国各地（除青海、西藏、新疆外）;东南亚至澳大利亚也有。

图 2-67 野葛

茎皮纤维可拧绳、织布,并为造纸原料;叶为优良饲料;块根可制葛粉,供食用或酿酒;根、花入药;全株匍匐蔓延,覆盖地面,是优良的水土保持植物。

与原种葛 *P. montcna*（Lour.）Merr. 的主要区别在于:本变种苞片比小苞片长,花萼长 8～10mm,荚果宽 9～10mm。

39. 苜蓿属 Medicago L.

一年生、越年生或多年生草本。茎直立或铺散。羽状 3 出复叶;托叶与叶柄合生;小叶片上端有细齿,叶脉直达齿端;小托叶缺。短总状花序或头状花序腋生;苞片小或缺;花甚小;花萼钟状,萼齿不等长或近等长,常略长于萼筒或近等长;花冠黄色或紫色,旗瓣倒卵形或长圆形,常长于翼瓣及龙骨瓣;雄蕊二体（9+1）;子房无柄或有柄,花柱短,钻状,微弯,柱头头状,略偏斜。荚果旋卷或多弯曲,平滑或有刺;有 1 至数粒种子,种子肾形或圆球形。$2n=16$,亦有报道为 $2n=14,18,30,32,48$。

约 65 种,分布于亚洲、欧洲及非洲;我国有 9 种;浙江有 4 种;杭州有 4 种。

分 种 检 索 表

1. 多年生草本;茎直立;花紫色;荚果 1～3 回旋卷,无刺 ·················· 1. **紫苜蓿** M. sativa
1. 越年生草本;茎铺散;花黄色;荚果 2～5 回旋卷,有刺,或弯曲成肾形,无刺。
  2. 花 10～15 朵成短总状花序;荚果弯曲成肾形,无刺 ·············· 2. **天蓝苜蓿** M. lupulina
  2. 花 1～8 朵成头状的总状花序;荚果旋卷,有刺。
   3. 茎、叶被毛,托叶近全缘 ······················· 3. **小苜蓿** M. minima
   3. 茎、叶近无毛;托叶边缘具锯齿 ·················· 4. **南苜蓿** M. polymorpha

1. 紫苜蓿 （图 2-68）

Medicago sativa L.

多年生宿根性草本,高 30～100cm。主根长 2～5m。茎直立或稍匍匐,多从基部分枝,近无毛。羽状 3 出复叶;叶柄长 0.5～1.5cm;托叶较大,斜卵状披针形,长 8～12mm,基部与叶柄贴生,有脉纹;小叶片倒披针形或倒卵状长圆形,长 1.5～3cm,宽 4～11mm,先端圆钝,基部宽楔形,上端边缘有细齿,上面近无毛,下面被贴伏长柔毛;顶生小叶柄长 5～10mm,侧生小叶柄较短。总状花序长 4～6cm,花 8～25 朵集生于花序上端;花梗长约 1mm,小苞片丝状,长 2～2.5mm;花萼长 4～5mm,萼齿狭披针形,长 3～3.5mm;花冠紫色,旗瓣狭倒卵形,长 8～10mm,先端微凹,翼瓣及龙骨瓣较短,有较细的瓣柄。荚果黑褐色,1～3 回旋卷,顶端有尖喙,被毛;有 1～8 粒种子,种子黄褐色,肾形,长约 2mm。花期 4—5 月,果期 6—7 月。$2n=32$,偶有报道为 $2n=16,48$。

见于西湖区(蒋村)、余杭区(临平),生于空旷地或旱地上。原产于亚洲北部和西南部;现世界各地广泛栽培或逸生。

本种为优良的饲料及绿肥植物;嫩叶可供食用。

图 2-68 紫苜蓿

2. 天蓝苜蓿 （图 2-69）

Medicago lupulina L.

越年生草本,长 20～60cm。茎多分枝,平铺地上,上部稍上升,幼时密被毛。羽状 3 出复叶;托叶斜卵状披针形,长 6～13mm,基部贴生在叶柄上,边缘有锯齿,被毛;小叶片宽倒卵形、圆形或长圆形,长 0.7～1.7cm,宽 4～14mm,先端圆或微凹,基部宽楔形,上端边缘具细齿,上面疏被毛,下面毛较密,侧脉明显达齿端。短总状花序有 10～15 朵密集的小花;花序梗长 1～

2cm;花萼长约 1.5mm,被毛,萼齿线状披针形,较萼筒长;花冠黄色,长 1.5~2mm,旗瓣倒卵形,先端微凹,翼瓣与龙骨瓣等长,较旗瓣短。荚果黑褐色,弯曲成肾形,长 2~3mm,具明显网纹,无刺;种子肾形,长 1.5~2mm,平滑。花期 4—5 月,果期 5—6 月。$2n=16$,偶有报道为 $2n=18,32$。

见于江干区(彭埠)、西湖区(留下、双浦)、余杭区(中泰)、西湖景区(梵村、龙井、南高峰),生于旷野、路边、草丛及旱地上。分布于全国各地;亚洲、欧洲广布。

可作绿肥及饲料。

图 2-69 天蓝苜蓿

图 2-70 小苜蓿

3. 小苜蓿 (图 2-70)

Medicago minima(L.)L.

越年生小草本,长 10~25cm。茎从基部分枝,常铺散于地面,分枝具棱,密被毛。羽状 3 出复叶;叶柄长 5~10mm;托叶大,斜卵形,长 5~7mm;顶生小叶片倒卵形,长 5~10mm,宽 4~6mm,先端圆或微凹,基部楔形,上端边缘具牙齿,两面被毛,下面尤密;侧生小叶片较小;顶生小叶柄长 2~4mm。短总状花序有花数朵集生成头状,长 1~2cm;花序梗长达 1.3cm;花萼长 2~3mm,萼齿较萼筒略长,密被柔毛;花冠淡黄色,旗瓣长约 4mm,翼瓣及龙骨瓣较短。荚果 4~5 回旋卷成球状,脊棱上有 3 列长钩刺;有种子数粒,种子褐色,肾形,长 2~2.5mm。花期 3—4 月,果期 5—6 月。$2n=16$。

见于余杭区(黄湖),生于路旁杂草丛中。分布于安徽、甘肃、河北、河南、湖北、江苏、辽宁、山东、山西、陕西、四川;非洲、亚洲、欧洲广布。

可作饲料及绿肥。

4. 南苜蓿 金花菜 （图 2-71）

Medicago polymorpha L. ——*M. polymorpha* var. *vulgaris*（Benth.）Shinners

越年生草本,高 20～30cm。茎从基部多分枝,常平卧地面,分枝具棱,无毛。羽状 3 出复叶,下部叶柄长可达 7cm,上部的较短;托叶基部贴生在叶柄上,边缘细裂;小叶片宽倒卵形或倒心形,长 1～2.5cm,宽 0.6～2cm,先端微凹或圆钝,基部楔形,上端边缘有细齿;顶生小叶柄长 3～7mm,侧生小叶柄极短。总状花序呈头状,腋生,长 1～2cm,花 2～8 朵集生在花序上端;花序梗长 0.7～1cm。花梗长 1～1.5mm;小苞片丝状;花萼长 2.5～3mm,萼齿披针形,略长于萼筒;花冠黄色,长约 4mm,旗瓣倒卵形,较翼瓣稍长。荚果 2～4 回螺旋状旋卷,直径约为 0.6cm,具 3 列疏钩刺;有 3～7 粒种子,种子黄褐色,肾形。花期 4—5 月,果期 6—8 月。$2n=14,16$。

见于西湖景区（南高峰、五云山）,生于山坡、草地上。分布于安徽、福建、甘肃、广东、广西、贵州、海南、湖北、湖南、江苏、江西、陕西、四川、台湾、云南;北非、亚洲西南部、欧洲南部也有。

本种是优良的绿肥植物,也可作饲料;嫩叶可食用。

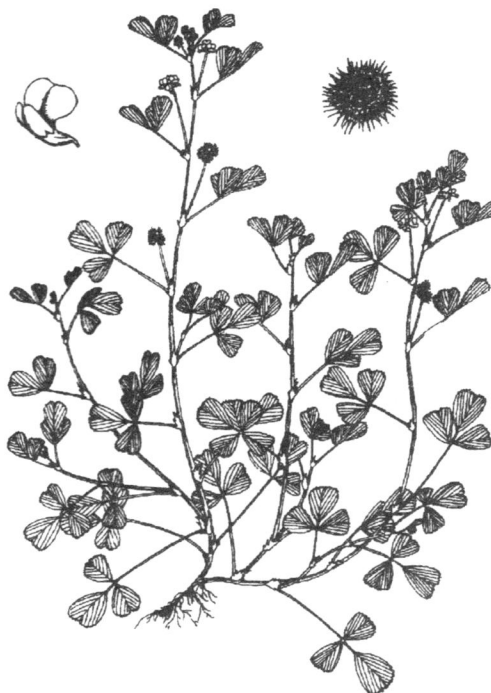

图 2-71 南苜蓿

40. 草木犀属 Melilotus Mill.

一年生或多年生草本。羽状 3 出复叶互生;托叶贴生于叶柄上;小叶片披针形、长椭圆形或椭圆形,边缘具锯齿,叶脉直伸达齿端,无小托叶。总状花序腋生,细长,穗状;花小;花萼钟状,萼齿 5 枚,近等长;花冠黄色、白色或淡紫色,旗瓣长圆形或倒卵形,无耳,翼瓣狭窄,龙骨瓣直而钝;雄蕊二体(9+1),花药同型;子房有 1 至少数胚珠,花柱细长,顶端上弯。荚果短直,卵球形或近球形,常不开裂或迟裂;有 1 至数粒种子,种子肾形,常有香气。$2n=16$,偶有报道为 $2n=18,24$。

约 20 种,分布于中亚、欧洲和北非;我国有 7 种;浙江有 2 种;杭州有 2 种。

1. 印度草木犀 （图 2-72）

Melilotus indicus（L.）All. ——*M. parviflorus* Desf.

一年生草本,高 20～50cm。茎直立,呈"之"字形曲折,自基部分枝,圆柱形,初被细柔毛,后脱落。羽状 3 出复叶;叶柄细,与小叶近等长;托叶披针形,边缘膜质,长 4～6mm,先端长,锥尖,基部扩大成耳状,有2～3枚细齿;小叶片倒卵状楔形至狭长圆形,近等大,长 10～25mm,宽 8～10mm,先端钝或平截,有时微凹,基部楔形,边缘在 2/3 处以上具细锯齿,上面无毛,下面被贴伏柔毛,侧脉 7～9 对,平行直达齿尖,两面均平坦。总状花序细,长 1.5～4cm,花序梗较长,被柔毛,具花 15～25 朵;苞片刺毛状,甚细;花小,长 2.2～2.8mm;花梗短,长约 1mm;花萼杯状,长约 1.5mm,脉纹 5 条,明显隆起,萼齿三角形,稍长于萼筒;花冠黄色,旗瓣阔卵形,先端微凹,与翼瓣、龙骨瓣近等长,或龙骨瓣稍伸出;子房卵状长圆球形,无毛,花柱比子房短,胚珠 2 粒。荚果球形,长约 2mm,稍伸出萼外,表面具网状脉纹,橄榄绿色,熟后红褐色;有种子 1 粒,种子阔卵球形,直径为 1.5mm,暗褐色。花期 3—5 月,果期 5—6 月。$2n=16$。

区内有栽培,偶见逸生于余杭区(临平、闲林),生于空旷地、路旁及盐碱性土壤上。原产于印度;世界各地有栽培或逸为野生。

可作保土植物或牧草。

2. 草木犀　(图 2-73)

Melilotus officinalis (L.) Pall. ——*M. suaveolens* Ledeb.

越年生草本,高 50～200cm;全株有香气。茎直立,多分枝,具棱纹,无毛。羽状 3 出复叶;叶柄长 1～2cm;托叶线形,长 5～8mm,基部宽,与叶柄合生;小叶片椭圆形,长椭圆形至倒披针形,长 1～2.5cm,宽 5～12mm,先端钝圆,基部楔形,边缘具细齿,上面近无毛,下面疏被贴伏毛,侧脉伸至齿端;顶生小叶柄长可达 5mm,侧生小叶柄长约 1mm,疏被毛。总状花序腋生,长 4～10cm;苞片线形,略短于花梗;花长 3.5～7mm;花梗长 1.5～2mm,下弯;花萼长 1.5～2.5mm,萼齿 5 枚,披针形,与萼筒近等长,疏被毛;花冠黄色,旗瓣近长圆形,长 4～6mm,较翼瓣长或近等长,翼瓣与龙骨瓣具耳及细长瓣柄。荚果倒卵球形或卵球形,长约 3mm,略扁平,顶端有短喙,表面有网纹,无毛,常不开裂;有 1 粒种子,种子褐色,卵球形,长约 2mm。花期 5—7 月,果期 8—9 月。$2n=16$。

区内有栽培,偶见逸生于滨江区(长河)、萧山区(南阳)、余杭区(径山、乔司),生于较潮湿海滨及旷野上。原产于欧洲;我国各地有栽培或逸为野生。

全草入药;又是优良的绿肥及饲料植物。

图 2-72　印度草木犀

图 2-73　草木犀

与上种的主要区别在于：本种托叶基部边缘非膜质；花较大，长 3mm 以上；荚果卵球形，长约 3mm。

41. 车轴草属　Trifolium L.

一年生、越年生或多年生草本。茎直立、斜生、平卧或匍匐。掌状 3 出复叶，稀 5～7 枚小叶；托叶多少贴生在叶柄上；小叶片全缘或具细齿。头状、穗状或短总状花序腋生，花多数，密集。花萼钟状或管状，萼齿 5 枚，近等长；花冠白色、黄色、红色或淡紫色，花瓣常与雄蕊管贴生，枯萎后常不脱落；雄蕊二体(9＋1)；子房无柄，稀有柄，花柱丝状，无髯毛，柱头多少倾斜。荚果小，长圆球形、扁圆球形或倒卵球形，常包藏在宿存萼内，不开裂；有 1～4(～6)粒种子。关于染色体数目的报道极多，多为 $2n=14,16,32$。

约 360 种，分布于北半球温带地区；我国栽培约 8 种；浙江栽培 2 种；杭州栽培 2 种。

1. 红车轴草　红三叶　（图 2-74）

Trifolium pratense L.

多年生草本，高 30～60cm。茎直立或稍外倾，分枝稀疏，被开展长柔毛，幼时尤密，常具棱线。掌状 3 小叶，下部叶柄长可达 10cm，向上逐渐缩短；托叶卵形，长可达 2cm，先端钻形，中部以下与叶柄合生；小叶片卵状椭圆形或长椭圆形，长 2～5cm，宽 0.8～2.7cm，先端钝或微凹，基部楔形或宽楔形，边缘有不明显细齿，上面无毛，常有"V"字形白斑，下面散生长柔毛。头状花序长约 2.5cm，有多数花；常无花序梗；总苞片 2 枚，宽卵形，长约 1.1cm，宽约 9mm。花萼管状，长约 3mm，萼齿 5 枚，针形，长 2.5～4mm，最下 1 枚齿最长，边缘具长毛；花冠紫红色，旗瓣舌状，长 1.3cm，先端平截，下部具瓣柄，翼瓣较短，长约 8mm，有小耳及细长瓣柄，龙骨瓣与旗瓣近等长，有细长瓣柄；雄蕊二体。荚果倒卵球形，长约 2mm，具纵脉；有 1 粒种子，种子褐色或黄紫色，肾形。花期 6 月，果期 7—8 月。$2n=14,16$，偶有报道为 $2n=28$。

区内有栽培。原产于欧洲；我国南北均有引种或逸为半野生。

图 2-74　红车轴草

茎、叶为优良的饲料和牧草，也可作绿肥和草坪观赏植物；花序入药；国外将全草、花、种子及根等制成软膏、膏药或泡茶饮用；又为蜜源植物。

2. 白车轴草　白三叶　（图 2-75）

Trifolium repens L.

多年生草本，长 30～60cm。茎匍匐地面，节上生叶，无毛。掌状 3 小叶；叶柄长 9～30cm；

托叶膜质,卵状披针形,长 1～1.4cm,基部贴生叶柄上;小叶片倒卵形、倒心形或宽椭圆形,长 1.5～4cm,宽 1.2～2.7cm,先端圆或微凹,基部宽楔形,边缘有密而细的锯齿,上面无毛,下面微被毛或无毛,叶脉明显;小叶柄极短。头状花序腋生,具多花;花序梗常长于叶柄,具棱线,花梗长 3～4.5mm;小苞片卵形,长约 1mm;花萼管状,长约 5mm,萼齿 5 枚,披针形,上方 2 枚齿与萼筒等长,下方 3 枚齿短于萼筒,有微毛;花冠通常白色,旗瓣椭圆形,长约 9mm,先端圆钝,基部具短瓣柄,翼瓣长约 7mm,具耳及细瓣柄,龙骨瓣最短,长 6.5～7mm,具小耳及瓣柄;雄蕊二体;子房线形,花柱长而稍弯。荚果倒卵状长圆球形,长约 3mm;有 2～5 粒种子,种子褐色,近球形。花期 5 月,果期 8 月。$2n=32$,偶有报道为 $2n=16,28,30$。

区内常见栽培。原产于欧洲;我国南北均有引种或逸生。

本种是优良的饲料和牧草,并为蜜源植物,也可作水土保持及护堤植物;茎、叶可作绿肥;全草入药。

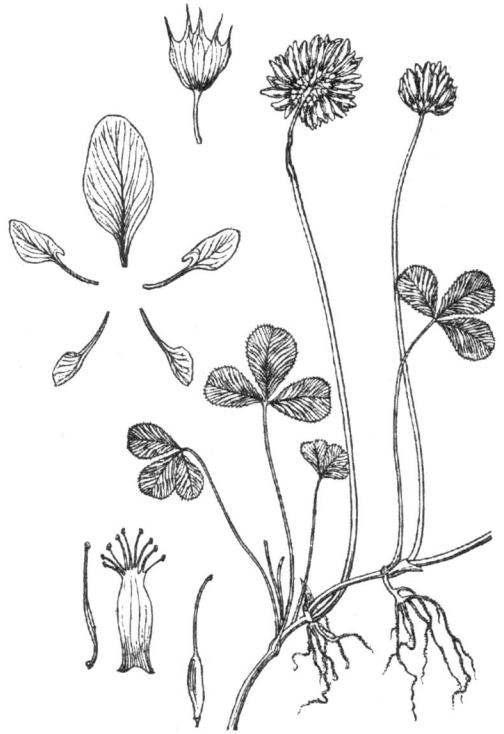

图 2-75   白车轴草

与上种的主要区别在于:本种茎匍匐;花序梗常长于叶柄,花冠白色。

42. 鸡眼草属   Kummerowia Schindl.

一年生草本。茎匍匐,多分枝,分枝纤细。羽状 3 出复叶互生;托叶大,干膜质,宿存;小叶片倒卵形至长椭圆状倒卵形,先端圆或微凹,有小尖头,全缘,有长缘毛,侧脉密,近平行。花 1～3 朵腋生;苞片及小苞片干膜质,宿存。花小,二型(有瓣花及无瓣花);花萼 5 裂;花冠淡红色,常退化成无瓣花;雄蕊二体(9+1);子房仅有 1 颗胚珠。荚果小,近球形,扁平,常为宿存萼所包,不开裂;有 1 粒种子。$2n=20,22$。

仅有 2 种,分布于我国、日本、朝鲜半岛、俄罗斯;我国均产;浙江及杭州也有。

1. 鸡眼草   (图 2-76)

Kummerowia striata (Thunb.) Schindl.

一年生草本;高 10～30cm。茎匍匐平卧,分枝纤细直立,茎及分枝均被下向白色长柔毛。羽状 3 出复叶互生;叶柄长 2～4cm;托叶淡褐色,干膜质,狭卵形,长 4～7mm,有明显脉纹,宿存;小叶片倒卵状长椭圆形或长椭圆形,有时倒卵形,长 5～15mm,宽 3～8mm,先端圆钝,有小尖头,基部楔形,两面沿中脉及叶缘被长柔毛,侧脉密而平行;小叶柄短,被毛。花 1～3 朵腋生;小苞片 4 枚,1 枚生于花梗关节下,其余生于花萼下面,椭圆形,长约 1.5mm,具 5～7 条脉。花梗短,长 1～2mm;花萼长 3～4mm,萼齿 5 枚,卵形,长 2～2.5mm,具羽状脉,宿存;花冠淡红色,长 5～7mm,有时退化成无瓣花,旗瓣宽卵形,翼瓣长圆形,与旗瓣近等长,龙骨瓣半卵形,均具瓣柄。荚果熟时茶褐色,宽卵球形,长约 4mm,扁平,顶端有尖喙,常为宿存萼所包被或稍伸出萼外,有细柔毛,不开裂;有 1 粒种子,种子黑色,卵球形,长约 2mm。花期 7—9 月,果期 10—11 月。$2n=22$。

见于萧山区(南阳)、西湖景区(宝石山、屏风山),生于路边、草地、田边及杂草丛中。分布于安徽、福建、广东、广西、贵州、河北、河南、黑龙江、湖北、湖南、吉林、江苏、江西、辽宁、内蒙古、山东、山西、四川、台湾、云南;印度、日本、朝鲜半岛、俄罗斯、越南也有。

全草入药;又可作绿肥及饲料。

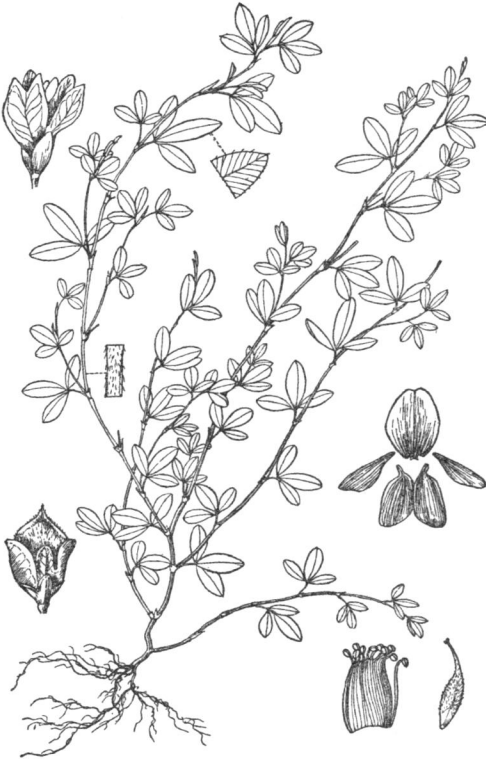

图 2-76　鸡眼草

图 2-77　长萼鸡眼草

2. 长萼鸡眼草　(图 2-77)

Kummerowia stipulacea(Maxim.)Makino

与鸡眼草很相似,但茎及分枝有向上的白色长柔毛;毛易脱落。小叶片常为倒卵形,有时为倒卵状长圆形,长 5～12mm,宽 3～7mm,先端常微凹。小苞片 3 枚,具 1～3 条脉。花萼较短,长 1～1.5mm。荚果较小,宽椭圆球形,长约 3mm,顶端圆钝,无尖喙,疏被细毛,有网纹,大部分伸出宿存萼外。花期 7—9 月,果期 10—11 月。$2n=20,22$。

见于上城区(紫阳)、萧山区(南阳),生境同鸡眼草。分布于安徽、福建、广东、广西、河北、河南、黑龙江、湖北、湖南、吉林、江苏、江西、辽宁、内蒙古、宁夏、青海、山东、山西、陕西、台湾;日本、朝鲜半岛、俄罗斯也有。

全草入药;又可作绿肥及饲料。

43. 两型豆属 Amphicarpaea Elliott ex Nutt.

缠绕草本。羽状 3 出复叶;有宿存的托叶及小托叶。花常二型:无瓣花常单生在下部叶腋或在分枝基部;有瓣花紫色,数朵至多朵组成腋生的短总状花序,每个苞内有 1~2 朵花;苞片宿存。萼筒长,萼齿近等长或上方的较短;花冠远伸出萼外;雄蕊二体(9+1),花药同型;子房有长或极短的子房柄,有多数胚珠,花柱丝状,向上弯曲,柱头小,头状。荚果扁平,宽线形或镰刀状,在植株下部的常肿胀,呈椭圆球状;种子稍压扁或近球形,无种阜。

5 种,分布于东亚、北美洲和非洲热带;我国有 3 种;浙江有 1 种;杭州有 1 种。

两型豆 三籽两型豆 (图 2-78)

Amphicarpaea edgeworthii Benth. ——*A. bracteata* (L.) Fernald subsp. *edgeworthii* (Benth.) H. Ohashi ——*A. trisperma* (Miq.) Baker

一年生缠绕草本。全株密被倒向淡褐色粗毛;茎纤细。羽状 3 小叶;托叶狭卵形,长 3~4mm,有显著脉纹,宿存;顶生小叶片菱状卵形或宽卵形,长 2~6cm,宽 1.8~5cm,先端钝,有小尖头,基部圆形或宽楔形,两面密被贴伏毛;小叶柄长 1~1.5cm;侧生小叶片卵形,长 2~5cm,宽 1.5~3cm,几无柄,小托叶钻形。总状花序有 3~6(7)朵花;无瓣花位于分枝基部;花序梗长 0.5~2cm;苞片椭圆形,先端圆钝。花梗长 2~2.5mm;花萼长约 7mm,萼筒长 4~4.5mm,萼齿三角状钻形;花冠白色或淡紫色,长 1.3~1.5cm,旗瓣倒卵形,翼瓣椭圆形,有耳,龙骨瓣具瓣柄。荚果镰刀状,长 2~2.5cm,扁平,沿腹缝线被长硬毛;有 3 粒种子,种子红棕色,有黑色斑纹,肾圆形,长 3~3.5mm。花期 9—10 月,果期 10—11 月。$2n=22$。

见于西湖景区(龙井、下天竺、玉皇山),生于山坡、灌丛、林缘、路边及杂草丛中。分布于安徽、福建、甘肃、贵州、海南、河北、河南、黑龙江、湖北、湖南、吉林、江苏、江西、辽宁、内蒙古、山东、山西、陕西、四川、台湾、西藏、云南;印度、日本、朝鲜半岛、俄罗斯、越南也有。

图 2-78 两型豆

44. 大豆属 Glycine Willd.

缠绕、攀援或匍匐,稀直立草本。羽状 3 出复叶互生;托叶小,与叶柄离生,小托叶存在。总状花序腋生;苞片小,小苞片极小。花小;花萼钟状,萼齿 5 枚,上方 2 枚齿多少合生;花冠白色或紫色,略伸出萼外,旗瓣近圆形,基部两侧有耳,翼瓣狭窄,微贴生于短钝的龙骨瓣上;雄蕊单体或二体(9+1);子房近无柄,有数颗胚珠。荚果线形或长圆球形,扁平或稍肿胀;种子间常有缢纹。$2n=40$,偶有报道为 $2n=20,38,78,80,120$。

10 余种,主要分布于亚洲、大洋洲及非洲;我国有 7 种;浙江有 2 种;杭州有 2 种。

1. 大豆 (图 2-79)

Glycine max（L.）Merr.

一年生草本,高 60～150cm。植物体各部密被开展的棕褐色长硬毛。茎粗壮直立或上部稍带蔓性,具棱,多分枝。羽状 3 出复叶具长叶柄;托叶卵形,渐尖;顶生小叶片菱状卵形,长 7～13cm,宽 3～6cm,先端渐尖,基部宽楔形或圆形,两面被毛;侧生小叶片斜卵形,较小;小托叶线形,与托叶、叶柄等均密被毛。总状花序腋生,有 2～10 朵花;苞片及小苞片披针形;花小,长 5～8mm;花萼钟状,萼齿 5 枚,披针形,最下 1 枚齿最长;花冠白色或淡紫色,略长于萼,旗瓣倒卵形,先端微凹,基部渐狭成瓣柄,翼瓣具耳及瓣柄,龙骨瓣斜倒卵形,具短瓣柄;雄蕊二体;子房被毛,无柄,基部有不发达腺体。荚果线状长圆球形,长 2～7cm,宽 1～1.5cm,略弯曲,密被长硬毛,有 2～5 粒种子;种子近球形、宽椭圆球形或近长圆球形,因品种不同而呈青绿、棕、黄及黑色。花期 4—9 月,果期 5—10 月。$2n=40$,偶有报道为 $2n=20$。

区内常见栽培。原产于我国;现世界各地广泛栽培。

大豆种子富含蛋白质和油脂,是重要的油料作物之一,主供食用及工业上用;茎、叶、豆渣、豆饼为优质饲料和肥料;茎秆又可作造纸原料和燃料;黑大豆可入药。

图 2-79 大豆

2. 野大豆 (图 2-80)

Glycine soja Siebold & Zucc.

一年生缠绕草本。茎细长,密被棕黄色倒向贴伏长硬毛。羽状 3 小叶;托叶宽披针形,被黄色硬毛;顶生小叶片卵形至线形,长 2.5～8cm,宽 1～3.5cm,先端急尖,基部圆形,两面密被伏毛;侧生小叶片较小,基部偏斜,小托叶狭披针形。总状花序腋生,长 2～5cm;花小,长 5～7mm;花萼钟形,萼齿 5 枚,披针状钻形,与萼筒近等长,密被棕黄色长硬毛;花冠淡紫色,稀白色,稍长于萼,旗瓣近圆形,翼瓣倒卵状长

图 2-80 野大豆

椭圆形,龙骨瓣较短,基部一侧有耳;雄蕊近单体;子房无柄,密被硬毛。荚果线形,长 1.5~3cm,宽 4~5mm,扁平,略弯曲,密被棕褐色长硬毛,2 瓣开裂;有 2~4 粒种子,种子黑色,椭圆球形或肾形,稍扁平。花期 6—8 月,果期 9—10 月。$2n=40$。

　　见于江干区(彭埠)、拱墅区(半山)、萧山区(南阳)、余杭区(良渚、星桥、余杭)、西湖景区(梵村、虎跑、南屏山),生于向阳山坡、灌丛中或林缘、路边、田边。分布于全国各地(除海南、青海外);阿富汗、日本、朝鲜半岛、俄罗斯也有。

　　国家二级重点保护野生植物。可作牧草及绿肥;全草及种子入药。

　　与上种的主要区别在于:本种茎细长缠绕,小叶片、荚果、种子等均远较上种小。

45. 刀豆属　Canavalia Adans.

　　一年生或多年生直立或缠绕草本。羽状 3 出复叶;托叶小,有时为疣状或不显著,具小托叶。总状花序腋生,花单生或 2 至多朵簇生于花序轴隆起的节上;苞片小,小苞片早落。花梗极短;花较大;花萼钟状或管状,萼齿呈二唇形,上唇全缘或微缺,较下唇长,下唇具 3 枚短齿;花冠红紫色或白色,旗瓣大,外翻,翼瓣狭镰刀状,与内弯较宽的龙骨瓣近等长;雄蕊单体或其中 1 枚基部稍分离,花药同型;子房具短柄,花柱上弯,无髯毛,柱头小,顶生。荚果大,带状或长椭圆球形,扁平或略膨胀,近背缝一侧通常有隆起的纵脊或狭翅。

　　20 余种,分布于热带及亚热带地区;我国有 7 种;浙江有 3 种;杭州有 1 种。

刀豆　(图 2-81)

Canavalia gladiata (Jacq.) DC.

　　一年生缠绕草本,长达数米;无毛或稍被毛。羽状 3 小叶;叶柄长 3~10cm;顶生小叶片宽卵形,长 8~15cm,宽 5~12cm,先端渐尖,基部近圆形,两面无毛;侧生小叶片基部偏斜。总状花序腋生,花数朵聚生于总轴中部以上的瘤节上;花梗极短,小苞片小,卵形,早落;花萼二唇形,上唇大,长约 1cm,2 枚浅齿合生,下唇 3 枚齿,卵形,长 2~3mm;花冠白色或淡紫色,长 3~4cm,旗瓣宽椭圆形,先端凹,基部具不明显的耳及瓣柄,翼瓣狭窄,龙骨瓣弯曲,均具耳及瓣柄;子房线形,被毛。荚果线形,长 15~40cm,宽约 5cm,略弯曲,边缘具隆脊;有 10~14 粒种子,种子红色或褐色,椭圆球形或长椭圆球形,长约 3.5cm,宽约 2cm,厚约 1.5cm,种脐约占全长的 3/4。花期 7 月,果期 8—10 月。$2n=22$,偶有报道为 $2n=44$。

　　区内有栽培。原产于美洲热带地区;现广泛栽培于热带及亚热带地区。

　　荚果可供食用,但种子稍含毒素,必须经煮熟

图 2-81　刀豆

去皮,浸泡于清水中 2～3 小时,除去毒素后方可食用;荚壳及种子可入药,刀豆壳止泻、通经,种子益肾补元,并可为咖啡代用品。

46. 豆薯属 Pachyrhizus Rich. ex DC.

多年生缠绕草本。根块状。茎草质或基部木质化,被毛或毛渐脱落成无毛。羽状 3 出复叶;托叶披针形;小叶片中部以上常浅裂或有角;有小托叶。圆锥花序腋生,花簇生在花序较隆起的节上;苞片刚毛状或卵状披针形,早落;花萼二唇形;花冠堇紫色或白色,伸出花萼外,旗瓣宽,基部有耳,龙骨瓣钝,向内弯曲;雄蕊二体(9＋1);花柱长,顶端旋卷,内面多少有毛。荚果大,狭长,扁平或肿胀,在种子间有下压的槽纹。

约 6 种,原产于美洲热带,现广泛栽植于全世界的热带地区;我国常见栽培 1 种;浙江及杭州也有。

豆薯 (图 2-82)

Pachyrhizus erosus (L.) Urb.

多年生粗壮缠绕草本。块根纺锤形或扁球形,肉质,与皮部易分离。茎粗壮,具棱纹,常被毛。羽状 3 小叶;叶柄长 3.5～15cm,有棱纹及毛;托叶披针形,长 5～6mm;顶生小叶片圆菱形或卵形,长、宽几相等或宽大于长;侧生小叶片斜卵形或斜菱形,先端短渐尖,基部近截形,中部以上呈不规则浅裂,稀全缘。圆锥花序腋生,长 15～30cm,被毛,花3～5 朵簇生于花序轴隆起的节上。花梗短,被毛;小苞片 2 枚,刚毛状,早落;花萼长 8～11mm,二唇形,上唇宽卵形,先端微凹,下唇 3 枚齿,萼齿狭卵形,略短于萼筒,被金黄色伏毛;花冠浅紫色或淡红色,旗瓣近圆形,直径为 1.2～1.8cm,近基部处中央有黄绿色斑纹及 2 个胼胝体附属物,瓣柄以上有半圆形 2 耳,翼瓣与龙骨瓣均为镰刀形,有细长的瓣柄及耳;雄蕊二体;子房密被浅黄色硬毛,花柱顶端向内旋卷,无毛。荚果线形,长 7～10(～13)cm,

图 2-82 豆薯

宽约 1.3cm,稍扁平,密被糙伏毛;有8～10粒种子,种子间有缢痕,种子黄褐色,近方形,长、宽约 7mm。花、果期 9—10 月。$2n＝22$,亦有报道为 $2n＝20,32$。

区内有栽培。原产于美洲热带;现广泛栽培于热带地区。

块根可以生食及熟食,又可制取淀粉;种子有毒,可作杀虫剂。

47. 扁豆属 Lablab Adans.

一年生或多年生缠绕草本,或近直立。羽状 3 出复叶;托叶反折,宿存;小托叶披针形。总状花序腋生,花序轴上有肿胀的节;花萼钟状,裂片二唇形,上唇全缘或微凹,下唇 3 裂;花冠紫色或白色,旗瓣圆形,常反折,具附属体及耳,龙骨瓣弯成直角;雄蕊二体(9+1);子房具多枚胚珠,花柱弯曲不逾 90°,一侧扁平,基部无变细部分,近顶端内缘被毛,柱头顶生。荚果长圆球形或长圆状镰刀形,顶冠以宿存花柱,有时上部边缘具疣状体,具海绵质隔膜;种子卵球形,扁,种脐线形,具线形或半圆形假种皮。$2n=22$。

仅 1 种,原产于非洲,今全世界热带地区均有栽培;我国广泛栽培;浙江及杭州也有。

本属常被归入菜豆属 *Phaseolus* L.,但本属染色体基数 $n=10,11,12$,花的构造及花粉粒二者也不同。

扁豆 （图 2-83）

Lablab purpureus（L.）Sweet——*Dolichos lablab* L.

一年生缠绕草本,全株几无毛。茎长可达 6m,常呈淡紫色。羽状复叶具 3 枚小叶;托叶基着,披针形;小托叶线形,长 3～4mm;小叶宽三角状卵形,长 6～10cm,宽约与长相等,侧生小叶两边不等大,偏斜,先端急尖或渐尖,基部近截形。总状花序直立,长 15～25cm,花序轴粗壮,花序梗长 8～14cm;小苞片 2 枚,近圆形,长 3mm,脱落;花 2 至多朵簇生于每一节上;花萼钟状,长约 6mm,上方 2 裂齿几完全合生,下方的 3 枚近相等;花冠白色或紫色,旗瓣圆形,基部两侧具 2 枚长而直立的小附属体,附属体下有 2 耳,翼瓣宽倒卵形,具平截的耳,龙骨瓣呈直角弯曲,基部渐狭成瓣柄;子房线形,无毛,花柱比子房长,弯曲不逾 90°,一侧扁平,近顶部内缘被毛。荚果长圆状镰刀形,长 5～7cm,近顶端最阔,宽 1.4～1.8cm,扁平,直或稍向背弯曲,顶端有弯曲的尖喙,基部渐狭;种子 3～5 颗,扁平,长椭圆球形,在白花品种中为白色,在紫花品种中为紫黑色,种脐线形。花期 7—8 月,果期 9—10 月。$2n=22$。

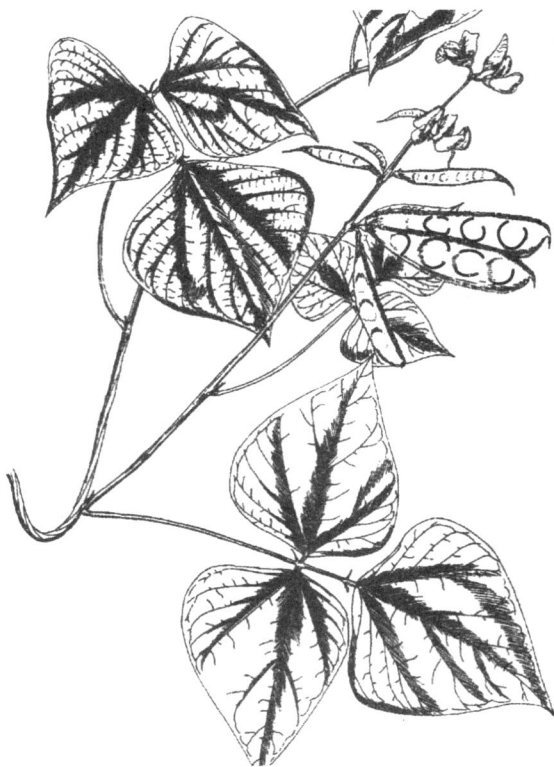

图 2-83　扁豆

区内常见栽培。原产于非洲;现世界各地区均有栽培。

嫩荚供食用;花及白色种子入药。

48. 菜豆属　Phaseolus L.

缠绕或近直立草本,稀半灌木状。羽状 3 出复叶;托叶常宿存,通常基部着生,有小托叶。花少数到多数排列成总状花序,单生或簇生在垫状的瘤上或腺体上,小苞片 2 枚,宿存;花萼钟状,萼齿 5 枚,上方 2 枚齿常合生;花冠白色、黄色、红色或紫红色,伸出萼外,翼瓣之一有时有角,龙骨瓣无囊状附属物,先端延长成一螺旋状的长喙;雄蕊二体(9+1),花药同型,花粉粒外壁具细网纹;子房无柄,基部有腺体,常有多数胚珠,花柱长,顶端内侧常有髯毛。荚果线形至长圆球形,扁平或肿胀;有数粒到多粒种子。染色体数目绝大多数为 $2n=22$,偶有报道为 $2n=20$。

70 多种,广布于热带及温带地区;我国连栽培共约有 4 种,其中菜豆 P. vulgaris L. 是重要食用植物,全国各地广泛栽培;浙江有 3 种,1 变种;杭州有 1 种。

菜豆　四季豆　（图 2-84）

Phaseolus vulgaris L.

一年生缠绕草本。茎具短柔毛。羽状 3 小叶;托叶小,卵状披针形,基部着生;顶生小叶片宽卵形或菱状卵形,长 4~16cm,宽 3~11cm,先端急尖至渐尖,有小尖头,基部宽楔形或圆形,两面沿中脉被疏柔毛;侧生小叶片基部偏斜;小托叶线形或长圆形。总状花序腋生,较复叶短;花生于花序近中上部,常 2 朵生于一节上;花序梗被极短毛;苞片卵形,长约 5mm,有明显脉纹,小苞片 2 枚,与苞片同形或稍狭,近等长;花萼钟状,长约 6mm,上方 2 枚齿极短,合生,下方 3 枚齿宽卵形,长约 2mm;花冠白色或淡紫红色,长约 1.5cm,旗瓣扁圆形,先端微凹,翼瓣卵状长圆形,有截形的耳及细长瓣柄,龙骨瓣先端极卷曲,达 1~2 圈;子房无柄,被毛,花柱圆柱形,近顶端与龙骨瓣同旋卷。荚果线形,长 10~16cm,宽约 1cm,肿胀;有 3~8 粒种子、种子白色、褐色、红棕色、蓝黑色或有斑纹,长圆球形或长圆状肾形,长 1.3~1.7cm。花、果期为初夏与晚秋。$2n=22$。

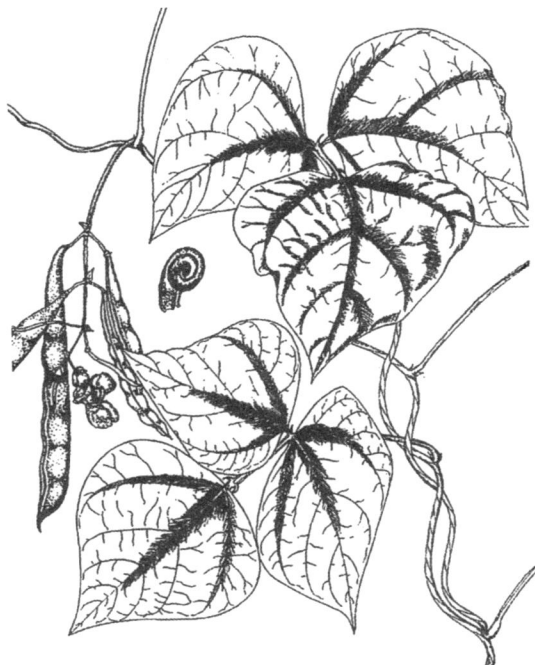

图 2-84　菜豆

区内常见栽培。原产地可能是美洲;现世界各地有栽培。

嫩荚可供食用,是一种重要的蔬菜;种子入药。

49. 豇豆属　Vigna Savi

缠绕或近直立草本。羽状 3 出复叶;托叶盾状着生,小托叶存在。花常聚生在总状花序上部,花间常有垫状腺体;苞片常早落;花萼钟状,萼齿 5 枚,上方 2 枚齿常合生或部分合生;花冠白色、黄色或紫色,伸出萼外,旗瓣有耳,基部有附属体及短瓣柄,翼瓣有耳,与龙骨瓣均具瓣柄,龙骨瓣常有囊状附属体,先端圆钝,具喙或与花柱增厚部分旋卷,但不超过 1 圈（360°）;雄蕊二体(9+1),花药同型,花粉粒外壁具粗网纹;子房无柄,有少数到多数胚珠,花柱上端内侧常有髯毛,柱头侧生或倾斜。荚果线状圆柱形;种子长椭圆球形或近肾形。$2n=22$,偶有报道为 $2n=17,18,20,24,34,44$。

约 150 种,分布于热带、亚热带地区;我国有 16 种;浙江有 7 种;杭州有 6 种。

分 种 检 索 表

1. 茎直立；栽培。

  2. 荚果被毛；种子绿色 ·················· 1. 绿豆　*V. radiata*

  2. 荚果无毛；种子暗棕红色，有时为黑色或淡黄色。

    3. 茎至少上部被开展长硬毛；花黄色，长 1～1.3cm；荚果长 5～8(～10)cm，直径为 5～6mm ········ 2. 赤豆　*V. angularis*

    3. 茎无毛；花黄白色带淡紫色，长约 2cm；荚果长 10～15(～20)cm，直径为 6～7mm ········ 3. 饭豇豆　*V. cylindrica*

1. 茎缠绕至少上部缠绕；栽培或野生。

  4. 一年生栽培草本；荚果无毛 ·················· 4. 豇豆　*V. unguiculata*

  4. 一年生或多年生野生草本；荚果有毛或无毛。

    5. 一年生草本；小叶片卵形至线形；花黄色，龙骨瓣先端卷曲；荚果长 3～5.5cm，无毛 ········ 5. 山绿豆　*V. minima*

    5. 多年生草本；小叶片宽卵形至披针形；花紫红色，龙骨瓣先端具喙；荚果长 9～11cm，被毛 ········ 6. 野豇豆　*V. vexillata*

1. 绿豆 （图 2-85）

Vigna radiata (L.) R. Wilczek——*Phaseolus radiatus* L.

一年生直立草本，高 60～90cm。茎有时顶梢伸长成蔓生状，被淡褐色长硬毛。羽状 3 小叶；叶柄长可达 13cm；托叶卵状披针形或卵状长圆形，盾着；顶生小叶片宽卵形或菱状卵形，长 6～10cm，宽 3～7cm，先端渐尖，基部宽楔形、圆形或截形，上面疏被长硬毛，下面毛较短或仅脉上有毛，小叶柄长 1.5～2.5cm；侧生小叶片基部偏斜，具较短的小叶柄，小托叶线形。总状花序腋生，较复叶为短，在上部着生少数花；花序梗与花梗均密被长硬毛；苞片卵状披针形，长约 4mm，小苞片卵形，有明显脉纹；花萼宽钟状，长约 3mm，有 4 枚浅齿，疏被毛；花冠黄色，旗瓣肾圆形，长约 1cm，先端微凹，翼瓣有细瓣柄，卵形，具耳，龙骨瓣镰刀状，先端极旋卷，也具细瓣柄；子房无柄，密被长硬毛，花柱上部沿内侧有髯毛。荚果熟时呈黑色，圆柱形，长 6～9cm，直径约为 6mm，表面密被硬毛；有 10～14 粒种子，种子绿色，长圆球形，长 4.5～6mm，有白色凸出的种脐。花期 6—7 月，果期 8 月。$2n＝22$。

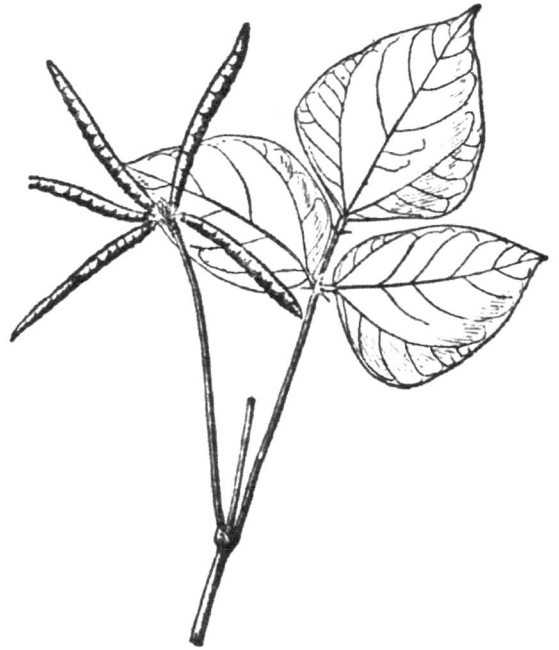

图 2-85　绿豆

区内常见栽培。原产于南亚次大陆；现世界各地多有栽培。

种子供食用，又可入药。

2. 赤豆　红豆　（图2-86）

Vigna angularis (Willd.) Ohwi & Ohashi——*Phaseolus angularis* (Willd.) W. Wight

一年生直立草本,高 30～90cm。茎常密被开展长硬毛。羽状 3 小叶;托叶斜卵形,长 1～1.5cm,盾着;顶生小叶片卵形或宽卵形,长 4～10cm,宽 2.5～7cm,先端急尖或渐尖,基部圆形或宽楔形,全缘或浅 3 裂,两面有白色微柔毛;侧生小叶片基部偏斜,小托叶线形,长约 5mm。总状花序腋生,花 4～6 朵聚生花序上端;小苞片披针形,具数条脉;花萼斜钟状,萼齿 5 枚,上方 2 枚齿合生,下方 3 枚齿较长;花冠黄色,长 1～1.3cm,旗瓣扁圆形,具短瓣柄及耳,翼瓣宽长圆形,有耳及短瓣柄,龙骨瓣先端卷曲约半圈,下部具瓣柄,一侧有长距状附属体;子房无毛,花柱细长,顶部卷曲,沿内侧有髯毛。荚果圆柱形,长5～9cm,直径为 5～6mm,无毛;有 6～10 粒种子,种子暗棕红色,有时为黑色或淡黄色,杂有花纹,长圆球形,长5～8mm,宽 4～6mm,厚约 4mm,种脐白色,不凹陷。花、果期 7—9 月。$2n=22$。

区内常见栽培。原产于亚洲热带地区;现世界各地有栽培。

种子供食用,可作红豆沙及煮粥,又可入药。

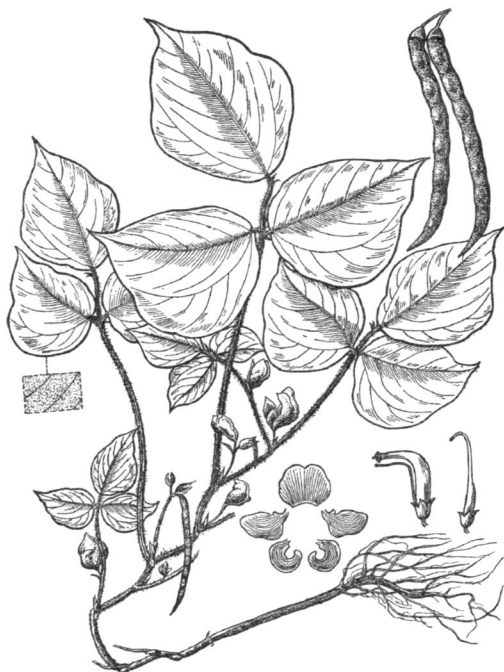

图 2-86　赤豆

3. 饭豇豆　短豇豆　眉豆　饭豆　（图2-87）

Vigna cylindrica (L.) Skeels——*V. unguiculata* (L.) Walp. subsp. *cylindrica* (L.) Verdc.

一年生草本,高 40～100cm。茎近直立,有时稍部稍呈蔓性,分枝多,常呈丛生状,无毛。羽状 3 小叶,托叶长椭圆状披针形,长可达 1.5cm,盾着;顶生小叶片菱状卵形或宽卵形,长6～12cm,宽 3～9cm,先端急尖或短渐尖,基部宽楔形或近截形,两面无毛;侧生小叶片斜宽卵形,基部偏斜。花 2～4 朵聚生于花序顶端,花序梗与花梗间有肉质蜜腺;花萼管状,长 6～8mm;花冠黄白色带淡紫色,长约 2cm,旗瓣圆肾形,先端微凹,有短瓣柄及耳,翼瓣斜卵形,具耳,龙骨瓣先端稍弯曲,均有细瓣柄。荚果圆柱形,长 10～15(～20)cm,直径为 6～7mm,果皮老时坚硬;种子黄白色、暗红色或乌黑色,长椭圆球形或近肾形,长 7～10mm。花、果期 7～9 月。$2n=22$。

图 2-87　饭豇豆

区内有栽培。原产于大洋洲;现世界各地有栽培。

种子供食用,可代粮食与饭同煮,故名"饭豆",又可作豆沙馅,并可入药。

4. 豇豆 （图 2-88）

Vigna unguiculata（L.）Walp.

一年生缠绕草本。茎无毛或近无毛。羽状 3 小叶;叶柄长 8～15cm;托叶椭圆形或卵状披针形,长约 1cm,盾着,向下延长成一短距;顶生小叶片菱状卵形,长 5～15cm,宽 4～7cm,先端急尖或短渐尖,基部近截形或宽楔形,侧生小叶片斜卵形,长 6.5～11cm,宽 4～6cm,基部斜宽楔形。花 4～6 朵聚生于花序上部;苞片早落,小苞片 2 枚,披针形;花萼钟状,长 0.9～1.1cm,萼齿 5 枚,三角形至披针形,上方 2 枚齿稍合生,最下方 1 枚齿最长,几与萼筒等长;花冠淡紫色,旗瓣扁圆形,长 2～2.5cm,先端微凹,两侧有耳,基部具短瓣柄,内面有 2 枚胼胝状附属体,翼瓣倒卵状长圆形,较短,两侧具耳,龙骨瓣稍弯,长 2～2.4cm,具囊状附属体,均具瓣柄;子房线形,无毛,花柱顶端沿内侧有髯毛。荚果稍肉质,柔软,线状圆柱形,通常长 30～50(～90)cm,直径为 6～9mm;有多数种子,种子肾形,长 0.5～1cm。花、果期 5—10 月。$2n=22$。

区内常见栽培。原产于东亚;现世界各地广泛栽培。

嫩荚可作蔬菜供食用;种子入药。

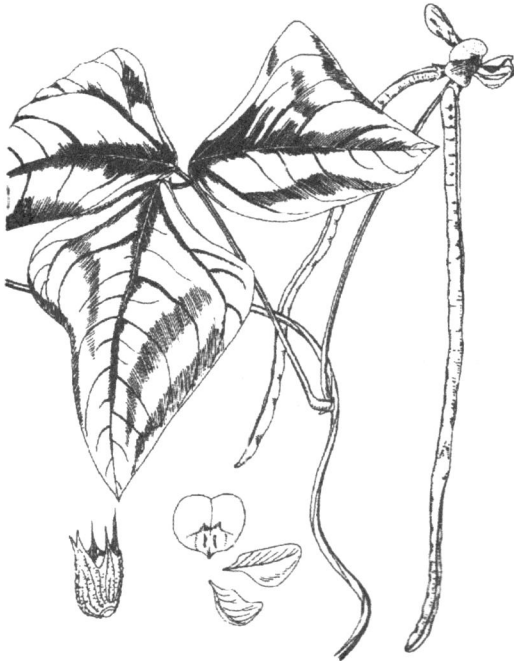

图 2-88　豇豆

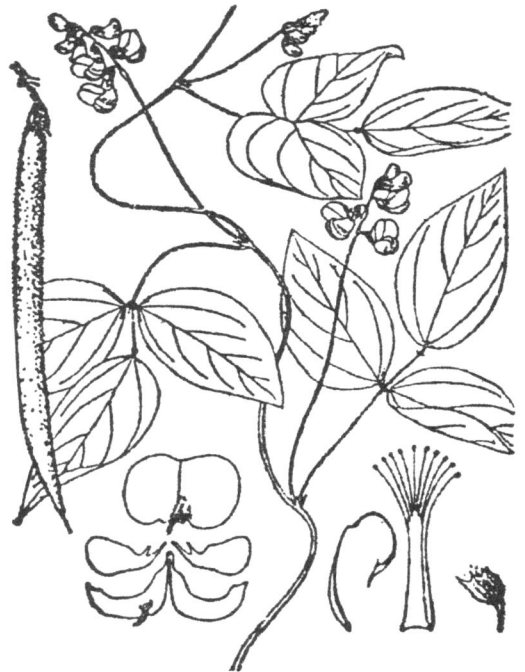

图 2-89　山绿豆

5. 山绿豆 （图 2-89）

Vigna minima（Roxb.）Ohwi ＆ H. Ohashi——*Phaseolus minimus* Roxb.

一年生缠绕草本。茎柔弱细长,近无毛或有稀疏硬毛。羽状 3 小叶;叶柄长 2～8cm;托叶线状披针形,盾着;顶生小叶片卵形至线形,形状变化大,长 2～8cm,宽 0.4～3cm,先端急尖或稍钝,基部圆形或宽楔形,上面近无毛,下面脉上有毛;侧生小叶片基部常偏斜,小托叶披针形。总状花序腋生,花序梗较叶柄长;小苞片线形或线状披针形,常较花萼短;花萼钟状,萼齿5枚,上方2枚齿合生,下方齿较长,长约2.5mm;花冠黄色,旗瓣宽卵形,长1.1cm,有耳及短瓣柄,翼瓣斜卵状长圆形,具耳及细瓣柄,龙骨瓣淡黄色或绿色,先端卷曲,具长距状附属体及细瓣柄;子房圆柱形,花柱顶部内侧有白色髯毛。荚果短圆柱形,长3～5.5cm,直径约为4mm,厚约2mm,无毛;有10余粒种子,种子红褐色,长圆球形,长约4mm,种脐凸起,长约3mm。花期8月,果期10月。$2n=22$。

　　见于萧山区(南阳)、西湖景区(六和塔、栖霞岭),生于山坡、草丛中及溪边。分布于福建、广东、广西、贵州、海南、河北、湖南、江苏、江西、辽宁、山东、山西、台湾、云南;印度、日本、菲律宾也有。

6. 野豇豆 （图 2-90）

Vigna vexillata（L.）Rich.

　　多年生缠绕草本。主根圆柱形或圆锥形,肉质,外皮橙黄色。茎略具线纹,幼时有棕色粗毛,后渐脱落。羽状3小叶;叶柄长2～4cm;托叶狭卵形至披针形,长约5mm,盾着;顶生小叶片变化大,宽卵形、菱状卵形至披针形,长4～8cm,宽2～4.5cm,先端急尖至渐尖,基部圆形或近截形,两面被淡黄色糙毛,小叶柄长1～1.2cm;侧生小叶片基部常偏斜,小叶柄极短,均被粗毛,小托叶线形。花2～4朵着生在花序上部;花序梗长8～20（～30）cm,花梗极短,被棕褐色粗毛;小苞片呈刚毛状;花萼钟状,长8～10mm,萼齿5枚,披针形或狭披针形,长4～5mm;花冠紫红色至紫褐色,旗瓣近圆形,长约2cm,先端微凹,有短瓣柄,翼瓣弯曲,基部一侧有耳,龙骨瓣先端喙状,有短距状附属体及瓣柄,均与旗瓣近等长;子房被毛,花柱弯曲,内侧被髯毛。荚果圆柱形,长9～11cm,直径为5～6mm,被粗毛,顶端具喙;种子黑色,长圆球形或近方形,长约4mm,有光泽。花期8—9月,果期10—11月。$2n=22$,偶有报道为$2n=20$。

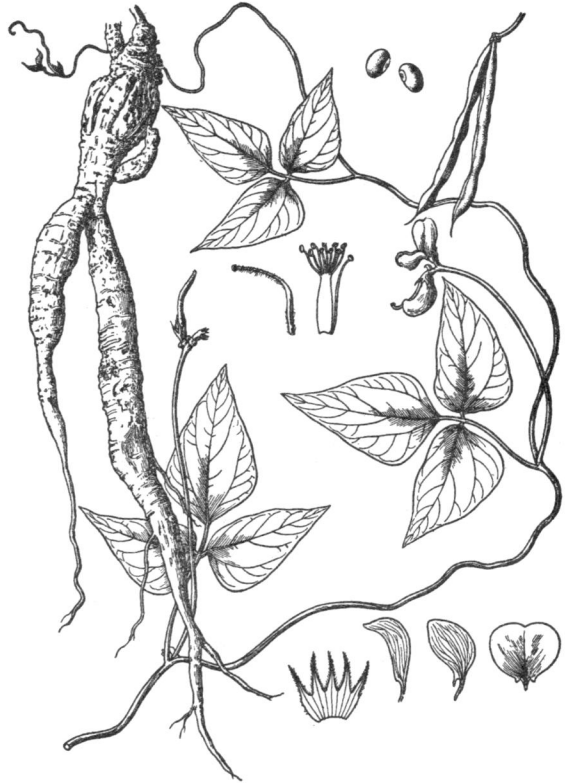

图 2-90　野豇豆

　　见于西湖景区(梵村、茅家埠、南屏山、桃桂山),生于山坡、林缘或草丛中。分布于安徽、福建、甘肃、广东、广西、贵州、河南、湖北、湖南、江苏、江西、陕西、四川、云南;热带和亚热带地区广泛分布。

　　根入药。

52. 酢浆草科　Oxalidaceae

多年生草本,通常有酸汁。掌状复叶,互生或基生。伞形聚伞花序。花两性,花瓣 5 枚,分离,旋转排列;雄蕊 10 枚,5 长 5 短,花丝基部联合;子房上位,5 室,每室有胚珠数颗;花柱 5 枚,分离,柱头头状。果为干质开裂蒴果。

6～8 属,780 种,主要分布于热带和亚热带地区,并延伸至温带地区;我国有 3 属,14 种,南北均产;浙江有 1 属,5 种;杭州有 1 属,4 种。

酢浆草属　Oxalis L.

多年生草本,高约 25cm。常有鳞状茎或鳞茎。掌状复叶互生或基生,通常有小叶 3 枚或 5 枚,有敏感性,晚间闭合。伞形或伞房状聚伞花序,有数朵花。萼片 5 枚,花瓣 5 枚,红色、白色、粉红色或紫红色;雄蕊 10 枚,5 枚长 5 枚短,花丝基部合生;花柱 5 枚。蒴果线形或短角果状,室背开裂,成熟时将种子弹出。染色体数目报道极多,多为 $2n=10,12,14,16,18,22,24,28$,偶有报道为 $2n=20,32,34,35,36,42,44,48,54,64,72$。

约 700 种,主要分布于热带和亚热带地区,并延伸至温带地区;我国有 9 种;浙江有 5 种;杭州有 4 种。

分 种 检 索 表

1. 有地上茎;花黄色;野生。
　　2. 茎平卧,多分枝;托叶明显,与叶柄贴生 ………………………………… 1. 酢浆草　O. corniculata
　　2. 茎直立,单一或少分枝;无托叶或不明显 ………………………… 2. 直酢浆草　O. stricta
1. 无地上茎;花红色;栽培或逸生;叶下面有黄色腺点。
　　3. 叶片下面全部散生腺点;聚伞花序复伞形;花期雌蕊比长雄蕊短,比短雄蕊长 ………………………
　　　　………………………………………………………………………… 3. 红花酢浆草　O. corymbosa
　　3. 叶片下面仅边缘散生腺点;聚伞花序近伞形;花期雌蕊比全部雄蕊短 …… 4. 关节酢浆草　O. articulata

1. 酢浆草　(图 2-91)

Oxalis corniculata L.

多年生直立或匍匐草本,被稀疏毛,高 10～50cm。茎柔弱,常平卧,有时节上生不定根;掌状 3 出复叶互生;叶柄细长,长 2～5cm,被柔毛;托叶小,与叶柄合生;小叶片倒心形,长 0.5～1cm,宽 0.7～2cm,无小叶柄。伞房状聚伞花序腋生,有 1 至数朵小花;花小,黄色,萼片 5 枚,倒卵形,微向外反卷;雄蕊 10 枚,5 枚长 5 枚短,花丝基部合生;子房 5 室,密被柔毛,花柱 5 裂,柱头淡黄绿色。蒴果近圆柱形,长 1～2cm,被柔毛;种子多数,黑褐色,有皱纹。花、果期 4—11 月。$2n=12,16,22,24,32,44,48$。

区内常见,生于房前屋后、路边、田野等处。世界各地广泛分布,为习见杂草。

全草入药。

图 2-91　酢浆草　　　　　　　　　　　　　　　图 2-92　直酢浆草

2. 直酢浆草　直立酢浆草　（图 2-92）

Oxalis stricta L.

一年生或短命的多年生植物。茎 30cm,直立,分枝;通常存在地下匍匐茎。无托叶或圆形较小;叶互生或有时轮生;叶柄 3～8cm,密被短柔毛;小叶倒心形,0.8～2cm,绿色,背面稀疏短柔毛,正面无毛,先端微凹深刻。花序为二歧聚伞花序,生有 2～5 朵花,花序梗长约 2cm;苞片线形,长 1.5～2mm,无毛或具非常稀疏毛;花梗长 5～10mm;萼片线形到狭椭圆形,较短,长 4～7mm,边缘具缘毛;花瓣淡黄色,长圆状倒卵形,长 5～10mm。蒴果圆筒状,长 8～15mm;种子多数,每室 4～10 枚,棕色至棕红色,卵球形或长圆球形。花期 5—10 月,果期 6—10 月。2n=24。

区内常见,生于山沟、路旁或耕地边。分布于广西、河北、河南、湖北、吉林、江西、辽宁、山西;日本、朝鲜半岛、北美洲、欧洲也有。

3. 红花酢浆草　（图 2-93）

Oxalis corymbosa DC. ——*O. debilis* var. *corymbosa*（DC.）Lourteig

多年生草本,高 20～25cm。根肉质半透明,圆锥形,着生于老鳞茎下面,后萎缩成硬质主根。老鳞茎鳞片白色,肉质,半透明,有 1～5 条褐色脉纹;小鳞茎多数,近球形,着生于鳞片间,易与老鳞茎脱离而萌生成新植株;无地上茎。掌状 3 出复叶,基生,叶柄长 12～25cm,基部绿

色;小叶倒心形,宽大于长,长约 3cm,宽约 4cm,
上面深绿色无毛,下面绿色有短伏毛,小叶无柄。
聚伞花序呈复伞形状,花 6～12 朵;萼片 5 枚,椭
圆形;花瓣 5 枚,合瓣,粉红色、红色或紫红色,先
端近平截,向外反折;雄蕊 10 枚,5 枚长 5 枚短,2
轮,花药淡红色,花丝淡绿色,有微毛;花柱 5 枚,
子房上位。蒴果短角果状,长约 3cm,有毛。花期
4—11 月。$2n=14,28$。

区内常见栽培或逸生。原产于南美洲热带
地区。

供观赏,宜于草坪或花坛边缘栽培。花白
昼、晴天开放,晚间、阴雨天闭合。

4. 关节酢浆草
Oxalis articulata Savigny

多年生草本,高 20～35cm。鳞茎状块状茎,肉
质,近球形或扁球形,1 至数个层叠;小鳞茎多数。
叶基生,掌状 3 出复叶,小叶片倒心形,长约
2.5cm,边缘散生橙黄色腺体。聚伞花序近伞形,
有花 6～25 朵;花直径约为 1.6cm;萼片 5 枚,先端

图 2-93　红花酢浆草

有 2 枚橙黄色腺体;花瓣内面紫红色,基部色较深,有深色脉纹,外面带粉白色;雄蕊 10 枚,5 枚长
5 枚短;花柱 5 枚。蒴果有毛。花期 4—11 月。

区内常见栽培。原产于美洲;全国各地均有栽培。

53. 牻牛儿苗科　Geraniaceae

一年生或多年生,草本或半灌木。复叶或单叶,叶互生或对生,具有对生托叶。花单生或
排成聚伞花序或伞形花序;辐射对称花,两性,5 基数;花萼片 4～5 枚;花瓣 5 枚,稀 4 枚或无
花瓣;雄蕊 5～15 枚,有时 5 枚无花药;雌蕊子房上位,中轴胎座,花柱与子房室同数。蒴果或
裂为 5 个分果。

约 6 属,780 种,广泛分布于温带、热带和亚热带山区;我国产 2 属,54 种;浙江有 1 属,2
种,1 变种;杭州有 1 属,2 种。

老鹳草属　Geranium L.

一年生或多年生草本,稀为亚灌木或灌木,通常被倒向毛。茎具明显的节。叶对生或互
生,具托叶,通常具长叶柄;叶片通常掌状分裂,边缘具齿。聚伞状花序或花单生,每一花序梗

通常具 2 朵花，稀为单花或多花；花序梗具腺毛或无腺毛；花整齐，花萼 5 枚，花瓣 5 枚，覆瓦状排列，腺体 5 枚；雌蕊每个子房室具 2 枚胚珠。蒴果具长喙，5 片果瓣，每片果瓣具 1 粒种子，果瓣在喙顶部合生，成熟时沿主轴从基部向上端反卷开裂，弹出种子或种子与果瓣同时脱落，附着于主轴的顶部，果瓣内无毛。

约 380 种，广布于全世界，主要分布于温带地区，亦见于热带高山地区；我国有 50 种，以西南部至西北部为多；浙江有 2 种，1 变种；杭州有 2 种。

1. 野老鹳草 （图 2-94）

Geranium carolinianum L.

一年生草本，高 20～60cm。根纤细；茎直立或横卧，丛生，有棱角，密被倒向短柔毛。基生叶早枯，茎生叶互生或最上部对生；托叶披针形或三角状披针形，长 5～7mm，宽 1.5～2.5mm；茎下部叶具长柄，柄长为叶片的 2～3 倍，被倒向短柔毛，上部叶柄渐短；叶片圆肾形，长 2～3cm，宽 4～6cm，基部心形，掌状 5～7 深裂，表面被短伏毛，背面主要沿脉被短伏毛。花序腋生和顶生，长于叶，被倒生短柔毛和开展的长腺毛，每一花序梗具 2 枚花，顶生花序梗常数个集生成伞形；花梗等长于或稍短于花；苞片钻状，长 3～4mm，被短柔毛；萼片 5 枚，长卵形或近椭圆形，长 5～7mm，宽 3～4mm，先端具尖头，外被短柔毛或糙柔毛和腺毛；花瓣 5 枚，淡紫红色，倒卵形，稍长于萼，先端圆形，基部宽楔形；雄蕊 10 枚，稍短于萼片，中部以下被长糙柔毛；雌蕊稍长于雄蕊，密被糙柔毛，花柱 5 枚，与子房室同数。蒴果长约 2cm，被短糙毛，果瓣由喙上部先裂向下卷曲。花期 4—7 月，果期 5—9 月。$2n=52$。

区内常见，生于荒野、田园、路边等。原产于北美洲；现逸生于华北、华东、华中、西南等地；亚洲、欧洲也有逸生。

为常见杂草。全草也可入药，可治跌打损伤等。

图 2-94 野老鹳草

2. 老鹳草 （图 2-95）

Geranium wilfordii Maxim.

多年生草本，高 30～50cm。根状茎直生，粗壮，具簇生纤维状细长须根，上部围以残存基生托叶；地上茎直立，单生，具棱槽，假 2 叉状分枝，被倒向短柔毛。叶基生和茎生；茎生叶对生，托叶卵状三角形或上部为狭披针形；基生叶和茎下部叶具长柄，柄长为叶片的 2～3 倍，茎上部叶柄渐短或近无柄；基生叶圆肾形，长 3～5cm，宽 4～9cm，5 深裂，茎生叶 3 裂，裂片

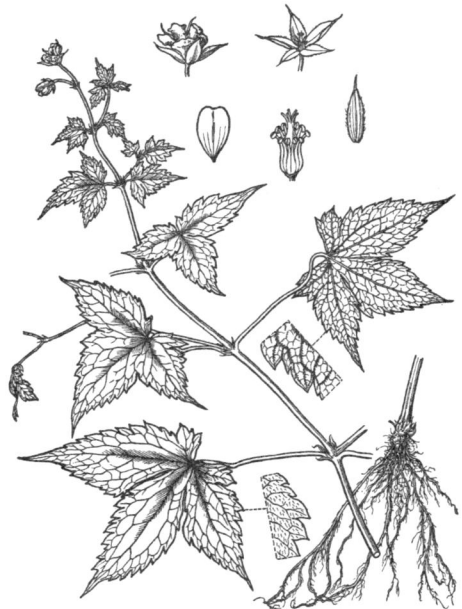

图 2-95 老鹳草

长卵形或宽楔形,上部齿状浅裂,先端长渐尖,表面被短伏毛,背面沿脉被短糙毛。花序腋生和顶生,稍长于叶,每一花序梗具 2 枚花;苞片钻形,长 3～4mm;花梗与花序梗近等长;萼片 5 枚,长卵形或卵状椭圆形,长 5～6mm,宽 2～3mm,先端具细尖头;花瓣 5 枚,白色或淡红色,倒卵形,与萼片近等长;雄蕊稍短于萼片,花丝下部扩展,被缘毛;雌蕊子房被短糙状毛。蒴果长约 2cm,被短柔毛和长糙毛。花期 6—8 月,果期 8—9 月。$2n=28$。

见于西湖景区(黄泥岭),生于路边。分布于华东、华中、华北、东北及四川;朝鲜半岛、俄罗斯也有。

用途同上种。

54. 旱金莲科　Tropaeolaceae

一年生或多年生草本,多为匍匐或攀援状。常有块状根。单叶互生或下部的叶对生;叶片盾状着生,有时分裂;无托叶。花单生于叶腋,具有长花梗;花两性,两侧对称;萼片 5 枚,基部合生,其中 1 枚延长成一长距;花瓣 5 枚,有时退化减少,不等大,上方 2 枚较大,插生于距的开口处,下方 3 枚较小,基部渐狭成爪柄,近爪柄处边缘细撕裂状;雄蕊 8 枚,分离,不等长;雌蕊子房上位,3 室,每室具 1 颗胚珠,柱头 3 裂。果实为裂成 3 瓣的肉质分果。

约 3 属,90 种,分布于南美洲;我国有 1 种;浙江及杭州也有。

旱金莲属　Tropaeolum L.

一年生或多年生肉质、匍匐状或攀援状草本。根有时为块状。叶圆盾形,全缘或浅裂,具长柄,无托叶。花两性,黄色、橘红色、紫色或杂色,两侧对称;萼片 5 枚,覆瓦状排列,基部合生,其中 1 枚延长成一长距;花瓣 5 枚,异形,着生于距的开口处的 3 枚较小,基部狭窄成爪,较大的 2 枚与萼片的距相结合;雄蕊 8 枚,2 轮,分离,长短不等;雌蕊子房上位,3 枚心皮,3 室,中轴胎座,每室有倒生胚珠 1 颗,柱头线状,3 裂。果成熟时分裂为 3 个具 1 粒种子的瘦果;种子无胚乳。

80 多种,分布于南美洲;我国引种 1 种;浙江及杭州也有。

旱金莲　(图 2-96)

Tropaeolum majus L.

一年生或多年生草本,直立或攀援。茎多少肉质,多分枝。叶片圆盾形,直径为 2～12cm,全缘,上面绿色,下面粉绿色,有乳头状凸起,疏生短柔毛,主

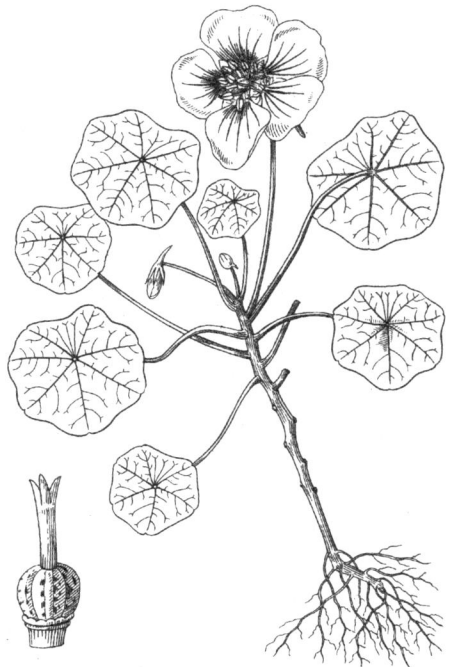

图 2-96　旱金莲

脉约为 9 条,自叶片中心与叶柄连接处辐射伸出;叶柄长 3.5～17cm,无毛。花直径为 7～10cm,萼片 5 枚,黄绿色,有乳凸状短毛,距长 2～3.5cm,直或弯曲;花瓣 5 枚,黄色、红色、猩红色、红褐色、乳白色或杂色,圆形,有时有矩尖或有齿,下部的在近爪柄处呈深流苏状;雄蕊花丝不等长;雌蕊具 3 枚心皮,子房上位;幼果乳白色,有纵棱。果老熟时褐黄色。花、果期 3—11 月。$2n＝28$。

区内常见栽培。原产于南美洲;我国引种栽培作花卉。

花甚美丽,宜栽于花坛边或盆栽。

55. 芸香科　Rutaceae

乔木或灌木,少数为草本,稀木质藤本,全体含挥发油。叶互生,很少对生,单叶或复叶,无托叶;叶片通常有半透明腺点。花两性,或单性;花序总状、聚伞状或圆锥状,有时单生;花萼通常基部合生,萼片 4～5 枚;花冠分离;花瓣 4～5 枚;雄蕊与花瓣同数或为其倍数,着生于花盘基部,花丝多分离,花药 2 室,内向纵裂,药隔末端常有油点;雌蕊由 2～5 枚或多数心皮组成,分离至完全合生,子房上位,具环状、杯状花盘,每室有胚珠 1 至多颗,具有分离或合生的花柱,柱头头状。果实为蓇葖、蓇葖果、浆果、核果或柑果,稀翅果;种子有或无胚乳。

约 155 属,1600 种,主要分布于热带和亚热带地区;我国有 22 属,约 126 种;浙江有 14 属,36 种,6 变种;杭州有 5 属,14 种,1 变种,多数为栽培。

分 属 检 索 表

1. 心皮合生;果为柑果;叶为单身复叶或 3 小叶 ⋯⋯⋯⋯⋯⋯⋯⋯⋯⋯⋯⋯⋯⋯⋯ 1. **柑橘属** *Citrus*
1. 心皮离生或彼此靠合,成熟时彼此分离;果为开裂的蓇葖,蓇葖由数个分果瓣组成;叶为羽状复叶。
　　2. 草本植物;花通常两性;子房每室有胚珠 3 颗或更多。
　　　　3. 心皮仅基部合生;花白色带黄;子房有柄或无柄;小叶薄纸质 ⋯⋯ 2. **松风草属** *Boenninghausenia*
　　　　3. 心皮合生至中部或中部以上;花金黄色;子房无柄;小叶纸质至厚纸质 ⋯⋯⋯⋯ 3. **芸香属**　*Ruta*
　　2. 乔木、灌木或木质藤本;花通常单性;子房每室有 1～2 颗胚珠。
　　　　4. 叶互生 ⋯⋯⋯⋯⋯⋯⋯⋯⋯⋯⋯⋯⋯⋯⋯⋯⋯⋯⋯⋯⋯⋯⋯⋯⋯⋯ 4. **花椒属**　*Zanthoxylum*
　　　　4. 叶对生 ⋯⋯⋯⋯⋯⋯⋯⋯⋯⋯⋯⋯⋯⋯⋯⋯⋯⋯⋯⋯⋯⋯⋯⋯⋯⋯ 5. **吴茱萸属**　*Tetradium*

1. 柑橘属　Citrus L.

有刺常绿灌木或小乔木。幼枝多具棱,常青绿色。叶互生,单身复叶,少数单叶,叶柄常有狭翅,与叶片连接处常有关节或无关节,叶片革质,有腺点,揉之有香气。花两性,5 数,单生或数朵簇生于叶腋,有时花排列成总状花序;花萼 3～5 裂,杯状宿存;花瓣芳香,常为 5 枚,白色或淡紫色;雄蕊 15～25(～60)枚,花丝常基部合生成数束,生于环状或杯状花盘基部;雌蕊子房 8～18 室,柱头头状,每室生 1 至多颗胚珠。果为柑果,球形或扁球形,外果皮密生油点,中果皮最内层白色,内果皮由多枚心皮发育而成,内果皮(瓢囊)内壁上的细胞发育成纺锤状半透明的汁胞;每瓣囊有 1~8 枚种子,种子椭圆球形、纺锤形或宽卵球形,无胚乳,子叶绿色或乳白色,留土。

20~25 种,分布于亚洲东部、东南部和南部,以及大洋洲,现世界各地区均有栽培;我国包括引种栽培的共有 11~14 种;浙江栽培 10 种,2 变种;杭州有 5 种,1 变种,多为栽培。

本属植物大多为重要果树,栽培历史悠久,全省各地普遍栽培,优良品种很多。目前,从国内外引进的新的良种很多,为人类四大主要水果(柑橘、苹果、梨、香蕉)之一。

分 种 检 索 表

1. 落叶灌木;叶为 3 小叶 ·· 1. 枸橘　C. trifoliata
1. 常绿灌木或小乔木;单身复叶。
　2. 果直径不超过 4cm ··· 2. 金橘　C. japonica
　2. 果直径超过 4cm。
　　3. 子叶绿色;果皮稍易或甚易剥离 ·························· 3. 柑橘　C. reticulata
　　3. 子叶乳白色;果皮难剥离。
　　　4. 果直径为 10cm 以上;可育种子呈不定形的多面体 ········ 4. 柚　C. grandis
　　　4. 果直径在 10cm 以内;可育种子种皮光滑,或有细肋。
　　　　5. 果扁圆球形,果翌年夏季不转青色 ·················· 5. 酸橙　C. aurantium
　　　　5. 果近圆球形,果经霜不落,翌年夏季又可转青色 ········ 5a. 代代花　var. amara

1. 枸橘　枳　(图 2-97)

Citrus trifoliata L. ——*Poncirus trifoliate* (L.) Raf.

落叶灌木或小乔木,高可达 5m。茎分枝多,绿色,多扁平有棱,无毛;腋生棘刺密集,刺长 1~7cm,基部扁平。3 出复叶互生,叶柄有翅,叶柄长 1~3cm,小叶片近革质,卵形、椭圆形,长 1.5~3(~5)cm,先端圆钝,微凹头,基部楔形,近全缘。花腋生于二年生枝上,春天先叶开放,有香气,近无花梗;萼片 5 枚;花瓣白色,5 枚,长椭圆状倒卵形;雄蕊 8~10(~20)枚,离生;雌蕊 6~8 枚心皮合生,子房 6~8 室,密被短柔毛,每室有 4~8 颗胚珠,花柱粗短。柑果黄绿色,近球形,密被柔毛,果有香气,酸,果皮厚 5~10mm,宿存枝上,经久不落;有多数种子,种子卵球形,无胚乳。花期 4—5 月,果期 7—9 月。$2n=18$。

区内有栽培。原产于我国中部;现全国各地有栽培。

根、花、果、果皮及种子可入药,具有健胃理气、散结止痛之功效;果皮可提取芳香油;也可作砧木和绿篱。

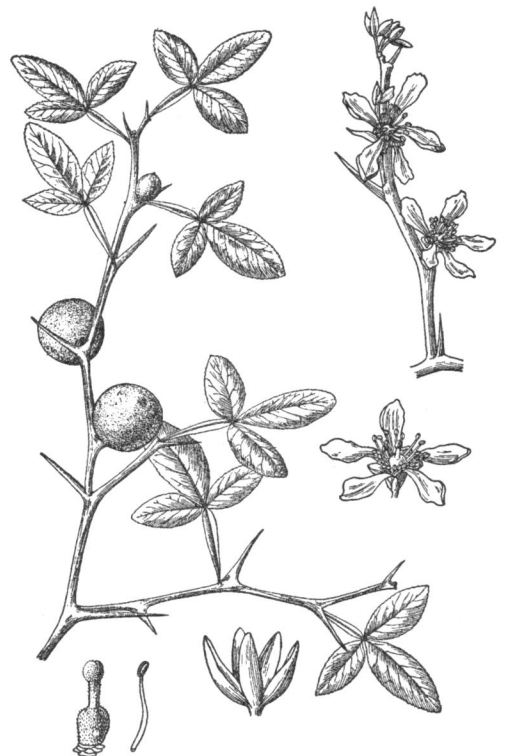

图 2-97　枸橘

2. 金橘　金柑　（图 2-98）

Citrus japonica（Thunb.）Swingle——*Fortunella margarita*（Lour.）Swingle——*F. japonica*（Thunb.）Swingle

常绿灌木或小乔木,高可达 2.5m,茎通常无小刺或有小刺,多分枝;小枝扁圆、有棱,呈绿色。单身复叶的叶翅不发达,叶片全缘或在中部以下有细锯齿,上面深绿色,下面浅绿色,长圆状披针形,长 2.5～6cm,宽 1～1.6cm,基部楔形,有散生细小油点。单花或 2～3 朵生于叶腋;花两性、整齐,白色芳香;萼片 5 枚,无毛,常宿存;花瓣 5 枚,椭圆形,长 5～8cm;雄蕊 20～25 枚,长短不一,中部以下合生成若干束;具有下位花盘,子房生花盘上,近球形,5～6 室,无毛,花柱较雄蕊短。果小,金黄色,长圆球形,长 2.5～3.5cm,有 4～5 瓣瓤囊,果皮薄,味甜,平滑。花期 4—5 月,果期 10—11 月。

区内常见栽培。分布于我国长江以南地区。

果为常见水果,可鲜食或制作蜜饯,入药有理气止咳、化痰、醒酒之功效;也常栽培供观赏。

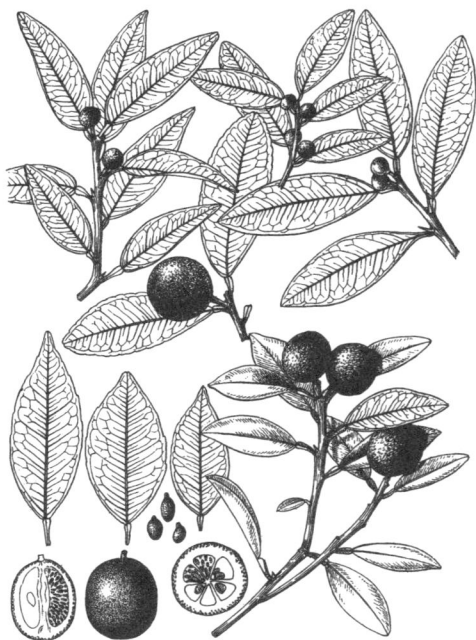

图 2-98　金橘

图 2-99　柑橘

3. 柑橘　（图 2-99）

Citrus reticulata Blanco

常绿小乔木或灌木,高可达 3m。茎多分枝,枝条常有刺。单身复叶互生,叶片基部有关节,椭圆形至椭圆状披针形,长 5～7cm,宽 2～4cm,基部楔形,全缘或具细钝锯齿,叶脉明显;叶柄有狭翅或仅具痕迹。花单生或数朵簇生于叶腋,花小,黄白色,花萼 5 浅裂;花瓣 5 枚,白色,开放时外展;雄蕊 18～30 枚,花丝 3～5 枚联合成筒状。柑果扁圆球形或近圆球形,直径为 5～7cm,黄色、橙黄色或橙红色,果皮易自瓤囊剥离,果心多中空,瓤囊 7～12 瓣,果肉多汁,酸甜适口;种子小,子叶绿色,多胚。花期 4—5 月,果期 10—12 月。

区内常见栽培。原产于我国;秦岭—淮河以南各地均有栽培。

果实甜酸适口,供鲜食,制果汁和罐头,是我国著名的水果之一;果皮入药称"陈皮",有理气、化痰、和胃之效;橘络能通络化痰。本种有很多栽培变种和品种,如早橘、枝叶橘、无核橘等。

4. 柚　文旦　(图 2-100)

Citrus grandis (L.) Osbeck

常绿乔木,高可达 10m。茎多分枝;多具有长刺,小枝绿色、扁,嫩枝、叶背、花梗、花萼及子房均被柔毛。单身复叶,嫩叶通常暗紫红色,叶片椭圆形至宽卵形,连基部叶翅长 9~16cm,宽 4~8cm,或更大,基部近圆形,边缘具细钝锯齿,上面无毛,下面有时中脉被柔毛;叶柄具倒心形宽翅,翅长 2~4cm,宽 0.5~3cm。总状花序,有时兼有腋生单花;花蕾淡紫红色,稀乳白色;花萼不规则 3~5 浅裂;花瓣长 1.5~2cm,反卷;雄蕊 25~35 枚,有时部分雄蕊不育;雌蕊子房球形,10~20 室,花柱粗长,柱头略较子房大。果实圆球形、扁圆球形、梨形或阔圆锥状,直径通常 10cm 以上,淡黄或黄绿色,果皮甚厚,海绵质,果心实但松软,瓤囊 10~15 瓣或多至 19 瓣,汁胞白色、粉红或鲜红色;种子多,长达 1cm,种皮黄白色,有明显纵肋棱,子叶乳白色,单胚。花期 4—5 月,果期 9—12 月。$2n=18$。

区内有栽培。我国秦岭以南均有栽培。

果实营养价值高,含有丰富的维生素 C,是人们冬季喜欢的水果之一,供鲜食或制果汁;果皮入药,具有理气化痰、消食宽中之功效。

图 2-100　柚

5. 酸橙　(图 2-101)

Citrus aurantium L.

常绿小乔木,高可达 5~6m。茎多刺,分枝多,小枝常三棱状。叶片卵状矩圆形或倒卵形,革质,无毛,长 4~10cm,宽 2~5cm,先端急尖,基部宽楔形,全缘,具半透明油点;叶柄有狭长形或倒心形翅,翅宽大于 1cm。花 1 至数朵簇生于当年新枝的顶端或叶腋,有时呈总状花序;花芳香;花萼杯状,5 裂,花后增大;花瓣 5 枚,白色,长 2~2.5cm;雄蕊约 25 枚或更多,花丝基部部分愈合成数束;雌蕊子房上位,多室,花柱圆柱形,柱头头状。柑果近球形,橙黄色,直径为 7~8cm,果皮厚,不易剥离,分泌腔(油胞)多

图 2-101　酸橙

凹凸不平,瓤囊 9～12 瓣,果肉味酸;种子有棱,子叶白色,单胚或多胚。花期 4—5 月,果期 11 月。

区内有栽培。原产于东南亚;我国秦岭以南均有栽培。

果实入药,用于行气宽中、消食除胀、破气消积等;亦可作甜橙类砧木。

5a. 代代花   代代酸橙   (图 2-102)

var. amara Engl.

果实在当年冬季变橙黄色,翌年夏季又变青。果实成熟后能长期留存在树上,在同一植株上能见到三代的果实,可与原种相区别。

区内有栽培。原产于印度;全国各地有栽培。

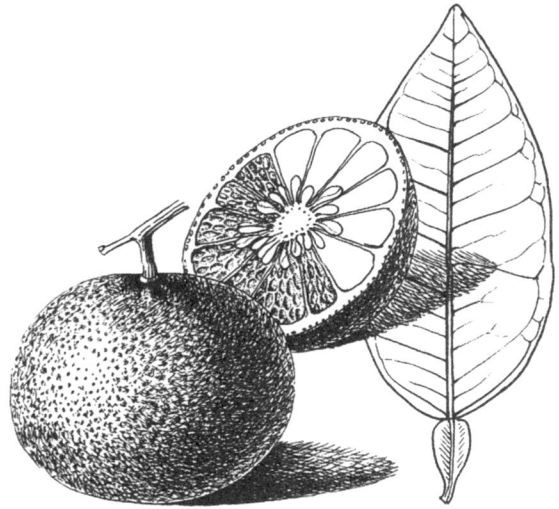

图 2-102　代代花

花浓香,常用于熏茶(代代花茶);果实的功用与原种相同;由于果实长期留存树上,各地也常栽培供观赏。

2. 松风草属　Boenninghausenia Reichb. ex Meisn.

多年生草本,揉之有臭味。叶互生,2～3 回羽状复叶;小叶片全缘,叶片上油点细小。聚伞花序顶生或生于侧枝顶端;花小多数,白色或稍带红色,两性;花萼萼片 4 枚,卵形,合生于下部;花瓣 4 枚,倒卵状长圆形,覆瓦状排列;雄蕊 8 枚,着生于花盘基部,花药背着,2 室纵裂;雌蕊由 4 枚心皮构成,常合生或粘合于下部,每室具胚珠 6～8 枚,花柱 4 枚,柱头稍膨大,子房有短梗,果期伸长。果熟时各心皮由顶部沿腹缝线开裂;种子肾形,胚弯曲,有肉质胚乳。

仅 1 种,分布于亚洲东部及东南部;我国有 1 种,广泛分布于华东、华南、西北至西南地区;浙江及杭州也有。

臭节草   松风草   (图 2-103)

Boenninghausenia albiflora (Hook.) Reichb. ex Meisn.

多年生草本,茎基部木质化,全体有强烈气味。茎直立,高 40～80cm,分枝光滑,有时淡红色;嫩枝髓部常中空。2～3 回羽状复叶,小叶片倒卵形、菱形或

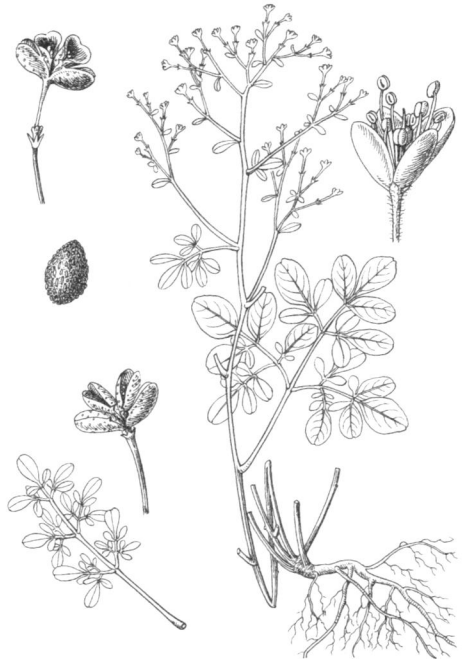

图 2-103　臭节草

椭圆形,薄纸质,长多小于 2cm,宽多小于 1.8cm,先端圆钝,有时微凹头,基部楔形,全缘,无毛,具有半透明细小油点。顶生聚伞花序长可达 20cm;花白色,有时先端淡红色,两性,萼片 4 枚,无毛,约 1mm 长,中部以下合生;花瓣长 6～9mm,膜质,有透明油点;雄蕊 8 枚,花药黄色至红色;心皮 4 枚,子房有柄,花后子房柄伸长达 5～6mm。蓇葖果,开裂;种子小,肾形,长约 1mm,黑褐色,表面有凸起瘤状体。花期 5—9 月,果期 9—11 月。$2n=20$。

见于余杭区(径山),生于疏林下。分布于我国长江流域及其以南各省、区;日本、朝鲜半岛、印度、尼泊尔也有。

全草入药,可治急性肠胃炎、疟疾、跌打损伤等;外用治烫伤。

3. 芸香属　Ruta L.

多年生草本,有强烈气味。叶互生,羽状复叶,有腺点。花小,聚伞花序顶生或由多个聚伞花序排成圆锥状或伞房状;花两性,萼片 4～5 枚,分离或基部合生,宿存;花瓣 4～5 枚,覆瓦状排列,有齿或睫毛,花多黄色;雄蕊 8～10 枚,生于花盘基部;雌蕊由 4～5 枚心皮组成,子房上部离生,4～5 室,成熟时开裂至基部。蒴果;种子具棱,种皮有小瘤状凸起,子叶薄,有肉质胚乳。

约 4 种,主产于亚洲西部及地中海沿岸。我国引种栽培 1 种;浙江及杭州也有零散栽培。

芸香　(图 2-104)

Ruta graveolens L.

多年生木质草本,高 0.7～1m,有强烈刺激性气味,植株无毛并具油点。叶 2～3 回羽状全裂至深裂,长 6～12cm;裂片匙形、披针形或倒卵状长圆形,长不超过 2cm,全缘。顶生聚伞花序;花金黄色,盛开时直径约为 2cm;萼片细小,4～5 枚宿存,花瓣 4～5枚,边缘细裂至流苏状;雄蕊 8 枚,花药椭圆形;雌蕊由 4 个心皮组成,上部离生,有花盘,4 室,每室胚珠多数。蒴果圆球形,表面有凸起油点,成熟时顶裂;种子外观有棱及瘤状凸起。花期 5—6 月,果期7—8 月。$2n=72,76,78,80,81$。

区内有栽培。原产于欧洲南部;我国长江以南有栽培。

全草含芳香油,可作调味原料;全草入药,有祛风镇痉、杀虫之效,也可供观赏。

图 2-104　芸香

4. 花椒属　Zanthoxylum L.

常绿或落叶乔木、灌木或木质藤本。全株有香气,常有皮刺。奇数羽状复叶互生,少数为 3 出复叶或单小叶;小叶对生或互生,无柄或近无柄,小叶片全缘或有锯齿,有半透明油点。花小,单性异株,排成圆锥花序或簇生于叶腋;花被片 5～8 枚,排成 1 轮,或萼片、花瓣均为 4～5枚;雄花有雄蕊 4～5 枚,着生于花瓣上,有退化雌蕊;雌花无退化雄蕊,由 2～5 枚心皮合生,每一心皮有 2 枚胚珠,花柱长,略侧生,分离或联合,柱头头状。果为蓇葖果,红色或紫红色,外果皮表面常有腺点,内果皮薄革质,果实熟时开裂;有 1 粒黑色而光亮的种子。

200 余种,广布于亚洲、非洲、大洋洲至美洲热带和亚热带地区;我国有 41 种;浙江有 10 种;杭州有 5 种。

分 种 检 索 表

1. 花被片 2 轮排列,外轮为萼片,内轮为花瓣,均 4 枚或 5 枚,雄蕊与花瓣同数,花柱挺直柱状。
 2. 攀援藤本;萼片与花瓣均为 4 枚 ·· 1. 花椒簕 *Z. scandens*
 2. 落叶乔木;萼片与花瓣均为 5 枚。
  3. 小叶两面无毛,油点大,肉眼可见 ······························· 2. 椿叶花椒 *Z. ailanthoides*
  3. 小叶下面被毛,油点小,不明显 ··································· 3. 朵花椒 *Z. molle*
1. 花被片 1 轮排列,与雄花的雄蕊均为 4～8 枚,花柱向内弯。
  4. 叶轴有明显宽翅 ·· 4. 竹叶花椒 *Z. armatum*
  4. 叶轴有狭翅 ·· 5. 野花椒 *Z. simulans*

1. 花椒簕 (图 2-105)

Zanthoxylum scandens Blume

常绿木质藤本,幼时呈直立灌木状。枝干有短沟刺,叶轴上的刺较多。羽状复叶有小叶5～25枚,近花序复叶小叶较少,萌发枝上的叶小叶较多;小叶互生或位于叶轴上部的对生,卵形,卵状椭圆形或斜长圆形,长 4～10cm,宽 1.5～4cm,顶部短尖至长尾尖,有凹缺,凹口处有一油点,基部短尖或宽楔形,两侧明显不对称或近于对称,全缘或上半段有细齿,干后乌黑或黑褐色,叶面有光泽或老叶无光。花序腋生或兼有顶生;萼片及花瓣均 4 枚;萼片淡紫绿色,宽卵形,长约 0.5mm;花瓣淡黄绿色,长 2～3mm;雄花的雄蕊 4 枚,长 3～4mm,药隔顶部有一油点,具退化雌蕊;雌花有心皮(3)4 枚,有鳞片状退化雄蕊。分果瓣紫红色,干后灰褐色或乌黑色,直径为 4.5～5.5mm,顶端有短芒尖,油点通常不甚明显;种子近圆球形,两端微尖,直径为4～5mm。花期 3—5 月,果期 7—8 月。2n=68。

图 2-105　花椒簕

见于余杭区(径山),生于山地、林下或灌丛中。分布于长江流域及其以南地区;越南也有。种子油可供工业使用。

2. 椿叶花椒 (图 2-106)

Zanthoxylum ailanthoides Siebold & Zucc.

落叶乔木,高可达 15m,胸径可达 30cm。茎干有鼓钉状、基部宽达 3cm 的锐刺;当年生枝的髓部大,常空心,花序轴及小枝常散生短直刺,各部无毛。羽状复叶有小叶 11～27 枚;小叶整齐对生,狭长披针形或位于叶轴基部的近卵形,长 7～18cm,宽 2～6cm,顶部渐狭长尖,基部圆,对称或一侧稍偏斜,叶缘有明显裂齿,油点多,肉眼可见,叶背灰绿色或有灰白色粉霜,中脉在叶面凹陷,侧脉每边 11～16 条。花序顶生,多花,几无花梗;萼片及花瓣均 5 枚;花瓣淡黄白色,长约 2.5mm;雄花的雄蕊 5 枚.具有退化雌蕊;雌花心皮 3 枚,果梗长 1～3mm。分果瓣淡红褐色,干后淡灰或棕灰色,顶端无芒尖,直径约为 4.5mm,油点多,干后凹陷;种子,长约4mm。花期 8—9 月,果期 10—12 月。

见于余杭区(余杭),生于山坡、密林下及湿润处。分布于长江流域及其以南地区;日本也有。

图 2-106　椿叶花椒　　　　　　图 2-107　朵花椒

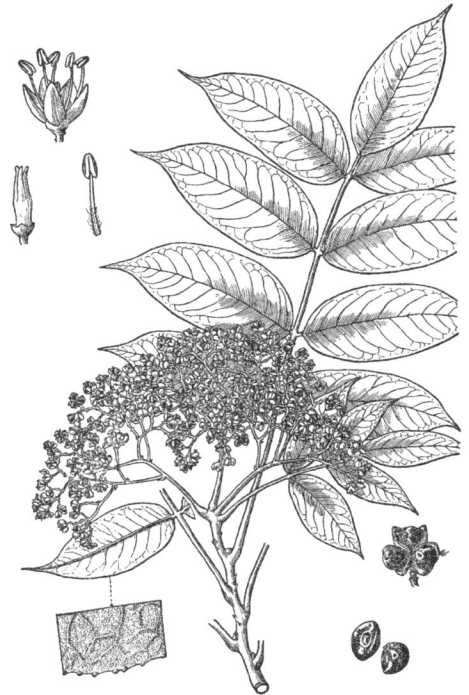

3. 朵花椒 　(图 2-107)

Zanthoxylum molle Rehder

落叶乔木,高 4～16m。树皮灰褐色,具有锥形大皮刺;幼枝红褐色,髓部髓大或中空。奇数羽状复叶互生,长 30～75cm,有小叶 7～9 枚,对生,叶轴、叶柄均呈紫红色;小叶片卵圆形至矩圆形,长6～18cm,宽 3～10cm,先端短骤尖,基部圆形、宽楔形或微心形,通常全缘或在中部以上有细小圆齿,叶缘有油点,叶上面深绿色,散生小油点,下面苍绿色或灰绿色,密被毡状茸毛,中脉紫红色,侧脉 12～18 对。伞房状圆锥花序顶生,花序梗被短柔毛和短刺;花白色,小而多,单性;萼片 5 枚,长 0.5mm,被短睫毛;花瓣 5 枚,长 2.5mm,与萼片两者先端均有 1 粒透明油点;雄花有雄蕊 5 枚,药隔顶端有 1 粒油点;雌花由 5 枚心皮合生,子房球形,花柱短,柱头头状。蓇葖果紫红色,表面具油点。花期 7—8 月,果期 9—10 月。

见于余杭区(黄湖)、西湖景区(桃源岭),生于密林中。分布于安徽、贵州、河南、湖南、江西、云南。

叶、果可提取芳香油;叶、根、果壳、种子均可入药,功能同野花椒。

4. 竹叶花椒　(图 2-108)

Zanthoxylum armatum DC.

常绿小乔木或灌木,高 1～3m。枝无毛,散生皮刺,皮刺基部扁而宽,老枝皮刺常木栓化。奇数羽状复叶互生,有对生小叶 3～7 枚,无柄或近无柄,叶轴有明显宽翅,基部有 1 对托叶状皮刺;小叶片薄革质,披针形、卵形、椭圆形或线状披针形,长 2.5～9cm,宽 1.5～3.5cm,先端急尖至渐尖,基部楔形,全缘或有细小圆齿,齿缝间有粗大油点,两面无毛,上面中脉常有皮刺。聚伞状圆锥花序腋生或生于侧枝顶端;花单性,细小,黄绿色;花被片 6～8 枚;雄花的雄蕊 6～8 枚,药隔顶部有 1 粒深色油点;雌花心皮 2～4 枚,通常仅 1～2 枚发育,柱头头状。蓇葖果红色,外面有凸起腺点;种子黑色,卵球形。花期 4—5 月,果期 8—9 月。$2n=66$。

见于拱墅区(半山)、西湖区(双浦)、余杭区(塘栖、余杭、中泰)、西湖景区(飞来峰、南高峰),生于低山、疏林、路边或灌丛中。秦岭以南各省、区均产;日本、朝鲜半岛也有。

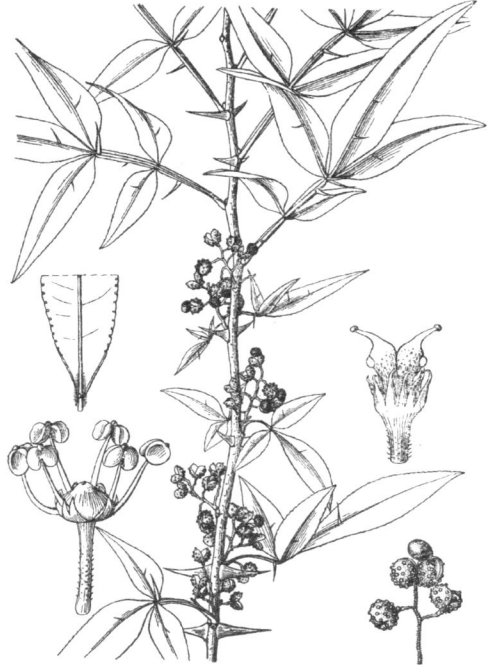

图 2-108　竹叶花椒

5. 野花椒　(图 2-109)

Zanthoxylum simulans Hance

落叶灌木,高 1～2m。枝有皮刺,基部扁宽而直出或稍向上斜出,皮孔白色。奇数羽状复叶互生,有小叶 3～9 枚,稀 11 枚,对生,叶轴有狭翅和长短不等的皮刺,小叶片厚纸质,卵圆形或卵状长圆形,长 2.5～8cm,宽 1.7～4cm,先端急尖或钝,基部楔形或钝圆形,边缘具细钝齿,上面深绿色,有短刺状刚毛,下面青绿色,中脉上具有刚毛状小针刺;两面均有半透明油点。聚伞状圆锥花序顶生;花单性,黄绿色;花被片 5～8 枚;雄花雄蕊 5～8 枚;心皮 1～2 枚。蓇葖果红色至紫红色,基部有伸长如漏斗管部的短柄,外面有较粗大、半透明腺点;种子亮黑色,近球形。花期 4—5 月,果期 8—9 月。

见于余杭区(塘栖、余杭)、西湖景区(飞来

图 2-109　野花椒

峰),生于山坡、灌丛和林缘。分布于黄河以南各省、区。

果、叶、根入药,为散寒健胃剂,有止吐泻和利尿作用;叶及果实可作食品调味料。

5. 吴茱萸属　Tetradium Lour.

常绿或落叶乔木或灌木。腋芽裸露,茎无刺。叶对生,奇数羽状复叶,叶片有半透明油点,油点明显或很小而肉眼几不可见。聚伞状圆锥花序顶生或腋生;花单性异株,稀为两性,萼片4或5枚,基部联合,花瓣4或5枚;雄花的雄蕊4～5枚,花药长于花丝,具有退化子房,有花盘;雌花的雌蕊由4～5枚心皮组成,花柱联合,柱头盾状,子房深4～5裂,每一心皮有2颗胚珠。果实开裂;每一果瓣有1～2粒种子,种子黑色。

约9种,分布于东亚、南亚及东南亚;我国有7种;浙江有3种;杭州有2种。

该属原置于 *Euodia* J. R. Forst & G. Forst 和 *Boymia* A. Juss. 属,*Flora of China* 中认为前者只分布于大洋洲,而后者是 *Tetradium* Lour. 的异名。

1. 吴茱萸　(图 2-110)

Tetradium ruticarpum (Juss.) T. G. Hartley——*Evodia rutaecarpa* (Juss.) Benth.

落叶小乔木或灌木,高可达9m。腋芽裸芽,密被紫褐色长茸毛。小枝紫褐色,幼枝、叶轴、花序梗均被锈色长柔毛。叶对生,奇数羽状复叶,长15～40cm,有5～13枚对生的小叶,小叶片椭圆形至卵形,长4～17cm,宽2～8cm,多全缘,下面密被短柔毛,侧脉每边9～17条,叶片有粗大油点。顶生聚伞状圆锥花序;花雌雄异株,单性,5数;花萼长0.5～1.2mm,花瓣绿色、黄色或白色;雌花的花瓣较雄花的大,内面被长柔毛,退化雄蕊鳞片状,子房无毛,每室2枚胚珠。蓇葖果近球形,紫红色,直径为3.5～6mm,有粗大腺齿,顶端无喙;有1粒种子,种子亮黑色,卵球形。花期5—8月,果期8—10月。

区内有栽培。分布于长江以南各省、区。

果实可入药,用于治疗胃冷吐泻、疝痛等症。

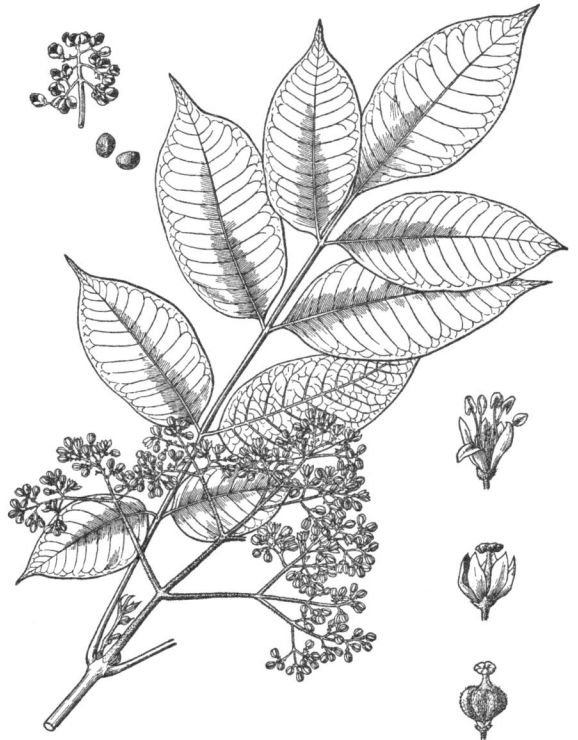

图 2-110　吴茱萸

2. 楝叶吴萸　臭辣树　(图 2-111)

Tetradium glabrifolium (Champion ex Bentham) T. G. Hartley——*Evodia fargesii* Dode

落叶乔木,高15m。树皮平滑,浅灰色至暗灰色,枝条紫褐色至灰褐色。奇数羽状复叶对生;总叶柄顶端小叶柄长1.5～2.5cm,侧生小叶柄长2～6mm;小叶(5～)7(～11)枚,椭圆状披针形或卵状长椭圆形至披针形,长 6～11cm,宽 2～6cm,先端渐尖,基部圆形或宽楔形,常偏斜,全缘,上面绿色,下面灰白色,干后苍绿色或暗褐色,脉腋间及主脉的基部两侧有毛,常密生成丛,无腺点。聚伞圆锥花序顶生,花序长 6～10cm,宽 8～12cm 或更宽,花轴及花柄疏被短柔毛;萼片 5 浅裂,裂片三角形,长约 0.5mm,边缘被短睫毛;花瓣 5 枚,白色;雄花内有退化子房,先端 5 深裂;雌花内的退化雄蕊极短小,子房上位,近圆球形,花柱极短小。蓇葖果 4～5 裂,淡红色;种子棕黑色,卵球形,直径约为 3mm。花期 6—8 月,果期 9—10 月。

　　见于萧山区(进化、楼塔)、余杭区(余杭),生于山坡、山谷、溪边、林下、旷野。分布于秦岭以南各省、区。

　　果实可入药,具有温中散寒、下气止痛之功效。

　　与上种的主要区别在于:本种萼裂片较小,小叶片背面有灰白色(白霜)。

图 2-111　楝叶吴萸

56．苦木科　Simaroubaceae

　　落叶或常绿的乔木或灌木。树皮通常有苦味。叶互生,有时对生,通常成羽状复叶,少数单叶;托叶缺或早落。花序腋生,成总状、圆锥状或聚伞花序,很少为穗状花序。花小,辐射对称,单性、杂性或两性;萼片 3～5 枚,镊合状或覆瓦状排列;花瓣 3～5 枚,分离,少数退化,镊合状或覆瓦状排列;花盘环状或杯状;雄蕊与花瓣同数或为花瓣的 2 倍,花丝分离,通常在基部有一鳞片,花药长圆形,"丁"字形着生,2 室,纵向开裂;子房通常 2～5 裂,2～5 室,或者心皮分离,花柱 2～5 枚,分离或多少结合,柱头头状,每室有胚珠 1～2 颗,倒生或弯生,中轴胎座。果为翅果、核果或蓇果,一般不开裂。种子有胚乳或无,胚直或弯曲,具有小胚轴及厚子叶。

　　20 属,约 95 种,主产于热带和亚热带地区,一些种类产于温带地区;我国有 3 属,10 种;浙江有 3 属,3 种,1 变种;杭州有 2 属,2 种。

1．臭椿属　Ailanthus Desf.

　　落叶或常绿乔木或小乔木。小枝被柔毛,有髓。叶互生,奇数羽状复叶或偶数羽状复叶;小叶 13～41 枚,纸质或薄革质,对生或近于对生,基部偏斜,先端渐尖,全缘或有锯齿,有的基部两侧各有 1～2 枚大锯齿,锯齿尖端的背面有腺体。花小,杂性或单性异株,圆锥花序生于枝顶的叶腋;萼片 5 枚,覆瓦状排列;花瓣 5 枚,镊合状排列;花盘 10 裂;雄蕊 10 枚,着生于花盘基部,但在雌花中的雄蕊不发育或退化;2～5 个心皮分离或仅基部稍结合,每室有胚珠 1 颗,弯生或倒生,花柱 2～5 枚,分离或结合,但在雄花中仅有雌花的痕迹或退化。翅果长椭圆球形;种子 1 颗,生于翅的中央,扁平、球形、倒卵球形或稍带三角形,稍带胚乳或无胚乳,外种皮薄,子叶 2 枚,扁平。

约 10 种,分布于亚洲至大洋洲北部;我国有 6 种;浙江有 1 种;杭州有 1 种。

臭椿 （图 2-112）

Ailanthus altissima（Mill.）Swingle

落叶乔木,高可达 20m。树皮平滑而有直纹;嫩枝有髓,幼时被黄色或黄褐色柔毛,后脱落。叶为奇数羽状复叶,长 40～60cm,叶柄长 7～13cm,有小叶 13～27 枚;小叶对生或近对生,纸质,卵状披针形,长 7～13cm,宽 2.5～4cm,先端长渐尖,基部偏斜,截形或稍圆,两侧各具 1～2 个粗锯齿,齿背有腺体 1 枚,叶面深绿色,背面灰绿色,揉碎后具臭味。圆锥花序长 10～30cm;花淡绿色,花硬长 1～2.5mm;萼片 5 枚,覆瓦状排列,裂片长 0.5～1mm;花瓣 5 枚,长 2～2.5mm,基部两侧被硬粗毛;雄蕊 10 枚,花丝基部密被硬粗毛,雄花中的花丝长于花瓣,雌花中的花丝短于花瓣;花药长圆球形,长约 1mm;心皮 5 枚,花柱粘合,柱头 5 裂。翅果长椭圆球形,长 3～4.5cm,宽 1～1.2cm;种子位于翅的中间,扁圆球形。花期 4—5 月,果期 8—10 月。

见于余杭区(临平)、西湖景区(孤山、飞来峰、龙井、南高峰、仁寿山、桃源岭),生于阳坡、疏林中、林缘、灌丛中,或栽于村庄附近和作为行道树。分布于全国各地;在北美洲、欧洲、亚洲不少地区自行大量繁殖,成为入侵种。

图 2-112　臭椿

可作石灰岩地区的造林树种,也可作园林观赏树和行道树;木材黄白色,可制作农具车辆等;叶可饲椿蚕(天蚕);树皮、根皮、果实均可入药;种子含油量为 35％。

2.苦木属　Picrasma Blume

落叶或常绿乔木。树皮极苦;枝髓大,海绵质;芽裸露。奇数羽状复叶互生,常聚集于枝端;托叶早落。聚伞花序组成宽散圆锥花序,腋生;花杂性或单性,雌雄同株或异株,4～5 数;萼片卵形,初时细小,果期增大,宿存;花瓣黄绿色,椭圆形,比萼片长;雄花的雄蕊 4～5 枚,着生于花盘基部,与花瓣互生;花盘稍厚,全缘或 4～5 浅裂;雌花的雄蕊退化,细小,心皮 2～5 枚,离生,每一心皮有胚珠 1 颗,花柱于中部联合,上部分离。果由 1～5 个肉质或革质小核果组成,有宿存萼,小核果浆果状。

约 9 种,分布于亚洲和美洲的热带、亚热带地区;我国有 2 种;浙江有 1 种;杭州有 1 种。

与上属的主要区别在于:本属树皮极苦;芽裸露;花序腋生;核果浆果状。

苦树　苦木　（图 2-113）

Picrasma quassioides（D. Don）Benn.

落叶灌木或小乔木,高达 10m。叶和树皮均极苦。一年生、越年生小枝有红棕色短柔毛,密布小皮孔;芽裸露,被红棕色短柔毛。奇数羽状复叶互生,长 20～30cm,有小叶 9～15 枚;叶轴、叶柄有棕色短柔毛;小叶片卵形至椭圆状卵形,长 4～10cm,宽 2～4m,先端渐尖,基部宽楔形或近圆形,歪斜,边缘有不整齐的疏钝锯齿,上面无毛,或中脉上有微短毛,下面脉间有柔毛,中脉两面均隆起,侧脉 6～10 对;托叶短舌状,密被红棕色柔毛,早落;小叶柄短或近无柄,有微毛。花雌雄异株,聚伞花序组成的圆锥花序腋生,花序梗及花梗均被棕色密短柔毛;萼片 4～5 枚,卵形,被毛;花瓣黄绿色,4～5 枚,倒卵形;雄蕊 4～5 枚,着生于花盘基部;心皮 4～5 枚,卵形。核果蓝色或红色,3～4 个并生,近圆球形至椭圆状倒卵球形,长约 7mm,直径约为 6mm,无毛,萼片宿存。花期 4—5 月,果期 6—9 月。$2n=24,50$。

图 2-113　苦树

见于余杭区（余杭）,生于山坡、山谷、沟边及林中。分布于安徽、福建、甘肃、广东、广西、贵州、海南、河北、河南、湖北、湖南、江苏、江西、辽宁、山东、山西、陕西、四川、台湾、西藏、云南;不丹、印度、日本、朝鲜半岛、尼泊尔、斯里兰卡也有。

根、茎干及枝皮极苦,有毒,入药,又可作土农药灭虫害;木材可制器具。

57. 楝科　Meliaceae

乔木或灌木,稀为亚灌木。叶互生,很少对生,通常羽状复叶,稀 3 小叶或单叶;小叶对生或互生,很少有锯齿,基部多少偏斜。花两性或杂性异株,辐射对称,通常组成圆锥花序,间为总状花序或穗状花序,通常 5 基数,间为少基数或多基数;萼小,常浅杯状或短管状,4～5 齿裂或为 4～5 枚萼片组成,芽时覆瓦状或镊合状排列;花瓣 4～5 枚,少有 3～7 枚的,芽时覆瓦状、镊合状或旋转排列,分离或下部与雄蕊管合生;雄蕊 4～10 枚,花丝合生成一短于花瓣的圆筒形、圆柱形、球形或陀螺形等不同形状的管或分离,花药无柄,直立,内向,着生于管的内面或顶部,内藏或凸出;花盘生于雄蕊管的内面或缺,如存在则成环状、管状或柄状等;子房上位,2～5室,少有 1 室的,每室有胚珠 1～2 颗或更多;花柱单生或缺,柱头盘状或头状,顶部有槽纹或有小齿 2～4 个。蒴果、浆果或核果,开裂或不开裂,果皮革质、木质或很少肉质;种子有胚乳或无胚乳,常有假种皮。

约 50 属,650 种,分布于热带和亚热带地区,少数至暖温带地区;我国有 17 属,40 种,主产于长江以南各省、区;浙江有 4 属,5 种,3 变种;杭州有 3 属,3 种。

分 属 检 索 表

1. 雄蕊花丝合生成管;核果或浆果。
    2. 雄蕊 5～6 枚;浆果 ·· 1. 米仔兰属　*Aglaia*
    2. 雄蕊 10～12 枚;核果 ·· 2. 楝属　*Melia*
1. 雄蕊花丝全部分离;蒴果,革质或木质,室轴开裂为 5 枚果瓣,种子每室多数,具翅 ····· 3. 香椿属　*Toona*

1. 米仔兰属　Aglaia Lour.

乔木或灌木。植株幼嫩部分常被鳞片或星状的短柔毛。叶为羽状复叶或 3 小叶,极少单叶;小叶全缘。花小,杂性异株,通常球形,组成腋生或顶生的圆锥花序;花萼 4～5 齿裂或深裂;花瓣 3～5 枚,凹陷,短,花芽时覆瓦状排列,分离或有时下部与雄蕊管合生;雄蕊管稍较花瓣短,球形、壶形、陀螺形或卵形,全缘或有短钝齿,花药 5～6 枚,稀 7～10 枚,1 轮排列,着生于雄蕊管里面的顶部之下,很少着生于顶部,内藏,微凸出或罕有半凸出;花盘不明显或缺;子房 1～2 室或 3～5 室,每室有胚株 1～2 颗,花柱极短或无花柱,柱头通常盘状或棒状。浆果,有种子 1 至数颗,果皮革质;种子通常被一胶黏状、肉质的假种皮所围绕,无胚乳。

约 120 种,分布于亚洲热带至亚热带地区、澳大利亚、太平洋岛屿;我国有 8 种;浙江及杭州栽培 1 种。

米仔兰　米兰　(图 2-114)

Aglaia odorata Lour.

灌木或小乔木。茎多小枝,幼枝顶部被星状锈色的鳞片。叶长 5～12(～16)cm,叶轴和叶柄具狭翅,有小叶 3～5 片;小叶对生,厚纸质,长 2～7(～11)cm,宽 1～3.5(～5)cm,顶端 1 片最大,下部的远较顶端的小,先端钝,基部楔形,两面均无毛,侧脉每边约 8 条,极纤细,和网脉均于两面微凸起。圆锥花序腋生,长 5～10cm,稍疏散,无毛;花芳香,直径约为 2mm;雄花的花梗纤细,长 1.5～3mm,两性花的花梗稍短而粗;花萼 5 裂,裂片圆形;花瓣 5 枚,黄色,长圆形或近圆形,长 1.5～2mm,顶端圆而平截;雄蕊管略短于花瓣,倒卵形或近钟形,外面无毛,顶端全缘或有圆齿,花药 5 枚,卵球形,内藏;子房卵球形,密被黄色粗毛。果为浆果,卵球形或近球形,长 10～12mm,初时被散生的星状鳞片,后脱落;种子有肉质假种皮。花期 5—12 月,果期 7 月至翌年 3 月。$2n=84$。

图 2-114　米仔兰

区内常见盆栽,供观赏。原产于我国广东、广西、海南至东南亚地区。

花芳香,供观赏及提取芳香油等;木材黄色,纹理致密均匀,供作家具等用。

2. 楝属　Melia L.

落叶乔木或灌木。幼嫩部分常被星状粉状毛,小枝有明显的叶痕和皮孔。叶互生,1～3回羽状复叶;小叶具柄,通常有锯齿或全缘。圆锥花序腋生,多分枝,由多个二歧聚伞花序组成。花两性;花萼5～6深裂,覆瓦状排列;花瓣白色或紫色,5～6片,分离,线状匙形,开展,旋转排列;雄蕊管圆筒形,管顶有10～12齿裂,管部有线纹10～12条,口部扩展,花药10～12枚,着生于雄蕊管上部的裂齿间,内藏或部分凸出;花盘环状;子房近球形,3～6室,每室有叠生的胚珠2颗,花柱细长,柱头头状,3～6裂。果为核果,近肉质,核骨质;每室有种子1颗,种子下垂,外种皮硬壳质,胚乳肉质,薄或无胚乳,子叶叶状,薄,胚根圆柱形。

约3种,产于东半球热带和亚热带地区;我国有2种,黄河以南各省、区普遍分布;浙江有2种;杭州有1种。

楝树　(图2-115)

Melia azedarach L.

落叶乔木,高达10m。树皮灰褐色,纵裂;分枝广展,小枝有叶痕。叶为2～3回奇数羽状复叶,长20～40cm;小叶对生,卵形、椭圆形至披针形,顶生1片通常略大,长3～7cm,宽2～3cm,先端短渐尖,基部楔形或宽楔形,多少偏斜,边缘有钝锯齿,幼时被星状毛,后两面均无毛,侧脉每边12～16条,广展,向上斜举。圆锥花序约与叶等长,无毛或幼时被鳞片状短柔毛;花芳香;花萼5深裂,裂片卵形或长圆状卵形,先端急尖,外面被微柔毛;花瓣淡紫色,倒卵状匙形,长约1cm,两面均被微柔毛,通常外面较密;雄蕊管紫色,无毛或近无毛,长7～8mm,有纵细脉,管口有钻形、2～3齿裂的狭裂片10枚,花药10枚,着生于裂片内侧,且与裂片互生,长椭圆球形,顶端微突尖;子房近球形,5～6室,无毛,每室有胚珠2颗,花柱细长,柱头头状,顶端具5枚齿,不伸出雄蕊管。核果球形至椭圆球形,长1～2cm,宽8～15mm,内果皮木质,4～5室;每室有种子1颗,种子椭圆球形。花期4～5月,果期10—12月。$2n=28$。

图2-115　楝树

区内常见,生于低山、丘陵或平原。分布于安徽、甘肃、广东、广西、贵州、海南、河北、河南、湖北、湖南、江苏、江西、山东、山西、陕西、四川、台湾、云南、西藏;东南亚地区、澳大利亚、太平洋岛屿也有。

速生树种;木材供作家具、建材、农具、船舶、枪柄、乐器等用;果实可酿酒;种子榨油可制油漆、润滑油和肥皂;树皮、叶和果实入药,并可制土农药;花可蒸提芳香油。

3. 香椿属　Toona Roem.

乔木。树干上树皮粗糙,鳞块状脱落;芽有鳞片。叶互生,羽状复叶;小叶全缘,很少有稀疏的小锯齿,常有各式透明的小斑点。花小,两性,组成聚伞花序,再排列成顶生或腋生的大圆锥花序;花萼短,管状,5 齿裂或分裂为 5 枚萼片;花瓣 5 枚,远长于花萼,与花萼裂片互生,分离,花芽时覆瓦状或旋转排列;雄蕊 5 枚,分离,与花瓣互生,着生于肉质、具 5 条棱的花盘上,花丝钻形,花药"丁"字形着生,基部心形,退化雄蕊 5 枚或不存在,与花瓣对生;花盘厚,肉质,成 1 个具 5 条棱的短柱;子房 5 室,每室有 2 列的胚珠 8～12 颗,花柱单生,线形,顶端具盘状的柱头。果为蒴果,革质或木质,5 室,室轴开裂为 5 枚果瓣;种子每室多数,上举,侧向压扁,有长翅,胚乳薄,子叶叶状,胚根短,向上。

约 5 种,分布于亚洲至大洋洲;我国有 4 种;浙江有 2 种;杭州有 1 种。

香椿 (图 2-116)

Toona sinensis（A. Juss.）Roem.

乔木。树皮粗糙,深褐色,片状脱落。叶具长柄,偶数羽状复叶,长 30～50cm 或更长;小叶 16～20 枚,对生或互生,纸质,卵状披针形或卵状长椭圆形,长 9～15cm,宽 2.5～4cm,先端尾尖,基部一侧圆形,另一侧楔形,不对称,边全缘或有疏离的小锯齿,两面均无毛,无斑点,背面常呈粉绿色,侧脉每边 18～24 条,平展,与中脉几成直角开出,背面略凸起;小叶柄长 5～10mm。圆锥花序与叶等长或更长,被稀疏的锈色短柔毛或有时近无毛,小聚伞花序生于短的小枝上,多花;花长 4～5mm,具短花梗;花萼 5 齿裂或浅波状,外面被柔毛,且有睫毛;花瓣 5 枚,白色,长圆形,先端钝,长 4～5mm,宽 2～3mm,无毛;雄蕊 10 枚,其中 5 枚能育,5 枚退化;花盘无毛,近念珠状;子房圆锥形,有 5 条细沟纹,无毛,每室有胚珠 8 颗,花柱比子房长,柱头盘状。蒴果狭椭圆球形,长 2～3.5cm,深褐色,有小而苍白色的皮孔,果瓣薄;种子基部通常钝,上端有膜质的长翅,下端无翅。花期 6—8月,果期 10—12 月。$2n=52$。

图 2-116　香椿

区内常见,生于向阳山坡、林中或林缘,常栽培于村边、路旁、房前屋后。分布于安徽、福建、甘肃、广东、广西、贵州、河北、河南、湖北、湖南、江苏、江西、陕西、四川、西藏;东南亚地区也有。

幼芽嫩叶芳香可口,供蔬食;木材黄褐色而具红色环带,纹理美丽,质坚硬,有光泽,耐腐蚀力强,易施工,为家具、室内装饰品及造船的优良木材;根、皮及果入药。

58. 远志科 Polygalaceae

草本、灌木或乔木。单叶互生,稀轮生,全缘,无托叶。花两性、两侧对称,组成总状、穗状或圆锥花序;萼片 5 枚;花瓣 5 或 3 枚,不等大,最下 1 枚呈龙骨状,顶端常具流苏状附属物;雄蕊 5+5 枚,部分退化,常为 3~8 枚,花丝常合生成鞘;雌蕊子房上位,2~5 室,每室有胚珠 1 颗。蒴果、坚果或核果。

13~17 属,约 1000 种,全世界广布,尤其在热带和亚热带地区;我国有 5 属,53 种;浙江有 2 属,8 种;杭州有 1 属,2 种。

远志属 Polygala L.

草本,稀为亚灌木;单叶互生,稀轮生,全缘;花两侧对称,排成腋生或顶生的穗状花序或总状花序;萼片 5 枚,不等长,内面 2 枚大并呈花瓣状,称为翼瓣;花瓣 3 枚,下部与雄蕊鞘合生,下面 1 枚龙骨状,有冠状的附属体;雄蕊 8 枚,花丝下部合生;雌蕊子房 2 室,每室有胚珠 1 颗。蒴果 2 室;有种子 2 颗,种子有毛或有假种皮。

约 500 种,全世界广布;我国产 44 种,南北各地均有分布;浙江有 6 种;杭州有 2 种。

1. 瓜子金 (图 2-117)

Polygala japonica Houtt

多年生草本,高 10~30cm。根圆柱形,表面褐色,有纵横皱纹和结节,支根细;茎丛生,稍微被灰褐色细毛。叶互生,近革质或厚纸质,卵状披针形,长 1~2cm,宽 0.5~1cm,侧脉明显,有细柔毛。总状花序腋生,花紫色;萼片 5 枚,不等大,内面 2 枚较大,花瓣状;花瓣 3 枚,基部与雄蕊鞘相连,中间 1 枚较大,龙骨状,背面先端有流苏状附属物;雄蕊 8 枚,花丝几全部联合成鞘状;雌蕊子房上位,柱头 2 裂,不等长。蒴果广卵球形,顶端凹陷,边缘有宽翅,具宿存萼;种子卵球形,密被柔毛。花期 4—5 月,果期 5—7 月。$2n=14,42$。

见于滨江区(长河)、萧山区(城厢)、西湖景区(宝石山、梅家坞、云栖),生于山坡、草丛中、路边和田边。分布几遍全国;东亚各国、菲律宾和印度也有。

全草入药,可用于骨髓炎、骨结核、跌打损

图 2-117 瓜子金

伤、毒蛇咬伤等的治疗。

2. 狭叶香港远志　（图 2-118）

Polygala hongkongensis Hemsl. var. stenophylla Migo

直立草本，有时呈亚灌木。单叶互生，叶片纸质或膜质，茎下部叶小，卵形，上部为线形至线状披针形，长 1.5～3cm，宽 3～4mm。总状花序顶生；萼片 5 枚，宿存，具缘毛，外面 3 枚舟形或椭圆形，内凹，长约 4mm，中间 1 枚沿中脉具狭翅，内萼片花瓣状，斜卵形，长 5～8mm，宽3～5mm，先端圆形，基部狭；花瓣 3 枚，白色或紫色；雄蕊 8 枚，花丝长约 5mm；雌蕊子房倒卵球形，具短柄。蒴果近圆球形、压扁，宽约 4mm；种子 2 粒，卵球形，黑色。花期 5—6 月，果期 6—7 月。

见于西湖区（留下、转塘）、西湖景区（南高峰、云栖），生于山谷、林下、山坡、草丛及路边。分布于安徽、福建、广东、广西、湖南、江苏、江西。

全草入药，具有益智安神、散瘀化痰、退肿之功效。

与上种的区别在于：本种叶两面侧脉不明显；总状花序常顶生，外萼片小舟形，花丝仅部分联合。

图 2-118　狭叶香港远志

59. 大戟科　Euphorbiaceae

乔木、灌木或草本，稀木本或草本藤本植物。根木质，稀块状茎状；茎肉质，常有乳状汁液，白色，稀为淡红色。单叶，稀复叶，或退化为鳞片；叶缘全缘或有锯齿，叶缘或表面或有明显的腺体；叶脉羽状或掌状；叶柄有长有短，基部或顶端有时具腺体；托叶 2 枚，着生于叶柄的基部两侧，早落或宿存，稀托叶鞘状，脱落后具环状托叶痕。花单性，雌雄同株或异株，花序腋生或顶生，花聚伞花序或簇生，常排列成 1 个细长的轴，分枝或不分枝，形成聚伞圆锥花序，或由杯状总苞包围退化的花，形成像花的杯状聚伞花序，苞片有时花瓣状；花萼离生或合生成萼筒，镊合状或覆瓦状排列，稀无（如大戟属）；花瓣离生，无或退化；花盘有或退化；雄花花盘在雄蕊内或外，全缘到全裂，雄蕊 1 至多数，下位，花丝离生或合生，花药 2（～4）小室；雌花退化雄蕊有或无，子房上位，中轴胎座，每室胚珠 1 或 2 枚。果常为蒴果，蒴轴开裂为 2 瓣裂的浆果，或为浆果或核果；种子常有种阜，或有假种皮，胚乳有或无，子叶常比基部宽。花粉大，多数为长球形，少数为球形或扁球形，大小因属种不同而变化很大；大多数花粉的最长轴小于 $50\mu m$；花粉具孔沟，具沟及无萌发孔，沟和孔的形状、大小不一致，外壁多具网状雕纹，有的外壁具网，网脊上具瘤状凸起，花粉轮廓线略呈波浪形。

约 322 属，8910 种，全世界分布，以热带地区及亚热带地区居多；我国约有 75 属，406 种，其中 95% 分布于南部及西南部；浙江有 17 属，48 种，2 变种；杭州有 11 属，29 种。

分 属 检 索 表

1. 子房每室 2 颗胚珠;植株无内生韧皮部;叶柄和叶片均无腺体;花粉粒双核。
　2. 植物体具有红色或淡红色液汁;无花瓣和花盘;3 出复叶 ·············· 1. **秋枫属** *Bischofia*
　2. 植物体无白色或红色液汁;有花瓣和花盘,或只有花瓣或花盘;单叶。
　　3. 花具有花盘。
　　　4. 雄花具退化雄蕊 ·············· 2. **白饭树属** *Flueggea*
　　　4. 雄花无退化雌蕊 ·············· 3. **叶下珠属** *Phyllanthus*
　　3. 花无花盘 ·············· 4. **算盘子属** *Glochidion*
1. 子房每室 1 颗胚珠;植株通常具内生韧皮部;叶柄上部或叶片基部通常具有腺体;花粉粒双核或 3 核。
　5. 花序为杯状聚伞花序 ·············· 5. **大戟属** *Euphorbia*
　5. 花序不为杯状聚伞花序。
　　6. 雄花有花瓣 ·············· 6. **油桐属** *Vernicia*
　　6. 雄花无花瓣。
　　　7. 小乔木或灌木。
　　　　8. 雄花有雄蕊 2~3 枚 ·············· 7. **乌桕属** *Triadica*
　　　　8. 雄花有雄蕊 6 至多数。
　　　　　9. 雄蕊 6~9 枚 ·············· 8. **山麻杆属** *Alchornea*
　　　　　9. 雄蕊多数 ·············· 9. **野桐属** *Mallotus*
　　　7. 草本。
　　　　10. 叶片非盾形,不分裂;花丝分离 ·············· 10. **铁苋菜属** *Acalypha*
　　　　10. 叶片盾形,掌状深裂;花丝合生 ·············· 11. **蓖麻属** *Ricinus*

1. 秋枫属　Bischofia Blume

　　高大乔木。汁液呈红色或淡红色。叶互生,常在茎端簇生,掌状 3(~5)小叶,托叶小,镰刀形,早落;叶柄长,小叶叶缘为钝齿状的锯齿。花序腋生或侧生,和嫩叶同时产生,圆锥状或总状花序,下垂。花雌雄异株,稀雌雄同株。雄花萼片 5 枚,离生,镊合状排列,初时包围着雄蕊,后外弯;无花瓣和花盘;雄蕊 5 枚,离生,附着在萼片基部,花丝短,花药较大,药室 2 个,平行,内向,纵向开裂;退化雌蕊短而宽,呈盾形。雌花萼片叠瓦状,扁平,离生,花瓣或花盘无,子房 3(4)室,每室具胚珠 2 颗,花柱 3 或 4 枚,长、粗壮,不裂,直立或弯曲。浆果,球形,不裂,外果皮肉质,内果皮纸质到薄木质,3~4 小室;种子 3~6 枚,长圆状倒卵球形、新月形,光滑,无种阜,外种皮坚硬。

　　2 种;我国及浙江均产;杭州有 1 种。

　　常栽培作行道树和庭院观赏树。

重阳木 （图 2-119)

Bischofia polycarpa（H. Lév.) Airy Shaw

　　落叶乔木,高可达 15m,胸径达 0.5~1m。全株无毛,树皮褐色,厚约 6mm,纵裂;老枝褐色,皮孔锈色;小枝绿色,皮孔灰白色。掌状 3 出复叶,中间小叶通常大于两边的,小叶卵形或椭圆状卵形,有时长圆状卵形,长 5~9(~14)cm,宽 3~6(~9)cm,叶先端急尖或短渐尖,叶基部圆形或浅心形,叶缘每 1cm 长 4～5 个齿;叶柄 9～13.5cm;托叶小,早落。花雌雄异株,总状花序下垂。雄花花序长 8～13cm;花萼半圆形,膜质,向外张开,花丝短;雌蕊明显退化。雌花花序长 3～12cm;花萼同雄花,有白色膜质的边缘;子房 3～4 室,每室具胚珠 2 颗,花柱 2～3 枚,顶端不裂。果实球形,直径为 5～7mm,成熟时棕红色;种子 3～6 枚,长圆状倒卵球形、新月形,光滑,无种阜,外种皮坚硬。花期 4—5 月,果期 8—10 月。

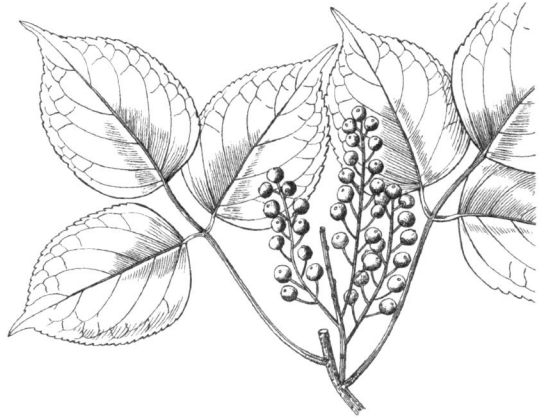

图 2-119   重阳木

见于西湖区(留下)、西湖景区(龙井),生于林中或平原栽培。分布于安徽、广东、广西、贵州、湖南、江苏、江西、陕西、云南。

木材常用于家具、建材、造船、车辆的制作;果肉可酿酒;种子含油量为 30%,可供食用,也可作润滑油和肥皂油。

2. 白饭树属   Flueggea Willd.

直立灌木或小乔木。单叶,常 2 列,全缘或有细钝齿;羽状脉;叶柄短;具有托叶。花小,雌雄异株,稀同株,单生、簇生或组成密集聚伞花序;苞片不明显;花瓣无。雄花萼片 4～7 枚,覆瓦状排列;雄蕊 4～7 枚,花丝分离,花药 2 室,直立;退化雌蕊小,2～3 裂。雌花萼片与雄花相同;子房(2)3(4)室,分离,每室有横生胚珠 2 颗,花柱 3 枚,分离,顶端 2 裂或全缘。蒴果,圆球形或三棱形,3 爿裂或不裂而呈浆果状,中轴宿存;种子通常三棱形,胚乳丰富,子叶扁而宽。

约 12 种,分布于亚洲、美洲、欧洲及非洲的热带至温带地区;我国有 4 种,分布于除西北外各省、区;浙江有 2 种;杭州有 1 种。

一叶萩   (图 2-120)

Flueggea suffruticosa (Pall.) Baill. ——*Securinega suffruticosa*(Pall.) Rehder

灌木,高 1～3m。茎多分枝,无毛,小枝浅绿色,有棱槽;老枝近圆柱状,棕黄色。单叶,椭圆形或长椭圆形,稀倒卵形,长 1.5～8cm,宽 1～3cm,叶先端急尖至钝,叶基部钝楔形,叶下面绿色,侧脉每边 5～8 条,两面凸起,网脉略明显;叶柄长 2～8mm;托叶长 1mm,卵状披针形,宿存。花序腋生,聚伞状。雄花花梗长 2.5～5.5mm;3～18 朵簇生;萼片 5 枚,椭圆形、卵形或圆形,长 1～1.5mm,宽 0.5～1.5mm,全缘或具不明显的细齿;雄蕊 5 枚,花丝长 1～2.2mm,花药卵球形,长 0.5～

图 2-120   一叶萩

1mm;花盘腺体 5 枚;退化雌蕊圆柱形,高 0.6～1mm,顶端 2～3 裂。雌花花梗长 2～15mm;萼片 5 枚,椭圆形至卵形,长 1～1.5mm,背部呈龙骨状凸起;花盘盘状;子房卵球形,(2)3室,花柱 3 枚,长 1～1.8mm,分离或基部合生,直立或外弯。蒴果三棱状扁球形,成熟时淡红褐色,有网纹,3 片裂;种子卵球形而一侧压扁状,长约 3mm,褐色,有小疣状凸起。花期6—7 月,果期 8—9 月。

见于余杭区(塘栖)、西湖景区(龙井、翁家山),生于山坡、灌丛中或山沟。分布于全国各地(除甘肃、青海、西藏、新疆外);日本、朝鲜半岛、蒙古、俄罗斯也有。

茎皮可作纺织原料;枝条可编制用具;花和叶入药。

3. 叶下珠属　Phyllanthus L.

乔木,灌木或草本植物,无乳汁。单叶互生,主茎上常退化或鳞片状,侧枝上的叶 2 列;叶全缘,羽状脉;具短柄;托叶小,脱落或宿存。花通常小,单性,雌雄同株,稀异株,单生、簇生,或组成聚伞、团伞、总状或圆锥花序;花梗纤细;无花瓣。雄花萼片(2)3～6 枚,离生,覆瓦状排列,全缘,小齿或具缘毛;无花瓣,花盘腺体 3～6 枚,常离生,雄蕊 2～6 枚,花丝离生或合生,花药外向,2 小室,2 个孢子囊,药隔不明显,纵向或横向开裂,无退化雌蕊。雌花萼片同雄花或更多,花盘的腺体较小,或合生成环或瓮形,包围着子房;子房常光滑,有皱或有毛,3(～12)室,胚珠每室 2 颗,花柱 3(～12)枚,先端 2 裂或 2 分枝,直立或弯。果实常为蒴果,球形或扁球形,平滑或疣状,开裂为 3 个 2 瓣裂浆果;种子无种阜或假种皮,具 3 条棱,种皮外壳干,胚乳白色,胚芽直或稍弯曲,子叶通常比基部宽。

750～800 种,主要在热带和亚热带地区;我国有 32 种;浙江有 7 种;杭州有 4 种。

分 种 检 索 表

1. 落叶灌木。
　　2. 雄花萼片 6 枚,宿存,雄蕊 5 枚,花丝全部分离 ················ 1. **青灰叶下珠** *P. glaucus*
　　2. 雄花萼片 4～5 枚,脱落,雄蕊 4～5 枚,或因其中 2～3 枚花丝合生而呈 2～3 枚状 ··················
　　　　　　　　　　　　　　　　　　　　　　　　　　　　　2. **落萼叶下珠** *P. flexuosus*
1. 一年生草本。
　　3. 雄花萼片 6 枚;蒴果具鳞片状凸起 ························ 3. **叶下珠** *P. urinaria*
　　3. 雄花萼片 4 枚;蒴果光滑 ···························· 4. **蜜柑草** *P. ussuriensis*

1. 青灰叶下珠　(图 2-121)

Phyllanthus glaucus Wall. ex Müll. Arg.

灌木,高达 4m。全株无毛;小枝圆柱状,细柔。单叶,叶片椭圆形或长圆形,长 2.5～5cm,宽 1.5～2.5cm,先端急尖,叶基部钝至圆,叶下面稍苍白色;侧脉 8～10 对;叶柄长 2～4mm;托叶卵状披针形。花数朵簇生于叶腋,花梗丝状,花直径约为 3mm。雄花萼片 6 枚,卵形;花盘腺体 6 枚;雄蕊 5 枚,花丝分离,药室纵裂。雌花萼片 6 枚,卵形;花盘环状;子房卵球形,3室,每室 2 颗胚珠,花柱 3 枚,基部合生。果为浆果,球形至扁球形,直径约为 1cm,紫黑色,基部萼片宿存;种子黄褐色。花期 5—6 月,果期 9—10 月。2n=26。

见于余杭区(百丈、径山、良渚、闲林、余杭),生于低山、杂木、林中。分布于安徽、福建、广东、广西、贵州、海南、湖北、江苏、江西、四川、西藏、云南;不丹、印度、尼泊尔也有。

根入药。

图 2-121　青灰叶下珠

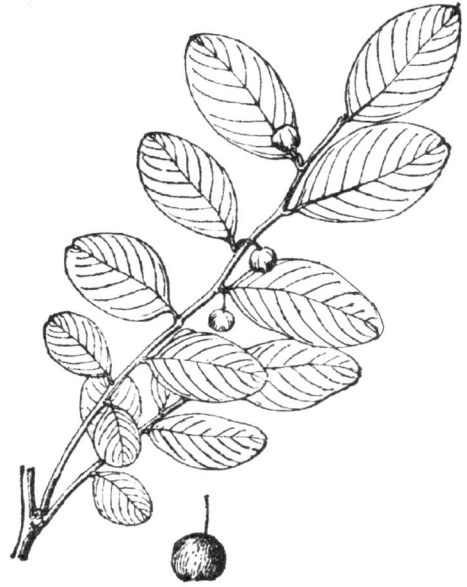

图 2-122　落萼叶下珠

2. 落萼叶下珠　(图 2-122)

Phyllanthus flexuosus (Siebold & Zucc.) Müll. Arg.

落叶灌木,高 1~3m。全体无毛。叶互生;叶片椭圆形至宽卵形,长 2.5~4.5cm,宽1.5~2.5cm,先端钝或具尖头,基部圆形或宽楔形,全缘或微波状,上面绿色,下面灰白色,两面无毛;叶柄短,长 2~3mm;托叶膜质,2 枚,披针形,长 2~3mm,早落。花单性同株或异株;雄花萼片 4~5 枚,雄蕊 4~5 枚,因其中 2~3 枚花丝完全合生而呈 2~3 枚状,花盘 4~5 裂;雌花花梗长 0.5~1cm,萼片 5 枚,脱落,花柱 3 枚,细长。果实浆果状,成熟时紫黑色,扁球形,直径约为 6mm;种子棕褐色,光滑,三角状卵球形,长约 3mm。花期 5—6 月,果期 7—10 月。

见于余杭区(闲林),生于低山、杂木、林中。分布于安徽、福建、广东、广西、贵州、湖北、湖南、江苏、四川、云南;日本也有。

3. 叶下珠　(图 2-123)

Phyllanthus urinaria L.

一年生草本植物,常直立,高达 80cm。茎多分枝,基部枝条匍匐上升,有翅,一侧有硬毛。单叶,长圆形、倒卵形或近线形,长 4~10mm,宽2~5mm,叶先端圆、钝或急尖,叶基部大多钝,有时偏斜,叶缘有短粗毛,叶下面灰绿色,侧脉明显,每边 4~5 条;叶柄极短;托叶卵状披针形,长约 1.5mm。花雌雄同株,直径约为 4mm,花梗长约 5mm。雄花 2~4 朵簇生于叶腋,基部有苞片 1~2 枚;萼片 6 枚,倒卵形,长约 0.6mm,顶端钝;雄蕊 3 枚,花丝全部合生成柱状;花盘腺体 6 枚,分离,与萼片互生。雌花单生于小枝中下部的叶腋内;花梗长约 0.5mm;萼片 6 枚,近相等,卵状披针形,长约 1mm,边缘膜质,黄白色;花盘圆盘状,边全缘;子房卵球状,有鳞片状凸起,花柱分离,顶端 2 裂,裂片弯卷。蒴果球形,直径为 2～2.5mm,带红色斑点,表面具小凸刺;种子长约 1.2mm,淡灰褐色,背部和两侧具尖锐的横脊。花期 5—7 月,果期 7—10 月。$2n=24,26,50,52$。

　　见于西湖区(留下)、西湖景区(虎跑、屏风山、桃源岭、杨梅岭),生于海拔 500m 以下旷野平地、旱田、山地、路旁或林缘。分布于安徽、福建、广东、广西、贵州、海南、河北、河南、湖北、湖南、江苏、江西、山东、山西、陕西、四川、台湾、西藏、云南;不丹、印度、印度尼西亚、日本、老挝、马来西亚、尼泊尔、斯里兰卡、泰国、越南、南美洲也有。

　　全草入药。

图 2-123　叶下珠

图 2-124　蜜柑草

4. 蜜柑草　(图 2-124)

Phyllanthus ussuriensis Rupr. & Maxim. ——*P. matsumurae* Hayata

　　一年生草本,高达 60cm。全株无毛,茎直立,常在基部分枝,枝条细长,小枝具棱。单叶,椭圆形至长圆形,长 5～15mm,宽 3～6mm,先端急尖至钝,基部近圆形,叶片下面白绿色;侧脉每边 5～6 条;叶柄极短近无;托叶卵状披针形。花 1 朵或数朵簇生于叶腋;花梗长约 2mm,基部有数枚苞片。雄花萼片 4 枚,宽卵形,花盘腺体 4 枚,雄蕊 2 枚,花丝分离,药室纵裂。雌花萼片 6 枚,长圆状椭圆形,花盘腺体 6 枚;子房卵球形,3 室,花柱 3 枚,顶端 2 裂。蒴果扁圆球形,直径为 2.5mm,光滑;种子长约 1.2mm,黄褐色,有褐色疣点。花期 7—8 月,果期 9—10 月。

　　见于西湖区(留下)、余杭区(鸬鸟)、西湖景区(虎跑、九溪、屏风山、桃源岭),生于山地斜坡或路旁草地。分布于安徽、福建、广东、广西、黑龙江、湖北、湖南、吉林、江苏、江西、辽宁、山东、台湾;日本、朝鲜半岛、蒙古、俄罗斯也有。

　　全草入药。

4. 算盘子属　Glochidion J. R. & G. Forst.

乔木或灌木。单叶互生,2列,叶片全缘,羽状脉,具短柄。花单性,雌雄同株或异株,短小的聚伞花序簇生成花束,花小,花瓣无。雄花萼片5～6枚,覆瓦状排列;雄蕊3～8枚,合生成圆柱状,花药2室,无退化雌蕊。雌花萼片6枚;子房圆球状,3～15室,每室胚珠2颗,花柱合生。蒴果圆球形或扁球形,具纵沟,花柱常宿存;种子无种阜,胚乳肉质,子叶扁平。

约300种,主要分布于亚洲热带至波利尼西亚,少数在美洲热带和非洲热带;我国有28种,2变种;浙江有6种;杭州有1种。

算盘子　(图 2-125)

Glochidion puberum（L.）Hutch.

灌木,高1～5m。茎多分枝,小枝灰褐色,密被短柔毛。单叶,叶片长圆形、长卵形或倒卵状长圆形,稀披针形,长3～8cm,宽1～2.5cm,先端钝、急尖、短渐尖或圆,基部楔形,上面灰绿色,下面粉绿色;侧脉每边5～7条,下面凸起,网脉明显;叶柄长1～3mm;托叶三角形,长约1mm。花2～5朵簇生于叶腋内,雄花花梗长4～15mm,雌花花梗长约1mm。雄花萼片6枚,狭长圆形或长圆状倒卵形,长2.5～3.5mm;雄蕊3枚,合生成圆柱状。雌花萼片6枚,较雄花短而厚;子房圆球状,5～10室,每室2颗胚珠,花柱合生成环状。蒴果扁球状,直径为8～15mm,边缘有8～10条纵沟.成熟时带红色,顶端具有环状而稍伸长的宿存花柱;种子近肾形,具3条棱,长约4mm,朱红色。花期5—6月,果期6—10月。$2n=64$。

见于西湖区(留下)、萧山区(南阳)、余杭区(良渚、闲林、余杭)、西湖景区(宝石山、六和塔、虎跑、桃源岭),生于山坡、溪旁灌丛中或林缘。分布于安徽、福建、甘肃、广东、广西、贵州、海南、河南、湖北、湖南、江苏、江西、陕西、四川、台湾、西藏、云南;日本也有。

图 2-125　算盘子

种子可榨油,可供制肥皂或作润滑油;根、茎、叶和果实均可入药;也可作农药。

5. 大戟属　Euphorbia L.

草本(越年生或多年生)、灌木或树木,稀攀援,或有地下茎。根圆柱状,或纤维状,或具不规则块根;茎有时肉质,圆柱状,或有翼瓣,或瘤状凸起。单叶,常全缘,少分裂,或具齿,或不规则;叶柄常无;托叶常无,少数成腺体或细刺。杯状聚伞花序,外观似1朵花,单生或簇生;杯状聚伞花序由 1 枚位于中间的雌花和多枚位于周围的雄花同生于 1 个杯状总苞内而组成;总苞 4 或 5 裂,裂片弯缺处常有大的腺体;常具花瓣状或喇叭状附片;雄花退化为单一的雄蕊,由纤细的小苞片包着;雌花有花梗,退化为一个单一的子房,稀有极退化的花被,子房 3 室,每室具 1 枚胚珠,花柱 3 枚,离生,有时部分合生,柱头 2 裂或不裂。蒴果,分裂成 3 个 2 瓣裂的浆果,稀不裂;种子球形、卵球形或圆筒状,种阜有或无,胚乳丰富,子叶大。

多达 2000 种,特别是在热带的干旱地区;我国有 77 种;浙江有 25 种;杭州有 12 种。

许多大戟属植物常栽培供观赏,如一品红、虎刺梅及一些多肉植物;此外,一些物种还可供药用。

分 种 检 索 表

1. 直立或蔓生灌木。
　2. 茎有纵棱,具锥状刺;叶片绿色 ·· 1. **铁海棠** E. milii
　2. 茎无纵棱,无刺;茎顶部叶片红色 ·· 2. **一品红** E. pulcherrima
1. 直立或匍匐草本。
　3. 叶对生。
　　4. 匍匐草本。
　　　5. 茎、叶无毛或被疏柔毛;果实无毛 ·· 3. **地锦草** E. humifusa
　　　5. 茎、叶被硬毛或柔毛;果实有毛。
　　　　6. 叶长 4～12mm,宽 2～5mm。
　　　　　7. 叶上面无毛,中部常有长圆形紫色斑点 ·················· 4. **斑地锦** E. maculata
　　　　　7. 叶被柔毛,上面无紫色斑点 ·························· 5. **千根草** E. thymifolia
　　　　6. 叶长 1～5cm,宽 0.3～1.6cm ·························· 6. **飞扬草** E. hirta
　　4. 一年生直立草本 ·· 7. **通乳草** E. hypericifolia
　3. 叶互生。
　　8. 茎顶部的叶片全为绿色。
　　　9. 蒴果具明显的疣状凸起 ·························· 8. **大戟** E. pekinensis
　　　9. 蒴果无疣状凸起。
　　　　10. 总苞腺体呈新月形,先端具两角 ·················· 9. **乳浆大戟** E. esula
　　　　10. 总苞腺体盘状,无角 ·························· 10. **泽漆** E. helioscopia
　　8. 茎顶部的叶片全部或边缘为红色或白色。
　　　11. 茎顶部的叶片为紫红色或有红白色斑块 ·················· 11. **猩猩草** E. cyathophora
　　　11. 茎顶部的叶片边缘为白色 ·························· 12. **银边翠** E. marginata

1. 铁海棠　虎刺　(图 2-126)

Euphorbia milii Ch. des Moulins

蔓生灌木,高 60～90cm。茎多分枝,直径为5～10mm,具纵棱,密生硬而尖的锥状刺,常呈 3～5列旋转排列于棱脊上。单叶,常生于嫩枝上,倒卵形或长圆状匙形,长 1.5～5cm,宽0.8～1.8cm,叶先端圆,具小尖头,基部渐狭,全缘,无柄或近无柄,托叶钻形,早落。花序 2～4 或 8 个组成二歧状复伞花序,生于枝上部叶腋;每个花序基部具 6～10mm 长的柄,柄基部具 1 枚膜质苞片,上部近平截,边缘具微小的红色尖头;苞叶 2 枚,肾圆形,先端圆且具小尖头,其部渐狭,无柄,上面鲜红色,下面淡红色,紧贴花序;总苞钟状,边缘 5 裂,裂片琴形,上部具流苏状长毛,且内弯;腺体 5 枚,肾圆形,黄红色;雄花数枚,苞片丝状,先端具柔毛;雌花 1 枚,不伸出总苞外,子房光滑无毛,常包于总苞内,花柱 3 枚,中部以下合生,柱头 2 裂。蒴果三棱状卵球形;种子卵球形或圆柱状,灰褐色,具微小的疣点,无种阜。$2n=40$。

区内有栽培,常见于公园和庭院中。原产于非洲马达加斯加;广泛栽培于热带和温带地区。

供观赏;全株入药。

图 2-126　铁海棠

图 2-127　一品红

2. 一品红　(图 2-127)

Euphorbia pulcherrima Willd. ex Klotzsch

灌木,高 $1\sim3(\sim4)$m。根圆柱状,极多分枝;茎直立,直径为 $1\sim4(\sim5)$cm,无毛。单叶,卵状椭圆形、长圆形或披针形,长 $6\sim25$cm,宽 $4\sim10$cm,叶先端渐尖或急尖,基部楔形或渐狭,边缘全缘,或浅裂,或波状浅裂,绿色,叶上面被短柔毛或无毛,叶下面被柔毛,叶柄长 $2\sim5$cm,托叶无;苞叶 $5\sim7$ 枚,狭椭圆形,长 $3\sim7$cm,宽 $1\sim2$cm,常全缘,稀边缘浅波状分裂,朱红色;叶柄长 $2\sim6$cm。花序数个聚伞排列于枝顶;花序梗长 $3\sim4$mm;总苞壶状,浅绿色,高 $7\sim9$mm,直径为 $6\sim8$mm,边缘齿状 5 裂,裂片三角形,无毛,腺体常 1 枚,极少 2 枚,黄色,呈二唇状;雄花多数,常伸出总苞之外,被柔毛,苞片丝状,具柔毛;雌花 1 枚,子房柄明显伸出总苞之外,子房光滑,花柱 3 枚,中部以下合生,柱头 2 深裂。蒴果,三棱状球形,长 $1.5\sim2$cm,直径约为 1.5cm,光滑无毛;种子卵球状,长约 1cm,直径为 $8\sim9$mm,灰色或浅灰色,近平滑,无种阜。$2n=26,28,42,44$。

区内有栽培,常见于公园及温室中,供观赏。原产于中美洲;广泛栽培于热带和亚热带地区。

本种是世界上大规模栽培的盆栽植物;茎、叶可入药。

3. 地锦草　(图 2-128)

Euphorbia humifusa Willd.

一年生草本,高 $20\sim30$cm。根纤细,长 $10\sim18$cm,直径为 $2\sim3$mm,常不分枝;茎匍匐,自基部以上多分枝,有时先端斜向上伸展,基部常红色或淡红色,直径为 1～3mm,被柔毛。叶片矩圆形或椭圆形,长 0.5～1cm,宽 0.3～0.6cm,叶先端钝圆,基部偏斜,略渐狭,叶缘常于中部以上具细锯齿;叶上面绿色,下面淡绿色,有时淡红色,两面无毛或被疏柔毛;叶柄极短,长 1～2mm。花序单生于叶腋,基部花梗长 1～3mm;总苞陀螺状,边缘 4 裂,裂片三角形;腺体 4 枚,矩圆形,边缘具白色或淡红色附属物;雄花多数,近与总苞边缘等长;雌花 1 枚,子房柄伸出至总苞边缘,子房三棱状卵球形,光滑无毛,花柱 3 枚,分离;柱头 2 裂。蒴果三棱状卵球形,无毛,花柱宿存;种子三棱状卵球形,灰色,无种阜。花期 6—10 月,果实 7 月渐次成熟。2n=22。

区内常见,生于路旁、田间、山坡等地。分布于全国各地(除海南外);欧亚大陆温带地区。

全草入药。

图 2-128　地锦草

图 2-129　斑地锦

4. 斑地锦　（图 2-129）

Euphorbia maculata L.

一年生草本,高 10～17cm。根纤细,厚约 2mm。茎匍匐,直径约为 1mm,被白色疏柔毛。单叶,叶片长椭圆形、肾形或长圆形,长 6～12mm,宽 2～4mm,叶先端钝,基部偏斜,不对称,边缘中部以上常具细小疏锯齿,中部以下全缘;叶上面绿色,中部常有一长圆形紫色斑点,下面淡绿色或灰绿色,新鲜时可见紫色斑点,干时不清楚,两面均无毛;叶柄极短,长约 1mm;托叶钻状,不分裂,边缘具睫毛。花序单生于叶腋,基部具短柄;总苞狭杯状,直径约为 0.5mm,外部被白色疏柔毛,边缘 5 裂;腺体 4 枚,黄绿色,边缘具白色附属物;雄花 4～5 枚,微伸出总苞外;雌花 1 枚,子房柄伸出总苞外,且被柔毛,子房被疏柔毛,花柱短,近基部合生,柱头 2 裂。蒴果三角状卵球形,被稀疏柔毛,成熟时易分裂为 3 个分果爿;种子卵球状四棱形,灰色或灰褐色,每个棱面具 3～5 个横沟,无种阜。花期 6—10 月,果实 7 月渐次成熟。2n=12,42,56。

区内常见,生于路旁、荒地及田埂。原产于北美洲,归化于欧亚大陆。

全草入药。

5. 千根草　（图 2-130）

Euphorbia thymifolia L.

一年生草本，高 10～20cm。根纤细，长约 10cm，不定根多数。茎纤细，宽仅 1～2(～3)mm，常呈匍匐状，自基部极多分枝，被疏柔毛。单叶，叶片圆形或心形，长 0.4～0.8cm，宽0.2～0.5cm，叶先端圆，基部偏斜，不对称，叶缘有细锯齿，稀全缘，两面常被疏柔毛，稀无毛；叶柄极短，长约 1mm，托叶披针形或线形，长 1～1.5mm，易脱落。花序单生或数个簇生于叶腋，短柄长 1～2mm，被疏柔毛；总苞狭钟状至陀螺状，外部被稀疏短柔毛，边缘 5 裂，裂片卵形；腺体 4枚，被白色附属物；雄花少数，微伸出总苞边缘；雌花 1 枚，子房柄极短，子房被贴伏的短柔毛，花柱 3 枚，分离，柱头 2 裂。蒴果三棱状卵球形，被贴伏的短柔毛，成熟时分裂为 3 个分果爿；种子四棱状长卵球形，暗红色，每个棱面具 4～5 个横沟，无种阜。$2n=18$。

见于西湖区(三墩)、西湖景区(桃源岭)，生于荒地、路边、草丛、稀疏灌丛等，为常见杂草。分布于福建、广东、广西、海南、湖南、江苏、江西、台湾、云南；广布于世界热带和亚热带地区。

全草入药。

图 2-130　千根草

图 2-131　飞扬草

6. 飞扬草　（图 2-131）

Euphorbia hirta L.

一年生草本，高 30～50cm。根纤细，常不分枝，偶 3～5 分枝。茎单一，自中部向上分枝或不分枝，高 30～60(～70)cm，直径约为 3mm，被褐色或黄棕色的粗硬毛。单叶，叶片披针形、长圆形、长椭圆形或卵状披针形，长 1～5cm，宽0.3～1.6cm，叶先端极尖或钝，基部略偏斜，叶缘中部以上有细锯齿，中部以下较少或全缘；叶片上面绿色，叶下面灰绿色，两面均被柔毛；叶柄极短，长 1～2mm，托叶三角形，早落。花序多数，在叶腋处密集排列成头状，基部无梗或仅具极短的柄，被柔毛；总苞钟状，被柔毛，边缘 5 裂，腺体 4 枚；雄花多数；雌花 1 枚，具短梗，伸出总苞之外,子房三棱状,被疏柔毛,花柱 3 枚,分离,柱头 2 浅裂。蒴果三棱状,长与宽均为 1～1.5mm,被短柔毛,成熟时分裂为 3 个分果爿;种子四棱状近圆球形,每个棱面有数个纵槽,无种阜。$2n=18,20$。

区内常见,生于山坡、路旁、草丛及灌丛中。分布于福建、广东、广西、贵州、海南、湖南、江西、四川、台湾、云南;广布于世界热带和亚热带地区。

全草入药。

7. 通乳草　通奶草　（图 2-132）

***Euphorbia hypericifolia* L.**

一年生草本,高 30～50cm。茎直立单叶,叶片狭长圆形或倒卵圆形,长 1～3cm,宽 0.5～1cm,叶基部圆形,叶缘有不明显锯齿,两面被疏柔毛或无毛;叶柄长 1～2mm,托叶三角形。杯状花序数个簇生于叶腋或枝顶,总苞陀螺状,高与直径各约为 1mm 或稍大;雄花数枚,微伸出总苞外;雌花 1 枚,子房三棱状,无毛,花柱 3 枚,分离,柱头 2 浅裂。蒴果扁三棱状,无毛,成熟时分裂为 3 个分果爿;种子棱状卵球形,成熟时黑褐色,每个棱面具数个皱纹,无种阜。花、果期 8—12 月。$2n=16,32$。

区内常见,生于田野草丛、山坡、沟边等地。分布于广东、广西、贵州、海南、湖南、江西、四川、台湾、云南;广布于世界热带和亚热带地区。

全草入药,通奶。

《浙江植物志》中将本种的学名记载为 *Euphorbia indica* Lam.,系误用。

图 2-132　通乳草

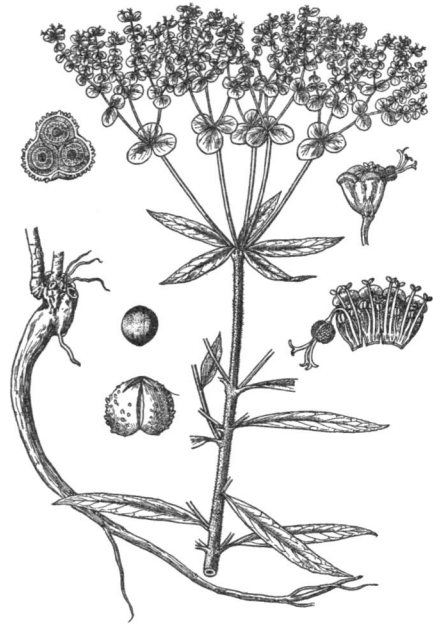

图 2-133　大戟

8. 大戟　（图 2-133）

***Euphorbia pekinensis* Rupr.**

多年生草本,高 40～90cm。根圆柱状,长 20～30cm,直径为 6～14mm。茎单生或自基部多分枝,每个分枝上部又 4～5 分枝,直径为 3～6(～7)cm,被柔毛或无毛。叶常为椭圆形、稀披针形或披针状椭圆形,长 3～7cm,宽 0.7～1.7cm,先端尖或渐尖,基部近圆形或近平截,全缘,主脉明显,侧脉羽状,不明显,叶两面无毛或有时叶背具少许柔毛或被较密的柔毛;总苞叶 4～7 枚,长椭圆形,先端尖,基部近平截;伞辐 4～7 枚,长 2～5cm;苞叶 2 枚,近圆形,先端具短尖头,基部平截或近平截。花序单生于二歧分枝顶端,无柄;总苞杯状,边缘 4 裂,裂片半圆形,边缘具不明显的缘毛,腺体 4 枚,半圆形或肾状圆形,淡褐色;雄花多数,伸出总苞之外;雌花 1 枚,具较长的子房柄,柄长 3～5(～6)mm,花柱 3 枚,分离,柱头 2 裂。蒴果球状,被稀疏的瘤状凸起,成熟时分裂为 3 个分果爿;种子长球状,暗褐色或微光亮,腹面具浅色条纹,种阜近盾状,无柄。花期 5—6 月,果期 7—9 月。$2n=28,56$。

见于余杭区(塘栖)、西湖景区(玉皇山、三台山),生于山坡、荒地、路旁及疏林下。分布于全国各地(除台湾、云南、西藏和新疆外);日本、朝鲜半岛也有。

根入药,有毒,宜慎用。

9. 乳浆大戟　(图 2-134)

Euphorbia esula L.

多年生草本,高 15～60cm。根圆柱状,长达 20cm,宽 3～5(～6)mm,不分枝或分枝,常弯曲,褐色或黑褐色。茎单生或丛生,基部多分枝,高 30～60cm,宽 3～5mm;不育枝常发自基部,较矮,或发自叶腋。单叶,叶片线形至卵形,常多变,长 2～7cm,宽 0.4～0.7cm,叶先端渐尖或锐尖,叶基部渐狭、楔形或截形,全缘;无叶柄;不育枝叶常为松针形,长 2～3cm,宽约 0.1cm,无柄;总苞叶 3～5枚,与茎生叶同形,长 2～4(～5)cm;苞叶 2枚,常为肾形,少为卵形或三角状卵形,长 4～12mm,宽 4～10mm,先端渐尖或近圆,基部近平截。花序单生于二歧分枝的顶端,基部无柄;总苞钟状,高约 3mm,宽 2.5～3mm,边缘5 裂,腺体 4 枚,新月形,先端具两角。雄花多数,苞片宽线形,无毛;雌花 1,子房柄明显伸出总苞之外,花柱 3 枚,分离,柱头 2 裂。蒴果三棱状球形,具 3 个纵沟,花柱宿存,成熟时分裂为 3 个分果爿;种子卵球形,长2.5～3mm,宽2～2.5mm,黄褐色,种阜盾状,无柄。花、果期 4—10 月。$2n=16,20,60,64$。

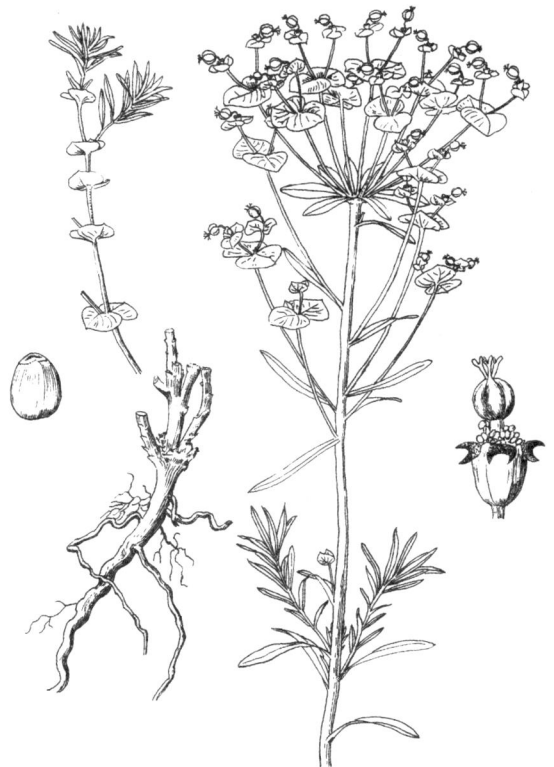

图 2-134　乳浆大戟

见于余杭区(塘栖)、西湖景区(玉皇山),生于路旁、山坡、杂草丛、溪边中。分布于全国(除海南、贵州、云南和西藏外);欧亚大陆也有;归化于北美洲。

全草入药;种子含油量达 30%,用于工业。

10. 泽漆 （图 2-135）

Euphorbia helioscopia L.

一年生草本，高 10～30(～50)cm。根纤细，长 7～10cm，宽 3～5mm，下部分枝。茎直立，不分枝或自基部多分枝，宽 3～5(～7)mm，光滑无毛。单叶，倒卵形或匙形，长 1～3.5cm，宽 5～15mm，叶先端圆形，叶基部楔形，叶缘具齿；总苞叶 5 枚，倒卵状长圆形，长 3～4cm，宽 8～14mm，先端具齿，基部略渐狭，无柄；总伞辐 5 枚，长 2～4cm；苞叶 2 枚，卵圆形，先端具齿，基部呈圆形。花序单生，有柄或近无柄；总苞钟状，高约 2.5mm，直径约为 2mm，光滑无毛，边缘 5 裂，腺体 4 枚，盘状，无角；雄花多数，明显伸出总苞外；雌花 1 枚，子房柄略伸出总苞边缘。蒴果三棱状圆柱形，光滑无毛，有 3 条纵沟；种子卵状，长约 2mm，宽约 1.5mm，暗褐色，有脊网，种阜扁平状，无柄。花期 4—5 月，果期 5—8 月。$2n=42$。

区内常见，生于路旁、沟边及荒废的农田中。分布于全国各地(除黑龙江、吉林、内蒙古、广东、海南、台湾、西藏、新疆外)；欧亚大陆和北非也有。

全草入药；种子含油量达 30％，工业用。

图 2-135　泽漆

图 2-136　猩猩草

11. 猩猩草 （图 2-136）

Euphorbia cyathophora Murr.

多年生草本。茎直立，高达 1m，被柔毛。单叶，卵形至披针形，长 3～12cm，宽 1～6cm，叶先端尖或渐尖，基部钝至圆，叶缘具锯齿或全缘，上、下两面均被柔毛；叶柄长 4～12mm；总苞叶与茎生叶同形，较小，长 2～5cm，宽 0.5～1.5cm，紫红色或有红白色斑块。花序单生，基部有柄，无毛；总苞钟状，高 2～3mm，宽 1.5～5mm，边缘 5 裂，具毛，裂片卵形至锯齿状；腺体常

1 枚,偶 2 枚,杯状;雄花多数,苞片线形至倒披针形;雌花 1 枚,子房柄不伸出总苞外,子房被疏柔毛,花柱 3 枚,中部以下合生,柱头 2 裂。蒴果卵球状,长 5～5.5mm,宽 3.5～4mm,被柔毛;种子棱状卵球形,长 2.5～3mm,直径约为 2.2mm,被瘤状凸起,灰色至褐色,无种阜。花、果期 5—11 月。$2n＝56$。

见于西湖景区(虎跑、六和塔),栽培或逸生于山坡林下草丛中。原产于北美洲。

供观赏。

Dressler(1962)考证,*E. cyathophora* Murr. 和 *E. heterophylla* L. 所代表的类群完全不同:前者总苞叶淡红色或基部红色;腺体压扁,近二唇形;叶两面无毛;果无毛;种子具不明显的疣状凸起。后者总苞叶绿色或基部白色;腺体圆形;叶两面被毛;果被柔毛;种子明显具疣。因此,《浙江植物志》中记载的 *E. heterophylla* L. 应是本种。

12. 银边翠　高山积雪　(图 2-137)

Euphorbia marginata Pursh

一年生草本,高 60～90cm。根纤细,直径为 3～5mm。茎单一,自基部向上极多分枝,直径为 3～5mm,常无毛,有时被柔毛。单叶,叶片椭圆形,长 5～7cm,宽约 3cm,叶先端钝,具小尖头,基部平截状圆形,叶全缘,绿色;无柄或近无柄;总苞叶 2～3 枚,椭圆形,长 3～4cm,宽 1～2cm,先端圆,基部渐狭,全缘,绿色具白色边,伞辐2～3个,长 1～4cm,被柔毛或近无毛;苞叶椭圆形,长 1～2cm,宽 5～7(～9)mm,先端圆,基部渐狭。近无柄花序单生于苞叶内或数个聚伞状着生,基部具柄,密被柔毛;总苞钟状,外部被柔毛,边缘 5 裂,裂片三角形至圆形,尖至微凹,边缘与内侧均被柔毛;腺体 4 枚,半圆形,边缘具宽大的白色附属物;雄花多数,伸出总苞外,苞片丝状;雌花 1 枚,子房柄较长,伸出总苞之外,被柔毛,子房密被柔毛,花柱 3 枚,宿存,分离,柱头 2 浅裂。蒴果近球状,被柔毛,果成熟时分裂为 3 个分果片;种子圆柱状,淡黄色至灰褐色,被瘤、短刺或不明显的凸起,无种阜。花、果期 6—9 月。$2n＝56$。

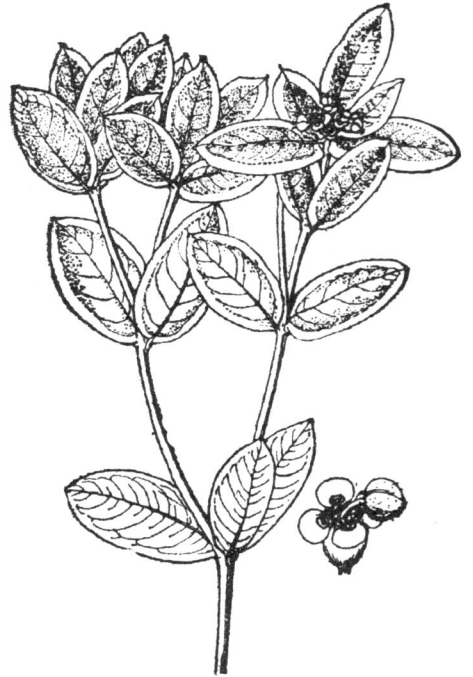

图 2-137　银边翠

区内常见栽培。原产于北美洲。

可栽培供观赏,还可作切花材料。

6. 油桐属　**Vernicia** Lour.

乔木,落叶。嫩枝被短柔毛。单叶,全缘或 1～4 裂,掌状脉,叶柄长,顶端有 2 枚腺体,托叶早落。聚伞圆锥花序顶生,多分枝,含几朵雄花和顶端的雌花,苞片不明显;雄花花蕾卵形或近球形,萼片 2～3 裂,花瓣 5 枚,白色或红白色到紫色,基部具爪,花盘 5 裂,钻形,雄蕊 8～12 枚,2 轮,外轮花丝离生,内轮花丝较长,且基部合生;雌花萼片和花瓣同雄花,子房密被短柔毛,3(～8)室,每室具1枚胚珠,花柱3～5枚,2裂。果为近球形核果,果大,喙尖,不开裂或基部具裂缝,外果皮硬;具种子3(～8)颗,种子无种阜,种皮木质。

3种,分布于亚洲东部地区;我国有2种,分布于秦岭以南各省、区;浙江有2种;杭州有1种。

本属植物均为经济植物,其种子的油称桐油,作为木器、竹器等的涂料,也是油漆等的原料。

油桐　（图 2-138）

Vernicia fordii（Hemsl.）Airy Shaw

落叶乔木,高达10m。树皮灰色,近光滑;枝轮生,粗壮,无毛,有明显皮孔。单叶,叶片卵形,长5～18cm,宽3～15cm,先端短尖,基部平截至浅心形,叶全缘,稀1～3浅裂,老叶上面深绿色,下面被渐脱落的棕褐色柔毛,掌状脉5(～7)条,叶柄与叶片近等长,顶端有2枚扁平、无柄腺体。圆锥状聚伞花序顶生,花单性同株;花瓣白,有淡红色条纹,花萼长约1cm,2(3)裂,外面密被棕褐色微柔毛;雄花雄蕊8～12枚,2轮,外轮离生,内轮花丝中部以下合生;雌花子房密被柔毛,3～5(～8)室,每室具1颗胚珠,花柱与子房室同数,2裂。核果近球形,直径为4～6(～8)cm,外果皮光滑;种子3～4(～8)颗,种皮木质。花期4—5月,果期7—10月。$2n=22$。

见于萧山区(楼塔)、余杭区(中泰)、西湖景区(宝石山、老和山、六和塔、五云山、玉皇山、云栖),常栽培于丘陵山地。分布于安徽、福建、广东、广西、贵州、海南、河南、湖北、湖南、江苏、江西、陕西、四川、云南;越南也有。

图 2-138　油桐

本种是我国重要的油料树种,桐油是我国重要的出口商品;各部位均可入药。

7. 乌桕属　Triadica Lour.

乔木或灌木,具白色乳汁。单叶,叶片全缘或有锯齿,叶脉羽状;叶柄顶端有1或2个腺体,托叶小。圆锥花序顶生或腋生,聚伞圆锥花序穗状或总状花序,有时分枝,苞片基部具2个腺体;花雌雄同株或异株;雄花小,黄色,簇生于叶腋,苞片膜质,花萼杯状,2～3浅裂或具2～3枚齿,无花瓣和花盘,雄蕊2～3枚,花丝离生,花药2室,纵向开裂,无退化雌蕊;雌花大于雄花,每一苞片内具1朵雌花,花萼杯状,3裂,或圆筒状具3枚齿,稀为2～3枚花萼,花瓣和花盘无,子房2～3室,每室具胚珠1枚,花柱常3枚,离生或下部合生,柱头外卷。蒴果球形,梨形或3瓣裂,稀浆果,常为3室,室背开裂,有时不规则开裂,外果皮硬;种子近球形,常有蜡质假种皮,胚乳肉质,子叶宽而扁平。

3种,分布于东亚和南亚;我国有3种;浙江有2种;杭州有1种。

乌桕 （图 2-139）

Triadica sebifera（L.）Small——*Sapium sebiferum*（L.）Roxb.

乔木,高可达 15m。全株无毛,具乳状汁液,树皮暗灰色,有纵裂纹,枝广展,具皮孔。单叶,叶片菱形、菱状卵形或稀有菱状倒卵形,长 3～8cm,宽 3～9cm,先端具长短不等的尖头,基部阔楔形或钝,全缘;叶柄纤细,长 2.5～6cm,顶端具 2 枚腺体。花单性,聚集成顶生的总状花序,雌花常生于花序轴最下部或罕有在雌花下部亦有少数雄花着生,雄花生于花序轴上部或有时整个花序全为雄花;雄花梗纤细,苞片阔卵形,顶端略尖,基部两侧各具一近肾形的腺体,每一苞片内具 10～15 朵花,小苞片 3 枚,不等大,边缘撕裂状,花萼杯状,3 浅裂,裂片钝,具不规则的细齿,雄蕊 2 枚,稀 3 枚,伸出于花萼之外,花丝分离,与球状花药近等长;雌花梗粗壮,苞片深 3 裂,裂片渐尖,基部两侧的腺体与雄花的相同,每一苞片内仅 1 朵雌花,间有 1 朵雌花和数朵雄花同聚生于苞腋内,花萼 3 深裂,裂片卵形至卵状披针形,顶端短尖至渐尖,子房卵球形,平滑,3 室,花柱 3 枚,基部合生,柱头外卷。

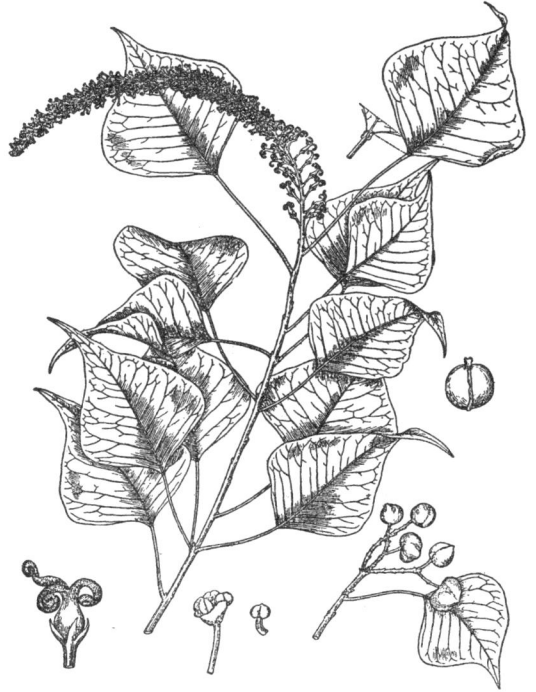

图 2-139　乌桕

蒴果近球形至梨形、球形,成熟时黑色;种子扁球形,黑色,外被白色、蜡质的假种皮。花期 5～6 月,果期 8—10 月。$2n=80,88$。

见于西湖景区(北高峰、九溪、飞来峰、桃源岭、玉皇山),生于旷野、塘边或疏林中。分布于安徽、福建、甘肃、广东、广西、贵州、海南、湖北、江苏、江西、山东、陕西、四川、台湾、云南;日本、越南也有。

木材坚硬,纹理细致,可作雕刻及家具用;叶为黑色染料;根皮可治毒蛇咬伤;种子油适于涂料,可涂油纸。

8. 山麻杆属　Alchornea Sw.

乔木或灌木。嫩枝无毛或被柔毛。单叶互生,纸质或膜质,边缘有腺齿,基部有斑状腺体;羽状脉或掌状脉;托叶 2 枚。花序穗状或总状,雄花多朵簇生于苞腋,雌花 1 朵生于苞腋,无花瓣和花盘。雄花花萼开花时 2～5 裂,镊合状排列,雄蕊 4～8 枚,花药 2 室,纵裂,无退化雌蕊;雌花萼片 4～8 枚,子房(2)3 室,每室具胚珠 1 颗,花柱(2)3 枚,离生或基部合生。蒴果具 2～3 个分果爿;种子无种阜,种皮壳质,胚乳肉质,子叶阔而扁平。

约 70 种,分布于热带、亚热带地区;我国有 7 种,2 变种,分布于热带和温带地区;浙江有 2 种;杭州有 1 种。

山麻杆 （图 2-140）

Alchornea davidii Franch.

落叶小灌木,高 1～5m。小枝被灰白色微柔毛,老枝无毛。单叶,叶片宽卵形或近圆形,长 8～15cm,宽 7～14cm,先端渐尖,基部心形至近截形,有 2～4 枚腺体,边缘齿状或有细锯齿,叶上面沿脉被微柔毛,下面被微柔毛,基出脉 3 条;叶柄长 2～10cm,被短柔毛;托叶披针形,6～8mm,被柔毛,小托叶丝状,长 3～4mm。雌雄异株。雄花花序 1～3 个生于一年生枝已落叶腋部,长 1.5～3.5cm,呈葇荑花序状,花序梗近无,苞片卵形,长约 2mm,被短柔毛,雄花花梗长约 2mm,小苞片长约 2mm,萼片 3(4) 枚,雄蕊 6～8 枚;雌花花序顶生,长 4～8cm,被短柔毛,苞片三角形,长约 3.5mm,雌花花梗长约 0.5mm,萼片 5 枚,三角形,长 2.5～3mm,被柔毛,子房近球形,被茸毛,花柱 3 枚,丝状,长10～12mm,部分合生。蒴果近球形,具 3 条棱,直径为10～12mm,密被短柔毛;种子卵球形,长约6mm,褐色或灰色,具瘤。花期 4—5 月,果期6—8 月。

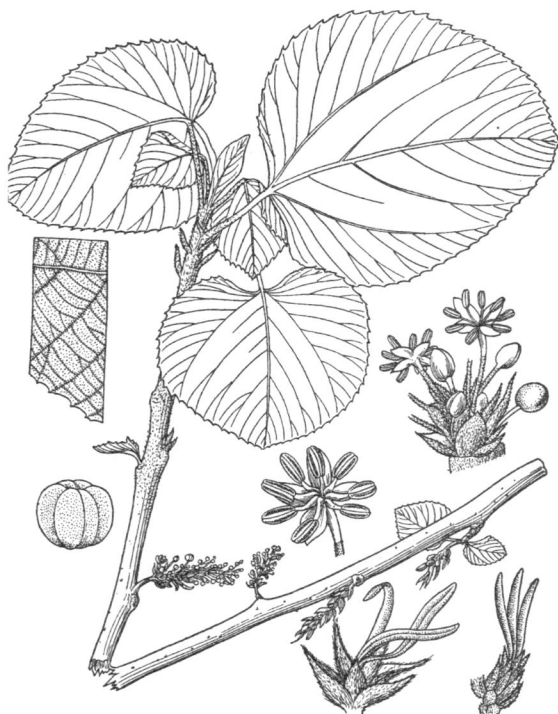

图 2-140　山麻杆

　　见于西湖区(三墩)、西湖景区(宝石山、飞来峰、龙井、玉皇山),生于路旁、河边的坡地灌丛中。分布于福建、广东、广西、贵州、河南、湖北、湖南、江苏、江西、陕西、四川、云南。

　　茎皮纤维为制纸原料;叶可作饲料;早春嫩叶红色,可供观赏。

9. 野桐属　Mallotus Lour.

　　乔木或灌木,稀攀援,常被星状毛。单叶,叶全缘或分裂,有时盾状,近基部常有 2 个斑点状腺体,叶缘或有锯齿,掌状脉或羽状脉;有叶柄,托叶钻形。花雌雄异株,稀同株,无花瓣和花盘;花序顶生或腋生,总状花序、穗状花序或圆锥花序,大多不分枝,稀分枝;雄花每一苞片内多朵,花萼 3～4 裂,镊合状排列,雄蕊多数,花丝分离,花药 2 室,无退化雌蕊;雌花每一苞片内 1 朵,花萼 3～5 裂或佛焰苞状,镊合状排列,子房 3 室,稀 2 或 4 室,胚珠每室 1 颗,花柱分离或基部合生。蒴果具(2)3(4)枚分果爿,光滑或带软刺;种子近球形或卵球形,表面光滑,有时具假种皮。

　　约 150 种,分布于亚洲热带和亚热带地区,少数种类在非洲和澳大利亚;我国有 28 种;浙江有 6 种,2 变种;杭州有 4 种。

　　多数种类的种子油为工业用油。

分 种 检 索 表

1. 蒴果有软刺。
　　2. 小枝、叶柄和花序均被白色或淡黄色星状毛 ·· 1. **白背叶** *M. apelta*
　　2. 小枝、叶柄和花序均被褐色或红褐色星状毛。
　　　　3. 叶下面密被红褐色星状毛,叶柄盾状着生 ······························· 2. **东南野桐** *M. lianus*
　　　　3. 叶下面无毛或散生褐色星状毛,叶柄非盾状着生 ············· 3. **野桐** *M. tenuifolius*
1. 蒴果无刺 ··· 4. **石岩枫** *M. repandus*

1. 白背叶 （图 2-141）

Mallotus apelta（Lour.）Müll. Arg.

灌木或小乔木,高 1～6m。茎、叶、花的表面均被白色分枝的星状表皮毛。单叶,宽卵形,长 5～60cm,宽 4～20cm,叶先端急尖或渐尖,基部平截或楔形,稀稍心形,边缘具粗齿,叶片上面干后黄绿色或暗绿色,无毛或被疏毛,下面被灰白色星状茸毛,基出脉 3 条,侧脉;叶柄长 5～15cm,托叶钻形,长 2.5～4mm。雄花花序顶生,15～50cm,被白色微茸毛,苞片三角形,长约 2.5mm,雄花 1～5 朵簇生,雄花花梗长约 3mm,萼片 4 裂,卵形,长约 3mm,雄蕊 50～75 枚;雌花花序不分枝,花序梗长 5～10cm,苞片线形,长约 3mm,果序长 15～60cm,密被圆筒状白色茸毛,雌花花梗长 1.5～2mm,花萼裂片 3～5 枚,卵形至三角形,长 2.5～3mm,被茸毛,子房 3～6 室,有星状微茸毛,花柱长约 3mm,柱头羽毛状。蒴果近球形,密被软刺,长 3～8mm,被白色星状柔毛;种子卵球形,长约 4mm 时,常黑色,具小瘤。花期 5—6 月,果期 8—10 月。$2n=22$。

图 2-141　白背叶

　　见于拱墅区(半山)、滨江区(浦沿)、余杭区(良渚)、西湖景区(宝石山、北高峰、黄龙洞、老和山、六和塔、烟霞岭、云栖),生于海拔 100～1000m 的山坡、山谷、灌丛中。分布于福建、广东、广西、海南、湖南、江西、云南;越南也有。

　　全株可入药;种子含油量高达 41.53%,可作为一种新的能源植物开发。

2. 东南野桐　锈叶野桐 （图 2-142）

Mallotus lianus Croiz.

灌木或小乔木,高 2～15m。树皮红褐色;小枝圆柱形,有棱,被红棕色星状短茸毛。单叶,叶片宽卵形、圆形或卵形,长 9～18cm,宽 7～15cm,先端急尖或渐尖,基部钝或近截形,有时稍心形,叶缘全缘,叶上面无毛,背面有星状柔毛,疏生紫红色颗粒状腺体,基出脉 3～5 条;叶柄长 5～14cm,盾状着生;托叶近三角形,长约 1mm,早落。雄花花序常分枝,长 10～30cm,被微红微茸毛,苞片卵形,长1.5mm以下,雄花3～9朵簇生,雄花花梗长4～5mm,萼裂片3或4枚,近卵形,长2.5～3mm,被微茸毛,雄蕊50～80枚;雌花花序长10～32cm,被微茸毛,苞片近卵形,长1.5～2mm,雌花花梗长2～3mm,萼片4或5枚,三角形,长1.5～2mm,被微茸毛,子房近球形,密被星状短柔毛和软刺,花柱基部合生,羽状。蒴果球形,直径为1～1.2cm,具茸毛和软刺,刺钻形,长5～7mm,被星状短柔毛;种子卵球形或近球形,直径约为5mm,具瘤。花期8—9月,果期11—12月。

　　见于西湖区(留下),生于山坡林中。分布于福建、广东、广西、湖南、江西。杭州新记录。

图 2-142　东南野桐

图 2-143　野桐

3.野桐　(图 2-143)

Mallotus tenuifolius Pax——*M. japonicus*（Thunb.）Müll. Arg. var. *floccosus*（Müll. Arg.）S. M. Hwang

　　灌木,高2～4m。小枝褐色,嫩时被微茸毛。单叶,叶片宽卵形或近圆形,长8～20cm,宽5～15cm,先端渐尖,基部宽楔形至近心形,全缘,叶片上面无毛,下面疏生星状粗毛,基出脉3～5条,叶柄长3～17cm。雄花花序长7～18cm,被灰色或褐色的微茸毛,苞片近披针形,长约1mm,雄花2或3朵簇生,雄花花梗长2～3mm,萼裂片3或4枚,卵形,长约3mm,密被星状柔毛,雄蕊70～100枚;雌花花序总状,不分枝,长5～15cm,总苞片披针形,长2～3mm,雌花花梗长约3mm,萼片4或5枚,三角形,长2～3mm,被微茸毛,子房密被具腺鳞片、软刺和星状柔毛,花柱3或4枚,长约4mm时,基部合生。蒴果球形,直径约为8mm,密生软刺及紫红色腺点,疏生星状柔毛;种子近球形,长约4mm,褐色或黑色。花期5—6月,果期8—10月。

　　见于余杭区(中泰)、西湖景区(南屏山),生于海拔100～600m的山谷、溪边、林缘等地。分布于安徽、河南、湖北、湖南、江苏、江西、陕西、四川。

　　树皮纤维供制人造棉用和造蜡质;种子油可用于油漆和润滑油的制作。

4. 石岩枫 （图 2-144）

Mallotus repandus（Willd.）Müll. Arg.

攀援灌木,高 5～10m。叶柄、花序和花梗均密生黄色星状柔毛;老枝无毛,常有皮孔。单叶,叶片三角状卵形、长圆状卵形或卵形,长 3.5～10cm,宽 2.5～7cm,叶先端尖或渐尖,基部宽楔形,有时稍盾形,叶全缘或波状,叶片上面无毛,下面被星状短柔毛,疏生黄色颗粒状腺体,基出 3 脉;叶柄长 1.5～6cm,托叶三角形,长约 1mm。雄花花序顶生,稀腋生,分枝少或无,长 5～15cm,苞片钻形,长 1.5mm 以下,雄花 2～5朵簇生,雄花花梗长 2～4mm,萼裂片 3 或 4枚,长圆形,长约 3mm,被微茸毛,雄蕊40～75 枚;雌花花序 5～8cm,苞片披针形,长约2mm,雌花花梗长2～3mm,萼片 4 或 5 枚,披针形,长 2～3mm,被微茸毛,子房 2 或 3室,被暗黄色微茸毛,花柱长 3～5mm,羽状。蒴果具 2 个分果爿,直径约为 1cm,被黄棕色微茸毛,具颗粒状腺体,无刺;种子近球形,直径约为 5mm,黑色。花期 5—6月,果期 6—9 月。

见于西湖区(留下)、萧山区(楼塔)、余杭区(中泰)、西湖景区(宝石山、飞来峰、黄龙洞、六和塔、杨梅岭),生于灌丛、溪边或林缘。分布于安徽、福建、甘肃、广东、广西、贵州、海南、河南、湖北、湖南、江西、山西、四川、台湾、云南;越南至印度、印度尼西亚、菲律宾、澳大利亚、太平洋岛屿也有。

茎、叶入药。

图 2-144　石岩枫

10. 铁苋菜属　Acalypha L.

草本、灌木或树木。全株被单毛或腺状毛。单叶,叶缘具圆齿或齿状,稀近全缘,羽状脉或掌状;叶柄长或短,托叶披针形或钻形。花序腋生或顶生,多为不分枝,两性或单性,多两性花,常雌雄同株,稀雌雄异株;雄花沿长轴簇生,1 至多数雌花,由叶状苞片包围;雄花无梗,萼片 4枚,镊合状排列,膜质,花瓣无,花盘无,雄蕊 8 枚,花丝离生,花药 2 室,无退化雌蕊;雌花每一苞片 1～3 枚,常无柄;苞片经常齿状或浅裂。蒴果小,2 或 3 裂,果皮具毛或软刺;种子近球形或卵球形,光滑,无种阜和假种皮。

约 450 种,广泛分布于热带和亚热带地区;我国有 18 种;浙江有 2 种;杭州有 2 种。

1. 铁苋菜 （图 2-145）

Acalypha australis L.

一年生草本，高 0.2～0.5m。小枝细长，具柔毛，毛逐渐稀疏。单叶，叶片长圆状卵形、菱状卵形或宽披针形，长 3～9cm，宽 1～5cm，先端短渐尖，稀钝，基部楔形，叶缘具圆齿，叶上面无毛，下面膜质，背面沿中脉具柔毛，基出脉 3 条，侧脉 3 对；叶柄长 2～6cm，具短柔毛，托叶披针形，长 1.5～2mm，具短柔毛。花序腋生，稀顶生，不分枝，长 1.5～5mm，具柔毛，两性，花序梗长 0.5～3cm；雄花生于花序上端，雄花苞片卵形，长约 0.5mm，苞腋具雄花 5～7 朵，簇生，花梗长 0.5mm，花萼裂片 4 枚，卵形，雄蕊 7～8 枚；雌花苞片 1，2（～4）枚，卵形或心形，苞腋具雌花 1～3 朵，花梗无，萼片 3 枚，长卵形，具疏毛，子房具疏毛，花柱 3 枚，长约 2mm。蒴果直径为 4mm，具疏生毛和毛基变厚的小瘤体；种子近卵球形，长 1.5～2mm，光滑。花期 7—9 月，果期 8—10 月。$2n=20,32,40,42$。

图 2-145　铁苋菜

区内常见，生于低山坡、路旁、田野及沟边等地。分布于全国各地（除内蒙古和新疆外）；日本、朝鲜半岛、老挝、菲律宾、俄罗斯、越南也有；现逸生于印度和澳大利亚。

全草入药。

2. 裂苞铁苋菜　短穗铁苋菜 （图 2-146）

Acalypha brachystachya Hornem.——A. *supera* Forssk.

一年生草本，高 20～80cm。茎细长，全株被短柔毛和散生的毛。单叶，卵形或菱状卵形，长 2～5.5cm，宽 1.5～3.5cm，先端急尖或短渐尖，基部浅心形，边缘具圆齿，基出脉 3～5 条；叶柄细长，长 2.5～6cm，具短柔毛；托叶披针形，长约 5mm。花序 1～3 个腋生，长 5～9mm，两性，花序梗几无；雌花苞片 3～5 枚，长约 5mm，掌状深裂，苞腋具 1 朵雌花；雄花密生于花序上部，呈头状或短穗状，苞片卵形，长 0.2mm；有时花序轴顶端具 1 朵异形雌花；雄花花萼花蕾时球形，长 0.3mm，疏生短柔毛，雄蕊 7～8 枚，花梗长 0.5mm；雌花萼片 3 枚，近长圆形，长 0.4mm，具缘毛，子房疏生长毛和柔毛，花柱 3 枚，长约 1.5mm，花梗短。蒴果直径为 2mm，具 3 个分果

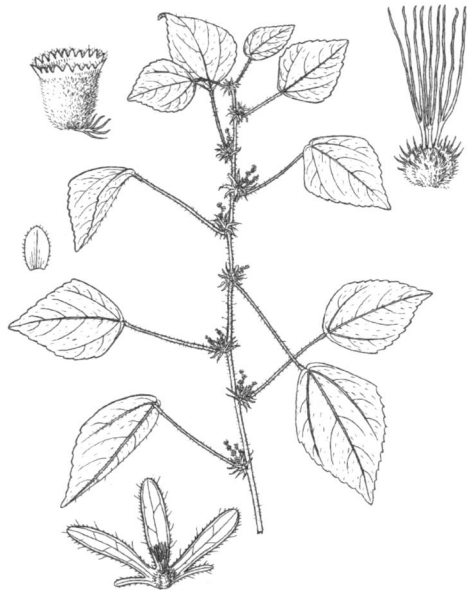

图 2-146　裂苞铁苋菜

片,具疏生柔毛和小瘤体;种子卵球形,长约 1.2mm,具细网纹。花期 5—8 月,果期 7—10 月。$2n=20,24$。

见于西湖景区(五云山),生于山坡、路旁或溪边等地。分布于安徽、甘肃、广东、广西、贵州、河北、河南、湖北、湖南、江苏、江西、陕西、四川、台湾、云南;不丹、印度、印度尼西亚、马来西亚、尼泊尔、斯里兰卡、越南、非洲热带地区也有。

与上种的主要区别在于:本种叶片菱形或宽卵形,具细长的叶柄;穗状花序极短,苞片 3 深裂。

11. 蓖麻属　Ricinus L.

一年生草本或灌木。无毛,茎中空。单叶,掌状浅裂,盾状着生,叶缘具锯齿;叶柄长,先端具 2 腺体,托叶合生。花雌雄同株,圆锥花序顶生,雄花生于花序下部,雌花生于上部,均多朵簇生于苞腋;花梗细长。雄花花萼 3～5 裂,镊合状;花瓣无,花盘无;雄蕊多数,花丝合生成束,花药 2 室,近球形。雌花萼片 5 枚,镊合状,落叶;花瓣无,子房 3 室,外具肉质毛;花柱 3 枚,2 裂。果为蒴果,有软刺,分裂为 3 个 2 瓣裂的分果爿;种子大,扁卵球形,表面光滑,具斑纹,有明显的种阜。

仅 1 种,广泛栽培于热带至温带地区。化石遗存表明,它可能是原产于非洲东北部。世界各地均有栽培。

蓖麻 (图 2-147)

Ricinus communis L.

一年生粗壮草本或草质灌木,高达 5m。小枝、叶和花序通常被白霜,茎多液汁。单叶,叶片近圆形,长和宽达 40cm 或更大,掌状 7～11 裂,裂片卵状长圆形或披针形,先端急尖或渐尖,边缘具锯齿;掌状脉 7～11 条,网脉明显;叶柄粗壮,中空,长可达 40cm,顶端具 2 枚盘状腺体,基部具盘状腺体,托叶长三角形,早落。总状花序或圆锥花序,长 15～30cm 或更长,苞片阔三角形,膜质,早落。雄花花萼裂片卵状三角形,长 7～10mm;雄蕊束众多。雌花萼片卵状披针形,长 5～8mm,凋落;子房卵状,密生软刺或无刺,花柱红色,顶部 2 裂,密生乳头状凸起。蒴果卵球形或近球形,长 1.5～2.5cm,果皮具软刺或平滑;种子椭圆球形,微扁平,平滑,斑纹淡褐色或灰白色,种阜较大。花期 7—9 月,果期 9—11 月。$2n=20$。

区内有栽培。原产地可能是非洲东北部;现广布于全世界热带地区,栽培于热带至温带各国。

本种为重要的油料作物,在工业上用作润滑油,药用为缓泻剂;蓖麻子含有蓖麻毒素,有剧毒。

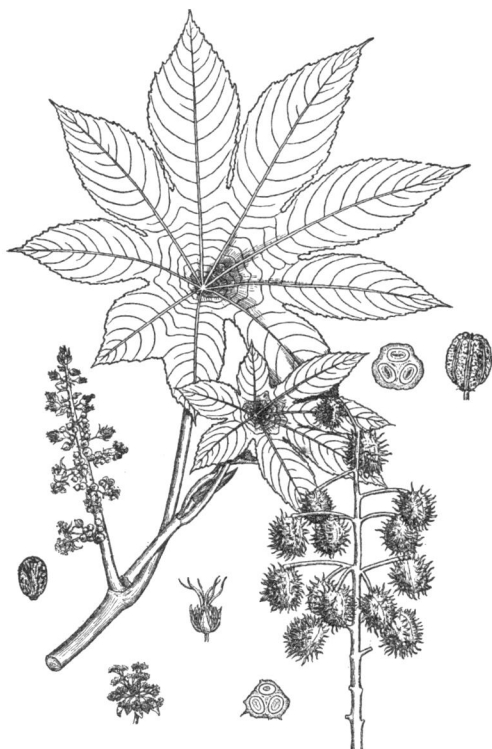

图 2-147　蓖麻

60. 交让木科　Daphniphyllaceae

常绿乔木或灌木,雌雄异株。小枝有叶痕和皮孔。单叶互生,常密集于枝顶;有长叶柄,无托叶;叶片全缘,下面常被白粉或具细小乳头状凸起。总状花序腋生,基部具苞片早落;单性花,花小,有或无花萼,萼片形状、大小不一,覆瓦状排列,无花瓣;雄花雄蕊 5～14 枚,花丝短,有时具退化的雄蕊;雌花子房上位,通常 2 室,每室具 1～2 颗悬垂的倒生胚珠,有时具退化雄蕊,花柱 1～2 枚,短于子房,柱头 2 裂。核果卵球形或椭圆球形,光滑、皱缩或有瘤状凸起,顶部常有宿存花柱;种子 1～2 粒,胚乳丰富,胚小。

仅 1 属,25～30 种,在印度、斯里兰卡、澳大利亚都有分布,亚洲东部及东南部为其分布中心;我国有 10 种,分布于西南、华中、华南、华东;浙江有 3 种;杭州有 1 种。

虎皮楠属　Daphniphyllum Blume

属特征同科。

交让木　(图 2-148)

Daphniphyllum macropodum Miq.

常绿小乔木,高 4～10m。树皮初灰色,平滑,老时为黑褐色而粗糙;小枝粗壮,深棕色,有环状叶痕和明显皮孔。单叶多集生于枝顶,当新叶开放时去年老叶凋落而更替,固有"交让"之称;叶片椭圆形或长椭圆形,长 9～20cm,宽 3～6.5cm,先端短渐尖,基部楔形,全缘,上面绿色至深绿色,光滑,下面淡绿色,被白粉,具乳头状凸起或无,侧脉 9～15 对,隐于叶肉中;叶柄带红色。花序总状,生于枝顶叶腋,长 6～10cm;雄花无花被,被 1～2 枚线形萼片,雄蕊 6～9 枚,花丝短,花药长圆球形,略扁,药隔细尖或微凹,花药初为绿色,最后为暗红色;雌花无花萼,子房卵球形,基部有退化雄蕊 10 枚,雌蕊顶端基无花柱,柱头 2 裂,显著外反,子房 2 室,每室有 2 颗悬垂的倒生胚珠。核果熟时红黑色,被白粉,椭圆球形。花期 4—5 月,果期 9—10 月。

图 2-148　交让木

区内有栽培。分布于长江流域及其以南各省、区;日本、朝鲜半岛也有。

种子榨油可供工业用;木材可供制作家具、器具及建造房屋。

61. 水马齿科 Callitrichaceae

一年生沼生或湿生草本。茎纤弱。叶小,对生或交互对生;沼生种类浮于水面上的叶呈莲座状;叶片倒卵形、匙形或线形,叶基常有节点延伸的组织连接,全缘或稀少齿,通常有中脉;无托叶。花单性同株,极小,单生或很少雌、雄花共生于同一叶腋内;无花被;雄花具雄蕊 1 枚,常围有 2 枚小苞片,苞片膜质,早落,花丝细长;雌花裸露或围有 2 枚小苞片,子房上位,近无柄,4 室,4 浅裂,每室有胚珠 1 颗,花柱 2 枚,伸长,周围具小乳凸。蒴果 4 裂,边缘具膜质翅;种子具膜质种皮,胚直立,圆柱状,有肉质胚乳。

仅 1 属,约 75 种,世界广布;我国有 8 种;浙江有 1 种;杭州有 1 种。

本科与杉叶藻科 Hippuridaceae 为姐妹类群,分子系统学研究表明它们应并入车前科 Plantaginaceae。

水马齿属 Callitriche L.

属特征同科。

水马齿 (图 2-149)

Callitriche palustris L.

一年生沼生或湿生草本,高 10～45cm。根极纤细密集。茎纤细柔弱,多分枝。叶二型:浮水叶集生于茎顶,呈莲座状,叶片倒卵形或倒卵状匙形,长 4～6mm,宽约 3mm,先端圆形或微钝,基部渐狭呈长柄,两面疏生褐色细小斑点,具离基 3 出脉,脉在先端联结;沉水叶片匙形或微线形,长 6～12mm,宽 2～5mm。花单性同株,单生于叶腋,基部有 2 枚小苞片;雄花有雄蕊 1 枚,花丝细长,长 2～4mm,花药小,心形,长约 0.3mm;雌花子房倒卵球形,长约 0.5mm,顶端圆形或微凹,花柱 2 枚,纤细。果倒卵状椭圆球形,长 0.9～1.4mm,宽 0.8～1.1mm,长大于宽,仅上部边缘具翅,基部具短柄,花柱脱落。花、果期 4—8 月。$2n=20$。

见于西湖景区(黄龙洞、灵峰、六和塔),生于水沟、池塘、溪边浅水中或湿地上。分布于安徽、福建、广东、贵州、黑龙江、湖北、吉林、江苏、江西、辽宁、内蒙古、青海、四川、台湾、西藏、云南;不丹、印度、日本、朝鲜半岛、尼泊尔、欧洲、北美洲也有。

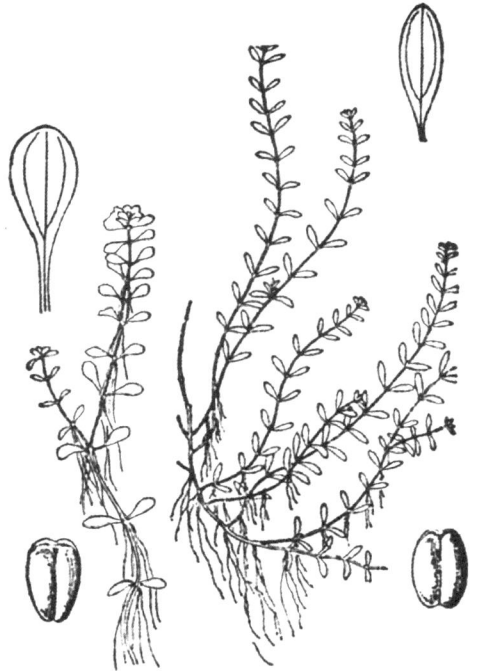

图 2-149 水马齿

62. 黄杨科 Buxaceae

常绿灌木、小乔木或草本。单叶,互生或对生,全缘或有牙齿,羽状脉或离基 3 出脉,无托叶。花小,整齐,无花瓣;单性;雌雄同株或异株;总状花序或密集的穗状花序;雄花萼片 4 枚,雌花萼片常 6 枚,覆瓦状排列;雄蕊多为 4 枚,与萼片对生,分离;雌蕊通常由 3 枚心皮组成,子房上位,3 室,花柱 3 枚,常分离,宿存,具多少向下延伸的柱头,子房每室有 2 枚并生、下垂的倒生胚珠。蒴果室背裂开,或核果状肉质果;种子黑色、光亮,胚乳肉质,有扁薄或肥厚的子叶。

4～5 属,约 100 种,分布于热带和温带;我国有 3 属,约 28 种,分布于华东、华南、西南、西北、华中和台湾;浙江有 3 属,5 种;杭州有 1 属,2 种。

黄杨属　Buxus L.

常绿多分枝灌木。小枝四棱形。叶对生,革质或薄革质,全缘,叶脉羽状,具短柄。总状、穗状或头状花序腋生,其下通常有数对苞片。花单性,雌雄同序,上部为 1 朵雌花,下部为数朵雄花。雄花具 1 枚小苞片,萼片 4 枚,2 轮排列,雄蕊 4 枚与萼片对生,并长于萼片,花药背部着生或近基部着生,退化雌蕊长短形状不一。雌花通常有 3 枚小苞片,萼片 6 枚,排列 2 轮;外轮较小,雌蕊 3 枚心皮合生,子房 3 室;花柱 3 枚,宿存,果时角状。蒴果卵球形或椭圆球形,顶端具 3 枚宿存角状花柱,室背 3 瓣开裂,干时外果皮与软骨质内果皮分离;每室有种子 2 颗,黑色,有光泽,胚乳肉质,子叶长圆球形。

约 70 种,分布于亚洲、美洲、欧洲和非洲;我国有 17 种,除东北和新疆外广布;浙江有 3 种;杭州有 2 种。

1. 雀舌黄杨　匙叶黄杨　(图 2-150)

Buxus boldinieri H. Lév.

常绿灌木。自然情况下高可达 3～4m,小枝四棱形。叶薄革质,通常匙形或倒披针形,最宽处多在中部以上,长 2～3cm,宽 8～18mm,先端圆钝,常微凹,基部狭长楔形,叶上面绿色,光亮,叶背苍灰色,中脉两面凸出,侧脉多与中脉成 50°～60°角,叶柄长 1～2mm。头状花序腋生,苞片卵形;花单性,雌雄同序;雄花多朵,几

图 2-150　雀舌黄杨

无花梗,萼片卵圆形,长约 2.5mm,雄蕊连花药长 6mm,中间有退化雌蕊;雌花外萼片长约 2mm,内萼片长约 2.5mm.花时子房长 2mm,无毛,花柱 3 枚,长 1.5mm。蒴果卵球形,长 5mm,宿存花柱直立,长 3～4mm。花期 2 月,果期 5—8 月。

区内常见栽培。分布于甘肃、广东、广西、贵州、河南、湖北、江西、陕西、四川、云南。

在城市适应能力强,常栽培于花坛边缘或盆栽,供绿化观赏。

2. 黄杨　瓜子黄杨　（图 2-151）

Buxus sinica（Rehder & E. H. Wilson）M. Cheng

常绿灌木或小乔木,高 1～6m。枝圆柱形,有纵棱,灰白色;小枝四棱形。叶革质,阔椭圆形、阔倒卵形、卵状椭圆形或长圆形,长 1.5～3.5cm,宽 0.8～2cm,先端圆或钝,常有小凹口,基部急尖或楔形,叶上面光亮,先端圆钝,中脉凸出,侧脉明显,叶背中脉平坦或稍凸出,叶柄长 1～2mm,被毛。头状花序腋生,花密集,单性同序,苞片阔卵形,长 2～2.5mm;雄花约 10 朵,无花梗,外萼片卵状椭圆形,内萼片近圆形,长 2.5～3mm,雄蕊连花药长 4mm,具有退化雌蕊;雌花萼片长 3mm,雌蕊 3 枚心皮合生,子房较花柱稍长,无毛,花柱 3 枚分离,粗扁。蒴果近球形,长 6～8mm,花柱宿存,长 2～3mm。花期 3 月,果期 5—6 月。

区内常见栽培。分布于安徽、甘肃、广东、广西、贵州、湖北、江苏、江西、山东、陕西、四川。

树枝优美,常栽培供绿化和观赏。

与上种的区别在于:本种叶片宽椭圆形、长椭圆形或宽卵形,上面中脉明显,侧脉明显,下面中脉平坦,稀隆起,侧脉不明显。

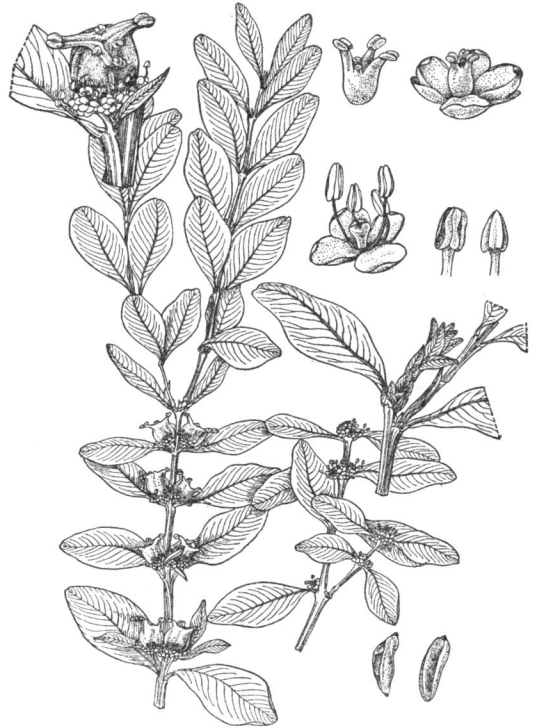

图 2-151　黄杨

63. 漆树科　Anacardiaceae

灌木或乔木,树皮常含有树脂。叶互生,常为羽状复叶,少单叶,托叶不明显,有时无托叶。顶生或腋生圆锥花序;花小,辐射对称,两性或常为单性,或杂性,花萼裂片 3～5 枚,花瓣与萼片同数,分离或基部合生,镊合状或覆瓦状排列;雄蕊与花瓣同数或为其 2 倍,着生于花盘基部;有环状、坛状或杯状花盘;雌蕊 1～5 枚心皮合生,1 室,少有 2～5 室,每室含 1 枚倒生胚珠,花柱 1～5 枚,常分离。核果,种子极少有胚乳,胚稍大、肉质、弯曲,具有膜质、扁平或稍肥厚子叶。

约 77 属,600 余种,多分布于全球热带、亚热带,少数延伸到北温带地区;我国有 17 属,55 种;浙江有 5 属,9 种,1 亚种,1 变种;杭州有 4 属,5 种。

分 属 检 索 表

1. 核果小,压扁或斜卵球形,长在 1cm 以内,核顶端无孔穴;心皮 3 枚,子房 1 室,具 1 枚胚珠。
　　2. 常因顶生小叶不发育而成偶数羽状复叶;花无花瓣 ·················· 1. 黄连木属　Pistacia
　　2. 奇数羽状复叶或 3 枚小叶;花有花萼或花瓣。
　　　　3. 圆锥花序顶生;果序直立,外果皮被红色腺毛和具节柔毛或柔毛·············· 2. 盐肤木属　Rhus
　　　　3. 圆锥花序腋生;果序下垂,外果皮无毛,或疏被柔毛、刺毛,但无腺毛 ··· 3. 漆树属　Toxicodendron
1. 核果大,椭圆球形或卵球形,长 2～3cm,核顶端有 5 个孔穴;心皮 5 枚,子房 5 室,每室具 1 枚胚珠 ········
　·· 4. 南酸枣属　Choerospondias

1. 黄连木属　Pistacia L.

乔木或灌木,落叶或常绿,具树脂。叶互生,无托叶,奇数或偶数羽状复叶,稀单叶或 3 枚小叶;小叶全缘。总状花序或圆锥花序腋生;花小,雌雄异株,具有 1 枚苞片;雄花花被片 3～9 枚,雄蕊 3～5(7) 枚,花丝极短,与花盘联合或无花盘,花药药隔伸出,细尖,基着药,侧向纵裂;退化雌蕊存在或无;雌花花被片 4～10 枚,膜质,半透明,无退化雄蕊,花盘小或无,雌蕊 3 枚心皮合生,子房近球形或卵球形,无毛,1 室,具 1 枚胚珠,花柱短,柱头 3 裂。核果近球形,无毛,外果皮薄,内果皮骨质;种子压扁,种皮膜质,无胚乳,子叶厚。

约 10 种,分布于北半球,从地中海、阿富汗到东亚及东南亚,以及北美洲南部;我国有 2 种,除东北和内蒙古外均有分布;浙江有 1 种;杭州有 1 种。

黄连木　(图 2-152)

Pistacia chinensis Bunge

落叶乔木,高达 25～30m。树皮暗褐色,呈鳞片状剥落。奇数羽状复叶互生,有小叶 5～6 对,对生或近对生,叶轴具条纹,被微柔毛;小叶片纸质,披针形、卵状披针形或线状披针形,长 5～10cm,宽 1.5～2.5cm,先端渐尖或长渐尖,基部偏斜,全缘,两面沿中脉和侧脉被卷曲微柔毛或近无毛,侧脉和细脉两面凸起;小叶柄长 1～2mm。花单性异株,先花后叶;圆锥花序腋生,雄花序排列紧密,长 6～7cm,雌花序排列疏松,长 15～20cm,均被微柔毛;花小,几无花梗,苞片披针形或狭披针形,边缘具睫毛;雄花花被片 2～4 枚,披针形或线状披针形,大小不等,边缘具睫毛,雄蕊 3～5 枚,花丝极短;雌花花被片 7～9 枚,大小不等,长 0.7～1.5mm,宽 0.5～0.7mm,外面被柔毛,边缘具睫毛,无退化雄蕊,

图 2-152　黄连木

雌蕊子房球形,无毛,直径约为 0.5mm,花柱柱头 3 裂,肉质红色。核果倒卵球形,略压扁,直径约为 5mm,成熟时紫红色,干后具纵向细条纹,先端细尖。花期 4 月,果期 6—10 月。$2n=24$。

　　见于西湖区(蒋村、三墩)、余杭区(余杭、中泰)、西湖景区(宝石山、老和山、桃源岭),生于向阳山坡或栽于村舍附近。除东北外各省、区均有分布。

　　木材鲜黄色,可提黄色染料;材质可供建筑用;果实、树皮、叶可提制栲胶;种子油可食用;绿化树种。

2. 盐肤木属　Rhus L.

　　落叶灌木或乔木。叶互生,奇数羽状复叶、3 小叶或单叶,叶轴具翅或无翅;小叶具柄或无柄,边缘具齿或全缘。顶生聚伞圆锥花序或复穗状花序;花小,杂性或单性异株,苞片宿存或脱落;花萼合生,5 裂,裂片覆瓦状排列,宿存;花瓣 5 枚,覆瓦状排列;雄蕊 5 枚,着生在花盘基部,在雄花中伸出,花药背着,内向纵裂;花盘环状;雌蕊 3 枚心皮合生,子房无柄,1 室,1 枚胚珠,花柱 3 枚,基部多少合生。核果球形,略压扁,被腺毛和具节毛或单毛,成熟时红色。

　　约 250 种,分布于世界亚热带和暖温带地区;我国有 6 种,南北均有分布;浙江有 3 种;杭州有 1 种。

盐肤木　(图 2-153)

Rhus chinensis Mill.

落叶小乔木,高 2～10m。小枝棕褐色,被锈色柔毛,具圆形小皮孔。奇数羽状复叶有小叶3～6对,自下而上逐渐增大,叶轴具宽的叶状翅,密被柔毛;小叶片纸质,卵形或椭圆状卵形,长6～12cm,宽 3～7cm,无小叶柄,先端急尖,基部圆形,边缘具粗钝锯齿,背面密被灰褐色毛,脉上较密,叶面暗绿色,叶背粉绿色,侧脉在叶背凸起。圆锥花序宽大,多分枝,雄花序长 30～40cm,雌花序较短,密被锈色柔毛;苞片披针形,长约 1mm;花瓣乳白色,花梗长约 1mm;雄花花萼 5 枚,裂片长卵形,长约 1mm,边缘具细睫毛,花瓣 5 枚,倒卵状长圆形,长约 2mm,开花时外卷,雄蕊 5 枚伸出花瓣外;雌花花萼裂片较短,长约 0.6mm,边缘具细睫毛,花瓣也短,长约1.6mm,边缘具细睫毛,有退化雄蕊,环状花盘无毛,子房 3 枚心皮合生,长约 1mm,密被白色微柔毛,花柱 3 枚,柱头头状。核果球形,略压

图 2-153　盐肤木

扁,直径为 4～5mm,被具节柔毛和腺毛,熟时红色。花期 7—9 月,果期 10—11 月。

　　区内常见,生于向阳山坡、沟谷。分布于秦岭以南各省、区(除西藏外);日本、朝鲜半岛、马

来西亚也有。

为五倍子蚜虫的寄主植物,在幼枝和叶片上形成虫瘿,即中药五倍子。果具酸、咸味,可生食,能止泻;种子可榨油。

3. 漆树属 Toxicodendron (Tourn.) Mill.

落叶乔木或灌木,有乳汁或树脂状液汁。叶互生,常为奇数羽状复叶,有时单叶或 3 小叶;小叶对生,全缘或有锯齿。圆锥花序腋生或顶生,花杂性或单性异株,花萼 5 裂;花瓣 5 枚,雌花的较小,覆瓦状排列;雄蕊 5 枚,着生于花盘外侧基部;雌花的雌蕊由 3 枚心皮合生,子房 1 室,上位,胚珠 1 枚,花柱 3 枚。核果小,平滑或被毛;种子具胚乳,子叶叶状。

约 20 种,东亚和北美洲间断分布;我国有 16 种,主产于长江以南各省、区;浙江有 4 种;杭州有 2 种。

1. 木蜡树 (图 2-154)

Toxicodendron sylvestre (Siebold & Zucc.) Kuntze

落叶乔木或小乔木,高达 10m。幼枝和芽被黄褐色茸毛,树皮灰褐色。奇数羽状复叶互生,小叶对生,3～6(7)对,叶轴和叶柄圆柱形,密被黄褐色茸毛;总叶柄长 4～8cm;小叶片纸质,无柄或具短柄,卵形、卵状椭圆形或长圆形,长 4～10cm,宽 2～4cm,先端渐尖或急尖,基部不对称,全缘,叶上面被平伏微柔毛,中脉密被卷曲微柔毛,叶背密被柔毛或仅脉上较密,侧脉 15～25 对,两面凸起。圆锥花序长 8～15cm,密被锈色茸毛;花黄色,各部分无毛,花梗长 1.5mm,被卷曲微柔毛;花萼裂片卵形,长约 0.8mm;花瓣长圆形,具暗褐色脉纹;雄蕊 5 枚,外伸,在雌花中退化雄蕊较短,花丝钻形;雌蕊子房球形,直径约为 1mm。核果极偏斜,长约 8mm,宽 6～7mm,成熟时不裂,中果皮蜡质,果核坚硬。花期 4—5 月,果期 7—8 月。

区内常见,生于向阳山坡灌丛或疏林中。分布于长江中下游各省、区;日本和朝鲜半岛也有。

种子可供工业制油漆、油墨和肥皂等。

图 2-154 木蜡树

2. 野漆树 (图 2-155)

Toxicodendron succedaneum (L.) Kuntze

落叶乔木,高达 10m。小枝粗壮,无毛;顶芽大,紫褐色,外面近无毛。奇数羽状复叶互生,常集生于小枝顶端,无毛,有小叶 4～7 对,对生或近对生,叶轴和叶柄圆柱形;叶柄长 6～9cm,小叶柄长 2～5mm;叶片坚纸质至薄革质,长圆状椭圆形、阔披针形或卵状披针形,长 5～16cm,宽 2～5.5cm,先端渐尖或长渐尖,基部多少偏斜,全缘,叶背常具白粉,侧脉 15～22 对,弧形上升,两面略凸。圆锥花序长 7～15cm,为叶长之半,多分枝,无毛;花黄绿色,小,各部分无毛,直径约为 2mm;花梗长约 2mm;花萼裂片阔卵形,长约 1mm;花瓣长圆形,长约 2mm,开花时外卷;雄蕊伸出,花丝线形,长约 2mm;花盘 5 裂;雌蕊子房球形,直径约为 0.8mm,柱头 3 裂,褐色。核果大,偏斜,直径为 7～10mm,外果皮薄,淡黄色,中果皮厚,蜡质,白色,果核坚硬,压扁。花期 5—6 月,果期 8—10 月。

区内常见,常生于向阳山坡。分布于华北至长江流域及其以南各省、区;日本、朝鲜半岛、东南亚地区也有。

叶和茎皮含单宁,可提取栲胶;种子油可制肥皂或掺和干性油作油漆;根、叶及果入药,有清热解毒、散瘀生肌、止血、杀虫之功效。

与上种的主要区别在于:本种小枝、叶片及花序无毛。

图 2-155　野漆树

4. 南酸枣属　Choerospondias Burtt & Hill

落叶乔木或大乔木。奇数羽状复叶互生,常集生于小枝顶端;小叶对生,具柄。花单性或杂性异株,雄花和假两性花排列成腋生或近顶生的聚伞圆锥花序,雌花通常单生于上部叶腋;花萼浅杯状,5 裂;花瓣 5 枚,淡紫色,芽中覆瓦状排列;雄蕊 10 枚,着生在花盘外侧基部,与花盘裂片互生,花丝线形,花药背着;花盘 10 裂;雌蕊 5 枚心皮合生,子房上位,5 室,每室具 1 枚胚珠,胚珠悬垂于子房室顶,花柱 5 枚,柱头头状。核果卵球形、长圆球形或椭圆球形,中果皮肉质浆状,内果皮骨质,顶端有 5 个小孔,具膜质盖;种子无胚乳,子叶厚。

单种属,分布于从印度东北、东南亚至东亚;浙江及杭州也有。

南酸枣　（图 2-156）

Choerospondias axillaris（Roxb.）Burtt & Hill

落叶乔木,高 8～20m。树皮灰褐色,片状剥落。小枝粗壮,暗紫褐色,无毛。奇数羽状复叶长 25～40cm,有小叶 3～6 对,对生,叶轴无毛,叶柄纤细,基部略膨大;小叶膜质至纸质,卵形或卵状披针形,长 4～12cm,宽 2～4.5cm,先端长渐尖,基部多少偏斜,多全缘,多两面无毛,侧脉 8～10

图 2-156　南酸枣

对，两面凸起；小叶柄长 2～5mm。雄花序长 4～10cm，具小苞片；花萼裂片三角状卵形或阔三角形，长约 1mm，边缘具紫红色腺状睫毛；花瓣长圆形，淡紫色，长 2.5～3mm，无毛，具褐色脉纹，花时外卷；雄蕊 10 枚，与花瓣近等长；有花盘；雌花单生于上部叶腋，较大；雌蕊由 5 枚心皮合生，子房卵球形，长约 1.5mm，无毛，5 室，花柱 5 枚，长约 0.5mm。核果椭圆球形或倒卵状椭圆球形，成熟时黄色，长 2.5～3cm，直径约为 2cm，顶端具 5 个小孔。花期 4—5 月，果期10 月。

见于西湖区（三墩）、西湖景区（桃源岭），生于丘陵山坡和沟谷。分布于长江流域及其以南各省、区；日本和印度、东南亚地区也有。

果可生食或酿酒；树皮和果实可入药，有消炎解毒、止血止痛之功效；是速生树种，可供园林绿化用。

64. 冬青科　Aquifoliaceae

乔木或灌木，常绿或落叶。单叶，多互生；叶片革质或纸质，稀膜质，全缘或叶缘具锯齿、腺状锯齿或刺状锯齿，具柄；托叶无或小，有则早落。花小，辐射对称，单性，稀两性或杂性，雌雄异株，常排列成腋生或近顶生的聚伞花序、伞形花序、总状花序、圆锥花序或簇生状，稀单生；萼片 4～6 枚，覆瓦状排列；花瓣 4～6 枚，分离或基部略合生，覆瓦状排列，稀镊合状排列；雄蕊与花瓣同数，与之互生，花丝短，花药纵裂，或雄蕊 4～12 枚，排列成 1 轮，花丝粗短或缺，花药延长或增厚成花瓣状；雌花中退化雄蕊常呈箭头状；子房上位，心皮 2～5 枚，合生，2 至多室，每室具 1 枚胚珠，稀 2 枚，花柱短或无，柱头头状、盘状或浅裂。果实常为浆果状核果，具 2 至数枚分核，稀 1 枚；每一分核具 1 粒种子，种子含丰富的胚乳，胚小，直立。

4 属，400～500 种，主要分布于美洲热带和亚洲热带至温带；我国仅有冬青属 *Ilex* L. 1 属，约 204 种，分布于秦岭以南各省、区；浙江有 37 种，2 变种，1 变型；杭州有 9 种。

冬青属　Ilex L.

乔木或灌木，常绿或落叶。单叶，多互生；叶片革质、纸质或膜质，全缘或叶缘具锯齿或刺状锯齿，具柄。花为聚伞花序或伞形花序，常生于当年生枝条的叶腋内，或簇生于二年生枝条的叶腋内，稀单花腋生；花小，辐射对称，单性，雌雄异株；雄花萼片 4～6 裂，覆瓦状排列，花瓣4～6 枚，基部略合生，雄蕊与花瓣同数，且互生，花丝短，花药内向，纵裂；雌花萼片 4～6 裂，花瓣 4～6 枚，基部稍合生，子房上位，常 4～6 室，每室具 1 枚胚珠，柱头头状、盘状或柱状。果实为浆果状核果，外果皮膜质或坚纸质，中果皮多为肉质，内果皮木质或石质，分核常 4～6 枚，表面平滑，具条纹、棱或沟槽。

400 多种，分布于热带、亚热带至温带地区，主产于南美洲和亚洲热带；我国约有 204 种；浙江有 37 种，2 变种，1 变型；杭州有 9 种。

本属植物是我国亚热带常绿阔叶林中的常见树种。

分 种 检 索 表

1. 落叶灌木或小乔木;叶片纸质;果实成熟时黑紫色或红色 ······················· 1. **大果冬青** *I.* macrocarpa
1. 常绿乔木或灌木;叶片革质或薄革质;果实成熟时鲜红色,少为黑紫色。
 2. 果实常 2～3 枚形成伞形果序(偶有单个果实),单生于叶腋,具明显的果序梗。
  3. 叶片全缘 ··· 2. **铁冬青** *I.* rotunda
  3. 叶片边缘具锯齿、圆齿、刺状齿和刺,稀有全缘。
   4. 叶片下面无腺点;雌花组成复伞花序。
    5. 叶片基部下延,边缘具锯齿;果序梗长 1.2～3.5cm,明显长于果梗 ······················
       ··· 3. **香冬青** *I.* suaveolens
    5. 叶片基部不下延,边缘具钝齿;果序梗长 0.3～1cm,短于果梗或近等长 ······················
       ·· 4. **冬青** *I.* chinensis
   4. 叶片下面有褐色腺点;雌花序简单,单生 ·························· 5. **钝齿冬青** *I.* crenata
 2. 果实多枚簇生于叶腋,无果序梗。
  6. 叶片边缘具刺状锯齿。
   7. 叶片四方状长圆形,先端常具刺 3 枚,稀全缘而先端有刺 1 枚 ······ 6. **枸骨** *I.* cornuta
   7. 叶片卵状椭圆形或椭圆形,先端急尖,无刺 ·············· 7. **浙江冬青** *I.* zhejiangensis
  6. 叶片全缘或具锯齿,但锯齿绝不呈刺齿状。
   8. 小枝有短柔毛;叶片边缘具不明显浅锯齿;簇生雄花序无主轴 ····· 8. **短梗冬青** *I.* buergeri
   8. 小枝无毛;叶片边缘明显具齿;簇生雄花序多少具主轴 ··············· 9. **大叶冬青** *I.* latifolia

1. 大果冬青　(图 2-157)

Ilex macrocarpa Oliv.

落叶乔木,高 6～12m。树皮灰白色或灰褐色,无毛。有长枝和短枝,小枝灰白色,具明显的皮孔。叶片纸质,在长枝上互生,在短枝上呈簇生状、宽卵形、卵形或卵状长圆形,长 6～10cm,宽 3.5～5cm,先端渐尖,基部圆形或宽楔形,边缘具锯齿,中脉在上面凹入,被短柔毛,在下面隆起,无毛,侧脉 7～9 对,两面明显;叶柄长 10～20mm。雄花序簇生于长枝和短枝的叶腋内;花 5 基数;雄花花梗长 4～5mm,无毛,花萼裂片倒卵形,花瓣长圆状卵形,雄蕊与花瓣近等长;雌花单生于叶腋,花梗长 13～15mm,花萼近三角形,花瓣卵形,子房长卵球形,柱头头状。果球形,成熟时黑紫色,直径为 10～17mm,果梗长 13～25mm,分核 7～8 枚,背面有 3 条纵纹和 2 条纵沟,内果皮石质。花期 5 月,果期 9—10 月。

见于西湖景区(龙井),生于山坡、林中或溪边。我国华东、华中、华南和西南大多数地区有分布。

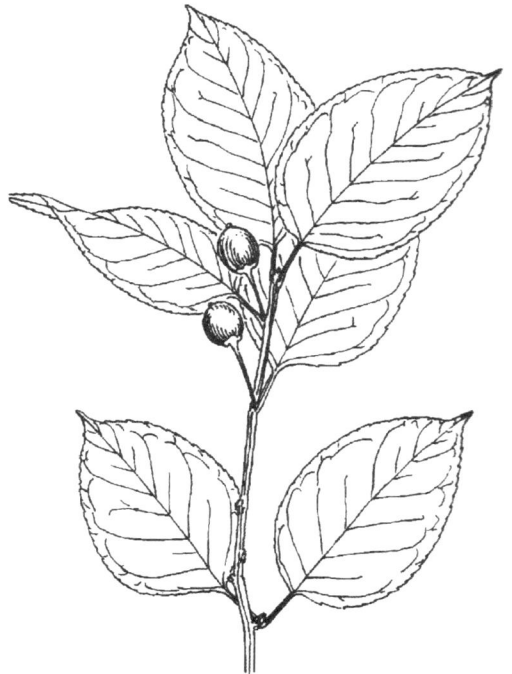

图 2-157　大果冬青

2. 铁冬青 （图 2-158）

Ilex rotunda Thunb. ——*I. rotunda* Thunb. var. *microcarpa*（Lindl. ex Part.）S. Y. Hu

常绿乔木,高可达 15m。树皮灰色,光滑。小枝灰褐色,粗壮,无毛,具棱。叶片薄革质,倒卵形、椭圆状卵形至椭圆形,长 4～8cm,宽 2～4cm,先端渐尖,基部楔形,全缘,中脉在上面凹入,下面隆起,侧脉 7～8 对,两面较明显;叶柄长 10～18mm。聚伞花序单生于叶腋;花 4～7 基数;雄花序花梗长 4～5mm,花萼裂片三角形,花瓣长圆形,雄蕊比花瓣长;雌花花序梗长达 10mm,被短柔毛,后渐脱落,花梗长 4～8mm,被短柔毛,后渐脱落,花萼裂片三角形,花瓣倒卵状长圆形,子房卵状圆锥形,柱头盘状。果球形,成熟时鲜红色,直径为 6～8mm,果序梗长 5～6mm,果梗长约 5mm,果序梗和果梗几无毛,分核 5～7 枚,椭圆球形,背面具 3 条线纹和 2 条浅沟,内果皮木质。花期 3—4 月,果期 10 月。

见于萧山区(浦阳)、余杭(径山)、西湖景区(百子尖、五云山),生于路边、山坡、溪沟边和林中。分布于我国长江流域及其以南各省、区;日本、朝鲜半岛也有。

图 2-158　铁冬青

图 2-159　香冬青

3. 香冬青 （图 2-159）

Ilex suaveolens（H. Lév.）Loes.

常绿乔木,高可达 15m。小枝浅褐色,无毛,微具棱。叶片革质,卵状椭圆形、椭圆形至长圆形,长 5～12cm,宽 2～3.5cm,先端渐尖,基部楔形下延,边缘钝锯齿,中脉在两面均隆起,侧脉 7～8 对,在两面较明显,上面稍有光泽;叶柄长 15～20mm。伞形花序或聚伞花序单生于叶腋,花序梗长 2～3.5cm,无毛;花 4 或 5 基数;雄花花萼裂片卵状三角形,花瓣卵圆形,雄蕊短于花瓣;雌花花萼和花瓣与雄花相似,子房卵球形,柱头厚盘状。果椭圆状球形,成熟时鲜红色,直径约为 6mm,果梗长约 10mm,分核 4～5 枚,椭圆球形,背面光滑无线纹或沟,内果皮革质。花期 4—6 月,果期 9—11 月。

见于西湖景区(老和山),生于林中。分布于安徽、福建、江西、广东、广西、贵州、湖北、四川。

4. 冬青   (图 2-160)

Ilex chinensis Sims——*I. purpurea* Hassk.

常绿乔木,高达 10m。树皮暗灰色,光滑。小枝近白色,无毛。叶片薄革质,狭卵形、椭圆形至长圆形,干后常呈褐色或黑褐色,长 7～11cm,宽 2.5～4cm,先端渐尖,基部宽楔形,边缘钝锯齿或疏锯齿,中脉在上面平坦,下面隆起,侧脉 7～9 对,在两面较明显;叶柄长 10～18mm。复聚伞花序单生于叶腋;花 4 或 5 基数;雄花花梗长约 2mm,花萼裂片宽三角形,花瓣卵圆形,雄蕊短于花瓣;雌花花梗长约 5mm,花萼和花瓣与雄花相似,子房卵球形,柱头厚盘状。果椭圆状球形,成熟时鲜红色,直径为 8～10mm,果序梗长 3～10mm,果梗长 6～10mm,分核4～5枚,长椭圆球形,背面具 1 条纵沟,内果皮革质。花期 4—6 月,果期 8—11 月。

区内常见,生于低海拔山坡林中。分布于长江流域及其以南地区;日本也有。

冠形优美,叶色浓绿光亮,秋季果实红艳,是优美的庭院观赏和城市绿化树种;材质致密,适作家具用材;根皮、叶入药,有清热解毒、凉血止血之功效。

图 2-160   冬青

5. 钝齿冬青   (图 2-161)

Ilex crenata Thunb.

常绿灌木,高 1～3m。小枝灰褐色,有棱,密生短柔毛。叶片革质,倒卵形或椭圆形,稀卵形,长 1～3.5cm,宽 0.5～1.5cm,端圆钝或锐尖,基部楔形或钝,边缘有钝齿或锯齿,下面有褐色腺点,中脉上面凹入或稍平坦,被微毛,侧脉不明显;叶柄长 2～3mm,有微毛。雄花序单生于鳞片腋内或当年生枝的叶腋,稀有宽三角形,无毛花冠直径为4～4.5mm,花瓣宽椭圆形,基部稍结合;雌花序含 1 朵花或稀含 2～3 朵花,单生于叶腋,花梗长 4～6mm,花萼直径为 6mm,花瓣卵形,基部稍结合,子房卵状圆锥形,柱头盘状。果球形,直径为 6～7mm,成熟时黑紫色,分核 4 枚,背部有稍下凹的线纹,但无沟,内果皮革质。

图 2-161   钝齿冬青

花期 5—6 月，果期 10 月。

区内常见栽培。分布于福建、广东、江西；日本也有。

6. 枸骨　枸骨冬青　八角刺　（图 2-162）

Ilex cornuta Lindl. & Paxt.

常绿灌木，高 0.5～2(6)m。树皮灰白色，光滑。小枝灰白色，无毛，具纵脊。叶片厚革质，四方状矩圆形，长 4～7cm，宽 2～3cm，上面有光泽，先端尖刺状，基部截形或宽楔形，全缘而略反卷，每边具 2～3 对刺状齿（栽培类型叶片卵状长圆形，边缘无刺状齿），侧脉 5～6 对，两面明显；叶柄长 3～5mm。花序簇生于叶腋；花 4 基数；雄花花梗长约 5mm，无毛，花萼裂片宽三角形，被疏柔毛，花瓣长圆状卵形，基部稍联合，雄蕊与花瓣近等长；雌花花梗长 7～8mm，果时增长，花萼与花瓣与雄花相似，子房长圆状卵球形，柱头盘状。果球形，成熟时鲜红色，直径为 7～10mm，果梗长达 15mm，分核 4 枚，表面具皱洼穴，背面有一纵沟，内果皮骨质。花期 4—5 月，果期 9—11 月。$2n=38$。

区内广布，野生或栽培。分布于长江中下游流域各省、区。

叶形奇特，叶色亮绿，秋季果实累累、红艳，是优美的庭院观赏树种，也是作盆景的优良材料；"枸骨茶""枸骨叶"有养阴清热、补益肝肾之功效；干燥成熟的果实"枸骨子""功劳子"有补肝肾、止泻之功效；根入药，有祛风、止痛、解毒之功效。

图 2-162　枸骨

图 2-163　浙江冬青

7. 浙江冬青　（图 2-163）

Ilex zhejiangensis Tseng.

常绿小乔木或灌木，高 2～4m。小枝有棱，被柔毛或渐变无毛。叶片革质，卵状椭圆形或椭圆形，稀卵形，长 3～8cm，宽 1.5～3cm，先端急尖，稀钝圆，基部圆形，除上面中脉密被柔毛外，其余无毛，边缘具疏锯齿，齿端有短尖头，中脉上面凹入，下面凸起；侧脉 5～7 对，上面近凹入,下面明显凸起;叶柄长 3～6mm,具短柔毛。花序簇生于叶腋;雄花花萼 4 裂,裂片三角状卵形,具睫毛,花瓣 4 枚,长圆形,基部联合,雄蕊与花冠等长;雌花花萼和花冠似雄花,子房卵球形,柱头盘状。果近球形,直径为 7～8mm,成熟时红色,分核 4 枚,卵球形,长 4mm,背部具不规则的皱纹和槽,内果皮木质。花期 4 月,果期 8—10 月。

见于西湖景区(桃源岭)。分布于浙江。

8. 短梗冬青　(图 2-164)

Ilex buergeri Miq.

常绿乔木或灌木,高 10m。树皮光滑,灰色。小枝有棱,被短柔毛。叶片革质,卵状椭圆形或狭长圆形至披针形,长 4～9cm,宽 1.5～3.5cm,先端渐尖或尾尖,基部圆形或宽楔形,边缘具疏而不整齐浅锯齿,中脉上面凹入,下面隆起,被微柔毛,侧脉不明显;叶柄长 5～8mm,有短柔毛。花序簇生于叶腋,每枝具单生花;苞片、花萼、花瓣被短柔毛及缘毛;花 4 数;雄花花萼直径为 2mm,裂片三角形,顶端圆形,花冠直径为 6～7mm,花瓣长圆状倒卵形,基部稍联合,雄蕊比花冠短;雌花花萼、花冠似雄花,子房卵形,直径为 1.8mm,柱头盘状。果球形或近球形,直径为4.5～6mm,橙红色或橙黄色,外果皮具小瘤状凸出,分核 4 粒,近倒卵球形,背部具不整齐条纹和槽,内果皮石质。花期 3～6 月,果期 7—12 月。

见于西湖景区(北高峰、九溪、龙井、云栖),生于山坡、溪边常绿阔叶林中。分布于安徽、福建、广西、贵州、湖北、湖南、江西;日本也有。

图 2-164　短梗冬青

9. 大叶冬青　苦丁茶　(图 2-165)

Ilex latifolia Thunb.

常绿乔木,高达 15m。树皮黑褐色,光滑。小枝灰绿色,粗壮,无毛,具纵脊。叶片厚革质,矩圆形、椭圆形或近卵形,长 7～15cm,宽4.5～8cm,先端短渐尖,基部宽楔形或近圆形,边缘有疏锯齿,中脉在上面凹入,下面隆起,侧脉 7～9 对,在上面明显,下面不明显;叶柄长15～20mm。花序簇生于叶腋,呈圆锥状;花 4 基数;雄花序每枝具 3～7 朵花,花梗长约 8mm,花萼裂片卵圆形,花瓣长圆形,基部稍联合,雄蕊与花瓣近等长;雌花序每枝具花 2～3 朵,花梗长 6～7mm,花瓣卵形,子房卵球形。果球形,成熟时鲜红色,直径为 6～8mm,果梗长约 6mm,分核 4 枚,长椭圆球形,背面有 3 条纵脊,内果皮骨质。花期 4—5 月,果期 9—11 月。

图 2-165　大叶冬青

区内有栽培。分布于长江流域各省、区;日本也有。

叶形大,质厚,浓绿光亮,秋季果实红艳,经冬不凋,是优美的庭院观赏树种;嫩叶是"苦丁茶"的原料植物之一;嫩叶、树皮入药,有清热解毒、平肝之功效。

65. 卫矛科 Celastraceae

常绿或落叶乔木、灌木或藤本。单叶,对生或互生,少为 3 叶轮生;托叶细小,早落或无,稀明显。花两性或退化为单性花,有时杂性同株,少为异株;聚伞花序,侧生或顶生,有时单生,具有较小的苞片和小苞片;花 4~5 数,花萼、花冠分化明显,花萼基部通常与花盘合生,萼片 4~5 枚,宿存;花瓣 4~5 枚,覆瓦状排列,少为基部粘合;雄蕊 4~5 枚,与花瓣同数且互生,花丝存在或缺失,着生花盘之上或花盘之下,花药 2 室或 1 室,纵裂;心皮 2~5 枚,合生,子房下部常陷入花盘而与之合生或与之融合,无明显界线,子房室与心皮同数或退化成不完全室或 1 室,倒生胚珠。果实为蒴果、浆果、核果或翅果;种子具橙红色的假种皮,稀无假种皮,具有丰富的胚乳。

近 100 属,1100 余种,主要分布于温带、热带、亚热带地区;我国有 14 属,192 种,各地均有分布;浙江有 5 属,32 种,1 变种;杭州有 3 属,12 种。

分 属 检 索 表

1. 叶对生;乔木或直立灌木,稀为匍匐状;小枝皮孔不明显 ························· 1. **卫矛属** *Euonymus*
1. 叶互生;藤状灌木;小枝常有明显皮孔。
  2. 小枝具 4 条棱或近圆柱形,稀具 6 条棱;聚伞花序或圆锥花序;蒴果球形,开裂,种子具肉质假种皮 ···
  ························· 2. **南蛇藤属** *Celastrus*
  2. 小枝具 5~6 条棱;圆锥花序;蒴果具 3 翅,不开裂,种子无假种皮 ·········· 3. **雷公藤属** *Tripterygium*

1. 卫矛属 Euonymus L.

乔木或灌木,有时攀援或匍匐状。小枝通常方形,无毛;冬芽具覆瓦状芽鳞。叶对生,稀互生或轮生,具早落性的托叶。聚伞花序腋生或侧生;花两性,花萼及花瓣各 4 或 5 基数;花盘肉质,肥厚,扁平,方形或五角形;雄蕊着生于花盘上或边缘,花丝极短或丝状,花药 1 或 2 室;子房上位,与花盘贴生,3~5 室,每室有 1 或 2 颗胚珠,花柱较短或无,柱头 3~5 裂。蒴果平滑,或具棱角,或延展成翅,或具刺状凸起,每室有种子 1 或 2 粒;种子白色、红棕色或黑色,被橙红色假种皮,具胚乳。

170 余种,分布于温带及热带地区;我国约有 100 种,全国均有分布,尤以秦岭以南各地为多;浙江有 17 种;杭州有 7 种。

分 种 检 索 表

1. 蒴果几全裂至基部而形成分果 ························· 1. **卫矛** *E. alatus*

1. 蒴果近球形、倒三角形或倒圆锥形,不呈分果状。
　　2. 蒴果倒三角形或倒圆锥形。
　　　　3. 叶柄短,长约 8mm,叶片革质或近革质,侧脉 9～12 对 ………… 2. 矩叶卫矛　E. oblongifolius
　　　　3. 叶柄长超过 8mm,叶片纸质,侧脉 9 对以下。
　　　　　　4. 叶片卵圆形或长圆状椭圆形,背面脉上无毛 ……………………… 3. 白杜　E. maackii
　　　　　　4. 叶片通常长椭圆形、卵状椭圆形或椭圆状披针形,背面脉上常有短毛 ………………
　　　　　　　　…………………………………………………………………… 4. 西南卫矛　E. hamiltonianus
　　2. 蒴果近球形或扁球形。
　　　　5. 藤本;叶片边缘锯齿钝而疏 …………………………………………… 5. 扶芳藤　E. fortunei
　　　　5. 直立灌木、小乔木或乔木;叶片边缘具细较密的锯齿。
　　　　　　6. 叶片近革质,侧脉 12～15 对;蒴果具 4 条棱 ………………… 6. 肉花卫矛　E. carnosus
　　　　　　6. 叶片革质,侧脉 5～6 对;蒴果表面光滑,无翅棱 ………………… 7. 冬青卫矛　E. japonicus

1. 卫矛　(图 2-166)

Euonymus alatus（Thunb.）Siebold

落叶灌木,高 1～3m,全株无毛。小枝具 4 条棱,常具 2～4 列棕褐色宽阔木栓翅,翅宽可达 1.2cm,或有时无翅。冬芽圆球形,长约 2mm,芽鳞边缘具不整齐细坚齿。叶片卵状椭圆形至狭长椭圆形,偶为倒卵形,长 2～8cm,宽 1～3cm,边缘具细锯齿,两面光滑无毛;叶柄长 1～3mm。聚伞花序腋生,有 3～5 朵花,花序梗长 0.5～3cm,花梗长 3～5mm,结果后可达 8mm;花淡黄绿色,直径约为 6mm,4 数;萼片半圆形,绿色,长约 1mm;花瓣倒卵圆形,长约 3.5mm;花盘方形肥厚,4 浅裂;雄蕊着生于花盘边缘,花丝略短于花药;子房 4 室,通常 1 或 2 枚心皮发育。蒴果棕褐色带紫,蒴果 1～4 深裂,裂瓣椭圆状,长 7～8mm,几全裂至基部相连,呈分果状;种子椭圆球形或宽椭圆球形,长 5～6mm,种皮褐色或浅棕色,假种皮橙红色,全包种子。花期 5—6 月,果期 7—10 月。

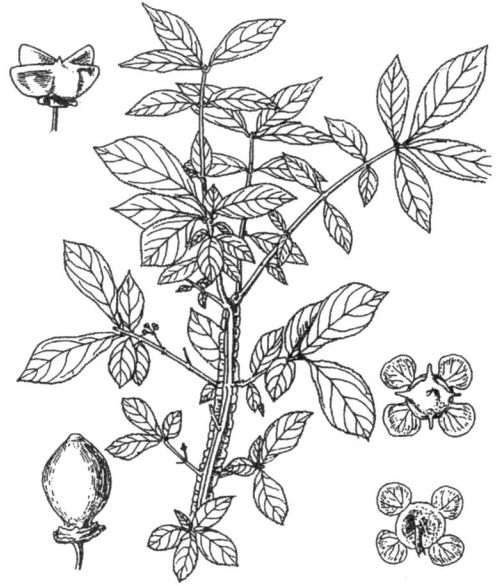

图 2-166　卫矛

　　见于余杭区(塘栖)、西湖景区(飞来峰、九溪、三台山),生于山坡、溪边或灌丛中。除东北、广东、海南、青海、西藏及新疆以外,全国各省、区均有分布;日本、朝鲜半岛、俄罗斯也有。

　　带栓翅的枝条可入药,名"鬼箭羽",具有活血、通络、止痛作用;茎、叶可提栲胶;木材可作工具把柄及用于雕刻;种子可榨油;可作庭院观赏植物。

2. 矩叶卫矛　(图 2-167)

Euonymus oblongifolius Loes. & Rehder

常绿小乔木或乔木,高 2～7m。小枝四棱形,黄绿色。叶对生,叶片革质或近革质,长椭圆形至矩圆形,偶为矩圆状披针形,长 5～14cm,宽 2～4.5cm,先端渐尖或短渐尖,基部楔形,近基部全缘,边缘有细浅锯齿,侧脉 9～12 对,网脉明显,细密;叶柄长约 8mm。聚伞花序侧生于当年生小枝上,2～3次分叉,有30余朵花,花序梗长2～5cm,花梗长1～2.5cm,均呈方形;花黄绿色,4数;萼片半圆形;花瓣倒卵圆形,长1～1.5mm,边缘啮蚀状;花盘方形;雄蕊花丝极短;花盘4浅裂。蒴果倒圆锥形,长约1cm,上部较宽,直径约为8mm,基部窄缩至2～3mm,成熟时黄色,先端平截或微凹;种子近球形,被橙红色假种皮。花期5—6月,果期8—10月。

见于西湖景区(北高峰、飞来峰、桃源岭),生于山坡、路边、溪边或岩石上。分布于安徽、福建、广东、广西、湖北、湖南、江西、四川、云南。

图 2-167 矩叶卫矛

图 2-168 白杜

3. 白杜 丝绵木 (图 2-168)

Euonymus maackii Rupr.

落叶小乔木,高达6m。小枝近圆柱形,灰绿色;冬芽小,淡褐色。叶纸质,卵圆形或长圆状椭圆形,长2～11cm,宽2～6cm,先端长渐尖,基部阔楔形或近圆形,边缘具细锯齿,有时极深而锐利;叶柄通常细长,长2～2.5cm。聚伞花序侧生于新枝上,1～3回分枝,3～15朵花,花黄绿色,4基数;雄蕊花药紫红色,花丝细长,长约1.5mm,着生在花盘上。蒴果倒圆锥形,4浅裂,长约1cm,成熟后果皮粉红色;种子长椭圆球状,白色或淡红色,有橙红色假种皮。花期5—6月,果期8—10月。

见于江干区(彭埠)、西湖区(留下)、余杭区(临平)、西湖景区(葛岭、九溪、屏风山),生于山坡、溪边或竹林下。分布于长江流域、华北和辽宁。

对二氧化硫和氯气等有害气体抗性较强,可作为庭荫树和行道树栽植。

4. 西南卫矛 (图 2-169)

Euonymus hamiltonianus Wall.

落叶小乔木或灌木,高2～6m。枝条无栓翅,小枝的棱上有时有4条极窄木栓棱。叶片纸

质,卵状椭圆形、矩圆状椭圆形或椭圆披针形,长
4~13.5cm,宽 2~7cm,先端急尖,基部阔楔形或
钝圆,边缘具细锯齿,叶背脉上常有短毛,侧脉 8
或 9 对;叶柄长 0.8~2cm。聚伞花序侧生于当年
生小枝上,花序梗长 2~3cm,花梗长 6~8mm;花
绿白色,基数为 4;萼片半圆形,长约 2mm;花瓣长
椭圆形,长 4~5mm,边缘啮蚀状;花盘 4 裂,上面
具短毛;雄蕊花丝长约 1.5mm,花药紫红色;子房
与花盘贴生,花柱长约 2.5mm。蒴果粉红带黄,
倒三角形,上部 4 浅裂,侧面凹凸明显;种子红棕
色,有橙红色假种皮。花期 5—6 月,果期 9—
10 月。

　　见于西湖区(留下)、余杭区(闲林)、西湖景区
(飞来峰、虎跑、六和塔、九溪、烟霞洞、云栖等)。
分布于长江流域和新疆、宁夏;印度、日本也有。

　　本种木材可供雕刻或作刀具木柄。

图 2-169　西南卫矛

5. 扶芳藤　(图 2-170)

Euonymus fortunei(Turcz.)Hand.-Mazz.——*E. kiautschovicus* Loes.

　　常绿、半常绿匍匐或攀援灌木,高 2~5m,或
更高。小枝绿色,圆柱形,密布细瘤状皮孔,通常
有细根。冬芽卵球形,长 5~7mm,芽鳞有紫红色
边缘。叶片革质或薄革质,宽椭圆形至长圆状倒
卵形,变异较大,长 5~8.5cm,宽 1.5~4cm,先端
短锐尖或短渐尖,基部宽楔形或近圆形,边缘有钝
锯齿,侧脉 5 或 6 对,网脉不明显;叶柄长 4~
15mm。聚伞花序 3 或 4 次分枝,花密集或疏散,
花序梗长 1.5~3cm,第 1 次分枝长 5~10mm,第
2 次分枝长 5mm 以下,有花 4~7 朵,分枝中央单
花,花梗长约 5mm;花白绿色,4 数,直径约为
6mm;萼片半圆形;花瓣近圆形;花盘方形,直径约
为 2.5mm;雄蕊花丝细长,长 2~3mm;子房三角
锥状,花柱长约 1mm。蒴果粉红色,果皮光滑,近
球状,直径为 6~12mm;果序梗长 2~3.5cm,果梗
长 5~8mm;种子长方椭圆球状,棕褐色,假种皮
鲜红色,全包种子。花期 6—7 月,果期 10 月。

　　区内常见,生于山坡、林下、路边、岩石上。分
布于华东、华中、华南、西南、华北与西北地区;日
本、朝鲜半岛、越南、泰国、老挝、缅甸、印度、印度

图 2-170　扶芳藤

尼西亚也有。

可作观赏地被、垂直绿化植物；本种茎、叶具活血散瘀之功效，民间用以治疗肾炎、跌打损伤。

6. 肉花卫矛　（图 2-171）

Euonymus carnosus Hemsl.

半常绿乔木或灌木。树皮灰黑色。小枝圆柱形，光滑，冬芽小。叶片近革质，长圆状椭圆形或长圆状倒卵形，长 4～17cm，宽 2.5～9cm，先端急尖，基部阔楔形，边缘具细锯齿，侧脉 12～15 对；叶柄长 0.8～1cm。聚伞花序，5～15 朵花，花淡黄色，4 数；花萼圆盘形，先端不裂；花盘近方形，直径约为 1cm；雄蕊着生在花盘上，花丝长约 2mm；子房半球形，花柱长约 1mm。蒴果近球形，表面光洁，具 4 条棱，肉红色，果实顶端钝至圆形；种子黑色，具光泽，有红色假种皮。花期 5—6 月，果期 8—10 月。

见于余杭区（塘栖）、西湖景区（飞来峰、龙井、三台山、烟霞洞）。分布于安徽、福建、广东、河南、湖北、湖南、江苏、江西、台湾；日本也有。

民间本种以树皮代杜仲入药，治疗腰膝疼痛。

图 2-171　肉花卫矛

7. 冬青卫矛　正木　（图 2-172）

Euonymus japonicus L.

常绿灌木或小乔木，高 1～6m。小枝绿色，微呈四棱形；冬芽长 7～12mm，绿色，纺锤形。叶片革质，具光泽，椭圆形或倒卵状椭圆形，长 2～7cm，宽 1～4cm，先端渐尖，基部楔形，边缘具钝锯齿，侧脉 5～6对，网脉不明显；叶柄长 0.5～1.5cm。聚伞花序 5～12 花，2 或 3 次分枝，第 3 次分枝常与花梗等长或较短，花序梗长 2～6cm，花梗短，长约 3mm；花直径为 6～8mm，绿白色，4 数；萼片半圆形，细小，长约 1mm；花瓣椭圆形；花盘肥大；雄蕊花药长圆形，雄蕊花丝细长，长 2～4mm；花柱与雄蕊几等长。蒴果淡红色，近球形，直径约为 1cm；种子卵球形，长5～7mm，有橙红色假种皮。花期 6—7 月，果期 9—10 月。

区内常见栽培。自然分布于我省东南沿海岛屿，全国各地普遍栽培；日本也有。

作为绿篱或庭院观赏植物；树皮含硬橡胶，民间亦作药用。

图 2-172　冬青卫矛

2. 南蛇藤属　Celastrus L.

落叶或常绿藤本。小枝幼时常有棱角,皮孔显著;冬芽具覆瓦状芽鳞片,最外两枚芽鳞片有时特化成刺,宿存。单叶互生,边缘具各种锯齿,叶脉为羽状网脉;托叶小,早落;花小,单性异株或杂性,稀两性,绿白色,排成腋生或顶生的圆锥花序或总状花序。花梗具关节;花萼钟状,5裂,宿存;花瓣5枚,广展;花盘膜质,浅杯状,稀肉质,扁平;雄蕊5枚,着生于花盘边缘,花药2室;子房3室,每室有2颗胚珠,花柱较短,柱头3裂。蒴果球形或倒卵球形,通常黄色,室背开裂为3枚果瓣;内含种子1~6粒,种子褐色或黑色,椭圆球形、卵球形或新月形,被橙红色肉质假种皮,具丰富胚乳。

30余种,分布于亚洲、大洋洲、美洲的热带、亚热带至温带地区;我国有25种,除青海、新疆尚未见记载外,各省、区均有分布,而长江以南为最多;浙江有11种,1变种;杭州有4种。

分 种 检 索 表

1. 腋芽的最外2枚芽鳞片特化成坚硬的钩刺或三角形或尖锐的直刺。
  2. 常绿藤本;小枝具褐色短毛;叶片倒披针形;种子新月形 ……… 1. **窄叶南蛇藤** *C. oblanceifolius*
  2. 落叶藤本;小枝无毛;叶片椭圆形;种子阔椭圆球状或椭圆球状稍扁 ……………………………………………………………… 2. **东南南蛇藤** *C. punctatus*
1. 腋芽的最外2枚芽鳞片不特化成钩刺或直刺。
  3. 小枝密生皮孔;聚伞花序圆锥状,全部顶生,长10~20cm ……… 3. **苦皮藤** *C. angulatus*
  3. 聚伞花序顶生及腋生,长约3cm;小枝散生皮孔 ……… 4. **大芽南蛇藤** *C. gemmatus*

1. 窄叶南蛇藤　(图2-173)

Celastrus oblanceifolius C. H. Wang & P. C. Tsoong

常绿藤本。小枝圆柱形,具褐色短毛;皮孔圆形至椭圆形,密生;冬芽细小,卵球形,最外面2枚芽鳞片特化成卵状三角形刺。叶倒披针形,长6.5~12.5cm,宽1.5~4cm,先端急尖或短渐尖,基部窄楔形或楔形,边缘具疏浅锯齿,侧脉6~9对,两面光滑无毛或叶背主脉下部被淡棕色柔毛;聚伞花序腋生或侧生,有1~3朵花,花序梗由不明显到长2mm,花梗长1~2.5mm,均被棕褐色短毛,关节位于花梗上部1/3处;花单性异株,黄绿色,花瓣倒披针状长圆形,边缘具短睫毛;花盘肉质较平坦,不裂;雄蕊与花瓣近等长,花药阔卵球形,顶端常有小突尖;雌花雌蕊长颈瓶状,花柱长约1.5mm,柱头3裂。蒴果球状;种子新月形,长约5mm,黑褐色,具明显皱纹,具橙红色假种皮。花期3—4月,果期6—10月。

见于余杭区(余杭)、西湖景区(云栖),生于山顶、岩石上或树上。分布于安徽、福建、广东、广西、湖南、江西。

图2-173　窄叶南蛇藤

2. 东南南蛇藤　腺萼南蛇藤　（图 2-174）

Celastrus punctatus Thunb.

落叶藤本。小枝圆柱形，无毛，深褐色；皮孔宽椭圆形，散布；冬芽小，三角形，最 2 枚芽鳞片特化成尖刺。叶片近革质，椭圆形或长方椭圆形，长 1.5～7cm，宽 1～3cm，先端急尖，基部楔形至阔楔形，边缘具细锯齿或钝锯齿，侧脉 4～5 对，网脉不明显；叶柄长 2～8mm。花通常单生，腋生兼顶生，花梗长 3～7mm，花梗关节位于上部 1/3 处；花单性异株，淡绿色，萼片卵状三角形，具腺体；花瓣长椭圆形，长 2.5～4.5mm，宽 1.3～1.5mm；花盘薄杯状，5 裂，裂片先端钝圆；雄蕊着生于花盘裂片之间的边缘，花丝丝状，花药卵球形；子房扁球形，花柱柱状，柱头浅 3 裂。蒴果球形；种子阔椭圆球状，棕色或浅棕色。花期 3—5 月，果期 6—10 月。

见于西湖景区（飞来峰、翁家山），生于山坡、林下或岩石上。分布于安徽、福建、台湾。

图 2-174　东南南蛇藤

3. 苦皮藤　（图 2-175）

Celastrus angulatus Maxim.

藤状灌木。树皮灰褐色，小枝棕褐色；小枝常具 4～6 纵棱，小枝髓心片状，皮孔白色，密生，卵圆状；冬芽细小，长 2～5mm；叶大，近革质，长 8～14cm，宽 7～12cm，长方阔椭圆形、阔卵形、圆形，先端急尖，基部圆形或近心形，边缘具不规则钝锯齿，侧脉 6～7 对，在叶面明显凸起，叶背的主侧脉上具短柔毛；叶柄长 1～3cm。聚伞圆锥花序顶生，长 10～20cm，花梗较短，关节在顶部；花萼镊合状排列，三角形至卵形，长约 1.2mm，近全缘；花瓣长椭圆形，长约 3mm，宽约 1.2mm，边缘不整齐；花盘肉质，5 浅裂；雄蕊着生花盘之下，长约 3mm；雌蕊长 3～4mm，子房卵球形，花柱极短，长约 1mm。蒴果近球状，黄色，直径为 1.2cm；种子椭圆球状，棕色，具橙红色假种皮。花期 5—6 月，果期 8—10 月。

图 2-175　苦皮藤

产于余杭区（塘栖），生于山坡、灌木、林中。分布于安徽、甘肃、广东、广西、贵州、河南、湖北、湖南、江苏、山东、陕西、四川、云南。

树皮供造纸原料；果皮及种仁含油脂，供工业用油原料；树皮和茎可制杀虫剂和灭菌剂。

4. 大芽南蛇藤　（图 2-176）

Celastrus gemmatus Loes.

藤状灌木。小枝圆柱形，褐色，皮孔近圆形或卵圆形，白色，散生；冬芽长 4～12mm，卵状圆锥形。叶卵状椭圆形或椭圆形，长 6～12cm，宽3.5～7cm，先端渐尖，基部圆阔，锯齿细浅，侧脉 5～7 对，细脉明显，小脉成较密网状，两面均凸起，叶背光滑或稀于脉上具棕色短柔毛，叶柄长 10～23mm。聚伞花序顶生及腋生，长约 3cm，花序梗长 5～10mm，花梗长2.5～5mm，关节位于花梗中下部1/3～1/2 处；萼片卵状三角形，具缘毛；花瓣长方倒卵形，长3～4mm，宽1.2～2mm；花盘浅杯状，裂片近三角形；雄蕊约与花冠等长，花药顶端有时具小突尖，花丝有时具乳凸状毛；雌花雌蕊瓶状，子房球状，花柱长 1.5mm。蒴果球状，黄色，直径为 10～13cm；种子椭圆球形至卵状椭圆球形，两端钝，红棕色，有光泽，具红色假种皮。花期 4—9 月，果期 8—10 月。

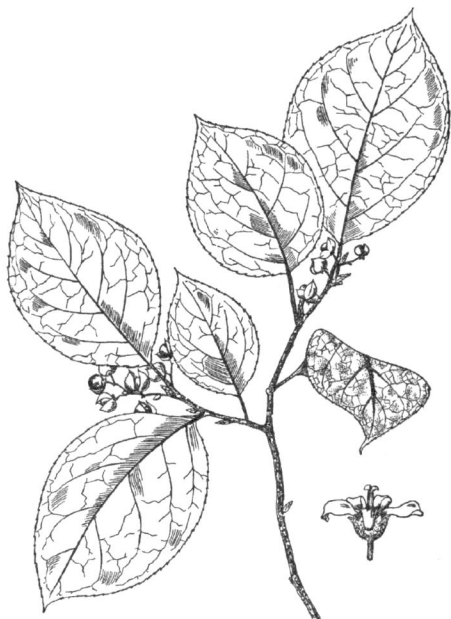

图 2-176　大芽南蛇藤

　　见于西湖区（留下），生于林中或山坡、灌丛中。分布于安徽、福建、广东、贵州、河南、湖北、陕西、台湾、云南。

　　茎皮纤维可供造纸和作人造棉原料；种子可榨工业用油。

3. 雷公藤属　Tripterygium Hook. f.

　　藤本灌木，蔓生、攀援或匍匐状。小枝常具棱及皮孔。叶互生，具柄，托叶细小锥形，早落。圆锥状聚伞花序顶生或腋生；常单歧分枝，小聚伞有 2 或 3 朵花，花序梗及分枝均较粗壮，花梗通常纤细；花小，杂性，白色，萼片 5 枚，花瓣 5 枚；花盘扁平，全缘或极浅 5 裂；雄蕊 5 枚，着生花盘外缘，花丝细长，花药侧裂，花药 2 室；子房上位，三棱形，3 室，每室有胚珠 2 颗，仅 1 室 1 胚珠发育成种子，花柱短，柱头常稍膨大。果短圆柱形，具 3 翅；种子 1 粒，黑色，无假种皮。

　　4 种，分布于东亚；我国均有，分布于华东、华中、华南、西南和东北各省、区；浙江有 2 种；杭州有 1 种。

雷公藤　（图 2-177）

Tripterygium wilfordii Hook. f.

藤本状灌木，高 1～3m。小枝红褐色，具 4～6 条棱，密被锈色短毛，皮孔瘤状凸起。叶纸质，宽椭圆形，先端

图 2-177　雷公藤

短尖或渐尖,基部圆或阔楔形,边缘具锯齿,5 对侧脉,网脉明显,主脉和侧脉在叶的两面均稍隆起,脉上疏生锈褐色短柔毛;叶柄密被锈褐色短茸毛。花基数为 5,排列成顶生或腋生的圆锥状花序;萼片三角状半圆形;花瓣卵圆形;花盘杯状,雄蕊着生在杯状花盘边缘;子房上位。翅果不裂,长圆球形,具 3 翅;种子细长,线形。花期 5—6 月,果熟期 8—9 月。$2n=24$。

见于萧山区(进化)、西湖景区(五云山),生于山坡或路边。分布于长江流域各省、区。

全草入药;根皮可作农药,有剧毒。

66. 省沽油科　Staphyleaceae

乔木或灌木。叶对生或互生,奇数或 3 出羽状复叶,很少单叶;有托叶。花辐射对称,两性或有时杂性异株;排列成顶生或腋生的圆锥花序或总状花序;萼片 5 枚,分离或联合,覆瓦状排列;花瓣 5 枚,覆瓦状排列;雄蕊 5 枚,与花瓣互生,花药背着,内向;花盘明显,且多少有裂片,有时缺;子房上位,3 室,稀 1、2 或 4 室,联合或仅基部合生,每室有 1 至数颗胚珠,花柱分离或完全联合。果为蒴果、蓇葖果或浆果;种子数粒,具丰富的胚乳,胚大型。

约 5 属,60 余种,分布于北半球温带;我国有 4 属,22 种,各地均有分布,以西南地区为主;浙江有 4 属,5 种,1 变种;杭州有 2 属,2 种。

1. 野鸦椿属　Euscaphis Siebold & Zucc.

落叶灌木或小乔木。叶对生,奇数羽状复叶;具托叶;小叶片具细锯齿,基部具小叶柄及小托叶。圆锥花序顶生;花两性;萼片 5 枚,宿存;花瓣 5 枚;花盘环状,具圆齿;雄蕊 5 枚,着生于花盘基部外缘;子房上位,心皮 2～3 枚,仅基部稍合生,无柄,花柱 2～3 枚,基部稍联合,柱头头状,每室具 2 列胚珠。蓇葖果 1～3 枚,开展,果皮软革质,沿腹缝线开裂;种子具黑色假种皮。

1 种,分布于东亚;我国有产;浙江及杭州也有。

野鸦椿　鸟眼睛　（图 2-178）

Euscaphis japonica（Thunb.）Kanitz

落叶灌木或小乔木,高 2～4m。树皮灰褐色,具纵裂纹,小枝及芽红紫色,枝叶揉碎后有恶臭气味。奇数羽状复叶;小叶 5～7 枚,稀 3 或 9 枚,叶片厚纸质,卵形或长卵形,长 4～9cm,宽

图 2-178　野鸦椿

2～5cm,先端渐尖至长渐尖,基部圆形或宽楔形,常偏斜,边缘具细锐锯齿,齿尖有腺体,上面绿色,无毛或几无毛,下面淡绿色,初时沿中脉有白色短柔毛,后脱落,或多或少具短柔毛,或无毛;顶生小叶柄长 0.3～2(～4)cm,侧生小叶柄几无至长 5mm。圆锥花序顶生,长 8～16cm;花黄白色,直径为 4～5mm;萼片 5 枚;花瓣 5 枚,与萼片近等长;雄蕊 5 枚;心皮 3 枚,仅基部稍合生。蓇葖果长 0.8～1.5cm,果皮软革质,紫红色,有纵脉纹;种子近圆球形,假种皮黑色。花期 4—5 月,果期 6—9 月。

区内常见,生于路边、溪边或林中。除西北外,主要分布于长江流域及其以南地区;日本、朝鲜半岛也有。

2. 省沽油属 Staphylea L.

落叶灌木或小乔木。叶对生,奇数羽状复叶;具托叶;小叶 3～5 枚或羽状分裂,具小托叶。圆锥花序或总状花序通常顶生;花两性,辐射对称;萼片 5 枚,脱落;花瓣 5 枚,与萼片近等大;花盘平截;雄蕊 5 枚;子房上位,心皮 2～3 枚,明显合生,胚珠多数,侧生于腹缝线上,排成 2 列,花柱 2～3 枚,分离或上部合生,下部分离。果为蒴果,膀胱状,果皮薄膜质,在上方内面裂开;种子近圆球形,无假种皮,具肉质胚乳。

约 13 种,分布于亚洲、欧洲和北美洲;我国有 6 种;浙江有 2 种;杭州有 1 种。

省沽油 (图 2-179)

Staphylea bumalda DC.

落叶灌木,高 1～3m。树皮紫红色或灰褐色,有纵棱,小枝开展,绿白色,无毛。复叶,有 3 小叶;小叶片卵圆形、长卵圆形或倒卵形,长 3～8.5cm,宽 1.5～4.5cm,先端渐尖,顶生小叶片基部楔形,下延,侧生小叶片基部宽楔形或近圆形,偏斜,边缘有细锯齿,上面绿色,疏生短毛,沿脉较密,下面灰绿色,初时沿脉有短毛。圆锥花序顶生于当年生的伸长小枝上,直立,长 5～7cm;常无花序梗;萼片长椭圆形,长 5～7mm,浅黄白色;花瓣白色,较萼片稍大,倒卵状长椭圆形;雄蕊与花瓣近等长;子房密被柔毛,上半部分为二叉状,花柱上部合生。蒴果扁膀胱状,长 1.5～4cm,2 室,顶端 2 裂,基部下延成果颈;种子黄色,有光泽。花期 4—5 月,果期 6—9 月。$2n=26$。

见于余杭区(鸬鸟),生于林中或林缘、灌丛中。分布于安徽、河北、黑龙江、辽宁、山西、陕西、吉林、江苏、四川;日本、朝鲜半岛也有。

图 2-179 省沽油

67. 槭树科 Aceraceae

乔木或灌木,落叶,少数常绿。冬芽覆瓦状或镊合状排列。叶对生,单叶不裂或掌状分裂,稀羽状或掌状复叶,具叶柄,无托叶。花序伞房状、穗状、总状、圆锥状或聚伞状,顶生或侧生于叶片脱落后的叶腋;花小,辐射对称,绿色或黄绿色,稀紫色或红色,整齐,两性、杂性或单性,雄花与两性花同株或异株;萼片和花瓣各 4 或 5 枚,很少 6 枚,覆瓦状排列,花瓣稀不发育;花盘环状、褥状或现裂纹,稀不发育,生于雄蕊的内侧或外侧;雄蕊通常 8 枚,有时 4～6 枚或10～12枚;子房上位,2 室,每室具 2 枚胚珠,每室仅 1 枚发育,直立或倒生,花柱 2 裂,仅基部联合,柱头常反卷。果实系 2 枚相连(最后分离)的小坚果,常有翅,又称翅果。

2 属,130 余种,主产于亚、欧、美三洲的北温带地区和热带地区;我国有 2 属,100 余种,广布于全国,分布中心为我国中部或西部地区;浙江有 1 属,23 种及若干种下类群;杭州有 1 属,6 种,1 亚种,2 变种。

不少种类可供材用、药用、食用、工业原料以及园林绿化之用,多数种类为优良的秋色叶树种。

槭属 Acer L.

乔木或灌木,落叶或常绿。冬芽具多数覆瓦状排列的鳞片,或仅具 2 或 4 枚对生的鳞片。单叶或复叶(小叶最多达 11 枚),不裂或分裂。花序从着叶小枝的顶芽处生出,下部具叶,或由小枝旁边的侧芽生出,下部无叶;花小,整齐,雄花与两性花同株或异株,稀单性,雌雄异株;萼片与花瓣均 4 或 5 枚,稀缺花瓣;花盘环状或微裂,稀不发育;雄蕊 4～12 枚,通常 8 枚,生于花盘内侧、外侧,稀生于花盘上;子房 2 室,花柱 2 裂,稀不裂,柱头通常反卷。果实系 2 枚相连的小坚果,侧面有长翅(双翅果),张开成各种大小不同的角度,小坚果凸起或扁平。

130 余种;我国有 100 余种,广布于各省、区,但以西南各省、区为多;浙江有 23 种及若干种下类群;杭州有 6 种,1 亚种,2 变种。

分 种 检 索 表

1. 复叶,具 3 枚小叶;总状花序侧生 ·· 1. **建始槭** *A. henryi*
1. 单叶;花序顶生。
  2. 常绿;叶片不裂,全缘或近全缘 ································ 2. **樟叶槭** *A. coriaceifolium*
  2. 落叶;叶片通常分裂或有锯齿。
    3. 叶片不分裂(或萌蘖枝上 3 浅裂);花序总状 ···················· 3. **青榨槭** *A. davidii*
    3. 叶片分裂;花序伞房状或圆锥状。
      4. 灌木;叶片不分裂或 3～5 浅裂而中裂片发达,边缘有不规则重锯齿;小坚果稍呈压扁状 ······
      ·· 4. **苦条槭** *A. tataricum* subsp. *theiferum*
      4. 乔木;叶片 3～7 裂或更多;小坚果凸起。

5. 叶片 3 裂,叶背具白粉;伞房花序。

　　6. 当年生小枝初时疏被柔毛,后变无毛 ·················· 5. **三角槭** *A. buergerianum*

　　6. 当年生小枝密被灰白色或淡黄色宿存茸毛··········· 5a. **宁波三角槭** var. *ningpoense*

5. 叶片 5～7 裂或更多,叶背无白粉;圆锥或伞房花序。

　　7. 叶片常 5 裂;圆锥花序 ························· 6. **秀丽槭** *A. elegantulum*

　　7. 叶片常 7 裂或更多;伞房花序。

　　　　8. 叶片直径为 7～10cm,中裂,裂片较宽;翅果长 2～2.5cm,小坚果直径约为 7mm ······

　　　　·································· 7. **鸡爪槭** *A. palmatum*

　　　　8. 叶片直径为 4～6cm,深裂,裂片狭窄;翅果和小坚果直径均约为原种的 1/2 ········

　　　　···························· 7a. **小鸡爪槭** var. *thunbergii*

1. **建始槭**　亨利槭　亨氏槭　三叶槭　（图 2-180）

Acer henryi Pax——*A. henrgyi* f. *intermedium* W. P. Fang

落叶乔木,高约 10m。树皮浅褐色;小枝圆柱形,细长,当年生嫩枝上面紫色。叶纸质,3 小叶复叶;小叶椭圆形或长圆状椭圆形,长 6～12cm,宽 2.5～5cm,先端渐尖,基部楔形、阔楔形或近圆形,边缘中部以上钝锯齿;叶柄长 4～8cm。穗状总状花序,常侧生 2～3 年生的小枝上,下垂,长 7～9cm,有短柔毛,近于无花梗;花单性,雌雄异株;花淡绿色,萼片 5 枚,卵形;花瓣 5 枚,黄色,短小或不发育;雄蕊常 4 枚;花盘微发育;子房无毛。翅果嫩时淡紫色,成熟后黄褐色,长 2～3cm,张开成锐角或近于直立;小坚果压扁状,长圆球形,脊纹显著。花期 4 月,果期 9—10 月。

见于余杭区(径山、鸬鸟),生于混交林中。分布于安徽、福建、甘肃、贵州、河南、湖北、湖南、江苏、山西、陕西、四川。杭州新记录。

叶片入秋后常变红色,可作园林景观树种。

图 2-180　建始槭

2. **樟叶槭**　（图 2-181）

Acer coriaceifolium H. Lév.

常绿乔木,常高 10m,稀达 20m。树皮淡黑褐色或淡黑灰色;小枝细瘦,当年生枝淡紫褐色,被浓密的茸毛;多年生枝淡红褐色或褐黑色,近无毛,具皮孔。叶革质,长圆状椭圆形或长圆状披针形,长 6～12cm,宽 2.5～4.5cm,基部圆形、钝形或阔楔形,先端钝形,具短尖头,叶片通常不分裂,全缘或近全缘;上面绿色,无毛,下面淡绿色或淡黄绿色,被白粉和淡褐色茸毛,长成时毛渐减少;3 出脉,主脉及侧脉在上面凹下,在下面凸起;叶柄长 1.2～2cm,被茸毛。伞房状或圆锥状花序顶生,被柔毛,与叶同放;花萼 5 枚,浅绿色;花瓣 5 枚,浅黄色;雄蕊 8 枚。果梗长 2～2.5cm,被茸毛;翅果淡黄褐色,长 2.8～3.8cm,张开成锐角或近直角;小坚果凸起,长 7mm,宽 6mm。花期 5 月,果期 8 月。

西湖景区(九溪、南高峰)有栽培,并逸为野生。分布于安徽、福建、广东、广西、贵州、湖北、湖南、江苏、江西、四川。

树形优美,可作园林景观树种。

图 2-181　樟叶槭

图 2-182　青榨槭

3. 青榨槭 （图 2-182）

Acer davidii Franch. —— *A. laxiflorum* var. *ningpoense* Pax

落叶乔木,高 10～15m。树皮黑褐色或灰褐色,常纵裂成蛇皮状。小枝细瘦,圆柱形,棕绿色或绿紫色,无毛;当年生嫩枝紫绿色或绿褐色,具稀疏皮孔。叶纸质,卵形、长圆状卵形或近于长圆形,不分裂,萌芽枝上可为 3 浅裂,长 6～16cm,宽 4～9cm,先端锐尖或渐尖,常有尖尾,基部近于心形或圆形,边缘具不整齐的圆钝齿;上面深绿色,无毛;下面淡绿色,嫩时沿叶脉被短柔毛,老时近无毛;主脉在上面显著,在下面凸起;叶柄长 3～6cm。总状花序顶生,下垂;花杂性,雄花与两性花同株;花黄绿色,萼片 5 枚,花瓣 5 枚,雄蕊 8 枚,子房被红褐色的短柔毛。翅果黄褐色,长 2.5～3cm,宽1～1.5cm,张开成钝角或近水平;小坚果略扁平。花期 3—4 月,果期 9—10 月。$2n=26$。

见于余杭区(黄湖、径山),生于疏林中。分布于安徽、福建、甘肃、广东、广西、贵州、河北、河南、湖北、湖南、江苏、江西、宁夏、山西、陕西、四川、云南;缅甸也有。杭州新记录。

生长迅速,树形自然开张,蛇形树皮,秋色叶,可作园林景观树种;木材可作家具或胶合板;树皮可作绳索或造纸原料。

4. 苦条槭　苦茶枫　桑芽茶　鸡茶 （图 2-183）

Acer tataricum L. subsp. **theiferum**（W. P. Fang）Y. S. Chen & P. C. de Jong——*A. ginnala* Maxim. subsp. *theiferum* W. P. Fang ——*A. theiferum* W. P. Fang.

落叶灌木或小乔木,高 5～6m。树皮粗糙,微纵裂;小枝圆柱形,无毛,当年生枝绿色或紫绿色,多年生枝淡黄色或黄褐色,皮孔白色。叶片薄纸质,卵形、椭圆状卵形至长椭圆形,基部圆形或近心形,长 5～12cm,宽 2.5～7.5cm,不分裂或不明显地 3～5 裂,中央裂片远较侧裂片发达,锐尖或狭长锐尖,边缘有不规则的锐尖重锯齿;上面深绿色,无毛,下面淡绿色,有白色疏柔毛;叶柄长 1.5～5cm。伞房花序顶生,花与叶同放,花序长 3cm,有白色短柔毛或无毛;花杂性,雄花与两性花同株;萼片 5 枚,黄绿色,外侧近边缘被长柔毛;花瓣 5 枚,白色;雄蕊 8 枚;子房密被长柔毛。翅果黄绿色或黄褐色,长 1.5～3.5cm,宽 8～10mm,张开近于直立或成锐角;小坚果稍呈压扁状,脉纹显著,长 8mm,宽 5mm。花期 5 月,果期 9—10 月。$2n=26$。

　　区内常见,生于山坡疏林中。分布于安徽、广东、河南、湖北、江苏、江西、陕西。

　　树皮、叶和果实可提制栲胶,作黑色染料;树皮可作人造棉和造纸原料;嫩叶可代茶,作饮料;种子榨油,可制肥皂。

图 2-183　苦条槭　　　　　　　　　　　　图 2-184　三角槭

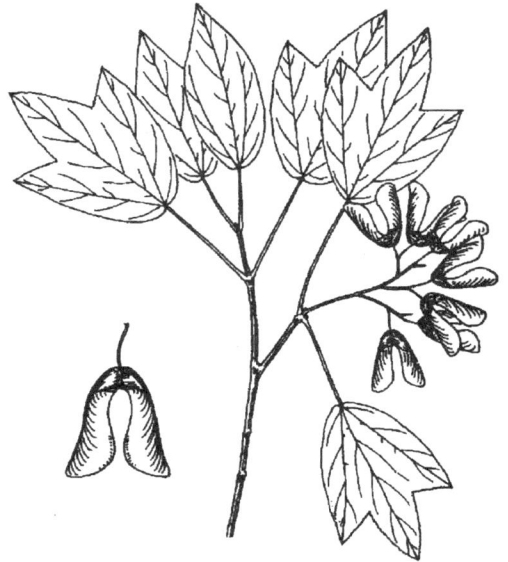

5. 三角槭　三角枫　（图 2-184）

Acer buergerianum Miq.

落叶乔木,高 5～20m。树皮褐色或深褐色,条片状脱落。当年生枝紫色或紫绿色,初时疏被柔毛,后变无毛,具皮孔。叶纸质,椭圆形至倒卵形,基部近圆形或楔形,长 3～10cm,常 3 浅裂,稀不裂,中央裂片较侧裂片大,裂片全缘或具少数锯齿;上面深绿色,无毛,下面黄绿色或淡绿色,被白粉,略被毛;叶柄长1.5～6m,无毛。伞房花序顶生,被短柔毛,花序梗长1.5～2cm;花杂性,雄花与两性花同株;萼片 5 枚,黄绿色;花瓣 5 枚,淡黄色;雄蕊 8 枚;子房密被淡黄色长柔毛。翅果黄褐色,无毛,长 2～2.5cm,张开成锐角或平行,有时覆叠甚至交叉;小坚果特别凸起,直径为6～7mm。花期 4 月,果期 10 月。

　　见于西湖区(龙坞、双浦)、西湖景区(宝石山、飞来峰、九溪、六和塔、南高峰、云栖),生于低海拔的路边、溪边、村旁或山坡疏林中。分布于安徽、福建、广东、贵州、河南、湖北、湖南、江苏、江西、山东;日本有栽培。

夏季浓荫覆地,入秋叶色暗红,可作园林景观树种;也可制成盆景;也可作家具和造纸原料。

5a. 宁波三角槭

var. ningpoense (Hance) Rehder ——*A. trifiadum* Thunb. var. *ningpoense* Hance——*A. ningpoense* (Hance) W. P. Fang

与原种的区别在于:本变种当年生小枝、叶背、叶柄及花序密被淡黄色或灰白色茸毛。叶卵形,长与宽均为 5～6cm,下面有疏柔毛,叶裂片通常全缘,下面白粉常较明显。雄蕊较花瓣长 2 倍。翅果张开成钝角。花期 4 月,果期 9—10 月。

见于西湖景区(云栖、中天竺、黄龙洞、飞来峰、玉皇山),生于低海拔的山坡、林缘、路边或岩石上。分布于湖北、湖南、江苏、江西、云南。

在 *Flora of China* 中将其合并到原种,鉴于区别特征明显且稳定,故将其独立。

6. 秀丽槭 (图 2-185)

Acer elegantulum W. P. Fang & P. L. Chiu

落叶乔木,高 9～15m。树皮稍粗糙,深褐色;小枝无毛,当年生枝淡紫绿色,多年生老枝深紫色。叶薄纸质或纸质,卵形或椭圆形,长 5.5～9cm,宽 7～12cm,基部深心形或近心形,5 裂,稀 7 裂,中央裂片与侧裂片常卵形或三角状卵形,先端短急锐尖,尖尾长 8～20mm,边缘具紧贴细圆齿,上面绿色,干后淡紫绿色,无毛,下面淡绿色,除脉腋被黄色丛毛外其余无毛;叶柄长 2～6cm,初时有毛后无毛。圆锥花序顶生,无毛,长 7～8cm,花序梗长 2～3cm;花杂性,雄花与两性花同株;萼片 5 枚,紫红色;花瓣 5 枚,淡红色;雄蕊 8 枚;子房密被淡黄色长柔毛。翅果嫩时淡紫色,成熟后淡黄色,长 2～2.8cm,无毛,张开近于水平或成钝角;小坚果凸起,直径为 6mm,基部不倾斜。花期 5 月,果期 9 月。

区内有栽培,生于路边疏林中。分布于安徽、福建、广西、贵州、湖南、江西。

图 2-185 秀丽槭

秋叶亮黄色或红色,可作园林景观树种;生材可作防火树种。

7. 鸡爪槭 青枫 (图 2-186)

Acer palmatum Thunb.

落叶小乔木,高达 15m。树皮灰绿色或淡棕色;小枝无毛,当年生枝紫色或淡紫绿色,多年生枝淡灰紫色或深紫色。叶片纸质,近圆形,直径为 7～10cm;基部心形或近心形,稀截形;5～9 掌状分裂至中部,通常 7 裂,裂片长卵圆形或披针形,先端锐尖或长渐尖,边缘具不规则的尖锐锯齿;上面深绿色,老后无毛,下面淡绿色,脉腋被白色丛毛;叶柄长 2～6cm,无毛。伞房花序顶生,半下垂,叶发出以后才开花;无毛,花序梗长 2～3cm;杂性,雄花与两性花同株;萼片 5

枚,紫红色,边缘被柔毛;花瓣 5 枚,淡黄色;雄蕊 8 枚;子房无毛或疏被柔毛。翅果嫩时紫红色,成熟时淡棕黄色,无毛,长 2～2.5cm,宽 5～7mm,两翅张开成钝角;小坚果球形或椭圆球形,凸起,直径为 5～7mm,脉纹显著。花期 5 月,果期 9 月。$2n=26$。

区内常见栽培。原产于日本和朝鲜半岛;全国各地均有栽培。

树姿优美,叶片秀丽,为著名园林景观树种。

品种、变种及变型很多,杭州庭院常见引种栽培 1 个变种、2 个品种。

7a. 小鸡爪槭

var. thunbergii Pax

与原种的区别在于:本变种叶较小,直径为 4～6cm,常深 7 裂,裂片狭窄,边缘具明显锐尖的粗重锯齿。小坚果卵球形,具短小的翅,翅果和小坚果直径均约为原种的 1/2。

区内常见栽培。原产于日本;国内外普遍有引种栽培。

秋色叶,可作园林景观植物。

图 2-186　鸡爪槭

68. 七叶树科　Hippocastanaceae

乔木稀灌木,落叶稀常绿。冬芽大,顶生或腋生。叶对生,掌状复叶,小叶 3～9 枚;无托叶。聚伞圆锥花序顶生,侧生小花序系蝎尾状或二歧式聚伞花序。花杂性,雄花常与两性花同株,不整齐或近于整齐;萼片 4～5 枚,分离或结合,镊合状或覆瓦状排列;花瓣 4～5 枚,与萼片互生,不等大,基部具瓣柄;雄蕊 5～9 枚,着生于花盘内侧,长短不等;花盘全部发育成环状或仅部分发育,不裂或微裂;子房上位,3 室或退化为 1 室或 2 室,每室有 2 颗胚珠,花柱 1 枚,柱头小而常扁平。蒴果 1～3 室,平滑或有刺,室背 3 裂;种子球形,常仅 1(2) 粒发育,种脐大,淡白色,无胚乳。

3 属,15 种,广布于北温带;我国有 2 属,5 种,主要分布于西南各省、区;浙江有 1 属,1 种,1 变种;杭州有 1 属,1 种,1 变种。

多为庭院树及行道树;木材可供建筑与器具用材;果实可入药。

七叶树属　Aesculus L.

落叶乔木,稀灌木。掌状复叶有小叶 3～9(常 5～7)枚,有长叶柄;小叶片边缘有锯齿。侧生小花序系蝎尾状聚伞花序;花不整齐;花萼钟形或管状,4～5 浅裂,排成镊合状;花瓣 4～5

枚,倒卵形、倒披针形或匙形;雄蕊 5～8 枚,通常 7 枚;子房上位,无柄,3 室,每室有 2 颗胚珠,花柱细长,不分枝,柱头扁圆形。蒴果 1～3 室,平滑,稀有刺;种子仅 1～2 粒发育良好,近球形或梨形。

12 种,广布于亚、欧、美三洲;我国有 4 种,以西南部的亚热带地区为分布中心;浙江有 1 种,1 变种;杭州有 1 种,1 变种。

1. 七叶树　（图 2-187）

Aesculus chinensis Bunge

乔木,高达 20m。小枝无毛,具皮孔。小叶 5～7 枚,叶柄长 5～18cm;小叶片纸质,长圆披针形至长圆倒披针形,长 8～18cm,宽 3～6cm,先端短渐尖,基部楔形,侧脉 13～17 对,小叶柄长 0.5～2cm,被柔毛。花序长 30～50cm,小花序由 5～10 朵花组成;花萼管状钟形,长 3～5mm,5 浅裂,外被短柔毛;花瓣 4 枚,白色,下部黄色或橘红色,长倒卵形至长倒披针形;雄蕊 6 枚,长 1.8～3cm,花丝线状,无毛;子房在雄花中不发育,卵圆形,花柱无毛。果实近球形,顶部钝圆而中部略凹,直径为 3～4cm,黄褐色,无刺,密生斑点;种子近球形,直径为 2～3.5cm,栗褐色,种脐约占种子面积的 1/2。花期 5 月,果期 9—10 月。

区内有栽培,常栽于庙宇旁。河北、河南、江苏、山西、陕西也有栽培,野生分布不确定。

优良的行道树和庭院树;木材可制造各种器具;种子可作药用。

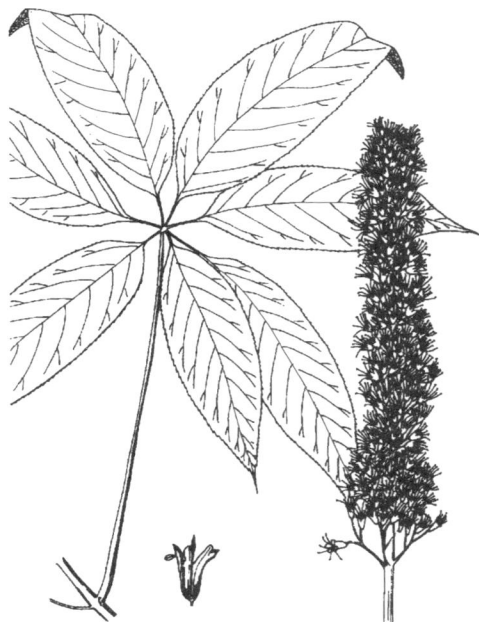

图 2-187　七叶树

1a. 浙江七叶树

var. chekiangensis（H. H. Hu & W. P. Fang）W. P. Fang

与原种的区别在于:本变种花序和花萼外面无柔毛;蒴果的果壳较薄,干后仅厚 1～2mm,种脐较小,占种子面积的 1/3 以下。花期 5 月,果期 9—10 月。

见于西湖景区（飞来峰、虎跑、桃源岭、云栖、中天竺）,常栽于庙宇旁。江苏南部也有栽培。

在 *Flora of China* 中将其合并到原种,鉴于与原种的区别特征较明显及性状稳定,在此将其独立。

69. 无患子科　Sapindaceae

乔木或灌木,有时为草质或木质藤本。叶常互生,羽状复叶或掌状复叶,稀单叶,仅攀援藤本有托叶。聚伞圆锥花序顶生或腋生;花小,常单性,雌雄同株或异株,辐射对称或两侧对称。

雄花萼片常 4～5 枚,花瓣 4～5 枚或缺,离生,覆瓦状排列,内面基部通常有鳞片或被毛;花盘肉质,环状、碟状、杯状或偏于一边;雄蕊 5～10 枚,常伸出;退化雌蕊很小,常密被毛。雌花花被和花盘与雄花相同,退化雄蕊的外貌与雄花中能育雄蕊相似,但花丝较短;雌蕊由 2～4 枚心皮组成,子房上位,通常 3 室,顶生胎座,柱头单一或 2～4 裂。果为蒴果或浆果状、核果状,全缘或深裂为分果瓣;种子每室常 1 颗,有或无假种皮。

135 属,1500 种,广泛分布于热带和亚热带地区;我国有 21 属,52 种,主要分布于西南及东南地区;浙江有 6 属,5 种,1 变种;杭州有 2 属,1 种,1 变种。

部分种类为著名果树;部分种类为建筑、家具用材;有些种类为药用植物。

1. 栾树属　Koelreuteria Laxm.

落叶乔木或灌木。叶互生,1～2 回奇数羽状复叶;小叶互生或对生,通常有锯齿或分裂,稀全缘。聚伞圆锥花序大型,顶生,分枝多,广展;花杂性同株或异株,两侧对称;花萼通常 5 深裂,镊合状排列;花瓣 4 或 5 枚,略不等长,具瓣柄,瓣片内面基部有深 2 裂的小鳞片;花盘厚,偏于一边;雄蕊通常 8 枚,着生于花盘之内,花丝分离,常被长柔毛;子房 3 室,每室具 2 颗胚珠,花柱短或稍长,柱头 3 裂或不裂。蒴果泡囊状,卵球形、长圆球形或近球形,具 3 条棱,室背开裂成 3 个果瓣,果瓣膜质,有网状脉纹;种子球形,黑色,无假种皮。

3 种,产于我国南方、日本及斐济;我国均有分布;浙江有 1 变种;杭州有 1 变种。

全缘叶栾树　黄山栾树　(图 2-188)

Koelreuteria bipinnata Franch. var. **integrifoliola** (Merr.) T. Chen ——*K. integrifoliola* Merr.

乔木,高可达 20m。小枝红棕色,密生锈色椭圆形皮孔。2 回羽状复叶长 45～70cm;羽片长 10～25cm;小叶 9～17 枚,互生,纸质或近革质,斜卵形,长 4～11cm,宽 2～5cm,先端短渐尖,基部阔楔形,略偏斜,通常全缘,有时一侧近顶部边缘有锯齿。圆锥花序长 35～70cm;花黄色,直径约为 1cm;花萼 5 深裂,边缘呈啮蚀状;花瓣 4 枚,长圆状披针形,长 6～9mm,瓣爪长 1.5～3mm;雄蕊 8 枚;子房三棱状长圆形,被柔毛。蒴果椭圆球形或近球形,具 3 条棱,淡紫红色,熟时褐色,长 4～7cm,宽 3.5～5cm,顶端有小突尖;种子近球形,直径为 5～6mm。花期 7—9 月,果期 10—11 月。$2n=32$。

见于西湖景区(飞来峰、凤凰山、龙井、上天竺、烟霞洞、玉皇山等);生于山

图 2-188　全缘叶栾树

坡、疏林或溪边；区内公园、道路旁常见栽培。分布于安徽、广东、广西、贵州、湖北、湖南、江苏、江西。

花、果美丽，常栽培作行道树。

在 *Flora of China* 中将其合并到原种复羽叶栾树 *Koelreuteria bipinnata* Franch.，但其能育枝上的小叶片通常全缘，有时一侧近顶部边缘有锯齿，区别特征明显且稳定，故将其独立。

2. 无患子属 Sapindus L.

落叶乔木或灌木。叶互生，1回偶数羽状复叶，有小叶2至多对；小叶全缘，常偏斜。聚伞圆锥花序大型，顶生；雌雄同株或有时异株，辐射对称或两侧对称；萼片5枚；花瓣5枚，具瓣柄，内面基部有2个耳状小鳞片或边缘增厚，或花瓣4枚，无爪，内面基部有1枚大型鳞片；花盘肉质，碟状或半月状，有时浅裂；雄蕊通常8枚，花丝被毛；子房倒卵形或陀螺形。果为核果状，深裂为3个果瓣，通常仅1或2个发育，发育果瓣近圆形，背部略扁，内侧附着1或2个半月形的不育果瓣，成熟后果瓣彼此脱离，露出疤痕，果皮肉质；种子近球形，黑色，无假种皮。

约13种，分布于美洲、亚洲和大洋洲较温暖的地区；我国有4种，产于长江流域及其以南各省、区；浙江有1种；杭州有1种。

与上属的区别在于：本属叶为1回羽状复叶；果不开裂，核果状。

无患子 （图 2-189）

Sapindus mukorossi Gaertn.

乔木，高可达 20m。树皮灰黄色；嫩枝圆柱状，无毛，有黄褐色皮孔。1回羽状复叶长 20～45cm；小叶5～8对，通常近对生，薄纸质，长椭圆状披针形或稍呈镰刀形，长 7～15cm，宽 2～5cm，顶端急尖或渐尖，基部楔形，略偏斜，全缘。圆锥花序顶生，花辐射对称，绿白色，花梗极短；萼片5枚，卵圆形，边缘具睫毛；花瓣5枚，披针形，瓣柄长约 2.5mm，边缘有睫毛，内面具2枚小耳状鳞片；花盘碟状，无毛；雄蕊8枚，花丝长约 3.5mm，中部以下密被长柔毛；子房无毛，花柱短。果近球形，直径为 2～2.5cm，橙黄色，干时变黑。花期 5—6 月，果期 7—8 月。$2n=28,36$。

区内公园、庭院和村边常见栽培，生于山坡、溪谷边、林中或林缘、平原等地。分布于我国东部、南部及西南，各地常见栽培；日本、朝鲜半岛及东南亚各国也有。

秋叶金黄色，常栽培作园林树种；根和果入药；果皮含皂素，可代肥皂。

图 2-189 无患子

70. 清风藤科　Sabiaceae

　　乔木、灌木或攀援木质藤本。叶互生,单叶或奇数羽状复叶;无托叶。花两性或杂性异株,腋生或顶生,通常组成聚伞花序或圆锥花序,有时单生;萼片 5 枚,少有 4 或 3 枚,分离或基部合生,覆瓦状排列;花瓣通常 5 枚,少有 4 枚,覆瓦状排列,外面 3 枚通常比里面 2 枚大;雄蕊 5 枚,少有 4 枚,与花瓣对生,全部发育或外面 3 枚不发育,花药 2 室,花盘小,杯状或环状;子房上位,无柄,通常 2 室,稀 3 室,每室具胚珠 2 或 1 颗,中轴胎座,花柱多少合生。果实为核果,通常 1 室,稀 2 室,不裂;种子单生,无胚乳或只有非常薄的胚乳。

　　3 属,约 80 种,主要分布于亚洲和热带地区;我国有 2 属,46 种;浙江有 2 属,10 种,1 亚种,4 变种;杭州有 2 属,3 种,1 变种。

1. 清风藤属　Sabia Colebr.

　　攀援木质藤本。冬芽小,鳞片宿存。单叶,全缘。花小,两性,稀杂性,辐射对称,单生于叶腋,或组成聚伞花序,或再呈圆锥花序排列;萼片 4～5 枚;花瓣 4～5 枚;雄蕊 4～5 枚,全部发育,与花瓣对生,附着在花瓣基部,花药卵球形或长椭球形;子房 2 室,局部被肿胀或 5 裂的花盘围绕,花柱 2 枚,合生,柱头小。核果;种子近肾形,种皮革质,有斑点。

　　约 30 种,主要分布于亚洲南部及东南部;我国有 17 种;浙江有 3 种,1 亚种;杭州有 2 种。

1. 清风藤　(图 2-190)

Sabia japonica Maxim.

　　落叶攀援木质藤本。嫩枝绿色,被细毛;老枝紫褐色,具白蜡层,无毛。鳞芽具短缘毛。叶纸质,卵状椭圆形、卵形至宽卵形,长 4～9cm,宽 2～5cm,先端尖或短钝尖,基部宽楔形至近圆形,全缘,上面深绿色,下面灰绿色,两面近无毛或中脉疏生短毛;叶柄短,落叶时基部常残留木质化单刺或双刺。花先于叶开放,单生于叶腋,黄绿色;花梗长 2～4mm,果时增长至 2～2.5cm;苞片 4 枚,倒卵形,长 2～4mm;萼片 5 枚,宽卵形至近圆形,长约 0.5mm,具缘毛;花瓣 5 枚,到卵形,长约 3.5mm;雄蕊 5 枚,花药狭椭圆球形,外向开裂;花盘杯状,5 浅裂;子房卵球形,被细毛。核果由 1～2 个成熟的心皮组成,分果瓣近圆形或近肾形,直径约为 5mm,内果皮具

图 2-190　清风藤

明显的中肋。花期 2—3 月，果期 4—7 月。

区内常见，生于山林、疏林或林缘、路旁灌丛中。分布于安徽、福建、广东、广西、贵州、河南、湖北、江苏、江西；日本也有。

2. 尖叶清风藤　（图 2-191）

Sabia swinhoei Hemsl.

常绿攀援木质藤本。小枝被长柔毛。叶纸质，椭圆形、卵状椭圆形、卵形至宽卵形，长 5～12cm，宽 2～5.5cm，先端渐尖或尾尖，基部宽楔形或近圆形，边缘平或背卷而有褶皱；上面仅中脉被柔毛，其余无毛，下面被短柔毛或仅在中脉上有柔毛；叶柄长 3～5mm，被柔毛。聚伞状花序生于叶腋，长 1.5～2.5cm，有花 2～7 朵；花序梗长 0.7～1.5cm，花梗长 2～4mm；花淡绿色；萼片 5 枚，卵形，外面具不明显的红点腺点，具缘毛；花瓣 5 枚，卵状披针形，长 3.5～5mm；雄蕊 5 枚，花丝稍扁，内向开裂；花盘浅杯状，5 浅裂；子房卵球形，无毛。分果瓣深蓝色，倒卵形，长约 8mm。花期 3—4 月，果期 7—9 月。

见于萧山区（河上）、余杭区（鸬鸟）、西湖景区（吴山），生于山谷、林地或林缘、路旁、灌丛中。分布于福建、广东、广西、贵州、海南、湖北、湖南、江苏、江西、四川、台湾、云南；越南也有。

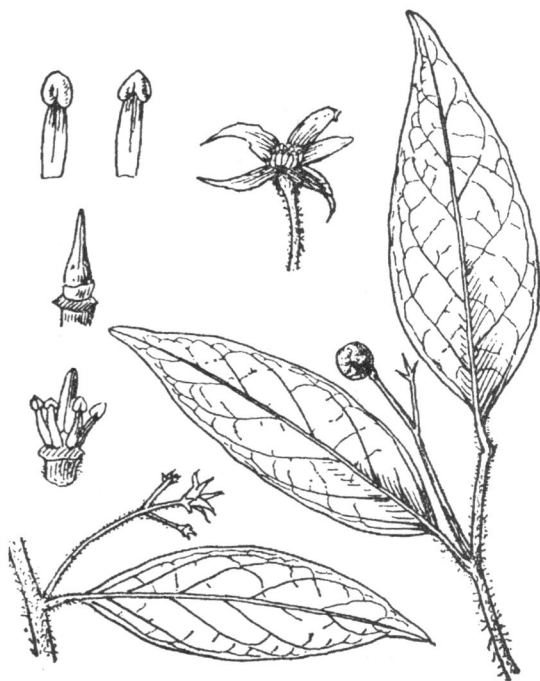

图 2-191　尖叶清风藤

茎可供药用。

与上种的区别在于：本种小枝被长柔毛；叶小，先端渐尖或尾尖。

2. 泡花树属　Meliosma Blume

乔木或直立灌木。芽裸露，被褐色茸毛。单叶或奇数羽状复叶。花小，两性，两侧对称，多花组成顶生或腋生的圆锥花序，花梗短或无；萼片 4～5 枚；花瓣 5 枚，外轮 3 枚较大；雄蕊 5 枚，其中 2 枚发育的与内轮花瓣对生，花丝短，药隔扩大成杯状，3 枚不发育的与外轮花瓣对生，并附着在花瓣基部；子房通常 2 室，顶部收缩成单一或稀 2 裂的花柱，柱头小。核果与种子近球形。

约 50 种，主要分布于亚洲东南部、美国中部和南部；我国约有 29 种，7 变种；浙江有 7 种，4 变种；杭州有 1 种，1 变种。

与上属的区别在于：本属为直立乔木或灌木；裸芽；单叶或奇数羽状复叶；花两侧对称，圆锥花序，雄蕊仅 2 枚发育。

1. 柔毛泡花树

Meliosma myriantha Siebold & Zucc. var. **pilosa** (Lecomte) Y. W. Law

落叶乔木,高可达 20m。幼枝被短柔毛;树皮灰褐色,片状剥落。叶薄纸质,长椭圆形或卵状长椭圆形,长 8～21cm,宽 3.5～7.5cm,先端锐渐尖,基部钝圆,叶缘具侧脉伸出的刺状锯齿,但主要在中部以上;上面多少被毛,下面密被长柔毛;侧脉 10～20 条;叶柄长 1～2cm。圆锥花序顶生,被柔毛;花小,白色,直径约为 3mm;萼片 4～5 枚,卵形或宽卵形,外有毛;外面 3 枚花瓣卵圆形,内面 2 枚花瓣披针状,内、外花瓣约等长;能育雄蕊 2 枚,长达花瓣的 2/3;子房无毛,花柱长约 1mm。核果倒卵球形或球形,直径为 4～5mm,内果皮中肋稍隆起,果成熟时红色。花期 5—6 月。

见于萧山区(楼塔),生于山谷、山林中。分布于安徽、福建、贵州、湖北、湖南、江苏、江西、陕西、四川。

2. 红柴枝   南京泡花树   (图 2-192)

Meliosma oldhamii Miq.

落叶小乔木,高可达 10m。树皮淡灰色,略粗糙;腋芽球形或扁球形,密被淡褐色短柔毛。奇数羽状复叶连柄长 15～30cm,有对生或近对生小叶 7～15 片;小叶纸质,下部的卵形,长3～5cm,其余的狭卵形至卵形,长 5～8cm,先端锐渐尖或急尖,基部圆形或宽楔形,边缘具疏离的尖锐锯齿;两面被短柔毛或下面近无毛;侧脉 7～8 条,在下面凸起,靠近叶缘处网结,脉腋间通常有髯毛。圆锥花序顶生,具 3 次分枝,长、宽15～25cm,微被柔毛;花白色,芳香,花梗长 1～1.5mm;萼片 5 片,椭圆状卵形,长约 1mm,外面 1 片较狭小,有缘毛;外面 3 片花瓣近圆形,长约 2mm,里面花瓣较小,稍短于花丝,2 裂达中部,裂片倒披针形,有时 3 裂则中部裂片微小;能育雄蕊长约 1.5mm,药隔杯状;子房被黄色柔毛。核果球形,长 4～5mm,内果皮具明显凸起网纹,中肋明显隆起。花期 6 月,果期 10 月。$2n=32$。

见于萧山区(楼塔)、余杭区(中泰),生于山坡、山谷、林地中。分布于安徽、福建、广东、广西、贵州、河南、湖北、湖南、江苏、江西、陕西、云南;日本、朝鲜半岛也有。

本种木材软硬中等,可制作家具或供建筑用。

与上种的区别在于:本种为奇数羽状复叶。

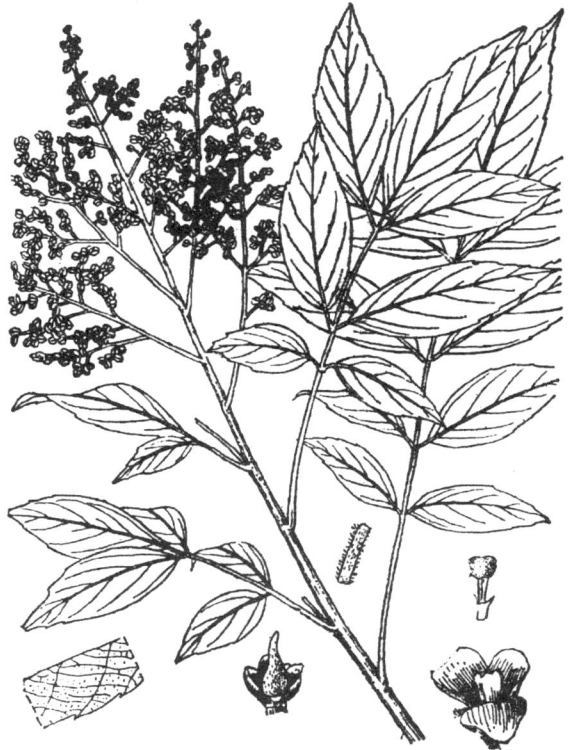

图 2-192   红柴枝

71. 凤仙花科　Balsaminaceae

一年生或多年生草本,稀亚灌木。茎通常肉质,直立或基部斜生,下部节常膨大并生纤维状根。单叶,互生、对生或轮生,具柄或无柄,边缘具圆齿或锯齿,齿端有小尖头,基部齿常有腺体。花两性,雄蕊先熟,两侧对生,排列成腋生的或近顶生的伞形花序或总状花序,或无花序梗,簇生,或单花腋生;萼片 3 或 5 枚,侧生萼片 2 或 4 枚,常离生,全缘或具齿,下面倒置的 1 枚萼片(唇瓣)大、花瓣状、漏斗状、囊状或舟状,基部常收缩成或长或短的具蜜腺的距,距内弯、拳卷或直,顶端钝、尖或 2 裂,稀无距;花瓣 5 枚,分离,位于背面的 1 枚(旗瓣)离生,扁平或兜状,背面常增厚,或有鸡冠状或龙骨状凸起,下部的侧生花瓣成对合生成 2 裂的翼瓣,翼瓣基部裂片小于上部裂片,或全部花瓣均分离;雄蕊 5 枚,花丝短,在雌蕊上部联合或贴生,环绕子房与柱头,在柱头成熟前脱落,花药 2 室,缝裂或孔裂;雌蕊有 4～5 枚心皮,子房上位,4～5 室,每室具 2 至多枚倒生胚珠,花柱 1 枚,极短或无,柱头 1～5 裂。果为 4～5 片弹裂的蒴果,稀为不开裂的假浆果;种子无胚乳,表面光滑或具瘤状凸起。

2 属,约 1000 种,主要分布于亚洲热带和非洲,少数种分布于欧洲、美洲和亚洲温带;我国 2 属均产,约 240 种,各地广布,主要分布于西南山区;浙江有 1 属,16 种,2 变种;杭州有 2 种,均为栽培种。

凤仙花属　Impatiens L.

一年生或多年生草本,稀亚灌木。茎通常肉质,下部节常膨大。单叶互生或对生,稀轮生,边缘具圆齿或锯齿,齿端有小尖头,基部齿常有腺体。花两性,排列成腋生或近顶生的伞形花序或总状花序,或簇生,或单花腋生;萼片 3 或 5 枚,侧生萼片 2 或 4 枚,常离生,全缘或具齿,唇瓣大,漏斗状、囊状或舟状,基部常收缩成或长或短的具蜜腺的距,稀无距;花瓣 5 枚,分离,背面旗瓣离生,扁平或兜状,背面常增厚,或有鸡冠状或龙骨状凸起,下部的侧生花瓣成对合生成 2 裂的翼瓣,翼瓣基部裂片小于上部裂片;雄蕊 5 枚,花丝短,在雌蕊上部联合或贴生,环绕子房与柱头,在柱头成熟前脱落;雌蕊有 4～5 枚心皮,子房上位,每室具 2 至多枚倒生胚珠。果为 4～5 片弹裂的蒴果;种子表面光滑或具瘤状凸起。

近 1000 种,主要分布于东半球热带、亚热带山区,少数种类也产于欧、亚洲温带地区和北美洲;我国有近 250 种,主要分布于西南山区;浙江有 16 种,2 变种;杭州栽培 2 种。

1. 凤仙花　(图 2-193)

Impatiens balsimina L.

一年生草本,高 40～80cm。茎粗壮,肉质,直立,不分枝或上部分枝,无毛或幼时被疏柔毛,基部具多数纤维状根,下部节膨大。叶互生,上部者常集生于茎顶;叶片长椭圆形、长圆形、披针形或倒披针形,长 5～12cm,宽1.5～3cm,先端渐尖,基部楔形下延,边缘有圆锯齿,齿端具小尖,两面无毛,侧脉 5～7 对,弧形弯曲;叶柄长0.8～1.5cm,常有 1～3 对黑褐色的无柄腺体。花常2～3朵簇生于上部叶腋,无花序梗,粉红色或红色,稀白色,单瓣或重瓣;花梗长 1～1.5cm,密被柔毛;苞片线形,位于花梗基部;萼片 3 枚,侧生萼片 2 枚,卵形或卵状椭圆形,长 2～3mm;旗瓣近圆形,先端微凹,背面中肋有狭龙骨状凸起,顶端具小尖;翼瓣具短柄,长 20～30mm,2 裂,基部裂片小,倒卵形,上部裂片近圆形,先端 2 浅裂,外缘近基部有小耳;唇瓣舟状,长约 15mm,被柔毛,基部急缩成 1.5cm 长的距;雄蕊 5 枚,花丝线形,花药卵球形,顶端钝;子房纺锤形,密被柔毛。蒴果宽纺锤形,长 10～15mm,密被柔毛;种子多数,圆球形,褐色,长 2～3mm。花、果期 5—9 月。2n＝14。

区内常见栽培。我国各地常见栽培,供观赏。

茎及种子入药,茎(凤仙透骨草)有祛风湿、活血、止痛之效,种子(急性子)有降气化瘀、消顽疾、软骨哽之效。

图 2-193　凤仙花

2. 苏丹凤仙花　玻璃翠

Impatiens wallerana Hook. f.

多年生草本,高 30～60cm。茎粗壮,肉质,不分枝或上部分枝,无毛或稀在枝顶被柔毛,下部节膨大。叶互生,上部者常螺旋状集生于茎顶;叶片宽椭圆形、卵形至长圆状椭圆形,长 4～11cm,宽 2.5～5cm,先端渐尖,基部楔形,边缘有圆锯齿,齿端具小尖,两面无毛,侧脉 5～8 对,弧状弯曲;叶柄长 2～5cm,常有 1～2 对具柄腺体。花常 2 朵组成近伞形花序,有时更多或具 1 朵花;花序梗生于上部叶腋,长 3～5cm;花梗长 1.5～2cm,基部具苞片;苞片线状披针形,长约 2mm;花深红色、粉红色、紫红色、淡紫色、蓝紫色,稀白色;萼片 3 枚,侧生萼片 2 枚,卵状披针形或线状披针形,长 3～7mm;旗瓣宽倒心形或倒卵形,先端微凹,长 15～18mm,宽 15～22mm,背面中肋有狭鸡冠状凸起,顶端具小尖;翼瓣无柄,长 20～25mm,2 裂,基部裂片与上部裂片同形且近等大,倒卵形或到卵状匙形,全缘;唇瓣浅舟状,长 10～15mm,基部急缩成 2.5～3.5cm 长的距;雄蕊 5 枚,花丝线形,花药卵球形,顶端钝;子房纺锤形,无毛。蒴果纺锤形,长15～20mm,无毛;种子多数。花、果期 6—10 月。2n＝16。

区内有栽培。原产于非洲东部和中部;我国南方各地常见栽培。

与上种的区别在于:本种花常 2 朵组成近伞形花序,具花序梗,翼瓣无柄,其基部裂片和上部裂片近等大且同形;子房和蒴果无毛。

72. 鼠李科 Rhamnaceae

　　落叶乔木或灌木，稀木质藤本。常具枝刺或托叶刺。单叶，互生，稀近对生，羽状脉或3～5 基出脉；托叶小，早落或宿存，或有时变为刺。花小，整齐，两性，稀杂性或单性异株，常排成聚伞或圆锥花序，或有时单生或数个簇生，通常 5 基数，稀 4 基数；花萼 4 或 5 裂；花瓣通常较萼片小，着生于萼筒上，4 或 5 枚，或缺；雄蕊与花瓣对生；花盘显著，内生；子房上位、半下位至下位。核果、浆果状核果、蒴果状核果或蒴果，具 2～4 个分核，每一分核具 1 枚种子。

　　约 50 属，900 种以上，主要分布于亚热带至热带地区；我国有 13 属，137 种及若干种下类群，各省、区均有，以西南和华南地区种类最为丰富；浙江有 7 属，23 种，9 变种；杭州有 7 属，11种，1 变种。

分 属 检 索 表

1. 叶具基生 3 出脉；花序轴果时膨大成肉质，扭曲 ┄┄┄┄┄┄┄┄┄┄┄┄┄┄┄ 1. **枳椇属** *Hovenia*
1. 叶具羽状脉或基生 3～5 出脉；花序轴果时不膨大成肉质，也不扭曲。
　2. 叶片具基生 3 出脉，稀 5 出脉；通常具托叶刺而无枝刺。
　　3. 果实周围具平展的杯状或草帽状的翅 ┄┄┄┄┄┄┄┄┄┄┄┄ 2. **马甲子属** *Paliurus*
　　3. 果实无翅，为肉质核果 ┄┄┄┄┄┄┄┄┄┄┄┄┄┄┄┄┄┄ 3. **枣属** *Ziziphus*
　2. 叶片具羽状脉；无托叶刺，如有刺则为枝刺。
　　4. 叶片全缘；藤状灌木，稀直立矮灌木 ┄┄┄┄┄┄┄┄┄┄ 4. **勾儿茶属** *Berchemia*
　　4. 叶缘具锯齿。
　　　5. 攀援灌木；花无梗或稀具短梗，排成穗状花序或穗状圆锥花序，花盘肉质增厚，填满萼筒 ┄┄┄┄
　　　┄┄┄┄┄┄┄┄┄┄┄┄┄┄┄┄┄┄┄┄┄┄┄┄┄┄┄┄┄┄ 5. **雀梅藤属** *Sageretia*
　　　5. 直立灌木或小乔木；花有梗，常为腋生聚伞花序或花聚生，花盘薄，贴生于萼筒内。
　　　　6. 小枝顶端不变成针刺；花两性；核果近圆柱形，通常有 1 枚核 ┄┄┄ 6. **猫乳属** *Rhamnella*
　　　　6. 小枝顶端常变成针刺；花单性或两性；核果近球形，有 2～4 枚核 ┄┄┄ 7. **鼠李属** *Rhamnus*

1. 枳椇属 Hovenia Thunb.

　　落叶乔木。叶互生，基生 3 出脉。花两性，密集排列成顶生或兼腋生聚伞圆锥花序；花白色或黄绿色，5 基数；萼片三角形；花瓣生于花盘下，两侧内卷，基部具爪；花盘肉质，盘状，有毛；子房上位，仅基部与花盘合生，3 室；花序轴果时膨大，扭曲，肉质。核果球形，有种子3 粒。

　　3 种，2 变种，分布于东亚和南亚；我国有 3 种，2 变种，产于西南至东部地区；浙江有 2 种，1 变种；杭州有 1 种。

枳椇 拐枣 （图 2-194）

Hovenia acerba Lindl.

乔木,高 5～25m。小枝褐色或黑紫色,具明显白色皮孔。叶片宽卵形、椭圆状卵形或心形,长7～17cm,宽 4～11cm,先端长渐尖或短渐尖,基部圆形或微心形,边缘常具锯齿,上部或近顶端的叶有不明显的齿,稀近全缘,两面无毛或仅下面沿脉被短柔毛;叶柄长 2～5cm,无毛。二歧式聚伞圆锥花序,顶生和腋生;花黄绿色;萼片长约 2mm;花瓣长约 2.5mm;花盘被柔毛。浆果状核果近球形,直径为6.5～7.5mm,无毛,成熟时黄褐色或棕褐色,果序轴明显膨大。花期 5—7 月,果期 8—10 月。

见于西湖景区(飞来峰、虎跑、龙井、桃源岭),生于山坡路边,或栽培。分布于安徽、福建、甘肃、广东、广西、贵州、河南、湖北、湖南、江苏、江西、陕西、四川、云南;缅甸、不丹、尼泊尔、印度也有。

果序轴肥厚,含丰富的糖,可生食、酿酒、熬糖;种子为清凉利尿药,能解酒毒。

图 2-194 枳椇

2. 马甲子属 *Paliurus* Tourn. ex Mill.

落叶乔木或灌木。单叶,互生,基出 3 脉,托叶常变为刺。花两性,5 基数,聚伞花序或聚伞圆锥花序;萼片有明显的网状脉;花瓣匙形或扇形,两侧常内卷;花盘厚,肉质,与萼筒贴生,五边形或圆形,边缘 5 或 10 齿裂或浅裂,中央下陷,与子房上部分离;子房上位,大部分藏于花盘内,3 室,稀 2室。核果周围具杯状或草帽状的翅,3 室,每室有 1枚种子。

5 种,分布于东亚和欧洲;我国有 5 种,产于西南、华东及台湾;浙江有 2 种;杭州有 1 种。

铜钱树 （图 2-195）

Paliurus hemsleyanus Rehder ex Schir. & Olabi

乔木,稀灌木,高达 13m。小枝黑褐色或紫褐色,无毛。叶互生;叶片纸质或厚纸质,宽椭圆形、卵状椭圆形或近圆形,长 4～12cm,宽3～9cm,先端长渐尖或渐尖,基部偏斜,宽楔形或近圆形,边缘具圆锯齿或钝细锯齿,两面无毛,基生 3 出脉;叶

图 2-195 铜钱树

柄长 0.6～2cm,近无毛或仅上面被疏短柔毛;无托叶刺,但幼树叶柄基部有 2 个斜向直立的针刺。聚伞花序或聚伞圆锥花序,顶生或兼有腋生,无毛;萼片长约 2mm;花瓣长约 1.8mm;花盘五边形,5 浅裂。核果草帽状,周围具革质宽翅,红褐色或紫红色,无毛,直径为 2～3.8cm,果梗长 1.2～1.5cm。花期 4—6 月,果期 7—9 月。

见于余杭区(黄湖)、西湖景区(飞来峰),生于山坡、林中。分布于安徽、重庆、甘肃、广东、广西、贵州、河南、湖北、湖南、江苏、江西、陕西、四川、云南。

3. 枣属　Ziziphus Mill.

乔木或藤状灌木。枝常具皮刺。叶互生,基出 3(5)脉;托叶通常变成针刺。花小,黄绿色,两性,5 基数,常排成聚伞花序;萼片内面有凸起的中肋;花瓣倒卵圆形或匙形,与雄蕊等长,具爪,有时无花瓣;花盘厚,肉质,5 或 10 裂;子房下半部或大部藏于花盘内,2 室,稀 3 或 4 室。核果圆球形或矩圆球形,不开裂,顶端有小尖头,基部有宿存的萼筒。

约 100 种,主要分布于亚洲、美洲的热带和亚热带地区,少数种在非洲及温带地区也有分布;我国有 12 种,3 变种,除枣在全国各地栽培外,主要产于西南和华南地区;浙江有 1 种,2 变种;杭州有 1 种,1 变种。

1. 枣　(图 2-196)

Ziziphus jujuba Mill.

落叶小乔木,稀灌木,高达 10 余米。树皮灰褐色;有长枝和短枝,长枝呈"之"字形曲折,具 2 托叶刺,长刺可达 3cm,粗直,短刺下弯,长 4～6mm;短枝矩状,自老枝发出;当年生小枝绿色,下垂,单生或 2～7 个簇生于短枝上。叶片纸质,卵形、卵状椭圆形或卵状矩圆形,长2.5～7cm,宽 1.5～4cm,先端钝或圆形,稀锐尖,具小尖头,基部稍不对称,近圆形,边缘具圆锯齿,上面深绿色,无毛,下面浅绿色,无毛或仅沿脉多少被疏微毛,基生 3 出脉;叶柄长 1～6mm,或在长枝上的可达 1cm,无毛或有疏微毛;托叶刺纤细,后期常脱落。花黄绿色,两性,5 基数,无毛,单生或 2～8 个密集排列成腋生聚伞花序;花梗长 2～3mm;萼片卵状三角形;花瓣倒卵圆形,基部有爪,与雄蕊等长;花盘厚,肉质,圆形,5 裂。核果矩球形或长卵球形,长 2～6cm,成熟时红色,后变红紫色,中果皮肉质,厚,味甜,果核两端尖,果梗长 2～5mm;种子扁椭圆球形,长约 1cm。花期 5—7 月,果期 8—10 月。$2n=24$,

图 2-196　枣

36,48。

区内有栽培。原产于我国;分布于安徽、福建、甘肃、广东、广西、贵州、河北、河南、湖北、湖南、吉林、江苏、江西、辽宁、山东、山西、陕西、四川、新疆、云南;现亚洲、欧洲、非洲和美洲常有栽培。

果实味甜,富含维生素C,又供药用;花期较长,芳香多蜜,为良好的蜜源植物。

1a. 无刺枣

var. inermis（Bunge）Rehder

与原种的主要区别在于:本变种枝条无明显的刺。花期5—7月,果期8—10月。

见于余杭(临平)、西湖景区(马鞍山、鸡笼山、栖霞岭),生于山坡、林中或路旁。分布与原种略同。用途与原种相同。

4. 勾儿茶属　Berchemia Neck. ex DC.

藤状或直立灌木,稀小乔木。叶互生,全缘,羽状脉;托叶常宿存。聚伞总状或聚伞圆锥花序顶生或兼腋生,稀1~3朵花腋生;花两性,具梗,5基数;萼筒短,萼片内面中肋顶端增厚,无喙状凸起;花瓣匙形或兜状,两侧内卷,基部具短爪;花盘厚,齿轮状,10不等裂;子房上位,中部以下藏于花盘内,2室。核果近圆柱形,由红色变为紫黑色,下托以通常增大的花盘。

约32种,主产于东亚和东南亚;我国有19种及若干种下类型,产于西南部、中部至东部;浙江有4种,2变种;杭州有2种。

1. 多花勾儿茶　(图2-197)

Berchemia floribunda（Wall.）Brongn.

藤状或直立灌木。叶片纸质;上部叶片较小,卵形或卵状椭圆形至卵状披针形,长4~9cm,宽2~5cm,先端锐尖,下面通常无毛,叶柄短于1cm;下部叶较大,椭圆形至矩圆形,长达11cm,宽达6.5cm,先端钝或圆形,稀短渐尖,基部圆形,稀心形,上面绿色,无毛,下面干时栗色,无毛或仅沿脉基部被疏短柔毛;叶柄长1~3.5cm,无毛;托叶宿存。花多数,通常数个簇生排成顶生宽聚伞圆锥花序,或下部兼腋生聚伞总状花序,花序长可达15cm,花序轴无毛或被疏微毛;花梗长1~2mm;萼片三角形,顶端尖;花瓣倒卵形,雄蕊与花瓣等长。核果圆柱状椭圆球形,长7~10mm,直径为4~5mm,基部有盘状的宿存花盘,果梗长2~3mm,无毛。花期7—10月,果期翌年4—7月。

见于西湖区(留下)、余杭区(闲林)、西湖景

图2-197　多花勾儿茶

区(梅家坞),生于溪边。分布于安徽、福建、江苏、广东、广西、贵州、河南、湖北、湖南、江西、山西、陕西、四川、西藏、云南;日本、越南、尼泊尔、不丹、印度也有。

2. 大叶勾儿茶　(图 2-198)

Berchemia huana Rehder

藤状灌木。小枝无毛,绿色。叶片纸质,卵形或卵状长圆形,长 6~9cm,宽 3~5cm,先端圆形或稍钝,稀锐尖,上面无毛,下面密被黄褐色短柔毛,侧脉 10~14 对,在两面稍凸起;叶柄长 1.5~3cm,无毛;托叶卵状披针形。花黄绿色,无毛,排列成聚伞总状圆锥花序生于枝顶,或腋生,长 5~15cm,分枝长可达 8cm,密被短柔毛。核果圆柱状椭圆球形,长 7~9mm,直径为 4~5mm,基部有盘状的宿存花盘。花期 7—9 月,果期翌年 5—6 月。

见于余杭区(鸬鸟),生于溪边。分布于安徽、福建、湖北、湖南、江西。

与上种的区别在于:本种叶片下面密被黄褐色短柔毛,花序轴亦密被短柔毛。

图 2-198　大叶勾儿茶

5. 雀梅藤属　Sageretia Brongn.

藤状或直立灌木。无刺或有枝刺,小枝互生或近对生。叶互生或近对生,具柄,羽状脉,具锯齿;托叶小,早落。花两性,几无梗,5 基数,穗状或穗状圆锥花序;萼片三角形,内面顶端常增厚,中肋凸起而成小喙;花瓣匙形,顶端 2 裂;雄蕊与花瓣近等长;花盘厚,肉质,壳斗状,全缘或 5 裂;子房埋于花盘内,2 或 3 室。浆果状核果有 2 或 3 个不开裂的分核;种子两端凹陷。

约 35 种,主要分布于亚洲东南部,少数在非洲和北美洲也有分布;我国有 19 种及若干种下类型;浙江有 4 种,1 变种;杭州有 2 种。

1. 雀梅藤　(图 2-199)

Sageretia thea (Osbeck) M. C. Johnst.

藤状或直立灌木。小枝具刺,互生或近对生,褐色,被短柔毛。叶近对生或互生;叶片纸质或薄革质,椭圆形、矩圆形或卵状椭圆形,长 1~4.5cm,宽 0.7~2.5cm,先端锐尖、钝或圆形,基部圆形或近心形,边缘具细锯齿,上面无毛,下面无毛或沿脉被柔毛;叶柄长 2~7mm,被短柔毛。花无梗,黄色,通常 2 至数个簇生排成顶生或腋生的疏散穗状或圆锥状

图 2-199　雀梅藤

穗状花序;花序轴被茸毛或密的短柔毛;萼片三角形或三角状卵形,长约 1mm;花瓣匙形,顶端 2 浅裂,常内卷,短于萼片。核果近圆球形,直径约为 5mm,成熟时黑色或紫黑色。花期 7—11 月,果期翌年 3—5 月。

　　见于西湖景区(北高峰、黄龙洞、飞来峰、茅家埠、玉皇山、中天竺等),生于林下或路旁、灌丛中。分布于江苏、安徽、福建、湖北、湖南、广东、广西、江西、四川、台湾、云南;日本、朝鲜半岛、越南、印度也有。

2. 刺藤子　(图 2-200)

Sageretia melliana Hand.-Mazz.

　　常绿藤状灌木。具枝刺,小枝圆柱形,被褐色短柔毛。叶近对生;叶片革质,卵状椭圆形或长圆形,长 4～10cm,宽 2～3cm,先端钝尖至渐尖,基部近圆形,边缘具细锯齿,两面无毛,侧脉 5～8 对,近边缘弧形上弯,在上面下陷,在下面凸起;叶柄长 4～8mm。花无梗,白色,无毛,排成穗状或圆锥花序,顶生或腋生;花序轴被黄褐色柔毛;花瓣狭倒卵形,短于萼片。核果近圆球形,淡红色。花期 9—11 月,果期翌年 4—5 月。

　　见于余杭区(百丈),生于溪边。分布于安徽、江西、福建、广东、广西、湖北、湖南、云南。

　　与上种的区别在于:本种为单叶,花白色,核果淡红色。

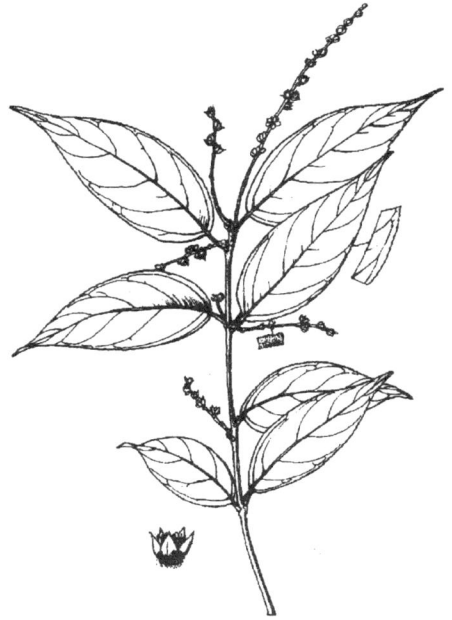

图 2-200　刺藤子

6. 猫乳属　Rhamnella Miq.

　　落叶灌木或小乔木。叶互生,具短柄,边缘具细锯齿,羽状脉;托叶常宿存,与茎离生。簇状聚伞花序腋生,具短花序梗;花黄绿色,两性,5 基数,具梗;萼片中肋内面凸起,中下部有喙状凸起;花瓣倒卵状匙形或圆状匙形,两侧内卷;子房上位,1 室或不完全 2 室;花盘薄,杯状,五边形。核果圆柱状椭圆球形,橘红色或红色,成熟后变黑色或紫黑色,具 1 或 2 枚种子。

　　8 种,分布于我国、日本和朝鲜半岛;我国均产,分布于西南部至中部;浙江有 1 种;杭州有 1 种。

猫乳　(图 2-201)

Rhamnella franguloides Weberb.

　　落叶灌木或小乔木,高 2～9m。幼枝绿色,被柔毛。叶片倒卵状矩圆形、倒卵状椭圆形、矩圆形、长椭圆形,稀倒卵形,长 4～12cm,宽 2～5cm,

图 2-201　猫乳

先端尾状渐尖、渐尖或骤然收缩成短渐尖，基部圆形，稀楔形，稍偏斜，边缘具细锯齿，上面绿色，无毛，下面黄绿色，被柔毛或仅沿脉被柔毛；叶柄长 2～6mm，被密柔毛；托叶宿存。花黄绿色，两性，6～18 个排成腋生聚伞花序；花序梗长 1～4mm，被疏柔毛或无毛；萼片三角状卵形，边缘被疏短毛；花瓣宽倒卵形，顶端微凹；花梗长1.5～4mm，被疏毛或无毛。核果圆柱形，长7～9mm，直径为 3～4.5mm，成熟时红色或橘红色，干后变黑色或紫黑色；果梗长 3～5mm，被疏柔毛或无毛。花期 5—7 月，果期 7—10 月。$2n=24$。

见于江干区(丁桥)、西湖区(留下)、西湖景区(飞来峰、虎跑、龙井、三台山、桃源岭、玉皇山等)，生于林中、溪边、山坡、路旁。分布于安徽、河北、河南、湖北、湖南、江苏、江西、山东、山西、陕西。

7. 鼠李属　Rhamnus L.

灌木或乔木。小枝顶端常变成针刺。叶互生或近对生，或簇生于短枝顶端，羽状脉，有锯齿，稀全缘；托叶小，早落。花小，黄绿色，两性，或单性雌雄异株，4 或 5 基数，单生或簇生，或排成腋生聚伞、聚伞总状或聚伞圆锥花序；萼片内面有凸起的中肋；花瓣 4 或 5 或缺，短于萼片，兜状，基部具短爪，顶端常 2 浅裂；雄蕊 4 或 5 枚；花盘薄，杯状；子房上位，2～4 室。浆果状核果，近球形，分核 2～4 枚。

约 150 种，分布于温带至热带，主产于东亚和北美洲，少数种分布于欧洲和非洲；我国有 57 种及若干种下类型，南北均有，其中以西南和华南种类最多；浙江有 9 种，3 变种；杭州有 3 种。

分 种 检 索 表

1. 冬芽裸露，密被锈色柔毛；小枝顶端无刺；花两性，5 基数，花柱不分裂，聚伞花序有花序梗；种子背面无沟
   ·· 1. 长叶冻绿　R. crenata
1. 冬芽有鳞片；小枝顶端通常具刺；花单性，4 基数，花柱 2～4 裂，花常聚生而无花序梗；种子背面或侧面具沟。
   2. 当年生小枝及叶柄均被短柔毛；叶片小，长 2～6cm，近圆形、倒卵状圆形或卵圆形，稀圆状椭圆形；花萼及花梗有毛 ·········· 2. 圆叶鼠李　R. globosa
   2. 当年生小枝及叶柄无毛或近无毛；叶片较大，长 4～15cm，椭圆形、矩圆形或倒卵状椭圆形；花萼及花梗无毛 ······································ 3. 冻绿　R. utilis

1. 长叶冻绿　(图 2-202)

Rhamnus crenata Siebold & Zucc.

落叶灌木或小乔木，高达 7m。幼枝无刺，带红色，被毛，后脱落，小枝疏被柔毛，枝端有密被锈色柔毛的裸芽。叶互生；叶片纸质，倒卵状椭圆形、椭圆形或倒卵形，稀倒披针状椭圆形或长圆形，长 4～14cm，宽 2～5cm，先端渐尖、尾状长渐尖或骤缩成短尖，基部楔形或钝，边缘具圆细锯齿，上面无毛，下面被柔毛或沿脉多少被柔毛；叶柄长 4～10mm，被密柔毛。花密集排列成腋生聚伞花序，花梗长 2～4mm，被短柔毛；花两性，5 基数；萼片三角形，与萼筒等长，外被疏微毛；花瓣近圆形，顶端 2 裂；雄蕊与花瓣等长而短于萼片。核果球形或倒卵球形，成熟时黑色或紫黑色，直径为6～7mm，果梗长 3～6mm。花期 5—8 月，果期 8—10 月。$2n=24$。

见于西湖景区(北高峰、老和山、灵峰、六和塔、珍珠岭)，生于山坡林中、灌丛中。分布于安徽、福建、广东、广西、贵州、河南、湖北、湖南、江苏、江西、陕西、四川、台湾、云南；日本、朝鲜半

岛、越南、泰国、老挝、柬埔寨也有。

本种的叶形,特别在未结果时容易与猫乳 *R. franguloides*（Maxim.）Weberb. 相混淆。但后者茎枝顶端无被茸毛的顶芽;托叶宿存;花无毛,排成二歧式聚伞花序;子房 2 室,花柱 2 浅裂,与本种不同。

图 2-202   长叶冻绿

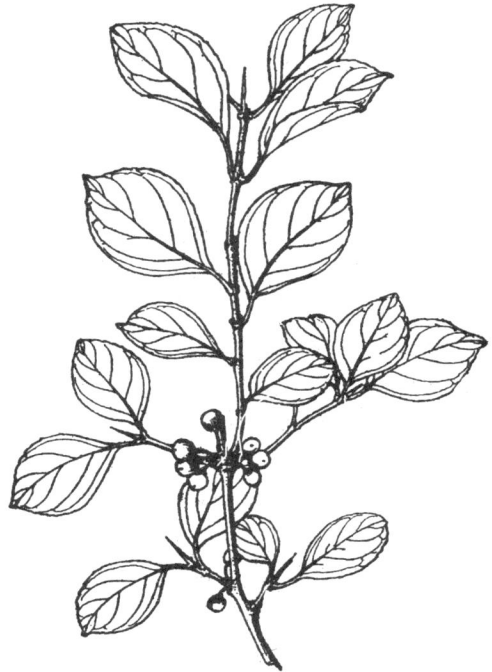

图 2-203   圆叶鼠李

2. 圆叶鼠李   （图 2-203）

Rhamnus globosa Bunge

灌木,稀小乔木,高 2～4m。小枝对生或近对生,灰褐色,顶端具针刺,幼枝和当年生枝被短柔毛。叶对生或近对生,稀兼互生,或在短枝上簇生;叶片纸质或薄纸质,近圆形、倒卵状圆形或卵圆形,稀圆状椭圆形,长 2～6cm,宽 1.2～4cm,顶端突尖或短渐尖,稀圆钝,基部宽楔形或近圆形,边缘具圆锯齿,上面绿色,初时密被柔毛,后渐脱落或仅沿脉及边缘被疏柔毛,下面全部或沿脉被柔毛;叶柄长 6～10mm,密被柔毛。花单性,雌雄异株,通常数个至 20 个簇生于短枝端或长枝下部叶腋,稀 2 或 3 个生于当年生枝下部叶腋,4 基数,有花瓣,花萼和花梗均有疏微毛。核果球形或倒卵球形,直径为 4～5mm,成熟时黑色,果梗长 5～8mm,有疏柔毛。花期 4—5 月,果期 6—10 月。

见于西湖区（留下）、余杭区（塘栖、闲林）、西湖景区（飞来峰、孤山、龙井、五老峰、玉皇山、云栖等）,生于山坡林中、山坡或路边灌丛、溪旁。分布于安徽、甘肃、河北、河南、湖南、江苏、江西、辽宁、山东、山西、陕西。

3. 冻绿   （图 2-204）

Rhamnus utilis Decne.

灌木或小乔木,高达 4m。幼枝无毛,小枝褐色或紫红色,对生或近对生,枝端常具针刺。

叶对生或近对生,或在短枝上簇生;叶片纸质,椭圆形、矩圆形或倒卵状椭圆形,长 4～15cm,宽 2～6.5cm,顶端突尖或锐尖,基部楔形或稀圆形,边缘具细锯齿或圆齿状锯齿,上面无毛或仅中脉具疏柔毛,下面干后常变黄色,沿脉或脉腋有金黄色柔毛;叶柄长 0.5～1.5cm,有疏微毛或无毛。花单性,雌雄异株,4 基数,具花瓣;花梗长 5～7mm,无毛;雄花数个簇生于叶腋,或 10～30 余个聚生于小枝下部,有退化的雌蕊;雌花2～6个簇生于叶腋或小枝下部,退化雄蕊小。核果球形或近球形,成熟时黑色;种子背面基部有短沟。花期 4—6 月,果期 5—8 月。

见于西湖区(留下)、余杭区(塘栖、闲林)、西湖景区(北高峰、飞来峰、虎跑、满觉陇、桃源岭、云栖),生于林下、山坡岩石旁、溪边。分布于安徽、福建、广东、广西、甘肃、贵州、河北、河南、湖北、湖南、江苏、江西、山西、陕西、四川;日本、朝鲜半岛也有。

本种分布较广,叶形及枝端针刺等常多变异,但枝端不具顶芽,有针刺,叶干时常变黄色,下面沿脉或脉腋被金黄色的疏或密柔毛等特征,较易识别。

图 2-204 冻绿

73. 葡萄科 Vitaceae

木质或草质藤本,稀直立灌木。卷须多与叶对生。单叶掌状、鸟足状或羽状复叶互生,稀对生;托叶小,早落。聚伞花序、伞房花序或圆锥花序与叶对生;花辐射对称,两性或单性,多绿色;花萼小,杯状;花瓣 4～5 枚,镊合状排列,分离或基部联合,或顶端粘合而呈帽状,易脱落;雄蕊与花瓣同数,着生于花盘外围基部,与花瓣对生,花丝分离或愈合;子房上位,2～8 室,花柱单一,短或无,柱头头状、盾状或分裂。果为浆果;种子 1～4 粒,种皮硬,种子具丰富胚乳,胚小,子叶扁平。

约 14 属,900 种以上,主产于热带和亚热带地区;我国有 8 属,146 种,南北均有分布;浙江有 5 属,33 种,7 变种;杭州有 5 属,15 种,1 变种。

分属检索表

1. 花瓣分离,凋谢时不会呈帽状脱落,聚伞花序;木质藤本,枝有皮孔,或为草质藤本。
  2. 花序与叶顶生或对生,花瓣、雄蕊均为 5 数。
    3. 卷须顶端不具吸盘;花盘明显 ……………………………………………… 1. 蛇葡萄属 *Ampelopsis*
    3. 卷须顶端扩大成吸盘;花盘大而明显或无 ……………………………… 2. 地锦属 *Parthenocissus*

2. 花序腋生,花瓣、雄蕊均为 4 数。
　　4. 花柱钻形,柱头不裂 ································· 3. 乌蔹莓属　*Cayratia*
　　4. 花柱不明显,柱头 4 裂 ························· 4. **崖爬藤属**　*Tetrastigma*
1. 花瓣顶端相互粘合,凋谢时整个花冠呈帽状脱落,圆锥花序;木质藤本,枝常无皮孔 ······ 5. **葡萄属**　*Vitis*

1. 蛇葡萄属　Ampelopsis Michx.

落叶木质藤本。树皮和枝具皮孔,髓白色;卷须分叉,顶端不膨大成吸盘,与叶对生;冬芽小,外被鳞片。单叶或复叶,互生,有长柄。花单性或与杂性同株,小型,绿色,组成聚伞花序,与叶对生或顶生;花萼不明显;花瓣 5 枚,稀 4 枚;雄蕊 5 枚,花丝短;花盘隆起呈杯状,全缘或齿裂;子房 2 室,与花盘离生,花柱细长。浆果,具 2～4 粒种子。

约 30 种,分布于亚洲、美洲中部和北部,其中东亚的种类最多;我国有 17 种,南北各地均有分布;浙江有 5 种,3 变种;杭州有 3 种,1 变种。

分 种 检 索 表

1. 单叶,叶片不分裂或分裂,但不达基部。
　　2. 单叶,小枝、叶柄和叶片多被锈色短柔毛 ················· 1. **蛇葡萄**　*A. glandulosa*
　　2. 叶片 3～5 中裂,小枝、叶柄和叶片被稀疏短柔毛或近无毛 ······· 1a. **异叶蛇葡萄**　var. *heterophylla*
1. 羽状复叶或叶片掌状全裂达于基部,或为掌状复叶。
　　3. 叶为 1～2 回羽状复叶 ··························· 2. **广东蛇葡萄**　*A. cantoniensis*
　　3. 叶为 3～5 回掌状复叶 ······························· 3. **白蔹**　*A. japonica*

1. 蛇葡萄　(图 2-205)

Ampelopsis glandulosa（Wall.）Momiy. ——*A. sinica*（Miq.）W. T. Wang

木质藤本。幼枝、叶面、叶柄和花序多被锈色短柔毛;根粗壮,外皮黄白色;枝细长,幼枝有毛,卷须分叉。单叶,叶片纸质,呈心形或心状卵形,长与宽基本相等,先端短尖或渐尖,基部心形,不分裂或不明显 3 浅裂,侧裂片小,有时不裂,叶缘有浅圆形齿,叶片上面深绿色,有短柔毛,下面浅绿色,叶背或集中脉上密被短柔毛;叶柄有毛,长 3～7cm。聚伞花序与叶对生,直径为 3～6cm,花序梗长 2～3.5cm;花小,两性,黄绿色;花萼 5 枚,稍裂;花瓣 5 枚,卵状三角形,呈镊合状排列;花盘杯状;雄蕊 5 枚,子房 2 室。浆果近球形,成熟时淡黄色或淡蓝色。花期 5—6 月,果期 8—9 月。

见于萧山区(城厢、楼塔、南阳)、余杭区(良渚、余杭)、西湖景区(飞来峰、孤山、洪春桥、九溪、灵峰、龙井),生于山麓、杂木、林缘或溪沟边、灌丛中。分布于安徽、福建、广东、广西、贵州、河北、河南、江西、四川、台湾、云南;印度、缅甸、尼泊尔也有。

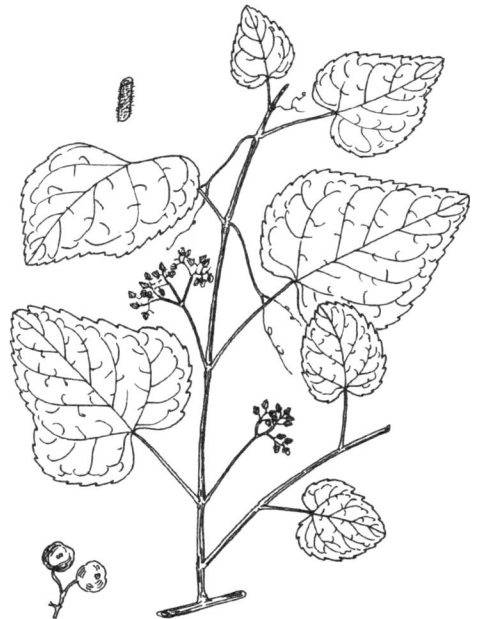

图 2-205　蛇葡萄

1a. 异叶蛇葡萄

var. heterophylla（Thunb.）Momiy. ——*A. humulifolia* var. *heterophylla*（Thunb.）K. Koch

与原种的主要区别在于：本变种小枝、叶柄和花序梗稀疏被毛；叶心形或卵圆形，常 3～5 裂至中部，上面无毛，下面脉上稀疏被毛。

见于萧山区（楼塔）、余杭区（良渚、余杭），生于山坡、杂木林、林缘或水沟边。分布于安徽、福建、广东、广西、贵州、河北、河南、黑龙江、湖北、湖南、吉林、江苏、江西、辽宁、山东、四川、云南；日本也有。

2. 广东蛇葡萄 （图 2-206）

Ampelopsis cantoniensis（Hook. & Arn.）Planch.

木质藤本。茎纤弱，全株无毛，或稍被白粉；卷须粗；老枝褐色有棱；1 回或近 2 回羽状复叶（此时最下 1 对小叶已成为 3 出羽状复叶）；小叶 3～10 枚，近革质，卵形或宽椭圆形，大小不一，较大者长 5～8cm，小者长不及 2.5cm，先端短尖，基部钝或宽楔形，边缘具稀疏而不明显的钝齿，干时上部黑色或黑褐色，下面苍白色；常被白粉，具明显 4 级脉，小叶柄长 4～8cm。花小，两性，淡绿色，组成二歧聚伞花序，3～4 回分枝，花序梗长 4～6cm，花萼 5 枚，微裂，浅杯状；花瓣 5 枚，先端钝；花柱短，锥形。浆果倒卵球形，熟时紫黑色，直径为 5～6mm，果梗有凸起之疣点。花期 6—8 月，果期 9—11 月。

见于西湖区（龙坞）、余杭区（余杭），生于低海拔灌丛、密林或山谷、沟边。产于安徽、福建、广东、广西、贵州、海南、湖北、湖南、台湾、西藏、云南；日本、马来西亚、泰国、越南也有。

图 2-206　广东蛇葡萄

图 2-207　白蔹

3. 白蔹 （图 2-207）

Ampelopsis japonica（Thunb.）Makino

藤本，基部木质化。块根圆柱形或纺锤形。小枝略带紫色，有纵棱纹，无毛；卷须不分叉或末端有短分叉。叶为掌状 3～5 小叶,小叶片羽状分裂或边缘有羽状缺刻而不分裂;中央小叶最大,与两侧略小叶片常为羽状分裂,裂片卵形至椭圆状卵形或卵状披针形,裂片于叶轴连接处有关节;基部小叶常不分裂,叶轴和小叶柄有翅;叶片两面无毛,先端渐尖,基部楔形;叶柄长 3～8cm,带淡紫色,无毛,托叶早落。聚伞花序小,生于花序梗顶端,花序梗长 3～8cm,呈卷须状卷曲,花梗极短或无;花小,黄绿色;花萼 5 浅裂;花瓣 5 枚,卵圆形;雄蕊 5 枚;花盘发达,边缘波状浅裂。浆果球形或肾形,直径约为 6mm,成熟时蓝色,带白色,有针孔状凹点;种子 1～3 颗。花期 5—6 月,果期 9—10 月。

见于西湖区(留下)、西湖景区(葛岭、龙井、南高峰、仁寿山、玉皇山、紫阳山),生于山坡、林下、岩石丛中或荒野路边。分布于广东、广西、河北、河南、湖北、湖南、吉林、江苏、江西、辽宁、山西、陕西、四川。

2. 地锦属　Parthenocissus Planch.

落叶或稀为常绿木质藤本。树皮有皮孔,髓心白色;卷须顶端膨大为吸盘;冬芽圆形,具 2～4 枚芽鳞。叶为掌状复叶或单叶,有长叶柄。花两性,稀杂性;复聚伞花序,常与叶对生;花萼小,或密集于枝条顶端呈圆锥状;花萼小,不裂;花瓣通常 5 枚;雄蕊与花瓣同数对生;花盘不明显或缺;子房 2 室,每室有 2 颗胚珠,花柱短。浆果,成熟时蓝色或蓝黑色;种子 1～4 粒,球形,腹部有 2 条小沟。

约 13 种,分布于亚洲和北美洲;我国有 9 种;浙江有 4 种;杭州有 2 种。

1. 绿叶地锦　绿爬山虎　(图 2-208)
Parthenocissus laetevirens Rehder

落叶木质攀援藤本。茎较粗壮;幼枝圆柱形,棱不明显;卷须具 5～11 分枝,末端吸盘黑色,肥厚,呈弯钩状。掌状复叶,小叶 5 枚,稀为 3 枚,椭圆形或倒卵形,长 5～12cm,宽 2～5cm,先端渐尖,基部楔形,叶缘中部以上疏生粗锯齿,叶上面绿色,近无毛,下面淡绿色,沿主脉及侧脉有灰色或锈褐色柔毛,侧脉 7～10 对,两面隆起;总叶柄长 6～8cm。复聚伞花序,顶生于侧枝上或与叶对生;花小,两性,黄绿色,5 数;花萼小,盘状;花瓣开展;花盘与子房结合;子房 2 室,各具 2 枚胚珠,花柱圆柱形,肥厚。浆果蓝黑色。花期 6—8 月,果期 9—10 月。

见于西湖景区(飞来峰、云栖),生于山谷岩石上、溪沟边,或攀援于墙壁上。分布于安徽、福建、广东、广西、河南、湖北、湖南、江苏、江西、四川。

根入药;也可作庭院垂直绿化材料。

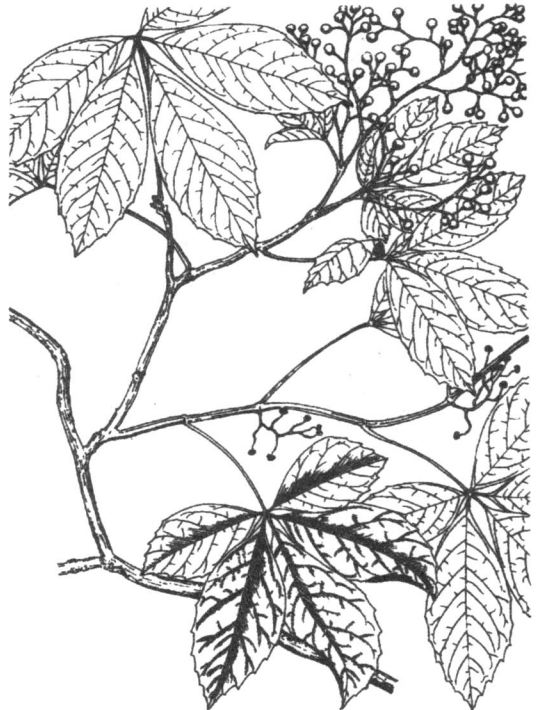

图 2-208　绿叶地锦

2. 地锦　爬山虎　（图 2-209）

Parthenocissus tricuspidata（Siebold & Zucc.）Planch.

落叶大型藤本。枝条粗壮；卷须短，多分枝，顶端有吸盘。叶二型，长 10～20cm，宽 8～17cm，能育枝（花枝）上叶为单叶，宽卵形，先端 3 裂，基部心形，边缘有粗锯齿，上面无毛，下面叶脉背少数柔毛；不育枝条上叶常 3 全裂或为 3 出复叶；幼枝叶片小而不裂；叶柄长 8～22cm。复聚伞花序常生于两叶之间的短枝上，无毛或被疏柔毛。花 5 数；花萼小，全缘；花瓣黄绿色，顶端反曲；雄蕊 5 枚，与花瓣对生。花盘贴生于子房，不明显。浆果蓝紫色，直径为 6～8mm。花期 6—7 月，果期 9 月。$2n=40$。

见于余杭区（塘栖）、西湖景区（飞来峰、黄龙洞、南高峰），生于山坡岩石及墙壁上。分布于安徽、福建、河北、河南、吉林、江苏、辽宁、山东、台湾；日本、朝鲜半岛也有。

根、茎入药；常作庭院垂直绿化材料。

与上种的主要区别在于：本种叶二型，能育枝上为单叶，不育枝上常 3 全裂或为 3 出复叶。

图 2-209　地锦

3. 乌蔹莓属　Cayratia Juss.

落叶木质或草质藤本。卷须与叶对生，通常有分叉。掌状或鸟足状复叶，互生，小叶 3～7 枚，稀 9 枚，具柄；腋生聚伞花序或伞房花序；花两性，花萼不明显，杯状；花瓣 4 枚，镊合状排列，开放时由上部向外开展；雄蕊 4 枚，与花瓣对生；花盘小，杯状 4 裂，贴生于子房；子房 2 室，每室有 2 枚胚珠；花柱短，丝状，钻形，柱头小，不分裂。浆果；种子 2～4 粒，种子腹部具 1～2 条深沟。

约 60 种，分布于亚洲、欧洲、非洲和大洋洲；我国约有 17 种，分布于华东、华中、华南、西南及西北等地区；浙江有 3 种，2 变种；杭州有 1 种。

乌蔹莓　（图 2-210）

Cayratia japonica（Thunb.）Gagnep.

多年生草质藤本。幼枝绿色，有柔毛；老枝带紫色，具纵棱；卷须分叉。复叶鸟足状排列；小叶 5

图 2-210　乌蔹莓

枚,椭圆状或狭卵形,长 2.5～8cm,宽2～3.5cm,先端短渐尖至急尖,基部楔形或阔楔形,中间小叶片较大,椭圆形或长圆形,可达 8cm,叶缘疏生 8～12(～15)枚锯齿,侧生小叶较小,卵形;总叶柄长 3～5cm;托叶三角形,早落。伞房状聚伞花序腋生或假顶生,具长柄;花小,黄绿色,具短柄;花萼浅杯状;花瓣 4 枚,三角状卵形;雄蕊 4 枚,与花瓣对生,花药长方形;子房陷于花盘内。浆果球形,熟时黑色;种子2～4枚,卵状三角形,背具 2 条深槽。花期 5—6 月,果期 8—10 月。$2n=40,60$。

区内常见,生于山上林下、路边杂草中、石岩边或菜园篱边。分布于安徽、福建、甘肃、广东、广西、贵州、海南、河北、河南、湖南、江苏、山东、陕西、四川、台湾、云南;不丹、印度、印度尼西亚、日本、朝鲜半岛、老挝、马来西亚、缅甸、尼泊尔、菲律宾、泰国、越南、澳大利亚也有。

全草入药。

4. 崖爬藤属　Tetrastigma (Miq.) Planch.

常绿或落叶攀援藤本或草质藤本。卷须顶端常扩大为吸盘状。叶为单叶、掌状或鸟足状复叶。聚伞花序、伞形花序或伞房式聚伞花序腋生;花单性或杂性;花萼顶端平截或 4 齿裂;花瓣 4 枚;雄蕊 4 枚,与花瓣对生;花盘浅盘状或环状,与子房基部合生;子房 2 室,每室有 2 颗胚珠,花柱短或无,柱头扩大,4 裂。果为浆果;种子 1～4 粒,种子腹面或腹背两面常有小槽。

约 100 种,分布于亚洲至大洋洲;我国有 44 种,分布于华东、华中、华南、西南各地区;浙江有 1 种;杭州有 1 种。

三叶崖爬藤　三叶青　(图 2-211)
Tetrastigma hemsleyanum Diels & Gilg
多年生常绿草质蔓生藤本。块根卵球形或椭圆球形,表面深棕色,里面白色;茎无毛,下部节上生根;卷须不分枝,与叶对生。掌状复叶互生,有小叶 3 枚,中间小叶片稍大,近卵形或披针形,长 3～7cm,宽 1.2～2.5cm,先端渐尖,有小尖头,边缘疏生具腺状尖头的小锯齿,侧生小叶片基部偏斜,无毛或变无毛,侧脉 5～7 对;叶柄长 1.3～3.5cm。聚伞花序生于当年生新枝上,花序梗短于叶柄;花小,黄绿色;花梗长 2～2.5cm,有短硬毛;花萼杯状,4 裂;花瓣 4 枚,近卵形;花盘明显,有齿,与子房合生;子房 2 室,柱头 4 裂,星状开展。浆果球形,直径约为 6mm,初红褐色,熟时黑色;种子 1 颗。花期 4—5 月,果期 7—8 月。

见于余杭区(余杭),生于山坡或山沟、溪

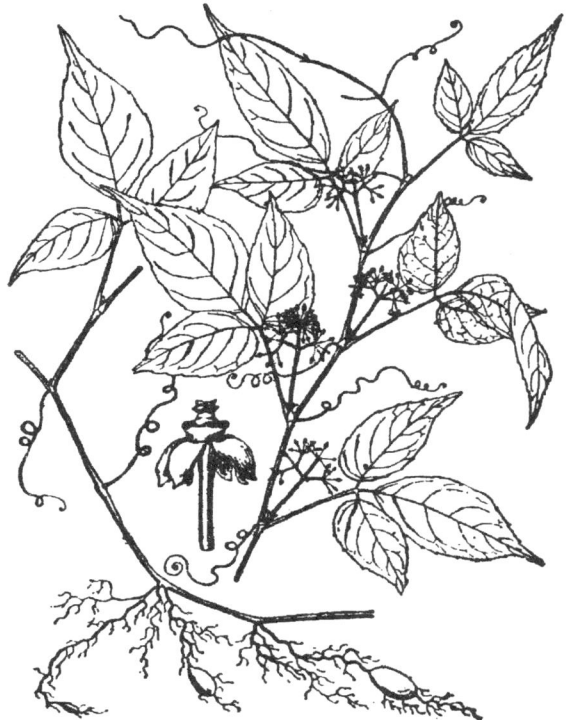

图 2-211　三叶崖爬藤

谷两旁、林下阴处。分布于福建、广东、广西、贵州、湖北、湖南、江苏、江西、四川、台湾、西藏、云南；印度也有。杭州新记录。

块根供药用。

5. 葡萄属　Vitis L.

木质藤本。卷须单一或分叉，与叶和花序对生。树皮长片状剥落，茎髓心褐色。单叶掌状分裂，稀有掌状复叶，托叶两枚，早落；花小，黄绿色，两性或单性或为杂性异株，组成圆锥花序；花萼 5 裂，小或不明显；花瓣 5 枚，顶端联合，谢后呈帽状脱落，花盘具 5 个蜜腺；子房 2 室，每室 2 枚胚珠，花柱短圆锥状。浆果球形或近球形；种子 2～4 粒，梨形，顶端具喙状尖头，腹面有 2 条纵沟。关于染色体数目的报道较多，绝大多数为 $2n=38$，偶有报道为 $2n=40$。

约 60 种，主要分布于我国和北美洲东部的温带地区；我国有 37 种，分布于西南、华东至东北各省、区；浙江有 20 种，2 变种；杭州有 8 种。

分 种 检 索 表

1. 叶片菱状长椭圆形或菱状卵形，基部宽楔形或楔形 ……………………………………… 1. 菱叶葡萄　V. hancockii
1. 叶片心形、卵形或卵状椭圆形，基部心形、截形或近圆形。
　2. 叶片下面密被茸毛，将表面完全遮盖。
　　3. 叶片 3 裂 …………………………………………………………… 2. 蘡薁　V. bryoniifolia
　　3. 叶片不明显 3 浅裂或不分裂 ………………………………………… 3. 毛葡萄　V. heyneana
　2. 叶片有毛，但非茸毛，不将表面完全遮盖。
　　4. 叶片 3 裂，基部深心形，两侧多少复叠。
　　　5. 叶片 3 浅裂，下面光滑或被非锈色毛 …………………………………… 4. 葡萄　V. vinifera
　　　5. 叶片 3 深裂，常 2 回浅裂或深裂，有时全裂为 3 出复叶，下面背稀疏锈色茸毛 ………………
　　　　………………………………………………………………………… 5. 三出蘡薁　V. sinoternata
　　4. 叶片 3 浅裂或不分裂，基部心形或截形。
　　　6. 叶脉两面隆起，有明显的脉网 ……………………………………… 6. 网脉葡萄　V. wilsoniae
　　　6. 叶脉近平或微隆起，不形成明显的脉网。
　　　　7. 叶片基部心形，叶脉背面有灰色短茸毛 …………………… 7. 华东葡萄　V. pseudoreticulata
　　　　7. 叶片基部截形或浅心形，叶脉初有茸毛，后变无毛 …………… 8. 葛藟葡萄　V. flexuosa

1. 菱叶葡萄　菱状葡萄　（图 2-212）

Vitis hancockii Hance

木质藤本。小枝圆柱形，有纵棱纹，密被黄褐色柔毛，后疏被灰色茸毛；卷须略粗壮，2 叉分枝或不分叉，疏被褐色柔毛，每隔 2 节与叶间断对生。叶片菱状长椭圆形或菱状卵形，不分裂或稀 3 裂，长 5～9cm，宽 3.5～6cm，顶端急尖，基部不对称，宽楔形或楔形，边缘有波状粗锯齿，疏生柔毛，上面暗绿色，下面淡绿色；基生脉 3 出；叶柄短或无；托叶三角状披针形，褐色膜质。圆锥花序疏散，与叶对生，花序轴密被褐色柔毛；花小，黄绿色，有香味；花瓣 5 枚，呈帽状粘合脱落；雄蕊 5 枚，花药黄色。浆果圆球形，直径为 6～8mm。花期 4—5 月，果期 8—10 月。

　　见于萧山区(楼塔)、余杭区(良渚、余杭),生于海拔 100～600m 的坡林下或灌丛中。分布于安徽、福建、江西。

图 2-212　菱叶葡萄

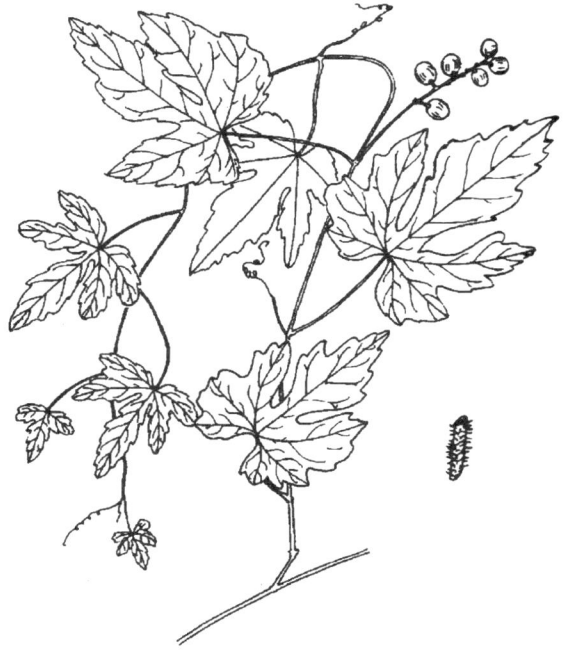

图 2-213　蘡薁

2. 蘡薁　(图 2-213)

Vitis bryoniifolia Bunge

　　木质藤本。嫩枝密被蛛丝状锈色或灰色茸毛;卷须 2 叉分枝。叶片长卵圆形,长 4～8cm,宽 2.5～5cm,掌状 3～5(7)深裂或浅裂,稀混生不裂叶者,1 回裂片常再浅裂或深裂;中央裂片最大,菱形,边缘有缺刻粗齿,侧裂片 2 裂或不裂,上面疏生短毛,下面密被锈色茸毛;叶柄长 1～3cm,密被毛。圆锥花序,长 5～8cm;花小,直径约为 2mm,无毛;花萼盘形,全缘;花瓣 5 枚,早落,雄蕊 5 枚。浆果球形,成熟时变紫,被紫色蜡粉。花期 4—5 月,果熟期 7—8 月。

　　见于余杭区(中泰)、西湖景区(五云山、云栖),生于山坡、路旁丛林中。分布于安徽、福建、广东、广西、河北、湖北、湖南、江苏、江西、山东、山西、陕西、四川、云南。

　　果实富含糖分,可酿酒;根及全株入药。

3. 毛葡萄　(图 2-214)

Vitis heyneana Roem. & Schult. ——*V. quinquangularis* Rehder

　　木质藤本,枝可长达 10m。幼枝带红色,与叶柄和花序轴密被白色蛛丝状毛;老枝褐色。叶片卵形或五角状卵形,长 10～15cm,宽 6～8cm,不分裂或有时有不明显 3 裂,先端急尖,基部浅心形或近截形,叶缘有波状小牙齿,叶上面无毛或近无毛,下面密被浅褐色茸毛;叶柄长 3～7cm。圆锥花序开展,长 8～11cm;花小,黄绿色,具细梗,无毛;花萼不明显;花瓣 5 枚;雄蕊 5 枚,花药椭圆球形。浆果球形,成熟时紫黑色,直径为 6～8mm;种子 1～3 枚。花期 6 月,果期 8—9 月。

见于西湖景区(玉皇山),生于山坡和溪谷边的灌丛中。分布于安徽、福建、甘肃、广东、广西、贵州、河北、河南、湖北、湖南、江苏、江西、山东、山西、陕西、四川、云南;不丹、印度、尼泊尔也有。

根、茎入药。

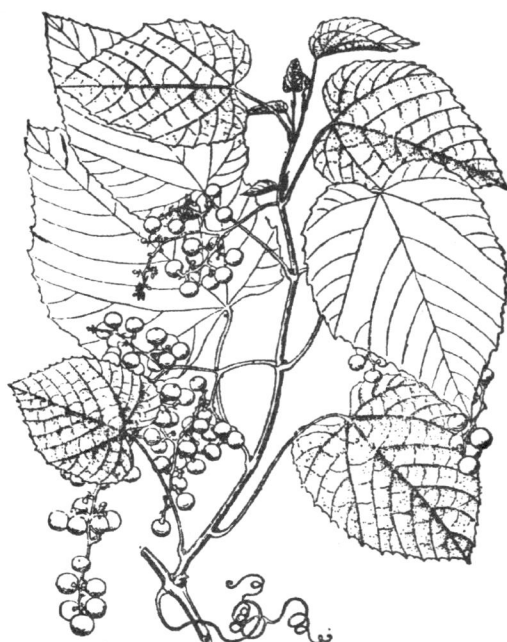

图 2-214　毛葡萄

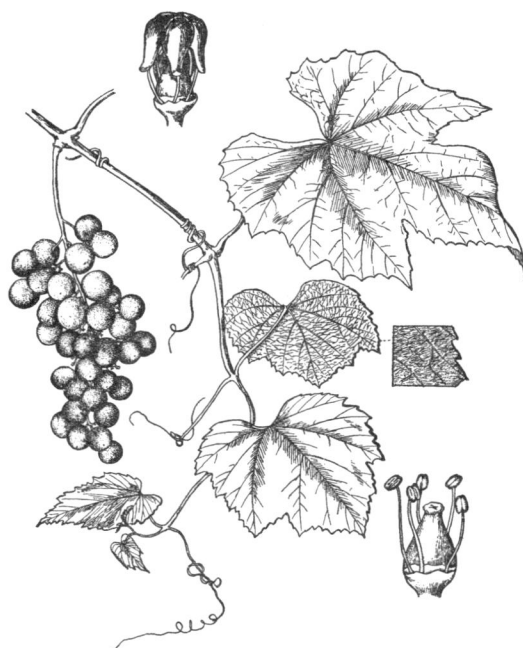

图 2-215　葡萄

4. 葡萄　(图 2-215)

Vitis vinifera L.

木质藤本,粗壮。小枝圆柱形,有纵棱纹;卷须 2 叉分枝,每隔 2 两节与叶间断对生。叶片近圆形,3～5 浅裂或中裂,基部深心形,两侧常靠合,边缘有不整齐的粗齿,两面无毛或下面被疏柔毛;叶柄长 4～9cm;托叶早落。圆锥花序紧密,多花;花小,淡黄绿色;花萼盘形;花瓣 5 枚,呈帽状粘合脱落;雄蕊 5 枚,花药黄色。浆果球形或椭圆球形,成熟时紫色或淡黄绿色。花期 6 月,果期 8—10 月。$2n=38$。

区内常见栽培。原产于西南亚至中欧;世界各地广泛栽培。

著名水果,可生食、酿酒、制葡萄干;根入药。

5. 三出蘡薁

Vitis sinoternata W. T. Wang——V. *bryoniifolia* Bunge var. *ternata* (W. T. Wang) C. L. Li

与蘡薁的区别在于:本种叶为 3 出复叶,或 3～5 深裂至基部,中央小叶无柄或有短柄;叶片下面背稀疏锈色茸毛。

　　见于西湖区(龙坞)、萧山区(楼塔)、余杭区(良渚、余杭)、西湖景区(云栖),生于山坡路旁和沟边灌丛中。分布于浙江。

6. 网脉葡萄　(图 2-216)

Vitis wilsoniae H. J. Veitch

　　木质藤木。小枝近圆柱形,有纵棱纹,被白色蛛丝状茸毛,后变无毛;卷须 2 叉分枝。叶片心形或卵状椭圆形,长 7～16cm,宽 5～12cm,通常不裂,顶端急尖或渐尖,基部心形,叶缘有波状牙齿,网脉在成熟叶片上凸出,下面沿脉有锈色蛛状毛,脉网明显,两面常有白粉;叶柄长4～7cm;托叶早落。圆锥花序疏散,与叶对生,长 8～15cm;花小,淡绿色;花萼盘形,全缘;花瓣 5 枚,呈帽状粘合脱落:雄蕊 5 枚,花药黄色,卵状椭圆球形,在雌花内短小,败育;花盘 5 裂,发达;雌蕊 1 枚,子房卵球形,花柱短,柱头扩大,在雄花中完全退化。浆果圆球形,直径为0.7～1.2cm,成熟时变蓝黑色,外被白粉;种子倒卵状椭圆球形,在基部有短喙,腹面两侧沟槽向上达种子 1/4 处。花期 5～6 月,果期 9—10 月。

　　见于西湖景区(五云山),生于山坡、溪沟边、林缘、灌丛或山谷中。分布于安徽、福建、甘肃、贵州、河南、湖北、湖南、陕西、四川、云南。

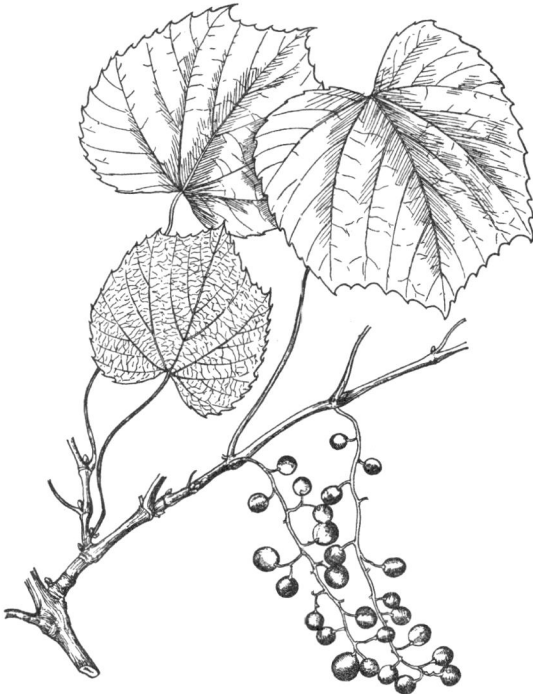

图 2-216　网脉葡萄

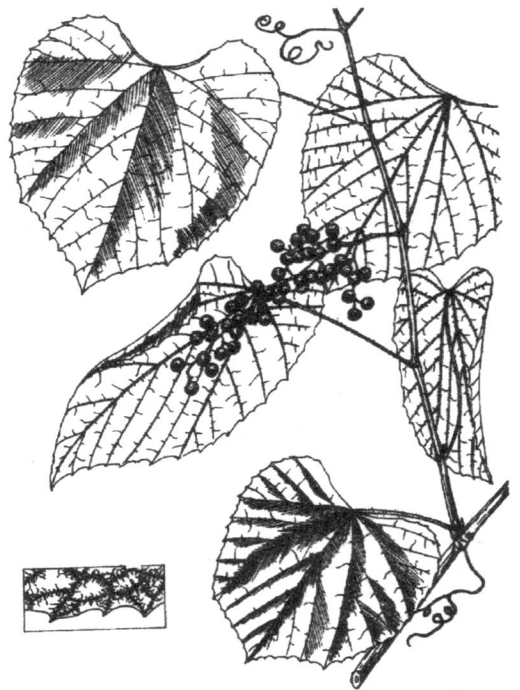

图 2-217　华东葡萄

7. 华东葡萄　(图 2-217)

Vitis pseudoreticulata W. T. Wang

　　木质藤本。枝紫褐色,皮剥落,幼枝有灰白色茸毛,后无毛。叶片薄纸质,心状宽卵形,长6～8cm,宽 7～10cm,上部通常不分裂或不明显 3 浅裂,先端渐尖,基部心形,边缘有粗锯齿,叶片上面绿色,近无毛,下面沿叶脉有灰色短柔毛,叶脉微隆起,网脉不明显;叶柄长 5～6cm。圆锥花序,长 6～16cm,常从下部分枝,花序轴被蛛丝状毛和短柔毛;花小,5 数,黄绿色;花萼盘状,边缘微波状;花瓣无毛;雄蕊长约 1.5mm,花药卵球形。浆果球形,直径为 6～8mm,幼时枣色,成熟后黑色,被白色蜡粉。花期 5—6 月,果期 9—10 月。

见于萧山区(楼塔)、西湖景区(飞来峰、黄龙洞、九溪、龙井、桃源岭、玉皇山等),生于路边草丛中、岩石上、山坡林中、平原荒地及溪涧边。分布于安徽、福建、广东、广西、河南、湖北、湖南、江苏、江西;朝鲜半岛也有。

根、茎入药;果可生食并酿果酒。

8. 葛藟葡萄　葛藟　（图 2-218）

Vitis flexuosa Thunb.

木质藤木。枝条细长,灰褐色,幼枝被灰白茸毛,后变无毛。叶片卵形、狭卵形或三角状卵形,长较宽略短或等长,不分裂,顶端渐尖,基部截形或浅心形,边缘有 5～12 个微不整齐的三角形牙齿,上面光滑无毛,绿色,下面起初脉上有稀疏蛛丝状茸毛,后仅在叶基部残留开展短毛。圆锥花序(连同花梗)长 4～7cm;花单性,黄绿色。浆果球形,直径约为 7mm,成熟时黑色;种子 2～3 枚。花期 6 月,果期 9—10 月。$2n=38$。

见于萧山区(城厢、楼塔)、余杭区(闲林),生于林下或山地灌丛中。分布于安徽、福建、甘肃、广东、广西、贵州、河南、湖南、江苏、江西、山东、陕西、四川、台湾、云南;印度、日本、老挝、尼泊尔、菲律宾、泰国、越南也有。

根、茎和果实入药;果实可生食及酿酒;种子可榨油。

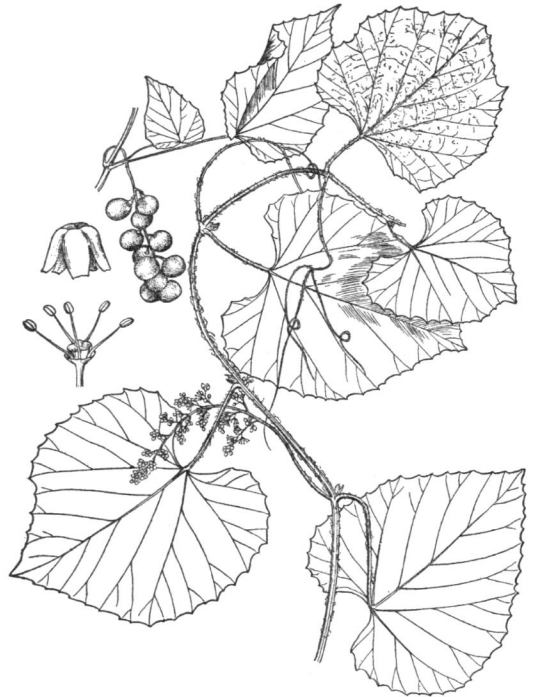

图 2-218　葛藟葡萄

74. 杜英科　Elaeocarpaceae

常绿乔木或灌木。单叶互生或对生,常有托叶。花两性或杂性,总状花序或圆锥花序;萼片 4～5 枚,分离或合生,镊合状排列;花瓣 4～5 枚或缺,先端常撕裂状或有齿裂;雄蕊多数,分离,生于环形或分裂的花盘上,花药线形,顶孔开裂,顶端常有药隔伸出成喙状或芒刺状,有时有毛丛;子房上位,2 至多室,每室胚珠 2 至多数。核果或蒴果;种子椭圆球形,具丰富胚乳。

约 12 属,350 种,分布于热带、亚热带;我国有 2 属,51 种,分布于西南至东南部各省、区;浙江有 2 属,6 种;杭州有 1 属,1 种。

杜英属　Elaeocarpus L.

常绿乔木或灌木。单叶互生,全缘或边缘有锯齿。花常两性,总状花序腋生或生于无叶的去年生枝上;萼片 4～5 枚;花瓣 4～5 枚,先端常撕裂状,稀为全缘或浅齿裂;雄蕊多数,着生于花盘内,花药线形,顶孔开裂;子房 2～3 室,每室胚珠 2 至多数。核果。

约 200 种,分布于热带、亚热带地区;我国有 30 种,分布于长江流域及其以南各省、区;浙江有 5 种;杭州栽培 1 种。

秃瓣杜英　(图 2-219)

Elaeocarpus glabripetalus Merr.

常绿乔木,高 12m。嫩枝秃净无毛,多少有棱,干后红褐色;老枝圆柱形,灰褐色。叶片陆续零星脱落,落叶前变紫红色或鲜红色;叶纸质,倒披针形,长 7～13cm,宽 2～4.5cm,先端短渐尖,基部变窄而下延,边缘有小钝齿,侧脉 7～8 对,两面无毛,干后黄绿色;叶柄长 4～7mm。总状花序常生于无叶的去年生枝上,长 5～10cm,纤细,花序轴有微毛;萼片 5 枚,披针形,长 3～4mm,外面有短毛;花瓣 5 枚,白色,长 3～4mm,无毛,先端撕裂至中部,呈流苏状,裂片 14～18 条;雄蕊20～30 枚,花药顶端具毛丛;花盘 5 裂,被毛;子房 2～3 室,有毛。核果椭圆球形,长 1～1.5cm,直径为 0.5～0.8cm。花期 7 月,果期10—11 月。

区内常见栽培。分布于长江以南地区。

树干端直,冠形美观,一年四季常挂几片红叶,是庭院观赏和绿化的优良树种。

图 2-219　秃瓣杜英

75. 椴树科　Tiliaceae

乔木、灌木或草本。单叶互生,稀对生,全缘或有锯齿,有时浅裂;叶片具基出脉 3～5 条,基部常心形,偏斜,托叶有或无,常早落。花两性或单性而雌雄异株,辐射对称,组成聚伞花序或圆锥花序;萼片 5 枚,有时 4 枚,分离或多少合生;花瓣与萼片同数,分离,有时或缺,内侧常有腺体;雌、雄蕊柄存在或不存在;雄蕊多数,稀 5 数,离生或基部合生成束,全部能育或有时退化为花瓣状,花药 2 室,纵裂或顶端孔裂;子房上位,2～10 室,或更多,每室胚珠 1 至多数。果为蒴果、核果或浆果及翅果状,有时可拆裂为数个无翅或有刺的分果。

约 57 属,500 种,分布于热带及亚热带地区;我国有 13 属,85 种,主要分布于长江以南各省、区;浙江有 5 属,13 种,4 变种;杭州有 4 属,4 种,1 变种。

多为纤维植物,少数可作材用、药用,也有部分为蜜源植物。

分 属 检 索 表

1. 乔木;花序的花序梗具贴生的大型苞片 ·· 1. 椴树属　*Tilia*
1. 草本、亚灌木或灌木;花序的花序梗无贴生的大型苞片。
  2. 灌木;果实为核果 ··· 2. 扁担杆属　*Grewia*
  2. 草本或亚灌木;果实为蒴果。
    3. 雄蕊全部能育,离生;蒴果有棱 ··· 3. 黄麻属　*Corchorus*
    3. 具花瓣状退化雄蕊,能育雄蕊合生成 5 束;蒴果无棱 ····················· 4. 田麻属　*Corchoropsis*

1. 椴树属　Tilia L.

落叶乔木。叶片常较宽大,边缘常有锯齿,基部心形或截形,偏斜;具长柄。花两性,聚伞花序弯垂;花序梗下半部常与长舌状的苞片合生;萼片 5 枚;花瓣 5 枚,覆瓦状排列,基部常有 1 枚小鳞片;雄蕊多数,分离或合生成 5 束;子房 5 室。核果,不开裂;1～2 颗种子,种子有胚乳。

约 80 种,分布于欧洲、亚洲和北美洲;我国有 32 种,分布于东北至华南地区;浙江有 6 种,2 变种;杭州有 1 种。

南京椴　小叶韧皮树　山桑皮　（图 2-220）

Tilia miqueliana Maxim.

落叶乔木,高达 15m。小枝及芽密被灰白色至褐色星状茸毛。叶片三角状卵形或卵形至卵圆形,长 5.5～11cm,宽 4～10cm,先端急尖或短渐尖,基部心形或截形,偏斜,边缘有短尖锯齿,上面无毛,背面密被交织灰褐色星状毛;叶柄长 2.5～6cm,有星状毛。聚伞花序下垂,长 7～9cm,有花 10～20 朵;花序梗与苞片近中部结合,有星状毛;苞片长5.5～12cm,上面无毛或沿脉有星状毛,下面密生星状毛;萼片长4mm,内、外面均有毛;花瓣较雄蕊长,无毛;雄蕊多数,退化雄蕊花瓣状;子房密被茸毛,花柱较细。果实核果状,近球形或椭圆球形,外面有星状茸毛,无棱或仅在基部具 5 条棱,果皮较厚,成熟时不开裂。花期 6—7 月,果期 8—10月。$2n=164$。

见于余杭区(径山),生于山谷、坡地、林中。分布于安徽、江苏、江西;日本也有。

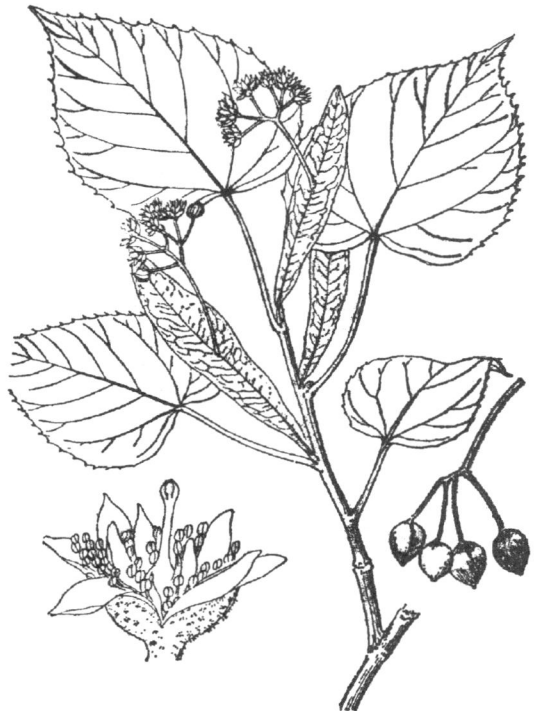

图 2-220　南京椴

2. 扁担杆属　Grewia L.

落叶灌木或乔木,直立或攀援状,多少被星状柔毛。叶互生,具3～5条基出脉,托叶小。花两性或单性异株;单生或组成顶生、腋生或与叶对生的聚伞花序;萼片5枚,分离;花瓣5枚,基部常具腺体;雌、雄蕊柄存在;雄蕊多数,分离;子房2～4室,每室具2～8颗胚珠。核果2～4裂;每裂瓣内具1～4粒种子,种子之间具假隔膜。

约90种,主要分布于亚洲热带、非洲和澳大利亚;我国约有26种,南北均有分布,主产于长江以南各省、区;浙江有1种,1变种;杭州有1变种。

小花扁担杆　扁担木　孩儿拳头　(图2-221)

Grewia biloba G. Don var. **parviflora** (Bunge) Hand. -Mazz.

灌木或小乔木,高约3m。小枝密被褐色星状毛。叶片椭圆形或长菱状卵形,通常长2.5～10cm,宽1～5cm,先端急尖至渐尖,基部楔形至圆形,边缘具不整齐锯齿,上面无毛或沿脉散生极疏星状毛,下面密被星状毛,基出脉3条;叶柄长2～8mm,密被星状毛;托叶线形。聚伞花序与叶对生,具花5～8朵;花序梗长5～10mm;花黄绿色,直径约为7mm,花梗长3～8mm;萼片长圆状线形,外面密生灰褐色柔毛,内面无毛;花瓣远比萼片小;雄蕊多数;子房具长柔毛,花柱较长。核果红色,直径为8～12mm,有2～4颗分核。花期6—7月,果期7—10月。$2n=18$。

见于余杭区(临平)、萧山区(楼塔)、西湖景区(飞来峰、黄龙洞、龙井、桃源岭、云栖),生于林下或路边。分布于华北至华南地区。

本种枝、叶作药用,可治小儿疳积等症;纤维植物。

图2-221　小花扁担杆

3. 黄麻属　Corchorus L.

一年生草本或亚灌木,常有星状毛。叶互生,边缘具齿。花小,黄色,两性,单生或数朵组成聚伞花序;萼片和花瓣各5枚,偶4枚,花瓣基部无腺体;雌、雄蕊柄不存在,雄蕊10或多数,分离,均能育;子房2～5室,每室有胚珠多颗,花柱短,柱头浅环状。蒴果狭长或近球形,有或无角状凸起,熟时室背开裂成2～5瓣;种子多数,有胚乳。

约40种,广布于热带地区;我国有4种,主要分布于长江以南各省、区;浙江有3种;杭州有2种。

1. 黄麻 (图 2-222)

Corchorus capsularis L.

一年生直立木质草本,高 1～4m,全株无毛。叶纸质,卵状披针形至狭窄披针形,长 5～12cm,宽 2～5cm,先端渐尖至尾状长渐尖,基部圆形或宽楔形,3 出脉的两侧脉上行不过半,中脉有侧脉 6～7 对,边缘有粗锯齿,近基部两侧各有 1 枚齿伸长而呈钻形,向下弯曲;叶柄长约 2cm,有柔毛;托叶线形,脱落。聚伞花序腋生,有数朵花,花小,黄色;萼片淡紫色,长约 4mm;花瓣倒卵形,与萼片近等长;雄蕊多数;子房无毛。蒴果球形,直径约为 1cm,有纵棱和疣状凸起,顶端截形或凹陷,成熟时 5 瓣裂。花期 7—8 月,果期 9—10 月。$2n=14$。

区内有栽培。原产于印度;长江以南地区普遍栽培。

著名的麻类作物;根、叶、种子可供药用,种子有毒;可作蜜源植物。

图 2-222 黄麻

2. 长蒴黄麻 (图 2-223)

Corchorus olitorius L.

一年生直立草本。高 1～2m,多分枝,无毛。叶纸质,长卵形至卵状披针形,长 5～10cm,宽 1.3～3.5cm,先端渐尖至长渐尖,基部圆形,边缘密生整齐小锯齿,近基部两侧各有 1 枚齿伸长而呈钻形,两面无毛或疏生极稀柔毛;叶柄长 0.8～2cm,有毛;托叶线形。聚伞花序腋生或腋外生,有花 1～3 朵,花小,淡黄色;萼片长约 5mm;花瓣倒卵形,较萼片略长;雄蕊多数;子房有毛。蒴果长圆筒形,长 4～8cm,有 10 条棱,顶端具一角状凸起,成熟时 4～5 瓣裂。花期 7—8 月,果期 9—10 月。$2n=14$。

区内有栽培。原产于印度;我国华东和华南地区广泛栽培。

茎皮纤维细柔,拉力强,可织麻袋、草席、造纸等用;叶的汁液可作肥皂代替品;可作蜜源植物。

与上种的主要区别在于:本种子房有毛;蒴果长圆筒形,顶端具一角状凸起。

图 2-223 长蒴黄麻

4．田麻属　Corchoropsis Siebold & Zucc.

一年生草本,茎常多少木质化。叶互生,边缘有锯齿,具 3～5 条基出脉;托叶钻形。花黄色,单生于叶腋,花梗长,有 3 枚线形苞片;萼片 5 枚;花瓣 5 枚,倒卵形,基部无腺体;雌、雄蕊柄不存在;雄蕊 20 枚,其中外轮 5 枚退化,匙状条形,与萼片对生,能育雄蕊基部合生成 5 束;子房 3 室,每室有多数胚珠,3 齿裂,花柱单一,细长。蒴果角状圆筒形,熟时 3 瓣开裂;种子多数,具胚乳。

约 4 种,分布于东亚;我国有 2 种,南北均产;浙江有 1 种,1 变种;杭州有 1 种。

田麻　(图 2-224)

Corchoropsis tomentcsa（Thunb.）Makino——
C. tomentosa（Thunb.）Makino var. *tomentosicarpa*
P. L. Chiu & G. R. Zhong

一年生草本,高 0.3～1m,枝有星状短柔毛。叶卵形或狭卵形,长 2.5～6cm,宽 1～4cm,先端急尖至渐尖、长渐尖,基部截形、圆形或微心形,边缘具钝齿,两面密生星状短柔毛,基出脉 3 条;叶柄长 0.2～3.5cm,密被柔毛;托叶钻形,脱落。花黄色,有细长梗;萼片狭披针形,长约 5mm;花瓣倒卵形;能育雄蕊 15 枚,每 3 枚成 1 束,退化雄蕊 5 枚,匙状线形,长约 1cm,与萼片对生;子房密生星状短柔毛,花柱单一,长 1cm。蒴果角状圆筒形,长 1.7～3cm,散生星状柔毛;种子长卵球形。花期 8—9 月,果期 9—10 月。$2n=20$。

见于西湖景区(飞来峰、九溪、下天竺、玉皇山、云栖),生于路边草丛或林下。分布于华东、华中、华南、华北与东北地区;日本、朝鲜半岛也有。

茎皮纤维可代麻;全草入药,具清热、解毒、止血之效。

图 2-224　田麻

76．锦葵科　Malvaceae

草本、灌木至乔木,通常具有星状毛。茎之韧皮纤维发达,多具黏液腔。单叶,互生,叶片常掌状分裂并有锯齿,稀全缘,具掌状脉;有托叶。花腋生或顶生,单生、簇生聚伞花序至圆锥花序。花两性,辐射对称;萼片 3～5 片,分离或合生;其下面附有总苞状的小苞片(又称副萼)3 至多数;花瓣 5 片,彼此分离,但与雄蕊管的基部合生;雄蕊多数,联合成一管,称雄蕊柱,花药 1 室,花粉被刺;子房上位,2 至多室,通常以 5 室较多,由 2～5 枚或较多的心皮环绕中轴而成,花柱上部分枝或者为棒状,每室胚珠 1 至多枚,花柱与心皮同数或为其 2 倍。蒴果或分果,稀为浆果状;种子肾形或倒卵球形,被毛或光滑无毛,有胚乳,子叶扁平,折叠状或回旋状。

约 100 属,1000 多种,分布于热带至温带地区;我国有 19 属,81 种,分布于全国各地;浙江有 10 属,31 种,6 变种;杭州有 9 属,15 种。

本科多为重要的经济植物。例如,棉属是世界各国广泛栽培的纤维作物,且种子可榨油,供食用或工业用;朱槿、木芙蓉、木槿、悬铃花、蜀葵等是著名的园林观赏植物;有的种类可供食用或药用。

传统的锦葵科是一个单系类群,其形态界定清晰,但其近缘类群如木棉科 Bombacaceae、椴树科 Tiliaceae、梧桐科 Sterculiaceae 等都不是单系类群。因此,现在一般将木棉科、椴树科、梧桐科等科并入广义的锦葵科,科下分为 10 个亚科(APG Ⅲ,2009)。不过也有学者认为应将这些亚科分别识别为不同的科。为保持连续性,本志暂采用与《中国植物志》和《浙江植物志》相同的传统锦葵科的概念。

分 属 检 索 表

1. 果实为分果,成熟时心皮与果轴分离而成分果瓣;子房由 7 至多数分离心皮(仅中轴部分合生)组成。
　　2. 心皮 7～30 枚,排成 1 轮,小苞片(副萼)3～9 枚或缺,非心形。
　　　　3. 子房每室有 2 枚或更多胚珠,无小苞片 ……………………………… 1. 苘麻属　Abutilon
　　　　3. 子房每室仅有 1 枚胚珠,大多具小苞片(黄花稔属除外)。
　　　　　　4. 小苞片 3～9 枚;分果瓣顶端无芒。
　　　　　　　　5. 小苞片 3 枚,分离,花瓣倒心形或微缺;果轴圆柱形 ……………… 2. 锦葵属　Malva
　　　　　　　　5. 小苞片基部合生,花瓣啮蚀状;果轴盘状。
　　　　　　　　　　6. 小苞片 3～6 枚,花柱基部在果时扩大,圆锥状或盘状;果轴常高出于心皮 …………
　　　　　　　　　　……………………………………………………………… 3. 花葵属　Lavatera
　　　　　　　　　　6. 小苞片 6 或 7 枚,花柱基部在果时不扩大;果轴与心皮相等或较短 …… 4. 蜀葵属　Alcea
　　　　　　4. 无小苞片;分果瓣顶端通常具 2 枚芒 ……………………………… 5. 黄花稔属　Sida
　　2. 心皮 30～50 枚,紧密排列成一圆锥体,仅中轴处合生(成熟时似聚合果),小苞片 3 枚,心形,分离 ……
　　　　………………………………………………………………………………… 6. 马络葵属　Malope
1. 果实为蒴果,室背开裂;子房由 3～5 枚合生心皮组成。
　　7. 子房 3～5 室,花柱棒状,不分枝,上端仅具纵槽纹,小苞片 3～7 枚,大而为叶状或心形;种子卵球形,密被白色长棉毛 …………………………………………………………… 7. 棉属　Gossypium
　　7. 子房 5 室,花柱分枝 5 枚,小苞片 5～15 枚,多为线形;种子肾形,被柔毛或无毛。
　　　　8. 花萼佛焰苞状,沿一侧开裂,花后脱落;果长尖,种子光滑无毛 ……… 8. 秋葵属　Abelmoschus
　　　　8. 花萼钟状或杯状,整齐 5 裂或 5 齿裂,宿存;果长圆球形至圆球形,种子被柔毛或腺状乳凸 ………
　　　　………………………………………………………………………………… 9. 木槿属　Hibiscus

1. 苘麻属　Abutilon Mill.

草本、亚灌木状或灌木。叶互生,基部心形,掌状叶脉。花顶生或腋生,单生或排列成圆锥花序状。花萼钟状,裂片 5 枚;花冠钟形、轮形,很少管形,花瓣 5 枚,基部联合,与雄蕊柱合生;

雄蕊柱顶端具多数花丝;子房具心皮8~20枚,花柱分枝与心皮同数,子房每室具胚珠2~9枚。蒴果近球形,陀螺状、磨盘状或灯笼状,分果瓣8~20枚,顶端具2枚长芒或否,成熟后与中轴分离;种子肾形,被星状毛或乳凸状腺毛。

约200种,分布于热带和亚热带地区;我国有9种,分布于南北各省、区;浙江有2种;杭州有2种。

1. 金铃花 （图2-225）

Abutilon pictum (Gillies ex Hooker) Walp. —— *A. striatum* Dickson.

常绿灌木,高达1m。叶掌状3~5深裂,直径为5~8cm,裂片卵状渐尖形,先端长渐尖,边缘具锯齿或粗齿,两面均无毛或仅下面疏被星状柔毛;叶柄长3~6cm,无毛;托叶钻形,长约8mm,常早落。花单生于叶腋,花梗下垂,长7~10cm,无毛;花萼钟形,长约2cm,裂片5枚,卵状披针形,深裂达萼长的3/4,密被褐色星状短柔毛;花钟形,橘黄色,具紫色条纹,长3~5cm,直径约为3cm,花瓣5枚,倒卵形,外面疏被柔毛;雄蕊柱长约3.5cm,花药褐黄色,多数,集生于柱端;子房钝头,被毛,花柱分枝10枚,紫色,柱头头状,凸出于雄蕊柱顶端。果未见。花期5—10月。$2n=16$。

区内有栽培。原产于南美洲;世界各地广泛栽培。花十分艳丽,供园林观赏用。

图2-225　金铃花

2. 苘麻 （图2-226）

Abutilon theophrasti Medik.

一年生亚灌木状草本,高达1~2m。茎枝被柔毛。叶互生,圆心形,长5~10cm,先端长渐尖,基部心形,边缘具细圆锯齿,两面均密被星状柔毛;叶柄长3~12cm,被星状细柔毛;托叶早落。花单生于叶腋,花梗长1~3cm,被柔毛,近顶端具节;花萼杯状,密被短茸毛,裂片5枚,卵形,长约6mm;花黄色,花瓣倒卵形,长约1cm;雄蕊柱平滑无毛,心皮15~20枚,长1~1.5cm,顶端平截,具扩展、被毛的长芒2枚,排列成轮状,密被软毛。蒴果半球形,直径约为2cm,长约1.2cm,分果瓣15~20枚,被粗毛,顶端具长芒2枚;种子肾形,褐色,被星状柔毛。花期7—8月。$2n=42$。

见于西湖景区(龙井、桃源岭),生于溪边、路旁,有时栽培于屋旁。分布于全国各地;非洲、亚洲、澳

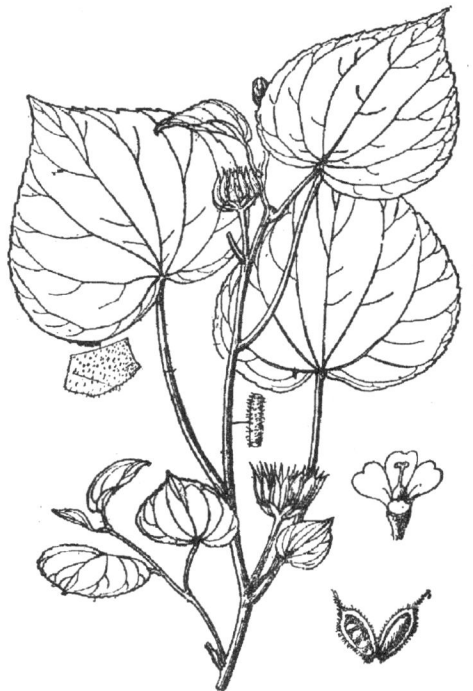

图2-226　苘麻

大利亚、欧洲、北美洲也有。

茎皮纤维色白,具光泽,可编织麻袋、搓绳索、编麻鞋等;种子含油量为 15％～16％,供制皂、油漆和工业用润滑油;种子入药,称"冬葵子";全草也供药用。

与上种的区别在于:本种为亚灌木状草本;叶片不裂;花小,长于 1cm,花瓣黄色,无脉纹。

2. 锦葵属　Malva L.

一年生或多年生草本。叶互生,有角或掌状分裂。花单生于叶腋间或簇生成束,有花梗或无花梗;有小苞片(副萼)3 枚,线形,常离生,萼杯状,5 裂;花瓣 5 枚,顶端常凹入,白色、玫红色至紫红色;雄蕊柱的顶端有花药;子房有心皮 9～15 个,每一心皮有胚珠 1 个,柱头与心皮同数。果由数个心皮组成,成熟时各心皮彼此分离,且与中轴脱离而成分果;种子肾形。

约 30 种,分布于亚洲、欧洲和北非洲;我国有 5 种;浙江有 3 种,1 变种;杭州有 2 种。

1. 锦葵　(图 2-227)

Malva cathayensis M. G. Gilbert, Y. Tang & Dorr——*M. sinensis* Cav.

越年生或多年生直立草本,高 50～90cm。分枝多,疏被粗毛。叶圆心形或肾形,具 5～7 枚圆齿状钝裂片,长 5～12cm,长、宽几相等,基部近心形至圆形,边缘具圆锯齿,两面均无毛或仅脉上疏被短糙伏毛;叶柄长 4～8cm,近无毛,但上面槽内被长硬毛;托叶偏斜,卵形,具锯齿,先端渐尖。花 3～11 朵簇生,花梗长 1～2cm,无毛或疏被粗毛;小苞片 3 枚,长圆形,长 3～4mm,宽 1～2mm,先端圆形,疏被柔毛;萼杯状,长 6～7mm,萼裂片 5 枚,宽三角形,两面均被星状疏柔毛;花紫红色或白色,直径为 3.5～4cm,花瓣 5 枚,匙形,长 2cm,先端微缺,爪具髯毛;雄蕊柱长 8～10mm,被刺毛,花丝无毛;花柱分枝 9～11 枚,被微细毛。果扁圆球形,直径为 5～7mm,分果瓣 9～11 枚,肾形,被柔毛;种子黑褐色,肾形,长 2mm。花期 5—10 月。

区内有栽培。原产于印度;现我国各地有栽培或逸生。

花供观赏,地植或盆栽均宜;其花白色的可入药。

图 2-227　锦葵

2. **野葵**　冬葵　(图 2-228)

Malva verticillata L.——*M. crispa*（L.）L.

越年生草本,高 50～100cm。茎干被星状长柔毛。叶肾形或圆形,直径为 5～11cm,通常为掌状 5～7 裂,裂片三角形,具钝尖头,边缘具钝齿,两面被极疏糙伏毛或近无毛;叶柄长 2～8cm,近无毛,上面槽内被茸毛;托叶卵状披针形,被星状柔毛。花 3 至多朵簇生于叶腋,具极

短柄至近无柄;小苞片 3 枚,线状披针形,长 5～6mm,
被纤毛;萼杯状,直径为 5～8mm,萼裂片 5 枚,三角
形,疏被星状长硬毛;花冠长稍微超过萼片,淡白色至
淡红色,花瓣 5 枚,长 6～8mm,先端凹入,爪无毛或具
少数细毛;雄蕊柱长约 4mm,被毛;花柱分枝 10～11
枚。果扁球形,直径为 5～7mm,分果瓣 10～11 枚,背
面平滑,厚 1mm,两侧具网纹;种子肾形,直径约为
1.5mm,无毛,紫褐色。花期 3—11 月。

　　见于西湖景区(飞来峰),生于村边、路边和山野。
分布于全国各省、区;印度、缅甸、朝鲜半岛、埃及、埃
塞俄比亚及欧洲等地也有。

　　种子、根和叶入药;嫩苗可供蔬食。

　　与上种的主要区别在于:本种花明显较小,直径
为 0.5～1cm,白色至淡粉红色,近无花梗或具短梗
(有时仅一花梗较长);小苞片线状披针形;分果瓣背
面无网纹。

图 2-228　野葵

3. 花葵属　Lavatera L.

　　草本或灌木。叶有棱角或分裂。花各色,稀黄色,成顶生总状花序或 1～4 朵生于叶腋间,
小苞片 3～6 枚。萼钟形,5 裂;花冠漏斗形,花瓣 5 枚,顶端具缺刻或截形,有爪;雄蕊柱的顶
部分裂为无数的花丝;心皮 7～25 枚,环绕中轴合生,中轴顶部伞状而凸出心皮外,每室具胚珠
1 颗,花柱基部扩大,柱头丝状。果盘状;种子肾形,平
滑无毛。

　　约 25 种,分布于欧、亚、美及大洋洲;我国有 3
种;浙江有 1 种;杭州有 1 种。

　　三月花葵　裂叶花葵　(图 2-229)
Lavatera trimestris L.

　　一年生草本,高 1～2m。少分枝,被短柔毛。叶
肾形,上部的卵形,常 3～5 裂,长 2～5cm,宽 2.5～
7cm,边缘具锯齿或牙齿,上面被疏柔毛,下面被星状
疏柔毛;叶柄长 3～7cm,被长柔毛;托叶卵形,长 4～
5mm,先端渐尖,被长柔毛。花紫色,单生于叶腋间,
花梗长 1.5～4cm,被粗伏毛状疏柔毛;小苞片 3 枚,
正三角形,具齿,长 8mm,宽 14mm,下半部合生,两面
均被疏柔毛;萼杯状,5 裂,裂片三角状卵形,略长于小
苞片,密被星状柔毛;花冠直径约为 6cm,花瓣 5 枚,
倒卵圆形,长约 3cm,先端圆形,基部狭,秃净;雄蕊柱
长约 8mm;花柱基部膨大,盘状,直径约为 1cm,心皮

图 2-229　三月花葵

10～18 枚,白色,具无色透明平展的条纹,部分条纹网状。花期 4—8 月。$2n=14$。

区内有栽培。原产于欧洲地中海沿岸;现世界各地有栽培。

花大色艳,供观赏。

4. 蜀葵属　Alcea L.

一年生至多年生草本。常直立,不分枝,大部被星状毛,有时混生长单毛。叶具长柄;叶片卵圆形至近圆形,多少浅裂或深裂,边缘具圆锯齿或锯齿,先端锐尖至圆钝。花单生或排列成总状花序生于枝端,腋生;小苞片 6 或 7 枚,基部合生;萼 5 裂,多少被毛;花冠粉红色、白色、紫色或黄色,直径通常大于 3cm,先端凹缺;雄蕊柱无毛,顶端着生黄色的花药;子房 15 至多室,每室具胚珠 1 个,花柱丝形。果盘状,分果瓣有 15 枚至更多,成熟时与中轴分离。

约 60 种,主要分布于亚洲中部至西南部、欧洲东部至南部;我国有 2 种;浙江有 1 种;杭州有 1 种。

蜀葵　一丈红　(图 2-230)

Alcea rosea L.

越年生直立草本,高达 2m。茎枝密被刺毛。叶近圆心形,直径为 6～16cm,掌状 5～7 浅裂或波状棱角,裂片三角形或圆形,中裂片长约 3cm,宽4～6cm,上面疏被星状柔毛,粗糙,下面被星状长硬毛或茸毛;叶柄长 5～15cm,被星状长硬毛;托叶卵形,长约 8mm,先端具 3 尖。花腋生,单生或近簇生,排列成总状花序,具叶状苞片,花梗长约 5mm,果时延长至 1～2.5cm,被星状长硬毛;小苞片杯状,常 6～7 裂,裂片卵状披针形,长 10mm,密被星状粗硬毛,基部合生;萼钟状,直径为 2～3cm,5 齿裂,裂片卵状三角形,长 1.2～1.5cm,密被星状粗硬毛;花大,直径为 6～10cm,有红、紫、白、粉红、黄和黑紫等色,单瓣或重瓣,花瓣倒卵状三角形,长约 4cm,先端凹缺,基部狭,爪被长髯毛;雄蕊柱无毛,长约 2cm,花丝纤细,长约 2mm,花药黄色;花柱分枝多数,微被细毛。果盘状,直径约为 2cm,被短柔毛,分果瓣近圆形,多数,背部厚达 1mm,具纵槽。花期 2—8 月。$2n=42,84$。

区内常见栽培。原产于我国西南地区。

花大,色彩鲜艳,供观赏;全草入药;茎皮含纤维,可代麻用。

图 2-230　蜀葵

5. 黄花稔属　Sida L.

草本或半灌木,被星状毛。叶互生,通常不分裂,边缘有锯齿。花单生、簇生或再组成圆锥花序,腋生或顶生;无小苞片;花萼杯状或钟状,5 裂;花瓣 5 枚,黄色;雄蕊柱顶端着生多数花药;子房由 5～10 枚心皮组成,5～10 室,每室具 1 颗倒生胚珠,花柱分枝与心皮同数,柱头头状。分果盘状或球形,分果瓣顶端通常具 2 枚芒,或具喙,成熟时与中轴分离;种子光滑,有时种脐或顶端处有柔毛。

90 余种,分布于热带和亚热带地区;我国有 13 种,4 变种,分布于西南至华东地区各省、区;浙江有 3 种,2 变种;杭州有 1 种。杭州新记录。

白背黄花稔　(图 2-231)

Sida rhombifolia L.

半灌木,高达 1m。分枝多,被星状毛。叶片菱状卵形至长圆状披针形,长 2～4.5(～6)cm,宽 6～15(～25)mm,先端钝圆或急尖,基部宽楔形,边缘具锯齿,下面疏被星状柔毛,下面被灰白色或绿白色星状柔毛;叶柄长 2～5mm,密被星状柔毛;托叶刺毛状。花单生于叶腋,花梗长 7～15mm,密被星状柔毛,中部以上具关节;花萼杯状,长 4～5mm,裂片三角形,密被星状短茸毛;花冠黄色,直径约为 1cm,花瓣倒卵形,长约 8mm;雄蕊柱无毛,长约 5mm;花柱分枝 8～10 枚,线形。果半球形,直径为 6～7mm,分果瓣 8～10 枚,被星状柔毛,顶端具 2 枚短芒;种子黑褐色,长约 1mm,无毛。花期 8—9 月,果期 10—11 月。$2n=14$。

见于余杭区(余杭),生长于山麓溪沟边及村旁坡地石隙中。分布于福建、广东、广西、贵州、海南、湖北、四川、台湾、云南;不丹、柬埔寨、印度、日本、老挝、泰国、越南也有。杭州新记录。

全草入药。

图 2-231　白背黄花稔

6. 马络葵属　Malope L.

一年生或多年生草本,疏被柔毛或无毛。叶互生,叶片全缘或浅裂。花大而艳丽,紫色、粉红色或白色,单生于叶腋,具长花梗;小苞片 3 枚,叶状,心形,分离;花萼 5 深裂,明显超出小苞片;花瓣 5 枚,倒卵形,具瓣柄;雄蕊柱无毛,自上部或近基部起着生花药;心皮多数(30～50枚),紧密排列成圆锥状,仅中轴处合生,每一心皮具 1 颗胚珠,花柱枝与心皮同数。分果近球形,分果瓣成熟时表面具规则排列的横条纹。

约 4 种,主要分布于地中海地区;我国引种栽培 1 种;浙江及杭州也有栽培。

马络葵 （图 2-232）

Malope trifida Cav.

一年生草本，高 60～80cm。茎直立，有分枝，光滑无毛。叶片圆形或宽卵圆形，通常 3 浅裂，长 4～6cm，宽 5～6.5cm，中裂片宽三角形，急尖至钝圆，边缘具牙齿，无毛，具掌状 3（～5）出脉；叶柄长 3～5cm。花单生于叶腋，花梗长 4～9cm；小苞片 3 枚，圆心形，长 1.3～1.6cm，宽约 1.3cm，边缘具浅锯齿，齿端有睫状硬毛；花萼钟状，长约 2cm，裂片卵状披针形，中脉及边缘具睫毛；花冠粉红或紫红色，中央暗紫色，直径约为 5cm，花瓣倒卵形，长约 3cm，具深红色纵脉纹；雄蕊柱中上部着生花药，花粉粒灰色；花柱分枝 30～40 枚，基部膨大。果近卵球形，聚合果状，直径约为 1cm；种子倒卵球形，长约 2mm，灰白色，无毛。花期 5—6 月，果期 6—7 月。$2n=44$。

区内有栽培。原产于西班牙及北非。

花大而艳，供园林观赏，可作花坛材料，也可盆栽。

图 2-232　马络葵

7. 棉属　Gossypium L.

一年生或多年生草本，有时成乔木状。叶掌状分裂。花大，单生于枝端叶腋，白色、黄色，有时花瓣基部紫色，凋萎时常变色；小苞片 3～7 枚，叶状，分离或联合，分裂或呈流苏状，具腺点；花萼杯状，近平截或 5 裂；花瓣 5 枚，芽时旋转排列；雄蕊柱有多数具花药的花丝，顶端平截；子房 3～5 室，每室具胚珠 2 至多颗。蒴果圆球形或椭圆球形，室背开裂；种子圆球形，密被白色长棉毛，或混生具紧着种皮而不易剥离的短纤毛，或有时无纤毛。

约 20 种，分布于热带和亚热带；我国引种栽培 4 种；浙江栽培 4 种；杭州栽培 1 种。

本属是极重要的经济作物，世界各地广泛栽培。其种子的棉毛（俗称"棉花"）为纺织工业最主要的原料；种子可榨油，作工业润滑油和供农村点灯用，经高温精炼除掉棉酚后可供食用；其残渣即棉子饼，可作牲畜饲料或肥料。

陆地棉 （图 2-233）

Gossypium hirsutum L.

一年生草本，高 0.6～1.5m。小枝疏被长毛。叶片阔卵形，直径为 5～12cm，长、宽近相等或较宽，基部

图 2-233　陆地棉

心形或心状截形,常 3 浅裂,很少为 5 裂,中裂片常深裂达叶片之半,裂片宽三角状卵形,先端凸渐尖,基部宽,上面近无毛,沿脉被粗毛,下面疏被长柔毛;叶柄长 3～14cm,疏被柔毛;托叶卵状镰刀形,长 5～8mm,早落。花单生于叶腋,花梗通常较叶柄略短;小苞片 3 枚,分离,基部心形,具腺体 1 个,边缘具 7～9 枚齿,连齿长达 4cm,宽约 2.5cm,被长硬毛和纤毛;花萼杯状,裂片 5 枚,三角形,具缘毛;花白色或淡黄色,后变淡红色或紫色,长 2.5～3cm;雄蕊柱长 1.2cm。蒴果卵球形,长 3.5～5cm,具喙,3～4 室;种子分离,卵球形,具白色长棉毛和灰白色不易剥离的短棉毛。花期 8—9 月。2n＝52。

区内有栽培。原产于美洲墨西哥;世界各地广泛栽培。

棉纤维细长(商品上称为细绒棉),产量高,为优良的纺织原料;种子可榨油;根和种子入药。

8. 秋葵属 Abelmoschus Medik.

一年生、越年生或多年生草本。叶全缘或掌状分裂。花单生于叶腋;小苞片 5～15 枚,线形,很少为披针形;花萼佛焰苞状,一侧开裂,先端具 5 枚齿,早落;花黄色或红色,漏斗形,花瓣 5 枚;雄蕊柱较花冠为短,基部具花药;子房 5 室,每室具胚珠多颗,花柱 5 裂。蒴果长尖,室背开裂,密被长硬毛;种子肾形或球形,多数,无毛。

约 15 种,分布于东半球热带和亚热带地区;我国有 6 种,产于东南至西南地区各省、区;浙江有 2 种;杭州有 2 种。

1. 秋葵 咖啡黄葵 (图 2-234)
Abelmoschus esculentus(L.)Moench

一年生草本,高 1～2m。茎圆柱形,疏生散刺。叶掌状 3～7 裂,直径为 10～30cm,裂片阔至狭,边缘具粗齿及凹缺,两面均被疏硬毛;叶柄长7～15cm,被长硬毛;托叶线形,长 7～10mm,被疏硬毛。花单生于叶腋间,花梗长 1～2cm,疏被糙硬毛;小苞片 8～10 枚,线形,长约 1.5cm,疏被硬毛;花萼钟形,较长于小苞片,密被星状短茸毛;花黄色,内面基部紫色,直径为5～7cm,花瓣倒卵形,长 4～5cm。蒴果筒状尖塔形,长 10～25cm,直径为 1.5～2cm,顶端具长喙,疏被糙硬毛;种子球形,多数,直径为 4～5mm,具毛脉纹。花期 5—9 月。

区内常见栽培。原产于印度;现世界各地广泛栽培。

嫩果可作蔬菜;种子含油量达 15％～20％,高温处理后可供食用或供工业用。

图 2-234 秋葵

2. 黄蜀葵 （图 2-235）

Abelmoschus manihot（L.）Medik.

一年生或多年生草本,高 1～2m,疏被长硬毛。叶掌状 5～9 深裂,直径为 15～30cm,裂片长圆状披针形,长 8～18cm,宽 1～6cm,具粗钝锯齿,两面疏被长硬毛;叶柄长 6～18cm,疏被长硬毛;托叶披针形,长 1.1～1.5cm。花单生于枝端叶腋;小苞片 4～5枚,卵状披针形,长 15～25mm,宽 4～5mm,疏被长硬毛;萼佛焰苞状,5 裂,近全缘,较长于小苞片,被柔毛,果时脱落;花大,淡黄色,内面基部紫色,直径约为 12cm;雄蕊柱长 1.5～2cm,花药近无柄;柱头紫黑色,匙状盘形。蒴果卵状椭圆球形,长 4～5cm,直径为 2.5～3cm,被硬毛;种子多数,肾形,被柔毛组成的条纹多条。花期 8—10 月,果期 10—11 月。

区内有栽培。原产于我国南部。

花大色美,供观赏;根含黏质,可作造纸原料;种子、根和花供药用。

图 2-235　黄蜀葵

与上种的主要区别在于:本种叶片掌状 5～9 深裂,裂片长圆状披针形;小苞片 4～5 枚,卵状披针形;蒴果卵状椭圆球形,长 4～5cm。

9. 木槿属　Hibiscus L.

草本、灌木或乔木。叶互生,掌状分裂或不分裂,具掌状叶脉,具托叶。花两性,5 数,花常单生于叶腋间;小苞片 5 或多数,分离或于基部合生;花萼钟状,很少为浅杯状或管状,常 5 齿裂,宿存;花瓣 5 枚,各色,基部与雄蕊柱合生;雄蕊柱顶端平截或 5 齿裂,花药多数,生于柱顶;子房 5 室,每室具胚珠 3 至多数,花柱 5 裂,柱头头状。蒴果胞背开裂成 5 瓣;种子肾形,被毛或为腺状乳凸。

约 200 种,分布于热带和亚热带地区;我国有 25 种,产于全国各地;浙江有 11 种;杭州有 4 种。

本属的许多种类具有大型美丽的花朵,是重要的园林观赏灌木,如木芙蓉、芙蓉葵、木槿等;有些种类茎皮纤维发达,是优良的纤维植物,如洋麻;有些种类可供药用,如木槿、木芙蓉等。

分 种 检 索 表

1. 一年生或多年生草本。

　　2. 一年生草本;子房和果瓣具糙硬毛 ·· 1. **洋麻**　H. cannabinus

　　2. 多年生草本;子房和果瓣光滑无毛 ··· 2. **芙蓉葵**　H. moscheutos

1. 灌木或乔木;叶片卵形至心形,长大于宽,分裂或不分裂,有锯齿或牙齿;小苞片 4～8 枚,分离或仅基部合生。

　　3. 叶片基部心形、截形或圆形,有 7～11 掌状脉;花柱分枝有毛,小苞片 8～10 枚 ···············

　　·· 3. **木芙蓉**　H. mutabilis

　　3. 叶片基部楔形至宽楔形,有 3～5 掌状脉;花柱分枝光滑无毛,小苞片 6～8 枚 ········· 4. **木槿**　H. syriacus

1. 洋麻　大麻槿　（图 2-236）

Hibiscus cannabinus L.

一年生或多年生草本,高达 3m。茎直立,无毛,疏被锐利小刺。下部的叶心形,不分裂,上部的叶掌状 3～7 深裂,裂片披针形,长 2～11cm,宽 6～20mm,先端渐尖,基部心形至近圆形,具锯齿,两面均无毛,主脉 5～7 条,在下面中肋近基部具腺;叶柄长 6～20cm,疏被小刺;托叶丝状,长 6～8mm。花单生于枝端叶腋间,近无柄;小苞片 7～10 枚,线形,长 6～8mm,分离,疏被小刺;花萼近钟状,长约 3cm,被刺和白色茸毛,中部以下合生,裂片 5 枚,长尾状披针形,长 1～2cm,下面基部具一粗脉;花大,黄色,内面基部红色,花瓣长圆状倒卵形,长约 6cm;雄蕊柱长 1.5～2cm,无毛;花柱分枝 5 枚,无毛。蒴果球形,直径约为 1.5cm,密被刺毛,顶端具短喙;种子肾形,近无毛。花期秋季。$2n=36,72$。

区内有栽培。原产于南亚。

茎皮纤维柔软,韧度大,富弹性。

图 2-235　洋麻

图 2-237　芙蓉葵

2. 芙蓉葵　（图 2-237）

Hibiscus moscheutos L.

多年生直立草本,高 1～2.5m。茎被星状短柔毛或近于无毛。叶卵形至卵状披针形,有时具 2 枚小侧裂片,长 10～18cm,宽 4～8cm,基部楔形至近圆形,先端尾渐尖,边缘具钝圆锯齿,上面近于无毛或被细柔毛,下面被灰白色毡毛;叶柄长 4～10cm,被短柔毛;托叶丝状,早落。花单生于枝端叶腋间,花梗长 4～8cm,被极疏星状柔毛,近顶端具节;小苞片 10～12 枚,线形,长约 18mm,宽约 1.5mm,密被星状短柔毛,裂片 5 枚,卵状三角形,宽约 1cm;花大,白色、淡红色和红色等,内面基部深红色,直径为 10～14cm,花瓣倒卵形,长约 10cm,外面疏被柔毛,内面基部边缘具髯毛;雄蕊柱长约 4cm;花柱分枝 5 枚,疏被糙硬毛;子房无毛。蒴果圆锥状卵形,长 2.5～3cm,果瓣 5 枚;种子近圆肾形,顶端尖,直径为 2～3mm。花期 7—9 月。

区内有栽培。原产于美国东部。

花大而艳,供观赏。

3. 木芙蓉 （图 2-238）

Hibiscus mutabilis L.

落叶灌木或小乔木,高 2～5m。小枝、叶柄、花梗和花萼均密被星状毛与直毛相混的细绵毛。叶宽卵形至卵圆形或心形,直径为 10～15cm,常 5～7 裂,裂片三角形,先端渐尖,具钝圆锯齿,上面疏被星状细毛和点,下面密被星状细茸毛;主脉 7～11 条;叶柄长 5～20cm;托叶披针形,长 5～8mm,常早落。花单生于枝端叶腋间,花梗长 5～8cm,近端具节;小苞片 8～10 枚,线形,长 10～16mm,宽约 2mm,密被星状绵毛,基部合生;萼钟形,长 2.5～3cm,裂片 5 枚,卵形,渐尖头;花初开时白色或淡红色,后变深红色,直径约为 8cm,花瓣近圆形,直径为 4～5cm,外面被毛,基部具髯毛;雄蕊柱长 2.5～3cm,无毛;花柱分枝 5 枚,疏被毛。蒴果扁球形,直径约为 2.5cm,被淡黄色刚毛和绵毛,果瓣 5 枚;种子肾形,背面被长柔毛。花期 8—10 月。$2n = 92$。

区内常见栽培。原产于我国东南部地区;现世界各地有栽培,常植于路边或水畔。

花大色丽,为重要园林观赏植物;花、叶可入药。

图 2-238　木芙蓉

图 2-239　木槿

4. 木槿 （图 2-239）

Hibiscus syriacus L.

落叶灌木,高 3～4m。小枝密被黄色星状茸毛。叶菱形至三角状卵形,长 3～10cm,宽 2～4cm,具深浅不同的 3 裂或不裂,先端钝,基部楔形,边缘具不整齐齿缺,3～5 掌状脉,下面沿叶脉微被毛或近无毛;叶柄长 5～25mm,上面被星状柔毛;托叶线形,长约 6mm,疏被柔毛。花单生于枝端叶腋间,花梗长 4～14mm,被星状短茸毛;小苞片 6～8 枚,线形,长 6～15mm,宽 1～

2mm,密被星状疏茸毛;花萼钟形,长 14～20mm,密被星状短茸毛,裂片 5 枚,三角形;花钟形,淡紫色,直径为 5～6cm,花瓣倒卵形,长 3.5～4.5cm,外面疏被纤毛和星状长柔毛;雄蕊柱长约 3cm;花柱分枝无毛。蒴果卵球形,直径约为 12mm,密被黄色星状茸毛;种子肾形,背部被黄白色长柔毛。花期 7—10 月。

区内常见栽培。原产于我国中部地区;现世界各地广泛栽培。

供园林观赏,或作绿篱材料;茎皮富含纤维,作造纸原料;全株和茎皮还可入药。

77. 梧桐科　Sterculiaceae

乔木或灌木,稀为草本或藤本,常被星状毛。单叶,稀为掌状复叶,互生,托叶早落。花序为圆锥、聚伞、总状或伞房花序,稀为单生;萼片 5 枚,多少合生,镊合状排列;花瓣 5 枚或缺,分离或基部与雌、雄蕊柄合生,为旋转的覆瓦状排列;雄蕊多数,花丝常合生成管状,退化雄蕊 5 枚或无,与萼片对生,花药 2 室,纵裂;子房上位,由 2～5(10～12)个略合生的心皮组成,每室有 2 或多颗胚珠,花柱 1 枚或与心皮同数。果通常为蒴果或蓇葖果,开裂或不开裂,稀浆果或核果。

约 60 属,1100 种,主要分布于热带和亚热带地区;我国有 19 属,82 种,主要分布于华南和西南地区各省、区;浙江有 6 属,6 种;杭州有 2 属,2 种。

1. 梧桐属　Firmiana Marsili

落叶乔木。树皮青绿色,常有黏液。单叶,掌状分裂或全缘。顶生圆锥花序,稀为总状花序,单性或杂性;萼 5 深裂几至基部,萼片向外反卷;无花瓣;雄花的花药 10～15 枚,聚集在雌、雄蕊柄的顶端,有退化雌蕊;雌花的子房有柄,基部围绕着不育的花药,心皮 5 枚,上部结合成 1 枚花柱,每室胚珠 2 或多颗。蓇葖果,果皮膜质,成熟前开裂成叶状;种子圆球形,成熟时褐色,着生于果瓣近基部的边缘。

15 种,产于亚洲和非洲东部;我国有 3 种,分布于广东、广西和云南等地;浙江有 1 种;杭州有 1 种。

梧桐　(图 2-240)

Firmiana simplex（L.）F. W. Wight ——*F. platanifolia*（L. f.）Marsili

落叶乔木,高可达 15m。树皮青绿色,平滑,小枝粗壮翠绿色,主枝轮生状。叶掌状 3～5 裂,直径为 15～30cm,基部心形,裂片三角形,全缘,两面无毛或略被细茸毛,基出脉 7 条;叶柄与叶片几等长。圆锥花序顶生,长 20～50cm;花单性,无花瓣;花萼淡黄绿色,5 深裂,几达基部,裂片条形,向外反卷;雄花的雌、雄蕊柄与萼等长,花

图 2-240　梧桐

药约 15 个不规则地聚集在雌、雄蕊柄的顶端成头状,退化子房甚小;雌花的子房圆球形。花后心皮分离成 5 枚蓇葖果,成熟前即开裂成叶状;种子圆球形,成熟时褐色,表面皱缩,着生于果皮边缘。花期 6 月,果期 11 月。$2n=40$。

区内常见栽培,有时呈野生状态。分布于我国南北各省、区;日本也有。

本种树干挺秀,叶大荫浓,光洁美丽,果形奇特,常作行道树和庭院观赏树;叶、花、果实和种子均可入药,有清热解毒、祛湿健脾之效。

2. 马松子属 Melochia L.

草本或亚灌木,略被星状毛。单叶互生。花两性,聚伞花序或团伞花序;花萼钟状,5 裂;花瓣 5 枚,匙形或矩圆形,宿存;雄蕊 5 枚,与花瓣对生,基部联合成管状,花药外向,2 裂,无退化雄蕊;子房无柄,5 室,每室胚珠 1~2 枚,花柱 5 枚,分离或在基部合生。蒴果,5 瓣裂,每室有种子 1 粒;种子倒卵球形。

54 种,主要分布于热带和亚热带地区;我国仅 1 种;浙江及杭州也有。

马松子 (图 2-241)

Melochia corchorifolia L.

亚灌木状草本,高 0.2~1m。枝微散生星状柔毛。叶片薄纸质,卵形或披针形,长 1~7cm,宽 1~1.3cm,顶端急尖或钝,基部圆形或心形,边缘有锯齿,上面近于无毛,下面疏生柔毛,基出脉 3 条;叶柄长 5~25mm,托叶线形。花无柄,密集排列成聚伞花序或团伞花序,顶生或腋生;小苞片线形,混生于花序内;花萼钟状,5 浅裂,长约 2.5mm,外面被毛;花瓣 5 枚,白色或淡红色,匙形或长圆形,长约 6mm,基部收缩;雄蕊 5 枚,下部联合成管;子房 5 室,密被柔毛,花柱 5 枚。蒴果圆球形,有 5 条棱,直径为 5~6mm,被长柔毛;种子倒卵球形,略呈三角状,黑褐色,粗糙,长 2~3mm。花期夏初。$2n=36,46$。

见于西湖区(桃源岭),生于田野、路旁草丛中。分布于长江以南各省、区;亚洲热带地区也有。

茎皮富含纤维,可供编织用。

图 2-241 马松子

78. 狝猴桃科 Actinidiaceae

乔木、灌木或藤本。髓实心或片层状。单叶互生,无托叶。花序腋生,聚伞花序或总状花序,稀单生;花两性或雌雄异株,辐射对称;萼片 5 枚,稀 2~3 枚,多覆瓦状排列;花瓣 5 枚或更多,覆瓦状排列,分离或基部合生;雄蕊 10(～13)枚,分 2 轮排列,或无数,不作轮列式排列,花药背部着生或"丁"字形着生,纵缝开裂或顶孔开裂;子房上位,中轴胎座,多室或 3 室,花柱分离或合生。浆果或蒴果;种子每室 1 至数颗,具肉质假种皮,胚乳丰富。

　　4 属,380 余种,主产于热带至温带亚洲;我国有 4 属,106 种,主产于长江流域及其以南各省、区;浙江有 1 属,13 种,9 变种;杭州有 1 属,2 种。

猕猴桃属　Actinidia Lindl.

　　木质藤本。枝常有皮孔,髓片层状,少数实心。叶互生;叶片膜质、纸质或革质,有锯齿,稀全缘。雌雄异株,单生或聚伞花序,腋生或生于短花枝下部;萼片 5 枚,稀 2～4 枚或 6 枚,分离或基部合生;花瓣 5～12 枚,稀 4 枚,白色、红色、黄色或绿色;雄花有发育不全的子房,雄蕊多数,花药"丁"字形着生;雌花有不育的雄蕊,子房上位,多室,花柱分离,与心皮同数。浆果;种子多数,细小,扁卵球形,褐色,种皮骨质,具网状洼点。

　　约 64 种,由俄罗斯起,经日本和我国,至印度、中南半岛及印度尼西亚;我国有 57 种,37变种,主要分布于黄河流域及其以南各省、区;浙江有 13 种,9 变种;杭州有 2 种。

　　本属植物的果实富含维生素;部分种类为优良水果;部分有药用、观赏价值。

1. 大籽猕猴桃　猫人参　(图 2-242)

Actinidia macrosperma C. F. Liang

　　落叶藤本。嫩枝淡绿色至灰污色,无毛或疏被锈褐色短腺毛;老枝浅灰色至灰褐色,具皮孔;髓白色,实心,有时片层状。幼叶膜质,老叶近革质,梢部叶常具淡紫斑,卵形、宽卵形或菱状椭圆形,长 3～9cm,宽 2～7cm,先端渐尖或急尖,基部宽楔形或圆形,边缘有稀疏锯齿,上面无毛,背面脉腋上常有髯毛;叶柄常淡红色,细长无毛。花常单生,白色,芳香;花梗纤细.无毛或局部有少数腺毛;萼片 2～3 枚,卵形至长卵形,先端喙状,无毛;花瓣 5～12 枚;雄蕊多数,花药黄色,箭头状卵形;子房瓶状,无毛。果卵球形或圆球形,长约 3cm,顶端有时具乳头状喙,熟时橘黄色,无毛,无斑点;种子长4～5mm。花期 5 月,果期 9—10 月。2n＝116。

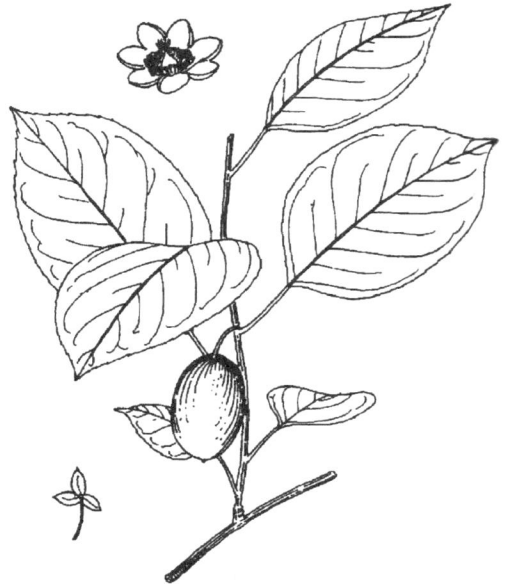

图 2-242　大籽猕猴桃

　　见于西湖景区(飞来峰、虎跑、理安寺、六和塔),生于溪沟边林中或林缘。分布于安徽、广东、湖北。

　　富含氨基酸;根皮药用,有清热解毒、消肿之效,民间用以治疗骨髓炎及消化道癌症。

2. 中华猕猴桃　(图 2-243)

Actinidia chinensis Planch.

　　大型落叶藤本。幼枝密被灰白色短茸毛或锈褐色硬毛状刺毛;老枝黑褐色或黑紫色,无毛;髓片层状。叶纸质,倒宽卵形至倒卵形或宽卵形至近圆形,长 6～17cm,宽 7～15cm,先端突尖、微凹或平截,基部钝圆形、截形或浅心形,边缘具睫毛状小齿,背面密生灰白色或淡棕色星状茸毛;叶柄长 3～6cm,密被锈色柔毛或短刺毛。聚伞花序;花白色,后变淡黄色,清香;萼片通常 5 枚,密被黄褐色茸毛;花瓣通常 5 枚,宽倒卵形;雄蕊极多,花药黄色;子房球形,被金黄色长柔毛状刚毛,花柱狭条形。浆果圆球形、卵球形或长圆球形,密被短柔毛,熟时黄褐色,变无毛或几无毛,具多数淡黄色斑点;种子直径约为 2.5mm。花期 5 月,果期 8—9 月。$2n=58$,116,174。

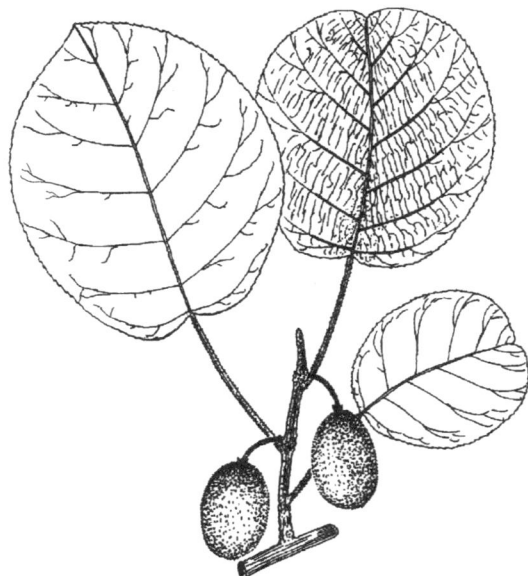

　　区内常见,生于林中,亦见栽培。分布于长江流域及其以南各省、区。

　　果实富含维生素,酸甜适口,为优良水果;根入药,有清热解毒、化湿健脾之效。

　　与上种的区别在于:本种枝、叶、果实显著被毛;髓片层状;叶片先端突尖、微凹或平截。

图 2-243　中华猕猴桃

79. 山茶科　Theaceae

　　灌木或乔木,常绿或半常绿。单叶,互生,羽状脉,通常有锯齿或全缘,具叶柄,无托叶。花单生或数花簇生,腋生或近顶生;花通常两性;白色,红色或黄色;苞片 2 至多枚;萼片 5 至多枚;花瓣 5 至多枚,基部合生或很少离生;雄蕊多数,1～6 轮;花药 2 室;心皮合生或很少不完全合生;子房上位,稀半下位,2～10 室;胚珠每室 2 至多枚,垂生或侧面着生于中轴胎座,稀为基底着生;花柱与心皮同数或联合。果为蒴果,室背开裂,或为不开裂的核果或浆果。

　　约 19 属,600 种,广泛分布于热带和亚热带地区,以亚洲最为集中;我国有 12 属,274 种,主要分布于南部及西南部各省、区;浙江有 8 属,39 种,4 变种,4 变型;杭州有 5 属,12 种,1 变种。

分属检索表

1. 花药短,背部着生,花丝长;果实为蒴果。
　　2. 灌木或小乔木;树皮常光滑;枝、叶有毛或无毛;种子球形或半球形,无翅 ……… 1. 山茶属　*Camellia*
　　2. 乔木;树皮纵裂;枝、叶无毛;种子肾形,扁平,具翅 ……………………… 2. 木荷属　*Schima*
1. 花药长圆球形,基部着生,花丝短;果实为浆果或半浆果状。
　　3. 叶螺旋状互生,常集生于枝端 …………………………………… 3. 厚皮香属　*Ternstroemia*
　　3. 叶 2 列互生。
　　　　4. 叶全缘,中脉在上面隆起;花两性,具长梗,花药被长毛 ………… 4. 红淡比属　*Cleyera*
　　　　4. 叶缘有细锯齿,中脉在上面凹陷;花单性,花梗短,花药无毛 ………… 5. 柃木属　*Eurya*

1. 山茶属 Camellia L.

常绿灌木或小乔木。单叶互生,通常革质,边缘具锯齿,稀全缘。花单生或 2～3 朵簇生,红色、白色或黄色;苞片 2～8 枚,萼片 5～8 枚,苞片与萼片有时逐渐过渡;花瓣 5～12 枚,基部多少合生;雄蕊 2～6 轮,外轮花丝多少合生。蒴果木质。

约 120 种,主要分布于亚洲东部和东南部;我国有 97 种,主要分布于南部及西南部;浙江有 15 种,1 变种,4 变型;杭州有 6 种。

分 种 检 索 表

1. 花梗明显;苞片与萼片明显分化。
  2. 花梗长 5～10mm;苞片 2 枚,早落;子房被毛 ·················· 1. 茶 C. sinensis
  2. 花梗长 1～4mm;苞片 4～5 枚,宿存;子房无毛 ··········· 2. 毛花连蕊茶 C. fraterna
1. 无花梗,苞片与萼片界线不清。
  3. 花瓣离生或近离生;花丝离生或基部稍合生;花柱深裂或达基部。
    4. 花白色,直径为 5～9cm,花柱长 8～12mm;果直径为 2～4cm ·········· 3. 油茶 C. oleifera
    4. 花粉红色或白色,直径为 4～7cm,花柱长 10～15mm;果直径为 1.5～2.1cm ·························
       ·· 4. 茶梅 C. sasanqua
  3. 花瓣基部合生;外轮花丝基部合生成短筒状;花柱先端 3 浅裂。
    5. 花红色;子房无毛 ·· 5. 红山茶 C. japonica
    5. 花粉红色;子房被柔毛 ····································· 6. 单体红山茶 C. uraku

1. 茶 (图 2-244)

Camellia sinensis（L.）Kuntze

灌木或小乔木。嫩枝紫褐色,被柔毛;老枝灰褐色,无毛。叶薄革质,椭圆形,长 4～12cm,宽 2～5cm,先端钝尖或急尖,基部楔形,边缘具细锯齿,上面深绿色,无毛,下面淡绿色,略被平伏柔毛,中脉和侧脉两面凸起;叶柄长 3～7mm。花单生或 2～3 朵簇生于叶腋,白色,直径为2.5～3.5cm;花梗长 5～10mm,下弯,向上增粗;苞片 2 枚,早落;萼片 5 枚,里面被白绢毛,宿存;花瓣 5～8 枚,阔卵圆形,基部稍连生;雄蕊多数,长 8～13mm,外轮花丝基部 1～2mm合生;雌蕊长约 1cm,子房 3 室,被白色柔毛,花柱先端 3 裂,长 2～4mm。蒴果三球形或二球形,直径为2～3cm,果皮厚 1mm;种子 1～3 粒,球形,灰褐色。花期 10—11 月,果期翌年 10—11 月。$2n=30$。

区内常见栽培和野生,生于林下或灌丛中。分布于安徽、福建、广东、广西、贵州、海南、河

图 2-244 茶

南、湖北、湖南、江苏、江西、陕西、四川、台湾、西藏、云南;印度、日本、朝鲜半岛、老挝、缅甸、泰国、越南也有。

　　叶片可以用来制茶。

2. 毛花连蕊茶　毛柄连蕊茶　连蕊茶　（图 2-245）

Camellia fraterna Hance

　　灌木或小乔木,高可达 5m。嫩枝密被长硬毛或长柔毛,老枝灰褐色。叶革质,椭圆形,长 4～8cm,宽 1.4～3.5cm,先端渐尖,基部楔形至阔楔形,边缘具锯齿,上面深绿色,具光泽,中脉被微毛,下面淡绿色,疏被平伏柔毛或仅中脉被毛;叶柄长 3～7mm,被柔毛。花 1～2 朵顶生或腋生,花梗长 1～4mm;花白色,有时带红晕,芳香,直径为 2.5～4cm;苞片 4～5 枚,密被长柔毛,宿存;萼片 5 枚,阔卵圆形,密被长柔毛,宿存;花瓣 5～6 枚,基部合生,外面近先端被微柔毛;雄蕊无毛,长 1.5～2cm,外轮花丝基部合生至中部或 2/3 处;子房无毛,3 室,花柱无毛,先端 3 浅裂。蒴果球形,直径为 1.5～2cm,1 室,内含 1 粒种子;种子球形,棕褐色。花期 3 月,果期 10—11 月。$2n=90$。

　　区内常见,生于山区、丘陵的林下及林缘。分布于安徽、福建、河南、江苏、江西。

　　花多且芳香,树形美观,可应用于园林绿化,或作为培育芳香、密花型山茶品种的杂交亲本。

图 2-245　毛花连蕊茶

图 2-246　油茶

3. 油茶　（图 2-246）

Camellia oleifera C. Abel

　　灌木或小乔木,高可达 8m。嫩枝红褐色,被毛,后脱落;老枝灰褐色至黄褐色。叶革质,椭圆形、长椭圆形或倒卵形,长 3～11cm,宽 1.5～5cm,先端急尖或渐尖,基部楔形至阔楔形;上面深绿色,具光泽,下面淡绿色;中脉两面凸起,被微毛或后变无毛;叶柄长 4～10mm,被毛。花 1～2 朵顶生或腋生,无花梗;花白色,直径为 5～9cm,苞片和萼片 8～11 枚,半圆形至近圆形,长 3～12mm,外面被黄色柔毛,里面无毛,边缘具睫毛,开花时脱落;花瓣 5～7 枚,倒卵形,长 2.5～4cm,宽 1.5～2.5cm,先端 2 裂,基部近离生,外轮花瓣背面被少量短柔毛;雄蕊无毛,长 1～1.7cm,外轮花丝基部多少合生,子房球形,通常 3 室,密被茸毛,花柱长 8～12mm,先端 3 裂或深裂至近基部,无毛或仅基部有毛。蒴果球形,直径为 2～4cm,2～3 裂,果皮厚 3～6mm;种子球形或半球形,褐色至红褐色。花期 10—12 月,果期翌年 10—11 月。$2n=90$。

区内常见栽培和野生,生于林下、林缘或灌丛。分布于安徽、福建、广东、广西、贵州、海南、河南、湖北、湖南、江苏、江西、陕西、四川、云南;老挝、缅甸、越南也有。

重要的木本油料植物,可制作上等食用油。

本种分布广泛,栽培品种多,因此种内变异较大,其叶片、花、果的大小、形状,以及花期、果期、种子含油量等方面均有较大的变异。

4. 茶梅　冬红茶梅　(图 2-247)

Camellia sasanqua Thunb. ——*C. hiemalis* Nakai

灌木或小乔木,高可达 5m。嫩枝红褐色,被毛,后脱落;老枝灰褐色。叶革质,椭圆形至长椭圆形,长 3～6cm,宽 1.5～3cm,先端尖或钝尖,基部楔形至阔楔形,边缘具细锯齿;上面深绿色,具光泽,沿中脉被毛,下面淡绿色,中脉被微毛或无毛;中脉和侧脉两面凸起;叶柄长 4～6mm,被疏毛或后无毛。花通常单生于小枝近顶端,无花梗;花白色或粉红色,直径为 4～7cm,苞片和萼片 8～10枚,半圆形至近圆形,向上部逐渐增大,外面被灰白色柔毛,里面无毛,边缘具睫毛,开花时脱落;花瓣 5～7 枚,倒卵形至阔倒卵形,长 2～4cm,宽 1.5～2.5cm,先端略凹,离生或与雄蕊贴生,外轮花瓣背面被少量长柔毛;雄蕊无毛,长 1.2～1.8cm,外轮花丝离生或基部多少合生,子房球形,3 室,密被茸毛,花柱长 1～1.5cm,先端 3 深裂,无毛。很少结实;蒴果球形至梨形,直径为 1.5～2.1cm,通常 3 室,每室含种子 1～3 粒,3 裂,果皮厚 1～2mm;种子球形或半球形,褐色。花期 12 月至翌年 2 月,果期翌年 9—10 月。$2n=90$。

图 2-247　茶梅

区内常见栽培。原产于日本。

品种的枝叶的形态、大小,以及花色、花型、花期等均有很大的变异,是著名的观赏花木。

5. 红山茶　山茶　(图 2-248)

Camellia japonica L.

灌木或小乔木,高可达 10m。嫩枝红褐色,无毛;老枝灰褐色。叶革质,椭圆形,长 5～

12cm,宽 2.5～7cm,先端短渐尖至渐尖,基部
楔形至阔楔形,边缘细锯齿;上面深绿色,下面
淡绿色,具散生木栓瘤,两面无毛;中脉凸起,侧
脉两面清晰;叶柄长 7～15mm,无毛。花单生
或成对生于小枝顶端,无花梗;红色,直径为
5～8cm,苞片和萼片 9～13 枚,半圆形至近圆
形,2～20mm,下部较小者外面无毛或近无毛,
上部较大者两面被灰白色柔毛,开后逐渐脱落;
花瓣 5～7 枚,倒卵形至近圆形,长 3～5cm,宽
1.5～3cm,先端圆而凹,基部与雄蕊管合生;雄
蕊无毛,长 2.5～3.5cm,外轮花丝基部至中部
合生,子房无毛,花柱约与雄蕊等长,先端 3 浅
裂,无毛。蒴果球形,直径为 3～4cm,通常 3
室,每室含种子 1～3 粒,果皮厚约 8mm;种子

图 2-248　红山茶

球形或半球形,暗褐色。花期 3—4 月,果期 9～10 月。$2n=30,45,60$。

　　区内常见栽培。分布于山东、台湾;日本、朝鲜半岛也有。

　　本种栽培历史悠久,园艺品种极多,不同品种间变异较大,其树形,叶片、花、果的大小、形
状、颜色,以及花期等方面均有较大的变异,为著名的观赏花木。

6. 单体红山茶　美人茶　杨妃茶 （图 2-249）

Camellia uraku Kitam.

　　灌木或小乔木,高可达 6m。嫩枝淡褐色;老枝灰
褐色。叶革质,椭圆形至长椭圆形,长 6～10cm,宽
3～5cm,先端渐尖,基部楔形,有时近圆形,边缘常略
翻转,具细锯齿;上面深绿色,略具光泽,下面淡绿色,
散布褐色的木栓瘤;叶柄长 7～12mm。花 1～2 朵生
于小枝顶端,有时腋生,无花梗;粉红色,直径为 5～
8cm,苞片和萼片 7～9 枚,倒卵圆形至阔倒卵圆形,长
5～15mm,外面被柔毛,花后逐渐脱落;花瓣 5～7 枚,
倒卵圆形,长 2.5～4cm,宽 1.5～2.5cm,先端 2 浅
裂,基部合生;雄蕊无毛,长 1.8～3cm,外轮花丝基
部合生,子房被茸毛,花柱约与雄蕊等长,先端 3 浅
裂,仅基部有毛。极少结果。花期 11 月至翌年 4
月。$2n=30$。

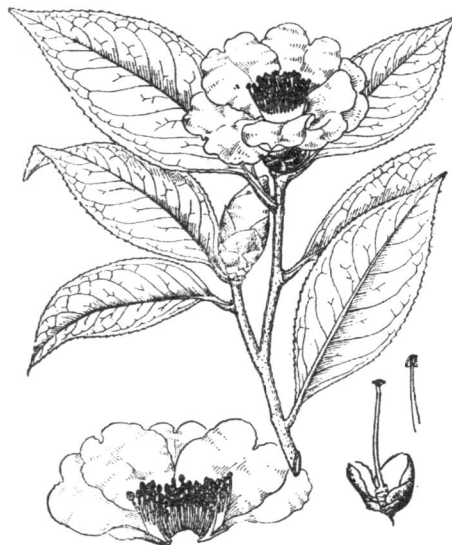

图 2-249　单体红山茶

　　区内常见栽培。分布于上海;日本也有。

　　本种枝叶繁茂,花朵繁多,花期长,抗寒性强,是
一个优良的园林绿化树种。

　　本种尚未发现野生自然分布,但在我国南部及日本被广泛栽培,且基本不结果,可能是红
山茶与滇山茶的杂交种。

2. 木荷属　Schima Reinw. ex Blume

常绿乔木。叶革质,有柄。花两性,单生于叶腋,或数朵在顶部排成短的总状花序,有梗;苞片通常 2 枚,或更多,早落;萼片 5 枚,宿存;雄蕊多数,花药背着;子房上位,密被茸毛,通常 5 室,胚珠每室 2～6 枚,花柱联合,通常顶端 5 浅裂。蒴果木质,背室开裂,中轴宿存;种子扁平,肾形,周围具翅。

约 20 种,主要分布于亚洲热带及亚热带地区;我国有 13 种,主要分布于西南部至台湾;浙江有 1 种;杭州有 1 种。

木荷　(图 2-250)

Schima superba Gardner & Champ.

乔木,高可达 20m。树皮不规则块状纵裂;枝暗色,具显著皮孔,无毛。叶革质,椭圆形,长 7～13cm,宽 3～6cm,先端急尖至渐尖,基部楔形,边缘具浅钝齿;上面绿色,下面浅绿色,两面无毛;叶柄长 1～2cm。花通常数朵排成总状花序集生于枝顶叶腋,花梗长 1～2.5cm;花白色,直径约为 3cm;苞片 2 枚,长 4～8mm,早落;萼片半圆形,长 2～4mm,外面无毛,里面及边缘被毛;花瓣倒卵形,长 1～1.6cm,基部背面被毛;雄蕊 5～7mm,子房密被茸毛。蒴果近扁球形,直径为 1～2cm。花期 6—7 月,果期翌年 10—11 月。$2n=36$。

区内常见栽培和野生,生于山谷、山坡、林地或灌丛。分布于安徽、福建、广东、广西、贵州、海南、湖北、湖南、江西、台湾;日本也有。

可作园林绿化树种和山林防火树种;树叶、根皮可入药。

图 2-250　木荷

3. 厚皮香属　Ternstroemia Mutis ex L. f.

常绿乔木或灌木。叶革质,通常全缘,螺旋状互生,常簇生于枝端,有柄。花两性,稀单性,单生于叶腋或侧生;苞片 2 枚;萼片、花瓣通常 5 枚,基部稍合生;雄蕊多数,2 轮排列,花丝短,基部合生,花药基着;子房上位,2～3 室,每室胚珠 2 至多枚,花柱单一,不裂或柱头 2～3 浅裂。果实为半浆果状,熟时不开裂或不规则开裂。

约 90 种,主要分布于亚洲、非洲和南美洲;我国有 13 种,主要分布于长江以南各省、区;浙江有 3 种;杭州有 2 种。

1. 厚皮香　猪血柴　（图 2-251）

Ternstroemia gymnanthera（Wight & Arn.）Bedd.

常绿小乔木或灌木。全株无毛；树皮灰褐色，嫩枝浅红褐色或灰褐色。叶革质，常簇生于枝端，假轮生状，椭圆形、长圆状椭圆形至倒卵状椭圆形，长 4.5～9cm，宽 2～3.5cm，先端急渐尖或钝渐尖，基部楔形，通常全缘；上面深绿色，有光泽，下面淡绿色，干后红褐色；中脉在上面稍下凹，在下面隆起，侧脉 5～6 对，两面不明显，叶柄长 7～15mm。花生于当年生无叶小枝上或叶腋，淡黄白色，直径为 1～1.6cm；花梗顶端下弯；小苞片 2 枚，三角形，先端尖；萼片 5 枚，卵圆形至长卵圆形，长 4～6mm，宽 3～4mm；花瓣 5 枚，倒卵形，长 6～9mm，宽 4～6mm；雄蕊多数，长 4～5mm；子房 2 室，柱头通常 2 浅裂。果实球形，顶端具宿存花柱，成熟时红色，直径为 1～1.5cm，果梗长 0.7～1.4cm；种子肾形。花期 6—7 月，果期 9—10 月。

区内有栽培。分布于安徽、福建、广东、广西、贵州、河北、湖南、江西、四川、云南；不丹、柬埔寨、印度、老挝、缅甸、尼泊尔、泰国、越南也有。

图 2-251　厚皮香

2. 日本厚皮香　（图 2-252）

Ternstroemia japonica Thunb.

常绿小乔木或灌木。全株无毛；树皮灰褐色或暗褐色。叶革质，长圆状椭圆形或倒卵状椭圆形，长 4～7cm，宽 1.5～2.5cm，先端钝圆或稍短钝尖，基部楔形而下延，边缘稍反卷，通常全缘；上面深绿色，入秋后带暗红色，下面淡绿色，干后红褐色；中脉在上面稍下凹，下面凸起，侧脉两面不明显，叶柄长 5～10mm。花淡黄白色或白色，直径为 1～1.5cm；花梗顶端下弯；小苞片 2 枚，三角形，先端尖；萼片 5 枚，阔卵圆形至近圆形，长约 3mm，宽 3～3.5mm；花瓣 5 枚，宽倒卵形，长 4.5～5mm，宽 5～5.5mm；雄蕊多数，长 4～5mm；子房 2 室，柱头通常 2 浅裂。果实椭圆球形，两端钝，成熟时红色，长 1.2～1.5cm，直径为 1～1.2cm，果梗长 1～2cm；种子长肾形。花期 6—7 月，果期 9—10 月。

图 2-252　日本厚皮香

区内有栽培。分布于台湾;日本也有。

枝叶优美,抗性强,为优良的园林绿化树种。

与上种的区别在于:本种的果实通常为椭圆球形,果梗长 1～2cm。

4. 红淡比属　Cleyera Thunb.

常绿灌木乔木。顶芽无毛。叶革质,2 列互生,有柄。花两性,单生或数朵簇生于叶腋,有梗;苞片小;萼片 5 枚;花瓣 5 枚,基部稍合生;雄蕊 25～35 枚,花丝离生,花药背毛;子房上位,通常无毛,2～3 室,胚珠每室 8～16 枚,花柱细长,顶端 2～3 裂。果实为浆果。

约 24 种,主要分布于亚洲东南部及美国热带地区;我国有 9 种,主要分布于长江流域及其以南各省、区;浙江有 2 种;杭州有 1 种。

红淡比　杨桐　(图 2-253)

Cleyera japonica Thunb.

灌木或小乔木,高达 10m。除花外全株无毛;顶芽大,长圆锥形;嫩枝灰褐色,无棱;小枝褐色,稍具 2 条棱。叶革质,形状变化多,通常长圆形或长圆状椭圆形至椭圆形,长 5～10cm,宽 2～5cm,先端渐尖至短渐尖,基部楔形至阔楔形,全缘;上面深绿色,具光泽,下面淡绿色,无腺点;中脉和侧脉两面凸起;叶柄长 7～10mm。花单生或 2～3 朵生于叶腋;白色,直径约为 6mm,苞片 2 枚,微小,早落,萼片 5 枚,卵圆形至近圆形,长 2.5～3mm,边缘具睫毛;花瓣 5 枚,倒卵状长圆形,长约 8mm;雄蕊 25～30 枚,花药卵球形至卵状椭圆球形,具刺毛,子房球形,无毛,2 室,花柱长 6～3mm,先端 2 浅裂。浆果球形,直径为 7～10mm,成熟时黑色略带紫色,果梗长 1～2cm;种子多数,扁球形,暗褐色,有光泽,直径约为 2mm。花期 6—7 月,果期 9—10 月。$2n＝90$。

见于余杭区(长乐)、西湖景区(葛岭),生于山谷溪边林下。分布于安徽、福建、广东、广西、贵州、河南、湖北、湖南、江苏、江西、四川、台湾、西藏、云南;印度、日本、缅甸、尼泊尔也有。

图 2-253　红淡比

5. 柃木属　Eurya Thunb.

常绿灌木或小乔木。冬芽裸露;嫩枝圆柱形或具 2～4 条棱。叶 2 列互生,边缘通常具锯齿。花小,单性,雌雄异株,单生或簇生于叶腋,花梗短,顶端有 2 枚宿存的苞片;萼片 5 枚,宿存;花瓣 5 枚,基部合生;雄花雄蕊 5 至多数,排成 1 轮,药隔稍外露,子房退化;雌花无退化雄蕊,子房上位,2～5 室,花柱 2～5 枚。果实为浆果。

约 130 种,主要分布于亚洲热带、亚热带地区;我国有 83 种,主要分布于长江流域及其以南各省、区;浙江有 11 种,2 变种;杭州有 2 种,1 变种。

分 种 检 索 表

1. 嫩枝及顶芽被微毛 ·· 1. 微毛柃　*E*. *hebeclados*
1. 嫩枝及顶芽无毛。
　2. 嫩枝圆柱形,有时稍具 2 条棱;花药多少分格 ···················· 2. 格药柃　*E*. *muricata*
　2. 嫩枝具明显的 2 条棱;花药不具分格 ·········· 3. 窄基红褐柃　*E*. *rubiginosa* var. *attenuata*

1. 微毛柃　(图 2-254)

Eurya hebeclados Y. Ling

灌木或小乔木。嫩枝黄绿色或淡褐色,圆柱形,稀微具棱,被直立微毛;顶芽卵状披针形,长 3～7mm,密被微毛。叶革质,长圆状椭圆形、椭圆形或长圆状披针形,长 4～9cm,宽 1.5～3.4cm,先端急尖至渐尖,尖头钝,基部楔形至阔楔形,边缘具细锯齿;上面深绿色,具光泽,下面淡绿色,两面无毛;中脉上面凹陷,下面凸起,侧脉上面不明显,下面略隆起;叶柄长 2～4mm,被微毛。花 2～7 朵簇生于叶腋,花梗长 1mm 左右,被微毛。雄花苞片 2 枚,极小,圆形,萼片 5 枚,近圆形,长 1.5～2.5mm,外面被微柔毛,里面无毛,边缘具纤毛;花瓣 5 枚,白色,倒卵形至长倒卵形,长约 3.5mm;雄蕊 15 枚,花药不具分格,退化子房无毛。雌花苞片、萼片与雄花相似,但较小;花瓣窄卵形,长约 2.5mm;子房卵球形,3 室,无毛,花柱长约 1mm,先端 3 深裂。果实球形,直径为 4～5mm,成熟时蓝黑色;种子肾形,暗褐色。花期 9—10 月,果期翌年 5—8 月。

图 2-254　微毛柃

见于西湖区(留下)、萧山区(楼塔)、余杭区(径山),生于山坡林地、谷地溪边及灌丛中。分布于安徽、福建、广东、广西、贵州、河南、湖北、湖南、江苏、江西、四川。

2. 格药柃　(图 2-255)

Eurya muricata Dunn

灌木或小乔木,高可达 6m。嫩枝黄绿色,圆柱形,或有时多少具 2 条棱,无毛;顶芽长锥形,无毛。叶革质,椭圆形或长椭圆形,长 5.5～11cm,宽 2～4.2cm,先端渐尖,基部楔形,边缘具小锯齿;上面深绿色,具光泽,下面黄绿色,两面无毛;中脉上面凹陷,下面凸起;叶柄长 4～5mm,无毛。花 1～5 朵簇生于叶腋,花梗长 1～1.5cm,无毛。雄花苞片 2 枚,近圆形,长 1～1.5mm,萼片 5 枚,近圆形,长 2～2.5mm,先端圆形,微凹具一小尖,无毛,或有时边缘具纤毛;花瓣5枚,白色,倒卵形,长4～5mm;雄蕊15～22枚,花药多分格,退化子房无毛。雌花苞片、萼片与雄花相似;花瓣5枚,卵状披针形,长2.5～3mm;子房球形,3室,无毛,花柱长1.5mm,先端3裂。果实球形,直径为4～5mm,成熟时黑紫色;种子圆肾形,红棕色,具光泽。花期10—11月,果期翌年5—7月。

　　区内常见,生于山坡林地、谷地溪边及路旁灌丛中。分布于安徽、福建、广东、贵州、湖北、湖南、江苏、江西、四川、云南。

　　本种为蜜源植物;树皮含单宁,可提制栲胶。

图 2-255　格药柃

图 2-256　窄基红褐柃

3. 窄基红褐柃　(图 2-256)

Eurya rubiginosa H. T. Chang var. **attenuata** H. T. Chang

灌木,高可达3m。嫩枝黄绿色,具明显的2条棱;小枝灰褐色,也具2条棱;老枝灰白色;顶芽无毛。叶革质,长圆状披针形,长6～8.5cm,宽1.5～3cm,先急尖或渐尖,基部楔形至阔楔形,边缘具锯齿;干后上面暗绿色,下面红褐色,两面无毛;中脉上面稍凹,下面凸起,侧脉两面均明显,稍凸起;叶柄长2～4mm。花1～3朵腋生,花梗长1～1.5mm。雄花苞片2枚,细小,卵圆形,长约0.5mm,萼片5枚,革质,近圆形,长1.6～2mm,先端圆,微凹,无毛;花瓣5枚,倒卵形,长3～4mm;雄蕊15枚,花药不具分格,退化子房无毛。雌花苞片、萼片与雄花相似,但较小;花瓣5枚,长圆状披针形,长2.5～3mm;子房球形,3室,无毛,花柱长1～1.5mm,先端3深裂。果实球形,直径为4～5mm,成熟时黑紫色;种子球形或半球形,褐色。花期11—12月,果期翌年4—7月。

　　见于余杭区(径山)、西湖景区(龙井、云栖),生于山坡林地、谷地及路旁灌丛中。分布于安徽、福建、广东、广西、湖南、江苏、江西、云南。

80. 藤黄科　Clusiaceae

　　乔木、灌木或草本。单叶,对生或轮生,全缘,稀有腺齿,常无托叶。聚伞状或伞状花序,有时单花;花两性或单性;小苞片通常紧接花萼下方,与花萼难区分;萼片(2～)4、5(6)枚,覆瓦状排列或交互对生,内部有时花瓣状;花瓣3～6枚,离生,覆瓦状排列或旋卷;雄蕊多数,离生或合成3～5束;子房上位,通常有2～5(～12)枚多少合生的心皮,1～12室,胚珠1至多数,花柱与心皮同数,分离或合生。蒴果、浆果或核果;种子1至多数,无胚乳。

　　约40属,1200种,主要分布于热带和温带地区;我国有8属,95种;浙江有2属,11种;杭州有1属,4种。

金丝桃属　Hypericum L.

　　灌木、半灌木或草本。植株具透明(浅色)或常暗淡、黑色、红色腺点。叶对生或轮生,全缘或具腺齿。伞房状聚伞花序1至多花,顶生或腋生;花两性,萼片(4)5枚,花瓣(4)5枚,黄色,偶有白色,有时脉上带红色,常不对称;雄蕊通常多数,花丝纤细,分离或基部合生成3～5束,花药纵向开裂;子房3～5室,花柱(2)3～5枚,离生或部分至全部合生。蒴果;种子小,通常两侧或一侧有龙骨状凸起或多少具翅,表面具各种雕纹。

　　约460种,世界广布,除南极、北极、荒漠地区和大部分热带低地外;我国有64种;浙江有10种;杭州有4种。

分 种 检 索 表

1. 草本;植株通常具黑色或透明腺点。
　　2. 茎明显具4条棱;叶片及萼片均无黑色腺点;植株矮小而纤细 ················ 1. 地耳草　H. japonicum
　　2. 茎圆柱形,无棱;叶片及萼片均有黑色腺点或条纹。
　　　　3. 对生叶基部合生为一体,茎贯穿其中心;蒴果具囊状腺体 ·········· 2. 元宝草　H. sampsonii
　　　　3. 叶片基部不合生;蒴果无囊状腺体 ···························· 3. 小连翘　H. erectum
1. 灌木;植株无黑色腺点 ·· 4. 金丝桃　H. monogynum

1. 地耳草　田基黄　千重楼　(图 2-257)

Hypericum japonicum Thunb. ex Murr.

　　一年生或多年生草本,高2～45cm。茎单一或多少簇生,具4条棱,基部近节处生细根。叶小,卵圆形或卵状三角形,长3～18mm,宽1.5～10mm,先端近锐尖或圆形,基部抱茎,无柄,全缘,叶面散布透明腺点。二歧状聚伞花序顶生,具花1～30朵;花小,黄色,直径为4～8mm;萼片卵状披针形,散生透明腺点或腺条纹;花瓣椭圆形或长圆形,先端圆钝;雄蕊5～30枚,宿存;子房1室,花柱2～3枚,分离。蒴果圆球形,长2.5～6mm;种子圆柱形,淡黄色,长约

0.5mm。花期 5—7 月,果期 7—9 月。2*n*＝16。

　　见于拱墅区(半山)、西湖区(留下)、余杭区(余杭)、西湖景区(九溪、灵峰),生于山坡路边、田野及草地上。分布于安徽、福建、广东、广西、贵州、海南、湖北、湖南、江苏、江西、辽宁、山东、四川、台湾、云南;不丹、印度、日本、朝鲜半岛及东南亚也有。

　　全草入药。

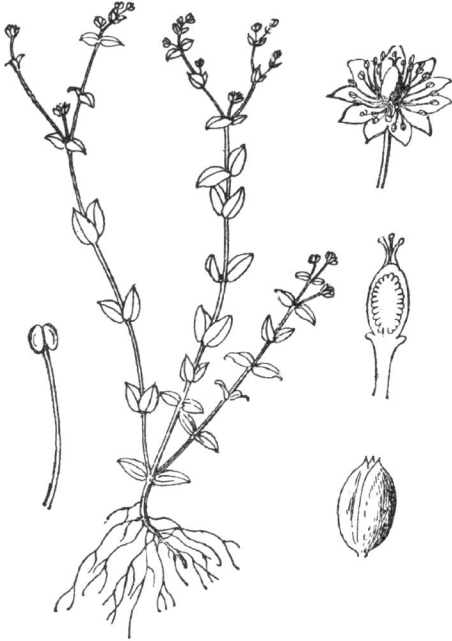

图 2-257　地耳草

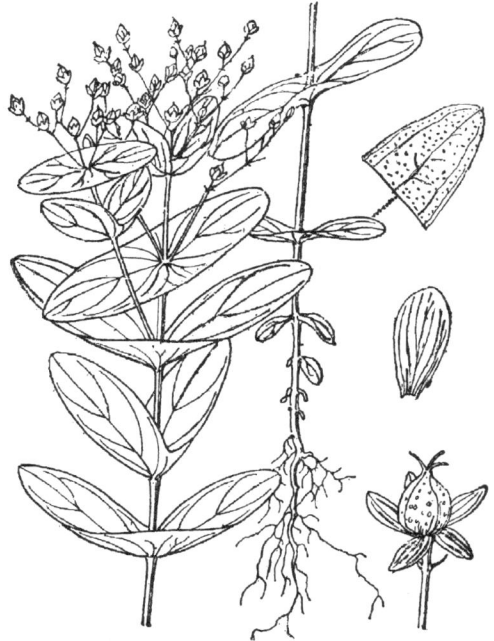

图 2-258　元宝草

2. 元宝草　穿心草　(图 2-258)

Hypericum sampsonii Hance

　　多年生草本,高 20～80cm。全株无毛;茎直立,圆柱形,无腺点,上部分枝。叶长椭圆状披针形,长 2～8cm,宽 0.7～3.5cm,先端钝圆,无柄,基部完全合生为一体,茎贯穿其中心,两叶略向上呈元宝状,全缘,叶上散生黑色斑点及透明腺点。伞房状聚伞花序顶生;花小,黄色,直径为 6～10mm,萼片与花瓣等长,散布黑色腺点,宿存;雄蕊多数,基部合成 3 束;子房 3 室,花柱 3 枚,自基部分离。蒴果卵球形,长 6～9mm,宽 4～5mm,散布黄褐色囊状腺体;种子长卵状圆柱形,淡红褐色。花期 5—7 月,果期 7—9 月。

　　见于萧山区(楼塔)、余杭区(百丈、黄湖、鸬鸟、塘栖),生于山坡草丛中或旷野路旁阴湿处。分布于安徽、福建、广东、广西、贵州、河南、湖北、湖南、江苏;日本、缅甸、越南也有。

　　全草入药。

3. 小连翘　金石榴　旱莲草　(图 2-259)

Hypericum erectum Thunb. ex Murr.

　　多年生草本,高 20～80cm。光滑无毛;茎圆柱形,通常单一,上部稍有分枝。叶椭圆状长卵形,长 1.5～5cm,宽 0.8～1.5cm,先端钝,基部心形抱茎,全缘,上面绿色,下面淡绿色,散布黑色腺点,近叶缘密生腺点。伞房状聚伞花序顶生或腋生,花多而密;花黄色,直径约为1.5cm,花梗长1.5~3mm;萼片狭长椭圆形,长约2.5mm,具黑色腺点;花瓣长圆形,具有黑色腺点条纹;雄蕊3束,花药具黑色腺点;子房卵球形,长约3mm,花柱3枚,分离。蒴果卵球形,具纵向条纹;种子褐色,圆柱形,两侧具龙骨状凸起,表面有蜂窝状花纹。花期7—8月,果期8—9月。2n=16。

　　见于萧山区(长山、进化)、余杭区(百丈、鸬鸟、闲林),生于山坡草丛中。分布于安徽、福建、广东、广西、贵州、湖北、湖南、江苏、四川、台湾;日本、朝鲜半岛、俄罗斯也有。

　　全草入药。

图 2-259　小连翘

图 2-260　金丝桃

4. 金丝桃　金丝海棠　(图 2-260)

Hypericum monogynum L. ——*H. chinense* L.

　　灌木,高0.5~1.3m。有丛状或疏生的开张枝条;茎红色,幼时具2(~4)条纵棱线及两侧压扁,后为圆柱形。单叶,对生,坚纸质,椭圆形至长圆形,长2~8cm,宽1~3cm,先端锐尖至圆形,基部楔形至圆形,略抱茎,全缘,上面绿色,下面淡绿色,密布透明腺点,几无叶柄。花单生或顶生伞房状聚伞花序。花大,金黄色,直径为3~6cm,萼片长圆形至披针形,具腺体;花瓣三角状倒卵形,长1.5~3.4cm,宽1~2cm;雄蕊多数,基部合生为5束,与花瓣近等长;子房5室,花柱长1.2~2cm,顶端5裂。蒴果卵球形或近球形,长6~10mm,宽4~7mm;种子圆柱形,红褐色,长约2mm,具龙骨状凸起,表面具网纹。花期6—7月,果期8—9月。2n=42。

　　区内常见栽培。分布于安徽、福建、广东、广西、贵州、河南、湖北、湖南、江苏、江西、山东、陕西、四川、台湾;广泛栽培于非洲南部、亚洲东部至南部、澳大利亚、中美洲、欧洲北部至西部。

　　花色艳丽,供观赏;果实和根可供药用。

81. 柽柳科　Tamaricaceae

乔木、灌木或半灌木。小枝细长,成"之"字形折曲。叶互生,通常无叶柄,无托叶;叶片小,多呈鳞片状或针形,草质或肉质,多具泌盐腺体。花通常两性,整齐,无苞片;集成总状或圆锥花序,稀单生;萼片4～5枚,宿存;花瓣4～5枚,分离,脱落或有的宿存;下位花盘常肉质,蜜腺状;雄蕊4～5枚,或多数,花丝常分离,稀基部合生,花药"丁"字形着生,2室,纵裂;子房上位,1室,心皮2～5枚,具侧膜胎座,稀基底胎座,胚珠多数,稀少数,倒生,着生在极短的珠柄上,花柱离生,与心皮同属,分离或基部结合,有时无花柱,而具有3～5个柱头,柱头头状。蒴果,室背开裂;种子多数,被毛或仅顶端具被毛的芒柱,胚直生,胚乳有或无。

3属,约110种,主要分布于亚、欧、非洲的草原和荒漠地区;我国有3属,32种,几乎分布于全国各省、区;浙江有1属,1种;杭州有1属,1种。

柽柳属　Tamarix L.

落叶灌木或小乔木。小枝与叶同脱落。叶互生;叶片小型,鳞片状,基部抱茎,或呈鞘状。花集生成穗状花序状的总状花序,或再组成圆锥花序;萼片4～5枚;花瓣4～5枚,粉红色或白色,内侧无附属物;雄蕊4～5枚,稀8～10枚,花丝分离;花盘多少分裂;雌蕊具短花柱2～5条,棍棒状,或短而肥,具基底胎座;胚珠多数。蒴果瓣裂;种子顶端具束毛,胚卵球形。

约90种,分布于非洲、亚洲和欧洲;我国有18种;浙江有1种;杭州有1种。

柽柳　(图2-261)

Tamarix chinensis Lour.

落叶灌木或小乔木,高4～5m。老枝红紫色或暗红色;嫩枝深绿色;小枝纤细,开展而下垂。叶互生;叶片钻形或卵状披针形,有龙骨状凸起,长1～3mm,先端渐尖而略内弯,基部抱茎,蓝绿色;无柄。总状花序单生于绿色或当年生的新枝顶端,再集合成大型疏散而下垂的圆锥花序,多柔弱而下垂;花梗比花萼长,长3～4mm;苞片线状钻形,绿色,较花梗为长;萼片5枚,卵状三角形,比花瓣短;花瓣5枚,倒卵形或倒卵状长圆形,粉红色,雄蕊5枚,着生于花盘裂片间;花盘5深裂或10裂;子房上位,1室,柱头3裂,棍棒状。蒴果长约3.5mm,3瓣裂;种子多数,细小,顶端具簇生毛,无胚乳。花期5—6月、8—9月各1次,果期10月。2n=24。

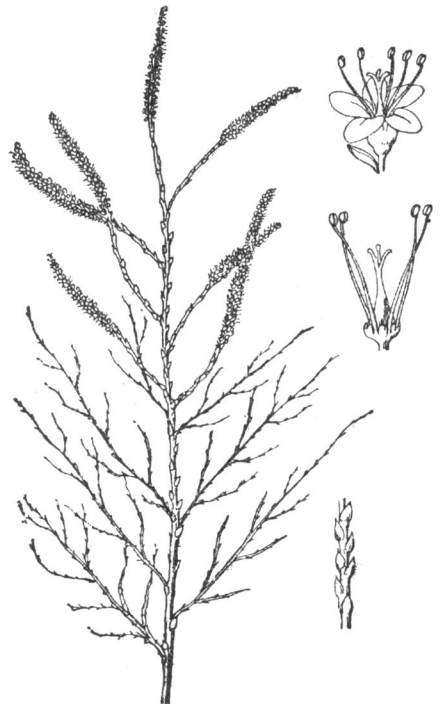

图2-261　柽柳

区内有栽培,供观赏。分布于安徽、河北、河南、江苏、辽宁、山东,华南和西南地区有栽培。为盐碱土指示植物,耐盐碱和瘠薄,在沿海及干旱地区可用于改造盐碱地及海防林。

82. 堇菜科 Violaceae

一年生或多年生草本,灌木,稀乔木。单叶,互生或近基生,稀对生或轮生,有托叶。花两性或单性,稀杂性同株,两侧对称或辐射对称;萼片5枚,覆瓦状排列,宿存;花瓣5枚,覆瓦状或旋转状排列,近等大,或最下方1枚较大且基部有距;雄蕊5枚,花丝粗短或无,花药直立,内向,围绕子房成环状排列,顶端具药隔延伸的膜质附属物,有时下方2～4枚雄蕊的药隔背面基部延伸成蜜腺而伸入距内;心皮3枚,稀2或5枚,合生,子房上位,侧膜胎座,每胎座具倒生胚珠1至数颗,花柱单生,柱头呈多种形状。果为蒴果或浆果;种子小,有肉质胚乳,胚直生。

22属,900～1000种,世界广布,但多产于热带地区;我国有3属,101种,南北均有分布;浙江有1属,26种,1变种;杭州有1属,11种。

堇菜属 Viola L.

一年生或多年生草本,稀为半灌木。茎直立或无,有时具匍匐茎。叶互生或近基生;托叶小或叶状,离生,或多少与叶柄合生。总状花序具2朵花,或常因其中1朵退化而为单花;花两性,生于叶腋,两侧对称,有时具闭锁花;花梗中上部生有2枚苞片,对生;萼片5枚,基部常有距状附器;花瓣5枚,常异形,上瓣和侧瓣各2枚,下瓣1枚,较大,基部常有距;雄蕊5枚,花丝缺,花药2室,药隔向顶端延伸成三角状橙黄色的膜质附属物,下方2枚雄蕊的药隔背面基部延伸成蜜腺而伸入下瓣的距内;心皮3枚,合生,子房上位,侧膜胎座,每胎座具倒生胚珠数颗,花柱基部常稍膝曲,向上渐粗,顶端肥厚,有时2裂,柱头平坦,下凹,头状或钩状,前方具喙或无喙,柱头孔位于喙端或柱头面上。蒴果球形、卵球形或长圆球形,成熟时沿缝线开裂成3瓣;种子多数,倒卵球形,褐色或白色,平滑,有时具斑纹。

约550种,广布于北半球温带地区;我国有96种,全国各省、区均有分布;浙江有26种,1变种;杭州有11种。

分种检索表

1. 植株具地上茎。
  2. 地上茎直立或斜生;叶片基部几不下延。
    3. 花大,直径为3.5～4.5cm,常为紫、白、黄三色,柱头近球形,无喙;托叶大,叶状 ························· 1. 三色堇 *V. tricolor*
    3. 花小,直径在2cm以下,浅紫色或近白色,柱头非球形,有短喙;托叶小,非叶状。
      4. 托叶全缘或稍有浅齿;侧方花瓣内侧生短须毛 ························· 2. 堇菜 *V. arcuata*
      4. 托叶边缘成齿状深裂;侧方花瓣内侧无须毛 ························· 3. 紫花堇菜 *V. grypoceras*
  2. 地上茎匍匐;叶片基部明显下延于叶柄上部 ························· 4. 蔓茎堇菜 *V. diffusa*

1. 植株无地上茎。

    5. 根状茎肥厚,呈结节状;托叶离生;蒴果卵球形,被短柔毛 ……………… 5. 香堇菜 *V*. *odorata*

    5. 根状茎不呈结节状;托叶至少下部 1/2 与叶柄合生;蒴果椭圆球形至长圆球形,无毛。

      6. 叶片鸟足状 3～5 全裂,最终裂片披针形至线状披针形,稀不分裂而边缘具不整齐的缺刻…………
      …………………………………………………… 6. 南山堇菜 *V*. *chaerophylloides*

      6. 叶片不分裂,边缘亦无缺刻。

        7. 叶柄和花梗均带暗紫色;花乳白色 ……………………… 7. 乳白花堇菜 *V*. *lactiflora*

        7. 叶柄和花梗非暗紫色;花蓝紫色、淡紫色或紫白色。

          8. 托叶紫褐色,或具紫褐色的斑点。

            9. 萼附器三长二短,果期增大,可与萼片等长,花侧瓣内侧无须毛 …………
            ……………………………………………………… 8. 长萼堇菜 *V*. *inconspicua*

            9. 萼附器远短于萼片,果期不增大,花侧瓣内侧有须毛 … 9. 戟叶堇菜 *V*. *betonicifolia*

          8. 托叶淡绿色或苍白色,无紫褐色斑点。

            10. 叶片舌形、卵状披针形或长圆状披针形(果期有变化),基部略下延;花蓝紫色,下瓣距
              细管状,直径为 1～2mm ………………………………… 10. 紫花地丁 *V*. *philippica*

            10. 叶片圆心形、卵状心形,稀长卵形或三角状卵形(果期变化不明显),基部不下延;花淡
              紫色,下瓣距粗筒状,直径为 2～3mm …………………… 11. 犁头草 *V*. *japonica*

1. 三色堇 (图 2-262)

Viola tricolor L.

一年生草本,全株通常无毛。主根细短,灰白色;茎直立,单一或多分枝,高 10～40cm。托叶大,叶状,长 1～4cm,大头羽状深裂;下部叶片卵形或圆心形,具长柄,上部叶片卵状长圆形至长圆状披针形,先端钝或尖,基部下延成短柄,边缘疏生圆钝锯齿。花大,直径为 3.5～4.5cm,通常紫、白、黄三色,单生于叶腋;花梗远长于叶,苞片位于花梗的上部;萼片长圆状披针形,具 3 条脉,边缘膜质,附器大,长 3～6mm,末端具钝齿;花瓣覆瓦状排列,呈假面状,上瓣通常蓝紫色,侧瓣和下瓣通常具紫、白、黄三色,有时全部花瓣变黄色,侧瓣内侧密生须毛,下瓣距细管状,长 5～8mm;子房无毛,花柱短,基部明显膝曲,柱头近球形,表面常有短毛,基部有须毛,无喙。蒴果椭圆球形。$2n=26$。

图 2-262 三色堇

区内常见栽培,供观赏。原产于欧洲北部;我国南北各地普遍栽培。

2. 堇菜 如意草 (图 2-263)

Viola arcuata Blume ——*V*. *verecunda* A. Gray ——*V*. *arcuata* Blume var. *verecunda* (A. Gray) Nakai

多年生草本,高 5～20cm。根状茎短粗,斜生或垂直。叶片宽心形、卵状心形或肾形,长

1.5~3cm（包括垂片），宽 1.5~3.5cm，先端圆或
微尖，基部宽心形，两侧垂片平展，边缘具向内弯的
浅波状圆齿，两面近无毛，偶被疏毛，托叶全缘或稍
有浅齿；叶柄长1.5~7cm，基生叶之柄较长，具翅，
茎生叶之柄较短，具极狭的翅；基生叶的托叶褐色，
下部与叶柄合生，上部离生，呈狭披针形，长 5~
10mm，先端渐尖，边缘疏生细齿，茎生叶的托叶离
生，绿色，卵状披针形或匙形，长6~12mm，通常全
缘，稀具细齿。花小，白色或淡紫色，生于茎生叶的
叶腋；花梗远长于叶片，苞片生于花梗中上部；萼片
卵状披针形，长 4~5mm，先端尖，附属物短，末端
平截，具浅齿；上方花瓣长倒卵形，长约 9mm，宽约
2mm，侧方花瓣长圆状倒卵形，长约 1cm，宽约
2.5mm，内生短须毛，下方花瓣连距长约1cm，先端
微凹，下部有深紫色条纹；距浅囊状，长 1.5~
2mm；子房无毛，花柱棍棒状，柱头 2 裂。蒴果长圆
球形或椭圆球形，长约 8mm，先端尖，无毛。花期
4—5 月，果期5—8 月。$2n=24$。

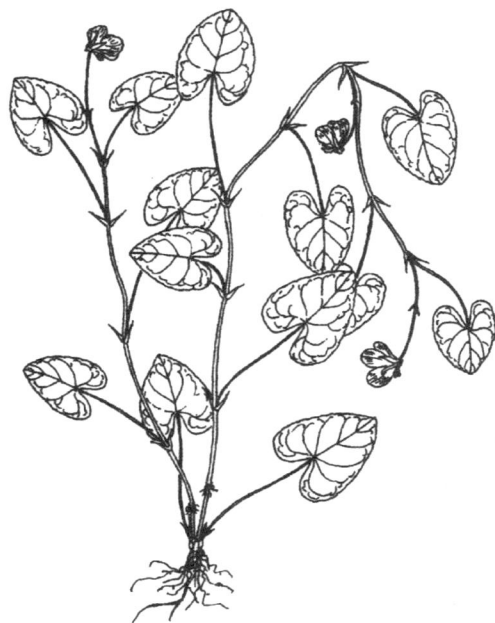

图 2-263　堇菜

　　区内常见，生于湿草地、草丛、灌丛、林缘、田野、宅旁等处。分布于华东、华中、西南、华北
和东北地区；日本、朝鲜半岛、俄罗斯、蒙古也有。

　　全草供药用，清热解毒，可治节疮、肿毒等症。

3. 紫花堇菜　（图 2-264）

Viola grypoceras A. Gray ——*V. grypoceras* A.
Gray var. *pubescens* Nakai

　　多年生草本。全株无毛，散生紫褐色斑点。根状茎
粗短，常具细长的主根；地上茎 1 至数枚丛生，直立或稍
弯曲，高 10~24cm，果期可达 30cm，无毛或可被白色短
柔毛。托叶褐色，离生，披针形，边缘具流苏状长齿，齿
长 2~5mm，比托叶约宽 2 倍；基生叶较小，具长柄，叶
片圆心形或卵状心形，长 1.5~3cm，先端钝，下面有时
带紫色；茎生叶较大，具短柄，叶片三角状心形至披针状
心形，长 2.5~7cm，先端渐尖至长渐尖，边缘具浅钝锯
齿。花淡紫色，腋生；花梗常长于叶片，苞片位于花梗的
中上部；萼片披针形，附器短，末端截形；花瓣淡紫色或
紫白色，侧瓣内侧无须毛，下瓣连距长 15~20mm，距粗
筒状，长 4~6mm，通常向下弯，稀直伸；子房无毛，柱头
前方具短喙。蒴果椭圆球形，长8~10mm，密生褐色斑
点。花期3—4 月，果期5—6 月。$2n=20$。

　　见于西湖区（留下）、余杭区（良渚）、西湖景区（龙

图 2-264　紫花堇菜

井、棋盘山、桃源岭、云栖)，生于海拔山坡荒地、路旁、林下或岩石上。分布于长江流域及其以南各省、区;日本、朝鲜半岛也有。

全草入药,有清热解毒之效。

以往曾将茎、叶柄及花梗被白色短柔毛的类型定为毛紫花堇菜 V. *grypoceras* var. *pubescens* Nakai,但上述性状在居群内尚有变异,故同意 *Flora of China* 的意见,将其归入原种。

4. 蔓茎堇菜　七星莲　(图 2-265)

Viola diffusa Ging. ex DC.——V. *diffusa* Ging. ex DC. var. *brevibarbata* C. J. Wang——V. *diffusa* Ging. ex DC. subsp. *tenuis* (Benth.) W. Becker

多年生匍匐草本。全株被长柔毛,或几无毛;根状茎短,具黄白色的主根;地上茎通常多数,匍匐,顶端常具与基生叶大小相似的簇生叶。托叶中部以下与叶柄合生,披针形,边缘常有睫毛状齿;叶柄长 0.5～6.5cm,有翼;叶片卵形或长圆状卵形,长 2～5cm,宽 1～3.5cm,先端钝或急尖,基部心形、截形或楔形,下延于叶柄上部,边缘具浅钝锯齿。花梗与叶柄等长,或短于叶,苞片位于花梗的中上部;萼片披针形,边缘和中脉上具睫毛,附器短,长约 1mm,末端圆钝或截形,具 2 锯齿及缘毛;花瓣白色或具紫色脉纹,侧瓣内侧有短须毛,下瓣长仅及上、侧瓣的 1/3～1/2,连距长 8～11mm,距囊状,长约 2mm;子房无毛,柱头顶面微凹,两侧具薄边,前方具明显的短喙。蒴果椭圆球形,长 5～7mm。花期 3—5 月,果期 5—9 月。

区内常见,生于山坡、草丛、路旁或树林下。分布于安徽、甘肃、广东、广西、贵州、福建、海南、河北、河南、湖北、湖南、江苏、江西、陕西、四川、云南、西藏;日本、印度、尼泊尔、马来西亚、菲律宾、印度尼西亚、越南、泰国也有。

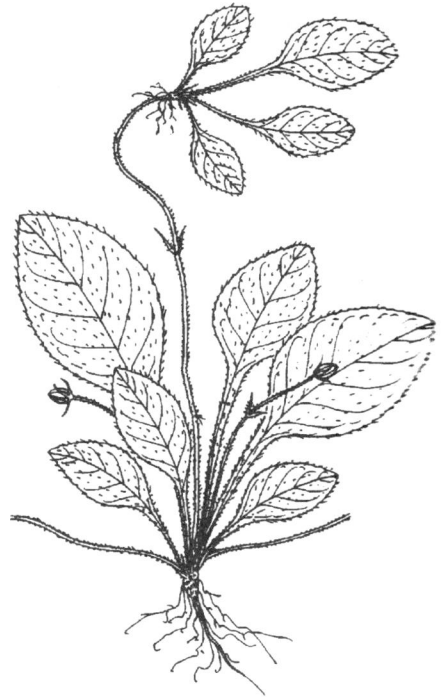

图 2-265　蔓茎堇菜

全草入药,有清热解毒、消肿止痛之效。

5. 香堇菜　(图 2-266)

Viola odorata L.

多年生草本。具匍匐茎,高 3～15cm;根状茎较粗,垂直或斜生,淡褐色,密生结节,向下生多数细根,横向发出细长的匍匐茎,其节处生根、发叶而成新植株。叶基生;叶片圆形或肾形至宽卵状心形,开花期叶片较小,长与宽均为 1.5～2.5cm,花后叶片渐增大,长、宽可达 4.5cm,先端圆或稍尖,基部深心形,边缘具圆钝齿,两面被稀疏短柔毛或近无毛。花较大,深紫色,有香味;花梗细长,被细柔毛或近无毛,苞片位于中部或中部以上;萼片长圆形或长圆状卵形,先端钝圆,基部的附器长 2～3mm,末端圆钝或具浅齿;花瓣边缘波状,上方花瓣倒卵形,侧方花瓣里面近基部有短须毛,下方花瓣宽倒卵形,连距长 1.5～2cm;距长 2～4mm,直或微弯曲;下方 2 枚雄蕊之距较粗,长约 4mm;子房被细柔毛,花柱顶部弯曲成钩状短喙,喙长度与花柱直径近相等,喙端具较细的柱头孔。蒴果球形,密被短柔毛。花期 4—5 月,果期 7—9 月。$2n=20$。

区内有栽培。我国各大城市多有栽培;欧洲、非洲北部、亚洲西部也有。

花芳香,花色变化较大,园艺品种多,栽培供观赏。

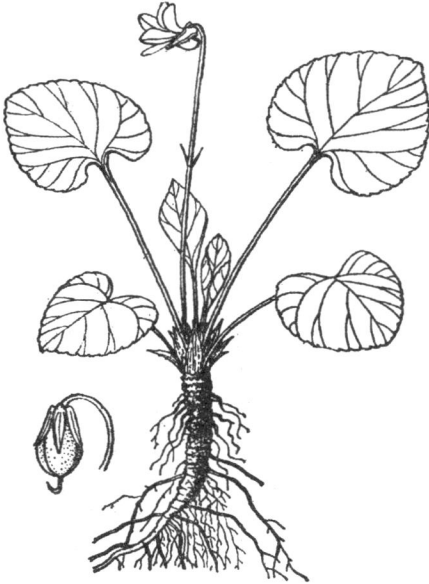

图 2-266　香堇菜

图 2-267　南山堇菜

6. 南山堇菜　(图 2-267)

Viola chaerophylloides W. Beck.

多年生草本。无地上茎,花期较矮小,高 4～20cm,果期高可达 30cm;根状茎直立,较粗短,长 3～6 条较粗的淡黄色或白色的根。基生叶 2～6 枚,具长柄;叶片鸟足状 3～5 全裂,裂片具明显的短柄,卵状披针形、披针形、长圆形、线状披针形,边缘具不整齐的缺刻状齿或浅裂,有时深裂,尖端钝或尖,两面无毛或上面和下面沿叶脉有短柔毛;托叶膜质,1/2 以上与叶柄合生,宽披针形,尖端渐尖,边缘具稀疏细齿和缘毛,或全缘。花较大,花径为 2～2.5cm,白色、乳白色或淡紫色,有香味;花梗中部以下有 2 枚小苞片,小苞片线形或线状披针形,具极稀疏而细的小齿;萼片长圆状卵形或狭卵形,长 10～14mm;基部附属物发达,长 4.5～6mm,末端具不整齐的缺刻或浅裂,无毛;花瓣宽倒卵形;上方花瓣长 13～15mm,宽约 9mm;侧方花瓣长约 15cm,宽约 7cm,里面基部有细须毛;下方花瓣有紫色花纹,连距长 16～20mm;距长而粗,长 5～7mm,直或稍下弯;子房无毛,长约 2mm,花柱长约 3mm,基部稍膝曲,柱头前方具明显的短缘,缘端具圆形柱头孔。蒴果长椭圆球形,无毛;种子多数。

见于余杭区(径山、鸬鸟)。分布于安徽、甘肃、河北、河南、黑龙江、湖北、吉林、江苏、江西、辽宁、内蒙古、青海、山东、山西、陕西、四川;日本、朝鲜半岛、俄罗斯也有。

本种的叶片分裂变异极大,从不规则的缺刻状齿至深裂,末回裂片还有不同程度的分裂,因此未将变种细裂堇菜 V. *chaerophylloides* W. Becker var. *sieboldiana*(Maxim.) Makino 分出。

7. 乳白花堇菜　白花堇菜　（图 2-268）

Viola lactiflora Nakai

多年生草本。无地上茎,高 10～18cm;根状茎稍粗,垂直或斜生。叶多数,均基生;叶片长三角形或长圆形,下部者长 2～3cm,宽 1.5～2.5cm,上部者长4～5cm,宽 1.5～2.5cm,先端钝,基部明显浅心形或截形,边缘具钝圆齿,两面无毛,下面叶脉明显隆起;叶柄长 1～6cm,无翅,下部者较短,上部者较长;托叶明显,淡绿色或略呈褐色,近膜质,中部以上与叶柄合生,离生部分线状披针形。花乳白色,长 1.5～1.9cm;花梗不超出或稍超出叶,苞片位于花梗中部或中部以上;萼片披针形或宽披针形,长5～7mm,先端渐尖,基部附属物短而明显,具钝齿或全缘,边缘狭膜质,具 3 条脉;花瓣倒卵形,侧方花瓣内有明显的须毛,下方花瓣末端具明显的筒状距;距长 4～5mm,粗约 3mm,末端圆;花药长约 2mm,与药隔顶端附属物近等长;子房无毛,花柱棍棒状,基部细,稍向前膝曲,向上渐增粗,柱头两侧及后方稍增厚成狭的缘边,前方具短喙,喙端有较细的柱头孔。蒴果椭圆球形,长 6～9mm,无毛,先端常有宿存的花柱;种子卵球形,长约 1.5mm,呈淡褐色。花期 3—4 月。$2n=48$。

图 2-268　乳白花堇菜

见于拱墅区(半山)、西湖区(留下)、西湖景区(梵村、虎跑),生于路边、草地、山麓。分布于江苏、江西、辽宁、四川、云南;日本、朝鲜半岛也有。

8. 长萼堇菜　（图 2-269）

Viola inconspicua Blume

多年生草本。全株无毛,高 4～20cm;根状茎极短,具黄白色的主根;无地上茎。托叶大部与叶柄合生,披针形,具紫褐色斑点,分离部分近全缘或具疏细齿;叶柄在花期长 2～9cm,在果期长可达 14cm,上部具狭翼;叶片三角状卵形或戟形,长 2～6cm,宽 1.6～4.5cm,果期增大,两侧垂耳渐扩展成头盔状或犁头状,长可达 8cm,先端急尖,基部截状宽心形,边缘具浅钝锯齿,上面有时散生乳头状白点。花梗在花期长于叶,果期短于叶,中部或中上部生有 1 对线形小苞片;萼片卵状披针形或披针形,长 4～7mm,顶端渐尖,附器三长二短,长附器末端有小齿,果期渐增长,可与萼片等

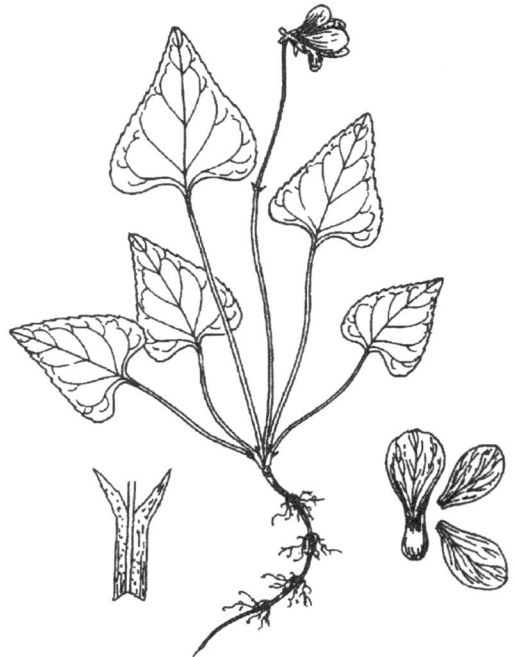

图 2-269　长萼堇菜

长;花瓣淡紫色,侧瓣内侧无须毛,下瓣连距长约 12mm,距粗筒状,长 2～3mm;子房无毛,柱头顶面微凹,两侧具薄边,前方具短喙。蒴果椭圆球形至长圆球形,长 6～13mm。花期 3—4月,果期 5—10月。

见于拱墅区(半山)、西湖区(留下)、余杭区(鸬鸟)、西湖景区(虎跑、桃源岭、云栖),生于田边、路边或岩石缝中。分布于长江流域及其以南各省、区;日本、印度、马来西亚、菲律宾、越南、缅甸也有。

9. 戟叶堇菜 （图 2-270）

Viola betonicifolia Smith ——*V. betonicifolia* Smith subsp. *nepaulensis* W. Beck.

多年生草本。全株无毛或微被毛,高 6～18cm;根状茎短,具褐色的主根;无地上茎。托叶大部与叶柄合生,披针形,具紫褐色斑点,分离部分有疏齿;叶柄在花期长 2～10.5cm,在果期可长达 15cm,上部具狭翼;叶片狭披针形、长三角状戟形或三角状卵形,基部戟形或截形,长 2.5～5cm,宽 1～2cm,果期叶片增大,有时呈盔状三角形,长可达 9cm,先端钝尖,基部箭状心形、浅心形或近截形,边缘具浅波状齿,下部的锯齿较深而密,有时两面具紫褐色的小点,下面常呈紫色。花梗在花期长于叶,或与叶等长,果期短于叶,苞片位于花梗的中下部或中上部;萼片卵状披针形,附器短,长 1～2mm,末端平截或有钝齿;花瓣蓝紫色,稀淡紫色或紫白色,侧瓣内侧有须毛,下瓣连距长 13～15mm,距粗筒状,长 2～6mm;子房无毛,柱头顶面微凹,两侧具薄边,前方具短喙。蒴果椭圆球形,长 7～10mm。花期 3—4月,果期 5—8月。$2n=24,48,72$。

见于西湖景区(飞来峰),生于路边、林下、石缝中。分布于华东、华中、西南、华北地区;日本、印度、马来西亚、菲律宾、印度尼西亚、越南、泰国、缅甸、澳大利亚北部也有。

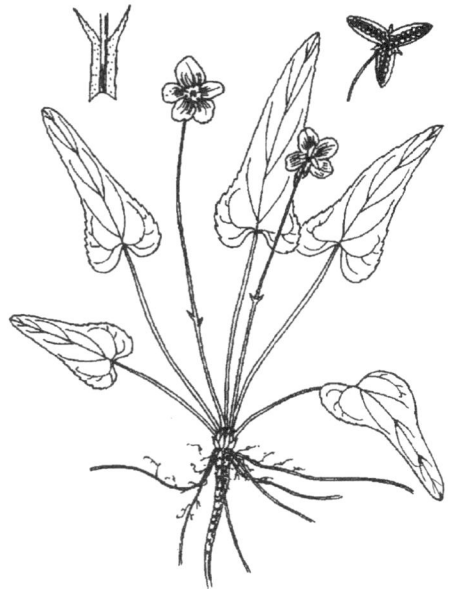

图 2-270　戟叶堇菜

10. 紫花地丁 （图 2-271）

Viola philippica Cav. ——*V. yedoensis* Makino

多年生草本。全株被白色短柔毛,稀几无毛,高 5～20cm;根状茎粗短,具黄白色的主根;无地上茎。托叶大部与叶柄合生,披针形,淡绿色或苍白色,分离部分具疏齿;叶柄在花期长 1～7cm,在果期长可达 15cm;叶片三角状卵形或狭卵形,基部戟形或宽楔形,长 1.2～7cm,宽 0.5～2.2cm,果期则变为三角状卵形或三角状披针形,宽可达 4cm,先端钝至渐尖,基部截形或微心形,下延成柄,边缘具浅钝齿。花梗在花期等

图 2-271　紫花地丁

长于叶或长于叶,在果期短于叶,苞片位于花梗的中部;萼片卵状披针形,附器短,长约 1mm;末端钝或有钝齿;花瓣蓝紫色,侧瓣内侧有须毛至无须毛,下瓣连距长 13～20mm,距细管状,长5～6mm,直径为4～8mm;子房无毛,柱头顶面微凹,两侧具薄边,前方具短喙。蒴果椭圆球形或长圆球形,长 7～9mm。花期 3～4 月,果期 5～10 月。$2n=24,48$。

区内常见,生于山坡、荒地、路旁、草丛或岩石缝隙中。分布于华东、华中、西南、华北、东北地区;日本、朝鲜半岛、俄罗斯也有。

全草入药,有清热解毒、凉血消肿之功效。

11. 犁头草   心叶堇菜   光萼堇菜   (图 2-272)

Viola japonica Langs. ex DC.——V. concordifolia C. J. Wang var. *hirtipedicellata* C. J. Wang——V. concordifolia auct. non. C. J. Wang

多年生草本,高 10～25cm。根状茎极短,通常具黄白色的主根;无地上茎。托叶大部与叶柄合生,披针形,淡绿色,分离部分近全缘或具疏细齿;叶柄长可达 2～14cm,上部具狭翼;叶片通常圆心形、卵状心形,稀长卵形或三角状卵形,长 3～7.8cm,宽 2.5～6cm,果期增大,长可达12cm,宽可达 7cm,先端钝或急尖,基部深心形,边缘具浅钝锯齿,两面无毛或被稀疏的短柔毛。花梗在花期长于叶,有时中上部疏被短柔毛,在果期短于叶,苞片位于花梗的中下部或中上部;萼片卵状披针形或披针形,附器短,长 1～2mm,果期不下延,末端有钝齿;花瓣淡紫色,侧瓣内侧无须毛,下瓣连距长13～20mm,距粗筒状,长 5～8mm;子房无毛,柱头顶面微凹,两侧具薄片,前方具短喙。蒴果长圆球形,长 6～10mm。花、果期 4—10 月。

见于江干区(彭埠)、西湖景区(九溪、云栖),生于路旁、田边。分布于广西、贵州、四川、西藏、云南。

Becker(1929)发表的 V. cordifolia W. Beck. 是一个晚出同名,引证的主模式下瓣距长约 2mm,副模式为果期标本。王庆瑞提出了以 V. concordifolia C. J. Wang代替 V. cordifolia W. Beck. 这个晚出同名。查浙江的标本中,本种的下瓣距均较 Becker 描述的更长,江浙一带的这些标本应为 V. japonica Langs. ex DC。

图 2-272   犁头草

83. 大风子科   Flacourtiaceae

乔木或灌木,有时有刺。单叶,互生,很少对生,叶片全缘或有锯齿;托叶小,早落,稀宿存或为叶状。花单生,簇生,或组成总状花序、聚伞花序、圆锥花序,腋生或顶生。萼片 2 至多数,分离或稍联合;花瓣小,与萼片同数或缺,稀较多;雄蕊多数,有时有退化雄蕊,花丝分离,花药 2 室,多为侧方纵裂,稀为顶端孔裂;子房上位,1 室或多室,或 1 室内有 1 至多个侧膜胎座,胚珠 2 至多数,花柱与胎座同数。果实多半为浆果或核果,极少为蒴果;种子有丰富的胚乳。

约 87 属,900 种,大部分分布于热带和亚热带地区,一些延伸至温带地区;我国有 12 属, 39 种;浙江有 3 属,3 种,1 变种;杭州有 3 属,3 种。

本科不是一个自然的分类群,而是一些奇怪或异常的属的堆积场(Chase, et al,2002)。其原有成员现已被分到多个科中,主要是青钟麻科 Achariaceae、杨柳科 Salicaceae 和天料木科 Samydaceae,其模式属 *Flacourtia* 转入杨柳科(APG Ⅲ,2009)。本志暂采用传统的大风子科的概念。

分 属 检 索 表

1. 叶片大型;花组成顶生圆锥花序。
  2. 果为浆果;种子无翅;雌花通常有 5 个花柱 ·············· 1. 山桐子属 *Idesia*
  2. 果为蒴果;种子有翅;雌花有 3 个花柱 ·············· 2. 山拐枣属 *Poliothyrsis*
1. 叶片小型;花小,组成腋生总状花序 ·············· 3. 柞木属 *Xylosma*

1. 山桐子属　Idesia Maxim.

落叶乔木。冬芽无毛,有多数覆瓦状排列的芽鳞。单叶,互生,叶片边缘有锯齿;叶柄长,上部有腺体;托叶小,脱落。圆锥花序,大型,顶生,具长梗;花单性异株或杂性;苞片小,早落;萼片 3~6 枚,通常 5 枚;无花瓣;雄花有多数雄蕊和 1 个退化雌蕊,花丝有长柔毛,花药下垂,2 室,纵裂;雌花的子房球形,基部有短退化雄蕊,1 室,有极多数胚珠,生于(3,4)5(6)个侧膜胎座上,花柱(3,4)5(6)枚,柱头肥厚。果为浆果,熟时红色;种子多数。

1 种,2 变种,分布于我国和日本;浙江有 1 种,1 变种;杭州有 1 种。

分子系统学研究表明本属应归入杨柳科 Salicaceae (APG Ⅲ,2009)。

山桐子 （图 2-273）

Idesia polycarpa Maxim.

乔木,高达 15m。树皮灰白色,平滑;枝开展,树冠呈圆形。叶片宽卵形至卵状心形,长 6~15cm,宽 5~12cm,先端锐尖至短渐尖,基部常为心形,叶缘具圆锯齿,上面深绿色,下面被白粉,具掌状 5~7 出脉,脉腋内密生柔毛;叶柄长 2.5~12cm,连同叶片基部有不规则凸起的腺体。圆锥花序长 10~20cm,下垂;花黄绿色,芳香;萼片通常 5 枚;无花瓣;雄花有多数雄蕊;雌花有多数退化雄蕊,子房球形,1 室;有 3~6 侧膜胎座,胚珠多数。果球形,红色,直径为 7~10mm,有多数种子。花期 5 月,果期 9—10 月。

见于西湖区(三墩)、余杭区(百丈),生于向阳山坡或林中溪边至岩隙旁。分布于安徽、福建、广东、广西、

图 2-273　山桐子

贵州、湖北、湖南、江苏、江西、四川、云南、台湾;日本、朝鲜半岛也有。杭州新记录。

种子榨油可制肥皂或作润滑油,也可作桐油的代用品;果红色,可供观赏。

2. 山拐枣属　Poliothyrsis Oliv.

落叶乔木。冬芽外有 2 或 4 个具毛的鳞片。单叶,互生,卵形,顶端渐尖,基部圆形、截形或心形,叶缘有浅钝齿,两侧有腺体,有 3～5 条基出脉;叶柄长。花单性,同序,圆锥花序顶生,稀腋生,花多数;雌花在花序顶端,雄花在花序的下部;萼片 5 片,镊合状排列;花瓣缺;雄花有多数比萼片短的雄蕊,花药 2 室,退化子房小;雌花有多数退化的雄蕊,子房 1 室,胚珠多数,花柱 3 个,柱头 2 裂。蒴果 3～4 瓣裂,有毛;种子多数,有翅,胚直立,子叶卵球形。

仅 1 种,我国特有;浙江及杭州也有。

分子系统学研究表明本属应归入杨柳科 Salicaceae(APG Ⅲ,2009)。

山拐枣　(图 2-274)

Poliothyrsis sinensis Oliv.

落叶乔木,高 7～15m。树皮灰褐色,浅裂;小枝圆柱形,灰白色,幼时有短柔毛,老时无毛。叶卵形至卵状披针形,长 8～18cm,宽 4～10cm,先端渐尖或急尖,尖头有的长尾状,基部圆形或心形,有 2～4 个圆形紫色腺体,边缘有浅钝齿,上面深绿色,有光泽,脉上有毛,下面淡绿色,有短柔毛,掌状脉,中脉在上面凹,在下面凸起,近对生的侧脉 5～8 对;叶柄长 2～6cm,初时有疏长毛,果熟后近无毛。花单性,雌雄同序,2～4 回圆锥花序,顶生,稀腋生在上面一两片叶的叶腋,有淡灰色毛;萼片 5 片,卵形,长 5～8mm,外面有浅灰色毛,内面有紫灰色毛;花瓣缺;雌花位于花序上端,比雄花稍大,直径为 6～9mm,退化雄蕊多数,短于子房,长约 4mm,子房卵球形,直径为 2mm,长 6～9mm,1 室,有灰色毛,侧膜胎座 3 个,稀 4 个,每个胎座上有多数胚珠,花柱 3 个,长约 2mm,向外反曲,柱头 2 裂;雄花位于花序

图 2-274　山拐枣

的下部,雄蕊多数,长短不一,长 4～6mm,分离,花药小,卵球形,退化子房极小。蒴果长圆球形,长约 2mm,直径约为 1.5mm,3 瓣裂,稀 2 或 4 瓣裂,外果皮革质,有灰色毡毛,内果皮木质;种子多数,周围有翅,扁平。花期 7 月,果期 9—10 月。

见于西湖景区(飞来峰),生于山坡林中、山路边。分布于安徽、福建、甘肃、广东、贵州、河南、湖北、湖南、江苏、江西、陕西、四川、云南。

3. 柞木属　Xylosma G. Forst.

常绿灌木或乔木。树干和枝上通常有刺。单叶,互生,薄革质,边缘有锯齿,稀全缘;有短柄;

托叶缺。花小,单性,排成腋生花束或短的总状花序、圆锥花序;苞片小,早落;花萼小,4～5 片,覆瓦状排列;花瓣缺;雄花的花盘通常 4～8 裂,稀全缘,雄蕊多数,花丝丝状,花药基部着生,顶端无附属物;退化子房缺;雌花的花盘环状,子房 1 室,侧膜胎座 2 个,稀 3～6 个,每个胎座上有胚珠 2 至多颗,花柱短或缺,柱头头状,或 2～6 裂。浆果核状,黑色;种子 2～8 颗,倒卵球形。

　　约 100 种,广布于全球的热带和亚热带地区,极少延伸至暖温带地区;我国有 3 种;浙江有 1 种;杭州有 1 种。

　　分子系统学研究表明本属应归入杨柳科 Salicaceae(APG Ⅲ,2009)。

柞木　(图 2-275)

Xylosma congesta (Lour.) Merr. ——*X. racemosum* (Siebold & Zucc.) Miq.

　　常绿灌木或小乔木,高 2～16m。树皮棕灰色,不规则从下面向上反卷成小片,裂片向上反卷;幼时有枝刺,结果株无刺;枝条近无毛或有疏短毛。叶薄革质,菱状椭圆形至卵状椭圆形,长 4～8cm,宽 2.5～3.5cm,先端渐尖,基部楔形或圆形,边缘有锯齿,两面无毛或在近基部中脉有污毛;叶柄短,长约 2mm,有短毛。花小,总状花序腋生,长 1～2cm,花梗极短,长约 3mm;花萼 4～6 片,卵形,长 2.5～3.5mm,外面有短毛;花瓣缺。雄花有多数雄蕊,花丝细长,长约 4.5mm,花药椭圆球形,底着药;花盘由多数腺体组成,包围着雄蕊。雌花的萼片与雄花同;子房椭圆球形,无毛,长约 4.5mm,1 室,有 2 个侧膜胎座,花柱短,柱头 2 裂;花盘圆形,边缘稍波状。浆果黑色,球形,顶端有宿存花柱,直径为 4～5mm;种子 2～3 粒,卵球形,长 2～3mm。

　　见于西湖区(三墩)、西湖景区(飞来峰、九溪、老和山、龙井、玉皇山),生于平地林中、山脚路边、村庄附近。分布于安徽、福建、广东、广西、贵州、湖北、湖南、江苏、江西、陕西、四川、台湾、西藏、云南;印度、日本、朝鲜半岛也有。

　　叶入药。

图 2-275　柞木

84. 旌节花科　Stachyuraceae

　　落叶或常绿;灌木或小乔木,稀攀援状灌木。小枝明显具髓,冬芽小,具 2～6 枚鳞片。单叶互生,膜质至革质,边缘具锯齿;托叶小,早落。总状或穗状花序生于去年生枝上,下垂;花小,整齐,两性或雌雄异株,先叶开放;花梗基部具 1 枚苞片,花基部具 2 枚小苞片,基部联合;萼片及花瓣 4 枚,覆瓦状排列,分离;雄蕊 8 枚,2 轮,花丝钻形,花药"丁"字形着生,内向纵裂;子房上位,4 室,胚珠多数·花柱短,柱头头状,4 浅裂。果为浆果,外果皮革质;种子小,多数,具柔软的假种皮,胚乳肉质,胚直立。

　　1 属,8 种,分布于东亚及喜马拉雅地区;我国有 7 种;浙江有 2 种;杭州有 1 种。

旌节花属　Stachyurus Siebold & Zucc.

属特征同科。

中国旌节花　(图 2-276)
Stachyurus chinensis Franch.

　　落叶灌木,高 2～4m。树皮光滑,深褐色;小枝具皮孔。叶片卵形、长圆状卵形至长圆状椭圆形,长 5～12cm,宽 3～7cm,先端骤尖或尾尖,基部钝圆至近心形,边缘具粗或细锯齿,侧脉 5～6 对,在两面均凸起,上面亮绿色,老时无毛,下面灰绿色,无毛或脉腋有簇毛;叶柄长 1～2cm,暗紫色。总状花序腋生,长 5～10cm;花黄色,长约 7mm,近无梗或有短梗;萼片 4 枚,黄绿色,卵形;花瓣 4 枚,卵形,长约 6.5mm;雄蕊 8 改,与花瓣等长;子房瓶状,连花柱长约 6mm,被微柔毛,柱头头状,不裂。果球形,直径为 6～7mm,无毛。花期 3—4 月,果期 5—7 月。$2n=24$。

　　见于余杭区(径山),生于山坡林中或林缘。分布于安徽、重庆、福建、甘肃、广东、广西、贵州、河南、湖北、湖南、江西、陕西、四川、台湾、云南;越南也有。杭州新记录。

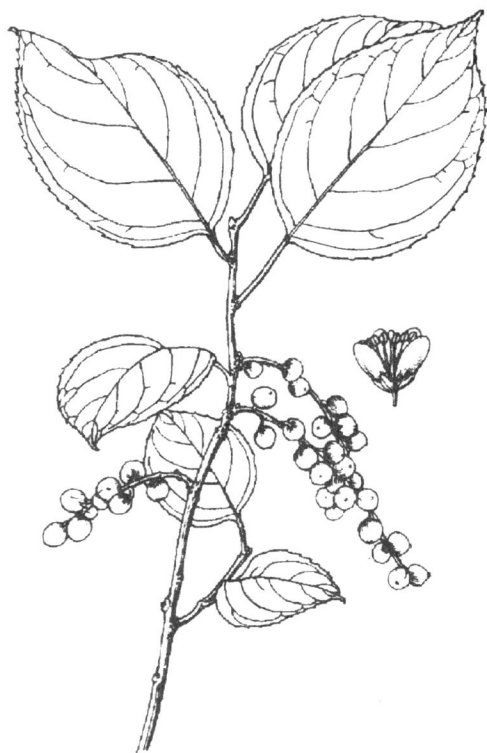

图 2-276　中国旌节花

85. 秋海棠科　Begoniaceae

　　一年生或多年生肉质或木质草本,或灌木。常有根状茎或块状茎;地上茎常有节,直立,匍匐状或攀援状。单叶互生,全缘、具齿或分裂,基部歪斜,中脉两侧常不对称;托叶 2 枚,常脱落。花单性,雌雄同株,辐射对称或两侧对称,通常组成腋生的二歧聚伞花序。雄花萼片 2 枚,少有 5 枚;花瓣 2～5 枚或无;雄蕊多数,花丝分离或基部合生,花药顶孔开裂。雌花花被片 2～5 枚;子房下位,稀半下位,2～3 室,稀 4～6 室,中轴胎座,稀 1 室而为侧膜胎座,花柱 2～3 枚,稀 4～6 枚,分离或基部合生,柱头常扭曲。果为蒴果或浆果。

2～3 属,1400 余种,广泛分布于热带、亚热带地区;我国有 1 属,170 多种;浙江有 7 种;杭州有 3 种。

秋海棠属　Begonia L.

多年生肉质草本,多年生草本。雄花花被片 4 枚,外轮 2 枚较大,花瓣状;雌花子房下位,中轴胎座。其余特征与科同。

约 1400 种,分布于热带、亚热带地区,以南美洲最多;我国约有 173 种;浙江有 7 种;杭州有 3 种。

分 种 检 索 表

1. 植株具球形的块状茎 ………………………………………………………………… 1. 秋海棠　B. grandis
1. 植株仅具纤维状根,或具横走的根状茎。
　2. 高大草本,株高 50～150cm;叶片长 10～20cm,宽 5～13cm,上叶面散生圆点状白斑 …………
　………………………………………………………………… 2. 银星秋海棠　B. argento-guttata
　2. 矮小草本,株高 15～30cm;叶片长 5～6cm,宽 3.5～6cm,叶面无白斑 …… 3. 四季海棠　B. cucullata

1. 秋海棠　(图 2-277)

Begonia grandis Dryand.

多年生草本。根状茎近球形,直径为 8～20mm,具密集而交织的细长纤维状之根;地上茎直立,有分枝,高 40～60cm,有纵棱。叶互生,具 4～13.5cm 长叶柄,托叶膜质,长圆形至披针形,长约 10mm,早落;叶片宽卵形至卵形,长 10～18cm,宽 7～14cm,先端渐尖至长渐尖,基部心形,偏斜,两侧不对称,窄侧宽 1.6～4cm,边缘具不等大的三角形浅齿,上面褐绿色,常有红晕,幼时散生硬毛,下面色淡,带红晕或紫红色,叶脉掌状,7～9 条。2～4 回二歧聚伞状花序,花序梗长 4.5～7cm,基部常有一小叶;花葶高 7～9cm;花粉红色,较多数,有二次和三次分枝;苞片长圆形,长 5～6mm,早落;雄花花梗长约 8mm,花被片 4 枚,外面 2 枚宽卵形或近圆形,长 11～13mm,宽 7～10mm,先端圆,内面 2 枚倒卵形至倒卵长圆形,长 7～9mm,宽 3～5mm,雄蕊多数,基部合生;雌花花梗短,长约 2.5cm,花被片 3 枚,子房长圆球形,长约 10mm,直径约为 5mm,3 室,中轴胎座,花柱 3 枚,分离或部分合生。蒴果下垂,长圆球形,长 10～12mm,直径约为 7mm,具不等 3 翅,果梗长 3.5cm;种子极多数,小。花期 7 月始,果期 8 月始。$2n=26$。

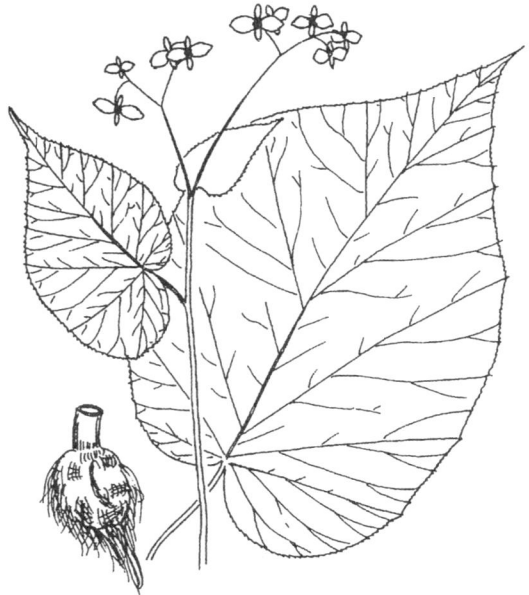

图 2-277　秋海棠

见于余杭区(余杭)、西湖景区(黄龙洞、云栖),生于山地林下阴湿处、溪傍岩石上。分布于长江流域及其以南各省、区,以及山东、河北等;日本也有。

2. 银星秋海棠 （图 2-278）

Begonia argento-guttata Lemoine

多年生草本,基部稍木质化,高 0.5～1.5m。全株无毛;具横走的根状茎;地上茎直立,有分枝,多节,呈竹节状,节间长 3～6cm。叶互生;叶柄长 1～2cm,具绿白色膜质托叶;叶片歪卵形,长 10～20cm,宽 5～13cm,先端锐尖,基部偏斜,边缘有细锯齿,上面深绿色,有变带紫红色,散生银白色斑点,下面常肉红色或紫红色。聚伞花序生于上部叶腋,花多数,花红色或淡红色;雄花直径约为 4cm,花被片 4 枚,外轮 2 枚圆心形,较大,内轮 2 枚长椭圆形,狭小,雄蕊多数,药隔延伸部分顶端微凹;雌花稍小,花被片 5 枚,内轮 3 枚渐变小,花柱 3 枚,基部合生,柱头裂片螺旋状扭曲。蒴果长约 2.5cm,具 3 枚钝三角形而几等大的宽翅。花期 4—9 月。

区内常见栽培。原产于巴西,为人工培育而成的园艺种,是白斑秋海棠与富丽秋海棠的杂交种;北京、青岛、南京及上海等地有栽培。

图 2-278　银星秋海棠

图 2-279　四季海棠

3. 四季海棠 （图 2-279）

Begonia cucullata Willd.

多年生肉质草本,高 15～30cm。根纤维状。茎直立,肉质,无毛,基部多分枝,多叶。叶互生,卵形或宽卵形,长 5～8cm,宽 3.5～6cm,基部略偏斜,边缘有锯齿和睫毛,两面光亮,绿色,但主脉通常微红,叶柄长 1～2cm;托叶干膜质。花淡红或带白色,数朵聚生于腋生的花序梗上,呈聚伞花序;雄花较大,花直径为 1～3cm,花被片 4 枚,外轮 2 枚较大,圆心形,雄蕊多数,药隔延伸部分顶端圆钝;雌花稍小,花被片 5 枚,几等大,花柱 3 枚,基部合生,柱头裂片螺旋状扭曲。蒴果绿色,长 1～1.5cm,有 3 个带红色的翅。花期 3—12 月。

区内常见栽培。原产于巴西;我国各地有栽培,常年开花,但以秋末、冬、春较盛。

很容易扦插的盆栽花卉。

86. 瑞香科 Thymelaeaceae

灌木或小乔木,稀草木。茎通常具韧皮纤维。单叶,互生或对生;叶片全缘,具羽状脉,叶柄短,无托叶。花辐射对称,两性或单性,雌雄同株或异株,组成头状、穗状、总状、圆锥状或伞形花序,顶生或腋生,极少单生或簇生;花萼花冠状,常联合成钟状、漏斗状或管状,裂片 4 或 5 枚,覆瓦状排列;花瓣缺,或鳞片状,与花萼裂片同数;雄蕊数通常为花萼裂片数的 2 倍或同数,稀 4 枚,或退化为 1 或 2 枚;花丝着生于萼筒的中部或喉部,花药 2 室,内向,纵裂;花盘环状、杯状或鳞片状;子房上位,1(2)室,每室具 1 颗悬垂的倒生胚珠,花柱头状、丝状或棒状或几缺,柱头通常盘状。果为浆果、核果或坚果,稀为 2 瓣开裂的蒴果;种子具伸直的胚,胚乳丰富或无。

约 49 属,892 种,广布于南、北半球热带至温带地区,尤以非洲热带和大洋洲最为丰富;我国有 9 属,115 种,各地广布,主产于长江流域及其以南地区;浙江有 3 属,9 种,2 变种;杭州有 3 属,4 种,1 变种。

本科植物经济价值较大:有多种可作熏香料;树脂入药;有些种可作观赏植物;另一些种则因韧皮纤维发达而强韧、细柔,可作提取纤维和工业造纸原料;种子可榨油。

分 属 检 索 表

1. 花柱长,长约 2mm,柱头棒状 ·· 1. **结香属** *Edgeworthia*
1. 花柱短或不明显,柱头头状。
  2. 叶互生,稀对生;花序头状或簇生,稀穗状或总状,花盘环状偏斜或杯状,边缘全缘或浅裂至深裂,或一侧发达呈鳞片状 ·· 2. **瑞香属** *Daphne*
  2. 叶对生,稀互生;花序总状、圆锥状或穗状,稀头状,花盘 1~4 枚,鳞片状······ 3. **荛花属** *Wikstroemia*

1. 结香属 Edgeworthia Meisn.

灌木。单叶互生,常簇生于枝顶;无柄或具短柄。头状花序顶生或腋生;苞片数枚组成一总苞;小苞片早落;花两性,先叶开放或与叶同时开放;花梗基部具关节;花萼筒漏斗形,内面无毛,外面密被银色长柔毛,基部宿存;花萼 4 裂,覆瓦状排列,开展,较萼筒短;无花瓣;雄蕊 8 枚,2 轮,外轮与花萼对生,花丝极短,花药长圆球形,外轮稍伸出;子房 1 室,无柄,顶部或全部被毛,柱头棒状,具乳凸;花盘杯状,浅裂。果干燥或稍肉质;种皮坚硬,有胚乳,子叶扁平。$2n=18,36,72$。

5 种,分布于亚洲;我国有 4 种;浙江有 1 种;杭州有 1 种。

结香 (图 2-280)

Edgeworthia chrysantha Lindl.

落叶灌木,高 1.5~2m。枝粗壮柔软,可打结而不断,棕红色,具皮孔,常具三叉状分枝,幼枝具淡黄色或灰色绢毛。叶互生,常簇生于枝端;叶片纸质,椭圆状长圆形或椭圆状倒披针形,长8~15(~20)cm,宽 2~5cm,先端急尖或钝,基部楔形而下延,全缘,上面绿色,有疏柔毛或后变无毛,下面粉绿色,具长硬毛;叶脉在下面微凸起;叶柄长 5~8mm。头状花序生于枝梢叶腋;花序梗粗短,下弯,密被长绢毛;无花梗;苞片披针形、椭圆形或狭卵形,长约3cm;花萼管状,长约 1.5cm,外面密被淡黄色长绢毛,裂片 4 枚,椭圆形或卵形,内面黄色,长约 5mm;雄蕊 8 枚;子房椭圆球形,无柄,先端被柔毛,花柱较长,长约 2mm,柱头线状圆柱形,密生乳头状凸起。果卵球形。花期 3—4 月,果期 8—9 月。$2n=36$。

区内常见栽培。分布于长江流域及其以南各省、区。

树皮可作造纸和人造棉的原料;根、叶、花入药;花芳香,供观赏。

图 2-280 结香

2. 瑞香属 Daphne L.

灌木。单叶互生,稀对生;常无柄。总状、伞形或头状花序,顶生或腋生,有时为茎生;通常具苞片。花两性,极少为单性;具梗或无梗;花萼筒漏斗形,早落,稀宿存;花萼 4(5)裂,覆瓦状排列,开展,稀直立,较萼筒短;无花瓣;雄蕊 8(10)枚,2 轮,外轮与花萼对生,花丝短或无;子房 1 室,花柱短或无,柱头头状或圆饼状;花盘环状偏斜或杯状,边缘全缘,或浅裂至深裂,或一侧发达,呈鳞片状。果实肉质或干燥;种皮坚硬,胚乳少或无,子叶厚。$2n=18,27,28,30,36$。

约 95 种,分布于亚洲至地中海地区;我国有 52 种;浙江有 3 种,1 变种;杭州有 2 种,1 变种。

本属植物韧皮纤维发达,可造纸和人造棉;一些种类于庭院栽培,供观赏。

分 种 检 索 表

1. 落叶;花序常数簇侧生于去年生枝无叶的叶腋,花时无叶,子房密被柔毛;果白色 …… 1. 芫花 *D. genkwa*
1. 常绿;花序顶生,花时有叶,子房无毛;果红色。
  2. 花外面淡紫红色,内面肉红色,花萼筒外面无毛 ……………………………… 2. 瑞香 *D. odora*
  2. 花白色,花萼筒外面被毛 ……………………………… 3. 毛瑞香 *D. kiusiana* var. *atrocaulis*

1. 芫花 (图 2-281)

Daphne genkwa Siebold & Zucc.

落叶灌木,高 30~100cm。枝略带褐色,幼枝密被淡黄色绢毛,老枝无毛。叶对生,偶互生;叶片纸质,椭圆形、椭圆状长圆形至卵状披针形,长 3~5.5cm,宽 1~2cm,先端急尖,基部楔形,全缘,初时下面密被淡黄色绢毛,以后除下面中脉微被绢毛外,其余部分无毛;叶柄密被短柔毛。花先于叶开放,3~7 朵成簇,数簇侧生于去年生枝无叶的叶腋;花序的花序梗短,具早落性苞片;萼筒淡紫色或淡紫红色,长约 1cm,外被绢毛,裂片 4 枚,卵形,长约

5mm,先端圆形;雄蕊 8 枚,2 轮,分别着生于花萼筒中部及上部;花盘环状;子房瓶状,密被淡黄色柔毛,花柱极短或无,柱头头状。果白色,内含种子 1 颗。花期 3—4 月,果期 6—7 月。

见于萧山区(闻堰、新塘)、西湖景区(宝石山、黄龙洞),生于向阳山坡、山谷、灌丛、路旁或疏林下。分布于安徽、福建、甘肃、贵州、河北、河南、湖北、湖南、江苏、江西、山东、山西、陕西、四川、台湾;朝鲜半岛也有。

茎皮纤维为优质纸和人造棉的原料;干燥花蕾、根皮入药;全株有毒,慎用。

图 2-281　芫花

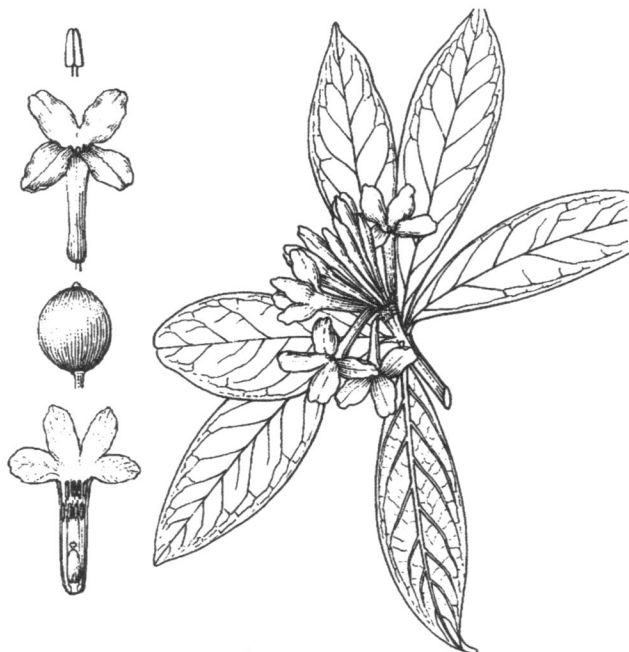

图 2-282　瑞香

2. 瑞香　（图 2-282）

Daphne odora Thunb.

常绿直立灌木。枝粗壮,通常二歧分枝;小枝近圆柱形,紫红色或紫褐色,无毛。叶互生,纸质,长圆形或倒卵状椭圆形,长 7～13cm,宽 2.5～5cm,先端钝尖,基部楔形,边缘全缘,上面绿色,下面淡绿色,两面无毛,侧脉 7～13 对,与中脉在两面均明显隆起;叶柄粗壮,长 4～10mm,散生极少的微柔毛或无毛。花外面淡紫红色,内面肉红色,无毛,数朵至 12 朵组成顶生头状花序;苞片披针形或卵状披针形,长 5～8mm,宽 2～3mm,无毛,脉纹显著隆起;花萼筒管状,长6～10mm,无毛,裂片 4 枚,心状卵形或卵状披针形,基部心脏形,与花萼筒等长或超过之;雄蕊 8 枚,2 轮,下轮雄蕊着生于花萼筒中部以上,上轮雄蕊的花药的 1/2 伸出花萼筒的喉部,花丝长 0.7mm,花药长圆球形,长 2mm;子房长圆球形,无毛,顶端钝形,花柱短,柱头头状。果实红色。花期 3—5 月,果期 7—8 月。

区内常见栽培。原产于我国或日本。

本种的金边品种'Aureomarginata'叶片边缘淡黄色,区内亦常见栽培,供观赏。

3. 毛瑞香 （图2-283）

Daphne kiusiana Miq. var. **atrocaulis** （Rehder） Maek. ——*D. odora* Miq. var. *atrocaulis* Rehder

常绿灌木,高0.5～1m。枝深紫色或紫褐色,无毛,皮部很韧。叶互生,枝端常簇生,厚纸质,椭圆形至倒披针形,长5～10cm,宽1.5～3.5cm,全缘。花白色,有芳香;5～13朵组成顶生头状花序,无花序梗,基部具数枚早落苞片;花萼管状,白色,长7～8mm,外被灰黄色绢毛,裂片4枚,卵形,长约5mm;雄蕊8枚,2轮;花盘环状,边缘波状,外被淡黄色短柔毛;子房长椭圆球状,无毛。核果卵状椭圆球形,红色,长约10mm。花期3—4月,果期8—9月。

见于西湖景区(飞来峰、龙井、玉皇山),生于山坡岩石隙缝中、林下、山坡灌木下。分布于安徽、福建、广东、广西、湖北、湖南、江苏、江西、四川、台湾。

茎皮纤维供造纸和人造棉;花可提取芳香油;根及茎入药,有活血消肿、利咽的功效。

原种日本毛瑞香 *D. kiusiana* Miq.

图2-283　毛瑞香

产于日本和朝鲜岛,叶片倒披针形,花较小,花萼筒长7～8mm。此外,本种过去常被错误鉴定为瑞香的变种。

3. 荛花属　Wikstroemia Endl.

灌木或乔木。单叶对生,稀互生;具柄,稀无柄。花序短总状、穗状或头状,顶生,极少为腋生;无苞片。花两性,极少为单性;无梗或有梗;花萼筒筒状或漏斗状,早落或花后破裂;花萼4、5(6)裂,覆瓦状排列,常开展,较萼筒短;无花瓣;雄蕊8～10(12)枚,2轮,外轮与花萼对生,花丝极短;子房1室,花柱短,柱头头状或圆饼状;花盘1～4枚,膜质,鳞片状;雄花具退化雌蕊;雌花具退化雄蕊。浆果;种子有胚乳或无。$2n=18,20,27,28,36,52,72,88,89$。

约98种,主要分布于亚洲、大洋洲;我国有49种,几全国分布,主产于长江流域及其以南各省、区,以西南和华南地区最多;浙江有5种,1变种;杭州有1种。

本属植物茎皮纤维可造纸和人造棉;一些种类还可入药。

长期以来本属与瑞香属 *Daphne* L. 界线不清(详见瑞香属评述),因此有时本属被并入瑞香属(Halda,2001)。

北江荛花　（图 2-284）

Wikstroemia monnula Hance

　　落叶灌木,高 0.7～3m。幼枝被灰色柔毛;老枝紫褐色,无毛。叶对生,稀互生;叶片膜质,卵状椭圆形至长椭圆形,通常长 3～4.5cm,宽 1～2.5cm,先端短尖,基部圆形或宽楔形,上面绿色,无毛,下面淡绿色,有时带紫红色,疏被柔毛,中脉被毛较多;叶柄长 1～2mm。总状花序顶生面缩短成伞形花序状,每一花序具花 3～8 朵;花序梗长 3～10mm,被灰色柔毛;花萼管状,淡红色或紫红色,少为白色,外面被绢毛,裂片 4 枚,卵形;雄蕊 8 枚,2 轮;花盘鳞片 1～2 枚,条形至卵形;子房棒状,具长柄,顶端被黄色茸毛。核果卵球形,肉质,白色。花期 4—6 月,果期 7—9 月。

　　见于西湖区(双浦)、余杭区(余杭),生于向阳山坡灌丛中。分布于广东、广西、贵州、湖南。

　　茎皮纤维为造纸和作人造棉的主要原料;根入药。

图 2-284　北江荛花

87.　胡颓子科　Elaeagnaceae

　　落叶或常绿直立灌木或攀援藤本,稀乔木。枝上有刺或无刺,幼枝和叶片上均密生银白色或棕色的鳞片。单叶,互生,稀对生或轮生,全缘;羽状叶脉,具柄,不具托叶。花两性或单性,稀杂性,整齐,1 至数朵腋生,或成伞状、总状花序,白色或黄褐色,具香气;花萼常联合成筒,顶端 4 裂,稀 2 裂,在子房上面通常明显收缩,花蕾时镊合状排列;无花瓣;雄蕊着生于萼筒喉部或上部,与裂片互生,或着生于基部,与裂片同数或为其倍数,花丝分离,短或几无,花药内向,2 室纵裂,背部着生,通常为"丁"字形,花粉粒钝圆形或近三角形;子房上位,包被于萼筒内,1 枚心皮,1 室,1 枚胚珠,花柱单一,直立或弯曲,柱头棒状或偏向一边膨大;花盘通常不明显,稀发达,呈锥状。果实为瘦果或坚果,为增厚的萼筒所包围,核果状,红色或黄色,味酸甜或无味;种皮骨质或膜质,无或几无胚乳,胚直立,较大,具 2 枚肉质子叶。

　　3 属,约 90 种,分布于北半球温带至热带地区;我国有 2 属,74 种;浙江有 1 属,10 种,1 变种;杭州有 1 属,4 种。

胡颓子属　Elaeagnus L.

　　落叶或常绿灌木或小乔木,直立或攀援。常具针刺,稀无刺,通常全体具银白色或棕色的鳞片；冬芽小，卵圆形，外具鳞片。单叶互生，披针形至椭圆形或卵形，全缘，具短柄。花两性，稀杂性，单生或簇生于叶腋或叶腋短小枝上，成伞形总状花序，通常具柄；花萼筒状或钟状，先端4裂，基部紧包围子房，子房上面通常明显收缩，雄蕊4枚，着生于萼筒喉部，与裂片互生；花丝极短，不外露；花药矩圆球形或椭圆球形，"丁"字形着生，内向，2室纵裂，花柱直立，无毛。果实为坚果，为膨大肉质化的萼筒所包围，呈核果状，矩圆球形或椭圆球形，稀近球形，红色或黄红色；果核椭圆球形，具8条肋，内面通常具白色丝状毛。

约90种，分布于亚洲、南欧和北美洲；我国有67种；浙江有10种，1变种；杭州有4种。

分 种 检 索 表

1. 落叶或半常绿，直立灌木或乔木；叶片纸质或膜质；春夏季开花，果实夏秋季成熟。
　2. 叶片下面除具鳞片外多少尚具星状茸毛或柔毛，侧脉在上面通常凹下 …… 1. 佘山羊奶子　*E. argyi*
　2. 叶片下面仅具鳞片而无毛，侧脉在上面通常不凹下 …………………… 2. 木半夏　*E. multiflora*
1. 常绿，直立、蔓生或攀援灌木；叶片革质或厚革质；秋冬季开花，果实春夏季成熟。
　3. 蔓生或攀援灌木 ……………………………………………………… 3. 蔓胡颓子　*E. glabra*
　3. 直立灌木，稀蔓生状 ……………………………………………………… 4. 胡颓子　*E. pungens*

1. 佘山羊奶子 （图 2-285）

Elaeagnus argyi H. Lév

半常绿或落叶小灌木，高约3m，有棘刺。小枝灰褐色，密被皮屑状鳞片。叶发于春、秋两季，大小不等，薄纸质或膜质，小型叶椭圆形，长1～4cm，顶端圆形，大型叶倒卵形或宽椭圆形，长6～10cm，两端钝形，背面银灰色，侧脉8～10对，与中肋在表面凹下；叶柄长5～7mm。花5～7朵生于新枝基部，成短总状花序；花黄色，下垂；花被管漏斗状，长5.5～6mm，上部4裂，裂片卵状三角形；雄蕊4枚，生花被管喉部；花柱无毛。果矩圆球形，长13～15mm，直径约为6mm，被银色鳞片，熟时红色，可食。花期1—3月，果期4—5月。

见于西湖景区（飞来峰、孤山、龙井、三台山、玉皇山、云栖等），生于杂木林下、山坡路边及农舍旁。分布于安徽、湖北、湖南、江苏、江西。

果可食用。

图 2-285　佘山羊奶子

2. 木半夏 （图 2-286）

Elaeagnus multiflora Thunb.

落叶灌木，高达3m，通常无刺。枝密被褐色鳞片。叶片纸质，椭圆形或卵形，长3～7cm，宽1.2～4cm，先端钝尖或急尖，基部锐尖或钝，全缘，上面幼时具银白色鳞片，成熟后脱落，干后黑褐色或淡绿色，下面银白色和被褐色鳞片，侧脉5～7对，两面均不甚明显；叶柄长

4～6mm。花梗纤细,长4～8mm;花白色,单生于新枝基部叶腋;花萼筒圆筒形,长5～6.5mm,裂片宽卵形,顶端钝尖,基部急骤收缩,长4～5mm;雄蕊4枚,花丝极短,花药细小;花柱直而微弯曲,无毛。果实长倒卵球形至椭圆球形,长1.2～1.4cm,熟时红色,密被锈色鳞片,果梗长1.5～4cm。花期4—5月,果期6—7月。

见于萧山区(楼塔)、西湖景区(北高峰、九溪、六和塔、下天竺),生于荒野、山坡及路边草丛中。分布于安徽、福建、广东、贵州、河北、河南、湖北、江苏、江西、山东、山西、四川;日本、朝鲜半岛也有。

果实、根、叶可入药;果可食,并可作果酒和饴糖等。

图 2-286　木半夏

图 2-287　蔓胡颓子

3. 蔓胡颓子　(图 2-287)

Elaeagnus glabra Thunb.

常绿蔓生或攀援灌木,长可达5.5m。通常无刺,稀有刺;幼枝密被锈色鳞片,老时脱落。叶片革质或近革质,卵状椭圆形至椭圆形,长4～10cm,宽2.5～5cm,先端渐尖,基部近圆形或楔形,全缘,微反卷,上面深绿色,具光泽,干后变褐绿色,下面外观灰褐色或黄褐色至红褐色,被褐色鳞片,侧脉6～8对,上面明显,下面凸起;叶柄长5～8mm。花常3～7朵生于叶腋,组成伞形短总状花序;花梗锈色,长2～4mm;花淡白色,下垂,密被银白色和散生少数锈色鳞片;花萼筒狭圆筒状漏斗形,长4.5～5.5mm,向基部渐窄而在子房上端不明显收缩,裂片宽三角形,长2.5～3mm,先端急尖,内面被白色星状柔毛;雄花花丝长不超过1mm,花药长椭圆球形,长1.8mm;花柱细长而直立,无毛,顶端弯曲。果实长圆球形,长14～19mm,密被锈色鳞片,成熟时红色,果梗长3～6mm。花期9—11月,果期翌年4—5月。

见于余杭区(良渚、余杭)、西湖景区(百子尖、九溪、六和塔、南高峰、云栖),生于山坡向阳林中或杂木林中。分布于安徽、福建、广东、广西、贵州、湖北、湖南、江苏、江西、四川、台湾;日本、朝鲜半岛也有。

果可食或酿酒;叶、根可入药;茎皮可代麻、造纸、造人造纤维板。

4. 胡颓子 （图 2-283）

Elaeagnus pungens Thunb.

常绿直立灌木,高 3～4m,具棘刺。幼枝微扁棱形,密被锈色鳞片;老枝鳞片脱落,黑色,具光泽。叶厚革质,椭圆形或矩圆形,长 5～7cm,两端钝形或基部圆形,边缘微波状,表面绿色,有光泽,背面银白色,被褐色鳞片,侧脉 7～9 对,与网脉在上面显著;叶柄粗壮,褐锈色,长 5～8mm。花银白色,下垂,被鳞片;花梗长 3～5mm;花被管圆筒形或漏斗形,长 5.5～7mm,上部 4 裂,裂片矩圆状三角形,内面被短柔毛;雄蕊 4 枚;子房上位,花柱直立,无毛。果实椭圆球形,长 1.2～1.4cm,被锈色鳞片,成熟时红色,果核内面具白色丝状棉毛,果梗长 4～6mm。花期 9—12 月,果期翌年 4—6 月。

见于西湖区（龙坞）、余杭区（良渚、塘栖、余杭）、西湖景区（飞来峰、黄龙洞、九溪、灵峰、玉皇山、云栖等）,生于山坡杂木林中、向阳的溪谷两旁及村旁路边。分布于安徽、福建、广东、广西、贵州、湖北、湖南、江苏、江西;日本也有。

种子、叶和根可入药;果实味甜,可生食,也可酿酒和熬糖;茎皮纤维可造纸和人造纤维板。

图 2-288   胡颓子

88. 千屈菜科 Lythraceae

草本、灌木或乔木。茎四棱形。叶对生,稀轮生或互生,叶全缘,托叶细小或缺。花单生或簇生,或组成顶生或腋生的穗状、总状或圆锥花序;花两性,辐射对称,花萼管状或钟状,有时有距,通常 3～6 裂,雄蕊数通常为花瓣数的 1～2 倍,子房上位,2～6 室,具中轴胎座。蒴果,2～6 室,横裂、瓣裂或不规则开裂,稀不裂;种子多数,形状不一,有翅或无翅,无胚乳。

约 31 属,625～650 种,广布于热带地区,少数产于温带地区;我国有 10 属,43 种;浙江有 7 属,13 种;杭州有 5 属,9 种。

有些种类可供观赏或药用;少数种类是稻田杂草,但亦可作猪饲料。

分属检索表

1. 紫薇属　Lagerstroemia L.

落叶或常绿灌木或乔木。叶对生、近对生或上部互生;托叶极小,锥形,脱落。花两性,辐射对称,组成顶生或腋生的圆锥花序;花梗在小苞片着生处具关节;花萼半球状或陀螺状,有棱或无,6～9 裂;花瓣通常 6 枚,或与花萼裂片同数,基部有细长的瓣柄,近缘波状或有皱纹;雄蕊 6 至多数,着生于萼筒近基部,花丝细长,长短不一;子房 3～6 室,每室有多数胚珠,花柱长,柱头头状。蒴果木质,基部有宿存的花萼包围,多少与萼粘合,成熟时室背开裂为 3～6 瓣;种子多数,顶端有翅。

约 55 种,分布于亚洲至大洋洲的热带和亚热带地区,北至日本;我国有 15 种;浙江有 3 种;杭州有 2 种。

有些种类可供观赏或药用。

1. 紫薇　(图 2-289)

Lagerstroemia indica L.

落叶灌木或小乔木,高达 9m。树皮光滑,片状脱落,灰白色或灰褐色;枝干多扭曲,小枝具 4 条棱,略呈翅状。叶互生或有时对生,叶片纸质,椭圆形、宽长圆形或倒卵形,长 3～7cm,宽 1.5～4cm,先端短尖或钝形,有时微凹,基部宽楔形或近圆形,无毛或下面沿中脉有微柔毛,侧脉 3～7 对,叶柄无或很短。花淡红色、淡紫色,直径为 3～4cm,组成顶生圆锥花序,中轴及花梗无或稀被柔毛;花萼长 7～10mm,外面平滑无棱,两面无毛,6 裂,裂片三角形,裂片间无附属体;花瓣 6 枚,皱缩,长 12～20mm,具长瓣柄;雄蕊 36～42 枚,外面 6 枚着生于花萼上,比其余的长得多;子房无毛。蒴果椭圆球形或宽

图 2-289　紫薇

椭圆球形,长 8～13mm,幼时绿色至黄色,成熟时或干燥时呈紫黑色,室背开裂;种子连翅长约 8mm。花期 7—9 月,果期 9—11 月。$2n=48$。

区内常见栽培。原产于东亚至南亚、东南亚;世界各地广泛栽培。

花色鲜艳美丽,花期长,为庭院观赏树,有时亦作盆景;木材坚硬、耐腐,可作农具、家具、建筑等用材;根、树皮、叶及花供药用。

本种园艺上有较多品种,其中常见的有银薇 'Alba'(花白色)及翠薇 'Rubra'(花蓝紫色)两个品种。

2. 福建紫薇　(图 2-290)

Lagerstroemia limii Merr. ——*L. chekiangensis* Cheng

灌木或小乔木,高达 6m。树皮细浅纵裂,粗糙;小枝圆柱形,密被灰黄色柔毛。叶互生或近对生,叶片质较厚,长圆形或长圆状卵形,长 6～18cm,宽 3～8cm,先端短渐尖或急尖,基部短尖或圆形,上面几无毛或疏生短柔毛,下面沿中脉、侧脉及网脉密被柔毛,侧脉 10～17 对,其间有明显的横行小脉;叶柄长 2～5mm,密被柔毛。顶生圆锥花序,花轴及花梗密被柔毛;苞片长圆状披针形,长 3～4mm;花淡紫红色,直径为 1.5～2cm,萼筒直径约为 6mm,有 12 条明显的棱,外面密被柔毛,棱上尤甚,5～6 裂;花瓣 6 枚,卵圆形,有皱纹,具长 6mm 的瓣柄;雄蕊 30～40 枚,着生于花萼上;子房无毛,花柱长 13～18mm。蒴果卵球形,长 8～12mm,褐色,光亮,有浅槽纹,裂片 4～5 枚;种子连翅长 8mm。花期 5—6 月,果期 7—8 月。

见于萧山区(楼塔)、余杭区(黄湖、临平),生于溪边和山坡灌丛中。分布于福建、湖北。

图 2-290　福建紫薇

与上种的主要区别在于:本种树皮粗糙,细浅纵裂;小枝圆柱形;花直径为 1.5～2cm,花萼具多少明显凸出的纵棱。

2. 千屈菜属　Lythrum L.

一年生或多年生草本,稀灌木。小枝常具 4 条棱。叶交互对生或轮生,稀互生,全缘。花单生于叶腋或组成穗状花序、总状花序或歧伞花序;花辐射对称或稍左右对称,4～6 基数;萼筒长圆筒形,稀阔钟形,有 8～12 条棱,裂片 4～6 枚,附属体明显,稀不明显;花瓣 4～6 枚,稀 8 枚或缺;雄蕊 4～12 枚,排成 1～2 轮,长、短各半,或有长、中、短三型;子房 2 室,无柄或几无柄,花柱线形,亦有长、中、短三型,以适应同型雄蕊的花粉。蒴果完全包藏于宿存萼内,通常 2 瓣裂,每瓣或再 2 裂;种子 8 至多数,细小。

约 35 种,广布于全世界;我国有 4 种;浙江及杭州栽培 1 种。

千屈菜 (图 2-291)

Lythrum salicaria L.

多年生草本,高 40～100cm。根状茎横卧,粗壮;地上茎直立而多分枝,4 条棱。叶常对生,披针形,长 4～6(～10)cm,宽 8～15mm,顶端钝形或短尖,基部圆形或心形,有时略抱茎,全缘,无柄。穗状花序顶生,小而多的花朵生于叶状苞腋;萼筒长 5～8mm,有纵棱 12 条;花瓣 6 枚,红紫色或淡紫色;雄蕊 12 枚,6 枚长 6 枚短,伸出萼筒之外;子房 2 室,花柱长短不一。蒴果扁球形。花期 6—9 月,果期 9—10 月。

区内常见栽培。我国各地均有分布;亚洲、欧洲、非洲的阿尔及利亚、北美洲和澳大利亚东南部也有。

常见观赏植物,也可入药。

图 2-291 千屈菜

3. 萼距花属 Cuphea Adans. ex P. Br.

草本或灌木,全株常具黏质的腺毛。叶通常对生或轮生。花单生或组成总状花序,左右对称,常生于叶柄之间,萼筒延长而呈花冠状,有棱,驮背囊状或基部上方有距,口部偏斜,有 6 枚齿或 6 枚裂片,并具同数的附属体;花瓣 6 枚,不相等,稀 2 枚或缺;雄蕊 11 枚,稀 4、6 或 9 枚,不等长,2 枚较短;子房通常上位,基部有腺体,具不等的 2 室,每室有 3 至多数胚珠,花柱细长,柱头头状,2 浅裂。蒴果长椭圆球形,包藏于萼筒内,侧裂。

约 300 种,原产于美洲;我国现已引种栽培 7 种;浙江及杭州栽培 1 种。

细叶萼距花 (图 2-292)

Cuphea hyssopifolia Kunth

小灌木,高 30～60cm,多分枝。小枝褐色至红褐色,密被短柔毛并疏生暗红色肉质刺毛。叶多而较密集,叶片通常线形至线状披针形或狭椭圆形,长 0.5～1.3cm,宽 1.2～4mm,萌发枝上有时长可达 2.5cm,宽 5mm,先端急尖,基部圆楔形或钝圆形,上面有毛或几无毛,下面沿中脉疏生肉质刺毛或最后变无毛,常散生少数红色腺

图 2-292 细叶萼距花

体;叶柄短或几无柄。花小而多,长 6mm,直径约为 7mm,通常淡紫色,花梗被毛及刺毛,长
3～5mm,顶端具关节;花萼直,具肋,基部上方驮背囊状,长 4～5mm,绿色,无毛,顶端张开,裂
片 6 枚,三角形,带紫色;花瓣 6 枚,几等大,菱形至菱状椭圆形或椭圆形,基部具极短瓣柄;雄蕊
内藏,11 或 12 枚,其中 5 或 6 枚较长,花丝具白色柔毛;子房长圆球形,无毛,花柱有毛,向上渐变
紫色。蒴果长圆球形,一侧开裂。花、果期 5—10 月。

区内常见栽培。原产于墨西哥及危地马拉;我国南方普遍栽培。

盆栽观赏植物,入冬需进温室,用扦插繁殖甚易。

4. 水苋菜属　Ammannia L.

一年生草本。茎直立,枝通常具 4 条棱。叶对生,稀互生,无柄。单生,或组成腋生而密集
或疏松的聚伞花序。花小,辐射对;苞片通常 2 枚;萼筒钟状或管状钟状,4～6 裂;花瓣与萼裂
片同数,细小,或有时无花瓣;雄蕊 2～8 枚,通常 4 枚;子房长圆球形或球形,包藏于萼筒内,
2～4 室,花柱细长或短,直立,柱头头状。蒴果球形或长圆球形,膜质,下半部为宿存的萼筒所
包围,成熟时横裂或不规则盖裂,外壁 5 条横纹;种子多数,细小,有棱。

约 25 种,广布于热带和亚热带地区,主产于亚洲和非洲;我国有 4 种;浙江有 3 种;杭州有
2 种。

1. 耳基水苋　(图 2-293)

Ammannia auriculata Willd.——*A. arenaria*
Kunth

一年生直立无毛草本,高 15～60cm。茎有
4 条棱,具狭翅。叶对生,叶片膜质,披针形或长
圆状披针形,长 1.5～6cm,宽 0.3～1cm,先端渐
尖或稍急尖,基部扩大,多少呈心状耳形,半抱
茎。聚伞花序腋生,通常有花 3～7 朵;花序梗长
3～5mm,花梗短,长 1～3mm;小苞片 2 枚,线
形;萼筒钟状,长 1.5～3mm,最初基部狭,结实
时近半球形,有略明显的棱 4～8 条,裂片 4 枚,宽
三角形,花瓣 4 枚,淡黄色或白色,近圆形,早落;
雄蕊 4～6 枚,约一半凸出于萼裂片之上;子房球
形,长约 1mm,花柱与子房等长或更长。蒴果扁
球形,成熟时约 1/3 凸出于萼筒之外,紫红色,直
径为 2～3.5mm,成不规则盖裂;种子半椭圆球
形。花期 9—12 月。$2n=30,32$。

文献记载区内有分布。分布于安徽、福建、
甘肃、广东、河北、河南、湖北、江苏、山西、云南;
泛热带地区也有。

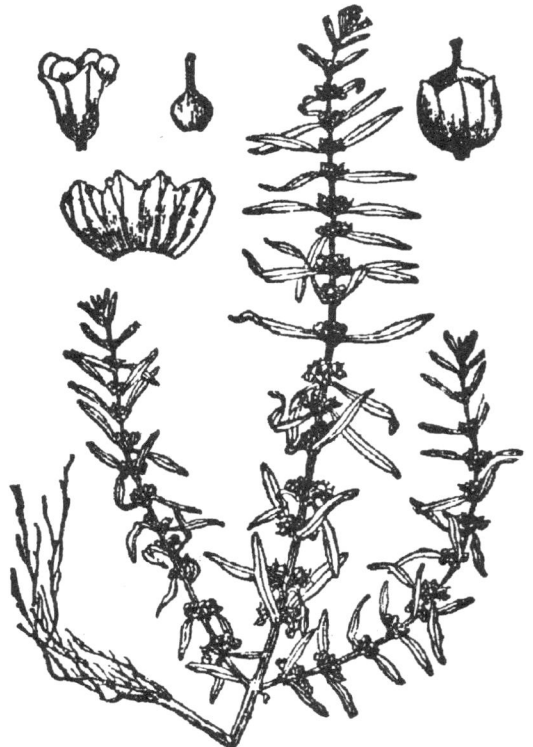

图 2-293　耳基水苋

2. 水苋菜 （图 2-294）

Ammannia baccifera L.

一年生草本,无毛,高 10～50cm。茎直立,多分枝,带淡紫色,有 4 条棱,具狭翅。叶对生,生于上部的或侧枝的有时略呈互生;叶片披针形、倒披针形或长椭圆形,生于茎上的较大,有时长可达 5cm,宽 1.2cm,生于枝上的较小,长 0.6～3cm,宽 0.2～0.6cm,先端急尖或钝形,基部楔形,侧脉不明显。花数朵组成腋生的聚伞花序,通常较密集,几无花序梗,花梗长 1.5mm,花极小,长 1～2mm,紫红色;苞片线状钻形;花萼花蕾时钟状,顶端平面呈四方形,裂片 4 枚,正三角形,结实时半球形,包围蒴果的下半部,无棱,附属体折叠状或小齿状;通常无花瓣;雄蕊通常 4 枚,贴生于萼筒中间,与萼裂片等长或较短;子房球形,花柱极短或无。蒴果球形,紫红色,直径为 1.2～1.5mm,中部以上不规则盖裂;种子极小,近三角形,黑色。$2n=24$。

见于西湖景区（桃源岭）,生于湿地或稻田中。分布于安徽、福建、广东、广西、河北、湖北、湖南、江苏、江西、陕西、台湾、云南;阿富汗、不丹、柬埔寨、印度、老挝、尼泊尔、菲律宾、泰国、越南、非洲热带、澳大利亚、加勒比群岛也有。

与上种的主要区别在于:本种叶片基部渐狭而呈楔形;花序几无花序梗,花常无花瓣,花柱极短或无花柱。

图 2-294 水苋菜

5. 节节菜属 Rotala L.

一年生草本,少有多年生。叶对生或轮生,稀互生,无柄。花单生于叶腋,或组成顶生或腋生的穗状或总状花序,常无花梗;小苞片 2 枚;花小,辐射对称;萼筒钟状至半球状或壶状,3～6 裂;花瓣 3～6 枚,细小或无;雄蕊 1～6 枚;子房 2～5 室,花柱短或细长,柱头盘状。蒴果不完全为宿存的萼筒所包围,空间开裂成 2～5 瓣,软骨质,外壁在放大镜下可见细密的横条纹;种子细小,倒卵球形。

约 46 种,广布于世界热带至温带地区;我国有 10 种;浙江有 3 种;杭州有 3 种。

分 种 检 索 表

1. 叶轮生,叶片窄披针形或宽线形;花单生于叶腋,无花瓣 ························ 1. **轮叶节节菜** *R. mexicana*
1. 叶对生,叶片绝非披针形或线形;花组成穗状花序,有花瓣。
  2. 叶片倒卵状椭圆形或长圆状倒卵形;花序腋生,苞片长圆状倒卵形 ·········· 2. **节节菜** *R. indica*
  2. 叶片近圆形或宽椭圆形;花序顶生,苞片卵形或卵状长圆形 ············ 3. **圆叶节节菜** *R. rotundifolia*

1. 轮叶节节菜　(图 2-295)

Rotala mexicana Cham. & Schlecht.

一年生草本,高 3～12cm,无毛,带红色。茎具 4～6 条棱,基部分枝,常匍匐,沉没于水中,上部直立。叶轮生,每节 3 片,稀 4～5 片;叶片窄披针形或宽线形,长 4～10mm,宽 0.5～2mm,先端截形,有突尖,基部狭,无柄。花单生于叶腋,无梗,长 0.6～1mm,略带红色;小苞片线形,薄膜质,约与花萼等长;萼筒于结实时半球状,裂片 4～5 枚,三角形,无附属体;花瓣无,雄蕊 2 或 3 枚;子房卵球形或近球形,花柱极短或无。蒴果球形,长约 1mm,2～3 瓣裂。花期 9—10 月。

见于西湖区(双浦),多生于水田中。分布于河南、江苏、陕西、台湾;世界热带至暖温带地区也有。

图 2-295　轮叶节节菜

图 2-296　节节菜

2. 节节菜　(图 2-296)

Rotala indica (Willd.) Koehne

一年生草本,高 5～30cm,无毛。基部常匍匐,节上生根。茎略具 4 条棱。叶对生,无柄,叶片倒卵状椭圆形或长圆状倒卵形,长 5～15mm,宽 2～7mm,侧枝上的叶仅长约 5mm,先端近圆形或钝形而有小尖头,基部楔形或渐狭,下面叶脉明显,边缘软骨质。花小,长不及 3mm,组成腋生的穗状花序,稀单生;苞片叶状,长圆状倒卵形,长 3～5mm,小苞片极小,线状披针形,长约为花萼之半或稍过之;萼筒管状钟形,膜质,裂片 4 枚,披针状三角形;花瓣 4 枚,极小,倒卵形,长不及萼裂片之半,淡红色,宿存;雄蕊 4 枚,与萼筒等长;子房椭圆球形,花柱丝状,长为子房之半或近相等。蒴果椭圆球形,稍有棱,长约 1.5mm,常 2 瓣裂。花期 9—10 月,果期 10—12 月。$2n=32$。

见于西湖区(双浦),生于水田或田边水沟中。分布于安徽、福建、广东、广西、贵州、湖北、湖南、江苏、江西、陕西、四川、台湾、云南;不丹、柬埔寨、印度、印度尼西亚、日本、朝鲜半岛、老挝、马来西亚、缅甸、尼泊尔、菲律宾、斯里兰卡、泰国、越南也有。

本种是夏、秋季水稻田中常见的杂草,嫩苗可食。

3. 圆叶节节菜 (图 2-297)

Rotala rotundifolia (Buch.-Ham. ex Roxb.) Koehne

多年生草本,常丛生,高 5～30cm,各部无毛。根状茎细长,匍匐地上;地上茎直立,带紫红色,基部具 4 条棱。叶对生,无柄;叶片近圆形或宽椭圆形,长 5～15mm,宽 2.5～12mm,先端圆形或稍凸,基部渐狭,侧脉 4 对。花小,长约 2mm,几无梗,组成 1～3(5) 个顶生的穗状花序,花序长 0.5～6cm;苞片叶状,卵形或卵状长圆形,约与花等长,小苞片披针形或钻形,约与萼筒等长;花萼筒阔钟状,膜质,长 1～1.5mm,裂片 4 枚,三角形;花瓣 4 枚,倒卵形,淡紫红色,长约为花萼裂片的 2 倍;雄蕊 4 枚;子房近梨形,长约 2mm,花柱线形,长为子房的1/3,柱头盘状。蒴果椭圆球形,3～4 瓣裂。

见于江干区(丁桥)、拱墅区(半山),生于水田或潮湿处。分布于福建、广东、广西、贵州、海南、湖北、湖南、江西、山东、四川、台湾、云南;孟加拉、不丹、印度、日本、老挝、缅甸、尼泊尔、泰国、越南也有。

本种是我国南部水稻田的主要杂草之一,常用作猪饲料。

图 2-297　圆叶节节菜

89. 石榴科　Punicaceae

落叶小乔木或灌木。具有刺状小枝;冬芽外面有 2 对鳞片。单叶对生、近对生或簇生,无托叶,叶片全缘。花顶生或近顶生,单生或几朵簇生或组成聚伞花序,两性,辐射对称;花萼革质,萼筒与子房贴生,且高于子房,近钟形,裂片 5～9 枚,镊合状排列,宿存;花瓣 5～9 枚,多皱褶,覆瓦状排列;雄蕊多数,生萼筒内壁上部;雌蕊子房下位或半下位,心皮多数,多室,分上、下两室,上室为侧膜胎座,下室为中轴胎座,胚珠多数。浆果球形,果皮厚,革质,内有薄隔膜;种子多数,种皮外层肉质,内层骨质,无胚乳。

　　仅 1 属,2 种,主要分布于地中海至亚洲西部;我国引种栽培 1 种;浙江及杭州也有栽培。

　　Flora of China 中将本科并入千屈菜科 Lythraceae。

石榴属　Punica L.

　　属特征同科。

石榴　(图 2-298)

Punica granatum L.

　　落叶灌木或小乔木,树高可达 5～7m。根黄褐色,根际易分蘖。茎常丛生;树干呈灰褐色,上有瘤状凸起;嫩枝有棱,多呈方形,具小枝刺;芽色随季节而变化。叶对生或簇生,呈长披针形至长圆形,长 2～8cm,宽 1～2cm,顶端尖,表面有光泽,背面中脉凸起,有短叶柄。花两性,依子房发达与否,有钟状花和筒状花之别,前者子房发达善于受精结果,后者常凋落不实(观花品种);一般 1 至数朵着生在当年新梢顶端及顶端以下的叶腋间;萼片硬,肉质,管状,5～7 裂,与子房连生,宿存;花瓣倒卵形,与萼片同数而互生,覆瓦状排列,有单瓣、重瓣之分,花多红色,也有白色和黄、粉红等色。雄蕊多数;雌蕊子房下位,心皮 4～8 枚,花柱 1 枚,长度超过雄蕊。子房成熟后成多室多子的浆果;每室内有多数种子,外种皮肉质,呈鲜红、淡红或白色,多汁,甜而带酸(食用部分),内种皮为角质。花期 5—6 月,果期 9—10 月。$2n=16$。

图 2-298　石榴

　　区内常见栽培。原产于伊朗、阿富汗等中亚、西亚、南亚地区;现世界广泛栽培。

　　为常见果树,外种皮供食用;果皮、根皮及花供药用,有收敛止泻、杀虫之功效;花色美丽,花期长,为各地公园及风景区美化环境的优良绿化树种。

90. 菱科　Trapaceae

　　一年生浮水或半挺水草本。根二型,有黑色细长的吸收根和绿色羽状丝裂的同化根。茎常细长、柔软,出水后节间缩短。叶二型:沉水叶互生,小而圆,肉质,早落;浮水叶互生或轮生状,集聚茎顶部,呈莲座状镶嵌排列,称为菱盘。叶片菱状圆形,边缘中上部缺刻状,中下部全缘;叶柄上部膨大成海绵质气囊;托叶 1～2 枚,膜质,早落。花小,两性,单生于叶腋,浮水面开花;花萼与子房基部合生,裂片 4 枚,通常膨大成刺角或退化;花瓣 4 枚,白色或带淡紫色;雄蕊 4 枚;雌蕊子房基部膨大,花柱细,柱头头状,子房半下位,2 室,每室具 1 枚胚珠,仅 1 枚胚珠发育。果实为坚果状,革质或木质,在水中成熟,有刺角,稀无角;具 1 枚种子,子叶 2 枚,无胚乳。

仅 1 属,约 2 种,分布于欧洲、亚洲及非洲亚热带和温带地区,大洋洲及北美洲有引种;我国有 2 种,产于全国各省、区,以长江流域地区分布与栽培最多;浙江有 2 种;杭州有 2 种。

菱属　Trapa L.

属特征同科。

1. 野菱 （图 2-299）

Trapa incisa Siebold & Zucc. ——*T. maximowiczii* Korsh. ——*T. bispinosa* Rox.

一年生浮水水生草本。根二型。茎细弱,多分枝,长 80～150cm。叶二型:浮水叶互生,聚生于主枝或分枝顶端,形成松散的莲座状,叶片三角状菱形,长 1.9～2.5cm,宽 2～3cm,表面深亮绿色,多无毛,叶背面绿带紫色,主侧脉稍明显,疏被少量黄褐色短毛,脉间有茶褐色斑块,边缘中上部有不整齐浅圆齿或牙齿,中下部全缘,叶柄膨大具气囊;沉水叶小,早落。花小,单生于叶腋,花柄长 1～2cm;萼筒 4 深裂,裂片长约 4mm,基部密被短毛;花瓣 4 枚,粉色或白色,长约 7mm;雄蕊 4 枚,花丝纤细,花药"丁"字形着生;雌蕊子房半下位,基部膨大,2 室,每室具 1 枚倒生胚珠,但仅 1 枚胚珠发育,花柱钻状,柱头头状。果三角形,有时近弓形,绿色或褐色,长 1.2～2cm,高 1～2.5cm,具 4 个刺角(稀 2 个角),两端的角细刺状,斜向上,两腰的角较细短或缺,斜下伸,顶端具短喙,果柄长约 2.5cm。花期 5—10 月,果期 6—11 月。2n=48,88,90,92。

区内常见野生或栽培,生于湖泊或池塘中。分布于全国(除西北地区外);俄罗斯、日本、朝鲜半岛也有。

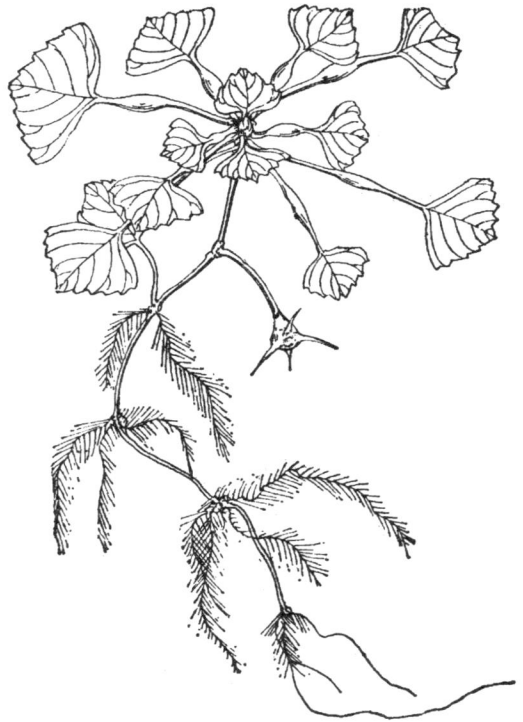

图 2-299　野菱

野生的果实小,富含淀粉;栽培的二角菱果壳坚硬,供熟食或提取菱粉用。

Flora of China 将原有的二角菱 *T. bispinosa* Roxb.、细果野菱 *T. maximowiczii* Korsh. 和野菱 *T. incise* Siebold & Zucc. 均归于此种。

2. 欧菱　南湖菱　四角菱 （图 2-300）

Trapa natans L. ——*T. acornis* Nakano——*T. bicornis* Osbeck

一年生浮水水生草本。根二型。叶二型:浮水叶聚生在主茎和分枝茎顶,在水面形成莲座状菱盘,叶片斜方形或三角状菱形,长 4～6cm,宽 4～8cm,表面深亮绿色,背面绿色,被少量短毛或无毛,有棕色马蹄形斑块,边缘中上部有缺刻状的锐锯齿,中下部全缘,基部阔楔形,叶柄长 5～18cm,中上部膨大具气囊,绿色无毛;沉水叶小,早落。花小,单生于叶腋,花梗细,无毛;萼筒 4 裂,绿色,无毛;花瓣 4 枚,白色,长 7～10mm,或带微紫红色;雄蕊 4 枚,花丝丝状,花药"丁"字形着生;子房半下位,2 室,每室具 1 枚倒生胚珠,花柱细长,柱头头状,上位花盘。果三角形、菱形、元宝形或弓状元宝形,表面凹凸不平,无角或具 2～4 个角,两肩的角斜上举,或钝,两腰的角斜下伸,细锥状或无腰角,果喙圆锥形,呈尖头帽状,无果冠。花期 5—10 月,果期 7—11 月。$2n=44,46,48,76,90,96$。

区内有栽培,生于池塘或湖泊中。分布于东北、华北、华中、华东及华南各省、区;俄罗斯、日本及东南亚各国也有。

果实富含菱粉,常栽培作蔬菜或生食。

栽培品种较多,如原来作为种处理的南湖菱 *T. acornis* Nakano、乌菱 *T. bicornis* Osbeck、四角菱 *T. quadrispinosa* Roxb. 等。

与上种的区别在于:本种茎粗壮,直径为 2.5～6mm;叶聚生茎顶;果实较大,两肩的角较发达(除南湖菱的角退化)。

图 2-300　欧菱

91. 蓝果树科　Nyssaceae

落叶乔木,稀灌木。单叶互生,有叶柄,无托叶,卵形、椭圆形或矩圆状椭圆形,全缘或边缘锯齿状。花序头状、总状或伞形;花单性或杂性,异株或同株,常无花梗或有短花梗。雄花花萼小,裂片齿状或短裂片状,或不发育;花瓣 5 枚,稀更多,覆瓦状排列;雄蕊数常为花瓣数的 2 倍或较少,常排列成 2 轮,花丝线形或钻形,花药内向,椭圆球形;花盘肉质,垫状,无毛;雌花的管状部分常与子房合生,上部裂成齿状的裂片 5 枚;花瓣小,5 或 10 枚,排列成覆瓦状;花盘垫状,无毛,有时不发育;子房下位,1 室或 6～10 室,每室有 1 枚下垂的倒生胚珠,花柱钻形,上部微弯曲,有时分枝。果实为核果或翅果,顶端有宿存的花萼和花盘,1 室或 3～5 室;每室有下垂种子 1 颗,外种皮很薄,纸质或膜质,胚乳肉质,子叶较厚或较薄,近叶状,胚根圆筒状。

3 属,约 15 种,主要分布于亚洲东部和北美洲东部;我国有 3 属,10 种,分布于长江流域及其以南各省、区;浙江有 3 属,3 种;杭州有 3 属,3 种。

珙桐属 *Davidia* Baill. 有时从本科中独立为珙桐科 Davidiaceae。分子系统学研究支持将本科的成员并入山茱萸科 Cornaceae(APG Ⅲ,2009)。

分 属 检 索 表

1. 果实为翅果,常多数聚集成头状果序 ·· 1. 喜树属 *Camptotheca*
1. 果实为核果,常单生或几个簇生。
  2. 核果大,长 3~4cm,直径为 1.5~2cm,常单生;子房 6~10 室,花下有 2~3 枚白色大型苞片 ············
  ··· 2. 珙桐属 *Davidia*
  2. 核果小,长 1~2cm,直径为 5~10mm,常几个簇生;子房 1~2 室,花下有小苞片 ··· 3. 蓝果树属 *Nyssa*

1. 喜树属 Camptotheca Decne.

落叶乔木。叶互生,卵形,顶端锐尖,基部近圆形,叶脉羽状。头状花序近球形,苞片肉质。花杂性;花萼杯状,上部裂成五齿状的裂片;花瓣 5 枚,卵形,覆瓦状排列;雄蕊 10 枚,不等长,着生于花盘外侧,排列成 2 轮,花药 4 室;子房下位,在雄花中不发育,在雌花及两性花中发育良好,1 室,胚珠 1 颗,下垂,花柱的上部常 2 分枝。果实为矩圆球形翅果,顶端截形,有宿存的花盘,1 室 1 枚种子,无果梗,着生成头状果序;子叶很薄,胚根圆筒形。

2 种,我国特有;浙江栽培 1 种;杭州栽培 1 种。

喜树 (图 2-301)

Camptotheca acuminata Decne.

落叶乔木,高达 20m。树皮灰色或浅灰色,纵裂成浅沟状;小枝圆柱形,平展;当年生枝紫绿色,有灰色微柔毛;多年生枝淡褐色或浅灰色,无毛,有很稀疏的圆形或卵形皮孔;冬芽腋生,锥状,有 4 对卵形的鳞片,外面有短柔毛。叶互生,纸质,矩圆状卵形或矩圆状椭圆形,长 12~28cm,宽 6~12cm,顶端短锐尖,基部近圆形或阔楔形,全缘,上面亮绿色,幼时脉上有短柔毛,其后无毛,下面淡绿色,疏生短柔毛,叶脉上更密,中脉在上面微下凹,在下面凸起,侧脉 11~15 对,在上面显著,在下面略凸起;叶柄长 1.5~3cm,上面扁平或略呈浅沟状,下面圆形,幼时有微柔毛,其后几无毛。头状花序近球形,直径为 1.5~2cm,常由 2~9 个头状花序组成圆锥花序,顶生或腋生,通常上部为雌花序,下部为雄花序,花序梗圆柱形,长 4~6cm,幼时有微柔毛,其后无毛。花杂性,同株;苞片 3 枚,三角状卵形,长 2.5~3mm,内、外两面均有短柔毛;花萼杯状,5 浅裂,裂片齿状,边缘睫毛状;花瓣 5 枚,淡绿色,矩圆形或矩圆状卵形,顶端锐尖,长 2mm,外面密被短柔毛,早落;花盘显著,微裂;雄蕊 10 枚,外轮 5 枚较长,常长于花瓣,内轮 5 枚较短,花丝纤细,无毛,花药 4 室;子房在两性花中发育良好,下位,花柱无毛,长 4mm,顶端通常 2 分枝。翅果矩圆球形,长 2~

图 2-301 喜树

2.5cm,顶端具宿存的花盘,两侧具窄翅,幼时绿色,干燥后黄褐色,着生成近球形的头状果序。花期 5—7 月,果期 9 月。2n＝44。

区内常见栽培。分布于长江流域及南方各省、区。

树干挺直,生长迅速,可种为庭院树或行道树;全株含喜树碱,供作抗癌药物。

2. 珙桐属　Davidia Baill.

落叶乔木。叶互生,卵形,基部心脏形,顶端锐尖,边缘有锯齿,幼时下面或两面被丝状细毛或长疏毛,侧脉 5～7 对,在下面显著,具长叶柄。头状花序,球形,顶生,具长的花序梗,花序下面有大型乳白色的总苞,由花瓣状的苞片 2～3 枚组成。花杂性,夏初叶已长大后始开放。雄花无花被,常围绕于球形头状花序的周围;雄蕊 1～7 枚,着生于花托上,花丝锥形,无毛,花药内向,卵球形。雌花或两性花常仅 1 枚,着生于头状花序的顶端,有时不发育,雌花的花被很小,钻形,周位,大小不等;子房下位,与卵形的花托合生,6～10 室,每室胚珠 1 枚,柱头锥形,顶端分枝与子房室数相同。两性花的雄蕊较短,其余特性与雌花相同。果实为矩圆状卵球形、倒卵球形或椭圆球形的核果,紫绿色或淡褐色,平滑,有黄色斑点,外果皮很薄,中果皮较厚,内果皮骨质,有纵沟纹,3～5 室;每室具 1 枚种子,胚直立,子叶矩圆球形,胚根圆柱形。

1 种,我国特有;浙江及杭州也有栽培。

本属有时独立为珙桐科 Davidiaceae。

珙桐　鸽子树　（图 2-302）

Davidia involucrata Baill.

落叶乔木,高 15～20cm,稀达 25m。树皮深灰色或深褐色,常裂成不规则的薄片而脱落;幼枝圆柱形;当年生枝紫绿色,无毛;多年生枝深褐色或深灰色;冬芽锥形,具 4～5 对卵形鳞片,常呈覆瓦状排列。叶纸质,互生,无托叶,常密集于幼枝顶端,阔卵形或近圆形,常长 9～15cm,宽 7～12cm,顶端急尖或短急尖,具微弯曲的尖头,基部心脏形或深心脏形,边缘有三角形而尖端锐尖的粗锯齿,上面亮绿色,初被很稀疏的长柔毛,渐老时无毛,下面密被淡黄色或淡白色丝状粗毛,中脉和 8～9 对侧脉均在上面显著,在下面凸起;叶柄圆柱形,长 4～5cm,稀达 7cm,幼时被稀疏的短柔毛。两性花与雄花同株,由多数雄花与 1 枚雌花或两性花形成近球形的头状花序,直径约为 2cm,着生于幼枝的顶端,两性花位于花序的顶端,雄花环绕于其周围,基部具纸质、矩圆状卵形或矩圆状倒卵形花瓣状的苞片 2～3 枚,长 7～15cm,稀达 20cm,宽 3～5cm,稀达 10cm,初淡绿色,继变为乳白色,后变为棕黄色而脱落。雄花无花萼及花瓣,有雄蕊 1～7

图 2-302　珙桐

枚,长6~8mm,花丝纤细,无毛,花药椭圆球形,紫色;雌花或两性花具下位子房,6~10室,与花托合生,子房的顶端具退化的花被及短小的雄蕊,花柱粗壮,6~10分枝,柱头向外平展,每室有1枚胚珠,常下垂。果实为长卵球形核果,长3~4cm,直径为15~20mm,紫绿色具黄色斑点,外果皮很薄,中果皮肉质,内果皮骨质,具沟纹,果梗粗壮,圆柱形;种子3~5枚。花期4月,果期10月。2n=40,42。

西湖景区(黄龙洞、灵峰、云栖)有栽培。原产于贵州、湖北、湖南、四川、云南。

为著名的观赏树种。

3. 蓝果树属　Nyssa Gronov. ex L.

乔木或灌木。叶互生,全缘或有锯齿,常有叶柄,无托叶。花杂性,异株,无花梗或有短花梗,成头状花序、伞形花序或总状花序;雄花的花托盘状、杯状或扁平,雌花或两性花的花托较长,常呈管状、壶状或钟状;花萼细小,裂片5~10枚;花瓣通常5~8枚,卵形或矩圆形,顶端钝尖;在雄花中雄蕊与花瓣同数或为其2倍,花丝细长,常成线形或钻形,花药阔椭圆球形,纵裂;雌蕊不发育;在雌花和两性花中雄蕊与花瓣同数或不发育,花盘肉质,垫状,全缘或边缘呈圆齿状或裂片状,子房下位,和花托合生,1室,稀2室,每室有胚珠1颗,花柱近钻形,不分裂或上部2裂,弯曲或反卷,柱头有纵沟纹。核果矩圆球形、长椭圆球形或卵球形,顶端有宿存的花萼和花盘,内果皮骨质,扁形,有沟纹,胚乳丰富,子叶矩圆球形或卵球形,胚根短圆筒形。

约12种,分布于北美洲东部、亚洲东部至东南部;我国有7种;浙江有1种;杭州有1种。

蓝果树　紫树　(图2-303)

Nyssa sinensis Oliv.

落叶乔木,高达20m。树皮淡褐色或深灰色,粗糙,常裂成薄片脱落;小枝圆柱形,无毛,当年生枝淡绿色;多年生枝褐色,皮孔显著,近圆形;冬芽淡紫绿色,锥形,鳞片覆瓦状排列。叶纸质或薄革质,互生,椭圆形或长椭圆形,稀卵形或近披针形,长12~15cm,宽5~6cm,稀达8cm,顶端短急锐尖,基部近圆形,边缘略呈浅波状,上面无毛,深绿色,干燥后深紫色,下面淡绿色,有很稀疏的微柔毛,中脉和6~10对侧脉均在上面微现,在下面显著;叶柄淡紫绿色,长1.5~2cm,上面稍扁平或微呈沟状,下面圆形。花序伞形或短总状,花序梗长3~5cm,幼时微被长疏毛,其后无毛。花单性。雄花着生于叶已脱落的老枝上,花梗长5mm;花萼的裂片细小;花瓣早落,窄矩圆形,较花丝短;雄蕊5~10枚,生于肉质花盘的周围。雌花生于具叶的幼枝上,基部有小苞片,花梗长1~2mm;花萼的裂片近全缘;花瓣鳞片状,约长1.5mm,花盘垫状,肉

图2-303　蓝果树

质;子房下位,和花托合生,无毛或基部微有粗毛。核果矩圆状椭圆球形或长倒卵球形,稀长卵球形,微扁,幼时紫绿色,成熟时深蓝色,后变深褐色,常3～4枚,果梗长3～4mm,果序梗长3～5cm;种子外壳坚硬,骨质,稍扁,有5～7条纵沟纹。花期4月下旬,果期9月。$2n=44$。

见于萧山区(楼塔)、余杭区(百丈、良渚、闲林、余杭),生于山谷、山坡阳光充足而又较潮湿的阔叶林中,亦偶见栽培。杭州新记录。

木材坚硬,供作枕木、建筑用材及家具用;生长迅速,可供山区造林;叶入秋变红色,为优良的秋色叶树。

92. 八角枫科　Alangiaceae

落叶乔木或灌木,稀攀援,极稀有刺。枝圆柱形,有时略呈"之"字形。单叶互生,基部两侧常不对称,全缘或掌状分裂,具羽状脉或掌状脉;无托叶。腋生聚伞花序或伞形花序,稀单生,花梗常分节,苞片线形、钻形或三角形,早落;花两性,淡白色或淡黄色,通常有香气;花萼小,萼筒钟形,与子房合生,顶端具4～10枚萼齿,或近截形;花瓣4～10枚,线形,花芽时镊合状排列,基部粘合或离生,开花时上部常向外反卷;雄蕊与花被同数而互生,或为花瓣数的2～4倍,花丝线形,略扁,分离或基部略合生,内侧常被微毛,花药线形,二室,纵裂;花盘肉质,垫状;子房下位,1～2室,胚珠单生,下垂,花柱圆柱状,柱头头状或棒状,不分裂或2～4浅裂。核果椭圆球形、卵球形或近球形,顶端有宿存萼齿或花盘;种子1粒,有大型的胚,胚直立,有丰富胚乳,子叶矩圆球形或圆球形。

仅1属,约21种,分布于非洲、亚洲和大洋洲;我国有11种;浙江有3种,1亚种,2变种;杭州有1属,2种。

本科与山茱萸科 Cornaceae 较为近缘,分子系统学研究支持将其并入山茱萸科。

八角枫属　Alangium Lam.

属特征同科。

1. 八角枫　(图 2-304)

Alangium chinense (Lour.) Harms

落叶乔木或灌木,高2～10m。树皮光滑,灰白色;小枝略呈"之"字形;幼枝无毛或有疏柔毛。叶片纸质,近圆形、椭圆形、卵形,长12～20(～25)cm,宽8～15(～25)cm,叶全缘或3～7裂,裂片短锐尖或钝尖,基部极偏斜,宽楔形、截形,有时近心形或心形,上面深绿色,无毛,下面淡绿色,除脉腋有丛毛外,其余均无毛,基出脉3～5条,中脉具侧脉3～5对,叶柄长2.5～3.5cm。聚伞花序腋生,长3～4cm,有花7～30朵,花序梗常分节;花白色,长1～1.5cm;萼钟筒状,具6～8枚萼齿,花瓣6～8枚,长1～1.5cm,外侧微被柔毛,雄蕊与花瓣同数,花丝长2～3mm,略扁,花药长5～8mm,药隔无毛,花盘近球形;花柱无毛或疏生短柔毛,柱头头状,2～4裂。核果卵球形,长6～7mm,宽5～7mm,顶端具宿存萼齿或花盘,幼时绿色,成熟时黑色;种子1颗。花期6—7月,果期9—10月。$2n=66$。

见于拱墅区（半山）、萧山区（楼塔）、余杭区（鸬鸟、中泰）、西湖景区（北高峰、飞来峰、虎跑、老和山、桃源岭、玉皇山等），生于低海拔沟谷林缘及向阳的山地疏林中。分布于安徽、福建、甘肃、广东、广西、贵州、海南、河南、湖北、湖南、江苏、江西、山西、四川、台湾、西藏、云南；不丹、印度、尼泊尔、东南亚、东非也有。

侧根和须根俗称"白龙须"，茎俗称"白龙条"，含生物碱，可供药用；木材可制家具或作建筑用材。

图 2-304 八角枫

图 2-305 毛八角枫

2. 毛八角枫 （图 2-305）

Alangium kurzii Craib

小乔木或灌木，高 3～10m。树皮光滑，深褐色；嫩枝有淡黄色短柔毛；多年生枝疏生灰白色圆形皮孔。叶片纸质，近圆形或宽卵形，长 12～14cm，宽 7～9cm，叶通常全缘，先端短渐尖，基部偏斜，心形或近心形，上面深绿色，幼时沿脉被柔毛，下面淡绿色，基出脉 3～5 条，中脉具侧脉 5～7 对；叶柄长 2.5～4cm，被黄褐色毛，稀无毛。聚伞花序腋生，有花 5～7 朵，被短柔毛，花序梗长 3～5cm，花梗长 5～8mm；萼筒漏斗形，密被短茸毛，萼齿 6～8 枚；花瓣 6～8 片，白色线形，长 2～2.5cm，基部粘合，上部开花时向外反卷；雄蕊 6～8 枚，花丝长 3～5mm，被疏柔毛，花药长 1.2～1.5cm，药隔被长柔毛；花盘近球形；花柱无毛，柱头头状，4 裂。核果椭圆球形或长椭圆球形，长 1.2～1.5cm，宽约 8mm，顶端具宿存萼齿或花盘，幼时紫褐色，成熟时黑色。花期 5—6 月，果期 9 月。

见于西湖区（留下）、萧山区（城厢、楼塔）、余杭区（良渚、瓶窑、塘栖、余杭）、西湖景区（宝石山、北高峰、虎跑、黄龙洞、老和山、南高峰等），生于低海拔的山地疏林中。分布于安徽、福建、广东、广西、贵州、海南、河南、湖北、湖南、江苏、江西、山西、云南；印度尼西亚、日本、朝鲜半岛、老挝、马来西亚、缅甸、菲律宾、泰国、越南也有。

种子可榨油，供工业用。

与上种的主要区别在于：本种的叶片通常全缘,下面大多有毛;聚伞花序有花5～7朵,花瓣长2～2.5cm,雄蕊的药隔被长柔毛。

93. 桃金娘科　Myrtaceae

灌木或乔木。叶常绿,对生,稀互生,全缘,常有透明的腺点(于光下更为明显),揉之有香气,无托叶。花两性,有时杂性,辐射对称,单生于叶腋内或排成各式花序;萼筒与子房合生,萼片4～5枚或更多,宿存;花瓣4～5枚,覆瓦状排列,很少无花瓣;雄蕊多数,常成数束插生于花盘边缘,与花瓣对生,药隔末端常有1枚腺体;雌蕊子房下位或半下位,心皮2至多枚,1至多室,每室有胚珠1至多颗,中轴胎座,很少为侧膜胎座。果为浆果、核果、蒴果或坚果,顶端常有凸起的萼檐;种子1至多颗。

约130属,4500～5000种,主要分布于美洲热带、大洋洲亚热带地区;我国有10属,121种;浙江有4属,12种;杭州有2属,2种。

1. 红千层属　Callistemon R. Br.

乔木或灌木。叶互生,有油腺点,线状或披针形,全缘,有柄或无柄。花单生于苞片腋内,常排成穗状或头状花序,生于枝顶,花开后花序轴能继续生长;苞片脱落性;无花梗;萼筒卵形,萼齿5枚,脱落;花冠5枚,圆形;雄蕊多数,红色或黄色,分离或基部稍合生,常比花瓣长数倍,花药背部着生,药室平行,纵裂;子房下位,与萼筒合生,3～4室,胚珠多数,花柱线形,柱头不扩大。蒴果全部藏于萼筒内,球形或半球形,先端平截,果瓣不伸出萼筒,顶部开裂;种子长条状,种皮薄。

约280种,主产于澳大利亚,也分布于印度尼西亚及大洋洲岛屿;我国引种若干种,常见栽培1种;浙江及杭州也有。

Flora of China 认为本属和白千层属 *Melaleuca* L. 有许多重叠,则将本属并入 *Melaleuca* L. 属。

红千层　（图 2-306）

Callistemon rigidus R. Br.

小乔木。树皮坚硬,灰褐色;嫩枝有棱,初时有长丝毛,不久变无毛。叶片坚革质,线形,长5～9cm,宽3～6mm,先端尖锐,初时有丝毛,不久脱落,油腺点明显,干后凸起,中脉在两面均凸起,侧脉明显,边脉位于边上,凸起;叶柄极短。穗状花序生于枝顶;萼筒略被毛,萼齿半圆形,近膜质;花

图 2-306　红千层

瓣绿色,卵形,长 6mm,宽 4.5mm,有油腺点;雄蕊长 2.5cm,鲜红色,花药暗紫色,椭圆球形;花柱比雄蕊稍长,先端绿色,其余红色。蒴果半球形,长 5mm,宽 7mm,先端平截,萼筒口圆,果瓣稍下陷,3 片裂开,果片脱落;种子条状,长 1mm。花期 6—8 月。

区内有栽培,供观赏。原产于澳大利亚。

2. 蒲桃属 Syzygium Gaertn.

常绿灌木或乔木。叶对生,很少轮生,革质,有透明的腺点。花 3 至多朵排成聚伞花序,再组成圆锥花序;萼筒倒圆锥形,有时棒状,裂片 4～5 枚,稀更多,常钝而短;花瓣 4～5 枚,稀更多,多少粘合而一起脱落;雄蕊多数,分离,花丝稍长,花药"丁"字形着生;雌蕊子房下位,2 或 3 室,每室有胚珠多数。浆果或核果状,顶冠以残留的环状萼檐;种子通常 1～2 颗,种皮与果皮的内壁粘合。

约 1200 种,分布于大洋洲及亚洲热带;我国有 80 种;浙江有 3 种;杭州有 1 种。

与上属的主要区别在于:本属叶对生,稀轮生;圆锥花序,花药"丁"字形着生;浆果或核果状。

赤楠 (图 2-307)

Syzygium buxifolium Hook. & Arn.

灌木或小乔木。嫩枝有棱角。叶对生;叶片革质,椭圆形或倒卵形,长 1～3cm,宽 1～2cm,先端圆钝,有时有钝尖头,基部宽楔形,侧脉不明显,在近叶缘处会合成一边脉;叶柄长 2～3mm。聚伞花序顶生,长约 1cm;花梗长 1～2.5mm;花蕾长 3mm;萼齿浅波状;花瓣 4 枚,分离,长 2mm;雄蕊长 2.5mm;花柱与雄蕊等长。果实球形,直径为 5～7mm,成熟时紫黑色。花期 6—8 月,果期 10—11 月。

区内常见,生于海拔 500m 以下的山坡林下、沟边或灌丛中。分布于安徽、江西、福建、台湾、湖南、广东、广西、贵州;日本、越南也有。

木材细致坚硬,可作工艺用材或工具柄;果实可食或酿酒;也是优良观赏植物。

图 2-307 赤楠

94. 野牡丹科 Melastomataceae

小乔木、灌木或草本;直立到攀援,陆生、附生或湿生,也有水生。单叶对生,稀轮生,叶脉为 3～5(～9)基出,稀为羽状脉,无托叶。两性花,辐射对称,4～5 数;聚伞花序、伞形花序或伞房花序,或再组成圆锥花序或蝎尾状聚伞花序,稀单生、簇生或穗状花序;花瓣艳丽,常为紫红色,雄蕊数目为花瓣的 2 倍或有 1/2 退化,或与花瓣同数;中轴胎座或特立中央胎座,稀侧膜胎座,胚珠多数至 1 枚。蒴果或浆果,开裂或不开裂;种子多数至 1 枚,细小,无胚乳。$2n=14\sim$ 36 或更多。

约 166 属,4500 余种,分布于热带和亚热带地区;我国有 21 属,114 种;浙江有 6 属,12 种;杭州有 2 属,2 种。

1. 金锦香属　Osbeckia L.

草本、亚灌木或灌木。茎有 4～6 条棱,通常被毛。叶对生或 3 枚轮生,全缘,通常被毛或具缘毛,3～7 基出脉,侧脉多数,平行。顶生头状花序或总状花序,或组成圆锥花序;花 4～5 基数,花萼筒坛状或长坛状,通常具刺毛凸起、篦齿状刺毛凸起或刺毛状的有柄星状毛,萼裂片线形、披针形至卵状披针形,具缘毛;花瓣倒卵形至广卵形;雄蕊数为花被片数的 2 倍,两者等长或近等长,花药药隔下延成 2 枚小疣,向后方微膨大或成短距;雌蕊子房半下位,4～5 室,顶端常具 1 圈刚毛。蒴果卵球形或长卵球形,4～5 纵裂,顶孔最先开裂;宿存萼坛状或长坛状,顶端平截,中部以上常缢缩成颈,常具纵肋;种子小,马蹄状弯曲,密生小凸起。

约 50 种,分布于亚洲热带和亚热带,以及热带西部非洲;我国有 5 种,分布于长江流域及其以南各省、区;浙江有 2 种;杭州有 1 种。

金锦香　(图 2-308)

Osbeckia chinensis L. ex Walp.

直立草本或亚灌木,高 20～60cm。茎四棱形,具紧贴的糙伏毛。叶片坚纸质,线形或线状披针形,顶端急尖,基部钝或几圆形,长 2～4(～5)cm,宽 3～8(～15)mm,全缘,两面被糙伏毛,3～5 基出脉,背面脉隆起。顶生头状花序,有花 2～8(～10)朵,具叶状总苞 2～6 枚,无花梗;花萼筒长约 6mm,通常带红色,无毛或具 1～5 枚刺毛凸起,裂片 4 枚,三角状披针形,与花萼筒等长,具缘毛,各裂片间外缘具一刺毛凸起,果时随萼片脱落;花瓣 4 枚,淡紫红色或粉红色,倒卵形,长约 1cm,具缘毛;雄蕊常偏向一侧,花丝与花药等长,花药顶部具长喙,喙长为花药的 1/2,药隔基部微膨大成盘状;雌蕊子房近球形,顶端有刚毛 16 条。蒴果紫红色,卵球形,4 纵裂;宿存萼坛状,长约 6mm,直径约为 4mm。花期 7—9 月,果期 9—11 月。

见于拱墅区(半山),生于荒山草坡、疏林或田边。分布于长江以南各省、区;日本、越南至澳大利亚也有。

全草可供药用,有清热解毒、收敛止血之功效。

图 2-308　金锦香

2. 野牡丹属　Melastoma L.

灌木或亚灌木。茎四棱形或圆柱形。叶对生,有基出脉 5～7 条。花 5 数,大而美丽,单生或数朵组成圆锥花序生于枝顶;萼坛状球形,外面被粗毛或鳞片,檐 5(6)裂,常有等数的附属体;花瓣红色或紫红色,倒卵形;雄蕊 10 枚,花药长,顶端孔裂,其中 5 枚雄蕊较大,药隔下延成 1 个弯曲、末端 2 裂的附属体;雌蕊子房半下位,5(6)室。蒴果卵球形,被宿存萼包于其中,顶孔开裂或横裂。

约 22 种,主要分布于东南亚、大洋洲北部及太平洋岛屿;我国有 5 种,分布于长江以南各省、区;浙江有 2 种;杭州有 1 种。

与上属的主要区别在于:本属雄蕊 10 枚,五长五短,宿存萼坛状球形。

地菍 （图 2-309）

Melastoma dodecandrum Lour.

落叶小灌木,长 10～30cm。茎匍匐上升,逐节生根,分枝多,披散,幼时被糙伏毛,以后无毛。叶对生,叶柄长 2～6mm,被糙伏毛;叶片坚纸质,全缘或具细锯齿,3～5 基出脉,叶背仅沿基部脉上被疏糙伏毛,侧脉互相平行。顶生聚伞花序,有花(1～)3 朵,基部有叶状总苞 2 枚,通常较叶小;花梗长 2～10mm,被糙伏毛;苞片 2 枚,卵形,具缘毛,背面被糙伏毛;花萼筒长约 5mm,被糙伏毛,裂片披针形,边缘具刺毛状缘毛,裂片间具 1 枚小裂片;花瓣淡紫红色至紫红色,菱状倒卵形,上部略偏斜,长 1.2～2cm,宽 1～1.5cm,顶端有 1 束刺毛;长的雄蕊药隔基部延伸,弯曲,末端具 2 枚小瘤,短的雄蕊药隔不伸延;雌蕊子房下位,顶端具刺毛。果坛状或球状,平截,近顶端略缢缩,肉质,不开裂,长 7～9mm,直径约为 7mm;宿存萼被疏糙伏毛。花期 5—7 月,果期 7—9 月。

图 2-309　地菍

见于萧山区(河上、浦阳),生于山坡草丛、林下和林缘,喜酸性土壤。分布于华东南部及华南各省、区。

果可食,含单宁;根及全株入药,有解毒消肿、祛瘀利湿之功效。

95. 柳叶菜科　Onagraceae

一年生或多年生,多为草本,部分水生。叶互生或对生,托叶小或不存在。花两性,稀单性,辐射对称或两侧对称,单生于叶腋或排成顶生的穗状花序、总状花序或圆锥花序。花常 4～5 数,花萼、花冠、稀花丝下部合生部分有时联合成管,或不联合;花冠常旋转或覆瓦状排列,早落;雄蕊(2～)4 枚成 1 轮,或 8～10 枚排成 2 轮,花药"丁"字形着生,花粉粒间以黏丝连接;子房下位,1～5 室,每室少到多数胚珠,中轴胎座,花柱单一,柱头头状、棍棒状或具裂片。蒴果,有时为浆果或坚果;种子多数或少数,无胚乳。

17 属,约 650 种,广泛分布于全世界温带与亚热带地区,以北美洲西部为多;我国有 6 属,

64 种;浙江有 6 属,19 种,5 亚种;杭州有 3 属,3 种,1 亚种。

分 属 检 索 表

1. 种子无种缨。
　　2. 蒴果室间开裂;花梗顶端有 2 枚苞片;野生植物,通常水生或湿生 ………… 1. **丁香蓼属** *Ludwigia*
　　2. 蒴果室背开裂;花梗顶端无苞片;通常为栽培植物 ……………………… 2. **月见草属** *Oenothera*
1. 种子具种缨 ……………………………………………………………………… 3. **柳叶菜属** *Epilobium*

1. 丁香蓼属 Ludwigia L.

直立或匍匐草本,多为水生。茎节上会生根,在水下部分常膨胀成海绵状,常束生白色海绵质根状浮水器。叶互生或对生,多全缘,托叶早落。花单生于叶腋,或顶生穗状花序或总状花序,有小苞片;萼片 4～5 枚,宿存;花瓣与萼片同数,易脱落,多黄色;雄蕊与萼片同数,或为萼片的 2 倍,在基部有蜜腺;雌蕊心皮合生,4～5 枚,子房下位,中轴胎座;每室多胚珠。蒴果;种子多数,与内果皮分离,或单个嵌入硬内果皮近圆锥状小盒里,近球形或不规则肾形,种脊明显,带形。$2n=16,32,48,64,80,96,128$。

约 82 种,世界广布;我国有 9 种,产于华东、华南与西南部热带、亚热带地区;浙江有 5 种,1 亚种;杭州有 1 种,1 亚种。

1. 假柳叶菜 丁香蓼 (图 2-310)

Ludwigia epilobioides Maxim.

一年生粗壮直立草本。茎高 30～150cm,四棱形,带紫红色,多分枝,无毛或被微柔毛。叶狭椭圆形至狭披针形,长(2～)3～10cm,宽(0.5～)0.7～2cm,先端渐尖,基部狭楔形,侧脉每边 8～13 条,两面隆起,在近边缘彼此环结,但不明显,脉上疏被微柔毛;叶柄长 4～13mm,托叶小,卵状三角形,长约 1.5mm。花单生于叶腋,萼片 4～5 枚,稀 6 枚,三角状卵形,长 2～4.5mm,宽 0.6～2.8mm,先端渐尖,被微柔毛;花瓣黄色,倒卵形,长 2～2.5mm,宽 0.8～1.2mm,先端圆形,基部楔形;雄蕊与萼片同数,花丝长 0.4～0.6cm,花药长约 0.5mm;雌蕊 4 枚心皮合生,花柱短,长约 1mm,柱头球状,密被短毛,胚珠多数。蒴果圆柱状四方形,长 1～2.8cm,表面瘤状隆起,熟时淡褐色,不规则开裂;种子狭卵球状,淡褐色,表面具红褐色纵条纹,种脊不明显。花期 8—10 月,果期 9—11 月。$2n=16$。

见于西湖景区(虎跑,桃源岭),生于湖、塘、稻田、溪边等湿润处。分布于除西北部外各省、区;日本、朝鲜半岛、俄罗斯、越南也有。

嫩枝、叶可作饲料;全草入药,有清热利水之功效。

图 2-310 假柳叶菜

2. 黄花水龙

Ludwigia peploides（Kunth）Raven subsp. stipulacea（Ohwi）P. H. Raven

多年生浮水或上升草本。浮水茎节上常生圆柱状海绵质贮气根状浮水器，具多数须状根；浮水茎长达 3m，直立茎高达 60cm，无毛。叶互生，长圆形或倒卵状长圆形，长 3～9cm，宽 1～3cm，先端常锐尖或渐尖，基部狭楔形，侧脉 7～11 对，叶柄长3～20mm；托叶明显，卵形或鳞片状，长 2～4mm。花单生于上部叶腋；萼片 5 枚，三角形，长 6～12mm，宽 1.5～2.5mm，多少被毛；花瓣金黄色，基部常有深色斑点，倒卵形，长 7～13mm，宽 5～10mm；雄蕊 10 枚，2 轮，花丝黄色，短，花药淡黄色，花粉粒单一；有花盘，基部有蜜腺，并围有白毛；雌蕊 5 枚心皮合生，花柱黄色，密被长毛，柱头黄色，扁球状，5 深裂，花时常稍高出雄蕊，子房 5 室，胚珠多数。蒴果具 10 条纵棱，长 1.2～4cm，果梗长 2～6mm；种子每室单列纵向排列，嵌入木质硬内果皮内，椭圆状，长 1～1.2mm。花期 6—8 月，果期 8—10 月。2n=16。

见于西湖区（蒋村、三墩）、余杭区（余杭）、西湖景区（茅家埠），生于河边、池塘、水田湿地。分布于福建、广东；日本也有。

可于湿地栽培。

2. 月见草属 Oenothera L.

一年至多年生草本。茎直立、上升或匍匐，直根或须根，稀有地下根状茎。植株常具基生叶，茎生叶互生，有柄或无柄；叶片全缘、有齿或羽状深裂。花大，美丽，4 基数，辐射对称，生于茎和分枝顶端，或上部叶腋，有时排成穗状花序、总状花序或伞房花序；花常傍晚开放，至次日日出时凋萎；花管（由花萼、花冠及花丝部分合生而成）圆筒状；萼片 4 枚；花瓣 4 枚，常倒心形或倒卵形；雄蕊 8 枚，近等长或对花瓣的较短，花药"丁"字形着生；雌蕊 4 枚心皮合生，柱头 4 深裂成线形，子房 4 室，下位，胚珠多数。蒴果圆柱状，常四棱形或具 4 枚翅，直立或弯曲，多室背开裂；种子多数，每室排成 2 行。

约 121 种，主要分布于南、北美洲温带至亚热带地区；我国有 10 种，均为引种栽培或归化种；浙江有 5 种；杭州有 1 种。

粉花月见草 （图 2-311）

Oenothera rosea L'Heritier ex Aiton

多年生草本。具粗大直根。茎多丛生，多分枝，长 30～50cm，被扭曲柔毛，上部幼时密生，有时混生长柔毛，下部常紫红色。基生叶紧贴地面，倒披针形，常不规则羽状深裂下延至柄，叶柄淡紫红色，花时枯萎；茎生叶灰绿色，披针形或长圆状卵形，长 3～6cm，宽 1～2.2cm，先端钝状锐尖、锐尖至渐尖，基部宽楔形并下延至柄，边缘具齿凸，基部细羽状分裂，侧脉 6～8 对，两面被柔毛；叶柄长 1～2cm。花单生于茎、枝上部叶腋，

图 2-311 粉花月见草

近早晨日出开放;花管淡红色,长5～8mm,被曲柔毛;萼片 4 枚,绿带红色,披针形,长 6～9mm,宽 2～2.5mm,先端有萼齿;花瓣 4 枚,粉红至紫红色,宽倒卵形,长 6～9mm,宽 3～4mm,先端钝圆,具4～5对羽状脉;雄蕊花丝白色至淡紫红色,长 5～7mm,花药粉红色至黄色;雌蕊 4 枚心皮合生,子房 4 室,狭椭圆球状,连同花梗长 6～10mm,密被柔毛,花柱白色,长8～12mm,伸出花管,柱头红色。蒴果棒状,长 8～10mm,具 4 条纵翅,顶端具短喙;种子每室多数,长圆状倒卵球形,长 0.7～0.9mm。花期 4—11 月,果期 9—12 月。

区内常见栽培。原产于中美洲及南美洲;现在世界各地逸生。

常栽培供观赏。

3. 柳叶菜属   Epilobium L.

多年生草本,稀一年生,有时为亚灌木。具纤维状根与根状茎。叶交互对生,在花序上的叶常互生,叶片狭,状如柳叶,边缘有细锯齿,稀全缘;托叶缺。花单生于茎或枝上部叶腋,排成穗状、总状、圆锥状或伞房状花序,两性,4 基数,有花管(由花萼与花冠在基部合生而成);萼片 4 枚,披针形;花瓣 4 枚,常紫红色,倒卵形或倒心形;雄蕊 8 枚,近等长,排成 2 轮,内轮 4 枚较短,着生于花瓣基部,外轮 4 枚较长,着生于萼片基部;雌蕊 4 枚心皮合生,子房下位,4 室;胚珠多数,柱头 4 裂,裂片初时联合,花时开放并反卷。蒴果具果梗,线形或棱形,具不明显的 4 条棱,熟时自顶端室背开裂为 4 片;种子多数,表面具乳凸或网状。$2n=24,26,30,32,36,60,72,108$。

约 165 种,广布于全世界;我国有 33 种;浙江有 4 种;杭州有 1 种。

柳叶菜   (图 2-312)

Epilobium hirsutum L.

多年生粗壮草本,近基部有时木质化。茎高 25～120cm,多分枝,密被长柔毛。叶草质,对生,茎上部互生,无柄;叶片披针状椭圆形至椭圆形,长 4～12cm,宽0.3～3.5cm,先端锐尖至渐尖,基部近楔形,边缘具细齿,两面被长柔毛。总状花序直立,具叶状苞片;花直立,花梗长0.3～1.5cm,花管短,在喉部有 1 圈长白毛;萼片 4 枚,长圆状线形,长 6～12mm,背面隆起成龙骨状,被毛;花瓣 4 枚,常玫瑰红色,或粉红、紫红色,宽倒心形,长9～20mm,宽 7～15mm,先端凹缺;雄蕊花丝外轮长 5～10mm,内轮短于外轮,花药乳黄色;子房灰绿色至紫色,长 2～5cm,密被长柔毛,花柱直立,柱头 4 深裂,裂片长圆形,开放时开展。蒴果长 2.5～9cm;种子倒卵球状,具短喙,深褐色,表面具粗乳凸。花期 6—8 月,果期 7—9月。$2n=36$。

见于萧山区(南阳),生于沟谷、溪边或湿地。分布于我国大部分省、区;东亚、南亚也有,广布于非洲,已在北美洲逸生。

图 2-312   柳叶菜

96．小二仙草科　Haloragaceae

　　水生或陆生草本。叶互生、对生或轮生,生水中的叶常分裂为篦齿状;托叶缺。花小,单性或两性,腋生,单生或簇生,或成顶生的穗状花序、圆锥花序、伞房花序;萼片 2～4 枚或缺,萼筒与子房合生;花瓣 2～4 枚,早落,或缺;雄蕊 2～8 枚,排成 2 轮,外轮对萼分离;子房下位,1～4室,花柱 1～4 枚,无柄或具短柄,胚珠与花柱同数。坚果或核果,小型,有时有翅,不开裂,或很少瓣裂。

　　8 属,约 100 种,广布于·洋洲;我国有 2 属,13 种,产于全国各省、区;浙江有 2 属,5 种;杭州有 2 属,4 种。

1．小二仙草属　Gonocarpus Thunb.

　　纤细草本,陆生,平卧或直立,稀亚灌木。多数种类的茎具 4 条棱,分枝或不分枝。叶交互对生或轮生,上部的有时互生,全缘或具锯齿,有叶柄或近无柄。花小,单生或簇生于上部叶腋,多为总状花序或圆锥花序,有时呈假二歧聚伞花序;花常具 1～2 枚小苞片;萼筒圆柱形,具棱,4 裂,宿存;花瓣 4～8 枚或缺;雄蕊 4 或 8 枚,花药线形,花丝短;子房下位,2～4 室,有时 1室,每室有 1 枚下垂胚珠,柱头 2～4 裂。果小,坚果状,不开裂;种子 1～4 枚,有膜质的外种皮和肉质的胚乳。在 *Flora of China* 中,我国的属于 *Gonocarpus* Thunb. 属,而非 *Haloragis* J. R. & G. Forst.。

　　约 35 种,分布于大洋洲及亚洲;我国有 2 种,分布于东部至西部各省、区;浙江有 2 种;杭州有 1 种。

小二仙草　（图 2-313）

Gonocarpus micranthus Thunb. —— *Haloragis micrantha* (Thunb.) R. Br.

　　多年生陆生草本,高 10～35cm。茎直立或下部平卧,具 4 条棱,多分枝,有时粗糙,带赤褐色。叶对生,卵形或卵圆形,长 4～17mm,宽 3～8mm,基部圆形,先端短尖或钝,边缘具稀疏锯齿,通常两面无毛,淡绿色,背面带紫褐色;茎上部叶互生,逐渐缩小而变为苞片。顶生圆锥花序,由纤细的总状花序组成;花两性,极小,直径约为 1mm,基部具有 1～2 枚小苞片;萼筒长约 0.8mm,4 深

图 2-313　小二仙草

裂,宿存,绿色,裂片三角形,长约 0.5mm;花瓣 4 枚,淡红色,比萼片长 2 倍;雄蕊 8 枚,花丝短,仅长 0.2mm;花柱 4 枚,子房下位,4 室。核果近球形,直径约为 1mm,有 8 条纵棱,无毛。花期 4—8 月,果期 5—10 月。$2n=12,24$。

见于萧山区(楼塔)、余杭区(临平)、西湖景区(北山),生于路边草丛。分布于长江流域及其以南地区;日本也有。

全草入药,有清热解毒、利水除湿、散瘀消肿之效,可治毒蛇咬伤;新鲜植株可作饲料。

2. 狐尾藻属　Myriophyllum L.

水生或湿生草本。根系发达,在水底泥中蔓生。叶互生,轮生,无柄或近无柄,线形至卵形,全缘,有锯齿,多篦齿状分裂。花小,无柄,单生于叶腋或轮生,或少有成穗状花序;苞片 2枚,全缘或分裂。花单性同株或两性,稀雌雄异株。雄花具短萼筒;先端 2~4 裂或全缘;花瓣2~4 枚,早落;退化雌蕊存在或缺;雄蕊 2~8 枚,分离,花丝丝状,花药线状长圆形,基着生,纵裂。雌花萼筒与子房合生,具 4 条深槽,萼裂 4 枚或不裂;花瓣小,早落或缺;退化雄蕊存在或缺;子房下位,4 室,稀 2 室,每室具 1 枚倒生胚珠,花柱 2(4)裂,通常弯曲,柱头羽毛状。果实成熟后分裂成 2(4)枚小坚果状的果瓣,果皮光滑或有瘤状物;每一小坚果状的果瓣具 1 枚种子,种子圆柱形,种皮膜质,胚具胚乳。

约 35 种,广布于全世界,主产于大洋洲;我国约有 11 种,产于南北各省、区;浙江有 3 种;杭州有 3 种。

与上属的主要区别在于:本属为水生或湿生草本;叶多篦齿状分裂;花单生于叶腋,或轮生,或成穗状花序。

分 种 检 索 表

1. 叶通常 5 枚轮生;花成穗状花序,顶生或腋生 ……………………… 1. **穗状狐尾藻**　M. spicatum
1. 叶通常 4 枚或 5~7 枚轮生;花单生于叶腋。
　2. 叶通常 4 枚轮生,挺水叶长约 1.5cm,鲜绿色 ……………… 2. **狐尾藻**　M. verticillatum
　2. 叶通常 5~7 枚轮生,挺水叶长大于 4cm,粉绿色 ……………… 3. **粉绿狐尾藻**　M. aquaticum

1. 穗状狐尾藻　穗花狐尾藻　(图 2-314)

Myriophyllum spicatum L.

多年生沉水草本。根状茎发达,在水底泥中蔓延,节部生根;地上茎圆柱形,长 1~2.5m,分枝极多。叶常 3~6 片轮生,长 3.5cm,羽状全裂,叶片细线形,裂片长 1~1.5cm;叶柄极短或不存在。花两性,单性或杂性,雌雄同株,单生于苞片状叶腋内,常 4 朵轮生,再排成顶生或腋生的穗状花序,长 6~10cm,生于水面上。如为单性花,则上部为雄花,下部为雌花,中部有时为两性花,基部有 1 对苞片,全缘或呈羽状齿裂。雄花萼筒广钟状,顶端 4 深裂;花瓣 4 枚,阔匙形,长 2.5mm,粉红色;雄蕊 8 枚,花药长椭圆形,长 2mm;无花梗。雌花萼筒管状,4 深裂;花瓣缺,或不明显;子房下位,4 室,花柱 4 枚,柱头羽毛状,向外反转,具 4 枚胚珠。分果卵状椭圆球形,长 2~3mm,具 4 条深纵沟,沟缘表面光滑。花从春到秋陆续开放,花、果期 4~9月。$2n=28,42$。

见于西湖区(蒋村、三墩)、西湖景区(江洋畈、茅家埠),生于池塘、河沟、沼泽。分布于全国各地,为世界广布种。

全草入药,具有清凉、解毒、止痢等功效;夏季生长旺盛,可作为家禽家畜饲料。

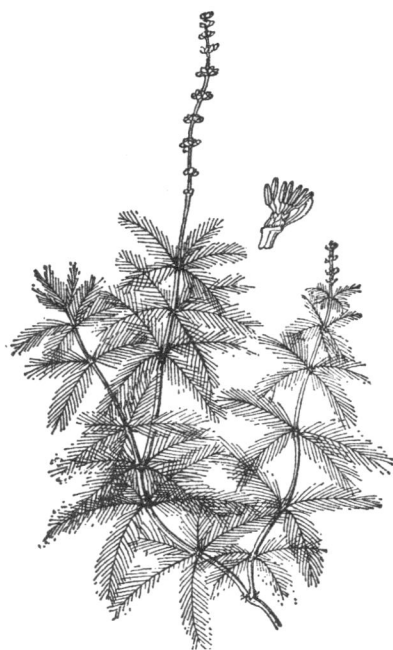

图 2-314　穗状狐尾藻

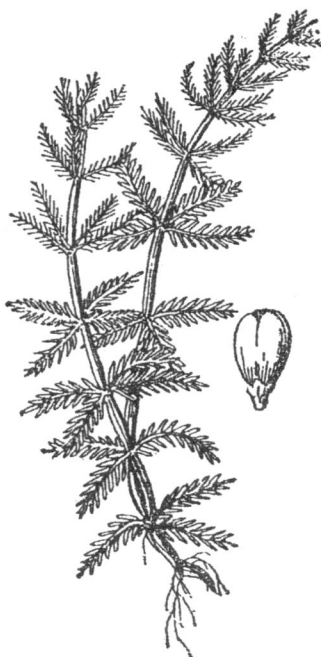

图 2-315　狐尾藻

2. **狐尾藻**　轮叶狐尾藻　（图 2-315）

Myriophyllum verticillatum L.

多年生粗壮沉水草本。根状茎发达,在水底泥中蔓延,节部生根;地上茎圆柱形,长 20～40cm,多分枝。叶通常 3～5 片轮生;沉水叶长达 4～5cm,羽状全裂,无叶柄,裂片 8～13 对,互生,长 0.7～1.5cm;挺水叶互生,披针形,鲜绿色,长约 1.5cm,裂片较宽。花单性,雌雄同株,或杂性,单生于挺水叶叶腋内,每轮具 4 朵花,花无柄,比叶短;雌花生于茎下部叶腋中,萼片与子房合生,顶端 4 裂,裂片仅长 1mm,花瓣 4 枚,舟状,早落,4 枚心皮,4 室,柱头 4 裂,子房光卵球形;雄花生于茎上部,花萼 4 裂片,花瓣 4 枚,雄蕊 8 枚,花药椭圆球形,长 2mm,淡黄色,花后伸出花冠外。果实光卵球形,长 3mm,具 4 条浅槽,顶端具残存的萼片及花柱。$2n=28$。

见于西湖区(蒋村、三墩)、余杭区(余杭),生于池塘、河沟、沼泽中,常与穗状狐尾藻生在同一生境。全国各地均有,为世界广布种。

3. **粉绿狐尾藻**

Myriophyllum aquaticum（Vellozo）Verdc.

多年生浮水或沉水植物。下部沉于水中,上部匍匐于水面或直立生长;根状茎匍匐于淤泥中,茎中空。叶 5～7 枚轮生,长 5cm,宽 2cm,羽状深裂,粉绿色;小叶针状,绿白色;沉水叶丝状,朱红色。雌雄异株,花单生于叶腋,无梗,白色,较小;萼筒方形,裂片卵形;花瓣 4 枚,宽匙形。花期 3—5 月。

区内常见栽培。原产于南美洲;我国各地有引种栽培。

97．五加科　Araliaceae

　　乔木、灌木、木质藤本或多年生草本。茎有时具刺。叶互生,稀对生或轮生,单叶、掌状或羽状复叶;多有托叶,常与叶柄基部合生成鞘。伞形花序或头状花序,有时再组成复合花序;花两性或单性,稀杂性异株,辐射对称;花萼5齿裂或不明显,萼筒常与子房合生;花瓣5～10枚,通常离生,稀合生成帽状体;雄蕊与花瓣同数而互生,或为其数倍,着生于花盘边缘;雌蕊子房下位,1～15室,花柱分离,或下部合生,或全部合生成柱状;单个胚珠倒生,悬垂于子房室顶端。浆果或核果。

　　约50属,1350种,广泛分布于热带至温带地区;我国有23属,180多种;浙江有11属,25种;杭州有5属,6种,1变种。

分 属 检 索 表

1. 叶为单叶或掌状复叶。
　2. 叶为单叶。
　　3. 茎直立;叶片掌状分裂。
　　　4. 植物体无刺;花柱离生,子房5室 ································ 1. 八角金盘属　Fatsia
　　　4. 植物体有刺;花柱合生成柱状,子房2室 ····················· 2. 刺楸属　Kalopanax
　　3. 茎攀援;叶片不裂,或在同一植株上有不裂和分裂二型叶 ·············· 3. 常春藤属　Hedera
　2. 叶为掌状复叶 ·· 4. 五加属　Eleutherococcus
1. 叶为羽状复叶 ··· 5. 楤木属　Aralia

1. 八角金盘属　Fatsia Decne. & Planch.

　　常绿无刺大灌木或小乔木。叶大,掌状分裂。伞形花序组成顶生圆锥花序;花两性或单性,具梗;萼筒全缘或有5枚小齿;花瓣5枚,镊合状排列;雄蕊5枚;雌蕊子房下位,5或10室,胚珠每室1颗,花柱5枚分离,花盘隆起。核果近球形或卵球形。

　　2或3种,仅产于我国台湾和日本;我国有2种;浙江有1种;杭州有1种。

八角金盘　（图 2-316）

Fatsia japonica（Thunb.）Decne. & Planch.

　　常绿灌木,高达5m。茎常呈丛生状,有白色大髓心。叶片大,革质,掌状7～9深裂,直径为3～19cm,基部心形;裂片长椭圆形,先端渐尖,边缘有疏离粗锯齿;幼时下面及叶柄上

图 2-316　八角金盘

被褐色茸毛,后渐脱落;侧脉在两面隆起,网脉在下面稍显著;叶柄长 10～30cm。伞形花序组成大型圆锥花序,顶生;伞形花序有花多数,直径为 3～4cm;花梗长 0.5～1.5cm,基部略扩大;花黄白色,直径约为 3mm;萼近全缘,无毛;花瓣 5 枚,长 2.5～3mm;雄蕊 5 枚,花丝与花瓣等长;子房 5 室,花柱 5 枚,分离;花盘呈半圆形凸起。果近球形,直径约为 8mm,熟时紫黑色。花期 10—11 月,果期翌年 4 月。2n＝24,48。

区内常见栽培,喜房前屋后耐阴处。原产于日本;我国长江中下游省、区广为栽培。

因叶缘有时为金黄色,故名"八角金盘",为良好城市耐阴、观叶植物。

2. 刺楸属　Kalopanax Miq.

落叶乔木。小枝红褐色,有粗刺。叶掌状分裂,裂片有锯齿。伞形花序形成宽大的顶生圆锥花序;花两性,花梗无关节,萼 5 齿裂;花瓣 5 枚,镊合状排列;雄蕊 5 枚;雌蕊子房下位,2 室,花柱合生成柱状。核果,近球形,有种子 2 颗。

仅 1 种,分布于东亚、东南亚;除西北、西藏外,分布于辽宁以南各省、区;浙江及杭州也有。

刺楸　(图 2-317)

Kalopanax septemlobus（Thunb.）Koidz.

落叶乔木,高约 10m,最高可达 30m,胸径达 70cm 以上。树皮暗灰棕色;小枝淡黄棕色或灰棕色,散生基部宽、扁平粗刺。叶片纸质,在长枝上互生,在短枝上簇生;叶柄长 8～50cm;叶圆形或近圆形,直径为 9～25cm,掌状 5～7 浅裂,裂片阔三角状卵形至长圆状卵形,有时叶深裂,先端渐尖,基部心形,上面深绿色,下面淡绿色,边缘有细锯齿,放射状主脉 5～7 条,两面均明显。圆锥花序长 15～25cm,直径为 20～30cm;每个伞形花序直径为 1～2.5cm,花多数;花白色或淡绿黄色,花梗细长,长 5～12mm;花萼无毛,具 5 枚小齿;花瓣 5 枚,三角状卵形,长约 1.5mm;雄蕊 5 枚,花丝长 3～4mm;雌蕊子房 2 室,花盘隆起,花柱合生成柱状,柱头离生。核果球形,直径约为 5mm,蓝黑色,宿存花柱长 2mm。花期 7—10 月,果期 9—12 月。2n＝48。

图 2-317　刺楸

见于拱墅区(半山)、余杭区(百丈、良渚)、西湖景区(北高峰、飞来峰、南高峰、云台山、云栖等),生于山坡及林缘。除西北、西藏外,分布于辽宁以南各省、区;日本、朝鲜半岛、俄罗斯也有。

3. 常春藤属　Hedera L.

常绿攀援灌木,具气根。叶单生,二型,在营养枝条上常分裂,花枝上常不裂;无托叶。伞形花序单生,或几个组成顶生圆锥花序;花两性,花梗无关节,具有小苞片;花萼筒近全缘或 5 齿裂;花瓣 5 枚,在芽中镊合状排列;雄蕊 5 枚;雌蕊子房下位,5 室,花柱合生或呈短柱状。浆果球形,具 3～5 粒种子。

约 15 种,分布于北非、亚洲和欧洲;我国有 2 变种;浙江有 1 变种,引种栽培 1 种;杭州有 1 变种,引种栽培 1 种。

1. 中华常春藤　(图 2-318)

Hedera nepalensis K. Koch var. sinensis（Tobl.）Rehder

常绿攀援灌木。茎长 3～20m,灰棕色或黑棕色,有气生根。叶片革质。叶二型:在不育枝上通常为三角状卵形或三角状长圆形,长 5～12cm,宽 3～10cm,先端短渐尖,基部截形,稀心形,边缘全缘或 3 裂;花枝上的叶片通常为椭圆状卵形至椭圆状披针形,长 5～16cm,宽 1.5～10.5cm,全缘或有 1～3 浅裂。叶片上面深绿色,有光泽,下面淡绿色或淡黄绿色,无毛,侧脉和网脉两面均明显;叶柄长 2～9cm,无托叶。伞形花序单个顶生,或 2～7 个总状排列或伞房状排列成圆锥花序,有花 5～40 朵;花梗长 0.4～1.2cm;萼密生棕色鳞片,长 2mm,边缘近全缘;花瓣 5 枚,三角状卵形,长 3～3.5mm,黄白色或淡绿白色,芳香;雄蕊 5 枚,花药紫色;雌蕊 5 枚心皮合生,子房下位,5 室,花盘黄色隆起,花柱合生成柱状。浆果球形,红色或黄色,直径为 7～13mm,具有宿存花柱。花期 9—11 月,果期翌年 3—5 月。$2n=48$。

区内常见,生于山坡树丛下、岩石旁、乱石堆中,或攀附于树上、墙上。除东北、西北外,各省、区广布;越南、老挝也有。原种尼泊尔常春藤 *H. nepalensis* K. Koch 仅分布于尼泊尔至泰国。

全株可入药,具有祛风活血、消肿功效;树脂可提制栲胶;四季常青,耐阴性好,为园林优良的垂直绿化及阴生植物。

图 2-318　中华常春藤

2. 常春藤　(图 2-319)

Hedera helix L.

常绿攀援灌木,有时呈匍匐状。植株的幼嫩部分及花序均被灰白色星状毛。叶二型:不育枝上的叶片常 3～5 裂,上面暗绿色,下面苍绿色或黄绿色;能育枝上叶片常为卵形、狭卵形至菱形,全缘,基部圆形或截形。伞形花序球状,常再组成为总状花序;花黄色。浆果圆球形,熟时黑色。花期 9—12 月,果期翌年 4—5 月。$2n=48$。

图 2-319　常春藤

区内常见栽培。原产于欧洲。

盆栽或攀附于假山、墙壁、岩石上，供观赏。

与上种的区别在于：本种植株的幼嫩部分具灰色星状毛。

4．五加属　Eleutherococcus Maxim.

落叶灌木，直立或蔓生，稀为乔木。枝有刺，稀无刺。叶为掌状复叶，小叶 3～5 枚。花两性，稀单性异株；伞形花序或头状花序通常组成复伞形花序或圆锥花序；花梗无关节或有不明显关节；萼筒边缘有 4～5 小齿，稀全缘；花瓣 5 枚，稀 4 枚，在花芽中镊合状排列；雄蕊 5 枚，花丝细长；子房 2～5 室，花柱 2～5 枚，离生，基部至中部合生，或全部合生成柱状，宿存。核果或浆果，有 2～5 条棱；种子 2～5 枚。

约 40 种，分布于东亚及喜马拉雅地区；我国有 18 种；浙江有 7 种；杭州有 1 种。

Flora of China 认为五加属的正确属名是 *Eleutherococcus* Maxim.，将 *Acanthopanax* Miq. 作为异名处理。

细柱五加　（图 2-320）

Eleutherococcus nodiflorus（Dunn）S. Y. Hu——*Acanthopanax gracilistylus* W. W. Smith

落叶灌木，高 2～3m。枝灰棕色，常下垂呈蔓生状，无毛，叶柄下常生反向扁刺。小叶 5 枚，稀 3～4枚，在长枝上互生，在短枝上簇生；叶柄长 3～8cm，常有细刺；小叶片膜质至纸质，倒卵形至倒披针形，长 3～8cm，宽 1～3.5cm，先端尖至短渐尖，基部楔形，边缘细钝齿，侧脉两面明显，下面脉腋间有淡棕色簇毛；几无小叶柄。伞形花序单个（稀 2 个）腋生，或在短枝上顶生，直径约为 2cm，有花多数；花序梗长 1～2cm，结实后延长；花梗细长，无毛；花黄绿色；萼边缘近全缘或有5 枚小齿；花瓣 5 枚，长圆状卵形，长 2mm；雄蕊 5 枚，花丝短，仅 2mm；雌蕊 2 枚心皮合生，子房 2 室，花柱 2枚，细长，离生或基部合生。核果扁球形，黑色；有反曲宿存花柱。花期 4—8 月，果期 6—10 月。

见于余杭区（良渚、余杭、中泰）、西湖景区（花圃、六和塔、南高峰、桃源岭、五云山、云栖等），生于向阳山坡、路旁灌丛或杂木林中。分布于黄河流域及其以南各省、区。

根皮入药，即"五加皮"，泡酒制"五加皮酒"或制成"五加皮散"，有祛风湿、强筋骨之效，但有小毒。

本种以前认为的变种：大叶五加 var. *major* Hoo 和三叶五加 var. *trifoliolatus* Shang 形态特征均无明显差异，已归并。

图 2-320　细柱五加

5．楤木属　Aralia L.

落叶乔木、灌木或多年生草本,通常有刺,稀无刺。叶大,1 至数回羽状复叶;托叶和叶柄基部合生,先端离生,稀不明显或无托叶。花杂性,聚生为伞形花序,稀为头状花序,再组成圆锥花序;苞片和小苞片宿存或早落;花梗有关节;萼筒边缘有 5 小齿;花瓣 5 枚,在花芽中覆瓦状排列;雄蕊 5 枚,花丝细长;雌蕊 5 枚心皮,子房下位,多 5 室,花柱多 5 枚,离生或基部合生;花盘小,边缘略隆起。浆果或核果,球形,多具 5 条棱;种子白色,侧扁,胚乳均一。

约 40 种,主要分布于东南亚及我国,少数分布于美洲;我国有 29 种;浙江有 7 种;杭州有 2 种。

1．楤木　(图 2-321)

Aralia elata（Miq.）Seem.

落叶灌木或小乔木,高 2～5m,稀达 8m。树皮灰色,疏生粗壮直刺;小枝通常淡灰棕色,有黄棕色茸毛,疏生细刺。叶为 2～3 回羽状复叶,长 60～110cm;叶柄粗壮,长可达 50cm;托叶与叶柄基部合生,纸质,耳廓形,长 1.5cm 或更长,叶轴无刺或有细刺;每一羽片有小叶 5～11 枚,稀 13 枚,基部有小叶 1 对;小叶片纸质至薄革质、卵形、阔卵形或长卵形,长 5～12cm,宽 3～8cm,先端渐尖或短渐尖,基部圆形,上面粗糙,疏生糙毛,下面有淡黄色或灰色短柔毛,脉上有时密,有时两面无毛,边缘有锯齿,侧脉 6～9 对,小叶几无柄或有 3mm 的柄,顶生小叶柄长 2～3cm。圆锥花序大,长 30～60cm;分枝长 20～35cm,密生淡黄棕色或灰色短柔毛;伞形花序直径为 1～1.5cm,有花多数,密生短柔毛;花序梗长 1～4cm,花梗长 4～6mm;花白色,芳香;萼无毛,长约 1.5mm,边缘有 5 个三角形小齿;花瓣 5 枚,卵状三角形,长 1.5～2mm;雄蕊 5 枚;雌蕊子房 5 室,花柱 5 枚宿存,离生或基部合生。果实球形,黑色,直径约为 3mm,有 5 条棱。花期 7—9 月,果期 9—11 月。$2n=24$。

见于余杭区(良渚、余杭)、西湖景区(宝石山、老和山、飞来峰、桃源岭),生于低山丘陵、山谷疏林或林下。分布于华北、华东、华南至西南地区各省、区。

根皮可入药,有活血散瘀、健胃、利尿之功效。

2．棘茎楤木　(图 2-322)

Aralia echinocaulis Hand.-Mazz.

落叶小乔木,高 2～4m。小枝及茎干生浓密红棕色细长刺。叶为 2 回羽状复叶,长 35～50cm 或更长;叶柄长

图 2-321　楤木

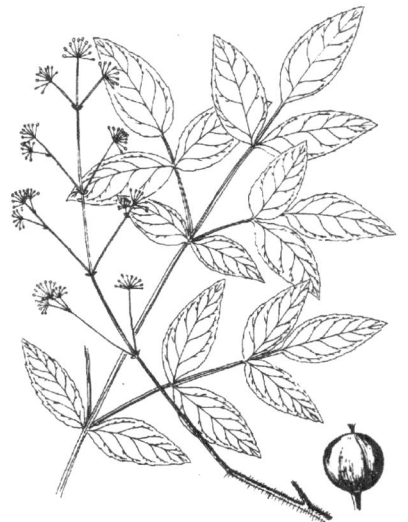

图 2-322　棘茎楤木

25～40cm,疏生短刺;托叶和叶柄基部合生;每一羽片有小叶 5～9 枚,基部有小叶 1 对;小叶片膜质至薄纸质,长圆状卵形至披针形,长 5～9cm,宽 2.5～5cm,先端长渐尖,基部圆形至阔楔形,歪斜,两面均无毛,下面灰白色,边缘疏生细锯齿,侧脉 6～9 对;小叶无柄或几无柄。顶生圆锥花序,长 30～50cm,主轴和分枝有糠屑状毛,后毛脱落;伞形花序直径约为 1.5cm,有花 12～20 朵;花序梗长 1～5cm;花梗长 8～30mm;小苞片披针形,长约 4mm;花白色;萼无毛,边缘有 5 个卵状三角形小齿;花瓣 5 枚,卵状三角形,长约 2mm;雄蕊 5 枚;雌蕊子房 5 室,花柱 5 枚,离生,宿存。果实球形,直径为 2～3mm,熟时紫黑色,有 5 条棱。花期 6—8 月,果期 9—11 月。

见于余杭区(鸬鸟),生于山坡疏林、山谷灌丛。分布于长江中下游各省、区。

与上种的主要区别在于:本种小枝及茎干密生红棕色细长刺。

98. 伞形科　Apiaceae

一年生至多年生芳香草本。根通常直生,呈圆锥形,少数呈块状、球状,或为成束的须根。茎直立或匍匐上升,通常为圆柱形。叶互生,叶柄基部成鞘,常抱茎,边缘通常为膜质;多为 1 回掌状分裂或 1～4 回羽状分裂的复叶,有时为 1～2 回 3 出复叶。花两性或杂性,呈顶生或兼有侧生的复伞形花序或单伞形花序,少数为头状花序;伞形花序有伞辐数条至数十条,基部有总苞片,全缘或齿裂,很少羽状分裂;小伞形花序基部通常有小总苞数片至十数片;花萼与子房贴生,萼齿 5 枚或无;花瓣 5 枚,基部狭窄,有时成爪或内卷成小囊;雄蕊 5 枚,与花瓣互生;子房下位,2 室,顶生花盘或短圆锥状的花柱基;花柱 2 枚,直立或外曲,柱头头状。果实由 2 个背面或侧面压扁的心皮合成,成熟时 2 个心皮从合生面分离,通常成 2 个分生果,每个心皮有一纤细的心皮柄和果柄相连而倒悬其上,因此,称双悬果。外果皮表面平滑或有毛、皮刺、瘤状凸起,棱间有沟槽,有时沟槽处略凸起发展为次棱,5 条主棱通常明显或凸起;中果皮层内的棱槽中和合生面通常有纵走的油管 1 至多条。$2n=8～24$。

200～440 属,3300～3700 种,广布于全世界温带至热带地区;我国约有 100 属,614 种,南北均有分布;浙江有 30 属,59 种,1 变种;杭州有 17 属,20 种,1 变种。

分 属 检 索 表

1. 单伞形花序;植株有匍匐茎。
 2. 总苞片 2 枚,明显;分生果除有 3 条线状主棱外,尚具 2 条明显呈网状的次棱;花瓣先端钝……………………………………………………………………………………………… 1. **积雪草属**　*Centella*
 2. 总苞片无或不明显;分生果有 3 条尖锐或平钝的主棱,次棱不明显,也不呈网状;花瓣先端尖………………………………………………………………………………………… 2. **天胡荽属**　*Hydrocotyle*
1. 复伞形花序,如为伞形花序,则植物无匍匐茎。
 3. 子房或果实具刚毛、钩刺或小瘤,但绝非柔毛。
  4. 子房和果实具钩刺或具带钩刺的刚毛,或仅有小瘤状凸起。
   5. 叶片通常掌状分裂,叶缘有锯齿或缺刻;花绿黄色或蓝紫色,萼齿明显,宿存;果实无心皮柄……

··· 3. 变豆菜属 *Sanicula*

　　5. 叶片通常为羽状分裂;花白色或红色,萼齿小,不明显;果实有心皮柄。

　　　　6. 总苞片和小苞片羽状分裂;果实的主棱不明显,具刚毛 ··········· 4. 胡萝卜属 *Daucus*

　　　　6. 总苞片和小苞片不分裂;果实的主棱线形,平滑无毛 ·················· 5. 窃衣属 *Torilis*

　4. 子房和果实不具钩刺,也不具带钩齿的刚毛。

　　　　7. 果实顶端虽细尖成喙,但基部圆钝,果棱平钝,果实基部具 1 圈刺毛 ··· 6. 峨参属 *Anthriscus*

　　　　7. 果实顶端细尖成喙,基部细尖成尾状,果棱尖锐,棱间有刚毛 ········· 7. 香根芹属 *Osmorhiza*

3. 子房或果实不具刚毛、刺或小瘤,但或可具柔毛。

　　8. 果棱无翅。

　　　9. 果实线形至矩圆球形。

　　　　　10. 果实顶端尖锐成喙,棱槽中油管不明显 ······················· 6. 峨参属 *Anthriscus*

　　　　　10. 果实顶端不锐尖成喙。

　　　　　　11. 叶片不分裂,全缘,叶脉平行 ······················· 8. 柴胡属 *Bupleurum*

　　　　　　11. 叶片分类或深裂,叶脉羽状 ······························· 9. 鸭儿芹属 *Cryptotaenia*

　　　9. 果实圆球形至卵球形或心脏形。

　　　　　12. 胚乳腹面凹陷成沟槽 ······································· 10. 明党参属 *Changium*

　　　　　12. 胚乳腹面平直或略凹陷。

　　　　　　13. 复伞形花序的外缘花具辐射瓣;果皮薄而坚硬,心皮成熟后不易分离;油管不明显 ······

　　　　　　··· 11. 芫荽属 *Coriandrum*

　　　　　　13. 复伞形花序的外缘花不具辐射瓣;果皮薄而柔软,心皮成熟后分离;油管显著。

　　　　　　　14. 分生果每一棱槽中通常有 2～3 条或多条油管·········· 12. 茴芹属 *Pimpinella*

　　　　　　　14. 分生果每一棱槽中通常有 1 条油管。

　　　　　　　　15. 萼齿细小或不存在;果棱凸起,非钝圆 ············· 13. 旱芹属 *Apium*

　　　　　　　　15. 萼齿大而显著;果棱肥厚而钝圆,木栓质 ············· 14. 水芹属 *Oenanthe*

　8. 果棱全部或部分有翅。

　　　16. 果实的背棱、中棱和侧棱均具狭翅,或背棱、中棱具翅而侧棱无翅 ········· 15. 蛇床属 *Cnidium*

　　　16. 果实的背棱和中棱线形或不显著,不发达成翅,侧棱则发达或狭或宽的翅。

　　　　　17. 分生果的侧棱翅宽而薄,成熟后自合生面易于分开 ··········· 16. 当归属 *Angelica*

　　　　　17. 分生果的侧棱翅狭而厚,成熟后自合生面不易分开 ·········· 17. 前胡属 *Peucedanum*

1. 积雪草属 Centella L.

　　多年生草本。茎匍匐状,无毛或被短柔毛。叶无托叶,具长柄,叶片肾形或近圆形,边缘有钝齿,基部心形。伞形花序单个,花序梗极短,单生或 2～4 个聚生于叶腋,一般每一花序具 3～4 枚小花,总苞片 2 枚,膜质;花小,近无梗;萼齿细小;花瓣 5 枚,卵圆形;雄蕊 5 枚,与花瓣互生;花柱与花丝等长,基部膨大。果实近圆球形,两侧压扁,分果具主棱 5 条,棱间具网状脉。

　　约 20 种,分布于热带与亚热带地区,主产于南非;我国有 1 种;浙江及杭州也有。

积雪草 大叶伤筋草 （图 2-323）

Centella asiatica（L.）Urban

　　多年生草本。茎匍匐,细长,节上生根。叶片膜质至草质,圆形、肾形或马蹄形,长 1～2.8cm,宽 1.5～5cm,边缘有钝锯齿,基部阔心形;掌状脉5～7 条,两面隆起;叶柄长2～15cm,

基部叶鞘透明,膜质。有伞形花序 2～4 个,聚生于叶腋,长
0.2～1.5cm;苞片通常 2 枚;每一伞形花序有花3～4枚,聚
集成头状,花几无柄;花瓣卵形,紫红色或乳白色,膜质,长
1.2～1.5mm,宽1.1～1.2mm;花柱长约 0.6mm;雄蕊 5
枚,花丝短于花瓣。果实两侧压扁,圆球形,基部心形至平
截形,长2.1～3mm,宽 2.2～3.6mm,每侧有纵棱数条,棱
间有明显的小横脉,网状,表面有毛或平滑。花、果期 4—
10 月。2n=18,36,54。

区内常见,生于山脚、旷野、路边、水沟边等较阴湿的地
方。分布于长江中下游以南各省、区,台湾也有;世界热带
及亚热带地区广布。

全草入药,有清热利湿、化痰止咳、活血化瘀之功效。

2. 天胡荽属　Hydrocotyle L.

图 2-323　积雪草

多年生草本。茎细长,匍匐或直立。叶片心形、圆形、
肾形或五角形,有裂齿或掌状分裂;叶柄细长,无叶鞘;托叶细小,膜质。单伞形花序生于叶腋,
细小,有多数小花,密集排列成头状;花序梗短或长过叶柄;花白色、绿色或淡黄色;无萼齿;花
瓣卵形,在花蕾时镊合状排列。果实心状圆形,两侧压扁,背部圆钝,背棱和中棱显著,侧棱常
藏于合生面,表面无网纹。

75(～100)种,分布于热带和温带地区;我国有 14 种;
浙江有 6 种,1 变种;杭州有 1 种。

天胡荽　(图 2-324)

Hydrocotyle sibthorpioides Lam.

多年生草本。茎纤弱细长,匍匐,节上生根,平铺地上
成片。单叶互生,圆形或近肾形,直径为 0.5～1.6cm,基部
心形,5～7浅裂,裂片短,有 2～3 个钝齿,上面深绿色,光
滑,下面绿色;叶柄纤弱,长 0.5～9cm。伞形花序与叶对
生,单生于节上;总苞片 4～10 枚,倒披针形,长约 2mm;每
一伞形花序具花 10～15 朵,花几无柄;萼齿缺;花瓣 5 枚,
卵形,绿白色。双悬果略呈心脏形,长 1～1.25mm,宽1.5～
2mm;分果侧面扁平,光滑或有斑点,背棱略锐。花期 4—5
月,果期 9—10 月。2n=24。

区内常见,生于山坡、路旁潮湿地、林下溪沟边。分布
于除东北、西北、华北外的大部分省、区;东亚及东南亚、非
洲热带也有。

全草入药,具有清热、利尿、消肿、解毒之功效。

图 2-324　天胡荽

3. 变豆菜属　Sanicula L.

越年生或多年生草本。有根状茎、块根或成簇的纤维根。茎直立或斜卧,细弱或较粗壮,分枝或呈花葶状。叶有柄或近无柄,叶柄基部有宽的膜质叶鞘;叶片近圆形或圆心形至心状五角形,膜质、纸质或近革质,掌状或 3 出式 3 裂,边缘有锯齿或刺毛状复锯齿。单伞形花序或为花序梗不等长的复伞形花序;总苞片叶状,有锯齿或缺刻;小总苞片细小;伞梗不等长,向外开展至分叉式伸长;小伞形花序中有两性花和雄花;花白色、绿白色、淡黄色、紫色或淡蓝色;雄花有柄,两性花无柄或有短柄;萼齿卵形,线状披针形或呈刺芒状,外露或为皮刺所掩盖;花瓣匙形或倒卵形;花柱基不显。果实长椭圆球状卵形或近球形,有柄或无柄,表面密生皮刺或瘤状凸起,刺的基部膨大或呈薄片状相连,顶端尖直或呈钩状;果棱不显著或稍隆起;无心皮柄。

约 40 种,主要分布于热带和亚热带地区;我国有 17 种;浙江有 4 种;杭州有 1 种。

变豆菜 （图 2-325）

Sanicula chinensis Bunge

多年生草本,高 50～100cm。根状茎粗短,具须根;地上茎直立,单一,上部常叉状分枝,具纵沟纹。基生叶有长柄,柄长 7～20cm;叶片近圆形或圆肾形,掌状 3 全裂或 5 裂,中间裂片楔状倒卵形,长3～9cm,宽 4～12cm,两侧裂片扩大成椭圆状倒卵形至歪卵形,通常各具 1 深裂,边缘具不等的刺芒状重锯齿。花序 2～3 回叉状分枝,侧枝长于中间的分枝;总苞片叶状,通常 3 深裂;伞形花序 2～3出,小总苞片 8～10 枚,长约 1.5mm,卵状披针形或线形,先端尖;小伞形花序 6～10 枚,雄花 3～7 枚,此两性花短小,具退化的花柱基及花柱,早脱落;两性花 3～4 枚,萼齿线状披针形,先端尖;花瓣白色或绿白色,倒卵形,先端内折;花柱与萼齿等长或稍短。果实卵球形,长 4～5mm,萼齿宿存,基部稍膨大,顶端钩状;分生果背面油管 5 条,不明显,合生面的 2 条大而明显,横切面近圆形;胚乳腹面略凹陷。花、果期 4—10 月。2n＝16。

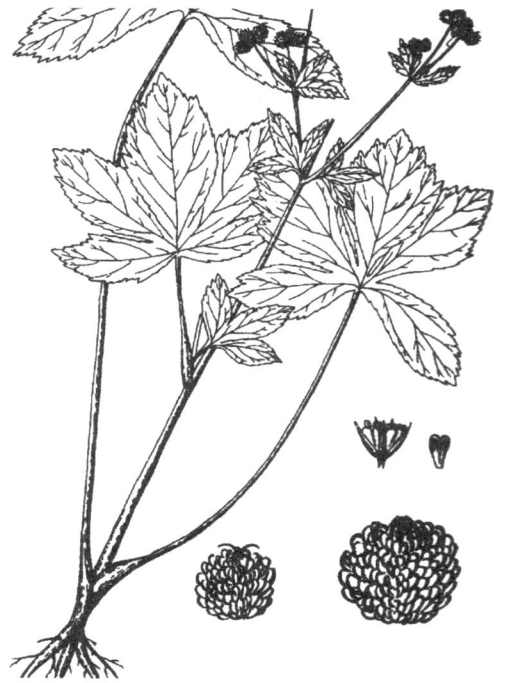

图 2-325　变豆菜

见于余杭区(百丈)、西湖景区(灵峰、龙井、云栖),生于低山坡、山沟、溪边、疏林下阴湿草丛中。分布于全国各地;朝鲜半岛、俄罗斯也有。

全草入药,有散寒止咳、活血通络之功效。

4. 胡萝卜属　Daucus L.

越年生草本,全株被白色粗毛。根野生者细,栽培者粗大而肉质。茎直立,具纵纹。叶片2～3 回羽状分裂,末回裂片狭细。顶生和侧生复伞形花序;具有羽状分裂的总苞片,多数;具小总苞片;伞辐 10～30 个;萼齿小或者不明显;花白色或淡黄色,花瓣倒卵圆形,先端凹陷呈一内折的小舌片,花柱基部圆锥形。双悬果长圆球形或椭圆球形,背腹压扁;分生果有 5 条线状主棱,被 2 列稍弯的刚毛;心皮柄不分裂。

约 20 种,主产于地中海和亚洲温带地区,北美洲及大洋洲也有分布;我国有 1 种,1 变种;浙江及杭州均有。

1. 野胡萝卜 （图 2-326）

Daucus carota L.

越年生草本,高 20～120cm。茎直立,表面有白色粗硬毛。基生叶有长柄,叶柄基部鞘状抱茎;叶片 2～3 回羽状分裂,最终裂片线形或披针形;茎生叶叶柄较短。复伞形花序顶生或侧生,有粗硬毛;总苞片 5～8 枚,叶状,羽状分裂,裂片线形,边缘膜质,有细柔毛;小总苞片数枚,不裂或羽状分裂;小伞形花序有花 15～25 朵,花小,白色、黄色或淡紫红色,每一伞形花序中心的花通常深紫红色;花萼 5 枚;花瓣 5 枚,大小不等,先端凹陷,成一狭窄内折的小舌片;子房下位,密生细柔毛,结果时花序外缘的伞辐向内弯折。双悬果卵球形;分果的主棱不显著,次棱 4 条,发展成窄翅,翅上密生钩刺。花期 5—7 月,果期 7—8 月。$2n=18$。

见江干区(彭埠、凯旋)、西湖区(蒋村、三墩)、萧山区(楼塔)、西湖景区(鸡笼山、九溪、龙井、南高峰、双峰),生于山沟、溪边、荒地湿润处。广泛分布于我国南北各省、区。

果实入药,称"南鹤虱";亦可提取芳香油。

图 2-326 野胡萝卜

1a. 胡萝卜

var. sativa Hoffm.

与原种的区别在于:本变种根肥厚、肉质、粗大,倒圆锥形或纺锤形,直径为 2～5cm,淡黄色、黄色或橙红色。

区内常见栽培。原产于欧洲、亚洲及北非;世界各地广泛栽培。

根供食用,为常见蔬菜,也可入药;据《本草纲目》记载,果实也可入药。

5. 窃衣属 Torilis Adans.

一年生至多年生草本。具细长、圆锥形根。全体被刺毛、粗毛或柔毛。叶为 1～2 回羽状分裂或不规则多裂。顶生复伞形花序,或腋生(与叶对生),总苞片数枚或无;小总苞片 2～8 枚,线形或钻形;伞辐 2～12 个,直立,开展;花白色或紫红色,萼齿三角形,尖锐;花瓣倒卵圆形,有狭窄内凹的顶端,背部中间至基部有粗伏毛;花柱基圆锥形,花柱短,直立或向外反曲。果实卵球形或长圆球形,主棱线状,棱间有直立或呈钩状的皮刺,皮刺基部扩展;心皮柄顶端 2 浅裂。

约 20 种,分布于亚洲、欧洲、非洲及南美洲;我国有 2 种;浙江有 2 种;杭州有 2 种。

1. 窃衣　(图 2-327)

Torilis scabra（Thunb.）DC.

越年生草本,高 30～70cm。茎具倒向贴生短硬毛,有分枝,有时带紫红色。具有基生叶但早枯,茎生叶多,下部的有柄,柄长 2～6cm;叶片 2 回羽状全裂,小裂片披针形至卵形,长 5～10mm,宽 2～8mm,先端渐尖,边缘有整齐缺刻或分裂,两面具短硬毛;茎中上部叶与下部叶相似,逐渐变小,最后叶柄全部成鞘。顶生复伞形花序,无总苞片,稀具 1～2 片,线形;伞辐 3～5 个,长 1～3cm;小总苞片钻形,约 5 枚;每一伞形花序有小花4～7 枚;花瓣 5 枚,白色,略带淡紫色,先端内曲。分生果长圆球形,长 5～7mm,宽 2～4mm,密被斜向上内弯的皮刺。花、果期 4—7 月。$2n=16$。

区内常见,生于山坡、荒地和溪边路旁草丛间。分布于长江流域及其以南各省、区;日本、朝鲜半岛、北美洲也有。

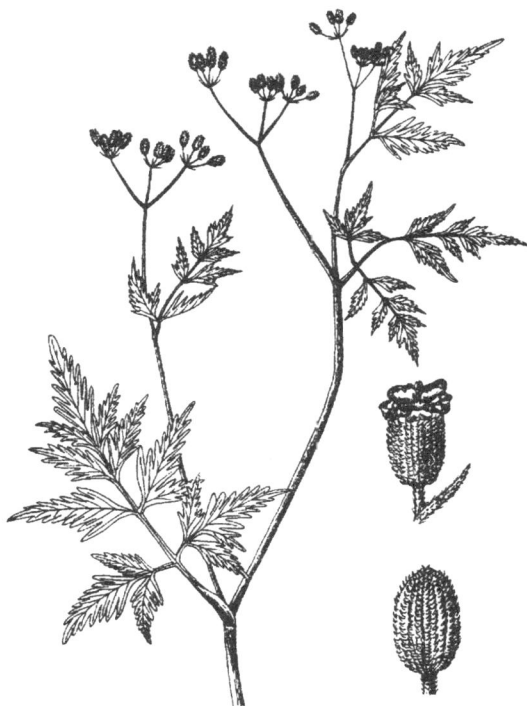

图 2-327　窃衣

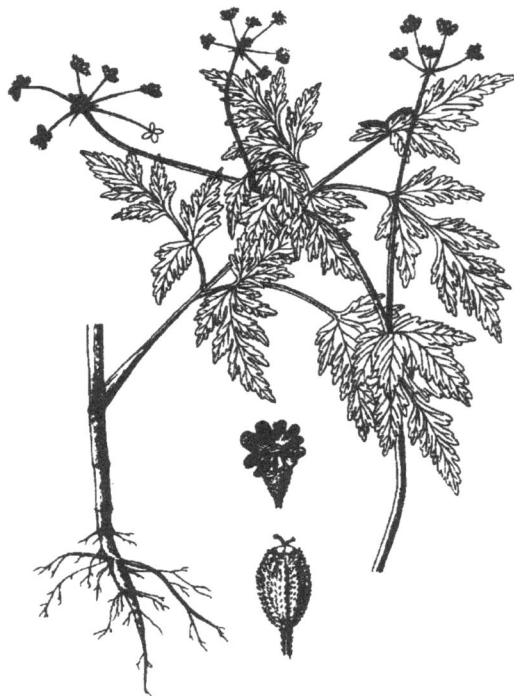

图 2-328　小窃衣

2. 小窃衣　(图 2-328)

Torilis japonica（Houtt.）DC.

一年生或多年生草本,高 20～120cm。主根圆锥形,棕黄色,支根多数。茎有纵条纹及刺毛。叶柄长 2～7cm,下部有叶鞘;叶片长卵形,1～2 回羽状分裂,两面疏生紧贴的粗毛,第 1

回羽片卵状披针形,长 2～6cm,宽 1～2.5cm,边缘羽状深裂至全缘,末回裂片披针形至长圆形,边缘有条裂状的粗齿至缺刻或分裂。复伞形花序顶生或腋生,有倒生的刺毛;总苞片 3～6枚,线形;伞辐 4～12 个,长 1～3cm;小总苞片 5～8 枚,线形或钻形;小伞形花序有花 4～12枚,花瓣白色、紫红色或蓝紫色,顶端内折,花柱基部平压状或圆锥形,花柱幼时直立,果熟时向外反曲。果实卵球形,长 1.5～4mm,通常有内弯或呈钩状的皮刺;胚乳腹面凹陷,每一棱槽有油管 1 根。花、果期 4—10 月。

区内常见,生于杂木林下、林缘、路旁、河沟边及溪边草丛中。分布于除黑龙江、内蒙古及新疆外全国各地;欧洲、北非及亚洲的温带地区也有。

与上种的区别为:本种有总苞片,伞辐 4～12 个,果实卵球形。

6. 峨参属 Anthriscus (Pers.) Hoffm.

越年生或多年生草本。茎圆柱形,中空,有分枝。叶 3 出羽状分裂或羽状多裂;叶柄基部具鞘抱茎。复伞形花序,无总苞片;伞辐开展;小总苞片数枚,薄膜质,常反折。花杂性;萼齿不明显;花瓣白色或黄绿色,先端内折,外缘花有辐射状花瓣;花柱基圆锥形,花柱短;心皮柄常不裂。果顶端喙状,喙短于果体,两侧扁,上部有棱和细槽;果柄顶端有一圈小刚毛;分果横剖面近圆形。

约 15 种,分布于亚洲、欧洲;我国有 1 种;浙江及杭州也有。

峨参 (图 2-329)

Anthriscus sylvestris (L.) Hoffm.

越年生或多年生草本,高达 1.5m。直根粗大。茎粗壮,多分枝,近无毛或下部有细柔毛。基生叶有长柄,柄长 5～20cm,基部有阔鞘抱茎;叶 2 回羽状分裂,长 10～30cm,1 回羽片有长柄,卵形至宽卵形;2 回羽片 3～4 对,有短柄,轮廓卵状披针形,羽状全裂或深裂,末回裂片卵形或椭圆状卵形,有粗锯齿;羽片长 1～3cm,宽 0.5～1.5cm;茎上部叶 2.5～8cm。每个复伞形花序有伞辐 4～15 个;小总苞片 5～8枚,卵形至披针形;花白色,通常带绿或黄色;花柱较花柱基长 2 倍。果实线状长圆球形,长5～10mm,宽 1～1.5mm,光滑或疏生小瘤点,先端渐狭成喙状,果柄顶端常有 5 环白色小刚毛。花、果期 4—6 月。$2n=16,48$。

见于西湖区(留下)、西湖景区(飞来峰、北高峰、龙井、桃源岭),生于山坡、荒地和溪边路旁草丛间。分布于除西北和西南地区以外各省、区;印度、日本、朝鲜半岛、尼泊尔、巴基斯坦和俄罗斯也有。

图 2-329 峨参

7. 香根芹属　Osmorhiza Rafin.

多年生草本。根粗硬,圆锥形,有香气。茎直立,有分枝。叶近膜质,有柄,柄基部有鞘;叶片 2～3 回羽状分裂或 2 回 3 出式羽状复叶;2 回羽片三角状卵形、长圆形至披针形,边缘有粗锯齿、缺刻或呈羽状浅裂或深裂。顶生或腋生复伞形花序;总苞片少数或无;伞辐少数,开展,不等长;小总苞片通常 4～5 枚,线形至线状披针形。花小,白色,紫红色或黄绿色;萼齿不显;花瓣卵圆形或倒卵圆形,全缘;花柱基圆锥形。双悬果线状长圆形或棍棒状,顶端尖细成喙,主棱纤细,棱上及基部被硬毛;心皮柄 2 裂至中部。

约 10 种,分布于东亚及北美洲;我国有 1 种,1 变种;浙江有 1 种;杭州有 1 种。

香根芹　(图 2-330)

Osmorhiza aristata（Thunb.）Makino & Yabe

多年生草本,高 20～70cm。主根圆锥形,长 2～5cm,有香气。茎圆柱形,上部有分枝,草绿色或稍带紫红色。基生叶呈阔三角形或近圆形,通常 2～3 回羽状分裂或 2 回 3 出式羽状复叶,羽片 2～4 对,下部第 2 回羽片卵状长圆形或三角状卵形,长 2～7cm,宽 1.5～3.5cm,边缘有缺刻,羽状浅裂至羽状深裂,有短柄,末回裂片卵形、长卵形至卵状披针形,顶端钝或渐尖,边缘有粗锯齿,缺刻或羽状浅裂,表面深绿色,背面淡绿色,两面被白色粗硬毛;叶柄长 5～26cm,基部有膜质叶鞘抱茎;茎生叶的分裂形状如基生叶。顶生或腋生复伞形花序,花序梗上升而开展,长 4～22cm;总苞片 1～4 枚,钻形至阔线形,膜质,早落;伞辐 3～5 个,长 3～8cm;小总苞片4～5枚,线形、披针形至卵状披针形,背面或边缘有毛,通常反折;小伞形花序有孕育花 1～6 朵;花瓣 5 枚,倒卵形,长约 1.2mm,宽 1mm,顶端有内曲的小舌片;花丝短于花瓣;花柱基圆锥形,花柱略长于花柱基;子房被白色而扁平的软毛。具实线形或棍棒状,长1～2cm,宽 2～2.5mm,基部细尖成尾状,果

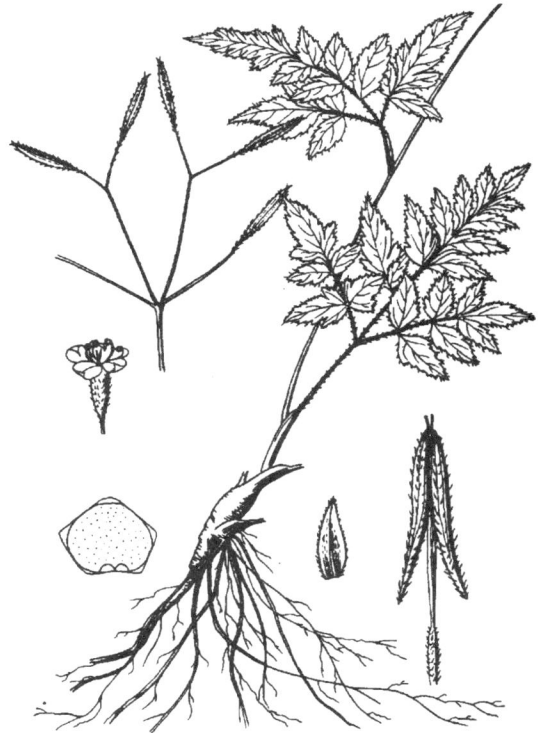

图 2-330　香根芹

棱具有向上贴伏的刺毛,尾部的刺毛较密;分生果横切面五角状圆形;胚乳腹面内凹。花期 5～9 月。2n＝22。

见于西湖景区(飞来峰),生于阴山坡、山谷林缘与路边草丛中。分布于全国各地;不丹、印度、日本、朝鲜半岛、蒙古、尼泊尔、巴基斯坦、俄罗斯、北美洲也有。

果实及根入药,功效似峨参,具有补中益气之效。

8. 柴胡属　Bupleurum L.

多年生草本,少一年生。有木质化的主根和须状支根。茎直立或倾斜,枝互生或上部呈叉状分枝,光滑、绿色或粉绿色,有时带紫色。单叶全缘,基生叶多有柄,叶柄有鞘,叶片膜质、草质或革质;茎生叶通常无柄,基部较狭,抱茎,心形或贯茎,具有多条近平行的弧形脉。顶生或腋生疏松的复伞形花序;总苞片 1～5 枚,叶状,不等大;小总苞片 3～10 枚,短于或长过小伞形花序,绿色、黄色或带紫色;复伞形花序有几个至多个伞辐;花两性;萼齿不显;花瓣 5 枚,黄色,有时蓝绿色或带紫色;雄蕊 5 枚,花药黄色,很少紫色;花柱分离,很短,花柱基扁盘形,直径超过子房或相等。分生果椭圆球形或卵状长圆球形,两侧略扁平,果棱线形,稍有狭翅或不明显;心皮柄 2 裂至基部。

约 180 种,主要分布于北半球欧、亚、非洲亚热带地区;我国有 42 种;浙江有 3 种;杭州有 1 种。

本属几乎所有的种类均可代中药"柴胡"用。

北柴胡　（图 2-331）

Bupleurum chinense DC.

多年生草本,高 50～85cm。主根粗大,棕褐色,质坚硬。茎单一或数茎,表面有细纵槽纹,实心,上部多分枝。基生叶倒披针形或狭椭圆形,长 4～7cm,宽 6～8mm,顶端渐尖,基部收缩成柄,较早枯落;茎中部叶倒披针形或广线状披针形,长 4～12cm,宽 6～18mm,有时达 3cm,顶端渐尖或急尖,有短芒尖头,基部收缩成叶鞘抱茎,叶表面鲜绿色,背面淡绿色,常有白霜;茎顶部叶同形,但更小。复伞形花序有 3～8 个小伞形花序,花序梗细,常水平伸出;总苞片 2～3 枚,或无,甚小,狭披针形;小总苞片 5 枚,披针形,长 3～3.5mm,宽 0.6～1mm,顶端尖锐;小伞形花序有花 5～10 枚;花直径为 1.2～1.8mm;花瓣鲜黄色,上部向内折,中肋隆起,小舌片矩圆形,顶端 2 浅裂;花柱基深黄色,宽于子房。果广椭圆球形,棕色,两侧略扁,长约 3mm,宽约 2mm,棱狭翼状,淡棕色。花期 9 月,果期 10 月。$2n=12,24$。

图 2-331　北柴胡

见于西湖景区(飞来峰、龙井、南高峰、烟霞洞),生于丘陵地山坡、路旁草丛中。分布于安徽、甘肃、河北、河南、黑龙江、湖北、湖南、吉林、江苏、江西、辽宁、内蒙古、山东、山西、陕西。

干燥的根入药,即中药"柴胡"。

9. 鸭儿芹属　Cryptotaenia DC.

多年生草本。茎直立,圆柱形,有分枝。叶有柄,柄下部有膜质叶鞘;叶片膜质,3 出分裂,小叶片倒卵状披针形,菱状卵形或近心形,边缘有重锯齿,缺刻或不规则浅裂。复伞形花序顶生和侧生,呈圆锥状,总苞片和小总苞片存在或无;伞辐少数,不等长;萼齿细小或不明显;花瓣白色,倒卵形,顶端内折;花丝短于花瓣;花柱基圆锥形,花柱短,直立或向外叉开。分生果长圆球形,主棱 5 条,光滑。

5～6 种,分布于东亚、欧洲、非洲及北美洲;我国有 1 种;浙江及杭州也有。

鸭儿芹　(图 2-332)

Cryptotaenia japonica Hassk.

多年生草本,高 20～100cm。主根短,侧根多数,细长。茎直立,光滑,有分枝,表面有时略带淡紫色。基生叶或上部叶有柄,叶柄长 5～20cm,叶鞘边缘膜质;叶片轮廓三角形至广卵形,长 2～14cm,宽 3～17cm,通常为 3 小叶;中间小叶片呈菱状倒卵形,长 2～14cm,宽 1.5～10cm,顶端短尖,基部楔形;两侧小叶片斜倒卵形至长卵形,近无柄,所有叶片边缘有不规则尖锐重锯齿,表面绿色,背面淡绿色;最上部的茎生叶近无柄,边缘有锯齿。顶生复伞形花序呈圆锥状,花序梗不等长;总苞片 1 枚,呈线形或钻形;伞辐 2～3 个,不等长,长 5～35mm;小总苞片 1～3 枚;小伞形花序有花 2～4 枚,花柄极不等长;萼齿细小,呈三角形;花瓣 5 枚,白色,倒卵形,长 1～1.2mm,宽约 1mm,顶端有内折的小舌片;花丝短于花瓣;花柱基圆锥形,花柱短,直立。分生果线状长圆形,长 4～6mm,宽 2～2.5mm。花期 4—5 月,果期 6—10 月。$2n=16,18,20,22$。

图 2-332　鸭儿芹

区内常见,生于林下路边阴湿处。分布于安徽、福建、甘肃、广东、广西、贵州、河北、湖北、湖南、江苏、江西、山西、陕西、四川、台湾、云南;日本、朝鲜半岛也有。

全草入药;全草及根含挥发油;果实含脂肪油,可用于制皂、制漆。

10. 明党参属　Changium H. Wolff

多年生草本,全体无毛,具白霜。直根粗壮。茎直立。叶 2～3 回 3 出羽状分裂。顶生和侧生复伞形花序,通常无总苞片;小总苞片数个,有 4～10 个小伞形花序;小花萼齿 5 枚,不明显;花瓣白色,卵状披针形,先端尖而内折;花柱基部略隆起,花柱 2 极向外反折。果实卵球形或卵状长圆球形,两侧压扁,具纵纹,果棱不明显。

1 种,我国华东地区特有;浙江及杭州也有。

明党参　(图 2-333)

Changium smyrnioides H. Wolff

多年生草本。高 50～100cm,全体无毛,具白霜。主根粗短而呈纺锤形,或细长而呈圆柱形,外皮黄褐色,里面白色。茎直立,具细纵条纹,中空。基生叶有长柄,柄长4～20cm,叶2～3回3出式羽状全裂,1回羽片广卵形,长4～14cm,2回羽片卵形至长圆状卵形,长2～4cm,3回羽片卵形或卵圆形,长1～1.8cm,具短柄或近无柄,边缘3～5裂或羽状缺刻,末回裂片长圆状披针形,长2～4mm,宽1～2mm;茎上部叶缩小成鳞片状或鞘状。顶生和侧生复伞形花序,花序梗长2～11cm,通常无总苞片;有小伞形花序4～10枚,小总苞片数个,钻形或线形;每一小伞形花序有花6～15枚;萼齿小,不明显;花瓣白色,有紫色中脉,长圆形或卵状披针形,先端尖而内折;花柱基部稍隆起,花柱细长而开展。果实卵球形或卵状长圆球形,长2～3mm,果棱不明显。花期4—5月,果期5—6月。$2n=20$。

见于余杭区(百丈、良渚)、萧山区(楼塔)、西湖景区(宝石山、龙井、南高峰、玉皇山、云栖),生于山野稀疏灌木林下与林缘土质肥厚处。分布于安徽、湖北、江苏和江西。

根为著名中药,具有清肺生津、祛痰止咳之功效。国家三级重点保护野生植物。

图 2-333　明党参

11. 芫荽属　Coriandrum L.

直立草本。叶片膜质,1或多回羽状分裂。复伞形花序顶生或与叶对生;通常无总苞片;小总苞片线形;伞辐少数;萼齿明显,大小不等;花瓣白色或略带紫色,倒卵形,先端内凹,花序外缘花的外侧花瓣通常较大,为辐射瓣;花柱基部花盘圆锥形;花柱细长而开展。果实球形,坚硬,光滑,主棱与次棱明显。

约1种,分布于地中海地区;我国有栽培;浙江及杭州也有。

芫荽　香菜　(图 2-334)

Coriandrum sativum L.

一年生、越年生草本,有强烈气味,高20～100cm。根纺锤形,细长,有多数纤细支根。茎圆柱形,直立,多分枝,有条纹,通常光滑。根生叶有长柄;叶片1或2回羽状全裂,羽片广卵形或扇形半裂,长1～2cm,宽1～1.5cm,边缘有钝锯齿、缺刻或深裂,上部的茎生叶3至多回羽状分裂,末回裂片狭线形,全缘。伞形花序顶生或与叶对生,花序梗长2～8cm;

图 2-334　芫荽

伞辐 3～7 个,长 1～2.5cm;小总苞片 2～5 枚,线形,全缘;小伞形花序有孕花 3～9 枚,白色或带淡紫色;萼齿通常大小不等,小的卵状三角形,大的长卵形;花瓣 5 枚,倒卵形,长 1～1.2mm,宽约 1mm,顶端有内凹的小舌片,辐射瓣长 2～3.5mm,宽 1～2mm,通常全缘;花丝长 1～2mm,花药卵球形;花柱幼时直立,果熟时向外反曲。果实圆球形,背面主棱及相邻的次棱明显。花、果期 4—11 月。$2n=22$,偶有报道为 $2n=23,24,25,28$。

区内常见栽培。原产于地中海地区;现世界各地广泛栽培。

茎、叶为常见蔬菜。

12. 茴芹属　Pimpinella L.

一年至多年生草本。须根或有长圆锥形的主根。茎通常直立,稀匍匐,一般有分枝。叶柄基部有叶鞘;叶片不分裂、3 出分裂或 3 出羽状分裂,裂片卵形、心形、披针形或线形;茎生叶与基生叶异形或同形,茎生叶向上逐渐变小,茎上部叶通常无柄,只有叶鞘。顶生和侧生复伞形花序,有或无总苞片及小总苞片;伞辐近等长、不等长或极不等长;小伞形花序通常有多数花;萼齿通常不明显;花瓣卵形、阔卵形或倒卵形,白色,稀为淡红色或紫色,顶端凹陷,有内折小舌片,或全缘,并不内折;花柱基圆锥形、短圆锥形,花柱一般长于花柱基,向两侧弯曲,或与花柱基近等长。果实长卵球形或卵球形,基部心形,两侧压扁,果棱线形或不明显;心皮柄 2 裂至中部或基部。

约 150 种,分布于欧、亚、非洲,少数分布于美洲;我国有 44 种;浙江有 2 种;杭州有 1 种。

异叶茴芹 （图 2-335）

Pimpinella diversifolia DC.

多年生草本,高 50～120cm,具有白色柔毛。茎直立,具纵沟纹,上部分枝。基生叶有长柄,叶片 3 深裂至 3 出全裂或不分裂,裂片阔卵状心形或卵圆形,两侧基部歪斜,中间裂片基部心形,有时截形,长 1.5～4.5cm,宽 1～4cm;茎上部叶较小,有短柄或无柄,叶片羽状分裂或 3 全裂,裂片披针形;茎中、下部叶 3 出分裂或羽状分裂;所有裂片边缘有锯齿。顶生和侧生复伞形花序;花序梗长 2～7cm;总苞片缺或 2～4 枚;伞辐 6～15 个,长短不等;小总苞片 1～8 枚,线形;每一伞形花序具 10～15 枚小花;萼齿不明显;花瓣 5 枚,白色,卵形或倒卵形,先端凹陷,具内折小舌片;花柱基(上位花盘)圆锥形,花柱细长。果实卵球形,长约 1mm,基部近心形,两侧压扁;果棱明显。花期 7—9 月,果期 10—11 月。$2n=18,28$。

见于西湖景区(虎跑、六和塔),生于山地沟谷、林下阴湿处。分布于黄河以南各省、区;阿富汗、柬埔寨、印度、日本、尼泊尔、巴基斯坦、越南

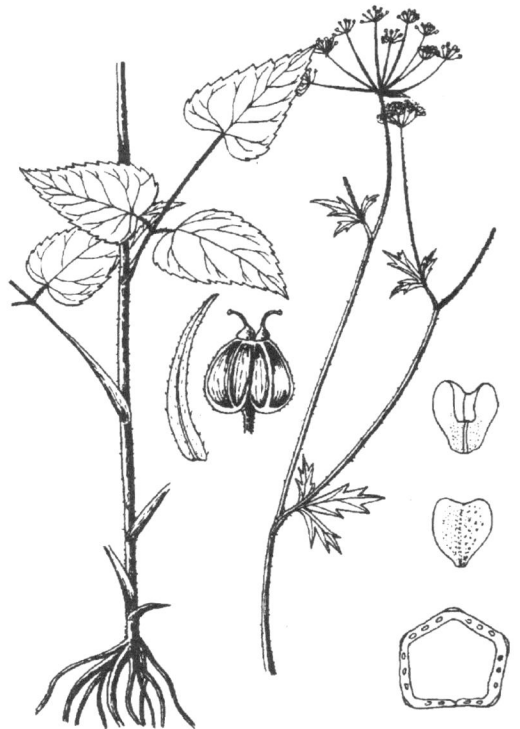

图 2-335　异叶茴芹

也有。

全草入药,具有祛风活血、解毒消肿之功效。

13. 旱芹属 Apium L.

一年生、越年生或多年生草本。茎直立或匍匐,有分枝,无毛。叶片 1～2 回羽状分裂至 3 出羽状分裂,裂片近圆形、卵形或线形;花序复伞形或单伞形,疏松或紧实,顶生和侧生;总苞片和小总苞片无或显著;伞辐开展;花瓣白色或稍微带黄绿色,卵形至近圆形,先端有内折小舌片;花柱基部短圆锥形,幼时压扁,花柱短,开展。果实近圆球形或长椭圆球形,果棱尖锐,每一棱槽中有油管 1 条,合生面有油管 2 条;分生果横切面圆五角形;心皮柄不分裂。

约 20 种,分布于全世界温带地区;我国有 2 种,均为引种或逃逸种;浙江及杭州均有。

1. 旱芹 芹菜 (图 2-336)

Apium graveolens L.

越年生或多年生草本,高 10～40(～80)cm,有强烈香气。茎直立,具棱角和沟纹,无毛,有分枝。基生叶柄长 2～16cm,基部扩大成膜质叶鞘;叶片倒卵形或阔倒卵形,长 7～15cm,宽 4～8cm,通常 3 裂达中部或 3 全裂,裂片近棱形,中上部边缘具缺刻状圆锯齿和锯齿;茎生叶叶柄渐短,基部成狭鞘状抱茎,叶片与基生叶相似;上部叶简化,柄完全成鞘状。复伞形花序顶生和侧生,花序梗长短不等,1～3cm,有时缺;总苞片和小苞片无;伞辐4～15个;小伞形花序有花 10～30 枚;花瓣白色或黄绿色,卵圆形,先端有内折的小舌片;花柱基部压扁,花柱幼时极短,成熟时反曲。果实近圆球形或长椭圆球形,长约 1.5mm,果棱丝状,尖锐,每一棱槽有油管 1 条,合生面有油管 2 条;分生果横切面圆五角形;胚乳腹面平直。$2n=22,21,23$。

区内常见栽培。原产于欧亚大陆;世界各地广泛栽培。

茎、叶为常见蔬菜;果实含芳香油。

图 2-336 旱芹

2. 细叶旱芹 (图 2-337)

Apium leptophyllum (Pers.) F. Muell. ex Benth.——*Cyclospermum leptophyllum* (Pers.) Sprague

一年生草本,高 28～45cm。茎多分枝,无毛。基生叶柄长3～5cm。基部边缘略扩大成膜质叶鞘;叶片三角状卵形,长2.5～10cm,宽 2～8cm,3～4 回羽状多裂,裂片线形至丝状;茎生叶通常 3 出式羽状多裂,末回裂片线形,长 5～10(～15)mm。复伞形花序顶生和侧生,通常无花序梗或稍有短梗;总苞片和小总苞片无;伞辐2～3(～5)个,长 1～1.8cm;小伞形花序有花

5～20 枚;萼齿无;花瓣白色或绿白色,卵圆形,先端内折成小舌片;花柱基部压扁,花柱极短。果实圆心形或卵球形,长 1.5～2mm;分生果具 5 条棱,圆钝,每一棱槽有油管 1 条,合生面有油管 2 条;胚乳腹面平直。花期 4—5 月,果期 6—7月。$2n=14$。

区内常见,生于杂草荒地和溪沟边。原产于南美洲;在世界各热带和温带地区为常见杂草。

与上种的主要区别在于:本种叶片多回 3 出式羽状分裂,裂片线形,果棱圆钝。

Flora of China 认为本种应属于细叶旱芹属 *Cyclospermum* Lag.(一年生,陆生,直根细长,无横走的根状茎,节上不生根),而与旱芹属(越年生或多年生,水生或两栖,直根粗壮,或具横走的根状茎,节上生根)相区别。

图 2-337　细叶旱芹

14．水芹属　Oenanthe L.

光滑草本,越年生或多年生。有成簇的须根。茎细弱或粗大,通常匍匐上升或直立,下部节上常生根。叶有柄,基部有叶鞘抱茎;叶片羽状分裂至多回羽状分裂,羽片或末回裂片卵形至线形,或叶片有时简化成线形管状的叶柄。复伞形花序顶生与侧生;总苞缺或有少数窄狭的苞片;小总苞片多数,狭窄,比花柄短;伞辐多数,开展;花白色;萼齿披针形,宿存;小伞形花序外缘花的花瓣通常增大为辐射瓣;花柱基平压或圆锥形,花柱花后宿存。果实卵球形至长圆球形,光滑,侧面略扁平,果棱钝圆,木栓质,2 枚心皮的侧棱通常略相连,较背棱和中棱宽而大。

25～30 种,分布于北半球温带和非洲热带;我国有 5 种;浙江有 4 种;杭州有 2 种。

1．水芹　(图 2-338)

Oenanthe javanica（Blume）DC.

多年生草本,高 20～80cm。茎直立或匍匐,下部节上生根。基生叶柄长 6～10cm,基部有叶鞘抱茎;叶片近三角形,1～2 回羽状分裂,末回裂片披针形、卵形至菱状披针形,长 1～4cm,宽 0.8～2cm,边缘具有牙齿或锯齿;茎上部叶柄短成鞘,叶片较小。复伞形花序顶生和上部侧生;花序梗长 2～15cm;总苞片无;伞辐 6～16 个,不等长;小总苞片 5～8 枚,线形;小伞形花序有花10～20 朵;花梗长 2～4mm;萼齿披针形;

图 2-338　水芹

花瓣 5 枚,白色,倒卵形,有一长而内折的小舌片;花丝长而微弯;花柱细长,基部圆锥形。果实椭圆球形或筒状椭圆形,长 2.5～3mm,宽 2mm,果棱肥厚,钝圆,侧棱较背棱隆起。花、果期 5—9 月。$2n=20,22,42,63$。

区内各地常见,生于丘陵地潮湿处或水沟中,有时栽培。分布于全国各地;东亚及东南亚也有。

茎、叶常作蔬菜;全草入药,具有清热利湿、止血、降血压之功效。

2. 线叶水芹　中华水芹　（图 2-339）

Oenanthe linearis Wall. ex DC.

多年生草本,高 30～70cm。茎直立,下部匍匐和节上生根,上部不分枝或有短枝。基生叶及下部叶叶柄长 5～10cm,叶片 2 回羽状分裂,末回裂片楔状披针形或线状披针形,长 1～3cm,宽 2～10mm,边缘有不规则锯齿;茎上部叶片 1～2 回羽状分裂,末回裂片通常线形,长 1～4cm,宽 1～2mm。复伞形花序顶生或侧生,花序梗长 4～9cm;伞辐约 7 个,不等长,长 1.5～2cm;小总苞片线形,多数,长 4～5mm;小伞形花序有花 10～20枚;萼齿三角形或披针状卵形;花瓣 5 枚,白色,倒卵形,先端有内折的小舌片;花柱基部圆锥状。果实筒状长圆形,长约 3mm,侧棱较背棱为厚。花期6—7 月,果期 7—8 月。$2n=22$。

见于西湖区（蒋村）,生于水田或沟谷溪边湿地。分布于贵州、湖北、四川、台湾、西藏、云南等;东南亚各国也有。

与上种的主要区别在于:本种叶片末回裂片楔状披针形或线状披针形,宽 2～10mm。

图 2-339　线叶水芹

15. 蛇床属　Cnidium Cuss.

一年生至多年生草本。茎直立,多分枝。叶通常为 2～3 回羽状复叶,稀为 1 回羽状复叶,末回裂片线形、披针形至倒卵形。顶生或侧生复伞形花序;总苞片线形至披针形,小总苞片线形、长卵形至倒卵形;花瓣倒心形,白色,稀粉红色;萼齿不显。果卵球形至长圆球形,果棱翅状,常木质化,横剖面近五角形,每一棱槽有油管 1 条,合生面有 2 条。

6～8 种,主产于欧亚大陆;我国有 5 种;浙江有 2 种;杭州有 1 种。

蛇床　（图 2-340）

Cnidium monnieri（L.）Cuss.

一年生草本,高 12～60cm。茎直立,通常单一,上部分枝,具纵棱,被微短硬毛,下部有时带暗紫色。基生叶花期枯萎,茎生叶常无柄,具白色膜质边缘的长叶鞘抱茎;叶片三角形或三

角状卵形,2～3 回 3 出式羽状分裂,1 回羽片有
柄,2 回羽片具短柄或近无柄,最终裂片条形或
条状披针形,长 2～10mm,宽 1～2mm,先端锐
尖,两面沿脉及边缘被微短硬毛。复伞形花序
顶生和腋生,直径为 3～5cm;伞辐 10～30 个,
不等长,长 10～15mm;总苞片 9～12 枚,狭条
形;小伞形花序直径为 5～10mm,具 10～20 朵
花,花梗长 1～2.5m;小总苞片 10～14 枚,条状
锥形,长于花梗;无萼齿;花瓣 5 枚,白色。双悬
果宽椭圆球形,背部略扁平,长约 2mm,宽约
1.8mm,5 条果棱均呈翅状,木栓化。花期 6—7
月,果期 7—8 月。$2n=20$。

见西湖景区(梵村),生于山野、路旁、溪边
湿处。分布几遍全国;东南亚、东亚、欧洲及北
美洲也有。

果实入药,称"蛇床子";亦可提取芳香油。

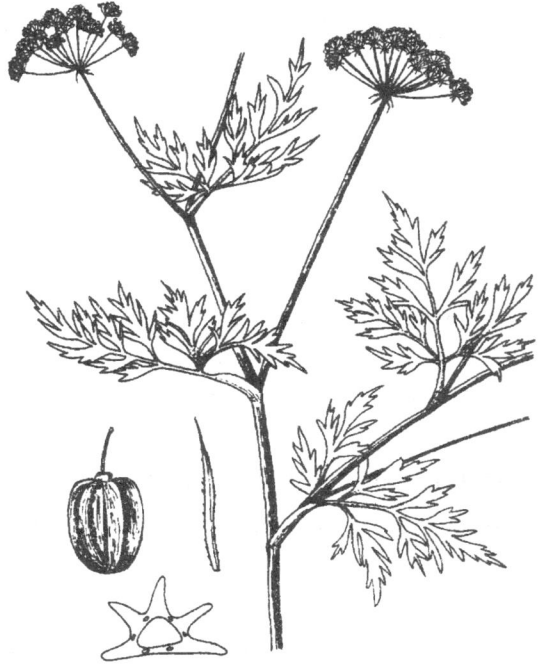

图 2-340　蛇床

16. 当归属　Angelica L.

越年生或多年生草本。通常有粗大的圆锥状直根。茎直立,圆筒形,常中空,无毛或有毛。
叶 3 出式羽状分裂或羽状多裂,裂片宽或狭,有锯齿、牙齿或浅齿,少为全缘;叶柄膨大成管状
或囊状的叶鞘。复伞形花序顶生和侧生;总苞片和小总苞片多数至少数,全缘;伞辐多数至少
数;花白色带绿色,稀为淡红色;萼齿通常不明显;花瓣卵
形至倒卵形,顶端渐狭,内凹成小舌片,背面无毛;花柱基
扁圆锥状,花柱短至细长,开展或弯曲。果实卵形至长圆
形,光滑或有柔毛,背棱及中棱肋状,稍隆起,侧棱宽阔或
狭翅状,成熟时 2 个分生果互相分开;分生果横剖面半月
形;心皮柄 2 裂至基部。

约 90 种,分布于北半球温带及新西兰;我国有 45
种;浙江有 7 种,1 变种;杭州有 1 种。

紫花前胡　(图 2-341)

Angelica decursiva (Miq.) Franch. & Sav.

多年生草本,高 1～2m。直根系圆锥状,有分枝,有
浓香味。单一茎带暗紫红色。基生叶和茎下部叶有柄,
柄长 10～30cm,叶鞘较宽,抱茎,叶片 1～2 回羽状全裂,
1 回羽片 3～5,中间裂片和侧生裂片基部连和,基部下延
成翅状,末回裂片长圆状卵形或长椭圆形,长 5～11cm,边
缘锯齿不规则;茎上部叶变小或有时仅为叶鞘。顶生和

图 2-341　紫花前胡

侧生复伞形花序;花序梗长 2.5~8cm;总苞片叶鞘状,1~2 枚,卵形,带紫色;小伞形花序 8~20 枚;小总苞片线状披针形,具花多数;花瓣深紫色,有萼齿。果实椭圆球形,长 4~7mm,宽 3~5mm,背腹压扁,无毛;心皮柄分裂至基部。2n=22。

见西湖景区(飞来峰),生于山坡林下、林缘湿润处,郊野、路旁阴湿草丛中。分布于除西北和西南地区外的各省、区;日本、朝鲜半岛、俄罗斯和越南也有。

根入药。

17. 前胡属 Peucedanum L.

通常为多年生直立草本。根呈圆柱形或圆锥形,根颈部短粗,常存留有枯萎叶鞘纤维和环状叶痕。茎圆柱形,有细纵条纹。叶有柄,基部有叶鞘,茎生叶鞘稍膨大。顶生或侧生复伞形花序,伞辐多数或少数;总苞片多数或缺,小总苞片多数;花瓣圆形至倒卵形,顶端微凹,有内折的小舌片,通常白色,少为粉红色和深紫色;萼齿短或不明显;花柱基短圆锥形。果实椭圆球形、长圆球形或近圆球形,背部压扁,光滑或有毛,中棱和背棱丝线形,稍凸起,侧棱扩展成较厚的窄翅;心皮柄 2 裂至基部。

100~200 种,分布于全球;我国有 40 种,南北各地均产;浙江有 2 种;杭州有 1 种。

白花前胡 (图 2-342)

Peucedanum praeruptorum Dunn

多年生草本,高 0.6~1m。根圆锥形,常分叉。根状茎粗壮,直径为 1~1.5cm,存留越年枯鞘纤维;地上茎圆柱形,下部无毛,上部分枝多有短毛,髓部充实。基生叶具长柄,叶柄长 5~15cm,基部有卵状披针形叶鞘;叶片轮廓宽卵形或三角状卵形,3 出式 2~3 回分裂,第 1 回羽片具柄,末回裂片菱状倒卵形,先端渐尖,无柄或具短柄,边缘具不整齐的 3~4 枚粗或圆锯齿,有时下部锯齿呈浅裂或深裂状,下表面叶脉明显凸起;茎下部叶具短柄,叶片形状与茎生叶相似;茎上部叶无柄,叶鞘稍宽,边缘膜质,叶片 3 出分裂,裂片狭窄。顶生或侧生复伞形花序多数,伞形花序直径为 3.5~9cm;花序梗上端多短毛;总苞片无或 1 至数片,线形;伞辐 6~15 个,不等长;小总苞片 8~12 枚,卵状披针形,大小变异较大;小伞形花序有花 15~20 枚;花瓣 5 枚,卵形,白色;萼齿不显著;花柱短,弯曲,花柱基圆锥形。果实卵球形,背

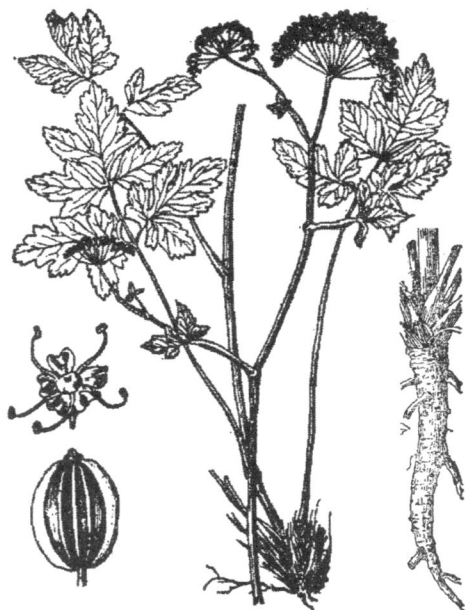

图 2-342 白花前胡

部压扁,长约 4mm,宽 3mm,棕色,背棱线形,稍凸起,侧棱呈翅状。花期 8—9 月,果期 10—11 月。2n=22。

见于西湖区(双浦)、西湖景区(飞来峰、玉皇山),生于向阳山坡林下、林缘、路旁、裸岩边、沟边草丛中。分布于安徽、福建、甘肃、广西、贵州、河南、湖北、湖南、江苏、江西。

根入药,具有发汗退热、降气祛痰之功效。

99. 山茱萸科　Cornaceae

落叶或常绿,乔木或灌木,稀草本。单叶,对生或互生,无托叶或托叶纤毛状,叶边缘全缘或有锯齿;叶脉通常羽状,稀为掌状叶脉。圆锥花序、聚伞花序或伞形花序,稀总状或头状花序。花两性,稀单性;花通常白色,稀黄色、绿色及紫红色;花萼筒与子房合生,上部 3～5 齿裂或缺;花瓣 3～5 枚或缺,镊合状或覆瓦状排列;雄蕊与花瓣同数而互生,生于花盘基部,花丝短;子房下位,1～4(5)室,每室有 1 枚下垂的倒生胚珠,花柱短或稍长,柱头头状或截形,有时有 2～3(～5)枚裂片。果为核果或浆果状核果,核骨质,稀木质;种子 1～4(5)枚,种皮膜质或薄革质,胚小,胚乳丰富。

约 13 属,100 余种,分布于北温带及亚热带地区;我国有 6 属,60 种;浙江有 3 属,10 种,2亚种,1 变种;杭州有 3 属,6 种,1 亚种。

本科的界定范围多有争议,如在《中国植物志》中,山茱萸科包含了桃叶珊瑚属 *Aucuba* Thunb.、青荚叶属 *Helwingia* Willd.、单室茱萸属 *Mastixia* Blume、蓝果树属 *Nyssa* L.、鞘柄木属 *Toricellia* DC. 等属,而 *Flora of China* 中这些属都成了独立的科。此外,分子系统学研究支持将八角枫科 Alangiaceae 并入本科。本志暂按照《中国植物志》和《浙江植物志》的界定来处理。

分 属 检 索 表

1. 叶片有锯齿;花单性,雌雄异株;浆果状核果。
　2. 叶对生;花 4 基数,子房 1 室;果为肉质核果 ·················· 1. 桃叶珊瑚属　*Aucuba*
　2. 叶互生;花 3～5 基数,子房 3～5 室;果为浆果状核果 ·················· 2. 青荚叶属　*Helwingia*
1. 叶片全缘;花两性;核果 ·················· 3. 山茱萸属　*Cornus*

1. 桃叶珊瑚属　Aucuba Thunb.

常绿灌木或小乔木。叉状分枝,小枝绿色,圆柱形;冬芽圆锥形,常生于枝顶。叶对生,厚革质至厚纸质,边缘具粗锯齿、细锯齿或腺状齿,稀近于全缘;叶上面深绿色,有光泽,干后常为暗褐色,有时具黄色或暗黄色斑点,下面淡黄色;羽状脉;叶柄较粗壮。花单性或杂性,雌雄异株;圆锥花序或总状圆锥花序,通常生于小枝顶端,雌花序短于雄花序。花紫红色、黄色至绿色;花小,具 1～2 枚小苞片;花萼小,有 4 枚齿;花瓣 4 枚,卵形至披针形,镊合状排列,先端常尾尖;雄花有雄蕊 4 枚和 1 个四菱形的肉质花盘,无退化子房;雌花子房下位,1 室,内含 1 颗胚珠,花柱粗短。果为浆果状核果,顶端有宿存的萼齿及花柱;种子 1 粒,种皮白色,膜质。

10 种,分布于不丹、我国、印度、日本、朝鲜半岛、缅甸、越南;我国 10 种都有;浙江有 1 种;杭州有 1 种。

本属过去常被放入山茱萸科(如《中国植物志》)。分子、化学和形态证据表明,本属与北美洲分布的丝樱花属 *Garrya* Douglas ex Lindl. 互为姐妹类群,因而可将本属放入丝樱花科 Garryaceae(Bremer,et al,2001),或如 *Flora of China* 将其独立为桃叶珊瑚科 Aucubaceae。

青木 （图 2-343）

Aucuba japonica Thunb.

常绿灌木,高约 3m。枝、叶对生。叶革质,长椭圆形、卵状长椭圆形,稀阔披针形,长 8～20cm,宽 5～12cm,先端渐尖,基部近圆形或阔楔形,上面亮绿色,下面淡绿色,边缘上段具 2～4(～6)对疏锯齿或近全缘。圆锥花序顶生;雄花序长 7～10cm,花序梗被毛,花梗长 3～5mm,被毛,花瓣近卵形或卵状披针形,长 3.5～4.5mm,宽 2～2.5mm,暗紫色,先端具 0.5mm 的短尖头,雄蕊长 1.25mm;雌花序长(1～)2～3cm,花梗长 2～3mm,被毛,具 2 枚小苞片,子房被疏柔毛,花柱粗壮,柱头偏斜。果卵球形,暗紫色或黑色,长 2cm,直径为 5～7mm;具种子 1 枚。花期 3～4 月,果期至翌年 4 月。$2n=16,32$。

区内有栽培。原产于台湾、浙江(南部);日本、朝鲜半岛也有。

本种的花叶品种——花叶青木'Variegata'的叶片有大小不等的黄色或淡黄色斑点,杭州各城区常见栽培,供观赏。

图 2-343 青木

2. 青荚叶属 Helwingia Willd.

落叶或常绿灌木,稀小乔木。髓白色,明显。单叶,互生,叶片边缘有锯齿,具叶柄;托叶小,幼时可见,后即脱落。花单性,雌雄异株;雄花常由 3～20 朵组成伞形或密伞形花序,生于叶面中脉上,很少生于枝上;雌花单生或 1～4 朵聚生于叶面中脉上,稀生于叶柄上,萼小,花瓣 3～5 枚,镊合状排列;雄蕊 3～5 枚;子房 3～5 室,花柱短,3～5 裂,胚珠单生,倒垂。果为浆果状核果,具种子 1～5 粒。

4 种,分布于喜马拉雅地区,东至日本;我国有 4 种;浙江有 2 种,1 变种;杭州有 1 种。

本属过去常被放入山茱萸科(如《中国植物志》)。分子系统学研究表明,本属并不与山茱萸科近缘,所以目前一般将其独立为青荚叶科 Helwingiaceae。

青荚叶 （图 2-344）

Helwingia japonica（Thunb.）Dietr.

落叶灌木,高 1～2.5m。幼枝绿色,无毛。叶痕

图 2-344 青荚叶

明显,叶片纸质,叶形变异幅度大,卵形、卵圆形或卵状椭圆形,长 3~10(~14)cm,宽 2~7cm,通常中上部较宽,先端渐尖,基部宽楔形至近圆形,边缘具腺质细锯齿或尖锐锯齿,上面绿色,下面淡绿色,两面均无毛;叶柄长 0.8~4cm;托叶线形,稀钻形,全裂或中部以上分裂,早落。花淡绿色,3~5 基数;雄花通常 3~20 朵组成伞形或密伞形花序,常生于叶面中脉 1/3~1/2 处,稀 1/4 处,花梗长 2~6mm,雄蕊着生于花盘内;雌花单生或 2~3 朵簇生于叶面中部,稀偏近基部1/5~1/4处,花梗长 1~5mm,或近无梗,子房卵球形,柱头 3~5 裂。浆果,熟时黑色。花期 5—6 月,果期 8~9 月。

见于余杭区(鸬鸟),生于山谷、山坡林中或林下阴湿处。分布于安徽、福建、广东、广西、贵州、河南、湖北、湖南、江苏、江西、山东、山西、四川、台湾、云南;不丹、日本、朝鲜半岛、缅甸也有。杭州新记录。

叶、果入药。

3. 山茱萸属   Cornus L.

落叶乔木或灌木,稀草本,常具伏毛。枝常对生。单叶,互生或对生,叶片全缘。聚伞花序或头状花序,顶生,无总苞片或有花瓣状的总苞片;花两性,4 基数;萼筒壶状或钟状;花瓣椭圆形或卵形,镊合状排列;雄蕊 4 枚,花药长椭圆球形;子房 2 室,稀 1 室,每室有 1 颗胚珠,花柱单一,圆柱状或棍棒状,柱头头状。核果球形或近于卵球形,稀椭圆球形,核骨质;种子 2 枚。

约 55 种,广布于北温带地区;我国有 25 种;浙江有 7 种,2 亚种;杭州有 4 种,1 亚种。

本属有时又分为灯台树属 *Bothrocaryum* (Koehne) Pojark、草茱萸属 *Chamaepericlymenum* Hill、狭义的山茱萸属 *Cornus* L. sensu stricto、四照花属 *Dendrobenthamia* Hutch、梾木属 *Swida* Opiz 等属(如《中国植物志》)。

分 种 检 索 表

1. 灌木;核果乳白色或浅蓝白色,核两侧压扁状 ┅┅┅┅┅┅┅┅┅┅┅┅┅┅┅┅ 1. **红瑞木**   *C. alba*
1. 乔木;核果蓝黑色、紫红色,核非两侧压扁状,或为球状果序。
　2. 叶对生;头状花序,花序下具 4 枚大型白色总苞片 ┅┅┅┅┅ 2. **四照花**   *C. kousa* subsp. *chinensis*
　2. 叶对生或互生;聚伞花序或圆锥花序,不具总苞片。
　　3. 叶互生,叶片先端急尖,稀渐尖;果核顶端有 1 个近四方形的孔穴 ┅┅ 3. **灯台树**   *C. controversa*
　　3. 叶对生,叶片先端长渐尖或短渐尖;果核顶端无孔穴。
　　　4. 树皮不光滑,也不脱落 ┅┅┅┅┅┅┅┅┅┅┅┅┅┅┅┅┅┅ 4. **毛梾**   *C. walteri*
　　　4. 树皮光滑,片状剥落┅┅┅┅┅┅┅┅┅┅┅┅┅┅┅┅┅┅ 5. **光皮梾木**   *C. wilsoniana*

1. 红瑞木   (图 2-345)

Cornus alba L. ——*Swida alba* (L.) Opiz

灌木,高达 3m。树皮紫红色。冬芽卵状披针形,被灰白色或淡褐色短柔毛。叶对生,纸质,椭圆形,稀卵圆形,长 5~8.5cm,宽 1.8~5.5cm,先端突尖,基部楔形或阔楔形,边缘全缘或波状反卷,上面暗绿色,有极少的白色平贴短柔毛,下面粉绿色,被白色贴生短柔毛,有时脉腋有浅褐色髯毛,中脉在上面微凹陷,下面凸起,弓形内弯,在上面微凹下,下面凸出,细脉在两面微显。伞房状聚伞花序顶生,较密,宽 3cm,被白色短柔毛;花序梗圆柱形,长 1.1～2.2cm,被淡白色短柔毛;花小,白色或淡黄白色,花萼裂片 4 枚,尖三角形,花瓣 4 枚,卵状椭圆形,先端急尖或短渐尖,上面无毛,下面疏生贴生短柔毛;雄蕊 4 枚,着生于花盘外侧,花丝线形,微扁,花药淡黄色,2 室,卵状椭圆球形,"丁"字形着生;花盘垫状,花柱圆柱形,近无毛,柱头盘状,宽于花柱,子房下位,花托倒卵形,被贴生灰白色短柔毛;花梗纤细,长 2～6.5mm,被淡白色短柔毛,与子房交接处有关节。核果长圆球形,微扁,长约 8mm,直径为 5.5～6mm,成熟时乳白色或蓝白色,花柱宿存;核棱形,侧扁,两端稍尖呈喙状,每侧有脉纹 3 条;果梗细圆柱形,长 3～6mm,有疏生短柔毛。花期 6—7 月,果期 8—10 月。2n=22。

区内有栽培。原产于东亚和欧洲。

供观赏;种子含油量约为 30%,油可供工业用。

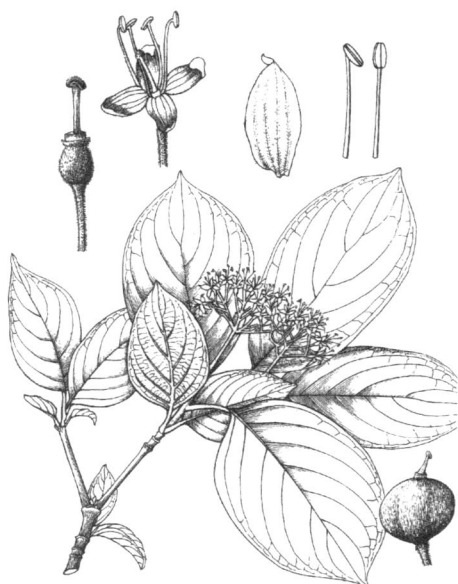

图 2-345 红瑞木

图 2-346 四照花

2. 四照花 (图 2-346)

Cornus kousa subsp. **chinensis**（Osborn）Q. Y. Xiang——*C. kousa* var. *chinensis* Osborn——*Dendrobenthamia japonica* var. *chinensis*（Osborn）W. P. Fang

落叶乔木,高 3.5～7(～10)m。小枝纤细,微被灰白色细柔毛。叶对生,叶片纸质,稀厚纸质,卵形或卵状椭圆形,长 4～8cm,宽 2～4cm,先端渐尖,基部圆形或宽楔形,上面绿色,疏生白色细伏毛,下面粉绿色,除脉腋簇生白色或黄色柔毛外,其余部分贴生白色细伏毛,侧脉(3) 4,5 对,弧状弯曲;叶柄长 5～10mm。头状花序球形;花序梗纤细,长 3～6.5cm,总苞片 4 枚,开时白色,后变淡黄色,卵形或广卵状椭圆形,长 2.5～4cm;萼 4 浅裂,外面被白色细毛,内侧有 1 圈褐色短柔毛;花瓣 4 枚,黄色;雄蕊 4 枚,与花瓣互生;子房下位,与萼筒结合,花柱密被白色糙毛。果序球形,橙红色或暗红色。花期 5 月,果期 8～9 月。2n=22。

见于余杭区(径山),生于山坡、溪边林中或岩隙旁。分布于安徽、福建、甘肃、贵州、河南、湖北、湖南、江苏、江西、内蒙古、山西、陕西、四川、台湾。杭州新记录。

花、叶和果都极为美丽,为优良的园林绿化植物;木材供制小件用具;果实味甜,可食或供酿酒。

与原亚种日本四照花 Cornus kousa subsp. *kousa* Bürger ex Hance 的区别在于：原亚种产于日本和朝鲜半岛；叶片薄纸质，下面淡绿色；花序托不显著膨大；小枝光滑，具线状长皮孔。

3. 灯台树　(图 2-347)

Cornus controversa Hemsl.——*Bothrocaryum controversum* (Hemsl.) Pojark.

落叶乔木，高 3～13m，稀达 16m。树皮暗灰色，枝条紫红色，后变淡绿色，皮孔及叶痕明显。叶互生，叶片宽卵形或宽椭圆状卵形，长 5～9 (～13) cm，宽 4～7.5 (～9) cm，先端急尖，稀渐尖，基部圆形，上面深绿色，下面灰绿色，疏生伏毛，侧脉 6～9 对；叶柄长 1～5cm，带紫红色。伞房状聚伞花序，顶生，直径为 7～13cm，稍被短柔毛，花小，白色；萼筒椭圆形，长 1.5mm，密被灰白色贴生的短柔毛，萼齿三角形；花瓣 4 枚，长披针形；雄蕊 4 枚，无毛，与花瓣互生，稍伸出花外；子房下位，花柱圆柱形，无毛。果球形，直径为 6～7mm，紫红色至蓝黑色；核骨质，顶端有 1 个近方形的小孔穴。花期 5 月，果期 8—9 月。$2n=20$。

见于余杭区(鸬鸟、中泰)，生于山沟阳坡杂木林中或常绿阔叶林林缘。分布于安徽、福建、甘肃、广东、广西、贵州、海南、河北、河南、湖北、湖南、江苏、江西、辽宁、山东、山西、陕西、四川、台湾、西藏、云南；不丹、印度、日本、朝鲜半岛、缅甸、尼泊尔。杭州新记录。

树形美观，可作行道树；木材供建筑、制器具及雕刻用；树皮含单宁，可提取栲胶；叶供药用；种子榨油，可制肥皂及润滑油。

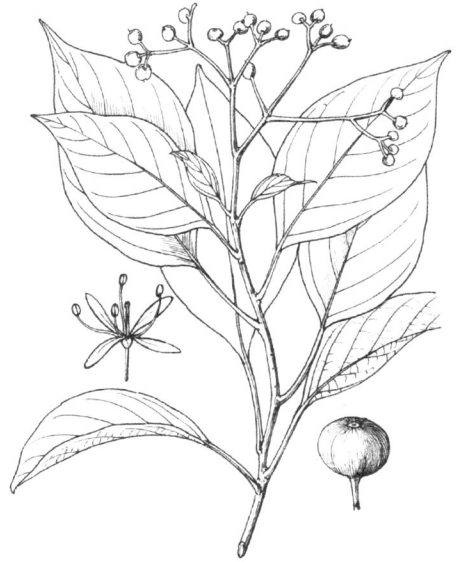

图 2-347　灯台树

4. 毛梾　(图 2-348)

Cornus walteri Wangerin——*Swida walteri* (Wangerin) Soják

落叶乔木，高 8～10m。树皮黑褐色，小方块状纵裂；小枝黄绿色至紫黑色，被灰白色平伏柔毛，老时秃净；冬芽腋生，扁圆锥形，长约 1.5mm，被灰白色短柔毛。叶对生；叶片纸质，椭圆形至长椭圆形，稀宽卵形，长 4～9cm，宽 3～5cm，先端渐尖，基部楔形，上面深绿色，疏生短柔毛，下面淡绿色，密生灰白色柔毛，侧脉 4～5 对；叶柄长 0.9～3cm。伞房状聚伞花序顶生，长 5cm；花序梗长 1.2～2cm。花白色，密集，直径

图 2-348　毛梾

为 1.2cm,有香味;萼齿三角形,与花盘近等长,外被淡黄白色短柔毛;花瓣 4 枚,舌状披针形,外面疏生柔毛;雄蕊 4 枚,无毛;花柱棍棒状,柱头头状,疏生长柔毛或贴生短柔毛,稀无毛。核果球形,成熟时黑色,近无毛,直径为 6～7mm;核骨质,扁圆球形,直径为 5mm,高 4mm,有不明显的肋纹。花期 5—6 月,果期 9—10 月。2n＝22。

见于西湖景区(北高峰、飞来峰),生于山坡或疏林中。分布于安徽、福建、广东、广西、贵州、海南、河北、河南、湖北、湖南、江苏、江西、辽宁、宁夏、山东、山西、陕西、四川、云南。

种子榨油,可供食用或作高级润滑油用;木材坚硬,纹理细密;枝、叶、果入药;也可作行道树。

5. 光皮梾木　(图 2-349)

Cornus wilsoniana Wangerin——*Swida wilsoniana* (Wangerin) Soják

落叶乔木,高 15～23m,稀达 40m。幼龄树树皮光滑,带绿色;老树树皮成片状剥落,出现白斑,光滑;幼枝灰绿色,略具四棱,被灰色平贴短柔毛,小枝圆柱形,深绿色,老时棕褐色,无毛,具黄褐色长圆形皮孔;冬芽长圆锥形,长 3～6mm,密被灰白色平贴短柔毛。叶对生,叶片纸质,椭圆形或卵状椭圆形,长 3～9cm,宽 1.5～4cm,先端长渐尖,稀急尖,基部楔形,上面散生平伏柔毛,下面带灰白色,密被细小乳点及"丁"字形毛,侧脉3～4 对,弧状弯曲;叶柄纤细,长 8～22mm。圆锥状聚伞花序,顶生,直径为 6～10cm,花白色,有香气;萼筒密生灰白色短柔毛,萼齿小,宽三角形,外侧被柔毛;花瓣 4 枚,条状披针形,长约 5mm,外面贴生灰白色短柔毛;雄蕊 4 枚,与花瓣近等长;子房倒卵球形,密被灰白色短柔毛;花柱圆柱形,略短于花瓣,柱头小,头状,微扁。核果圆球形,成熟时紫黑色至黑色,直径为6～7mm,被平贴短柔毛或近无毛;核骨质,球形,直径为4～4.5mm,肋纹不明显。花期 5 月,果期 10 月。

图 2-349　光皮梾木

见于西湖景区(飞来峰、桃源岭),生于山坡或山顶疏林中。分布于福建、甘肃、广东、广西、贵州、河南、湖北、湖南、江西、陕西、四川。

种子榨油,供工业用或食用;木材坚硬致密,纹理美观;叶作饲料;树形美观,供观赏。

100. 杜鹃花科　Ericaceae

常绿、半常绿或落叶灌木,或乔木,体型小至大,陆生或附生。枝无毛或有各式毛;冬芽具少数或多数鳞片。叶革质,少有纸质;单叶,互生,极少假轮生,稀交互对生;全缘或有锯齿,被各式毛或鳞片,或无覆被物;不具托叶。花单生、簇生,或为总状、圆锥状或伞形花序,顶生或腋生,两性,辐射对称或略两侧对称,具苞片;花萼 4～5 裂,宿存;花瓣合生成钟状、漏斗状或管状等,花冠通常 5 裂,稀 4 或更多裂;雄蕊数为花冠裂片数的 2 倍、同数或更多。蒴果、核果或浆果;种子小,粒状或锯屑状,无翅或有狭翅,或两端具伸长的尾状附属物。

约 125 属,4000 种,全世界分布,广布于南、北半球的温带及北半球亚寒带,少数属、种环北极或于北极分布,也分布于热带高山,大洋洲种类极少;我国有 22 属,约 826 种,分布于全国各地,主产于西南山区,尤以四川、云南、西藏三省、区相邻地区为盛;浙江有 5 属,27 种,3 变种;杭州有 3 属,11 种,2 变种。

许多属、种是著名的园林观赏植物;杜鹃花属的木材是优良的工艺用材;越橘属植物的浆果有极好的食用价值。

分 属 检 索 表

1. 子房上位;蒴果。
  2. 蒴果室间开裂;花冠漏斗状、辐射状或钟状,长 1.5cm 以上,雄蕊无附属物 ……………………………………………………………………… 1. **杜鹃花属** *Rhododendron*
  2. 蒴果室被开裂;花冠壶状、管状或卵状圆筒形,长不超过 1cm,雄蕊有附属物 … 2. **珍珠花属** *Lyonia*
1. 子房下位;浆果 ……………………………………………………………… 3. **越橘属** *Vaccinium*

1. 杜鹃花属 Rhododendron L.

常绿、半常绿或落叶灌木,或乔木,有时矮小,呈垫状,陆生或附生。植株无毛,或被各式毛,或被鳞片。叶互生或簇生枝顶,全缘,稀有不明显的小齿,有柄。花单生、组成伞形总状或伞形花序,顶生、侧生或腋生;花冠漏斗状、辐射状或钟状,整齐或略两侧对称,5(6～10)裂;雄蕊与花冠裂片同数或为之数倍,子房上位,5～10 室。蒴果自顶部向下室间开裂,果瓣木质,少有质薄者,开裂后果瓣多少扭曲;种子多数,细小,纺锤形,具膜质薄翅,或种子两端有明显或不明显的鳍状翅,或无翅但两端具狭长或尾状附属物。

约 1000 种,主要分布于亚洲、欧洲、北美洲和大洋洲;我国有 571 种,主要分布于西部山区;浙江有 17 种;杭州有 8 种。

本属植物花色艳丽,是世界著名的花卉;大量的杜鹃杂交种不断被育出,观赏价值胜于野生种。

分 种 检 索 表

1. 常绿灌木或小乔木 …………………………………………………………… 1. **马银花** *R. ovatum*
1. 落叶或半常绿灌木。
  2. 落叶灌木。
    3. 叶纸质;花黄色,总状伞形花序 …………………………………………… 2. **羊踯躅** *R. molle*
    3. 叶厚纸质或近革质,常 2～3 片集生于枝顶;花淡紫红色,常 2 朵顶生 …… 3. **满山红** *R. mariesii*
  2. 半常绿灌木。
    4. 雄蕊 5 枚。
      5. 叶近革质,集生于枝顶;花 1～3 朵生于枝顶 ……………………… 4. **皋月杜鹃** *R. indicum*
      5. 叶膜质,簇生于枝顶;伞形花序,有花 2～3 朵 …………………… 5. **钝叶杜鹃** *R. obtusum*
    4. 雄蕊 10 枚。
      6. 枝密被长柔毛;花芽具黏液,花白色 …………………………… 6. **白花杜鹃** *R. mucronatum*

6. 枝被糙伏毛；花芽无黏液，花非白色。

7. 叶革质；花梗密被糙伏毛，花鲜红色 ·················· 7. 杜鹃　*R. simsii*

7. 叶薄革质；花梗密被长柔毛，花紫红色或粉红色 ············· 8. 锦绣杜鹃　*R.* × *pulchrum*

1. 马银花 （图 2-350）

Rhododendron ovatum （Lindl.） Planch. ex Maxim. ——*Azalea ovata* Lindl. ——*R. ovatum* var. *setuliferum* M. Y. He

常绿灌木，高 2～4（～6）m。小枝灰褐色，疏被腺体和短柔毛。叶革质，卵形或椭圆状卵形，长 3.5～5cm，宽 1.9～2.5cm，先端急尖或钝，具短尖头，基部圆形，上面有光泽，中脉和细脉凸出，下面仅中脉凸出；叶柄长 8mm，具狭翅。花芽圆锥状，具鳞片数枚；花单生于枝顶叶腋，花梗长 0.8～1.8cm，密被灰褐色短柔毛和短柄腺毛；花萼 5 深裂，外面基部密被灰褐色短柔毛和疏腺毛；花冠淡紫色、紫色或粉红色，5 深裂，裂片长圆状倒卵形或阔倒卵形，长 1.6～2.3cm，内面具粉红色斑点；雄蕊 5 枚，不等长，稍比花冠短，长 1.5～2.1cm；子房卵球形，密被短腺毛，花柱长 2.4cm，伸出于花冠外，无毛。蒴果阔卵球形，长 8mm，直径为 6mm，密被灰褐色短柔毛和疏腺体，且为增大而宿存的花萼所包围；种子多数，细小，卵球形，光滑。花期 4—5 月，果期 7—10 月。

图 2-350　马银花

区内常见，生于偏酸性土壤的丘陵山坡和山地林中，有时成为山地常绿阔叶林中的乔木下层或下木层的优势种。广泛分布于我国长江流域及其以南各省、区。

可作庭院观赏；本种在广西作药用。

2. 羊踯躅　黄杜鹃　闹羊花　羊不食草 （图 2-351）

Rhododendron molle （Blume） G. Don——*Azalea mollis* Blume

落叶灌木，高 0.5～2m。分枝稀疏，枝条直立，幼时密被灰白色柔毛及疏刚毛。叶纸质，长圆形至长圆状披针形，长 5～11cm，宽 1.5～3.5cm，先端钝，具短尖头，基部楔形，边缘具睫毛，幼时上面被微柔毛，下面密被灰白色柔毛；叶柄长 2～6mm，被柔毛和少数刚毛。总状伞形花序顶生，花多达 13 朵，先花后叶或与叶同放，花梗长 1～2.5cm，被微柔毛及疏刚毛；花萼裂片小，圆齿状；花冠阔漏斗形，长 4.5cm，直径为 5～6cm，黄色或金黄色，内有深红色斑点，花冠管向基部渐狭，长 2.6cm，外面被微柔毛，裂片 5 枚，椭圆形或卵状长圆形，外被微柔毛；雄蕊 5 枚，不等长，长不超过花

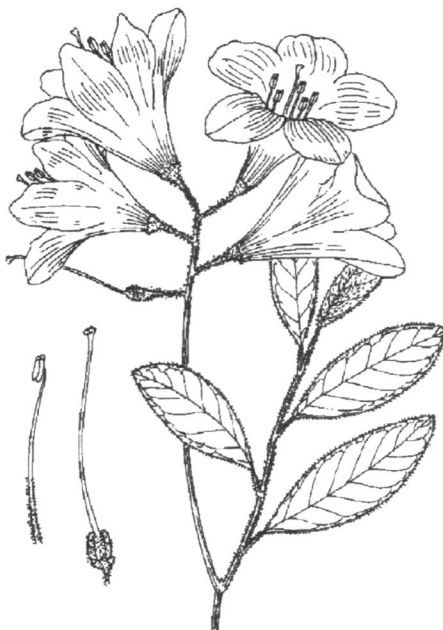

图 2-351　羊踯躅

冠;子房圆锥状,长 4mm,密被灰白色柔毛及疏刚毛,花柱长达 6cm,无毛。蒴果圆锥状长圆形,长 2.5～3.5cm,具 5 条纵肋,被微柔毛和疏刚毛;种子粒状,有狭翅。花期 3—5 月,果期 6—10 月。

见于萧山区(楼塔)、西湖景区(云栖),生于山坡、灌丛或林中。分布于安徽、福建、广东、广西、湖北、湖南、江苏、江西、四川、云南。

本种为著名的有毒植物之一,也可入药;用作麻醉剂、镇疼药;全株还可作农药。

3. 满山红　山石榴　(图 2-352)

Rhododendron mariesii Hemsl. & E. H. Wilson

落叶灌木,高 1～4m。戓轮生,幼时被淡黄棕色柔毛。叶厚纸质或近革质,常 2～3 朵集生于枝顶,椭圆形、卵状披针形或三角状卵形,长 4～7.5cm,宽 2～4cm,先端锐尖,具短尖头,基部钝或近圆形,边缘微反卷,初时具细钝齿,后不明显;叶柄长 5～7mm,近无毛。花通常 2 朵顶生,先花后叶;花梗直立,常为芽鳞所包,长 7～10mm;花萼 5浅裂,密被黄褐色柔毛;花冠漏斗形,淡紫红色或紫红色,长 3～3.5cm,花冠管长约 1cm,裂片 5 枚,长圆形,上方裂片具紫红色斑点,两面无毛;雄蕊 8～10 枚,不等长,比花冠短或与花冠等长,花药紫红色;子房卵球形,密被淡黄棕色长柔毛,花柱比雄蕊长,无毛。蒴果椭圆状卵球形,长 6～9mm,密被亮棕褐色长柔毛;种子多数,细小,纺锤形,光滑。花期 4—5 月,果期 6—11 月。

见于余杭区(鸬鸟)、西湖景区(云栖),生于低海拔山坡、沟边林下或灌丛中。我国长江下游各省、区均有。

观赏价值高;根、叶、花可供药用。

图 2-352　满山红

4. 皋月杜鹃

Rhododendron indicum（L.）Sweet——*Azalea indica* L. f.

半常绿灌木,高 1～2m。分枝多,小枝坚硬,初时密被红褐色糙伏毛。叶集生于枝端,近革质,狭披针形或倒披针形,长 1.7～3.2cm,宽约 6mm,先端钝尖,基部狭楔形,边缘疏具细圆齿状锯齿,上面有光泽,下面苍白色,两面散生红褐色糙伏毛;叶柄长 2～4mm。花 1～3 朵生于枝顶,花梗长 0.6～1.2cm,被白色糙伏毛;花萼 5 裂,外面及边缘被白色柔毛;花冠鲜红色,有时玫瑰红色,阔漏斗形,长 3～4cm,直径为 3.7cm,花冠管长 1.3cm,裂片 5 枚,广椭圆形,长 1.7～2cm,宽 1.6cm,具深红色斑点;雄蕊 5 枚,不等长,长 1.6～2.2cm,比花冠短,花丝淡红色,花药深紫褐色;子房长 3.5mm,密被亮褐色糙伏毛,花柱长 2.3cm,比雄蕊长,无毛。蒴果长圆状卵球形,长 6～8mm,密被红褐色平贴糙伏毛;种子多数,细小,卵球形,光滑。花期 5—6月,果期 7—11 月。$2n=26$。

区内常见栽培。原产于日本;栽培品种多,我国广为栽培。

具有很高的观赏价值,适合盆栽和地栽。

5. 钝叶杜鹃　石岩杜鹃

Rhododendron obtusum (Lindl.) Planch.

矮灌木,高 1m,稀达 4m。小枝纤细,分枝繁多,常呈假轮生状,有时近于平卧,密被锈色糙伏毛。叶膜质,常簇生于枝端,形状多变,椭圆形至椭圆状卵形或长圆状倒披针形至倒卵形,长 1～2.5cm,宽 4～12mm,先端钝尖或圆形,有时具短尖头,基部宽楔形,边缘被纤毛,上面鲜绿色,下面苍白绿色,两面散生淡灰色糙伏毛;叶柄长约 2mm。伞形花序,通常有花 2～3 朵;花梗长 4～8mm,密被扁平锈色糙伏毛;花萼裂片 5 枚,长达 4mm,被糙伏毛;花冠漏斗状钟形,红色至粉红色或淡红色,长 1.5cm,直径为 2.5cm,裂片 5 枚,长圆形,顶端钝,有 1 枚裂片具深色斑点;雄蕊 5 枚,约与花冠等长,花药淡黄褐色;子房密被褐色糙伏毛,花柱长 2.5cm,无毛。蒴果圆锥形至阔椭圆球形,长 6mm,密被锈色糙伏毛;种子多数,细小,卵球形或纺锤形,光滑。花期 3—4 月,果期 6—10 月。

区内常见栽培。原产于日本;变种及园艺品种甚多,在我国东部及东南部均有栽培。

是著名的栽培种,具有很高的观赏价值,适合盆栽和地栽。

6. 白花杜鹃　尖叶杜鹃　白杜鹃　（图 2-353）

Rhododendron mucronatum (Blume) G. Don——*R. ledifolium* G. Don ——*R. rosmarinifolium* (N. L. Burman) Dippel

半常绿灌木,高 1～2(～3)m。幼枝开展,分枝多,密被灰褐色开展的长柔毛,混生少数腺毛。叶纸质,披针形至卵状披针形,长 2～6cm,宽 0.5～1.8cm,先端钝尖至圆形,基部楔形,上面疏被灰褐色贴生长糙伏毛,混生短腺毛;叶柄长 2～4mm,密被扁平长糙伏毛和短腺毛。伞形花序顶生,具花 1～3 朵,花梗长达 1.5cm,密被淡黄褐色长柔毛和腺毛;花萼大,绿色,裂片 5 枚,披针形,长 1.2cm,密被腺状短柔毛;花冠白色,阔漏斗形,长 3～4.5cm,5 深裂,裂片椭圆状卵形,约与花冠管等长,无毛,也无紫斑;雄蕊 10 枚,不等长,花丝中部以下被微柔毛;子房卵球形,5 室,直径为 2mm,密被刚毛状糙伏毛和腺毛,花柱伸出花冠外很长,无毛。蒴果圆锥状卵球形,长约 1cm。花期 4—5 月,果期 6—7 月。

区内常见栽培。我国东南到四川有栽培;日本、越南、印度尼西亚也有栽培。浙江是白花杜鹃栽培的起源地,品种和变种多。

庭院栽培,供观赏。

图 2-353　白花杜鹃

7. 杜鹃　杜鹃花　映山红　（图 2-354）

Rhododendron simsii Planch.

落叶灌木,高 2(~5)m。分枝多而纤细,密被亮棕褐色扁平糙伏毛。叶革质,常集生于枝端,卵形、椭圆状卵形或倒卵形至倒披针形,长 1.5~5cm,宽 0.5~3cm,先端短渐尖,基部楔形或宽楔形,边缘微反卷,具细齿,上面深绿色,疏被糙伏毛,下面淡白色,密被褐色糙伏毛;叶柄长 2~6mm。花 2~3(~6)朵簇生于枝顶,花梗长 8mm,密被亮棕褐色糙伏毛;花萼 5 深裂,被糙伏毛,边缘具睫毛;花冠阔漏斗形,玫瑰色、鲜红色或暗红色,长 3.5~4cm,宽 1.5~2cm,裂片 5 枚,倒卵形,长 2.5~3cm,上部裂片具深红色斑点;雄蕊 10 枚,长约与花冠相等;子房卵球形,密被亮棕褐色糙伏毛,花柱伸出花冠外,无毛。蒴果卵球形,长达 1cm,密被糙伏毛;花萼宿存;种子多数,细小,卵球形,光滑。花期 4—5 月,果期 6—8 月。2n=26。

区内常见,生于山坡灌丛和疏林中,为酸性土指示植物。广布于我国长江流域各省、区;越南、泰国也有分布。

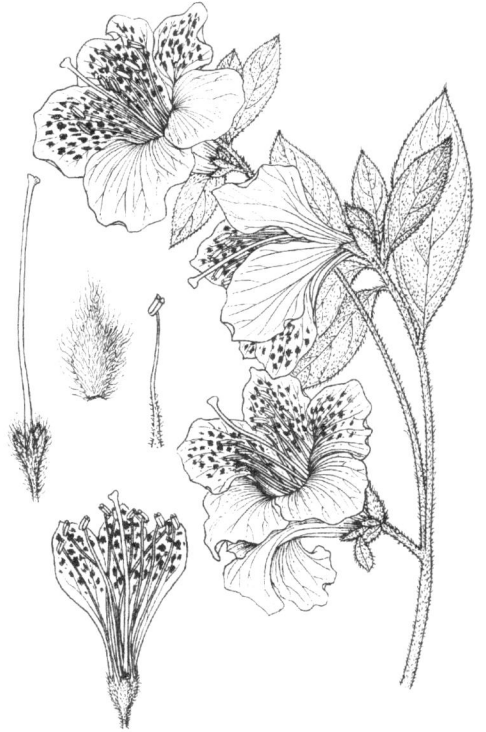

图 2-354　杜鹃

全株供药用;又因花冠鲜红色,为著名的花卉植物,作为盆栽和地栽都非常广泛。

8. 锦绣杜鹃

Rhododendron × pulchrum Sweet

半常绿灌木,高 1.5~2.5m。枝开展,淡灰褐色,被淡棕色糙伏毛。叶薄革质,椭圆状长圆形至椭圆状披针形,长 2~5(~7)cm,宽 1~2.5cm,先端钝尖,基部楔形,边缘反卷,全缘,下面被微柔毛和糙伏毛;叶柄长 3~6mm,密被棕褐色糙伏毛。伞形花序顶生,有花 1~5 朵,花梗长 0.8~1.5cm,密被淡黄褐色长柔毛;花芽卵球形,内有黏质;花萼大,5 深裂,被糙伏毛;花冠玫瑰紫色,阔漏斗形,长 4.8~5.2cm,直径约为 6cm,裂片 5 枚,具深红色斑点;雄蕊 10 枚,近等长,长 3.5~4cm;子房卵球形,密被黄褐色糙伏毛,花柱长约 5cm,比花冠稍长或与花冠等长,无毛。蒴果长圆状卵球形,长 0.8~1cm,被糙伏毛,花萼宿存;种子多数,细小,纺锤形。花期 4—5 月,果期 9—10 月。

区内常见栽培。传说原产于我国,但至今未见野生,栽培变种和品种繁多。

具有很高的观赏价值。

2. 珍珠花属　Lyonia Nutt.

常绿或落叶灌木,稀小乔木。冬芽具 2 个覆瓦状排列的鳞片。单叶,互生,全缘,具短叶柄。花小,白色,簇生成顶生或腋生的总状花序;花萼 4~5 裂,稀 8 裂,花后宿存,与花梗之间有关节;花冠筒状或坛状,稀钟状,浅 5 裂;雄蕊 10 枚,内藏,花丝膝曲状,在近顶端处有 1 对芒状附属物;子房上位,4～8 室,每室胚珠多数。蒴果室背开裂,缝线通常增厚;种子多数,长圆球形、卵球形或纺锤形。

约 35 种,主产于亚洲东部,南至马来半岛;我国有 5 种,分布于东部及西南部;浙江有 1 变种;杭州有 1 变种。

毛果珍珠花　毛果米饭花　毛果南烛　(图 2-355)
Lyonia ovalifolia (Wall.) Drude var. hebecarpa (Franch. ex Forb. & Hemsl.)——*Pieris mairei* H. Lév.

常绿或落叶灌木,稀小乔木。冬芽具 2 个覆瓦状排列的鳞片。单叶,互生,全缘,具短叶柄;叶卵形、倒卵形或椭圆形,长 5～12cm,宽 3～6cm,背面疏或密被短柔毛,基部圆形到心形,先端渐尖至长渐尖。花小,白色,组成顶生或腋生的总状花序,具叶状的苞片;花萼 4～5 裂,花后宿存,与花梗之间有关节;花冠筒状或坛状,稀钟状,浅 5 裂;雄蕊通常 10 枚,内藏,花丝膝曲状,花丝具 2 枚离生的距,近基部明显扩大;花盘发育多样,围绕子房基部;子房上位,4～8 室,花柱柱状,柱头平截至头状。蒴果近于球形,直径为 3～4mm,密被柔毛;种子细小,多数,种皮膜质。花期 6—7 月,果期 9—10 月。$2n=24$。

区内常见,生于低海拔山坡、沟边林下或灌丛中。分布于安徽、广东、广西、江苏、四川、云南。

根及叶入药,可治脾虚腹泻、头晕目眩、跌打损伤等。

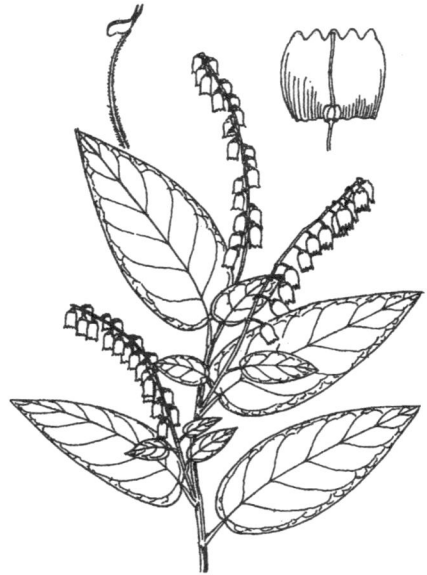

图 2-355　毛果珍珠花

3. 越橘属　Vaccinium L.

灌木或小乔木,通常陆生,少数附生。小枝圆柱形,稀扁平或有棱角。叶常绿,少数落叶,具叶柄,互生,稀假轮生,全缘或有锯齿,叶片两侧边缘基部有或无侧生腺体。总状花序,顶生、腋生或假顶生,稀腋外生,或花少数簇生于叶腋,稀单花腋生;通常有苞片和小苞片;花小型;花萼(4)5 裂,稀檐状不裂;花冠坛状、钟状或筒状,5 裂,裂片短小,稀 4 裂或 4 深裂至近基部;雄蕊 8 或 10 枚,稀 4 枚,内藏稀外露;花盘垫状;子房与萼筒通常完全合生,(4)5 室,每室有多数胚珠。果实球状,浆果;种子多数,细小,卵球形或肾状侧扁,种皮革质,子叶卵球形。

约 450 种,多分布于北半球温带、亚热带,美洲和亚洲的热带山区;我国有 92 种;浙江有 7 种,1 变种;杭州有 3 种,1 变种。

本属一些种类可供食用或药用。

分 种 检 索 表

1. 花序具宿存苞片,花各部被灰白色细柔毛 ……………………………… 1. **乌饭树**　*V. bracteatum*
1. 花序苞片早落或缺,花各部无毛或被淡黄色柔毛。
　2. 叶片较小,长 3～5cm;花冠钟形,口部开展 …………………… 2. **短尾越橘**　*V. carlesii*

2. 叶片较大,长 5~9cm;花冠管状,口部略狭窄。

   3. 枝通常无毛;叶片边缘有钝锯齿 ························· **3. 江南越橘** *V. mandarinorum*

   3. 枝有密而长的腺刚毛;叶片边缘有芒状细锯齿··

   ··························· **4. 光序刺毛越橘** *V. trichocladum* var. *glabriracemosum*

1. **乌饭树** 南烛 米饭树 （图 2-356）

Vaccinium bracteatum Thunb.

常绿灌木,高 1~4m。小枝幼时略被细柔毛,后变无毛。叶片革质,椭圆形、长椭圆形或卵状椭圆形,长 3.5~6cm,宽 1.5~3.5cm,小枝基部几枚叶常略小,先端急尖,基部宽楔形,边缘具细锯齿,下面脉上有刺凸,网脉明显;叶柄长 2~4mm。总状花序腋生,长 2~6cm,有短柔毛;苞片披针形,长 4~10mm,常宿存,边缘有刺状齿;花梗下垂,被短柔毛;花萼 5 浅裂,裂片三角形,被黄色柔毛;花冠白色,卵状圆筒形,长6~7mm,5 浅裂,两面被细柔毛;雄蕊 10 枚,内藏,花丝被灰黄色柔毛,花药无芒状附属物,顶端生长成 2 根长管;子房密被柔毛。浆果球形,直径为 5~6mm,被细柔毛或白粉,熟时紫黑色。花期 6—7 月,果期 8—11月。$2n=24$。

见于萧山区(河上)、余杭区(良渚、塘栖)、西湖景区(韬光、云栖),生于酸性土的山坡、灌丛或林下。分布于我国长江流域及其以南各省、区;日本、朝鲜半岛、越南和泰国也有。

图 2-356　乌饭树

浆果大,味佳,且富含维生素 C,有较高的食用价值;果、根或叶可药用;枝、叶的汁可用于煮饭。

2. **短尾越橘** 小叶乌饭树 （图 2-357）

Vaccinium carlesii Dunn

常绿灌木或乔木,高 1~3m。分枝多,枝条细。幼枝通常被短柔毛,有时无毛,老枝灰褐色,无毛。叶片革质,卵状披针形或长卵状披针形,长 3~5cm,宽1~2.5cm,顶端渐尖或长尾状渐尖,基部常圆形或宽楔形,边缘有疏浅锯齿,除表面沿中脉密被微柔毛外两面不被毛,中脉在两面稍凸起,侧脉和网脉在两面均不明显;叶柄长 1~5mm,有微柔毛或近无毛。总状花序腋生和顶生,长 2~3.5cm,花序轴被短柔毛或无毛;苞片披针形,长 2~5mm,早落;花冠白色,宽钟状,长 3~5mm,口部张开,5 裂几达中部,裂片顶端反折;雄蕊内藏,短于花冠,花丝极短,被疏柔毛;子房无毛,花柱伸出花冠外。浆果球形,直径为 5mm,熟时紫黑色,外面无毛,常被白粉。花期 5—6 月,果期 8—10 月。

见于余杭区(百丈),生于山地疏林、灌丛或常绿阔叶林内。分布于安徽、福建、广东、广西、贵州、湖南、江西。

　　果实可生食,也可入药。

图 2-357　短尾越橘

图 2-358　江南越橘

3. 江南越橘　米饭花　糯米饭　（图 2-358）

Vaccinium mandarinorum Diels

　　常绿灌木或小乔木,高 1～4m。幼枝通常无毛,老枝紫褐色或灰褐色,无毛。叶片厚革质,卵形或长圆状披针形,长 5～9cm,宽 1.5～3cm,顶端渐尖,基部楔形至钝圆,边缘有细锯齿,中脉和侧脉在两面稍凸起;叶柄长 3～8mm。总状花序腋生和生于枝顶叶腋,长 2.5～7(～10)cm,有多数花,花序轴无毛或被短柔毛;小苞片 2 枚,着生于花梗中部或近基部,线状披针形或卵形,长 2～4mm;花梗纤细,长(2～)4～8mm,无毛或被微毛;萼筒无毛,萼齿三角形或卵状三角形或半圆形;花冠白色,有时带淡红色,微香,筒状或筒状坛形,口部稍缢缩或开放,长 6～7mm,外面无毛,内面有微毛,裂齿三角形或狭三角形,直立或反折;雄蕊内藏;花柱内藏或微伸出花冠。浆果,熟时紫黑色,无毛,直径为 4～6mm。花期 4—6 月,果期 7—10 月。

　　见于拱墅区(半山)、萧山区(河上、楼塔)、余杭区(径山)、西湖景区(老和山、灵峰、五云山、云栖),生于低海拔山坡、沟边林下或灌丛中。广布于我国长江流域各地,东至台湾,西达四川、云南、西藏。

　　果和叶可入药,可治消化不良等;果可生食。

4. 光序刺毛越橘

Vaccinium trichocladum Merr. var. **glabriracemosum** C. Y. Wu

　　常绿灌木,有时乔木状,高 3～8m。与原种的不同之处在于植株被毛较少,局部无毛,仅幼枝通常被具腺刚毛。叶密生、散生于枝上;叶片薄革质,卵状披针形或长卵状披针形,长

4～9cm,宽 2～3cm,顶端渐尖或长渐尖,基部圆形或微呈心形;叶缘锯齿短浅,有时近于全缘。总状花序腋生和顶生,长 4～8cm,花序轴、花梗、萼筒完全无毛;苞片显著,长圆形或长圆状披针形,长约 2.5mm,边缘有具腺流苏,小苞片着生于花梗中部,三角形,长约 1mm;花梗长 3～4mm;萼齿三角状卵形,长约 1mm,无毛;花冠白色,筒状坛形,长 5～6mm,无毛,浅裂,裂齿反折;雄蕊稍短于花冠,花丝长约 1mm,密被毛,药室背部有 2 距,药管长约为药室长的 2 倍。浆果球形,熟时红色,直径为 5～6mm,被糙毛。花期 4 月,果期 5—9 月。

见于余杭区(百丈),生于山坡灌丛。分布于福建、江西。

101. 紫金牛科 Myrsinaceae

灌木、乔木或近草本。单叶互生,稀对生或近轮生,常具腺点。总状花序、伞房花序、伞形花序、聚伞花序、圆锥花序或花簇生,腋生、顶生于侧生特殊花枝顶端,或生于具覆瓦状排列的苞片的小短枝顶端,具苞片;花两性或杂性,稀单性,花 4 或 5 数,稀 6 数;花萼基部联合或近分离,或与子房合生,通常具腺点,宿存;花冠通常仅基部联合或成管,稀近分离,通常具腺点或脉状腺条纹;雄蕊与花冠裂片同数,对生,着生于花冠上,分离或仅基部合生,花药 2 室,纵裂,稀孔裂;雌蕊 1 枚,子房上位,稀半下位或下位(杜茎山属),1 室,胚珠多数。浆果核果状。

约 42 属,2200 余种,主要分布于热带、亚热带或温带地区;我国有 5 属,120 种;浙江有 5 属,20 种;杭州有 2 属,4 种。

本科植物大多作药用;有些是南方常见的庭院观赏植物。

1. 紫金牛属 Ardisia Swartz

小乔木、灌木或近草本。叶互生,稀对生或轮生,常具腺点。聚伞花序、伞房花序、伞形花序或圆锥花序;两性花,常 5 数,稀 4 数;花萼常具腺点;花瓣基部微联合,花时外反或开展,稀直立,常具腺点;雄蕊着生于花瓣基部或中部,花药 2 室,纵裂,稀孔裂;雌蕊与花瓣等长或略长,子房球形至卵球形,花柱丝状,柱头点状。浆果核果状,球形或扁球形,红色,具腺点;种子 1 枚,球形或扁球形。

400～500 种,分布于美洲热带、太平洋岛屿、亚洲东部至南部;我国有 65 种;浙江有 13 种;杭州有 3 种。

本属植物多供药用;有的亦为庭院观赏植物。

分 种 检 索 表

1. 矮小灌木或亚灌木,高度一般不超过 0.4m。
　2. 叶缘具圆齿 ·· 1. **锦花紫金牛** A. violacea
　2. 叶缘具细锯齿 ·· 2. **紫金牛** A. japonica
1. 灌木,高 0.4～1.5m ··· 3. **朱砂根** A. crenata

1. 锦花紫金牛　堇叶紫金牛　（图 2-359）

Ardisia violacea（T. Suzuki）W. Z. Fang & K. Yao

矮小灌木。具匍匐的根状茎；地上茎直立,高 10～30cm,幼时被微柔毛,除侧生特殊花枝外,无分枝。叶片坚纸质,狭卵形或卵状披针形,长 2～6.5cm,宽 0.6～2cm,顶端急尖且钝,基部楔形或近圆形,叶上面微带红色,背面带淡紫色,被细微柔毛,侧脉少。伞形花序,着生于叶腋或茎上部,花枝长 2～5cm；花梗长 1～1.5cm,花萼基部联合达 1/3 处,萼片披针形或卵形,长约 2mm,具腺点；花瓣粉红色,卵形,先端急尖,长约 5mm,外面无毛,里面被疏毛,具腺点；花药披针形,背部具腺点；雌蕊无毛,具腺点,胚珠 6 枚。果球形,直径约为 4mm,鲜红色,具腺点,宿存萼与果梗通常为紫红色。

见于西湖景区(云栖),生于山坡密林下阴湿地。分布于台湾。

全株入药。

图 2-359　锦花紫金牛

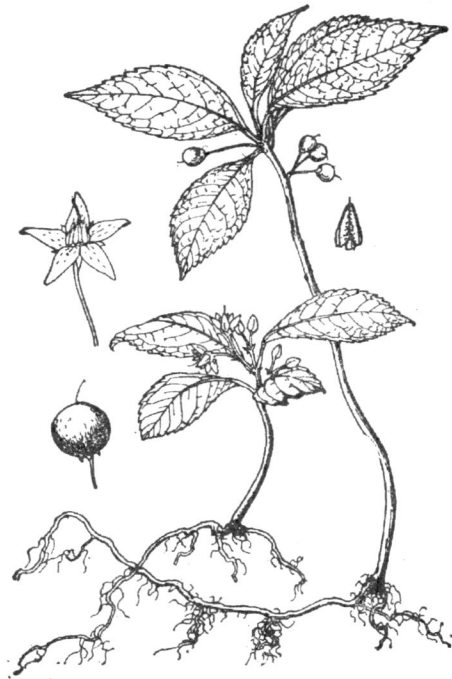

图 2-360　紫金牛

2. 紫金牛　（图 2-360）

Ardisia japonica Blume

小灌木或亚灌木。具匍匐的根状茎；地上茎直立,高 20～40cm,不分枝,幼时密被短柔毛,后无毛。叶对生或近轮生；叶片坚纸质,椭圆形至椭圆状倒卵形长 4～7cm,宽 1.5～4cm,顶端急尖,基部楔形,边缘具细锯齿,具腺点,两面无毛或背面中脉被细微柔毛,侧脉 5～8 对；叶柄长 6～10mm,被微柔毛。伞形花序,腋生,常具花 3～5 朵；花梗长 7～10mm,被微柔毛；花长 4～5mm,花萼裂片卵形,顶端急尖或钝,长约 1.5mm,具缘毛；花瓣粉红色或白色,广卵形,长 4～5mm,无毛,具密腺点；雄蕊较花瓣略短,花药披针状卵形,背部具腺点；雌蕊与花瓣等长,子房卵球形。果球形,直径为 5～8mm,鲜红色转紫黑色,多少具腺点。花期 5—6 月,果期 9—11 月。2n＝92。

区内常见,生于山间林下或竹林下阴湿地。分布于长江流域及其以南各省、区;日本、朝鲜半岛也有。

全株及根供药用;亦是常见的花卉。

3. 朱砂根　珍珠伞　（图 2-361）

Ardisia crenata Sims.

灌木,高 0.4～1.5m。叶互生,常集生于枝顶,革质或坚纸质,椭圆形至倒披针形,长 6～15cm,宽 2～4cm,顶端急尖或渐尖,基部楔形,边缘皱波状,具圆齿,齿缝间具黑色腺点,两面无毛,侧脉 12～18 对;叶柄长约 1cm。伞形花序或聚伞花序,着生于侧枝顶端和叶腋;花萼仅基部联合,萼片长圆状卵形,顶端圆形或钝,全缘,无毛,具腺点;花瓣白色,稀粉红色,卵形,具腺点,外面无毛;雄蕊较花瓣短,花药三角状披针形,背面常具腺点;雌蕊与花瓣近等长或略长,子房卵球形,无毛,具腺点。果球形,直径为 5～8mm,鲜红色,具腺点。花期 6—7 月,果期 10—12 月。

区内常见,生于山地林下或灌丛中。分布于安徽、福建、广东、广西、海南、湖北、湖南、江苏、江西、台湾、西藏、云南;印度、日本、马来西亚、菲律宾、越南也有。

图 2-361　朱砂根

根、叶入药;亦为观赏植物。

2. 杜茎山属　Maesa Forsk.

灌木或小乔木。叶全缘或具齿。总状花序或圆锥花序,腋生,稀顶生;花 5 数,两性或杂性;花冠白色或浅黄色,钟形;裂片卵圆形;雄蕊着生于花冠管上,花丝分离,与花药等长或略短,花药 2 室,纵裂;雌蕊具半下位或下位子房,花柱不超过雄蕊,柱头微裂,胚珠多数,具坚脆的中果皮。种子细小,直径不到 1mm,具棱角。

约 200 种,主要分布于东半球热带地区;我国有 29 种,1 变种;浙江及杭州有 1 种。

果可食;全株入药。

与上属的主要区别在于:本属叶片、花通常具脉状腺条纹或腺点,花冠管明显;果为宿存萼所包,通常具脉状腺条纹或纵行肋纹,种子多数,具棱。

杜茎山　（图 2-362）

Maesa japonica（Thunb.）Moritzi & Zoll.

灌木,直立或攀援,高 1～3m。小枝无毛,具细条纹,疏生皮孔。叶片革质,椭圆形至披针状椭圆形,长 5～15cm,宽 2～5cm,顶端渐尖、急尖或钝,基部楔形、钝或圆形,全缘或具疏锯齿,两面无毛,背面中脉明显,隆起,侧脉 5～8 对;叶柄长 5～13mm,无毛。总状花序或圆锥花序,单一或 2～3 个;花梗长 2～3mm;小苞片广卵形或肾形,紧贴花萼基部;萼片长约 1mm,卵形至近半圆形,顶端钝或圆形;花冠白色,长钟形,管长 3.5～4mm;雄蕊着生于花冠管中部略上,内藏,花丝与花药近等长,花药卵球形;柱头分裂。果球形,直径为 4～5mm,肉质。花期 3—4月,果期 10月。

区内常见,公园、庭院亦有栽培,生于山坡、林缘或杂木林下。分布于安徽、福建、广东、广西、贵州、湖北、湖南、江西、四川、台湾、云南;日本、越南也有。

果可食,微甜;全株供药用。

图 2-362 杜茎山

102. 报春花科 Primulaceae

一年生、越年生或多年生草本,少数为亚灌木。茎直立或匍匐。单叶,互生、对生或轮生,亦有全部为基生;叶片全缘或分裂,无托叶。花两性,辐射对称;花单生或排列成总状、头状、伞形、伞房状或圆锥花序;花萼(4)5(6～9)裂,宿存;花冠联合成辐射状、管状钟形或高脚碟状,常 5 裂,稀缺;雄蕊与花冠裂片同数且对生,花丝分离,贴生于花冠管上或基部联合成筒状或浅环;子房上位,很少半下位,1 室,胚珠多数,特立中央胎座,花柱及柱头不分裂。蒴果瓣裂,稀盖裂或不裂;种子多数,种子小,具棱角和丰富胚乳。

22 属,约 1000 种,广布于全世界,主要分布于北温带地区;我国有 12 属,528 种,分布于全国各地,但主要分布于西南地区;浙江有 5 属,33 种,1 变种;杭州有 4 属,16 种。

分 属 检 索 表

1. 植株具茎生叶;花单生或排列成总状、穗状或圆锥花序。
  2. 叶片全缘;花冠裂片在花蕾中成旋转状排列 ·················· 1. **珍珠菜属** Lysimachia
  2. 叶片边缘有粗齿或圆齿;花冠裂片在花蕾中呈覆瓦状排列 ············ 2. **假婆婆纳属** Stimpsonia
1. 叶全部基生,无茎生叶;花排列成伞形或层叠伞形花序。
  3. 花冠管短于花萼,喉部紧缩 ······················· 3. **点地梅属** Androsace
  3. 花冠管长于花萼,喉部不紧缩 ····················· 4. **报春花属** Primula

1. 珍珠菜属 Lysimachia L.

多年生草本,少数为一年生、越年生。茎直立或匍匐。叶互生、对生或轮生;叶片全缘,常具有色或透明腺点、腺条。花单生于叶腋或排列成顶生或腋生的总状、伞房状、近头状或圆锥花序;花萼 5～6 裂,宿存;花冠近辐射状或管状钟形,常 5～6 裂,裂片在花蕾时旋转状排列;雄蕊5～6枚,与花冠裂片同数而对生,花丝分离,贴生在花冠管上或基部联合成狭筒或浅环,花药侧裂或孔裂;子房球形,1 室,胚珠多数,特立中央胎座。蒴果常 5 瓣开裂,稀不裂;种子具棱角或有翅。

　　约 180 种,分布于温带或亚热带地区;我国有 138 种,主要分布于西南地区;浙江有 28 种,1 变种;杭州有 13 种。

分 种 检 索 表

1. 花冠黄色,花丝基部合生成环状或筒状。
  2. 茎直立或膝曲直立。
    3. 茎无毛;叶无柄或有极短的柄;花排列成总状花序,花丝中部合生成狭筒,子房无毛 …………
    …………………………………………………………………… 1. **长梗过路黄**　L. longipes
    3. 茎被多节柔毛;叶具柄;花单生于叶腋或集生于茎端,花丝基部合生成环状,子房被毛。
      4. 茎密被淡黄色多节柔毛;叶具暗红色或黑色腺条 ………… 2. **金爪儿**　L. grammica
      4. 茎密被淡褐色多节柔毛;叶具透明粒状腺点 ……………… 3. **疏节过路黄**　L. remota
  2. 茎匍匐或上部膝曲上升。
    5. 茎下部匍匐,上部及分枝膝曲上升;花 2～8 朵集生于茎顶 …… 4. **聚花过路黄**　L. congestiflora
    5. 茎匍匐或先端成鞭状枝;花单生于茎中上部叶腋。
      6. 茎无毛或疏生短毛 ……………………………………… 5. **过路黄**　L. christiniae
      6. 茎密被多节毛。
        7. 茎细长匍匐,先端不伸长成鞭枝状,茎与叶片两面均密被红色多节毛;叶片散生透明腺条;
          子房无毛 ……………………………………………… 6. **红毛过路黄**　L. rufopilosa
        7. 茎先端伸长成鞭枝状,密被非红色多节短毛;叶片两面被短糙伏毛,边缘散生红色或黑色腺
          点;子房被毛 ……………………………………… 7. **点腺过路黄**　L. hemsleyana
1. 花冠白色,花丝贴生于花冠管上,基部不合生成环状或筒状。
  8. 叶片线状披针形或线形;花萼分裂至中部 ……………… 8. **狭叶珍珠菜**　L. pentapetala
  8. 叶片倒披针形、宽披针形、椭圆形至宽卵形;花萼深裂至近基部。
    9. 植株被毛。
      10. 茎、花序轴、花梗均密被开展的多节腺毛;叶片倒披针形或线状披针形,叶无明显的腺点 ……
      ……………………………………………………………… 9. **狼尾花**　L. barystachys
      10. 茎下部无毛,上部着生棕色多节卷毛;叶片椭圆形或长椭圆形,叶两面疏生黑色腺点 ………
      ……………………………………………………………… 10. **珍珠菜**　L. clethroides
    9. 植株无毛。
      11. 茎四棱形,具狭翼;茎生叶抱茎,两面密生黑色腺点;药隔顶端增厚成胼胝体 ………………
      …………………………………………………………… 11. **黑腺珍珠菜**　L. heterogenea
      11. 茎非四棱形,不具狭翼;叶具短柄或无柄,不抱茎,边缘密生暗红色腺点或散生黑色及暗红色腺
        点、腺条;药隔顶端无胼胝体。
        12. 花梗长 2～3mm,花萼裂片卵形,花冠长 3～4mm ………………… 12. **星宿菜**　L. fortunei
        12. 花梗长 6～16mm,花萼裂片披针形,花冠长 6～10mm ……… 13. **泽珍珠菜**　L. candida

1. 长梗过路黄 （图 2-363）

Lysimachia longipes Hemsl.

多年生直立草本,植株无毛。茎下部通常不分枝,高 40～90cm,上部有时分枝。叶对生;叶片卵状披针形,长 4～9cm,宽 0.8～3cm,先端长渐尖或短尾尖,基部圆形,两面散生暗红色或紫黑色腺点及短腺条,沿叶缘尤密,中脉明显,侧脉 4～5 对;无柄或近无柄。花 4～11 朵排列成疏散的伞房状总状花序;花序梗纤细,长 3.5～5cm;苞片钻形,长 2～5mm;花梗丝状,长 1～3.5cm,常水平开展;花萼 5 深裂,裂片披针形,长 5～7mm,宽 2mm,具膜质边缘;花冠黄色,近辐射状,5 深裂,基部 1.5～2mm 合生,裂片菱状卵形至狭长圆形,长 5～6mm,宽 3～4.5mm,先端急尖,有明显脉纹;花萼及花冠上部散生暗红色或紫黑色腺点及短腺条;花丝长 5～6mm,近中部合生成狭筒,花药长圆球形,长 1.2mm;子房无毛,花柱丝状,长约 6mm。蒴果球形,直径为 3～3.5mm。花期 5—6 月,果期 6—7 月。

见于萧山区(楼塔),生于山坡、山谷林下阴湿处。分布于安徽、福建、江西。

全草入药可治疟疾,也可用于治疗小儿惊风;在园林绿化中可作为花境的种类使用。

图 2-363　长梗过路黄

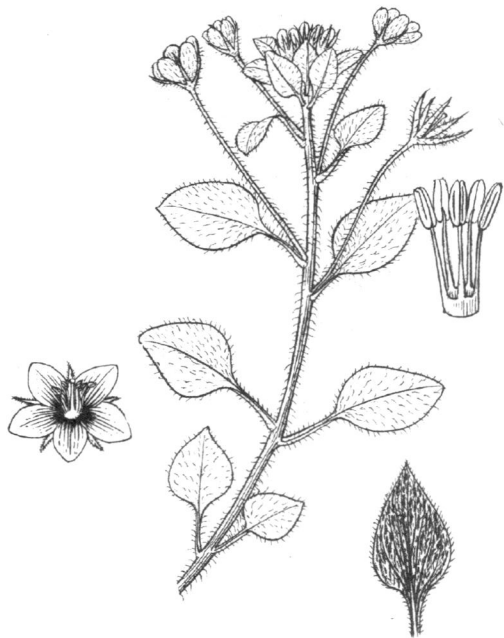

图 2-364　金爪儿

2. 金爪儿 （图 2-364）

Lysimachia grammica Hance

多年生草本,植株密被淡黄色多节柔毛。茎基部分枝成簇生状,膝曲直立,高 10～35cm,有黑色腺条。下部叶对生,稀 3 枚叶轮生,上部叶互生;叶片宽卵形或菱状卵形,稀三角状卵形,长 0.7～3.8cm,宽 0.8～2cm,先端急尖或短渐尖,基部宽楔形或截形,并骤狭下延成 0.4～1.2cm 的翼柄,两面密布长短不等的暗红色或黑色腺条,侧脉不明显。花单生于茎上部叶腋;花梗纤细,较叶长或等长,花后下弯;花萼 5 深裂几达基部,裂片卵状披针形,长 6～8mm,先端长渐尖,具缘毛;花冠黄色,长 6～11mm,基部 2～3mm 合生,裂片卵形或卵状菱形,宽 4～7mm;花萼及花冠均密布长短不等的暗红色或黑色腺条;雄蕊短于花冠,花丝基部合生成 0.5～1mm 的浅环,内面有毛,花药长圆球形,长 1.5mm;子房被淡褐色毛,花柱长于雄蕊。蒴果近球形,直径为 4mm。花期 4—7 月,果期 5—9 月。

见于拱墅区(半山)、西湖景区(梵村、九溪),生于山脚阴湿处、江边。分布于安徽、河南、湖北、江苏、江西、陕西。

全草入药治跌打扭伤、刀伤,也可治蛇伤。

3. 疏节过路黄　(图 2-365)

Lysimachia remota Petitm.

多年生草本,植株密被淡褐色多节柔毛。茎直立或膝曲直立,高 10～35cm,下部节间较短,向上逐渐变长,可达 5cm,分枝常生于上部叶腋。叶对生,在茎端有时成互生或稍密集;茎中部叶最大,叶片宽卵形或卵状椭圆形,长 1～3.5cm,宽 0.6～2.5cm,先端急尖或圆钝,基部宽楔形或近圆形,常下延至叶柄,两面被短毛,上面绿色,下面灰绿色,散生粒状透明腺点;叶柄长 0.3～1.2mm,有时有狭草质边缘。花单生于茎上部叶腋或稍密集于茎端;花梗长 0.8～1.2cm,果时下弯;花萼 5 深裂,裂片披针形,长 6～8mm,中脉有多节柔毛;花萼与花冠裂片上端散生粒状透明腺点;花冠黄色,近辐射状,基部约 1.5mm 合生,裂片倒卵形,长 7～9mm,先端圆钝,啮齿状;雄蕊为花冠一半长,花丝基部合生成 0.5～1mm 的浅环,上部分离,长 1.5～2mm,花药线形,长近 2mm;子房及花柱基部被毛。蒴果球形,直径为 3～4mm,褐色。花期 5—7 月,果期 7—10 月。$2n=22$。

见于余杭区(临平),生于疏林下草丛。分布于福建、江苏、江西、台湾。

图 2-365　疏节过路黄

4. 聚花过路黄　(图 2-366)

Lysimachia congestiflora Hemsl.

多年生匍匐草本。茎基部节间短,常生不定根,上部膝曲上升,高 15～25cm,分枝多,与茎密被多节长柔毛。叶对生;叶片卵形至宽卵形,长 1.5～4cm,宽 0.7～2cm,先端急尖至渐尖,基部宽楔形或近圆形,两面疏被伏毛,边缘散生红色或黑色腺点;叶柄长 0.6～1.5cm。花 2～8 朵集生于茎或分枝顶端;苞片近圆形,边缘散生红色腺点,有缘毛;花萼 5 深裂,裂

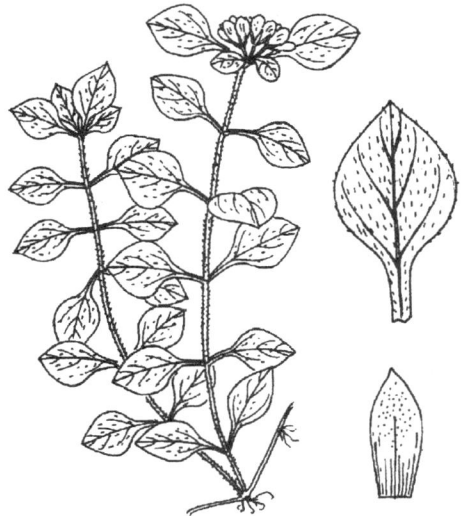

图 2-366　聚花过路黄

片狭披针形,长 5～8mm;花冠黄色,近辐射状,长 8～13mm,基部 2～3mm 合生,上部 5 裂,裂片长椭圆形或倒卵状长椭圆形,先端钝或急尖,散生紫红色腺点;雄蕊短于花冠,花丝基部合生成长 2～3mm 的狭筒,外面有黄色糠秕状腺体,分离部分不等长;子房被毛,花柱长 5～7mm。蒴果球形,上部被毛,直径约为 3mm。花期 5—6 月,果期 7—8 月。2n＝48。

见于拱墅区(半山)、西湖景区(飞来峰、九溪、桃源岭),生于林下、路边、山坡草丛。分布于我国华东、华南、华中、西南地区及甘肃、青海、陕西;不丹、印度、缅甸、尼泊尔、泰国、越南也有。

全草入药,除风化痰、清热解毒,可治小儿惊风、疳积发黄、咽喉肿痛及蛇伤等;植株紧密矮小,花量多,园林绿化中可作为花境、地被的种类使用。

5. 过路黄 　(图 2-367)

Lysimachia christiniae Hance

多年生匍匐草本。全株无毛或疏生短毛,幼嫩部分密被褐色无柄腺体,叶片、萼片及花冠压干后均散生显著的黑色腺条,新鲜时则为透明腺条。茎柔弱,平铺于地面,长 20～60cm,中部节间可长达 7cm,下部节上常生不定根。叶对生;叶片宽卵形、近圆形或心圆形,长 2～4cm,宽 1～3.5cm,先端急尖稀圆钝,基部浅心形,侧脉 3～4 对;叶柄长 1～3cm。花单生于叶腋;花梗长 1～5cm;花萼 5 深裂,裂片倒披针形或匙形,长 5～7mm,被短毛或近无毛;花冠黄色,辐射状钟形,长 1～1.2cm,基部 3～4mm 合生,裂片舌形,长 7～8mm,先端稍凹入;雄蕊长 6～7mm,中部以下合生成狭筒,外面具黄色糠秕状腺体;子房无毛,球形,花柱长 6～8mm。蒴果球形,直径为 3～4mm,疏生黑色腺条,瓣裂。花期 5—7 月,果期 7—9 月。

区内常见,生于林下、路边、草丛或沟边阴湿处。分布于华东、华中、华南、西南地区及陕西。

全草入药,可治胆囊炎、胆结石、尿道结石、黄疸肝炎等。

图 2-367　过路黄

6. 红毛过路黄 　(图 2-368)

Lysimachia rufopilosa Y. Y. Fang & C. Z. Zheng

草本。茎密被长 1～2mm 红色多节毛;茎细长匍匐,从基部分枝,逐节生根,节间短,长 1～3cm。叶对生;叶片肾形或近圆形,直径为 0.5～2cm,先端圆钝,基部心形,有透明腺条,两面密被红色多节毛,侧脉 3 对,上面平坦,下面凸起;叶柄长 2～10mm,被毛。花单生于叶腋;花梗长 5～15mm,密被多节毛;花萼 5 深裂,裂片线形,长约 5mm,背面及边缘有红色多节毛;花冠橘黄色,宽漏斗形,长 1～1.2cm,裂片椭圆形,长 6～8mm,宽 3～4mm,散生黑红色腺条;雄蕊不等长,2 枚长,3 枚短,花丝合生成 3mm 的狭筒,外被淡黄色糠秕状腺体,花药卵球形,长 1.5mm;子房球形,花柱长 6mm。蒴果球形,无毛,散生红黑色短腺条。花期 5

月,果期 7—8 月。

见于余杭区(鸬鸟),生于林下路边。分布于浙江。

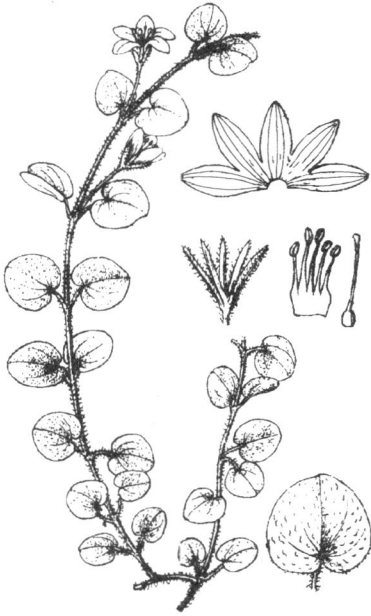

图 2-368　红毛过路黄

图 2-369　点腺过路黄

7. 点腺过路黄　(图 2-369)

Lysimachia hemsleyana Maxim.

多年生匍匐草本。茎细长,平铺于地面,先端伸长成鞭状枝,长可达 80cm,密被多节短毛。叶对生;叶片卵形或宽卵形,稀心形,长 1～4.8cm,宽 0.8～3.8cm,先端急尖或钝,基部近圆形、截形至浅心形,上面密被短糙伏毛,下面毛较疏,边缘散生红色或黑色腺点,侧脉 3～4 对;叶柄长 0.5～1.8cm。花通常单生于茎中上部叶腋,花梗长 0.5～1cm,果时下弯,长可达 2.5cm;花萼 5 深裂,裂片狭披针形,长 6～7mm,宽 1～1.5mm,被稀疏柔毛,散生红色腺点,中脉明显;花冠黄色,5 深裂,辐射状钟形,长6～8mm,基部 2mm 合生,裂片椭圆形或椭圆状披针形,先端急尖,散生暗红色或黑色腺点;花丝下部合生成 2mm 狭筒,外面密生黄色糠秕状腺体,分离部分长 3～5mm;子房被毛,花柱长 6～7mm。蒴果球形,直径为 3～3.5mm,上部被柔毛。花期 4—6 月,果期 5—9 月。

见于余杭区(塘栖)、西湖景区(飞来峰、三台山、玉皇山),生于林下、路边、草丛或沟边。分布于安徽、福建、河南、湖北、湖南、江苏、江西、陕西、四川。

全草入药,可治胆囊炎、胆结石、尿道结石、黄疸肝炎等;植株匍匐蔓生,可培养成悬吊式盆花供观赏。

8. 狭叶珍珠菜　(图 2-370)

Lysimachia pentapetala Bunge

一年生草本。茎直立,高 40～60cm,上部多分枝。叶互生;叶片线状披针形或线形,长2～2.5cm,宽 0.2～0.4cm,先端渐尖或长渐尖,基部楔形,边缘稍反卷,两面无毛,下面常具红褐色腺点;叶柄极短或近无柄。总状花序顶生,长 6～10cm,果时可达 25cm;苞片线形,长 3～4mm;花梗长 5～6mm;花萼长约 3mm,5 裂至中部,裂片披针形,先端钝,有白色膜质边缘;花冠白色,管状钟形,长 5～6mm,5 深裂至近分离,裂片倒卵状长圆形或匙形,宽约 1.5mm;雄蕊 5 枚,内藏,花丝扁平;花柱长约 4mm,稍伸出花冠外。蒴果球形,直径约为 3.5mm,5 瓣裂。花期 8 月,果期 9—10 月。$2n=24$。

　　见于西湖景区(桃源岭),生于草丛中。分布于安徽、甘肃、河北、河南、湖北、黑龙江、山东、山西、陕西、内蒙古。

图 2-370　狭叶珍珠菜

图 2-371　狼尾花

9. 狼尾花　(图 2-371)

Lysimachia barystachys Bunge

　　多年生草本。具根状茎;地上茎直立,高 40～60cm,花序轴及花梗均密被开展的多节腺毛,基部带红紫色。叶互生,偶近对生;叶片倒披针形或线状披针形,长 3～7cm,宽 0.4～1.3cm,先端急尖,基部渐狭,近无柄,两面有伏毛,叶下面较密。花密集排列成顶生总状花序,长达 10cm 以上;苞片线形,长 5～10mm;花梗长 3～5mm;花萼 5 深裂,裂片长卵形,长约 2mm,边缘膜质;花冠白色,管状钟形,长 7～10mm,基部 2mm 合生,裂片狭长圆形,长 4～6mm;花丝贴生在花冠管上,长为花冠的一半,被微毛,花药披针形,长约 1.5mm;花柱与花丝等长。蒴果球形,直径约为 2.5mm。花、果期 6—7 月。$2n=24$。

　　文献记载区内有分布,生于山坡林下。分布于华东、华中、西南、华北、东北地区;日本、朝鲜半岛、俄罗斯东部也有。

　　全草入药,有消炎活血作用。

10. 珍珠菜　(图 2-372)

Lysimachia clethroides Duby

　　多年生草本。有匍匐根状茎;地上茎直立,高 45～100cm,下部近无毛,上部生棕色多节卷毛。叶互生;叶片椭圆形或长椭圆形,长 6～13cm,宽2～2.5cm,先端渐尖或长渐尖,基部楔形,渐狭窄成短柄,幼时上面具贴伏短毛,下面脉上毛较长,两面疏生黑色腺点。总状花序顶生,初时稍短,果时伸长可达 34cm;苞片线形,长 5～15mm;花梗长 5mm,果期长达 1cm;花萼5 深裂,长 2.5～3.5mm,裂片椭圆形,散生黑色腺点,边缘膜质,有缘毛;花冠白色,管状钟形,长6～9mm,裂片长圆形,有时上端散生黑色腺点;花丝基部贴生在花冠管上,分离部分长约2mm;子房球形,花柱与雄蕊等长。蒴果球形,直径约为 2.5mm,宿存花柱长约 2mm。花期6—7 月,果期 8—10 月。2n＝24。

见于余杭区(塘栖)、西湖景区(黄龙洞),生于山坡林下。分布于福建、广东、广西、贵州、海南、湖北、湖南、江苏、江西、辽宁、四川、台湾、云南;日本、朝鲜半岛、俄罗斯东部也有。

全草入药,消炎活血、祛风湿,又可治水肿、蛇伤;种子含油,可榨取供工业用;在园林绿化上可作林下地被。

图 2-372 珍珠菜

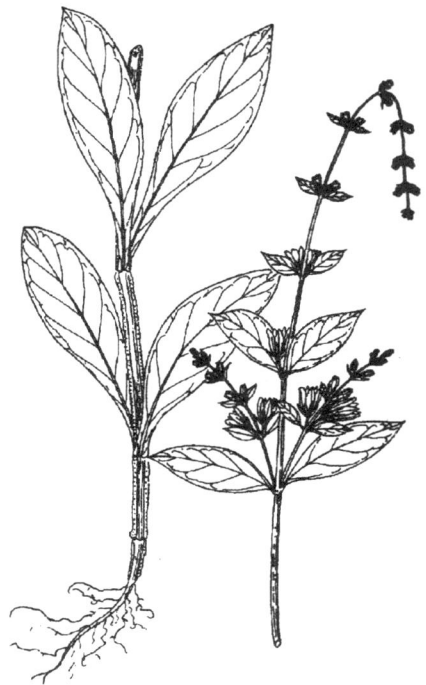

图 2-373 黑腺珍珠菜

11. 黑腺珍珠菜 (图 2-373)

Lysimachia heterogenea Klatt

多年生草本,植株无毛。茎直立,高 40～70cm,明显四棱形,棱边有狭翼,散生黑色或棕红色短腺条。叶对生;基生叶宽椭圆形或匙形,长 1～6cm,宽 0.6～3.8cm,先端圆钝,基部下延成翼柄,早凋;茎生叶线状披针形至椭圆状披针形,长 2～10cm,宽 1～3cm,先端急尖或稍钝,基部耳状抱茎,有时有短的翼柄,两面与苞片及花萼密生黑色腺点。总状花序生于茎端和枝端,再由数个总状花序构成圆锥花序;苞片披针形,向上逐渐变小,长 0.2～1.5cm;花梗长2～5mm;花萼 5 深裂.裂片线形;花冠白色,长约 7mm,基部合生部分长 2.5mm;花丝长 4～5mm,基部贴生在花冠管上,花药线形,顶端增厚成胼胝体;花柱长约 5mm;子房无毛。蒴果球形,直径为 3~4mm;种子黑紫色。花、果期 5—10 月。$2n=22$。

见于江干区(丁桥)、萧山区(楼塔)、余杭区(径山)。分布于安徽、福建、河南、湖北、湖南、江苏、江西、广东。杭州新记录。

全草入药,行气破血、消肿解毒,可治闭经及蛇伤;园林绿化上可作水沟边及湿地地被。

12. 星宿菜 （图 2-374）

Lysimachia fortunei Maxim.

多年生草本,植株无毛。有横走的红色匍匐茎,高 30~70cm,散生黑色腺点及腺条,基部常带紫红色,上部偶有分枝。叶互生,有时近对生;叶片椭圆形、宽披针形或倒披针形,有时近线形,长2~8cm,宽 0.5~2.7cm,先端急尖或渐尖,基部楔形,边缘密生暗红色或粒状腺点;叶柄短或近无柄。花密生,排列成5~26cm长的顶生总状花序,细瘦,花序轴常有短腺毛;苞片钻形、线形或披针形,长 3~5mm;花梗长 2~3mm;花萼 5 深裂,裂片卵形,长 1~1.5mm,先端钝,散生黑色腺点或线条,边缘膜质;花冠白色,管状钟形,长 3~4mm,裂片长圆形或倒卵形,具黑色腺点;花丝极短,贴生在花冠管上,花药卵球形;花柱粗短,长约 1mm。蒴果球形,直径为 2~2.5mm。花期 6—7 月,果期 8—10 月。$2n=24$。

区内常见,生于山坡、路边、草丛。分布于福建、广东、广西、海南、湖南、江苏、江西、台湾;日本、朝鲜半岛、越南也有。

全草入药,清热解毒、活血调经、镇痛,可治乳腺炎、肾炎、闭经及蛇伤等;在园林绿化上可作林下地被。

图 2-374　星宿菜

图 2-375　泽珍珠菜

13. 泽珍珠菜 （图 2-375）

Lysimachia candida Lindl.

多年生草本,植株无毛。茎直立,高 15~40cm,基部常带红色,茎单一至多分枝。基生叶匙形或倒披针形,长 2.5~5cm,宽 0.5~2cm,叶柄具狭翼,花时常不存在;茎生叶互生,叶片倒卵形、倒披针形或线形,长 2~3cm,宽 0.3~1cm,先端钝,基部下延成短柄或无柄,两面与苞片、花萼均散生黑色或暗红色腺点及短腺条。总状花序顶生,初时密集排列成阔圆锥形,后逐渐伸长,果时长可达 20cm;苞片狭披针形或线形,长 3~12mm;花梗长 6~16mm;花萼 5 深裂,裂片披针形,长 3~5mm,边缘膜质;花冠白色,管状钟形,长 6~10mm,近中部合生,5 裂,裂片倒卵状椭圆形;雄蕊不伸出花冠外,花丝基部贴生于花冠管中下部,花药椭圆球形;花柱长约 5mm,稍伸出花冠外。蒴果球形,直径为 2.5~3mm。花、果期 4—5 月。$2n=24$。

区内常见,生于溪边、湿地或草丛中。分布于河南、山东、山西、陕西及长江以南各省、区;日本、马来西亚、印度也有。

全草入药,解毒、活血、止痛,可治跌打损伤、无名肿毒、蛇伤。

2. 假婆婆纳属　Stimpsonia Wright ex A. Gray

一年生直立小草本,全株被腺毛。基生叶具柄,茎生叶互生,具短柄或无柄;叶片边缘有圆锯齿、浅锯齿或缺刻状锯齿。花单生于茎上部苞片状叶腋,具短花梗;花萼 5 深裂,裂片线形或线状长圆形,果时略增大;花冠高脚碟状,喉部不收缩,有细柔毛,裂片 5 枚,在花蕾中呈覆瓦状排列;雄蕊 5 枚,花丝短,着生在花冠管中部,花药钝头;子房球形,花柱短。蒴果球形,5 瓣裂,有种子多数。

1 种,分布于亚洲东部;我国有分布;浙江及杭州也有。

假婆婆纳　(图 2-376)

Stimpsonia chamaedryoides C. Wright ex A. Gray

一年生直立小草本。茎单一或基部分枝成簇生状,高 10~20cm,具多细胞腺毛。基生叶卵形或卵状长圆形,长 1~2.5cm,宽 0.7~1.3cm,先端急尖或圆钝,基部平截或圆形,叶缘具圆锯齿或浅锯齿,两面具毛及锈色腺点或短腺条;叶柄长 0.5~1.5cm;茎生叶互生,叶片近圆形或宽卵形;边缘有缺刻状锯齿,茎上部叶逐渐变小成苞片状。花单生于茎中上部的叶腋;花梗长可达 1.5cm,上部的逐渐变短;花萼 5 深裂至基部,裂片线状长椭圆形,长 2~2.5mm,宿存;花冠白色,直径约为 5mm,基部约 3mm 合生,裂片倒卵形,长 2~2.5mm,先端有凹缺,在花蕾中呈覆瓦状排列。蒴果球形,直径为 2~3mm,5 瓣裂。花期 4—6月,果期 5—10 月。

见于拱墅区(半山)、西湖区(留下)、西湖景区(屏风山),生于林缘、山坡沟边湿处或草丛中。分布于安徽、福建、广东、广西、湖南、江苏、江西、台湾;日本也有。

图 2-376　假婆婆纳

3. 点地梅属　Androsace L.

一年生、越年生或多年生小草本。叶全部基生、簇生或旋叠状排列于枝上,叶丛紧密排列,使许多高海拔种类形成垫状体。花小,在花葶上排列成伞形花序,少有单生而无花葶;花萼钟状或筒状,5 裂,裂片在果时直立,内屈或开展;花冠白色、粉红色或深红色,高脚碟状或近辐射状,裂片 5 枚,花冠管比花萼短或等长,喉部紧缩,具与裂片对生的环状凸起或折;雄蕊 5 枚,花丝很短,内藏,花药卵球形,先端钝;子房上位,有少数至多数胚珠,花柱短。蒴果球形或卵球形,5 瓣裂;种子背部扁平。

约 100 种,分布于北温带地区;我国有 73 种;浙江有 1 种;杭州有 1 种。

点地梅　(图 2-377)

Androsace umbellata（Lour.）Merr.

一年生、越年生草本,全株密被灰白色多节细柔毛。基生叶多数,集生成莲座状;叶片圆形至卵圆形,直径为 5~15mm,基部浅心形至近圆形,边缘具三角状牙齿;叶柄长 0.5~2cm。花葶数条从基生叶丛中抽出,高 5~15cm;伞形花序具 4~15 朵花;苞片 4~10 片呈轮生状,卵形或披针形,长 3~4mm;花梗细,长 1~3.5cm;花萼 5 深裂几达基部,裂片倒卵形或菱状卵形,长 3~5mm,果时增大,有 3 或 5 条明显脉纹;花冠白色,近喉部黄色,高脚碟状,直径为 4~5mm,5 裂,裂片与花冠管近等长;雄蕊贴生于花冠管中部,长 1.5mm;子房球形,花柱极短。蒴果近球形,直径为 3mm,成熟时顶端 5 裂;种子细小,深褐色。花期 2—4 月,果期 4—5 月。$2n=18,20$。

见于江干区(笕桥、乔司、下沙)、西湖景区(茅家埠、龙井),生于林缘、田野、路边草丛。广泛分布于除西北地区外的全国各省、区;日本、朝鲜半岛、俄罗斯、越南、缅甸、菲律宾、印度、巴基斯坦、巴布亚新几内亚也有。

全草入药,有清凉解毒、消肿止痛的作用,可治口腔炎症及扁桃体炎等;作为早春开花的小草本,也可作野生花境的种类之一。

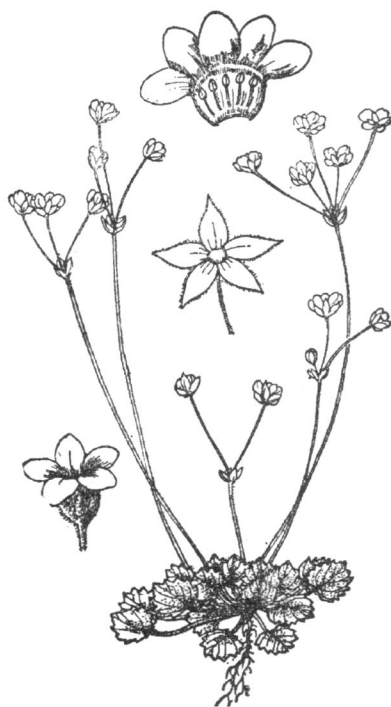

图 2-377　点地梅

4. 报春花属　Primula L.

草本。叶基生,很少簇生在短茎上;叶片肾圆形、卵圆形或倒卵状匙形,全缘或分裂,无柄至有长柄。花通常二型,常在花葶上组成顶生伞形花序或头状花序,很少单生或成总状花序,具总苞片;花萼管状钟形或筒状,5 裂;花冠高脚碟状或漏斗状,长于花萼,喉部不紧缩并常有附属物,5 裂,裂片在芽中呈覆瓦状排列,全缘、具齿或先端 2 裂;雄蕊在不同植株上着生于花冠管的位置有区别,分为着生在花冠管中部或喉部,内藏,花药钝头;子房上位,球形或卵球形,花柱亦分长、短二型。蒴果球形或圆柱形,5 或 10 瓣裂,少为帽状盖裂;种子多数。

约 500 种,主要分布于北半球温带和高山地区,少数种类分布于南半球;我国约有 300 种,主要分布于西南、西北各省、区,其他地区仅有少数种类分布;浙江有 2 种;杭州有 1 种。

堇叶报春　毛茛叶报春　(图 2-378)

Primula cicutariifolia Pax——*P. ranunculoides* Chen var. *minor* Chen

越年生小草本。珠高 3～10cm,基部有时具丝状葡匐茎,茎端具珠芽,着地可生根发育为独立生长的植株。叶基生;叶片羽状分裂,有时呈 3 裂,长 2～6cm,宽 0.5～1.7cm,顶端裂片较大,常 3 深裂,倒卵圆形至近圆形,先端钝圆,基部楔形下延,具缺刻状锯齿,侧裂片逐渐缩小,具粗齿,叶下面与叶轴均有锈色短线条;叶柄长 0.5～4cm,扁平。花葶 1 至数条,长 1～7cm;伞形花序具 2～4 朵花;苞片线形,长 1～3mm;花梗长 0.8～2cm;花萼钟状,长 4～5mm,5 深裂,裂片披针形,散生棕褐色短腺条;花冠淡紫色,高脚碟状,花冠管长 5～7mm,裂片矩圆形或倒卵形,长 3～4mm,先端凹入,或有时呈钝锯齿状;雄蕊着生于花冠的中部或喉部,花药长圆球形,长约 1mm;子房近卵球形,花柱有长短之分。蒴果球形,直径约为 3mm,顶端开裂;种子多数,细小,密生凹陷状皱纹。花期 3—4 月,果期 4—5 月。

见于西湖区(留下)、西湖景区(飞来峰),生于林下岩石上。分布于安徽、湖北、湖南、江西。

早春开花小草本,可作为地被及盆栽花卉。

图 2-378　堇叶报春

103.柿科　Ebenaceae

乔木或灌木。单叶,互生,稀对生,叶片全缘,无托叶。花单性,稀两性,雌雄异株或杂性同株,辐射对称;单生或排列成小型聚伞花序;花萼 3～5 裂,宿存,常在果时增大;花冠钟状、坛状或管状,3～5 裂,裂片常为旋转状排列,稀覆瓦状或镊合状排列;雄蕊数常为花冠裂片数的 2～4 倍,稀同数,生于花冠基部;雌花中常有退化雄蕊,子房上位,中轴胎座。浆果;种子 1 至多数,种皮薄,胚乳丰富,质硬。

3 属,500 种,主要分布于全球的热带和亚热带地区;我国有 1 属,57 种;浙江有 1 属,8 种,1 变种;杭州有 1 属,5 种,1 变种。

柿属 Diospyros L.

乔木或灌木,落叶或常绿。无顶芽,芽鳞2～3枚。叶互生。雄花为聚伞花序,雌花及两性花多单生;花萼(3)4(5)裂,绿色;花冠坛状,3～5裂;雄花有雄蕊3至多数及退化子房;雌花无雄蕊,或有多达16枚退化雄蕊,子房上位,2～16室,每室有1～2枚胚珠,花柱或柱头2～8枚。果基部有增大而宿存的花萼;种子扁平。

约500种,分布于全球的热带和亚热带地区;我国有57种,主要分布于西南至东南部;浙江有8种,1变种;杭州有5种,1变种。

果供食用及观赏。

分 种 检 索 表

1. 乔木;枝不具刺,小枝有毛或无毛;花萼深裂或浅裂。
  2. 叶片下面常为灰白色;果直径为1.5～2cm ················· 1. 山柿 D. japonica
  2. 叶片下面不为灰白色;果直径为3～8cm。
    3. 树皮灰白色,成片状剥落;浆果老时毛较少,并有黏胶渗出 ·········· 2. 华东油柿 D. oleifera
    3. 树皮常为黑色或黑褐色,条状纵裂;浆果无渗出物。
      4. 枝、芽及叶柄均无毛;果萼外面无毛,果直径为2～3.5cm ······· 3. 浙江光叶柿 D. zhejiangensis
      4. 枝与叶柄或多或少被毛;果萼外面被毛,果直径为3.5～8cm。
        5. 枝与叶柄毛较少;叶片下面有柔毛;果直径为3.5～8cm ·········· 4. 柿 D. kaki
        5. 枝与叶柄密被短柔毛;叶片两面有柔毛;果直径不超过5cm ········ 4a. 野柿 var. sylvestris
1. 灌木;枝具刺,小枝有毛;花萼近全裂 ················· 5. 老鸦柿 D. rhombifolia

1. 柿 浙江柿 (图2-379)

Diospyros japonica Siebold & Zucc. ——*D. glaucifolia* Metc.

落叶乔木,高5～25m。树皮灰褐色;芽常钝头,有毛;小枝近无毛,有明显皮孔。叶片纸质,宽椭圆形、卵形、卵状椭圆形或卵状披针形,长6～17cm,宽3～8cm,先端急尖或渐尖,上面深绿色,下面灰白色,侧脉6～7对。花单性,常雌雄异株;雄花呈聚伞花序,花梗长约1mm,花冠坛状,4裂,雄蕊16枚;雌花单生或2～3朵聚生于叶腋,呈密聚伞状,花序梗有锈红色毛,花梗极短,花萼4浅裂,裂片宽三角形,有毛,花冠坛状,基部乳白色,4裂,裂片顶端带紫红色。浆果球形,直径为1.5～2cm,熟时呈红色,被白霜,果萼长7～8mm,裂片宽6～8mm。花期5～6月,果期8—10月。

见于西湖景区(云栖),生于山坡、林下或灌丛中。分布于安徽、江西、福建。

本种可用作栽培柿树的砧木;未熟果可提取柿漆,用途和柿树相同;果蒂亦可入药;木材可作家具等用材。

图2-379 山柿

2. 华东油柿 （图 2-380）

Diospyros oleifera Cheng

落叶乔木,高 15m。树皮灰白色,成片状剥落;芽卵球形,短而压扁。叶片纸质,长圆形、长圆状倒卵形或倒卵形,叶片长 7～19cm,宽 3～9cm,先端渐尖或尾状,基部圆形、斜圆形或宽楔形,两面密生灰色或灰黄色茸毛。花黄白色,常雌雄异株;雄花 3～5 朵成小聚伞花序;花冠坛状。雌花单生,花梗粗壮,长 3～6mm;花萼翻卷;花冠略长于花萼,4 裂,内有退化雄蕊 12 枚;子房近球形。浆果卵球形或扁球形,老时毛较少并有黏胶渗出。花期 5 月,果期 10—11 月。$2n=30$。

见于余杭区(塘栖)、西湖景区(龙井、九溪、九曜山、满觉陇、云栖、紫云洞等),生于路边、林中。分布于安徽、福建、江苏、江西。

普遍栽培于浙江中部,有抗旱耐瘠的特点,极宜于丘陵山区栽培;可提取柿漆;并可作柿的砧木用。

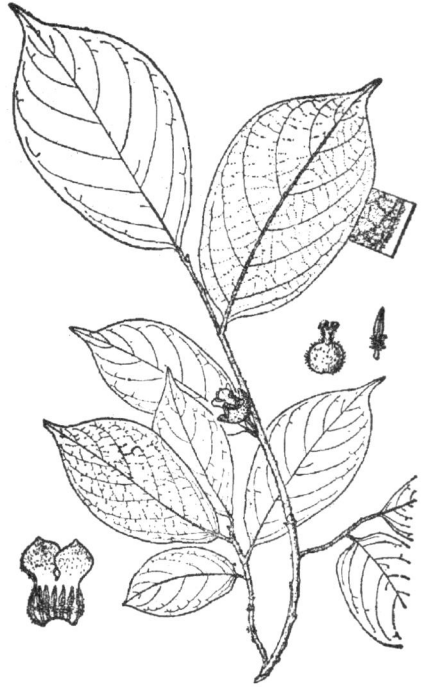

图 2-380　华东油柿

3. 浙江光叶柿 （图 2-381）

Diospyros zhejiangensis G. Y. Li, Z. H. Chen & P. L. Chiu

落叶乔木,高达 16m。树皮黄褐色或黑褐色,纵向细条裂;小枝无毛,皮孔近圆形,老枝灰色或灰褐色;冬芽卵球形,长 3～4mm,先端钝,外面 2 片芽鳞无毛,早落,内面的密被灰褐色绢毛。叶片倒卵形至长圆状倒卵形,稀为椭圆形,长 8～13cm,宽 4～7cm,先端凸渐尖或短尾状渐尖,基部楔形或宽楔形,边缘显著背卷,上面深绿色,光亮,下面淡绿色,老时两面无毛,侧脉 4～6 对,连同中脉在上面明显下陷,下面显著凸起;叶柄长 8～10mm。花单性,雌雄同株或异株。雄花多为 3 朵组成短聚伞花序;花萼 4 深裂,裂片三角形,外卷,仅萼筒内面有毛;花冠黄白色,坛状,长 10～12mm,4 浅裂,裂片外卷,内、外均无毛;雄蕊 16 枚,有毛。雌花单生,有短梗,比雄花稍大;子房卵球形,无毛,花柱无毛,柱头 4 浅裂;退化雄蕊 8 枚。果倒卵球形,直径为 2～3.5cm,有光泽,无毛;果萼宿存,厚革质,近方形,宽 2.5～3cm,外面无毛,内面密被黄褐色绢毛,4 中裂;果柄长 6～10mm,无毛。花期 5 月,果期 10—11 月。

见于西湖景区(王云山、云栖),生于林中。分布于浙江。

图 2-381　浙江光叶柿

4. 柿 （图 2-382）

Diospyros kaki L. f.

落叶乔木,高 4～10m。主干暗褐色,树皮呈长方形方块状深裂,不易剥落。叶近革质,叶片长 6～18cm,宽 3.5～10cm,先端渐尖或凸渐尖,基部宽楔形或近圆形,上面深绿色有光泽,下面疏生褐色柔毛。花钟状,黄白色,多为雌雄同株、异花。雄花 3 朵集成短聚伞花序;花萼 4 深裂,裂片披针形;花冠黄白色,坛状;雄蕊 16 枚,有毛。雌花单生于叶腋;萼筒有毛,4 深裂,果时可达 2cm;子房卵球形,花柱 4 裂。果形变化大,直径可达 8cm,熟时橙黄色或橘黄色。花期 4—5 月,果熟期 8—10 月。

区内常见,生于山谷、山坡、灌丛中。分布于我国长江流域,全国各地均有栽培;日本、印度也有。

果鲜食或制柿饼;柿霜及柿蒂可入药;柿漆可供油伞用;木材质硬,可作家具等。

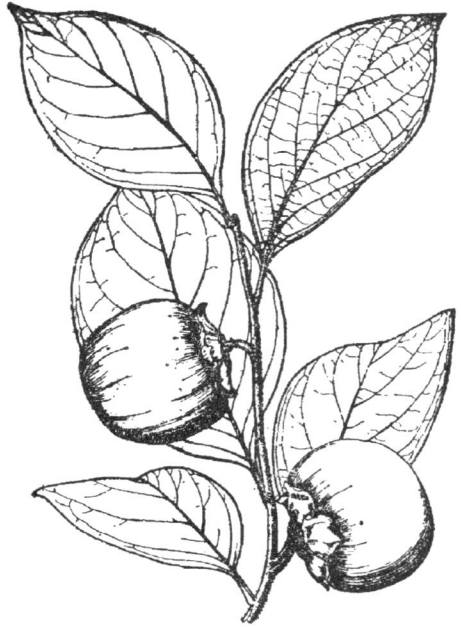

图 2-382　柿

4a. 野柿

var. **sylvestris** Makino

与原种的区别在于:本变种小枝及叶柄密生黄褐色短柔毛;叶片小而薄,少光泽;子房有毛;果实直径不超过 5cm。

见于余杭区(良渚、塘栖)、西湖景区(九溪、九曜山、龙井、满觉陇、云栖、紫云洞等)。分布于华东、华南、华中及西南地区;日本也有。

果可实用,也可提取柿漆;并可作柿的砧木用。

5. 老鸦柿 （图 2-383）

Diospyros rhombifolia Hemsl.

落叶有刺灌木,高 1～3m。树皮褐色,有光泽;老枝灰黄色;芽卵球形,鳞片密被黄棕色柔毛。叶片纸质,卵状菱形或倒卵形,叶片长 3～7cm,宽 1～4cm,先端急尖或钝,基部楔形,上面沿脉有黄褐色短柔毛。花单生于叶腋,单性,雌雄异株;雄花花萼裂片线状披针形,花冠白色,坛形;雌花花萼几全裂,裂片 4 枚,果时长达 2～3cm,具有明显的纵脉,先端急尖,边缘具疏毛,花冠白色,子房卵球形。浆果球形,初时密被棕黄色长柔毛,熟时渐脱落,呈棕红色,有蜡质及光泽,顶端具宿存花柱;果梗长 1.2～2cm。花期 4—5 月,

图 2-383　老鸦柿

果期 8—10 月。$2n=30,60$。

　　见于余杭区(黄湖、闲林)、西湖景区(飞来峰、龙井、梅家坞、南高峰、桃源岭、玉皇山等),生于山坡灌丛或岩石缝户。分布于华东地区。

　　根或枝入药,治肝硬化、跌打损伤等;果实可制柿漆。

104. 山矾科　Symplocaceae

　　常绿稀落叶灌木或乔木。叶互生;叶片具锯齿或全缘,通常具叶柄,无托叶。花两性,稀单性,辐射对称,排成总状花序、圆锥花序、穗状花序、密伞花序,很少单生;花萼 3～5 深裂或浅裂,裂片镊合状或覆瓦状排列,通常宿存;花冠合瓣,分裂至近基部或中部,裂片 3～11 枚,通常 5 枚,覆瓦状排列;雄蕊着生于花冠的基部,4 至多枚,花丝分离或合生成束,花药 2 室,纵裂;子房下位或半下位,2～5 室,每室有胚珠 2～4 颗,花柱 1 枚,柱头头状或 2～5 裂。核果,顶端具宿存的萼裂片;每室有种子 1 粒。

　　仅 1 属,约 250 种,广布于亚洲、大洋洲和美洲的热带和亚热带地区;我国有 80 余种,主产于长江以南各省、区;浙江有 20 种;杭州有 6 种。

山矾属　Symplocos Jacq.

　　属特征同科。

　　本属植物在我省是组成亚热带常绿阔叶林的重要树种;其中不少还是很有价值的用材树种;种子都含丰富的油脂,是很好的工业用油原料;少数种类还可供药用和作园林绿化树种。

　　本属植物多数种类因含铝较高,故干后常呈青黑色。

分 种 检 索 表

1. 叶片纸质,落叶性;花序为圆锥花序,生于新枝的顶端,子房 2 室。
　　2. 嫩枝、叶两面及花序密被柔毛;全部花具柄;核果无毛 ……………… 1. 白檀　*S. paniculata*
　　2. 嫩枝、叶片下面及花序被皱曲柔毛;上部的花近无柄,下部的花具短柄;核果被紧贴柔毛 ………………
　　　…………………………………………………………… 2. 华山矾　*S. chinensis*
1. 叶片革质或薄革质,常绿性;花序为总状、穗状或为密伞花序,子房 3 室,或因退化而为 2 室。
　　3. 花排成密伞花序;中脉在叶片上面凹下 ……………………………… 3. 老鼠矢　*S. stellaris*
　　3. 花排成总状、穗状(有时基部有分枝),或由穗状花序缩短成密伞状(但具明显的花序轴);中脉在叶上面凸起或 1/3 以上部分凸起。
　　　4. 中脉在叶上面凸起;花序较叶柄短或稍长,但不超过叶柄长的 2 倍。
　　　　5. 小枝及顶芽被短茸毛;核果被柔毛 …………… 4. 薄叶山矾　*S. anomala*
　　　　5. 小枝及顶芽均无毛;核果几无毛 …………… 5. 四川山矾　*S. setchuensis*
　　　4. 中脉仅 1/3 以上部分凸起;花序长超过叶柄长的 2 倍 ……………… 6. 山矾　*S. sumuntia*

1. 白檀　（图 2-384）

Symplocos paniculata（Thunb.）Miq.

落叶灌木或小乔木，高达 8m。嫩枝被柔毛；老枝灰褐色，无毛。叶片椭圆形或倒卵状椭圆形，长 4～9.5cm，宽 2～5.5cm，先端急尖或渐尖，基部宽楔形或楔形，边缘有细锐锯齿，中脉在上面凹下，幼时两面均被柔毛，以后渐脱落，仅下面有疏柔毛，尤以中脉两侧为多；叶柄长 0.6～10mm。圆锥花序生于新枝顶端，长 4～8cm；花梗被柔毛；花萼长约 2mm，5 裂，裂片宽卵形，长约 1mm，具睫毛；花冠白色，芳香，长约 4.5mm，5 深裂，裂片长椭圆形；雄蕊约有 25 枚，基部合生成五体；子房无毛，2 室，花柱约与雄蕊等长，柱头不分裂。核果卵球形，无毛，稍偏斜，黑色，直径约为 6mm，宿存萼裂片直立；核平滑。花期 5—6 月，果期 9 月。2n＝22。

区内常见，生于阔叶林中、山坡或灌丛中。分布于长江以南各省、区，以及东北、华北地区；日本、朝鲜半岛也有。

木材材质细密，可作细木工用材；种子油供制油漆；全株供药用，有消炎软坚、调气功效；根皮与叶可作农药。

图 2-384　白檀

2. 华山矾　（图 2-385）

Symplocos chinensis（Lour.）Druce

灌木。嫩枝、叶柄、叶背均被灰黄色皱曲柔毛。叶片纸质，椭圆形或倒卵形，长 4～7（～10）cm，宽 2～5cm，先端急尖或短尖，有时圆，基部楔形或圆形，边缘有细尖锯齿，下面具短柔毛；中脉在上面凹下，侧脉 4～7 对。圆锥花序顶生或腋生，长 4～7cm，花序轴、苞片、萼外面均密被灰黄色皱曲柔毛；苞片早落；花萼长 2～3mm，裂片长圆形，长于萼筒；花冠白色，芳香，长约 4mm，5 深裂几达基部；雄蕊 50～60 枚，花丝基部合生成五体雄蕊；花盘具 5 枚凸起的腺点，无毛；子房 2 室。核果卵球形，歪斜，长 5～7mm，被紧贴的柔毛，熟时蓝色，顶端宿存萼裂片向内伏。花期 5 月，果期 8—9 月。2n＝22。

见于西湖景区（云栖），生于山坡上。分布于长江以南各省、区。

根、叶药用；种子油供制肥皂。

图 2-385　华山矾

3. 老鼠矢　（图 2-386）

Symplocos stellaris Brand

常绿小乔木,高 5～10m。树皮灰黑色;芽和幼枝被黄棕色长茸毛;小枝髓心中空。叶片厚革质,狭长圆状椭圆形或披针状椭圆形,长6～20cm,宽 2～4cm,先端急尖或渐尖,基部宽楔形或稍圆,全缘,上面深绿色,下面苍白色,两面无毛,中脉及侧脉在上面凹下;叶柄长 1～2.5cm。密伞花序着生于叶腋或二年生枝的叶痕之上;苞片卵圆形,小苞片卵形,较萼片长,外面被红褐色长柔毛;花萼长2.5～3mm,裂片 5 枚,宽卵形,有长睫毛;花冠白色,长7～8mm,5 深裂几达基部,裂片倒卵状椭圆形;雄蕊 18～25 枚,较花冠长,基部合生成五体;柱头 5 裂。核果长椭圆球形或狭卵球形,长约1cm,具 6～8 条纵棱,被白霜,宿存萼裂片直立。花期 4 月,果期 6 月。

区见常见,生于山地林中。分布于长江以南各省、区;日本也有。

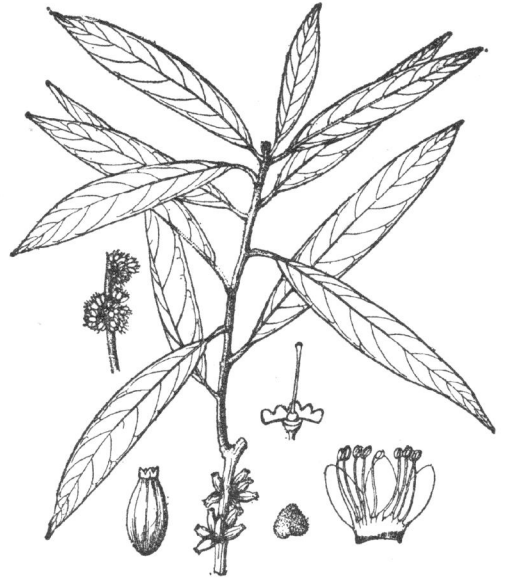

图 2-386　老鼠矢

为很好的防火林带造林树种;木材可供制器具;种子油可供制肥皂。

4. 薄叶山矾　（图 2-387）

Symplocos anomala Brand

常绿小乔木,高 7m。幼枝与顶芽均密被褐色的短茸毛,后无毛。叶片薄革质,多为狭椭圆状披针形,稀卵形或倒披针形,长 5～9cm,宽 1.5～3cm,先端渐尖,或尾状渐尖,基部宽楔形或楔形,边缘全缘或疏生浅的圆钝锯齿,或小尖锯齿,两面均无毛,中脉在上面隆起。总状花序腋生,通常有花 5～8 朵;花序轴、花梗、苞片及小苞片背面均被黄色平伏短柔毛;花萼 5 枚,边缘被柔毛;花冠白色,芳香,5 深裂,裂片长椭圆形,长 3～4mm;雄蕊约 30 枚,花丝基部稍合生,成不显著的五体;子房3 室,顶端微被柔毛。核果长圆球形,褐色,被平伏的短柔毛。花期 8 月,果期翌年 4—5 月。

见于西湖区（留下）、西湖景区（九溪、百子尖）,生于阔叶林中。分布于长江流域及其以南各省、区;日本、缅甸、越南、泰国、马来西亚、印度尼西亚也有。

图 2-387　薄叶山矾

种子油可作机械润滑油;木材坚硬,可制农具。

5. 四川山矾 （图 2-388）

Symplocos setchuensis Brand

常绿小乔木，高达 7m。嫩枝有棱，黄绿色，无毛。叶片革质，长椭圆形或倒卵状长椭圆形，长 5～13cm，宽 2～4cm，先端尾状渐尖，基部楔形，边缘疏生锯齿，两面无毛，中脉在两面凸起；叶柄长 0.5～1cm。密伞花序有花多朵，生于叶腋；花萼长约 3.5mm，萼筒长 2mm，萼裂片宽卵形，外面被有微细柔毛；花冠白色，5 深裂，裂片倒卵状长圆形，长约 3mm；雄蕊约 25 枚，长短不一，长者比花冠稍长，短者比花冠稍短；花柱较雄蕊短，柱头 3 裂，子房被长柔毛。核果卵状椭圆球形，熟时黑褐色，长 7～12mm，几无毛，宿存萼裂片直立；核无棱。花期 5 月，果期 10 月。

区内常见，生于山坡林缘、路边及林下。分布于长江流域诸省、区及台湾。

为很好的防火林带造林树种；可作园林绿化树种；木材供制器具；种子油可制肥皂用。

图 2-388 四川山矾

6. 山矾 （图 2-389）

Symplocos sumuntia Buch.-Ham. ex D. Don——*S. caudata* Wall.

常绿灌木或小乔木，高达 7m。幼枝褐色，被微柔毛；老枝深褐色，后变黑色，无毛。叶片薄革质，卵形、卵状披针形或椭圆形，长 4～8cm，宽 1.5～3.5cm，先端通常尾状渐尖，基部宽楔形，边缘有稀疏浅锯齿，两面无毛，中脉在上面 2/3 以下部分凹下，1/3 以上部分凸起，长 1.5～3cm；花序轴、花梗均被褐色短柔毛；花梗长 1～4mm；苞片早落，宽卵形，长约 2.5mm；花萼长 2～2.5mm，萼筒长 1mm，无毛，裂片 5 枚，狭卵形或圆形，长约 3mm，外面微被柔毛；雄蕊约 25 枚，花丝基部稍合生；子房顶端无毛，花柱长约 4mm。核果坛状，长 5～8mm，黄绿色，顶端缢缩，宿存萼裂片内弯或脱落；核无纵棱。花期 3—4 月，果期 6 月。

区内常见，生于山坡、林下。分布于长江以南各省、区；东亚、东南亚各国也有。

木材为制器具用材；种子油作润滑油；叶烧灰可代白矾作媒染剂；根药用。

图 2-389 山矾

105．野茉莉科　Styracaceae

　　落叶或常绿灌木或乔木,常被星状柔毛或鳞片状毛。叶互生,单叶,无托叶。总状花序、聚伞花序或圆锥花序,稀单花腋生;花两性,辐射对称;花萼杯状、钟状或管状,全部或基部附着于子房;花冠合瓣,4~7 裂,在花蕾时覆瓦状或镊合状排列;雄蕊数常为花冠裂片数的 2 倍,稀同数而与花冠裂片互生,花丝基部合生成筒,常贴生于花冠管上;子房上位至下位,基部 3~5 室,上部 1 室,每室有胚珠 1 至数颗,倒生、直立或悬垂于中轴胎座上,花柱丝状或近钻状,柱头头状或不明显 3~5 裂。核果或蒴果,稀浆果,不开裂或 3 裂,有时具翅,花萼宿存;种子无翅或具翅,胚乳丰富,胚直或稍弯。

　　约 11 属,180 种,主要分布于亚洲东南部和美洲东南部,少数至地中海沿岸;我国有 10属,54 种,南北均有分布;浙江有 6 属,17 种,1 变种;杭州有 3 属,6 种。

　　本科植物大部供观赏;部分种类木材和种子油可用。

分 属 检 索 表

1. 蒴果,种子多数有翅 ·· 1. **赤杨叶属**　*Alniphyllum*
1. 核果或核果状,不开裂或成 3 瓣不规则开裂,种子无翅。
　　2. 子房略呈半下位;果下部为宿存萼筒包围,但两者可分离,通常为 3 瓣不规则开裂 ···················
　　　··· 2. **安息香属**　*Styrax*
　　2. 子房明显半下位或下位;果皮和萼筒愈合而不可分离,果不开裂 ·············· 3. **秤锤树属**　*Sinojackia*

1. 赤杨叶属　Alniphyllum Matsum.

　　落叶乔木或灌木。单叶,互生,边缘有锯齿,无托叶。总状或圆锥花序;花两性;花萼 5 深裂,裂片较萼筒长,两面被黄色星状柔毛;雄蕊 10 枚,5 枚长 5 枚短,花丝上部分离,下部合生成短筒;子房半下位,卵球状,被黄色星状茸毛,5室,每室有胚珠 5~7 颗,花柱丝状,柱头不明显 5 裂。蒴果,成熟时室背纵裂成 5 瓣,外果皮肉质,干后脱落,内果皮木质;种子多数,两端有不对称膜质翅,胚乳薄,肉质,胚直立。

　　约 3 种,分布于我国、越南、印度;我国约有 3 种,分布于长江以南及台湾等省、区;浙江有 1 种;杭州有 1 种。

赤杨叶　拟赤杨　（图 2-390）

Alniphyllum fortunei（Hemsl.）Makino

落叶乔木,高 15~20m。树皮暗灰,有灰白色斑块;小枝褐色,被黄色星状柔毛,最终变无毛。单叶,互生;叶片纸

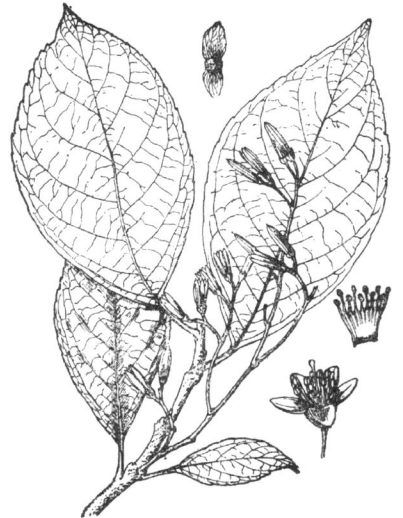

图 2-390　赤杨叶

质,椭圆形至长圆状椭圆形,长 7～19cm,宽4.5～10cm,先端短渐尖,基部圆形或宽楔形,边缘疏生浅细锯齿,两面疏生星状毛,老时几秃净或仅下面有毛。总状花序;花萼 5 裂,内、外均被黄色星状毛,边缘具腺毛;花冠白色或略带粉红色,5 裂,两面被星状柔毛;雄蕊 10 枚,花丝基部合生成筒;子房近上位,被星状柔毛,5 室,胚珠多数。蒴果木质,室背开裂;种子两端有不整齐膜质翅。花期 4—5 月,果期 10—11 月。

区内有栽培。分布于安徽、福建、广东、广西、贵州、河南、湖北、江苏、山东、台湾、云南;越南、印度也有。

木质轻软,多用于火柴工业,也供材用,或作绿化树种。

2. 安息香属　Styrax L.

落叶或常绿乔木或灌木。单叶,互生,具柄,多少被星状柔毛或鳞片状覆盖物。聚伞花序,有时呈总状或圆锥花序状;花萼杯状,与子房分离或稍贴生;花冠 5 深裂,花冠管短,裂片在花蕾时覆瓦状或镊合状排列;雄蕊 8～13 枚,等长,花丝基部贴生于花冠管上;子房上位或略成半下位,基部 3 室,上部 1 室,每室有胚珠数颗,花柱细长,柱头略 3 浅裂或头状。核果球形或长圆球形,肉质,干燥,不裂或 3 瓣裂,基部具宿存萼;种子 1～2 颗,球形或长圆球形,光滑或被鳞片状星状毛。

约 130 种,分布于亚洲、欧洲及北美洲的热带或亚热带地区;我国有 31 种,主产于长江以南各地;浙江有 10 种,1 变种;杭州有 4 种。

分 种 检 索 表

1. 叶干后常黄绿色;花丝中部弯曲;种子表面有褐色星状鳞毛 ·············· 1. **芬芳野茉莉** *S. odoratissimus*
1. 叶干后褐色或暗绿色;花丝直;种子表面无毛。
  2. 叶片下面密被星状茸毛,叶柄长 5～10mm ·············· 2. **红皮树** *S. suberifolius*
  2. 叶片下面无毛或疏被星状柔毛,叶柄长不超过 3mm。
    3. 叶片坚纸质或厚纸质;顶生总状花序具 5～6 朵花,其下腋生 1～3 朵花 ······ 3. **赛山梅** *S. confusus*
    3. 叶片纸质或膜质;顶生总状花序具 3～5 朵花,其下有单花腋生 ·············· 4. **白花龙** *S. faberi*

1. 芬芳野茉莉　郁香安息香　（图 2-391）

Styrax odoratissimus Champ. ex Benth.

落叶灌木或小乔木,高 4～10m。树皮灰褐色。叶片椭圆形、长圆状椭圆形或卵状椭圆形,长 7～12cm,宽 4～8cm,先端急尖或渐尖成尾状,基部宽楔形,全缘,两面无毛,下面叶脉凸起;叶柄长 5～7mm。总状花序具 2～6 朵花,顶生或腋生;花萼钟状,密被黄褐色短柔毛;花冠长 1～1.1cm,5 深裂,裂片在花蕾时呈覆瓦状排列;雄蕊 10枚,花丝中部弯曲,下部密生星状毛;子房基部贴生于花萼上,3 室,花柱被星状毛。核果近球形,长约 1cm,密被星状茸毛,顶具突尖;种子斜卵球形,表面具瘤状凸起及褐色星状鳞毛。花期 4—5 月,果期 7—8 月。

区内常见,生于林中或灌丛中。分布于安徽、福建、

图 2-391　芬芳野茉莉

广东、广西、贵州、湖北、江苏、江西、四川。

木材坚硬;种子油供制肥皂及润滑油等。

2. 红皮树 (图 2-392)

Styrax suberifolius Hook. & Arn.

常绿灌木或小乔木,高达 10m。树皮红褐色;幼枝密被锈色星状茸毛,后渐脱落。叶片革质,椭圆形、椭圆状长圆形至长圆状披针形,长 6～16cm,宽 3～6cm,先端急尖或狭渐尖,基部楔形,全缘,有时仅上部微波状,幼时两面密被锈色的星状茸毛,后仅下面密被褐色星状茸毛;叶柄长 5～10mm,被锈色星状茸毛。总状花序或圆锥花序,长 2～7cm,腋生或顶生,花序轴与花梗均有锈色星状毛;花梗长约 2mm;花萼杯状,顶端平截或具 5 枚浅齿,密被星状短茸毛;花冠 4～5裂,长 8～10mm,外被星状短茸毛;花蕾时裂片镊合状排列;雄蕊 8～10 枚,花药线形与花丝近等长;子房 3室,花柱细长,无毛。果实球形或近球形,直径为 1～1.8cm,被淡黄色星状茸毛,熟时顶端 3 瓣裂,具宿存萼;种子表面近平滑。花期 4—6 月,果期 8—9 月。

见于西湖景区(云栖),生于坡杂木林中。分布于长江以南各省、区;越南也有。

叶和根供药用,有祛风除湿、理气止痛功效;也是山谷、河旁及山脚等低地的造林先锋树种。

图 2-392　红皮树

3. 赛山梅 (图 2-393)

Styrax confusus Hemsl.

落叶灌木或小乔木,高 2～8m。幼枝有褐色星状毛;老枝无毛。叶片坚纸质,长椭圆形或卵状椭圆形,长 5～8.5cm,宽 3～4.5cm,先端渐尖、急尖或短尾尖,基部宽楔形,边缘具不明显小齿,两面叶脉常具星状茸毛。总状花序顶生,有花 5～6 朵,或腋生花 1～3朵;花萼杯状,具 5 枚浅齿,密被星状茸毛;花冠 5 深裂,外被星状茸毛;雄蕊 10 枚;子房上位,被黄褐色柔毛。核果球形,直径为 8～13mm,顶端不具突尖,密被星状茸毛;种子表面光滑或浅凹。花期 5—6 月,果期9—10 月。

区内常见,生于山坡疏林中。分布于安徽、福建、广东、广西、湖南、江苏、江西、四川。

种子油供制润滑油、肥皂和油墨等。

图 2-393　赛山梅

4. 白花龙　（图 2-394）

Styrax faberi Perk.

落叶灌木。小枝初被深褐色星状毛,后变无毛。叶片纸质,椭圆形,长 2～6.5cm,宽 1.2～3cm,先端短渐尖、渐尖或圆钝,基部楔形或宽楔形,上面无毛,下面疏生星状柔毛,边缘具疏细锯齿;叶柄长 1～2mm。总状花序,长 4.5～5cm,具3～5朵花,但在花枝的叶腋仅有单花,花序轴被深褐色茸毛或柔毛;花梗长 6～9mm;花萼杯状,截形,具 5 枚齿;花冠 5 裂,管部长 3.5～5mm,裂片披针形或线形,外被黄色星状茸毛,在花蕾时呈镊合状排列;雄蕊 10 枚,基部联合;子房倒卵球形,被毛,花柱与花冠等长,无毛。果实卵球形,长8～9mm,顶端截形,被锈色星状毛,果皮薄。花期4—5 月,果期 8 月。

区内常见,生于林下或灌丛中。分布于安徽、福建、广东、广西、贵州、湖北、湖南、江苏、江西、四川、台湾。

可作为庭院绿化树种;种子油可制肥皂和润滑油等;根可用于治胃痛;叶可用于止血、生肌、消肿。

图 2-394　白花龙

3. 秤锤树属　Sinojackia Hu

落叶乔木或灌木。冬芽裸露。叶互生,近无柄或具短柄,边缘有硬质锯齿,无托叶。总状聚伞花序开展,生于侧生小枝顶端;花白色,常下垂;花梗长而纤细,与花萼之间有关节;萼筒倒圆锥状或倒长圆锥状,几全部与子房合生,萼齿 4～7 枚,宿存;花冠 4～7 裂,裂片在花蕾时呈覆瓦状排列;雄蕊 8～14 枚,1 列,着生于花冠基部,花丝等长或五长五短,下部联合成短管,上部分离,花药长圆球形,药室内向,纵裂,药隔稍凸出;子房下位,3～4 室,每室有胚珠 6～8 颗,排成 2 行,斜向上,柱头不明显 3 裂。果实木质,除喙外几全部为宿存萼所包围并与其合生,外果皮肉质,不开裂,具皮孔,中果皮木栓质,内果皮坚硬,木质;种子 1 颗,长圆球状线形,种皮硬骨质,胚乳肉质。

5 种,我国特有,分布于我国中部、南部和西南部;浙江有 3 种;杭州有 1 种。

秤锤树　（图 2-395）

Sinojackia xylocarpa Hu

乔木,高达 7m,胸径达 10cm。嫩枝密被星状短柔毛,灰褐色,成长后红褐色而无毛,表皮常呈纤维状脱落。叶纸质,倒卵形或椭圆形,长 3～9cm,宽 2～5cm,顶端急尖,基部楔形或近圆形,边缘具硬质锯齿,生于具花小枝基部的叶卵形而较小,长 2～5cm,宽 1.5～2cm,基部圆形或稍心形,两面除叶脉疏被星状短柔毛外,其余无毛,侧脉每边 5～7 条;叶柄长约 5mm。总状聚伞花序生于侧枝顶端,有花 3～5 朵;花梗柔弱而下垂,疏被星状短柔毛,长达 3cm;萼筒倒圆锥形,高约 4mm,外面密被星状短柔毛,萼齿 5 枚,少 7 枚,披针形;花冠裂片长圆状椭圆形,顶端钝,长 8～12mm,宽约 6mm,两面均密被星状茸毛;雄蕊 10～14 枚,花丝长约 4mm,下部宽扁,联合成短管,疏被星状毛,花药长圆球形,长约 3mm,无毛;花柱线形,长约 8mm,柱头不明显 3 裂。果实卵球形,连喙长 2～2.5cm,宽 1～1.3cm,红褐色,有浅棕色的皮孔,无毛,顶端具圆锥状的喙,外果皮木质,不开裂,厚约 1mm,中果皮木栓质,厚约 3.5mm,内果皮木质,坚硬,厚约 1mm;种子 1 颗,长圆球状线形,长约 1cm,栗褐色。花期 3—4 月,果期 7—9 月。$2n=24$。

区内有栽培。分布于江苏。

可作为园林绿化观赏树种。

图 2-395 秤锤树

106．木犀科 Oleaceae

常绿或落叶乔木、灌木或木质藤本。树枝和小枝上有皮孔。单叶或奇数羽状复叶,对生,稀互生或轮生;无托叶。花辐射对称,两性,稀单性或杂性异株,常组成顶生或腋生的圆锥花序或聚伞花序,有时于叶腋簇生,稀单生;花萼杯形或钟形,通常较小,顶端 4(～15)裂或近平截,稀缺如;花冠钟形、漏斗形或高脚蝶形,4(～12)裂,有时缺如;雄蕊 2 枚,稀 3～5 枚,附着于花冠或出自子房下部,花药 2 室,药隔常延伸于药隔之上;子房上位,2 室,每室胚珠 2(4～10)枚,稀 1 枚,花柱单生,柱头 2 尖裂。核果、浆果、蒴果或翅果;种子 1～4 枚,稀更多,多数有胚乳。

约 28 属,400 种,分布于温带和热带地区;我国有 10 属,160 种,南北各省、区均有分布;浙江有 8 属,33 种,2 亚种,5 变种,1 变型;杭州有 8 属,14 种,1 亚种。

本科植物的经济用途很广,大部供观赏用;有些种类的花很芳香,可作香料;有些种类可供药用;也有如白蜡树可用来饲养白蜡虫,使其产蜡,具经济价值。

分 属 检 索 表

1. 果为翅果或蒴果。
　　2. 翅果。
　　　　3. 翅在果周围;花序间有叶;叶为单叶 ……………………………………… 1. 雪柳属 *Fontanesia*
　　　　3. 翅在果顶端伸长;花序间无叶或有叶状小苞片;叶为复叶 ………………… 2. 梣属 *Fraxinus*
　　2. 蒴果。

4. 花黄色,先叶开花,花冠裂片比花冠管长;枝空心或具片状髓 ·················· 3. **连翘属** *Forsythia*

4. 花紫色、红色,稀白色,花冠裂片比花冠管短;枝实心 ·················· 4. **丁香属** *Syringa*

1. 果为核果或浆果。

 5. 核果。

  6. 花冠裂片在蕾中镊合状排列 ·················· 5. **流苏树属** *Chionanthus*

  6. 花冠裂片在蕾中覆瓦状排列 ·················· 6. **木犀属** *Osmanthus*

 5. 浆果。

  7. 花冠大,高脚碟状,裂片4～9枚;果常双生或其中1个不发育单生;叶为单叶、3出复叶或羽状复叶,叶柄常有关节;藤状或直立灌木 ·················· 7. **素馨属** *Jasminum*

  7. 花冠小,漏斗状,裂片4枚;果单生;叶为单叶;灌木或乔木 ·················· 8. **女贞属** *Ligustrum*

1. 雪柳属　Fontanesia Labill.

落叶灌木或小乔木。小枝四棱形。单叶,对生;叶片全缘或有细锯齿;无柄或具短柄。花小,两性,常组成顶生或腋生的圆锥花序。花萼小,4齿裂;花冠白色,4深裂,仅在基部稍合生,花蕾时内向镊合状排列;雄蕊2枚,花丝伸出于花冠外;子房上位,2室,稀3室,胚珠每室2枚,悬垂于室顶,柱头2裂。翅果宽椭圆球形或卵球形,扁平,周围有狭翅;种子每室1粒,胚乳肉质。

2种,分布于南欧、西南亚和我国;我国有1亚种,分布于中部至东部;浙江及杭州也有。

雪柳　(图2-396)

Fontanesia phillyreoides subsp. **fortunei** (Carrière) Yalt. —— *F. fortunei* Carrière

落叶灌木,高2～5m。冬芽小,卵球形,芽外具2～3对鳞片;小枝细长直立,灰色,微呈四棱形,无毛。单叶,对生;叶片纸质,卵状披针形至披针形,长2.5～12cm,宽1～2.5cm,上部的叶较大,通常自上而下渐小,先端长渐尖,基部楔形,全缘,两面无毛,侧脉4～6对;叶柄长2～4mm,无毛。花序顶生或腋生,在当年生枝上组成具叶的圆锥花序,无毛;花梗长2～4mm,无毛;花萼小,浅杯形,长约1mm,顶端具4枚尖齿;花冠白色或带淡红色,4深裂达基部,裂片长圆形,长2.5mm,宽0.7mm,先端钝;雄蕊2枚,伸出花冠外;雌蕊长2.5～3mm,柱头2裂。翅果宽椭圆球形,扁平,黄棕色,周围有狭翅,长8～9mm,宽4～5mm,顶端微凹,花柱宿存,基部圆楔形。花期5—6月,果期9—10月。$2n=26$。

见于余杭区(塘栖)、西湖景区(玉皇山),生于海拔100～600m的沟谷或溪边疏林下。分布于安徽、河北、河南、江苏、山东、陕西。

图2-396 雪柳

茎枝可编筐;茎皮可制人造棉;常栽作绿篱。

原种 *Fontanesia phillyreoides* Labill. 产于意大利、黎巴嫩、叙利亚、土耳其,叶长一般在8cm以下,叶上面暗绿色,不似本亚种叶上面有光泽。

2. 梣属　Fraxinus L.

落叶乔木或灌木。冬芽圆锥形，具 1～2 对芽鳞，稀为裸芽。奇数羽状复叶对生，无托叶；小叶(3～)5～9 枚，稀更多，叶轴常有沟槽，叶柄和小叶柄常基部增厚。花两性、单性，或杂性同株或异株；圆锥花序生于当年生或去年生枝上，苞片线形至披针状，早落或无；花萼小杯形，顶端 4 齿裂或近平截，有时缺如；花冠白色或淡黄色，4 深裂，花蕾时内向镊合状排列，有时退化至无花瓣；雄蕊 2 枚，花丝短，在花期伸出；子房上位，2 室，每室有 2 枚胚珠，悬垂于室顶。翅果扁平，线形或倒披针形，翅在果的顶端伸长；种子单生，扁平，长椭圆球形，种皮薄，胚乳肉质。

约 60 种，主要分布于北半球温带至亚热带地区；我国有 22 种，广布于各地；浙江有 6 种；杭州有 1 种。

白蜡树　（图 2-397）

Fraxinus chinensis Roxb.

落叶乔木或小乔木，高 4～10m。冬芽圆锥形，黑褐色；枝暗灰色，散生皮孔，无毛。奇数羽状复叶，连同叶柄长 15～22cm，小叶 5～7 枚，稀 9 枚；叶柄长 4～6cm，沟槽明显，小叶片革质或薄革质，长圆形或长圆状卵形，长 3～10cm，宽 1.5～5cm，先端渐尖或急尖，基部宽楔形或楔形，边缘有锯齿，上面无毛，下面沿中脉下部有灰白色柔毛，侧生小叶柄较短，长 2～5mm，顶生小叶柄长 1～1.5cm，小叶柄基部通常稍膨大成关节状，叶柄、叶轴和小叶柄均无毛，有时在沟槽内有灰褐色短柔毛。圆锥花序生于当年生枝顶，无毛；花梗长 5～6mm，无毛；花萼杯形，长约 1.5mm，顶端不规则齿裂或呈啮蚀状，无毛；花冠缺如；雄蕊 2 枚，长约 5mm；花柱短，柱头 2 裂。翅果倒披针形，长 3～3.5cm，宽 3.5～4mm，顶端急尖，中部以下渐狭成圆柱形，宿存萼紧抱果的基部，长 1.5～2mm，顶端呈不规则 2～3 开裂。花期 4—5 月，果期 8—9 月。2n＝46。

图 2-397　白蜡树

见于西湖区（双浦）、萧山区（进化），生于海拔 800m 以下的沟谷或溪边杂木林中，也有庭院栽植。分布于全国各地（多为栽培）；朝鲜半岛、越南也有。杭州新记录。

为行道、护堤、防护林的优良树种；可用来饲养白蜡虫以制取白蜡。

3. 连翘属　Forsythia Vahl

落叶灌木。小枝直立或下垂，圆柱形或呈四棱形，中空或具白色片状髓。单叶或 3 出复叶，有叶柄；叶片全缘或有锯齿，稀 3 深裂。花单性，雌雄异株，先叶开放，1～3(～5) 朵生于叶腋，具花梗；花萼 4 深裂，裂片长圆形或圆形；花冠黄色，4 深裂，裂片狭长圆形或椭圆形，比花冠管长，花蕾时呈覆瓦状排列；雄蕊 2 枚，着生于花冠基部；子房上位，2 室，每室具胚珠 4～10

枚,悬垂于室顶,花柱细长,柱头 2 裂。蒴果卵球形或长圆球形,室背开裂为 2 片木质或革质果瓣;种子多数,具狭翅,无胚乳。

11 种,分布于欧洲至日本;我国有 6 种;浙江有 2 种;杭州有 2 种。

1. 连翘　(图 2-398)

Forsythia suspensa（Thunb.）Vahl

落叶灌木,高 1～3m。冬芽褐色;茎直立,枝条常下垂,灰褐色,无毛,稍呈四棱形,中空。单叶,有时成 3 出复叶;叶片纸质,卵形、宽卵形或长圆状卵形,长 3～10cm,宽 2～5cm,先端急尖,基部圆形或宽楔形,边缘除基部外有锯齿,两面无毛,上面中脉常微凹,下面凸起,侧脉 4～6 对;叶柄长 1～2cm,无毛;3 出复叶的侧生小叶远小于顶生小叶,小叶无柄。花先叶开放,常单朵生于叶腋;花梗长 6～10mm,无毛,基部有数枚钻形苞片;花萼钟形,4 深裂达基部,裂片长圆形,长 5～7mm,与花冠管近等长,先端钝,缘有睫毛;花冠黄色,钟形,4 深裂,裂片倒卵状椭圆形或长圆形,长可达 2cm,宽 6～8mm,先端钝或急尖;雄蕊 2 枚,着生于花冠管基部,与花冠管近等长;雌蕊长 4～5mm,柱头 2 裂。蒴果卵球形,长约 1.5cm,顶端尖,基部圆形,表面散生疣点,果梗长 8～10mm,基部苞片宿存。花期 3 月,果期 9 月。2n=24,28。

区内有栽培,生于山坡灌丛、林下、草丛中,或山谷、山沟疏林中。原产于我国;分布于安徽、河北、河南、湖北、江苏、山东、山西、陕西、四川。

花供观赏;果实入药;种子含油量达 25.5%,可制香皂和化妆品。

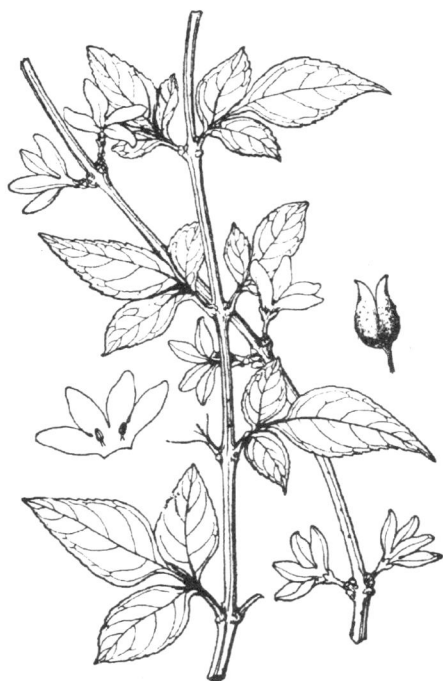

图 2-398　连翘　　　　　图 2-399　金钟花

2. 金钟花　(图 2-399)

Forsythia viridissima Lindl.

落叶灌木,高 1～3m。小枝直立,四棱形,绿色或黄绿色,无毛,具薄片状髓。单叶,对生,叶片长椭圆形至披针状或倒卵状椭圆形,长 3.5～15cm,宽 1～4cm,近革质,先端锐尖,基部楔形,叶片上半部分边缘有锯齿或全缘,叶柄长 6～12mm。花先叶开放,1～3 朵簇生于叶腋;花梗长 5～7mm,基部有数枚钻形苞片;花萼钟形,4 裂至中部,裂片卵形或椭圆形,长 2～3mm,为花冠管之半,宽 1～1.5mm,先端钝,缘有睫毛;花冠黄色,钟形,4 深裂,裂片狭长圆形,先端钝;雄蕊 2 枚,着生于花冠管基部,与花冠管近等长;雌蕊柱头 2 裂。蒴果卵球形,长 1～1.5cm,直径为 6～8mm,顶端尖,基部圆形,表面常散生棕色鳞秕或疣点,果梗长 6～7mm,基部苞片宿存。2n＝28。

区内常见栽培,生于海拔 800m 以下的沟谷、溪边杂木林下或灌丛中。原产于我国;分布于安徽、福建、湖北、湖南、江苏、江西、云南。

花供观赏;果实入药;种子油供制皂和化妆品用。

与上种的主要区别在于:上种的枝条常下垂,中空,单叶或有时形成 3 出复叶;花萼裂片长 5～7mm,与花冠管近等长。

4. 丁香属　Syringa L.

落叶灌木或小乔木。冬芽卵球形,外具褐色鳞片,通常无顶芽;小枝圆柱状或四棱形。单叶,对生,叶片全缘或有时分裂,稀为羽状复叶,具柄。花两性,花、叶同时开放,圆锥花序顶生或腋生于二年生枝上;花萼小,杯形或钟形,通常 4 裂;花冠紫色、淡红色或白色,有香味,漏斗状,顶端 4 裂,裂片比花冠管短,花蕾时镊合状排列;雄蕊 2 枚,内藏或外露;子房上位,2 室,柱头 2 裂。蒴果长圆球形或近圆柱形,室背开裂为 2 片革质果瓣;种子每室 2 粒,边缘具膜质翅,具胚乳。

约 20 种,分布于亚洲和欧洲东南部;我国有 16 种;浙江有 1 种,2 变种;杭州有 1 种。

紫丁香　(图 2-400)
Syringa oblata Lindl.

落叶灌木或小乔木,高达 4m。小枝粗壮,光滑无毛,被微柔毛或具软毛,灰色,幼时有极细微短柔毛,后脱落变无毛。单叶,叶片薄革质或厚纸质,卵圆形至肾形,长 3.5～10cm,宽 3～11cm,通常宽度稍大于长度,先端渐尖,基部浅心形至截形,全缘,两面无毛或具短柔毛,中脉在下面稍凸起,侧脉 4～5 对,叶柄长 1～2cm,无毛。圆锥花序直立,出自二年生枝的侧芽,长 6～15cm;花梗长 1～3mm,有腺毛或无毛;花萼杯形,裂片三角形;花冠紫色,淡紫色,有时白色,有香味,漏斗形,顶端 4 裂,裂片椭圆形,长 4～5mm,宽 3～3.5mm,先端钝;雄蕊 2 枚,着生于花冠管中部或稍上,内藏;花柱棍棒状,柱头 2 浅裂。蒴果长圆球形压扁状,长 1～2cm,宽 5～7mm,顶端尖,基部宽楔形,褐色,室背开裂成 2 片革质果瓣;种子每室 2 粒,长圆球形,扁平,周围有翅。2n＝46。

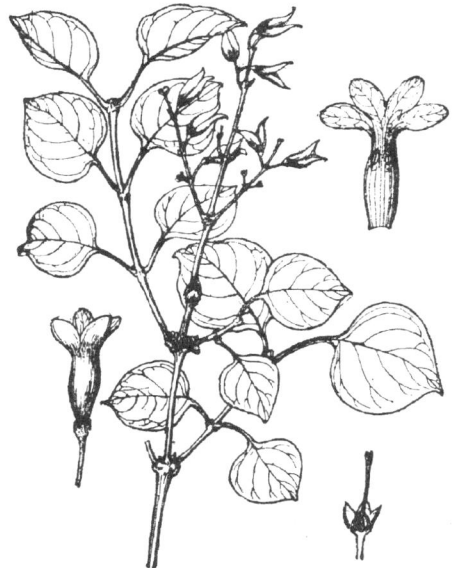

图 2-400　紫丁香

区内有栽培。分布于甘肃、湖北、河南、吉林、辽宁、内蒙古、宁夏、青海、山东、山西、陕西、四川;朝鲜半岛也有。

花芳香,供观赏,又可提制芳香油;嫩叶可代茶。

5. 流苏树属　Chionanthus L.

落叶灌木或乔木。冬芽具数枚鳞片。单叶,对生,叶片全缘或有锯齿。两性,或单性而雌雄异株,组成顶生的聚伞状圆锥花序。花白色,花萼 4 裂;花冠 4 深裂达基部,裂片线状匙形;雄蕊 2 枚,稀 3~4 枚,藏于花冠管内或稍伸出,花药几无花丝或具短花丝;子房上位,2 室,每室 2 枚胚珠,花柱短,柱头 2 裂。核果卵球形或椭圆球形,内含种子 1 粒。

约 80 种,分布于非洲、美洲、亚洲和澳大利亚的热带及亚热带地区;我国有 7 种;浙江有 1 种;杭州有 1 种。

流苏树　(图 2-401)

Chionanthus retusus Lindl. ex. Paxt.

落叶灌木或乔木,高 2~8m。枝灰褐色,嫩枝有短柔毛。叶片厚纸质,椭圆形或长圆形,稀倒卵形,长 2.3~8cm,宽 1~4cm,先端急尖或钝圆,常微凹,基部宽楔形或楔形,全缘或具微细锯齿,幼时沿中脉被柔毛,后两面无毛,侧脉 4~5 对,网脉在下面凸起呈蜂窝状网络,叶柄长 5~15cm,有柔毛。聚伞状圆锥花序顶生,长 5~10cm,花序梗有短柔毛,以上各部近无毛;花单性,花梗长 5~10mm;花萼 4 深裂,裂片披针形,长 2.5~3mm,宽 0.5mm,花冠白色,4 深裂达基部,仅基部稍合生,裂片线状倒披针形,长约 1.5cm,宽 2.5mm,先端钝;雄蕊 2 枚,与花冠管近等长,无花丝。核果椭圆球形,长 1~1.2cm,直径为 6~7mm,熟时变黑色,宿存萼片长 3~4mm,果梗长 1.2~1.5cm,基部呈关节状。花期 4 月下旬至 5 月,果期 6 月。$2n=46$。

图 2-401　流苏树

见于拱墅区(半山)、西湖区(龙坞)、滨江区(长河)、萧山区(蜀山、闻堰)、余杭区(良渚、余杭、闲林)、西湖景区(宝石山、北高峰、棋盘山、五云山),生于向阳山坡或山谷疏林中。分布于福建、广东、河北、河南、江西、陕西、四川、台湾、云南;日本、朝鲜半岛也有。

木材坚硬,可制器具;嫩叶可代茶;花供观赏。

6. 木犀属　Osmanthus Lour.

常绿灌木或小乔木。冬芽外具 2 枚鳞片。单叶,对生,叶片全缘或有锯齿,常有腺点,具柄。花两性或单性,雌雄异株,或雌花、两性花异株,簇生于叶腋或组成腋生的短聚伞花序,有时成总状花序或圆锥花序;苞片2枚,在基部联合,通常具缘毛;花芳香,花萼小,杯形,顶端4裂;花冠白色、黄色至浅红色,4浅裂或深裂至近基部,稀缺如,花蕾时覆瓦状排列,雄蕊2枚,稀4枚,花丝短;子房上位,2室,每室具胚珠2枚,花柱圆柱形,柱头头状或2浅裂。核果,内果皮坚硬或骨质;种子1枚,种皮薄,有肉质胚乳。

　　约30种,分布于亚洲和美洲;我国有23种,多分布于长江以南各省、区;浙江有8种,2变种;杭州有2种。

1. 华东木犀　宁波木犀　(图2-402)

Osmanthus cooperi Hemsl.

　　常绿乔木或小乔木,高4～8m。枝灰褐色,无毛。单叶,叶片革质,长圆形或长圆状卵形,稀倒卵形,长6～9.5cm,宽2.5～4cm,先端渐尖、短尾状渐尖或急尖,基部楔形至圆形,全缘,或在营养枝上有疏锯齿,边缘稍背卷,两面无毛,上面亮绿色,下面淡绿色,叶片压干后平展,不呈皱褶状,中脉上面常微凹,下面凸起,具软毛,在叶柄附近聚集,侧脉7～8对,不明显;叶柄长1～2cm,无毛。花簇生或束生于叶腋,常3～5朵成1束,基部有一杯状苞片,常被软毛,长2～3mm,顶端2尖裂;花梗长4～6mm,无毛;花萼浅杯形,顶端4裂,裂片三角形,无毛;花冠白色,长2.5～3mm,顶端4裂,裂片长圆形或卵形,长1.5～2mm,宽1.1～1.4mm,先端钝;雄蕊2枚,着生于花冠基部达花冠裂片中部,花丝短。核果长圆球形,深蓝色。花期7—8月,果期翌年2—3月。

　　见于西湖区(留下、龙坞)、余杭区(良渚、余杭)、西湖景区(飞来峰、五云山),生于海拔800m以下的山坡杂木林背阴潮湿处。分布于安徽、福建、江苏、江西。

图2-402　华东木犀

图2-403　木犀

2. 木犀　桂花　(图2-403)

Osmanthus fragrans Lour.

　　常绿乔木或小乔木,高3～10m。枝灰褐色,嫩枝灰绿色,无毛。叶片革质,长椭圆形或长椭圆状披针形,稀倒卵状长椭圆形,长 6～12cm,宽 2～4.5cm,先端渐尖或急尖,基部楔形或宽楔形,通常上半部有锯齿或疏锯齿至全缘,上面暗绿色,下面淡绿色,有细小腺点,侧脉 7～12 对,上面常微凹,下面凸起,至上部网结,叶片压干后呈皱褶状;叶柄长 5～10(～15)mm,无毛。花簇生或束生于叶腋,3～5 朵成 1 束,基部有一杯状革质苞片,长 3～4mm,先端 2 尖裂;花梗长 6～8(～10)mm,无毛;花萼浅杯形,先端 4 齿裂,裂齿三角形;花冠淡黄白色或橙色,很芳香,长 4m,顶端 4 深裂,裂片长圆形;雄蕊 2 枚,花丝短,着生于花冠管上;子房卵球形,花柱短。核果椭圆球形,长 1～1.5cm,直径为 8～10mm,熟时紫黑色。花期 8—10 月,果期翌年 2—4 月。$2n=46$。

区内常见栽培。原产于我国西南部;现世界各地有栽培。

花芳香,可制桂花浸膏,用于香精香料行业,还可熏茶和制桂花糖、桂花糕、桂花酒等,亦可入药;果实可榨油,供食用;树型美观,是庭院绿化的优良树种。

与上种的主要区别在于:本种叶缘有锯齿或疏锯齿至全缘,压干后呈皱褶状,侧脉较明显,栽培。

7. 素馨属　Jasminum L.

常绿或落叶灌木。茎直立或攀援,小枝绿色,常有棱。单叶或奇数羽状复叶对生,稀互生,叶柄常有关节,无托叶。花两性,组成二歧或三歧的聚伞花序或聚伞状圆锥花序、总状花序、伞房花序或伞形花序,稀单生;苞片钻状或线形;花杯形、钟形或圆筒形,4～10 裂,裂片通常线形,有时呈叶状或三角形,长或短,花大,高脚碟状,花冠管长,顶端 4～10 裂,裂片花蕾时覆瓦状排列;雄蕊 2 枚,内藏,花丝极短,花药背着,药室纵裂;子房上位,2 室,每室具胚珠 2 枚。浆果,双生或仅 1 个发育而单生,花萼宿存;种子每室 1 枚,稀 2 枚,无胚乳。

200 余种,分布于北半球的温带至热带地区;我国有 43 种,广布于西南部及南部,北部及西北部亦有少数;浙江有 7 种;杭州有 4 种。

分 种 检 索 表

1. 叶为复叶。
　2. 叶互生 ·· 1. 探春　*J. floridum*
　2. 叶对生。
　　3. 叶后开花;花直径为 3.5～4cm ·· 2. 野迎春　*J. mesnyi*
　　3. 先叶开花;花直径为 2～2.5cm ··· 3. 迎春　*J. nudiflorum*
1. 叶为单叶 ·· 4. 茉莉花　*J. sambac*

1. 探春　(图 2-404)

Jasminum floridum Bunge

缠绕状半常绿灌木,长 1～3m。幼枝四棱形,绿色,无毛。叶互生,单叶和 2 出复叶混生;叶片椭圆状卵形至卵状长圆形,稀倒卵形,长 1～3cm,宽 0.7～1.3cm,先端急尖至突尖,基部楔形或宽楔形,边缘有细短的芒状锯齿或全缘,背卷,中脉上面凹下,下面凸起,两面无毛;叶柄长 5～7mm,侧生小叶近无柄,顶生小叶柄长 5～7mm。聚伞花序顶生,无毛;花萼杯形,顶端 5

裂,裂片钻形,与萼筒近等长,无毛;花冠黄色,漏斗状,花冠管长 1～1.2cm,顶端 5 裂,裂片长圆形或宽卵形,长 5～7mm,宽 3.5mm,先端急尖,具小尖头,雄蕊 2 枚,内藏。浆果椭圆球形或近圆球形,长 5～7mm;种子椭圆球形,扁平。花期 5 月,果期 9 月。$2n=52$。

区内常见栽培。分布于我国中部地区。

供观赏。

图 2-404　探春

图 2-405　野迎春

2. 野迎春　云南黄素馨　(图 2-405)

Jasminum mesnyi Hance

常绿蔓性灌木。枝绿色,直立或弯曲,四棱形,无毛。叶对生,单叶和 3 出复叶混生,叶片圆形、长圆状卵形或狭长圆形,长 1.5～3.5cm,宽 8～11mm,3 出复叶的顶生小叶比侧生小叶大,先端钝,有小尖头,基部楔形,全缘或有细微锯齿,中脉上面平坦,下面凸起,侧脉不明显,两面无毛;叶柄长 6～9mm,无毛,侧生小叶无柄,顶生小叶近无柄。花大,单生于枝下部叶腋;苞片叶状;花梗长 5～7mm,无毛;花萼钟形,萼筒长 2mm,顶端 6～7 裂,裂片叶状,狭长卵形,长 5～6mm,先端急尖或渐尖,无毛;花冠黄色,直径通常为 3.5～4cm,花冠管长 7～10mm,呈半垂瓣,裂片椭圆形或长圆形,长 1.4～1.8cm,宽 0.9～1.4cm,先端钝圆,有小尖头;雄蕊 2 枚,内藏。浆果未见。花期 4 月。$2n=24,26$。

区内常见栽培。分布于我国西南地区。

供观赏。

3. 迎春 （图 2-406）

Jasminum nudiflorum Lindl.

落叶灌木,茎高 0.5~3(~5)m。枝绿色,直立或弯曲,无毛,幼枝呈四棱形。叶对生,3 出复叶,有时幼枝基部有单叶;小叶片卵形至长圆状卵形,长 1~2.5cm,宽 5~10mm,顶生小叶比侧生小叶大,先端急尖至突尖,基部楔形,全缘,有缘毛,两面无毛;叶柄通常长 5~10mm,无毛,侧生小叶无柄,顶生小叶近无柄。花先叶开放,单生于已落叶的去年生枝的叶腋;花梗长 2mm,具叶状绿色的狭窄苞片;花萼裂片 5~6 枚,线形或长圆状披针形,与萼筒等长或稍长于萼筒;花冠黄色,直径通常为 2~2.5cm,花冠管长 1~1.5cm,通常 6 裂,裂片倒卵形或椭圆形,约为花冠管长度之半,先端钝;雄蕊 2 枚,内藏。浆果未见。花期 3—5 月。$2n=24,26,39,48,52$。

区内常见栽培。分布于我国西部地区,现世界各地广泛栽培。

供观赏;叶、花还可入药。

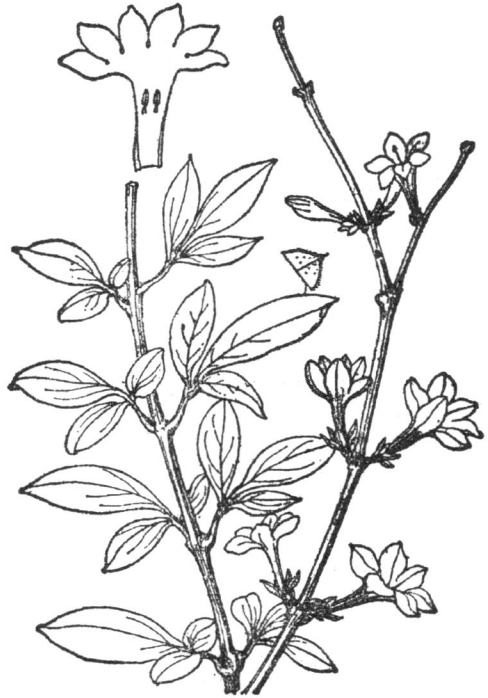

图 2-406　迎春

4. 茉莉花

Jasminum sambac（L.）Aiton

常绿直立灌木,茎高 0.5~1(~3)m。小枝圆柱状或略扁,有时中空;幼枝绿色,被短柔毛或近无毛,单叶,对生。叶片薄纸质,宽卵形或椭圆形,有时近倒卵形,长 4~7.5cm,宽 3.5~5.5cm,先端急尖或钝,基部宽楔形或圆形,全缘,稍背卷,两面无毛,或在下面脉腋内有簇毛,侧脉 5~6 对;叶柄长 4~5mm,有短柔毛或近无毛。3~4 朵花簇生于枝顶或叶腋;花梗长 4~6mm,有柔毛;花萼杯形,萼筒顶端 8~9 裂,裂片线形;花冠白色,极芳香,花冠管长 5~10mm,顶端裂片 5 枚或为重瓣,宽卵形,与花冠管近等长,先端钝圆;雄蕊 2 枚,内藏;子房上位,2 室,每室具 2 枚胚珠。浆果未见。花期 5—11 月,尤以 7 月最盛。$2n=26,39$。

区内常见栽培。原产于印度;世界各地广泛栽培。

花芳香,常盆栽供观赏,还可制茉莉浸膏;叶和根可入药。

8. 女贞属　Ligustrum L.

常绿或落叶灌木、小乔木。冬芽卵球形,外有 2 枚鳞片。单叶,对生,叶片全缘,具短柄。聚伞花序再组成圆锥花序,顶生。花小,两性;花萼杯形或钟形,4 裂或不规则齿裂;花冠白色,钟形或漏斗形,4 裂,花蕾时内向镊合状排列;雄蕊 2 枚,外露或内藏,着生于花冠管上部,花丝长或短;子房上位,球形,2 室,每室具 2 枚胚珠,下垂,倒生,花柱丝状,外露或内藏,柱头 2 浅裂。浆果状核果,内果皮薄,膜质或纸质;种子 1~4 枚,胚乳肉质。

约 45 种,分布于亚洲和欧洲;我国有 27 种,多分布于南部、西南部;浙江有 8 种,1 亚种,1
变种,1 变型;杭州有 3 种。

分 种 检 索 表

1. 常绿乔木或小乔木 ·· 1. 女贞　L. lucidum
1. 常绿或落叶灌木。
　　2. 常绿灌木;叶片两面无毛或仅在中脉被毛 ·················· 2. 小叶女贞　L. quihoui
　　2. 落叶灌木;叶片两面被毛,至少早期如此 ···················· 3. 小蜡　L. sinense

1. 女贞　(图 2-407)

Ligustrum lucidum W. T. Aiton

常绿乔木或小乔木,高 5～10m(栽作绿
篱呈灌木状)。树皮灰色,光滑不裂;小枝圆
柱状,无毛,有皮孔。单叶,对生;叶片革质而
脆,卵形、宽卵形、椭圆形或椭圆状卵形,长
8～13cm,宽 4～6.5cm,先端渐尖或急尖,基
部宽楔形,全缘,两面无毛,上面深绿色,有光
泽,下面淡绿色,有腺点,上面中脉平坦,下面
凸起,侧脉 5～7 对,叶柄长 1.5～2cm,无毛。
圆锥花序顶生,长 12～20cm,无毛;花近无梗
或近无梗;花萼杯形,顶端近平截,无毛;花冠
白色,顶端 4 裂,裂片卵形或长圆形,与花冠
管近等长,先端急尖或钝;雄蕊 2 枚,着生于
花冠喉部,伸出花冠外;雌蕊柱头 2 裂。浆果
状核果,长圆球形,深蓝黑色,长8～10mm,直
径为 3～4mm;种子单生,表面有皱纹。花期
7 月,果期 10 月至翌年 3 月。2n＝46。

图 2-407　女贞

区内常见栽培。分布于安徽、福建、甘肃、广东、广西、贵州、海南、河南、湖北、湖南、江苏、
江西、陕西、四川、西藏、云南。

是优良的绿化树种;可饲养白蜡虫提取白蜡;根、茎、树皮、叶、果实可入药;种子油可供工
业用。

2. 小叶女贞　(图 2-408)

Ligustrum quihoui Carrière

常绿灌木,高 2～3m。枝灰色,小枝圆柱状,当年生枝密被灰黄色短柔毛。单叶,叶片薄革
质,长圆形或长圆状卵形,稀倒卵形,长 1.5～4cm,宽 0.8～2.5cm,先端钝或钝圆,稀急尖,基
部楔形,全缘,上面亮绿色,下面淡绿色,有腺点,侧脉 4～5 对,叶柄长 2～4mm,近无毛。圆锥
花序具叶状苞片,顶生,长 8～14cm,密被灰色短柔毛;花近无梗;花萼杯形,长 0.7～1mm,顶
端 4 齿裂,无毛;花冠白色,花冠管顶端 4 裂,裂片长圆形或卵形,先端急尖,裂片与花冠管近等
长;雄蕊 2 枚,着生于花冠喉部,伸出花冠外;花柱丝状,柱头近头状。浆果状核果,宽椭圆形或

近球形,长 6～8mm,直径为 5～6mm,无梗,熟时紫黑色。花期 7 月,果期 10 月。$2n=46$。

见于余杭区(良渚)、西湖景区(宝石山、赤山埠、飞来峰、棋盘山、玉皇山),生于海拔 100～500m 的山坡疏林下或溪边灌丛中的岩石边。分布于安徽、贵州、河南、湖北、江苏、江西、山东、陕西、四川、西藏、云南。

图 2-408 小叶女贞

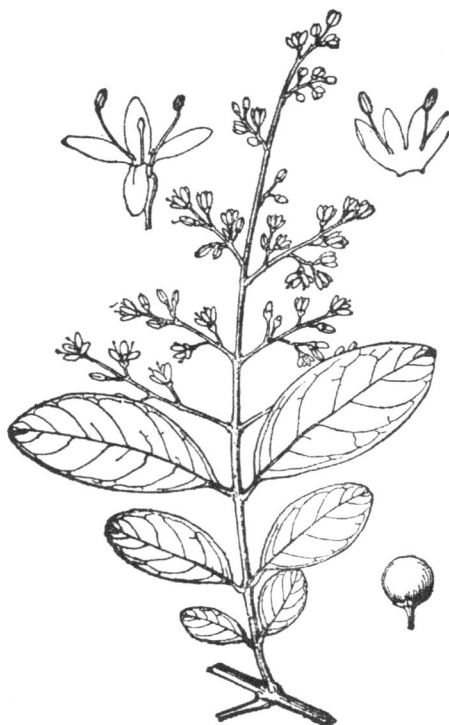

图 2-409 小蜡

3. 小蜡 (图 2-409)

Ligustrum sinense Lour.

落叶灌木或小乔木,高 2～5m。小枝圆柱状,枝灰色,密被短柔毛,有时在果期脱落变无毛。单叶对生;叶片纸质,长圆形或长圆状卵形,长 2.5～6cm,宽 1～3cm,先端钝或急尖,常微凹,基部宽楔形或楔形,全缘,稍背卷,上面常无毛,下面有短柔毛,有时仅沿中脉有明显柔毛,有细小腺点,侧脉 5～8 对,近叶缘处网结;叶柄长 2～5mm,有毛或无毛。圆锥花序顶生,长5～9cm,有短柔毛,基部苞片有或无;花梗长2～4mm,近无毛;花萼杯形,顶端近平截,无毛;花冠白色,花冠管长 1.5～2mm,顶端 4 裂,裂片长圆形或长圆状卵形,长 2.5～3mm,宽 1.5mm,先端急尖或钝;雄蕊 2 枚,熟时黑色,伸出花冠外;花柱线形,柱头近头状。浆果状核果近球形,直径为 4～5mm,果梗长 2～5mm。花期 7 月,果期 9—10 月。$2n=46$。

区内常见,生于海拔 500m 以下的沟谷、溪边疏林下及灌丛中,也常栽作绿篱或盆栽供观赏。分布于安徽、福建、甘肃、广东、广西、贵州、海南、湖北、湖南、江苏、江西、陕西、四川、台湾、西藏、云南;越南也有。

果实可酿酒;种子可制肥皂;茎皮纤维可制人造棉。

107. 马钱科 Loganiaceae

灌木、乔木或木质藤本,稀草本。茎直立,缠绕或攀援。单叶,对生,少数互生或轮生;叶片全缘或具微齿;托叶极退化。花两性,辐射对称;单生,或排列成聚伞花序或圆锥花序,有时近穗状。花萼 4～5 裂;花冠联合成高脚碟状、漏斗状或辐射状,通常 4～5 裂,裂片在蕾中呈覆瓦状、镊合状或旋转状排列;雄蕊着生在花冠管上或喉部,与花冠裂片同数而互生;雌蕊由 2 枚心皮合生,子房上位,2 室,每室胚珠多数,稀 1 枚,中轴胎座,花柱单一,柱头常 2 浅裂,稀 4 裂。果为蒴果、浆果或核果;种子常具翅,胚小而直立,胚乳肉质或软骨质。

约 29 属,500 种,主要分布于世界热带至亚热带地区,欧洲不产;我国有 8 属,45 种;浙江有 4 属,8 种;杭州有 2 属,3 种。

本科是一个多系类群,许多属已被移至其他科中,如断肠草科 Gelsemiaceae、龙胆科 Gentianaceae、紫葳科 Gesneriaceae、玄参科 Scrophulariaceae 等。本志暂按照《中国植物志》和《浙江植物志》的界定来处理。

1. 醉鱼草属 Buddleja L.

直立灌木或小乔木,常有星状毛。叶对生,稀互生;叶片全缘或具锯齿;托叶在叶柄间连生或退化成一线痕。聚伞花序多花排列成头状、穗状或圆锥花序。花萼钟形,4 裂,宿存;花冠高脚碟状或漏斗状,4 裂,裂片在蕾中呈覆瓦状排列;雄蕊 4 枚,着生于花冠管下部、中部或喉部;子房 2 室,每室胚珠多颗,柱头 2 裂。蒴果,2 瓣裂;种子细小,长圆球形或纺锤形,稍扁平,有翅或无翅。

约 100 种,分布于美洲、非洲和亚洲的热带和亚热带地区;我国有 20 种;浙江有 3 种;杭州有 2 种。

分子系统学研究表明本属应归入玄参科 Scrophulariaceae(APG Ⅲ,2009)。

1. 大叶醉鱼草 (图 2-410)

Buddleja davidii Franch.

落叶灌木,高可达 3m。嫩枝密被白色星状绵毛;小枝略呈四菱形,呈披散状。叶对生;叶片卵状披针形至披针形,长 3.5～14cm,宽 1.2～5cm,先端渐尖,基部宽楔形,边缘疏生细锯齿,上面无毛,下面密被灰白色星状茸毛;叶柄长约 3mm。多数聚伞花序集成长可

图 2-410 大叶醉鱼草

达 40cm 的圆锥花序；花序梗长 3～12mm；苞片线形，长 7～10mm；花淡紫色，有香气；花萼外面密被星状茸毛，4 裂，裂片披针形；花冠管直而细，长 0.7～1cm，喉部橙黄，外面疏生星状茸毛及鳞片；雄蕊 4 枚，着生于花冠管中部；子房无毛。蒴果线状长圆球形，长 6～8mm；种子线状长圆球形，两端具长尖翅。花期 8—9 月，果期 10—11 月。$2n=76$。

区内有栽培。原产于我国和日本。

本种有大量的园艺品种，花多色艳，供观赏。

2. 醉鱼草 （图 2-411）

Buddleja lindleyana Fortune

落叶灌木，高可达 2m。茎分枝多；小枝四棱形，具窄翅；嫩枝、嫩叶及花序均有棕黄色星状毛和鳞片。叶对生；叶片卵形至卵状披针形或椭圆状披针形，大小差异较大，长 2.5～13cm，宽1.2～4.2cm，先端渐尖，基部宽楔形或圆形，全缘或疏生波状细齿，中脉上面凹下，侧脉两面均凸起，每边 7～14 条，至近叶缘处相连接；叶柄长 0.5～1cm。花由多数聚伞花序集成顶生伸长的穗状花序，常偏向一侧，长 21～54cm，下垂；小苞片狭线形，着生于花萼基部；花梗极短；花萼 4 浅裂，裂片三角状卵形，与花冠管均密被棕黄色细鳞片；花角状卵形，与花冠管均密被棕黄色细鳞片；花冠紫色，稀白色，花冠管稍弯曲，长约 1.2cm，直径约为 3mm，内面具柔毛，顶端 4 裂，裂片半圆形；雄蕊 4 枚，花丝极短，着生于花冠管的基部；子房 2 室，每室胚珠多颗，花柱单一，柱头 2 裂。蒴果长圆球形，长约 5mm，外面被鳞片；种子多数，褐色，无翅。花期 6—8 月，果熟期 10 月。$2n=38$。

图 2-411 醉鱼草

见于萧山区（楼塔）、余杭区（百丈、良渚、闲林、余杭）、西湖景区（北高峰、飞来峰、虎跑、龙驹坞、梅家坞、韬光等），生于向阳山坡灌丛中、溪沟、路旁的石缝间。分布于安徽、福建、广东、广西、贵州、湖北、湖南、江苏、江西、四川、云南。

为庭院观赏植物；根和全草入药；叶也用于毒鱼、灭虫。

与上种的主要区别在于：本种叶片卵形至卵状披针形，嫩枝、叶片下面及花序有棕黄色星状毛，花冠管略弯曲。

2. 蓬莱葛属 Gardneria Wall.

常绿攀援灌木。枝圆柱状，无毛，节上有线状隆起的托叶痕。叶对生；叶片全缘，具短柄；托叶在两叶柄基部退化成一线痕。花单生或成聚伞花序，腋生。花萼小，宿存，4～5 裂；花冠近辐射状，花冠管极短，檐部 4～5 裂，裂片在蕾中呈镊合状排列；雄蕊 4～5 枚，着生于花冠管上,花丝几无,花药分离或合生;子房卵球形,2 室,每室具胚珠 1 颗,花柱圆柱状,柱头头状或 2 浅裂。浆果球形;种子稍扁平,胚小,胚乳肉质。

　　5 种,分布于我国、不丹、印度、印度尼西亚、日本、朝鲜半岛、马来西亚、尼泊尔、斯里兰卡、泰国;我国有 5 种;浙江有 3 种;杭州有 1 种。

　　与上属的主要区别在于:本属为常绿攀援灌木;花单生或成聚伞花序,花冠管极短;浆果。

蓬莱葛 　(图 2-412)

Gardneria multiflora Makino

　　常绿攀援灌木。枝圆柱状,无毛,节上有线状隆起的托叶痕。叶片革质,椭圆形或椭圆状披针形,长 4.5～14cm,宽 2～4cm,先端渐尖,基部宽楔形,全缘,略反卷,上面深绿色,具光泽,中脉在上面凹下,侧脉在两面均凸起,每边 5～8 条;叶柄长 5～8mm;托叶退化成线状痕迹。聚伞花序通常由 5～6 朵花组成,腋生;花序梗长 3～6mm,基部具三角形苞片;小苞片钻形;花萼 4～5 裂,裂片半圆形,不等大,具睫毛;花冠黄色,直径约为 1.2cm,花冠管短,顶端 4～5 裂,裂片披针状椭圆形,在蕾中呈镊合状排列,檐部内面边缘有 2 条龙骨状凸起;雄蕊 4～5 枚,着生于花冠管上,花丝极短,花药离生,长约 2.5mm;子房 2 室,每室有 1 枚胚珠,花柱长约 5mm,柱头顶端 2 浅裂。浆果圆球形,直径约为 7mm,成熟时红色;种子稍扁平,黑色。花期 6—7 月,果期 9 月。

　　见于西湖区(龙坞、双浦)、萧山区(河上)、余杭区(百丈、闲林、余杭、中泰)、西湖景区(飞来峰、梅家坞、云栖、玉皇山),生于山坡阴湿处的林下、灌丛中或岩石旁。分布于安徽、福建、广东、广西、贵州、河北、河南、湖北、湖南、江苏、江西、陕西、四川、台湾、云南;日本也有。

　　根、叶入药。

图 2-412　蓬莱葛

108. 龙胆科　Gentianaceae

　　一年生或多年生草本,稀灌木,常有苦味。茎直立或缠绕。单叶稀复叶,有时呈鳞片状,对生、基生,少互生;叶片全缘,基部常合生或为一横线所连接;托叶缺。顶生或腋生的聚伞、头状或伞形花序,少单生。花两性,辐射对称,少两侧对称;花萼管状,4～5 裂,裂片在花蕾时覆瓦状排列;花冠漏斗状、管状、钟状或辐射状,裂片 4～5 枚,常右向旋转状排列,雄蕊与花冠裂片同数而互生,长着生于花冠管上;花药纵裂,花盘不明显或缺,子房上位。蒴果2瓣裂,稀浆果;种子多数,有丰富的胚乳和胚。

约80属,700种,世界广布;我国有20属,419种;浙江有7属,19种,1变种;杭州有4属,5种,1变种。

传统上将本科分为2个亚科——龙胆亚科 subfamliy Gentianoideae 和睡菜亚科 subfamily Menyanthoideae。分子系统学研究(APG Ⅲ,2009)及形态解剖学、化学、孢粉学的证据均支持将睡菜亚科独立成睡菜科 Menyanthaceae。本志暂按照《中国植物志》和《浙江植物志》的界定来处理。

分 属 检 索 表

1. 水生草本;叶互生;花冠裂片在花蕾时内向镊合状排列 ·················· 1. 荇菜属　Nymphoides
1. 陆生草本;叶通常对生,稀互生;花冠裂片在花蕾时旋转状或覆瓦状排列。
　　2. 茎缠绕 ·· 2. 双蝴蝶属　Tripterospermum
　　2. 茎直立或斜生。
　　　3. 花药在花后旋卷 ································· 3. 百金花属　Centaurium
　　　3. 花药在花后不旋卷 ······························· 4. 龙胆属　Gentiana

1. 荇菜属　Nymphoides Seguier

多年生水生草本。茎细弱,常具根状茎。单叶,互生或近对生,有时单生于茎端,常浮于水面;叶片圆形或卵形,基部深心形,全缘或微波状,具柄。簇生状伞形花序生于节上;花两性,辐射对称,黄色和白色,有花梗;花萼4～5(6)深裂达基部;花冠辐射或宽钟状,4～5裂,裂片常撕裂状,在蕾中呈镊合状排列;雄蕊5枚,着生于花冠管基部,花丝短,花药卵球形或近线形;蜜腺5枚,着生在子房基部;子房上位,1室,有胚珠多数。蒴果卵球形或长圆球形,不开裂,稀不规则开裂;种子多数,种皮平滑或具毛、瘤及翅等附属物。

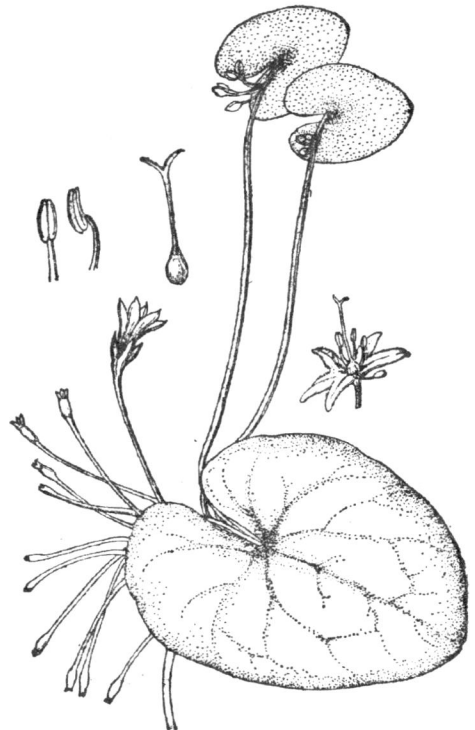

约40种,广布于全世界热带和温带地区;我国有6种;浙江有2种;杭州有2种。

现一般将本属放在睡菜科 Menyanthaceae,形态解剖学、化学、孢粉学和分子系统学(APG Ⅲ,2009)的证据均支持将睡菜科独立。

1. 金银莲花　(图2-413)

Nymphoides indica (L.) O. Kuntze

多年生水生草本。茎细长,圆柱形,不分枝,形似一叶柄,顶生一单叶。叶片心状卵形或椭圆形,大小不一,长7～20cm,先端圆形,基部深心形,全缘,下面带紫红色,叶脉放射状,不甚明显;叶柄较短,长

图2-413　金银莲花

0.5～2(～3)cm,基部有耳状扩大。伞形花序腋生于节处,常有不定根和花梗混生;花梗长短不一,长 3～7cm;花萼长 0.7～1cm,5 深裂,裂片狭披针形;花冠白色,基部带黄色,5 深裂,裂片卵状披针形,长约 1.5cm,边缘具纤毛,内面密被白色毛;雄蕊 5 枚,花丝短而扁,花药箭头形;子房圆球形,基部有 5 枚蜜腺,柱头 2 裂。蒴果近球形,直径为 4～5mm;种子近球形,直径约为 0.8mm,光滑无毛。$2n=18$。

见于西湖区(双浦),生于淡水池塘或湖泊中。泛热带地区广泛分布。

全草可作绿肥及饲料;又可供观赏。

2. 荇菜 (图 2-414)

Nymphoides peltata (Gmel.) O. Kuntze

多年生水生草本。茎圆柱形,与分枝均沉没于水中,节上生不定根;在水底泥中有匍匐地下茎。叶互生,上部近对生,漂浮于水面上;叶片质厚,心状卵形或近圆形,有时呈肾圆形,长5～12cm,宽 2.5～10cm,先端圆形,基部深心形,边缘微波状,下面常带紫红色,有腺点;叶柄长短不一,基部扩大成鞘。花序束生于叶腋;花黄色,直径达 1.8cm,花梗稍长于叶柄;花萼 5 深裂,裂片卵圆状披针形;花冠 5 深裂,喉部具毛,裂片卵圆形,钝尖,边缘具齿毛;雄蕊 5 枚,花丝短,花药狭箭头形;子房基部具 5 枚蜜腺,花柱瓣状 2 裂。蒴果长椭圆球形,直径为 2.5cm,表面有褐色小斑点;种子多数,褐色,狭卵球形,长约 4mm,边缘具纤毛。$2n=54,56$。

见于拱墅区(半山)、余杭区(丁桥、塘栖),生于池塘及不甚流动的河流及溪沟中。分布于除海南、青海、西藏外全国各地;日本、朝鲜半岛、蒙古、中亚至西南亚、欧洲也有。

全草入药。

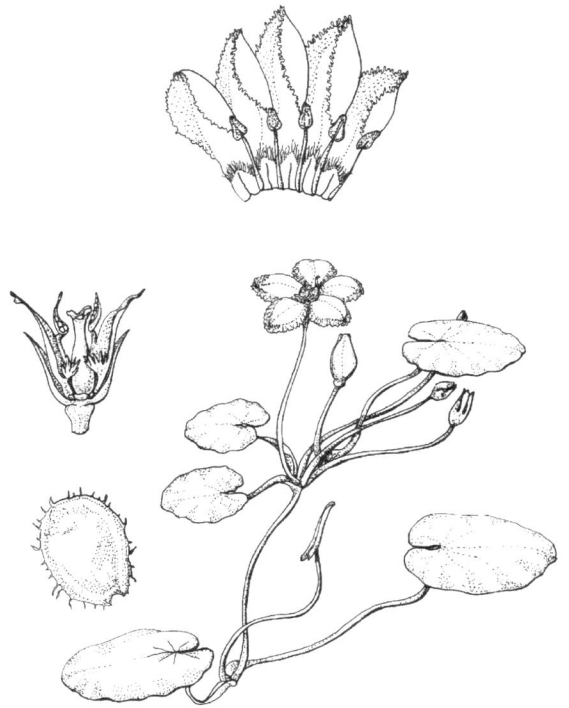

图 2-414　荇菜

与上种的主要区别在于:本种茎分枝;叶片较多而小;花较大,呈黄色。

2. 双蝴蝶属　Tripterospermum Blume

缠绕草本。单叶,对生;叶片全缘,具基出 3～5 脉,常有叶柄。花两性,辐射对称;单生于叶腋或簇生成腋生的聚伞花序;花萼管状,有 5 条骨状凸起,顶端 5 裂;花冠白色、紫红色或黄绿色,管状钟形,5 裂,裂片间有褶片;雄蕊 5 枚,不对称,着生在花冠管上,花丝扁平,花盘小,5 裂;子房上位,1 室,常有子房柄,柱头 2 裂。果为蒴果或浆果状,2 瓣开裂或不裂;种子多数而小,常具翅。

约 25 种,分布于东亚至南亚;我国有 19 种,主产于西南及东部地区;浙江有 3 种;杭州有 1 种。

双蝴蝶　华双蝴蝶　(图 2-415)

Tripterospermum chinense (Migo) H. Smith

多年生无毛草本。茎细长缠绕,长可达 1.5m,直径为 2～3mm。基生叶 4 片,两大两小,对生而无柄,平贴地面呈莲座状,叶片椭圆形、宽椭圆形或倒卵状椭圆形,长 3～6.5cm,宽 1.5～5.5cm,先端钝圆或具突尖,基部宽楔形,全缘,上面常有网纹;茎生叶披针形或卵状披针形,长达 10cm,宽 3.5cm,先端渐尖,基部圆形、圆截形或浅心形,具 3～5 条脉,在上部的渐趋狭小,常有短柄,长 0.5～1cm,基部短合生。花单生于叶腋,偶多数簇生,淡紫色或紫红色,花梗短,长 2～4mm;苞片小;花萼长 1.6～2cm,具 5 条脉,脉上有膜质翅,顶端 5 裂,裂片线形,与萼筒等长或稍短;花冠狭钟状,长 4～4.5cm,裂片三角形,长 5～6mm,先端渐尖;褶片三角形,长约 3mm;雄蕊 5 枚,内藏,长 3～3.5cm,花丝中部以下与花冠管粘合,但上部分离,顶端弯曲;雌蕊与雄蕊等长或稍伸出,子房狭长椭圆形,长 1.2～1.5cm,直径约为 3mm,子房柄长 6～7mm,外有 5 枚盘状小蜜腺,柱头 2 裂,反卷或开展。蒴果 2 瓣开裂;种子多数,三棱形,有翅。花、果期 9—11 月。

图 2-415　双蝴蝶

见于余杭区(径山、鸪鸟),生于山坡林下阴湿处及高山草地。分布于安徽、福建、广西、江苏、江西。杭州新记录。

全草入药。

3. 百金花属　Centaurium Hill

一年生草本,稀为多年生。茎直立,通常分枝。单叶对生;叶片全缘,无柄或抱茎。花紫色、粉红色、黄色或白色,呈聚伞花序或稀疏的穗状花序;花萼 4～5 裂;花冠高脚碟状或辐射状,4～5 裂;雄蕊与花冠裂片同数,着生于花冠管上,花药成熟时呈螺旋状扭转;子房 1 室,花柱丝状,柱头 2 裂。蒴果熟时 2 裂;种子多数,微小,具网纹。

40～50 种,分布于温带、亚热带地区;我国有 2 种;浙江有 1 种,1 变种;杭州有 1 变种。

百金花 （图 2-416）

Centaurium pulchellum var. *altaicum*（Griseb.）Kitagawa & Hara

一年生小草本。茎高 10～25cm，近四棱形，上部分枝。叶对生；基生的叶片椭圆形，上部的叶片椭圆状披针形，长 1～1.5cm，宽 0.3～0.8cm，先端急尖或圆钝，具 3 出脉；无叶柄。花数朵成顶生疏散的聚伞花序；花梗纤，长 4～7mm；花萼 5 深裂，裂片线形，长 6～8mm；中脉在背部呈脊状；花冠白色或桃红色，高脚碟状，长 1～1.5cm，花冠管狭长，顶端 5 裂，裂片短，长椭圆形；雄蕊 5 枚，生于花冠管喉部，花丝短，花药长圆球形，熟时螺旋状扭曲，子房上位，长椭圆球形，花柱丝状，柱头 2 片裂。蒴果椭圆球形，长 5～7mm；种子小，黑色，球形，表面具皱纹。花、果期 7—8 月。$2n=36$。

文献记载区内有分布。分布于福建、甘肃、广东、广西、海南、河北、黑龙江、湖南、吉林、江苏、江西、辽宁、内蒙古、宁夏、青海、山东、山西、陕西、台湾、新疆；印度、俄罗斯、中亚也有。

全草入药。

原种美丽百金花 *Centaurium pulchellum*（Sw.）Druce 的萼裂片线状披针形，花紫色，产于新疆至西亚、欧洲、北非。

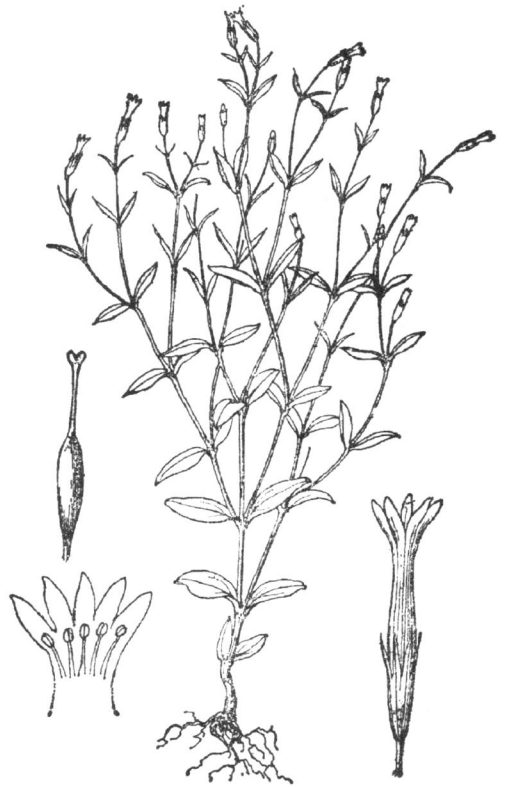

图 2-416　百金花

4. 龙胆属　Gentiana（Tourn.）L.

一年生或多年生草本。茎直立，单一或基部分枝呈丛生状。单叶，对生，稀轮生；叶片全缘，无柄或有短柄。花顶生或腋生，单一或簇生，无梗或有短梗；花萼管状或钟状，常具(4)5 条龙骨状凸起或翅，顶端通常 5 裂；花冠大型，通常为蓝色，少黄色或白色，漏斗状或钟状，5 裂，裂片旋转状排列，全缘或有小睫毛，裂片间常有褶片存在；雄蕊 5 枚，常着生于花冠管上，与花冠裂片互生；子房上位，1 室，常有子房柄，基部有蜜腺，柱头 2 裂，有时不裂。蒴果开裂成 2 个果瓣；种子细小，多数。

约 360 种，世界温带地区广布，亚热带和热带的高山也有分布；我国有 248 种；浙江有 7 种；杭州有 2 种。

1. 灰绿龙胆 （图 2-417）

Gentiana yokusai Burk.

一年生矮小草本。茎单一或自基部 2～4 分枝呈丛生状，高 3～10(～14)cm，上部可重复分枝，密被乳头状毛。基生叶莲座状，叶片卵形或宽卵形，长 1～1.4(～2.2)cm，宽 0.5～0.6

(～0.8)cm；茎生叶对生，与基生叶相似而小，长 0.3～0.7cm，宽 0.2～0.5cm，先端急尖，有硬
尖头，基部渐狭成鞘状合生，近无柄，边缘膜质，有小睫毛，具 1 条脉。花单生在分枝顶端，下托
以叶状苞片，近无梗或有长 2～4mm 的短花梗；花萼长 5～7mm，裂片长圆形，长 2.5～4mm，
先端具硬尖头，边缘膜质，花冠淡紫蓝色，长 8～10(～12)mm，裂片卵形，长 2.5～3mm，背部
有鸡冠状凸起；褶片宽卵形或卵形，长 1.5～2mm，蚀齿状；雄蕊 5 枚，长5～6mm，基部贴生于
花冠管上，上部分离；雌蕊与雄蕊等长或稍长，子房椭圆球形，长 3～4mm，子房柄长约 1mm，
花柱长约 2mm，柱头 2 裂向外卷，偶不裂。蒴果倒卵球形，压扁，长 4～5mm，有长 5～6mm 的
柄，边缘及上端有翅，有时略伸出花冠外；种子多数，棕红色，椭圆球形，长约 1mm，有网状线
纹。花、果期 4—5 月。

　　文献记载区内有分布。分布于安徽、福建、贵州、河北、湖北、湖南、江苏、江西、山西、陕西、
四川、台湾；日本、朝鲜半岛也有。

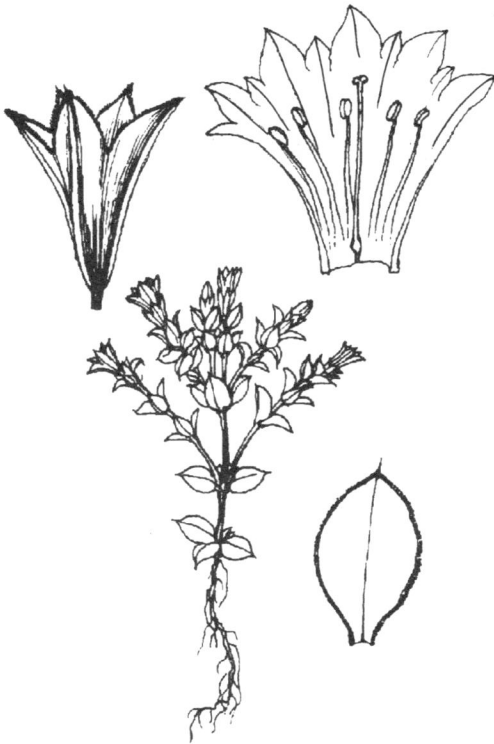

图 2-417　灰绿龙胆　　　　　　　　　　图 2-418　笔龙胆

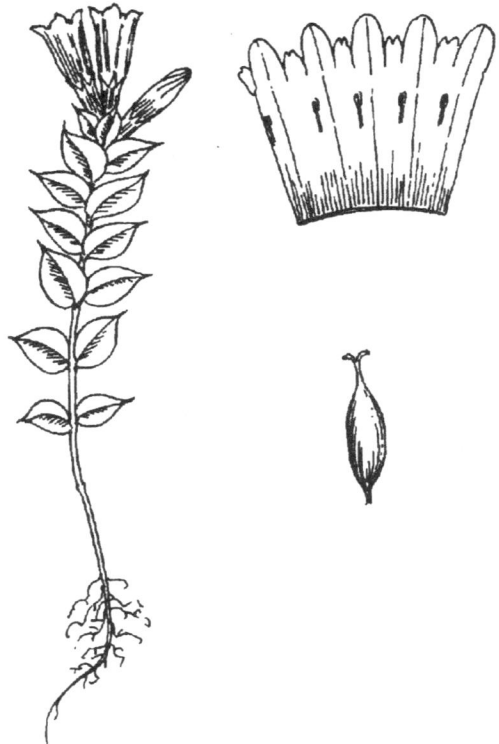

2. 笔龙胆　（图 2-418）

Gentiana zollingeri Fawcett

　　越年生草本。茎直立，高 5～12cm，通常单一，少分枝，节短。叶对生；叶片质地稍厚，宽卵
形或卵形，长 0.7～1.5cm，宽 0.4～1cm，先端急尖，基部变狭成短柄或近无柄，具软骨质边缘，
下面常带紫红色。聚伞花序顶生或腋生；花梗极短或近无梗；苞片 2 枚，披针形，长约 1cm；花
萼长1～1.5cm，顶端 5 裂，裂片披针形，较萼筒稍短，先端有针刺，不反卷，具狭的膜质边缘；花
冠蓝紫色，漏斗状钟形，长 1.3～2.5cm，5 裂，裂片长圆形，长3～6mm，尖头；褶片长约 2mm，
先端2～3 浅裂；雄蕊 5 枚，着生在花冠管中部，花丝长约 1.2cm，花药长圆形，长 1.5～2mm；

子房长圆球形或倒披针形,长6~8mm,有长约4mm的子房柄,柱头2裂。蒴果外露,扁倒卵球形,边缘及上部有翅,有长达1.4cm的柄;种子多数而小,呈纺锤形,棕色,无翅。花期3—5月,果期5—9月。$2n=20$。

见于西湖景区(六和塔),生于山坡阴处或林下阴湿处。分布于安徽、福建、甘肃、河南、黑龙江、湖北、湖南、吉林、江苏、江西、辽宁、青海、新疆;日本、朝鲜半岛、俄罗斯也有。

与上种的主要区别在于:本种花较大,长1.3~2.5cm,聚伞花序顶生或腋生。

109. 夹竹桃科　Apocynaceae

乔木,直立灌木、木质藤木,也有多年生草本;常具乳汁或水液。单叶对生、轮生,稀互生;叶片全缘,稀有细齿,羽状脉;通常无托叶或退化成腺体,稀有假托叶。两性花,辐射对称,单生或多朵组成聚伞花序,顶生或腋生。花萼裂片5枚,稀4枚,基部合生,裂片常为双盖覆瓦状排列,基部内面常有腺体;花冠常合生,稀辐射状,裂片5枚,稀4枚,覆瓦状排列,其基部边缘向左或向右覆盖,稀镊合状排列,花冠喉部常有副花冠或鳞片或膜质或毛状附属体;雄蕊5枚,着生在花冠管上或花冠喉部,内藏或伸出,花丝分离,花药长圆形或箭头状,2室,分离或互相粘合并贴生在柱头上;常具花盘,稀无花盘;子房上位,稀半下位,1~2室,或为2枚离生或合生心皮所组成,花柱1枚,基部合生或裂开,柱头通常环状、头状或棍棒状,顶端通常2裂,胚珠1至多颗,着生于侧膜胎座上。果常为蓇葖果、浆果、核果或蒴果;种子通常一端被毛,稀两端被毛,或仅有膜翅,或毛、翅均缺,常有胚乳或直胚。

约155属,2000余种,分布于全世界热带、亚热带地区,少数在温带地区;我国有46属,176种,33变种,主要分布于长江流域及其以南各省、区,以及沿海岛屿,少数分布于我国北部及西北部;浙江有12属,18种,4变种;杭州有5属,6种。

本科植物一般有毒,含有多种生物碱,供药用。多种植物可供观赏。有些植物含有胶乳,可提制一般日用橡胶制品。茎皮可作工业纤维用。

分子系统学研究表明萝藦科 Asclepiadaceae 应并入本科,其原有属种归入后者的3个亚科——萝藦亚科 subfamily Asclepiadoideae、杠柳亚科 subfamily Periplocoideae 和鲫鱼藤亚科 subfamily Secamonoideae(APG Ⅲ,2009)。本志暂时采用传统的夹竹桃科的概念。

分 属 检 索 表

1. 草本或半灌木。
　2. 直立草本;花1~3朵簇生,花药顶端无毛,花丝圆筒形,柱头无明显增厚…… 1. **长春花属** *Catharanthus*
　2. 蔓性半灌木;花单生,花药顶端有毛,花丝扁平,柱头基部有明显的环状增厚…………………………………
　　………………………………………………………………………………… 2. **蔓长春花属** *Vinca*
1. 常绿灌木或木质藤本。
　3. 直立灌木;叶轮生,稀对生 …………………………………………………… 3. **夹竹桃属** *Nerium*
　3. 木质藤本;叶对生,稀轮生。

4. 花药顶端有长柔毛,雄蕊着生在花冠管中部以上;蓇葖果线状长圆球形;通常一长一短,柔弱下垂 ……
…………………………………………………………………………………… 4. **毛药藤属** *Sindechites*

4. 花药顶端无毛,雄蕊着生在花冠管膨大处;蓇葖果细长圆柱形,离生或粘生,等长 …………………
…………………………………………………………………………………… 5. **络石属** *Trachelospermum*

1. 长春花属　Catharanthus G. Don

一年生或多年生草本,有水液。叶草质,对生;叶片全缘,叶腋内和叶腋间有腺体。花单生或 2～3 朵组成聚伞花序,顶生或腋生;花萼小,5 深裂,基部内面无腺体;花冠高脚碟状,花冠管圆筒状,花冠喉部紧缩,内面具刚毛,花冠裂片向左覆盖;雄蕊着生于花冠管中部之上,但并不露出,花丝圆形,比花药为短,花药长圆状披针形;花盘为 2 片舌状腺体所组成,与心皮互生而较长;子房为 2 个离生心皮所组成,胚珠多数,花柱丝状,柱头头状。蓇葖果双生,直立,圆柱形;种子长圆状圆筒形,两端截形,无种毛,黑色,具颗粒状小瘤。

约 8 种,分布于非洲东部及亚洲东南部;我国栽培 1 种;浙江及杭州也有。

长春花　(图 2-419)

Catharanthus roseus（L.）G. Don

直立多年生半灌木。全株有微毛,含水液;茎高 30～55cm,略带红色,圆筒形,上部略呈方形,有分枝,表面有条纹。单叶对生,倒卵状长圆形,长 2.5～7cm,宽 1.5～3cm,先端急尖或圆钝,有短尖头,基部宽楔形至楔形,渐狭而成叶柄;叶脉在叶面扁平,叶背略隆起,侧脉 6～9 对。聚伞花序腋生或顶生,花 1～3 朵;花梗短,长约 2mm;花萼 5 深裂,内面无腺体或腺体不明显,萼片披针形或钻状渐尖,长约 3mm;花冠红色,高脚碟状,花冠管圆筒状,长约 2.6cm,内面具疏柔毛,喉部紧缩,具刚毛,花冠裂片宽倒卵形,长和宽约为 1.5cm;雄蕊着生于花冠管的上半部,但花药隐藏于花喉之内,与柱头离生;子房和花盘与属的特征相同。蓇葖果双生,直立,平行或略叉开,长约 2.5cm,直径为 3mm,外果皮厚纸质,有条纹,被柔毛;种子长圆状圆筒形,两段截形,黑色,长约 2mm,具颗粒状小瘤。花期 4—10 月,果期 5—12 月。$2n=16$。

区内常见栽培。原产于马达加斯加;世界各热带地区有栽培或归化。

全草含长春花碱,供药用;亦可供观赏。

本种的白花品种——白长春花'Albus'亦常见栽培,供观赏。

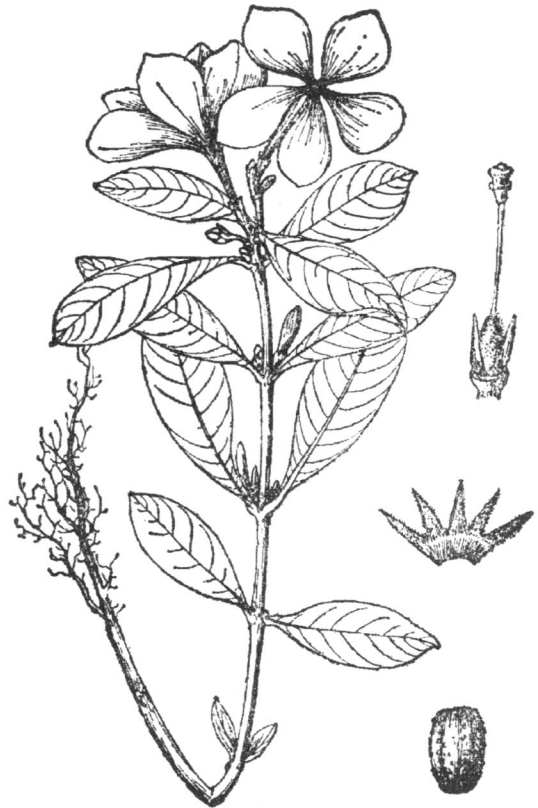

图 2-419　长春花

2. 蔓长春花属　Vinca L.

蔓性半灌木,有水液。叶对生;叶片全缘,具柄。花单生于叶腋内,极少 2 朵。花冠漏斗状,花冠管比花萼长,喉部具毛或为鳞片所封闭,花冠裂片斜形;雄蕊 5 枚,着生于花冠管的中部之下,花丝扁平,比花药长;花盘由 2 个或数个舌状片所组成,与心皮互生而较短;子房由 2 个离生心皮组成,花柱的端部膨大,柱头顶端有毛,基部成为一增厚的环状圆盘。蓇葖果 2 枚,直立;种子 6～8 枚。

约 10 种,产于欧洲;我国栽培 2 种;浙江栽培 1 种;杭州栽培 1 种。

蔓长春花　(图 2-420)

Vinca major L.

蔓性半灌木,具水液。茎基部稍呈伏卧状,花茎直立,圆筒形,中空,无毛。单叶对生;叶椭圆形,长 2.5～7cm,宽 1.5～4.5cm,先端急尖或稍钝,基部圆形或截形,侧脉 4～5 对,叶柄长 0.5～1.3cm,具毛。花单朵腋生,花梗长 3.5～4.5cm;花萼 5 深裂,裂片线形,长约 1cm,具毛;花冠蓝紫色,花冠管漏斗状,喉部内面有毛,花冠裂片斜倒卵形,长 1.5～2cm,先端圆形;雄蕊着生于花冠管中部之下,花丝短而扁平,花药长圆球形,顶端具有 1 丛毛的膜;心皮 2 枚,离生,柱头顶端有丛毛。蓇葖果双生,直立,长约 5cm。花期 3—4 月,果期 5—6 月。$2n=90,92$。

区内常见栽培。原产于南欧和北非;现世界各温带地区广泛栽培。

图 2-420　蔓长春花

花造型雅致,花色淡雅,供观赏。

本种的花叶品种——花叶蔓长春花'Variegata'亦常见栽培,供观赏。

3. 夹竹桃属　Nerium L.

常绿直立灌木,含水液。枝条常灰绿色。叶 3～4 片轮生,稀对生,具柄,革质,羽状脉,侧脉密生而平行。伞房状聚伞花序顶生,具花序梗;花萼 5 裂,裂片披针形,双盖覆瓦状排列,内面基部具腺体;花冠漏斗状,红色,有栽培种演变为白色或黄色,花冠管圆筒形,上部扩大成钟状,喉部具 5 枚顶端撕裂的阔鳞片状副花冠;花冠裂片 5 片或更多而呈重瓣,斜倒卵形,花蕾时向右覆盖;雄蕊 5 枚,着生在花冠管中部以上,花丝短,花药箭头状,附着在柱头周围,基部具耳,顶端渐尖,药隔延长成丝状,被长柔毛;无花盘;子房由 2 枚离生心皮组成,花柱丝状或中部以上加厚,柱头近球状,基部膜质环状,顶端具尖头,每一心皮有胚珠多颗。蓇葖果 2 枚,离生,长圆球形;种子长圆球形,种皮被短柔毛,顶端具种毛。

约 1 种,分布于地中海沿岸及亚洲热带、亚热带地区;我国栽培 1 种;浙江及杭州也有。

夹竹桃 （图 2-421）

Nerium oleander L. ——N. *indicum* Mill.

常绿直立大灌木,高 1.5～3m,含水液。枝
灰绿色,嫩枝条具棱,被微毛,老时秃净。叶
3～4枚轮生,下部叶常对生,革质,窄披针形,顶
端急尖,基部楔形,叶缘翻卷,长 8～10
（～20）cm,宽 1.2～2.5（～4）cm,叶面深绿,无
毛,叶背浅绿色,中脉在叶面陷入,在叶背凸起,
侧脉密生,纤细而平行;叶柄扁平,基部稍宽,幼
时被微毛,老时毛脱落。聚伞花序顶生,着花数
朵,花序梗长 3～10cm,花梗长 6～10mm,均被
微毛;苞片披针形;花芳香;花萼 5 深裂,红色,
披针形,外无毛,内面基部具腺体;花冠深红色
或粉红色,栽培演变有白色或黄色,花冠漏斗
状,长约 3cm,裂片单瓣、半重瓣或重瓣,花冠喉
部具 5 片撕裂的副花冠;雄蕊 5 枚,内藏,花丝
短,具长柔毛,花药箭头形;心皮 2 枚,离生,具
毛,花柱 7～8mm,柱头圆柱形,每一心皮具胚
珠多数。蓇葖果 2 枚,离生,平行或并连,长圆
球形,两端较窄,长 10～20cm,直径为 0.6～
1cm,绿色,无毛,具细纵条纹,但在栽培时很少

图 2-421　夹竹桃

结果;种子长圆形,基部较窄,顶端钝,褐色,种皮被锈色短柔毛,顶端具黄褐色绢质种毛,种毛
长约 1cm。花期夏秋。$2n=22$。

区内常见栽培。可能原产于或归化于地中海至南亚间的广大区域;现广泛栽培于世界各
热带及亚热带地区。

花大、艳丽,花期长,供观赏;茎皮纤维为优良混纺原料;种子可制润滑油;全株有毒。

4. 毛药藤属　Sindechites Oliv.

木质藤本。枝柔软,具乳汁;茎、枝条无毛。叶对生,具柄,羽状脉,叶片长圆状披针形
或卵圆状披针形或卵圆形,具渐尖头。圆锥状聚伞花序顶生或近顶生;花萼小,5 裂,裂片卵
圆形,双盖覆瓦状排列,内面基部具腺体;花冠高脚碟状,花冠管圆筒形,顶端裂片 5 枚,向
右覆盖;雄蕊 5 枚,着生在花冠管中部以上,花丝短,离生,花药卵圆状长圆形,顶部急尖,基
部具短耳,腹部中间粘生在柱头基部,药隔顶端被长柔毛;子房由 2 枚离生心皮组成,花柱
丝状,柱头棍棒状,顶端圆锥形 2 裂,每一心皮有胚珠多颗,着生在子房腹缝线的胎座上;花
盘环状,5 裂,围绕在子房周围。蓇葖果双生,线状长圆球形,无毛;种子线状披针形,顶端具
白色长绢质种毛。

2 种,分布于我国、老挝和泰国;我国均有,产于西南部、中部和南部,稀见于东部各省、区;
浙江有 1 种;杭州有 1 种。

毛药藤 （图 2-422）

Sindechites henryi Oliv. ——*Cleghornia henryi*（Oliv.）P. T. Li

木质藤本,长可达 8m。全株无毛,具乳汁;树皮红褐色,老枝褐色,嫩枝绿色。叶薄纸质对生,长圆状披针形或卵状披针形,长 2.5～10cm,宽 1～4cm,顶端渐尖,呈尾状,尾尖长 1～2cm,叶面深绿色,具光泽,叶背浅绿色,两面无毛;中脉和侧脉在叶面扁平,中脉在叶背凸起,侧脉扁平,纤细密生,近平行,可达 20 余条;叶柄长 3～8mm,叶柄间及叶腋内具线状腺体。总状聚伞花序顶生或近顶生,着花多朵,花序梗长约 2.5cm,花梗长 0.9～1.3cm;花萼 5 深裂,裂片卵圆形,长约 1.5mm,内面有 10～15 枚腺体;花冠白色,长 1～1.1cm,花冠管圆筒形,长 8～9mm,喉部膨大,裂片卵形,钝圆,长 2mm,两面被短柔毛;雄蕊 5枚,着生在花冠管近喉部,花丝短,花药长圆球形,药隔顶端被长柔毛;子房由 2 枚离生心皮组成,藏于花盘之中,顶端具长柔毛.花柱长约 4mm,柱头顶端 2裂,每一心皮有胚珠多颗;花盘 5 短裂,比子房短。

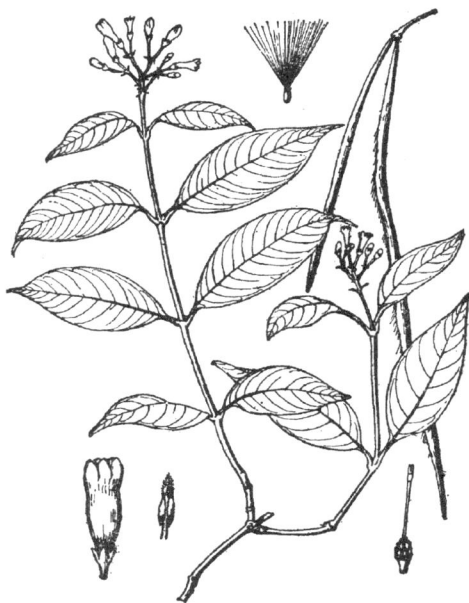

图 2-422　毛药藤

蓇葖果双生,一长一短,线状圆柱形,渐尖,长可达 25cm;种子线状长圆形.扁平,长 1.3cm,顶端具黄色绢质种毛,种毛长 2～2.5cm。花期 5—6月,果期 7—10 月。

见于西湖景区(龙井、翁家山),生于山地沟边及山坡旁灌丛中。分布于广西、贵州、湖北、湖南、江西、四川、云南。

5. 络石属　Trachelospermum Lem.

木质藤本。全株具白色乳汁,无毛或被柔毛。叶对生,具羽状脉,全缘。花序聚伞状,有时呈聚伞圆锥状,顶生或腋生;花萼 5 裂,裂片双盖覆瓦状排列,花萼内面基部具 5～10 枚有齿腺体;花冠高脚碟状,在雄蕊着生处膨大,喉部缢缩,无鳞片,顶端 5 裂,裂片向右覆盖;雄蕊 5 枚,内藏,稀花药顶端露出花喉外,花药箭头状,基部具耳,顶部短渐尖,腹部粘生在柱头的基部;花盘环状,平截或 5 裂;子房由 2 枚离生心皮所组成,花柱丝状,柱头圆锥状卵形或倒圆锥状,每一心皮有胚珠多颗。蓇葖双生,细长圆柱形;种子线状或长圆球形,顶端具种毛,种毛白色绢质。

约 15 种,主要分布于亚洲热带和亚热带地区,稀温带地区;我国有 6 种,4 变种,分布几遍全国;浙江有 6 种,1 变种;杭州有 2 种。

1. 亚洲络石　细梗络石　（图 2-423）

Trachelospermum asiaticum（Siebold & Zucc.）Nakai——*T. gracilipes* Hook. f.

攀援木质藤本,具白色乳汁。幼枝被黄褐色短柔毛,老时脱落。叶对生;叶膜质,无毛,椭圆形,长 2.6～8cm,宽 1～3.7cm,顶部急尖或钝,基部急尖;叶柄长 3～5mm,被疏短柔毛,老时脱净;叶腋间或叶腋外的腺体长 1mm;叶脉在叶面扁平,在叶背凸起,每边侧脉约 10 条,斜曲上升至叶缘前网结。花序顶生或近顶生,着花多朵,花序梗长 2～4.5cm,花梗长 0.4～0.8cm;花白色,芳香;花蕾顶端渐尖;花萼裂片紧贴在花冠管上,裂片卵状披针形,长 1.5～2mm,花萼内面基部具 10 个齿状腺体;花冠管圆筒形,花冠喉部膨大,内面无毛,花冠管长5～8mm;雄蕊着生在花冠喉部,花药顶端露出花喉之外,花丝短,被柔毛;花盘环状,5 裂,围绕子房基部;子房由 2 枚离生心皮组成,无毛;每一心皮具胚珠多颗,着生于腹缝线胎座上,花柱丝状,柱头卵圆状,顶部全缘。蓇葖果双生,叉开,线状披针形,长 10～28cm,宽 0.3～0.4cm,无毛,外果皮黄棕色;种子多数,红褐色,线状长圆形,长 2～2.5cm,宽约 2mm,顶端被白色绢质种毛,种毛长2.5～3.5cm。花期 4—7 月,果期 8—10 月。$2n=20$。

图 2-423　亚洲络石

见于西湖景区(六和塔、烟霞洞),生于上坡林中岩石上及山谷溪边灌丛中。分布于福建、甘肃、广东、广西、贵州、海南、湖北、湖南、江西、四川、台湾、西藏、云南;印度、日本、朝鲜半岛、泰国也有。

2. 络石 （图 2-424）

Trachelospermum jasminoides（Lindl.）Lem.

常绿木质藤本,长可达 10m,具气根,具乳汁。茎赤褐色,圆柱形,有皮孔;小枝被黄色柔毛,老时渐秃净。叶革质或近革质,椭圆形至卵状椭圆形或宽倒卵形,长 2～8.5cm,宽 1～4cm,顶端锐尖至渐尖或钝,有时微凹或有小突尖,基部渐狭至钝,叶面无毛,叶背被疏短柔毛,老渐无毛;叶面中脉微凹,侧脉扁平,叶背中脉凸起,侧脉 6～12 对,扁平或稍凸起;叶柄短,被短柔毛,老渐无毛;叶柄内和叶腋外腺体钻形,长约 1mm。二歧聚伞花序腋生或顶生,呈圆锥状,与叶等长或较长;花白色,芳香,花序梗长 2～5cm,被柔毛,老时渐无毛;苞片及小苞片狭披针形,长 1～2mm;花萼 5 深裂,裂片线状披针形,顶部反卷,长 3～5mm,外面被有长柔毛及缘毛,内面无毛,基部具 10 枚鳞片状腺体;花蕾顶端钝,花冠管圆筒形,中部膨大,外面无毛,内面

图 2-424　络石

在喉部及雄蕊着生处被短柔毛,无毛;雄蕊 5 枚,着生在花冠管中部,腹部粘生在柱头上,花药箭头状,基部具耳,隐藏在花喉内;花盘环状 5 裂,与子房等长;离生心皮 2 枚,无毛,花柱圆柱状,柱头卵圆形,每一心皮具胚珠多颗,着生于 2 个并生侧膜胎座。蓇葖果双生,叉开,无毛,线状披针形,向先端渐尖,长 5~18cm,宽 0.4~0.8(~1)cm;种子多颗,褐色,线形,长 1.3~1.7cm,直径约为 2mm,顶端具白色绢质种毛,种毛长 3~4cm。花期 4—6 月,果期 8—10 月。$2n=20$。

区内常见,生于山野、溪边、路旁、林缘或杂木林中,常缠绕于树上或攀援于墙壁上、岩石上,亦有移栽于园圃。分布于安徽、福建、广东、广西、贵州、海南、河南、湖北、湖南、江苏、江西、山东、山西、四川、台湾、西藏、云南;日本、朝鲜半岛、越南也有。

根、茎、叶、果实供药用;茎皮可制绳索、纸及人造棉;乳汁有毒。

与上种的主要区别在于:本种花蕾顶部钝,花萼裂片反卷,花药顶端隐藏在花冠喉部内。

本种的花叶品种——变色络石'Variegatum'叶圆形,杂色,具有绿色和白色,以后变成淡红色,常作地被植物,供观赏。

110. 萝藦科　Asclepiadaceae

多年生草本、藤本或灌木,具乳汁。常有块根。单叶,对生或轮生,稀互生;叶片全缘,羽状脉,通常无托叶,叶柄顶端常具丛生腺体。聚伞花序常呈伞形,有时呈伞房状或总状;花两性,辐射对称,5 数,稀 4 数;花萼裂片内面常有腺体;花冠合生成辐射状、坛状,稀高脚碟状,顶端 5裂,裂片旋转、覆瓦状或镊合状排列;副花冠常存在,由 5 枚离生或基部合生的裂片或鳞片所组成,有时 2 轮,生于花冠管上或雄蕊背部或合蕊冠上;雄蕊 5 枚,与雌蕊粘生成合蕊柱,花药连生成一环,花丝合生成筒,称合蕊冠,或花丝离生,药隔顶端通常有宽卵形而内弯的膜片,花粉粒联合成花粉块,通过花粉块柄连于着粉腺上,每一花药有花粉块 2 或 4 个,或花粉器为匙形,上部为载粉器,内藏四合花粉,下部有一载粉器柄,基部有一黏盘,粘于柱头上,与花药互生;雌蕊 1 枚,由 2 枚离生心皮所组成,花柱 2 枚,合生,柱头基部具 5 条棱,顶端各式,胚珠多数。蓇葖果双生,有时 1 个退化;种子多数,顶端具有丛生的白色或黄色绢质种毛,胚直立,子叶扁平。

约 250 属,2000 多种,主产于热带至亚热带地区,尤以非洲和南美洲最为丰富;我国有 44属,270 种,主要分布于西南或东南地区;浙江有 12 属,25 种;杭州有 6 属,8 种。

本科植物有不少种类可供药用及作重要的药物原料,但通常有毒,以乳汁及根部毒性较大,宜慎用;有的可作杀虫药;有些种类则可供观赏。

分子系统学研究表明本科应并入夹竹桃科 Apocynaceae,其原有属种归入后者的 3 个亚科——萝藦亚科 subfamily Asclepiadoideae、杠柳亚科 subfamily Periplocoideae 和鲫鱼藤亚科subfamily Secamonoideae(APG Ⅲ,2009)。本志暂采用传统的萝藦科的概念。

分 属 检 索 表

1. 花粉块下垂。

  2. 副花冠呈 5 个小叶状,极短,不到合蕊冠一半 ·················· **1. 秦岭藤属**　*Biondia*

2. 副花冠杯状或环状。

   3. 花直径为 1cm 以下,副花冠杯状,顶端具各式浅裂片或锯齿,有时内面有小舌状片或附属物成 2 轮副花冠 ·················· 2. 鹅绒藤属 *Cynanchum*

   3. 花直径为 1cm 以上,副花冠环状 ·················· 3. 萝藦属 *Metaplexis*

1. 花粉块直立或平展。

  4. 花冠辐射状或钟状 ·················· 4. 娃儿藤属 *Tylophora*

  4. 花冠高脚碟状。

   5. 花冠近肉质,副花冠全缘 ·················· 5. 牛奶菜属 *Marsdenia*

   5. 花冠膜质,副花冠内面有凹口 ·················· 6. 夜来香属 *Telosma*

1. 秦岭藤属 Biondia Schltr.

多年生草质藤本。茎柔弱,缠绕。叶对生;叶片线形至披针形。伞形聚伞花序 1 到多个,腋生或腋外生;花萼 5 深裂,裂片镶合状排列,花萼内面基部有 5 个腺体;花冠坛状或近钟状;副花冠着生于合蕊冠基部,极短,端部 5 浅裂,稀齿状;合蕊冠极短;花药近四方形,顶端具内弯的膜片,花粉块每室 1 个,长圆形,下垂;子房由 2 枚离生心皮所组成,柱头盘状五角形,端部略呈 2 裂。蓇葖果常单生,稀双生,狭披针形;种子线形,顶端具白色绢质种毛。

约 13 种,我国特有,分布于西南部和东部;浙江有 2 种;杭州有 1 种。

祛风藤 浙江乳突果 （图 2-425）

Biondia microcentra（Tsiang）P. T. Li——*Adelostemma microcentrum* Tsiang

缠绕藤本。茎纤细,长达 2m;茎、叶柄和花序梗的一侧常具柔毛。叶对生;叶片纸质,狭椭圆状长圆形、椭圆形或线状披针形,长 2～6.5（～8）cm,宽 0.5～1（～2）cm,先端急尖或渐尖,基部宽楔形或截形,边缘反卷,除中脉被短毛外,两面均无毛,中脉在上面扁平,在下面凸起,侧脉 4～7 对,不明显;叶柄长 3～5mm,顶端具丛生小腺体。伞形聚伞花序单生于叶腋,比叶为短,长 0.5～1cm,有花 2～8 朵,花序梗长 3～4mm,花梗长 2～3mm,基部有数枚小苞片,长约 1mm;花蕾尖头;花萼 5 深裂,裂片长圆形,长 1～2mm,外面被短柔毛,内面基部有 5 个腺体;花冠乳白色,有玫瑰红点,近坛状,长 5.5～6mm,花冠管中部膨大,长 3.5～4mm,裂片长圆状披针形,长约 2mm,内被细毛;副花冠环状,极短;合蕊柱长 2mm;花药顶端具圆形膜质附属物,花粉块椭圆状长圆球形,下垂;子房无毛,柱头近盘状,顶端圆。蓇葖果单生,披针状长圆柱形,长约 8.5cm,直径约为 5mm,平滑无毛;种子披针形,扁平,长 6～7mm,宽 1.5～

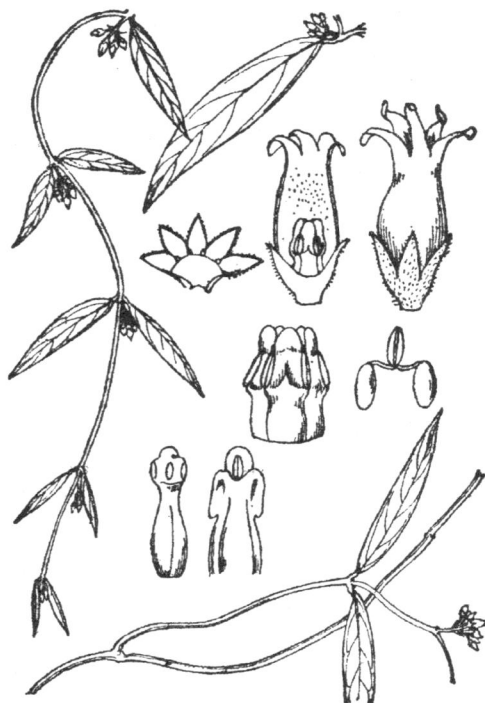

图 2-425 祛风藤

2mm,具白色种毛,长约 1.5cm。花期 5—7 月,果期 8—10 月。

见于余杭区(中泰)、西湖景区(飞来峰、虎跑、韬光、翁家山、玉皇山),生于山坡竹林下、灌丛中及岩石边阴处。分布于安徽、四川、云南。

本种副花冠极小,薄膜质,生于合蕊冠基部,1934 年蒋英教授误认为其无副花冠而将其归入乳突果属 Adelostemma Hook. f.,1991 年李秉涛教授复查模式标本时发现其有副花冠,因而属于秦岭藤属。

2. 鹅绒藤属　Cynanchum L.

多年生草本或灌木,具乳汁。茎缠绕、攀援或直立。叶对生,稀轮生;叶片全缘。花小,排列成腋生的伞形或伞房状的聚伞花序;花萼 5 深裂,基部内面有小腺体 5～10 个或更多,有时缺;花冠白色、黄绿色或紫红色,近辐射状或钟状,5 裂,裂片向右覆盖;副花冠膜质或肉质,5 裂,单轮或双轮,如为双轮时其裂片内部常有舌状附属物,稀为丝状体;花药顶端常有内弯的膜片,花粉块每室 1 个,常为长圆形,下垂;柱头基部膨大成五角状,顶端全缘或 2 裂。蓇葖果双生或 1 个不发育,外果皮平滑,稀具翅;种子顶端有种毛。染色体数目绝大多数为 $2n=22$。

约 200 种,分布于热带和温带地区;我国有 56 种,13 变种,分布于全国各地,主产于西南地区;浙江有 10 种;杭州有 2 种。

1. 牛皮消　(图 2-426)

Cynanchum auriculatum Royle ex Wight

缠绕半灌木。有肥厚的块根。茎圆柱形,中空,具细纵条纹,外面具微柔毛。叶对生;叶片宽卵状心形或卵形,长 4～16cm,宽 3～13cm,先端短渐尖或渐尖,基部深心形,两侧常具耳状下延或内弯,上面具微毛,后渐秃净;叶柄长1.3～10.5cm。聚伞花序伞房状,有花可达 30 朵,花序梗长 4～6.5(～14)cm,花梗长1～1.5cm,均被微毛;花萼长 2mm,裂片卵状长圆形或披针形;花冠白色,辐射状,长 5～6mm,裂片卵状长圆形,先端圆钝,内面具疏柔毛,翻折;副花冠 2 轮,浅杯状,5 深裂,裂片肉质,椭圆形或长圆形,长约 3mm,钝头,每裂片内面中部有一三角形舌状鳞片,比合蕊柱显著高;花药顶端有卵圆形膜片,花粉块长圆球形,下垂;柱头圆锥状,顶端 2 裂。蓇葖果双生,披针状圆柱形,长8～10.5cm,直径可达 1cm;种子长颈瓶状,长约 7mm,基部宽广,具波状齿,种毛白色,长约 2.5cm。花期 6—8 月,果期 9—11月。$2n=22$。

图 2-426　牛皮消

见于西湖景区(飞来峰、五云山),生于山坡路边灌丛中或林缘。分布于安徽、福建、甘肃、广东、广西、贵州、河北、河南、湖北、湖南、江苏、江西、山东、陕西、四川、台湾、西藏、云南;印度也有。

块根入药。

2. 毛白前 （图 2-427）

Cynanchum mooreanum Hemsl.

柔弱缠绕藤本。茎、叶、叶柄、花序梗、花梗及花萼外面均密被黄色短柔毛。茎圆柱形,下部常带紫色。叶对生;叶片卵心形、卵状长圆形或长圆状披针形,长 2.5～9（～11）cm,宽 1.2～4.8cm,先端急尖、渐尖或短渐尖,基部心形或近截形;叶柄长 0.5～2cm。伞形聚伞花序腋生,有花 3～8 朵,花序梗长 0.2～2cm,花梗长 0.8～1.7cm;花萼小,长约 2mm,裂片披针形;花冠紫红色,长 7～10mm,花冠管长 1～2mm,裂片线状披针形或披针形;副花冠单轮,杯状,5 裂,裂片卵圆形,长 1mm,钝头;合蕊柱长约 2mm;花粉块长圆形,下垂;子房无毛,柱头基部五角形,顶端扁平。蓇葖果单生,披针状圆柱形,渐尖,长 6～8cm,直径为 0.8～1cm;种子暗褐色,不规则长圆球形,长 7mm,宽约 3mm,种毛白色,长约 3cm。花期 6—7 月,果期 8—10 月。

图 2-427 毛白前

见于拱墅区(半山)、西湖区(青石桥、北山)、萧山区(楼塔)、余杭区(鸬鸟、塘栖)、西湖景区(飞来峰、灵峰、桃桂山),生于山坡林中、灌丛中及溪边。分布于安徽、福建、广东、广西、河南、湖北、湖南、江西。

根入药。

与上种的主要区别在于:本种花紫红色,副花冠单轮,杯状 5 裂,内部无舌状体。

3. 萝藦属 Metaplexis R. Br.

多年生草质藤本,具乳汁。叶对生;叶片卵状心形,具柄。总状聚伞花序,腋生,有长的花序梗;花两性,辐射对称;花萼 5 深裂,内面基部具有 5 个小腺体;花冠近辐射状,裂片 5 枚,向左覆盖;副花冠着生于合蕊冠上,环状 5 浅裂,裂片兜状;雄蕊 5 枚,着生于花冠管基部,花丝合生成短筒状,花药顶端具内弯的膜片,花粉块每室 1 个,下垂;心皮 2 枚,离生,花柱短,柱头延伸成一长喙,顶端 2 裂。蓇葖果双生,叉开,纺锤形或长圆状圆柱形,外果皮粗糙或平滑;种子顶端具白色绢质种毛。

约 6 种,分布于亚洲东部;我国有 2 种,分布于全国各地;浙江有 1 种;杭州有 1 种。

萝藦 （图 2-428）

Metaplexis japonica（Thunb.）Makino

多年生缠绕草本。根细长,绳索状,黄白色。茎圆柱状,中空,下部木质化,上部淡绿色,有纵条纹,幼时密被短柔毛,老时秃净。叶对生;叶片卵状心形或长卵形,长 4～12cm,宽 2.5～10.5cm,先端短渐尖,基部心形,两侧具圆耳,两面无毛或幼时有微毛,下面粉绿色,侧脉 10～12 对,下面稍明显;叶柄长 1.5～5.5cm。总状聚伞花序腋生或腋外生,长 2～5cm,有花 10～15 朵,花序梗长 3.5～4cm,花梗长 3～5mm;小苞片披针形,长约 3mm;花蕾锥状,顶端尖;花萼裂片披针形,长约 4mm,有微毛;花冠白色,有淡紫色斑纹,近辐射状,花冠管短,长约 1mm,裂片披针形,长 6～7mm,先端反卷,内面密被茸毛;副花冠裂片兜状;雄蕊合生成圆锥状,花粉块长圆球形,下垂;子房无毛,柱头延伸成长喙,顶端 2 裂。蓇葖果双生,纺锤形,长 7～9.5cm,直径为 1.5～2.5cm,平滑无毛;种子褐色,扁平,卵球形,长 6～7mm,有膜质边缘,种毛长约 2cm。花期 7—8 月,果期 9—11 月。$2n=24$。

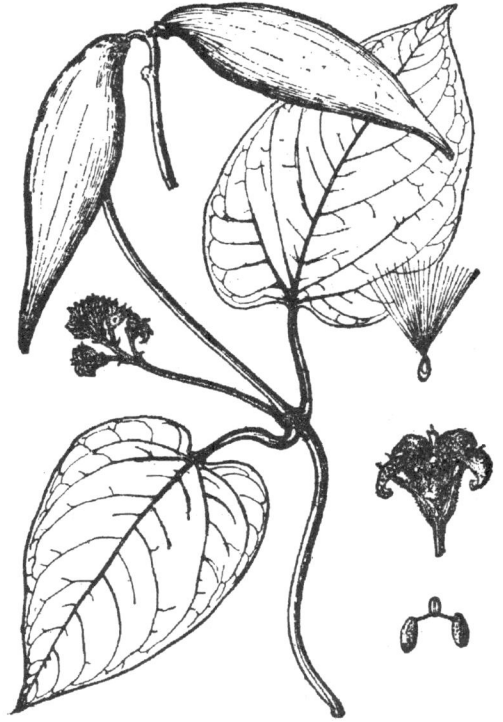

图 2-428   萝藦

区内常见,生于低海拔的山坡林缘灌丛中或田野、路旁。分布于全国各地(除海南和新疆外);日本、朝鲜半岛、俄罗斯也有。

茎皮纤维可制人造棉;根、茎、叶、果实及种子均可入药。

4. 娃儿藤属   Tylophora R. Br.

缠绕或攀援木质藤本,稀多年生草本或直立小灌木。叶对生;叶片全缘,羽状脉,稀具基出脉 3 条。花小,排列成腋生的伞形或短总状的聚伞花序,花序梗常曲折,单歧至多歧;花萼 5 裂,内面有腺体或缺;花冠 5 深裂,辐射状或钟状,裂片向右覆盖或近镊合状排列;副花冠 5 裂,裂片小,肉质,膨胀,短于合蕊冠并贴生于基部;雄蕊 5 枚,生于花冠管基部,花药顶端有一膜片,花粉块每室 1 个,常呈圆球状,开展或稍斜生,稀直立;雌蕊由 2 枚离生心皮所组成,花柱短,柱头扁平,凹陷或凸起。蓇葖果双生,稀单生,纤弱,常平滑;种子顶端具白色绢毛。

约 60 种,分布于亚洲、非洲及大洋洲的热带和亚热带地区;我国有 32 种,2 变种,分布于黄河以南各省、区;浙江有 2 种;杭州有 2 种。

1. 七层楼 多花娃儿藤 （图 2-429）

Tylophora floribunda Miq.

多年生草质藤本,乳汁不明显。根须状,黄白色。茎细长缠绕,圆柱形,分枝多,具单列下曲毛或近无毛。叶对生;叶片卵状披针形或长圆状披针形,长 2～6cm,宽 1～3cm,先端渐尖或急尖,基部浅心形或截形,两面脉上有细毛或近无毛,下面密被小乳头状凸起,侧脉 3～5 对,下面明显凸起;叶柄纤细,长0.5～1.7cm。聚伞花序广展而多歧,比叶长,腋生或腋外生,花序梗曲折;花小,直径约为 2mm;花萼长不到 1mm,裂片卵状三角形,有细毛,内面基部有 5 枚腺体;花冠暗紫红色,辐射状,长 1.5～2mm,裂片卵形;副花冠贴生于合蕊冠基部,裂片卵形,钝头,先端仅达花药的基部;花药顶端有圆形膜片,花粉块近球状,平展;子房无毛,柱头盘状五角形,顶端小凸起。蓇葖果双生,近水平开展,狭披针状圆柱形,长4～6cm,直径为 3～4mm,无毛;种子近卵球形,棕褐色,顶端具长约 2cm 的白色绢毛。花期 7—9 月,果期 10—11 月。

　　见于西湖区(双浦)、滨江区(浦沿)、萧山区(北干、楼塔、进化)、西湖景区(孤山、桃源岭、云栖),生于山坡路边、山脚草丛中或林缘。分布于福建、广东、广西、贵州、湖南、江苏、江西;日本、朝鲜半岛也有。

　　根入药。

2. 贵州娃儿藤　(图 2-430)

Tylophora silvestris Tsiang

木质藤本。茎圆柱形,灰褐色,常有 2 列毛,节间长 3～9cm。叶对生;叶片近革质,椭圆形或长圆状披针形,长 2.5～6cm,宽 0.5～2.3cm,先端急尖,基部圆形或截形,除上面的中脉及基部的边缘外其余部分均无毛,基出脉3 条,侧脉 1～2 对,网脉不明显,边缘外卷;叶柄长 3～7mm,有微毛。伞形聚伞花序腋生,比叶为短,不规则一或二歧,有花 10 余朵,花序梗长 1.3～2.2cm,花梗长 3～8mm;花蕾卵圆状,圆头;花萼 5 深裂,裂片狭卵形,长约 1.5mm,内面基部有 5 个腺体;花冠紫红色或淡紫色,辐射状,长约 4mm;花冠管长约 1mm,裂片卵形,长约 3mm,向右覆盖;副花冠裂片卵形,肉质肿胀;药隔顶端有一圆形白色膜片,花粉块圆球状,平展,花粉块柄上升,着粉腺紫红色,近菱形;子房无毛,柱头盘状五角形。蓇葖果披针状圆柱形,长 6～7cm,直径为 4～5mm;种子具白

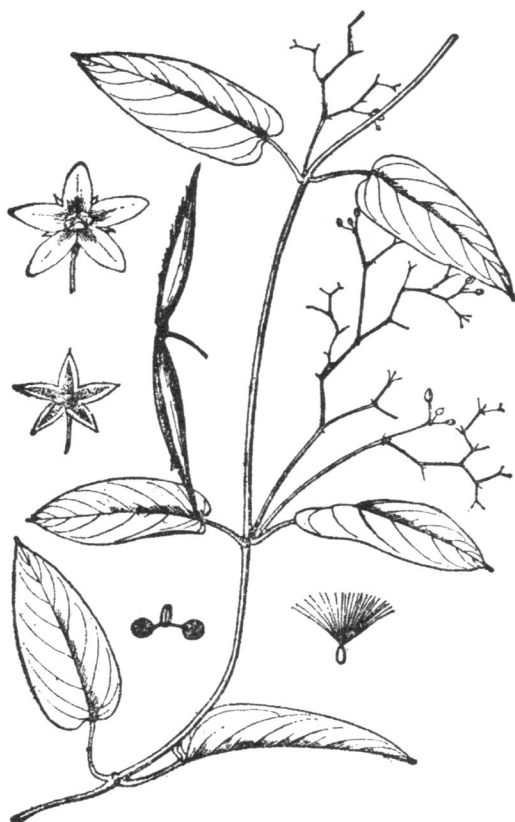

图 2-429　七层楼

图 2-430　贵州娃儿藤

色绢毛。花期 5—6 月,果期 7—8 月。

见于西湖区(留下、龙坞)、萧山区(河上)、余杭区(中泰)、西湖景区(云栖),生于山坡林中及旷野。分布于安徽、福建、广东、广西、贵州、湖南、江苏、江西、四川、台湾、西藏、云南。

与上种的主要区别在于:本种叶片较狭窄,具 3 条基出脉,叶柄较短;花序一或二歧,比叶短,花较大,长约 4mm。

5. 牛奶菜属　Marsdenia R. Br.

木质藤本,稀直立灌木或半灌木。叶对生,具柄。花中等或小型,排列成单一或分歧的伞形聚伞花序,顶生或腋生;花萼 5 深裂,裂片内面有腺体,稀缺;花冠钟状、坛状或高脚碟状,顶端 5 裂,裂片向右覆盖;副花冠粘生在花药背面,裂片 5 枚,通常肉质,膨胀,向上渐狭而呈钻状;合蕊柱较短;花药顶端具有透明而内折的膜片,花粉块直立,长圆球形或卵球形,具花粉块柄,雌蕊由 2 枚离生心皮组成,柱头扁平,凸起或长喙状。蓇葖果圆柱状披针形或纺锤形,光滑;种子具种毛。

约 100 种,分布于亚洲、美洲及非洲热带;我国有 22 种,5 变种,分布于华东、华南及西南各省、区;浙江有 3 种;杭州有 1 种。

牛奶菜　(图 2-431)

Marsdenia sinensis Hemsl.

粗壮木质藤本,全株密被黄色茸毛。叶对生;叶片卵心形或卵状椭圆形,长 8～13.5cm,宽 5～9.5cm,先端渐尖,基部心形,稀圆形,上面被细毛,下面密被黄色茸毛,侧脉 5～6 对,弧形上升,未到边缘处网结;叶柄长 2～3.5cm,被黄色茸毛。伞形聚伞花序腋生,长 1.5～9cm,有花可达 20 余朵,花序梗长 2～5.5cm,花梗长约 3.5mm,与花萼均被黄色茸毛;花萼长 3～4mm,5 深裂,裂片卵圆形,内有腺体 10 余个;花冠白色或淡黄色,长约 6mm,裂片卵圆形,长约 3mm,内面被茸毛;副花冠短,5 裂,长仅及雄蕊一半,紫红色;花药顶端具卵形膜片,花粉块直立,肾形;柱头基部圆锥状,顶端 2 裂。蓇葖果纺锤形,长 10～13cm,直径为 2～3cm,渐尖,外面被黄色茸毛;种子卵球形,扁平,长约 5mm,顶端有长约 4cm 的种毛。花期 8—10 月,果期 11 月。

图 2-431　牛奶菜

见于西湖景区(飞来峰),生于山坡岩石旁、山谷树上及疏林中。分布于福建、广东、广西、贵州、湖北、湖南、江西、四川、云南。

全草入药。

6. 夜来香属　Telosma Coville

木质藤本，具乳汁。叶对生；叶片具长柄，基部有腺体。花中等大，多朵排列成腋生伞房状的聚伞花序；花萼 5 深裂；花冠高脚碟状，喉部常紧缩，裂片 5 枚，长圆形或狭长圆形，向右覆盖；副花冠 5 片，膜质，顶端渐尖成舌状内弯，背面凸起，顶端凹，生于合蕊冠基部；雄蕊 5 枚，生于花冠管基部，花药顶端有内弯膜片，花粉块每室 1 个，长圆形，直立；雌蕊由 2 枚离生心皮组成，花柱短，柱头头状或短圆锥状。蓇葖果披针状圆柱形，无毛；种子具白色绢毛。染色体数目已知的有 3 种，均为 $2n=22$。

约 10 种，分布于亚洲、非洲及大洋洲等的热带地区；我国有 4 种，分布于华南及西南地区；浙江有 1 种；杭州也有。

夜来香　（图 2-432）

Telosma cordata（Burm. all.）Merr.

缠绕藤本，长达 2～3m。小枝黄绿色，具柔毛；老枝灰褐色，略具皮孔。叶对生，叶片卵状心形或卵状长圆形，长 6.5～9.5cm，宽 4～8cm，先端短渐尖，基部心形，叶脉具微毛，基脉 3～5 条，侧脉约 6 对；叶柄长 1.5～5cm，有微毛或秃净，顶端有 3～5 个小腺体。花较大，多朵组成腋生伞形聚伞花序；花序梗及花梗均有微毛；花极芳香，夜间尤甚；花萼 5 深裂，裂片长圆状披针形，有缘毛；花冠黄绿色，高脚碟状，花冠管与裂片近等长，喉部有长柔毛，裂片长圆形，长约 6mm，具缘毛，向右覆盖；副花冠 5 片，下部卵形，先端舌状渐尖；花药顶端有内弯膜片，花粉块每室 1 个，长圆球形，直立；子房无毛，花柱短柱状，柱头头状，基部 5 条棱。蓇葖果披针形，长 7～10cm，渐尖，外果皮厚，无毛；种子宽卵球形，长约 8mm，顶端具白色绢质种毛。花期 8—9 月，极少结果。$2n=22$。

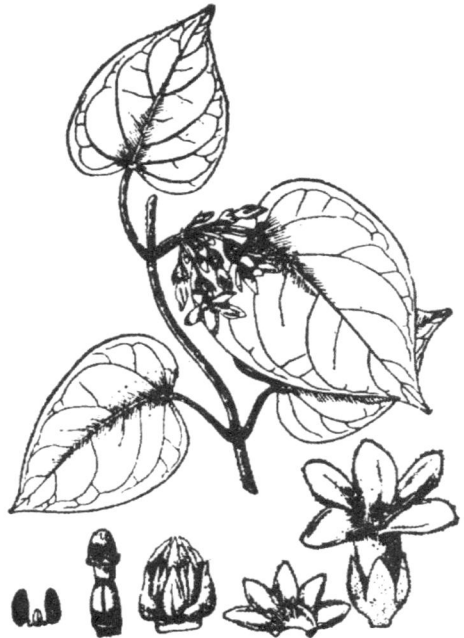

图 2-432　夜来香

区内有栽培。原产于我国华南地区、印度和马来半岛；现在我国南方各省、区常见栽培。花可提取芳香油；花、叶可入药。

111. 旋花科　Convolvulaceae

草本或灌木，极稀为乔木，常有乳汁。部分种类地下具肉质块根。茎缠绕、攀援、匍匐或平卧，稀直立。单叶互生；叶片全缘或分裂，叶基常心形或戟形；无托叶，通常有叶柄。花大而美丽，单生或少花至多花组成聚伞花序，有时为总状、圆锥状或簇生成头状花序。花两性，辐射对称,5基数,基部常具两枚对生或近对生的苞片;萼片通常分离或仅基部联合,覆瓦状排列,宿存;花冠漏斗状、钟状、高脚蝶状或坛状,冠檐浅5裂或深5裂,裂片在花蕾时旋转或呈镊合状;雄蕊与花冠裂片同数,花丝分离或基部联合,着生于花冠管上;花盘环状或杯状;子房上位,由2(3~5)枚心皮组成,1~4室,每室1~2枚胚珠,花柱1~2枚。果实通常为蒴果,瓣裂、周裂或不规则开裂,稀为浆果;种子和胚珠同数,通常三棱形,有时被毛。染色体基数 $n=7$,10~15。

约58属,1650种,广布于热带至温带地区,主产于美洲和亚洲的热带、亚热带;我国有22属,约125种,各地均产,主产于西南和华南地区;浙江产12属,21种,3变种,1变型;杭州有8属,14种。

一些种类供食用,如甘薯、蕹菜;有些种类供药用,如牵牛、菟丝子;另有一些观赏植物,如茑萝。

分 属 检 索 表

1. 寄生植物;无叶,具吸器;花簇生或成短总状花序 ┈┈┈┈┈┈┈┈┈┈┈┈┈ 1. **菟丝子属** *Cuscuta*
1. 非寄生植物;具营养叶;花序不为上述类型。
  2. 子房2深裂,花柱2个,基生于离生心皮间 ┈┈┈┈┈┈┈┈┈┈ 2. **马蹄金属** *Dichondra*
  2. 子房不分裂,花柱1或2个,顶生。
    3. 花柱2个,每个再分裂为2个 ┈┈┈┈┈┈┈┈┈┈┈┈ 3. **土丁桂属** *Evolvulus*
    3. 花柱1个,不分裂。
      4. 外面2或3枚萼片,或全部5枚萼片在果时增大,与果一起脱落;果实不裂 ┈┈┈┈
      ┈┈┈┈┈┈┈┈┈┈┈┈┈┈┈┈┈┈┈┈┈┈┈ 4. **飞蛾藤属** *Dinetus*
      4. 萼片在果期不增大或稍增大,不呈翅状,果开裂后宿存于果梗。
        5. 花粉粒无刺,柱头2裂或不裂 ┈┈┈┈┈┈┈┈┈ 5. **打碗花属** *Calystegia*
        5. 花粉粒有刺,柱头1或2个,头状或球状。
          6. 花冠高脚蝶状,雄蕊和花柱多少外伸 ┈┈┈┈┈ 6. **茑萝属** *Quamoclit*
          6. 花冠漏斗状或钟状,雄蕊和花柱内藏。
            7. 萼片通常钝,子房2或4室,每室具1~2枚胚珠 ┈┈┈┈ 7. **番薯属** *Ipomoea*
            7. 萼片先端长渐尖,子房3室,每室具2枚胚珠 ┈┈┈┈┈ 8. **牵牛属** *Pharbitis*

1. 菟丝子属 Cuscuta L.

寄生草本,全体无毛。无根。缠绕茎细长,黄色或微红色,以吸器固着于寄主。叶片无或退化成小鳞片状。花小,呈穗状、总状或簇生成头状花序;花白色或淡红色,无梗或具短梗;苞片小或无;萼片5枚,基部多少联合;花冠管状、壶状或钟状,在花冠基部雄蕊之下具边缘分裂成流苏状的鳞片;雄蕊5枚,与花冠裂片互生,着生于花冠喉部或花冠裂片之间,花丝短;子房2室,每室具2枚胚珠,花柱2枚,分离或联合。蒴果球形或卵球形,周裂或不规则破裂;种子1~4枚;胚线状,稍旋卷弯曲,胚乳肉质。花粉粒椭圆球形,无刺。

约170种,广布于暖温带,主产于美洲;我国约有11种,南北均产;浙江有3种;杭州有1种。

本属有时被独立成菟丝子科 Cuscutaceae。分子系统学研究表明,本属无疑是旋花科的成员。

金灯藤 日本菟丝子 （图 2-433）

Cuscuta japonica Choisy

一年生寄生草本。茎缠绕,肉质,较粗壮,直径为
1～2mm,黄色,常带紫红色瘤状斑点,多分枝。无叶。
花序穗状;花无梗或近无梗;苞片及小苞片鳞片状,卵
圆形,长约 1.5mm;花萼碗状,长约 2mm,5 深裂,裂片
卵圆形,背面常具红紫色小瘤状斑点;花冠白色,钟形,
长(3～)4～5mm,顶端 5 浅裂,裂片卵状三角形;雄蕊
着生于花冠喉部裂片间,花丝无或近无,花药卵圆形;
鳞片 5 枚,长圆形,边缘流苏状,着生于花冠管基部;子
房球形,平滑,2 室,花柱合生为 1 枚,柱头 2 裂。蒴果
卵球形,长 5～7mm,于近基部周裂,花柱宿存;种子 1
粒,卵球形,长 2～2.5mm,褐色。花、果期 8—10 月。
$2n=32$。

区内常见,一般寄生于灌木植物,如茶树、小蜡树
上,对寄主有危害。分布于全国各地;日本、朝鲜半岛、
俄罗斯、越南也有。

全草或种子入药。

图 2-433 金灯藤

2. 马蹄金属 Dichondra J. R. & G. Forst.

多年生匍匐小草本,无毛或被丝毛至柔毛。叶
小,具叶柄,叶片肾形至圆心形,全缘。花小,通常
单生于叶腋;苞片小;萼片 5 枚,分离,近等大,通常
匙形;花冠宽钟形,5 深裂,裂片内向镊合状或近覆
瓦状排列;雄蕊 5 枚,较花冠短,花丝丝状,花药小;
花盘小,杯状;子房深 2 裂,2 室,每室具 2 枚胚珠,
花柱 2 枚,基生,柱头头状。蒴果分离成 2 个果瓣
或不分离,不裂或不整齐 2 裂,各具 1(2)枚种子;种
子近球形,光滑,种皮薄,硬壳质,子叶长圆球形至
线形,折叠。花粉粒无刺,平滑。

约 14 种,主产于美洲;我国有 1 种;浙江及杭
州也有。

马蹄金 （图 2-434）

Dichondra micrantha Urban

多年生丛生小草本。茎细长,匍匐于地面,长
达 30～40cm,被细柔毛,节上生根。叶片肾形至近
圆心形,直径为 0.4～2.2cm,先端钝圆或微凹,基

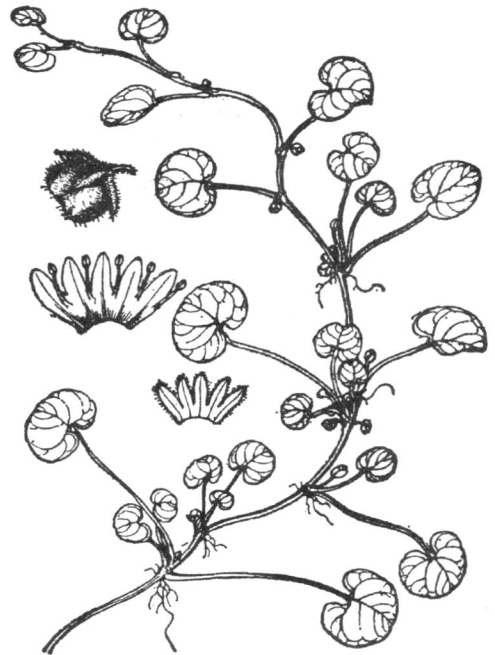

图 2-434 马蹄金

部深心形,全缘,上面近无毛,下面疏被毛;叶柄长(0.5～)2～5cm,被细柔毛。花1(2)朵,单生于叶腋;花梗较叶柄短;萼片5枚,倒卵状长椭圆形至匙形,长约2mm,外面及边缘被柔毛;花冠黄色,宽钟状,较短至稍长于萼,裂片5枚,长圆状椭圆形,无毛;雄蕊着生于花冠裂片之间;子房被疏柔毛,花柱2枚,柱头头状。蒴果近球形,直径约为1.5mm,分果状,有时单个,果皮薄壳质,疏被毛;种子1～2枚,扁球形,深褐色,无毛。花期4—5月,果期7—8月。$2n=28$。

见于西湖景区(九溪、飞来峰、桃源岭、玉皇山),生于山坡路边石缝间或草地阴湿处。分布于安徽、福建、广东、广西、海南、湖北、湖南、江苏、江西、四川、台湾、西藏、云南;日本、朝鲜半岛、泰国、北美洲、南美洲、太平洋岛屿也有。

全草入药。

马蹄金曾用 *D. repens* J. R. & G. Forst. 这一名称(《中国植物志》),但现在一般认为 *D. repens* J. R. & G. Forst. 只分布于澳大利亚和新西兰(Tharp & Johnston,1961)。

3. 土丁桂属 Evolvulus L.

一年生或多年生草本、半灌木或灌木。茎平卧、斜上或直立。叶小,互生;叶片全缘,具柄或无柄。花小,单花或多花成腋生聚伞花序或排列成顶生穗状或头状花序。萼片5枚,小,等长或近等长;花冠辐射状、漏斗状或高脚碟状,冠檐近全缘或5浅裂;雄蕊5,常着生于花冠管中部,内藏或外伸,花药卵球形或长圆球形,花盘杯状或缺;子房2室,每室具2枚胚珠,稀1室,具4枚胚珠;花柱2枚,顶生,分离或近基部合生,每枚花柱各2裂,柱头细长,线状或稍棒状。蒴果球形或卵球形,2～4瓣裂;种子1～4枚,光滑或具小瘤状凸起,无毛。花粉粒球形,无刺,平滑。

约100种,全部分布于南、北美洲,2种归化于东半球热带及亚热带地区;我国有2种;浙江有1种;杭州有1种。

土丁桂 (图2-435)

Evolvulus alsinoides（L.）L.

多年生草本,全株被毛。茎纤细,高10～40cm,从基部多分枝,直立披散,被灰白色柔毛。叶片长圆形、椭圆形或狭卵形,长8～12(～22)mm,宽(1.5～)2～5mm,先端钝,具小短尖,基部圆形或渐狭成楔形,两面被贴生的柔毛,下面尤密,中脉在下面稍明显,侧脉两面均不显;叶柄短,上部叶近无柄。花单生或2～3朵组成聚伞花序;花序梗纤细,比叶片长,长1～1.5(～2)cm,被贴生的柔毛;花梗长3～5mm;苞片小,披针形或钻形、线形,长1～1.5mm,被柔毛;萼片披针形,长2.5～4mm,先端锐尖,被柔毛;花冠淡蓝色,辐射状,直径为7～10mm,5浅裂;雄蕊内藏;子房卵球形,无毛,花柱2枚,近基部稍合生,每个花柱从下面1/5处再深裂为2枚,柱头棍棒形。蒴果球形,直径约为3mm,无毛,4瓣裂;种子4枚或较少,黑色。花、果期6—9月。$2n=26$。

图 2-435 土丁桂

见于西湖景区(桃源岭),生于山坡、路边及灌丛间。分布于长江以南各省、区;孟加拉、柬埔寨、印度、印度尼西亚、日本、老挝、马来西亚、缅甸、尼泊尔、巴基斯坦、菲律宾、泰国、越南、非洲、澳大利亚、北美洲、南美洲、太平洋岛屿也有。

全草入药。

4. 飞蛾藤属　Dinetus Buch.-Ham. ex Sweet

一年生或多年生缠绕草本,光滑无毛。须根(在三列飞蛾藤 D. duclouxii (Gagnep. & Courchet) Staples 中膨大为存贮器官)。茎具条纹,节上通常有毛,或近无毛。叶柄圆柱形,或扁平,有时具叶枕;叶片心形,全缘或分裂,薄纸质,掌状脉,叶脉明显,在背面凸出。总状或圆锥花序,1 或 2 个生于叶腋;苞片叶状,有柄或无柄,抱茎,宿存;小苞片 2(3)枚,鳞片状(在三列飞蛾藤中为萼片状);花通常芳香;萼片 5 枚,分离或基部稍联合,相等或不相等,果时极增大;花冠漏斗状或近管状;雄蕊 5 枚,相等或不等,内藏,花丝下部贴生于花冠管上,上部分离,花药戟形至箭头形,或线形,内曲,开花前纵向开裂;三沟花粉,无刺;花盘环状或缺;子房 1 室,胚珠 2 枚,基着,花柱 1 枚,柱头椭圆形,顶端微凹或 2 裂。种子 1 枚,椭圆球形至近球形,无毛。

约 8 种,分布于亚洲热带;我国有 6 种,主产于长江流域及其以南各地;浙江有 1 种;杭州有 1 种。

有些学者认为应将本属并入白花叶属 Porana Burm. f.,但这一观点不被分子系统学研究所支持。

飞蛾藤 （图 2-436）

Dinetus racemosus（Roxb.）Buch.-Ham. ex Sweet——*Porana racemosa* Roxb.

多年生草质藤本。茎缠绕,长达数米,圆柱形,被疏柔毛。叶片卵形或宽卵形,长 3～11cm,宽(1.7～)3～8cm,先端渐尖或尾尖,基部心形,全缘,两面被紧贴的疏柔毛或老时秃净,基部具 7～9 条掌状脉,中部以上为羽状脉;叶柄比叶片短,或与叶片等长,被疏柔毛。花序总状或圆锥状,腋生,少花至多花;苞片叶状,无柄,被疏柔毛;小苞片微细,钻形;花梗长 1～3mm,被疏柔毛;萼片线状披针形,长 1.5～2.5mm,被柔毛,果期全部增大,长达 12～15mm,宽达 3～5mm,长圆状匙形,如翅状,常带紫褐色,宿存,具网脉与 3 条明显的纵脉,被疏柔毛;花冠白色,漏斗形,长 0.8～1cm,无毛,5 裂至近中部,裂片椭圆形;花丝短,内藏,2 长 3 短,花药长圆球形;子房 1 室,具 2 枚胚珠,花柱线形,稍长于子房,柱头棒状,2 裂至中部。蒴果卵球形,长 6～8mm,光滑;种子 1 枚,卵球形,长 4～5mm,深褐色,无毛。花期 8—9 月,果期 9—10 月。

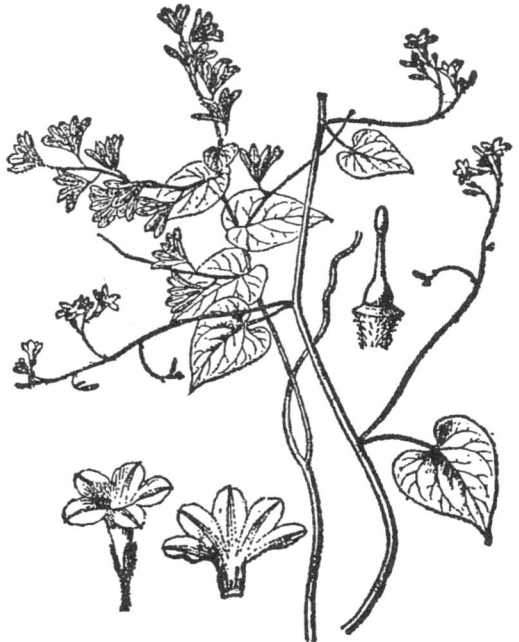

图 2-436　飞蛾藤

见于西湖区(双浦)、西湖景区(北高峰、飞来峰),生于山坡灌丛间。分布于安徽、福建、甘肃、广东、广西、贵州、海南、河南、湖北、湖南、江苏、江西、陕西、四川、西藏、云南;不丹、印度、印度尼西亚、老挝、缅甸、尼泊尔、巴基斯坦、菲律宾、泰国、越南也有。

全草入药。

5. 打碗花属　Calystegia R. Br.

多年生草本。茎缠绕或平卧,通常无毛,有时被短柔毛。叶互生,叶片全缘或近掌状分裂。花单生于叶腋,稀为少花的聚伞花序。苞片 2 枚,较大,叶状,常包藏花萼,宿存;萼片 5 枚,卵形或长圆形,宿存;花冠钟状或漏斗状,外面有 5 条明显的瓣中带,冠檐不明显 5 浅裂或近全缘;雄蕊 5 枚,花丝基部扩大,贴生于花冠管,内藏;子房 1 室或不完全的 2 室,胚珠 4 枚,花柱丝状,比花冠短,柱头 2 裂,长圆形或椭圆形,扁平。蒴果卵球形、球形,4 瓣裂;种子 4 枚,黑褐色。花粉粒无刺。

约 25 种,分布于温带和亚热带地区;我国有 5 种,南北均产;浙江有 3 种,1 变种,1 变型;杭州有 2 种。

本属有时被归入旋花属 Convolvulus L.,作为后者的一个组。分子系统学研究表明,本属嵌在旋花属内,因而支持将其并入旋花属。

1. 打碗花　(图 2-437)

Calystegia hederacea Wall. ex Roxb. —— *Convolvulus wallichianus* Spreng.

多年生草本,全株近无毛。具细圆柱形白色根状茎;地上茎缠绕或平卧,具细棱,常自基部分枝。茎基部的叶片卵状长圆形,长 2~3(~5)cm,宽 1.5~2.5cm,先端钝圆或急尖至渐尖,基部戟形;上部的叶片三角状戟形;叶柄长 1~5cm。花单生于叶腋;花梗长 1.5~7cm,通常比叶柄长,具棱;苞片宽卵形,长 0.8~1.5cm,宿存;萼片长圆形,长 0.6~1.2cm,宿存;花冠淡红色,漏斗状,长 2.8~4cm,冠檐 5 浅裂;雄蕊 5 枚,基部膨大,有细鳞毛;子房 2 室,柱头 2 裂。蒴果卵球形,长约 1cm;种子黑褐色,表面具小疣状凸起。花期 5—8 月,果期 8—10 月。$2n=22$。

区内常见,生于田间、路旁、荒地上。分布于全国各地;阿富汗、印度、日本、朝鲜半岛、马来西亚、蒙古、缅甸、尼泊尔、巴基斯坦、俄罗斯、塔吉克斯坦也有。

根状茎入药。

图 2-437　打碗花

2．旋花　（图 2-438）

Calystegia sepium（L.）R. Br.——*Convolvulus sepium* L.

多年生草本，全株无毛。茎缠绕，具细棱。叶互生；叶片三角状卵形，长 4～9cm，宽 2～6cm，先端渐尖或骤尖，基部戟形或心形，全缘或基部伸展为有 2～3 个大齿缺的裂片；叶柄常比叶片略短，长 3～4.5cm。花单生于叶腋；花梗长 1.5～4.5cm，具棱；苞片 2 枚，稍不等大，宽卵形，长 1.5～2.7cm，先端急尖，常具小短尖；萼片卵圆形，长 1.3～1.6cm，先端渐尖；花冠通常白色、淡红色或红紫色，漏斗状，长 4～7cm，冠檐 5 浅裂；雄蕊花丝基部扩大，被细鳞毛；子房 2 室，柱头 2 裂，裂片扁平卵形。蒴果卵球形，长约 1cm，为果期增大和宿存的苞片与萼片所包被；种子黑褐色，卵状三棱形，长约 4mm，密被小疣状凸起。花期 5—8 月，果期 8—10 月。$2n=22$。

图 2-438　旋花

见于西湖景区（飞来峰），生于荒地、路边或山坡林缘。广泛分布于南、北半球温带地区。

与上种的主要区别在于：本种花较大，长 4cm 以上，苞片亦较大，长 1.5～2.7cm，宿存萼及苞片增大，包藏果实。

6．茑萝属　Quamoclit Mill.

一年生缠绕草本。茎柔弱，通常无毛。叶互生；叶片心形或卵形，全缘，具钝角，或掌状 3～5 裂或羽状分裂。花腋生，通常为二歧聚伞花序，稀单生；苞片 2 枚；萼片 5 枚，无毛，先端角状或芒状，外萼片稍小；花冠红色、白色或黄色，高脚碟状，花冠管细长，冠檐平展，5 裂；雄蕊 5 枚，与花柱伸出花冠管外，花丝不等长；子房无毛，4 室，4 枚胚珠，柱头头状，2 裂。蒴果 4 室，4 瓣裂；种子 4 枚，暗黑色，无毛，稀被毛。花粉粒具刺。

约 10 种，分布于热带美洲；我国栽培 3 种；浙江及杭州均有栽培。

本属常被并入番薯属 *Ipomoea* L.，但因为番薯属的分类尚存在许多问题，本志暂不按并入处理。

分 种 检 索 表

1. 叶片卵状心形，全缘，或具数齿或钝角 ·················· 1. **橙红茑萝**　*Q. coccinea*
1. 叶片掌状深裂或羽状深裂。
　　2. 叶片羽状深裂至中脉，裂片线形 ·················· 2. **茑萝**　*Q. pennata*
　　2. 叶片掌状深裂，裂片线状披针形 ·················· 3. **槭叶茑萝**　*Q.* × *sloteri*

1．橙红茑萝　圆叶茑萝　（图 2-439）

Quamoclit coccinea（L.）Moench——*Ipomoea cholulensis* Kunth——*I. coccinea* L.

一年生缠绕草本，无毛。茎细长，多分枝。叶片卵状心形，长 3～5cm，宽 2～3.5cm，全缘或近基部有齿,先端骤尖,基部心形;叶柄细,与叶片近等长。聚伞花序腋生,有花 1～5 朵,花序梗长 1～5cm;苞片与小苞片小,钻形,长约 2mm;花梗长 6～9mm;萼片 5 枚,卵状长圆形,长 3～4mm,先端具芒尖;花冠橙红色或红色,喉部带黄色,高脚碟状,长 17～25mm,花冠管细长,冠檐 5 裂,裂片三角形;雄蕊外伸,稍不等长,花丝丝状,基部稍扩大,有小鳞毛;子房 4 室,4 枚胚珠,花柱丝状,柱头头状,2 裂。蒴果圆球形,直径为 5～8mm;种子卵球形或卵状三棱形,灰黑色,具灰白色微柔毛。花期 7—9 月,果期 8—10 月。$2n=30$。

区内偶见栽培。原产于北美洲。

花艳丽繁多,供观赏,并可供垂直绿化用。

图 2-439 橙红茑萝

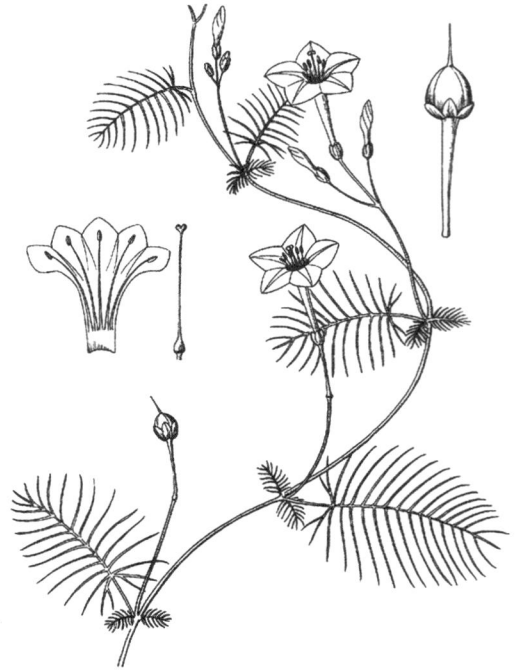

图 2-440 茑萝

2. 茑萝 (图 2-440)

Quamoclit pennata (Desr.) Bojer——*Ipomoea quamoclit* L.

一年生草本。茎柔弱缠绕。叶片卵形或长圆形,长 4～7cm,宽约 5.5cm,羽状深裂至近中脉处,裂片线形,10～15 对,最下 1 对裂片呈 2～3 分叉状;叶柄长 8～35mm,基部具纤细的叶状假托叶。花 1～3 朵组成聚伞花序,花序梗长 1.5～9cm;苞片细小,钻形;花梗长 8～25mm,果期中上部增粗;萼片长圆形至倒卵状长圆形,不等长,长 3～5mm,先端钝,具小短尖头;花冠深红色,高脚碟状,长 3～3.5cm,花冠管细,上部稍膨大,冠檐开展,5 裂,裂片三角状卵形,长约 6mm;雄蕊 5 枚,与花柱均外伸;花丝基部稍扩大,具小鳞毛;子房 4 室,4 枚胚珠,柱头头状。蒴果卵球形,长约 7mm,4 室,4 瓣裂;种子 4 枚,长圆状卵形,长 3～5mm,黑褐色,具淡褐色糠秕状毛。花期 7—9 月,果期 8—10 月。$2n=30$。

区内常见栽培。原产于北美洲。

花形奇特,供观赏,并可供垂直绿化用。

3. 槭叶茑萝　葵叶茑萝　（图 2-441）

Quamoclit × sloteri House——*Ipomoea* ×
sloteri（House）Ooststr.

一年生草本，近无毛。茎缠绕，多分枝。叶
互生；叶片宽卵形或近肾形，长 2.5～5cm，宽
2.5～5.5cm，掌状深裂，裂片狭披针形；叶柄较
叶片短；假托叶与叶同形，长约 1cm。聚伞花序
腋生，有花 1～3 朵，花序梗粗壮，长约 8cm；苞片
2 枚，小，钻形；花梗长 6～30mm；小苞片小，钻
形，长约 1.5mm；萼片 5 枚，不等长，卵圆形或近
圆形，先端具芒；花冠红色，高脚碟状，长 3～
4cm，花冠管基部稍狭，上部渐扩大，冠檐 5 裂；
雄蕊 5 枚，稍不等长，与花柱均外伸，花丝基部
稍扩大，具小鳞毛；子房 4 室，胚珠 4 枚；柱头头
状，2 裂。蒴果圆锥形或球形；种子 1～4 枚，有
微柔毛。花期 7—9 月，果期 9—10 月。

区内偶见栽培。原产于南美洲。

叶形奇特，供观赏，并可供垂直绿化用。

本种是上述两种——橙红茑萝和茑萝杂交
并多倍化而形成的异源四倍体。

图 2-441　槭叶茑萝

7. 番薯属　Ipomoea L.

一年生草本，稀直立或呈灌木状，有时具乳汁。地下部分具球形、椭圆球形或纺锤形的块
根。茎平卧或上升，偶有缠绕，多分枝，圆柱形或具棱，绿或紫色，被疏柔毛或无毛。叶片全缘
或分裂，常具柄。花单生于叶腋或数朵至多朵组成聚伞花序；苞片各式；花通常大而美丽；萼片
5 片，等大或不等大，内面 3 片常稍大，宿存，果期常稍增大；花冠漏斗状或钟状，冠檐 5 浅裂或
5 深裂，瓣中带明显，被毛或无毛；雄蕊 5 枚，内藏，着生于花冠管基部，花丝丝状，基部常扩大，
被毛；子房 2 室，有时 4 室，4 枚胚珠，花柱 1 枚，线形，不伸出，柱头头状或 2 裂；花盘球状。蒴
果球形或卵球形，4 瓣裂或不规则开裂；种子 4 枚或较少，无毛。花粉粒无刺。

约 500 种，广布于热带、亚热带和温带地区；我国有 29 种；浙江有 6 种；杭州有 3 种。

本属有些种类可作粮食，如蕹菜、番薯。

番薯属不是一个单系类群，因而需要对番薯属进行分类处理，其选择有二：①保留广义的
番薯属，即番薯族只包含番薯属 1 属，其余 9 属的成员并入番薯属；②将现有的番薯属拆分成
多个属。第一种处理下，9 个形态多样的属（约 150 种）都要归入番薯属内；第二种处理下，番
薯属至少 500 种都要更改名称，因为番薯属的模式种位于番薯族分支 I。分子系统树与实用
性的冲突使得番薯属的分类和命名陷入两难的境地，所以至今没有对番薯属（乃至番薯族）进
行下一步的修订。

分 种 检 索 表

1. 蕹菜　空心菜　(图 2-442)

Ipomoea aquatica Forsk

一年生蔓性草本,旱生或水生,全株无毛。茎匍匐,圆柱形,中空,节上可生不定根。叶互生;叶片椭圆状卵形、长三角状卵形或长卵状披针形,长(2.5～)6～10cm,宽(1.5～)4.5～8.5cm,先端渐尖或钝,具小尖头,基部心形、戟形或箭头形,全缘或波状;叶柄长(1.5～)3.5～12cm。数朵花组成聚伞花序,腋生,花序梗长 2.5～7cm;苞片小,鳞片状;花梗长 1.5～4cm;萼片近等长,卵圆形,长 6～8mm,先端钝;花冠通常白色或淡紫红色,漏斗状,长 4.5～5cm;雄蕊不等长,花丝基部扩大,稍被毛;子房 2 室,柱头头状,2 裂。蒴果卵球形,直径约为 1cm;种子 2～4 枚,卵球形,密被短柔毛。花、果期 8—11 月。$2n=30$。

区内常见栽培。原产于我国;现世界各地广泛栽培。

本种为常见蔬菜;全草还可入药。

图 2-442　蕹菜

图 2-443　甘薯

2. 甘薯　番薯　(图 2-443)

Ipomoea batatas (L.) Lam.

具乳汁蔓生草本。肉质块根,圆球形、椭圆形或纺锤形,块根形状、皮色和肉色因品种而异。茎圆柱形,平卧或上升,多分枝,节上易生不定根,被疏柔毛或无毛。叶形多变,通常宽卵形,长(3～)5～13cm,宽 2.5～10cm,全缘或 3～5(～7)掌裂,裂片宽卵形、心状卵形至线状披针形,先端渐尖,基部心形至截形,两面被疏柔毛或无毛;叶柄长(2～)6～12cm,被疏柔毛或无毛。数朵花组成聚伞花序,腋生,有时单生,花序梗长 4.5～7cm,近无毛;苞片小,钻形,长约 2mm,早落;萼片长圆形,不等长,外萼片长 7～9mm,内萼片长 8～11mm,先端为小芒尖状,近无毛;花冠白色至紫红色,钟状漏斗形,长 3～4cm;雄蕊内藏,花丝基部被毛;子房 2～4 室,被毛或有时无毛,花柱长,内藏,柱头头状,2 裂。蒴果卵球形或扁球形;种子 1～4 枚,无毛。花期 9—10 月。$2n=90$。

区内常见栽培。原产于热带美洲中部;现全世界热带、亚热带地区广泛栽培。

块根可食用,为重要粮食作物;茎、叶可作饲料,也可供药用。

3. 三裂叶薯 　（图 2-444）

Ipomoea triloba L.

草本。茎缠绕,有时平卧,无毛或散生毛,且主要在节上。叶宽卵形至圆形,长 2.5～7cm,宽 2～6cm,全缘或有粗齿或深 3 裂,基部心形,两面无毛或散生疏柔毛;叶柄长 2.5～6cm,无毛或有时有小疣。少花至数朵花组成伞形聚伞花序,腋生,有时单生;花序梗短于或长于叶柄,长 2.5～5.5cm,较叶柄粗壮,无毛,明显有棱角;花梗多少具棱,有小瘤凸,无毛,长 5～7mm;苞片小,披针状长圆形,钝或锐尖,具小短尖头,背部散生疏柔毛,边缘明显有缘毛,内萼片有时稍宽,椭圆状长圆形,锐尖,具小短尖头,无毛或散生毛;花冠漏斗状,长约 1.5cm,无毛,淡红色或淡紫红色,冠檐裂片短而钝,有小短尖头;雄蕊内藏,花丝基部有毛;子房有毛。蒴果近球形,高 5～6mm,具花柱基形成的细尖,被细刚毛,2 室,4 瓣裂;种子 4 枚或较少,长 3.5mm,无毛。$2n=30,38$。

见于江干区（凯旋）、西湖区（蒋村、三墩）、西湖景区（桃源岭）,生于荒地、田边或路边。原产于热带美洲;现已成为世界热带至亚热带地区的常见杂草。

图 2-444　三裂叶薯

8. 牵牛属　Pharbitis Choisy

一年生或多年生缠绕草本。茎被灰白色硬毛,稀无毛。叶片心形,全缘或 3(～5)裂。花单生于叶腋或数花组成二歧聚伞花序;萼片 5 枚,近等长或有时不等长,先端长渐尖,外面通常被硬毛;花冠漏斗状或钟状,檐部 5 浅裂;雄蕊 5 枚,不等长,着生于花冠管基部,内藏;花柱 1 枚,柱头头状,常 3 裂,子房 3 室,每室具 2 枚胚珠。蒴果球形,常 3 瓣裂;种子 4 或 6 枚,无毛或有毛。

约 24 种,广布于温带和亚热带;我国有 3 种,南北均产;浙江有 2 种;杭州有 2 种。

本属常被并入番薯属 *Ipomoea* L.,但因为番薯属的分类尚存在许多问题,本志暂不按并入处理。

1. 牵牛 喇叭花 (图 2-445)

Pharbitis nil(L.)Choisy——*Ipomoea nil*(L.)Roth

一年生缠绕草本。茎圆柱形,直径约为 3mm,略具棱,被倒向短柔毛及长硬毛。叶互生;叶片宽卵形或近圆形,长 5～16cm,宽 5～18cm,通常 3 中裂,基部深心形,中裂片长圆形或卵圆形,渐尖或骤尾尖,侧裂片较短,卵状三角形,两面被微硬的柔毛;叶柄长 2～11(～13)cm。聚伞花序有花 1～3 朵,花序梗长(0.5～)1.5～8cm,被毛;苞片线形,长 5～8mm,被毛。花梗长 2～7(～10)mm;小苞片 2 枚,线形,长 2～6mm;萼片 5 深裂,裂片近等长,线状披针形,长1.8～2.5cm,外被长硬毛,尤以下部为多;花冠白色、淡蓝色、蓝紫色至紫红色,漏斗状,长 5～8cm,冠檐全缘或 5 浅裂;雄蕊内藏,不等长,贴生于花冠管内,花丝基部被白色柔毛;子房 3 室,每室具 2 枚胚珠,无毛,柱头头状。蒴果近球形,直径为 0.9～1.3cm,3 瓣裂或每瓣再分裂为 2 片;种子卵状三棱形,长约 6mm,黑褐色或淡黄褐色,被灰白色短茸毛。花期 7—8 月,果期 9—11 月。2n＝30。

区内常见栽培或逸生。原产于美洲热带;现广布于世界热带和亚热带地区。

花美丽,供观赏;种子入药,称"牵牛子"。

图 2-445 牵牛

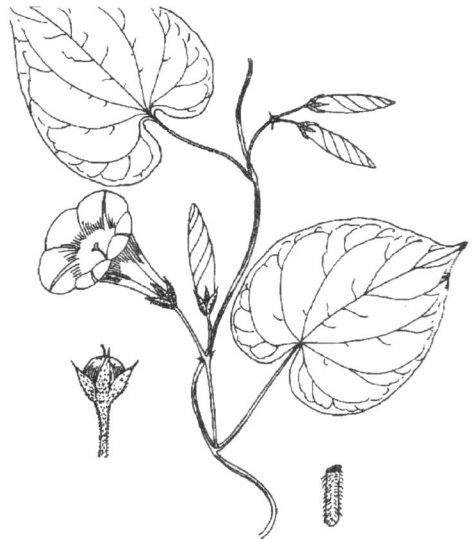

图 2-446 圆叶牵牛

2. 圆叶牵牛 (图 2-446)

Pharbitis purpurea(L.)Voigt——*Ipomoea purpurea*(L.)Roth

一年生缠绕草本。茎被倒向短柔毛和长硬毛。叶互生;叶片圆心形或宽卵状心形,长 3～10cm,宽 2～9cm,先端渐尖或骤渐尖,基部心形,全缘,两面具刚伏毛或下面仅脉上具毛;叶柄长 1～10cm,被倒向柔毛与长硬毛。花序有花 1～3(～5)朵,花序梗长 1～3cm,毛被同茎;苞片线形,被长硬毛;花梗长 0.5～1.4cm,被倒向短柔毛;萼片近等长,外面 3 片卵状椭圆形,内面 2

片线状披针形,长 1～1.3cm,外面具开展的长硬毛,基部较密;花冠白色、淡红色或紫红色;漏斗状,长 4～5cm;雄蕊内藏,不等长,花丝基部被柔毛;子房无毛,3 室,每室具 2 枚胚珠,柱头头状。蒴果近球形,直径为 6～10mm,3 瓣裂;种子卵状三棱形,长约 5mm,黑褐色,被极细小的糠秕状毛。花、果期 7—11 月。$2n=30$。

区内常见栽培或逸生。原产于美洲热带;现广布于世界各地。

与上种的主要区别在于:本种叶片不裂,花各部较小。

112. 紫草科　Boraginaceae

草本或半灌木,稀灌木或乔木,通常被糙毛或刺毛。单叶互生,稀对生或轮生;叶片全缘,稀有锯齿,无托叶。花两性,辐射对称;聚伞花序呈单歧蝎尾状,或二歧伞房状、圆锥状,有苞片或缺;花萼宿存,与花冠常 5 裂;花冠蓝色或白色,辐射状、漏洞状或钟状,裂片在蕾中呈覆瓦状,稀为旋转状排列,喉部常有 5 个附属物;雄蕊 5 枚,着生于花冠管上或喉部;花盘常存在;子房上位,2 室,每室具胚珠 2 枚,常深裂成 4 室,花柱 1 枚,稀 2 枚,顶生或基生,柱头头状或 2 裂。果为核果状或为 4 个分离的小坚果。花粉粒类型较多,近球形、长球形或超长球形,表面有小刺状、细网状或颗粒状雕纹。

约 156 属,2500 种,分布于温带和热带地区,集中分布于地中海地区;我国有 47 属,294 种,其中 4 属,156 种为特有种,主要分布于西南部和西北部,少数分布于东南部和东北部;浙江有 11 属,17 种;杭州有 7 属,7 种。

本科植物可供药用、作染料及供观赏用。

分 属 检 索 表

1. 乔木;花柱顶生,花白色 ··· 1. 厚壳树属　Ehretia
1. 草本;花柱基生,花常为蓝色,稀白色。
 2. 小坚果着生面内凹,周围有环状凸起 ················· 2. 聚合草属　Symphytum
 2. 小坚果周围无环状凸起。
  3. 小坚果背面有碗状凸起。
   4. 小坚果背面有 1 层碗状凸起;花托近平坦 ············· 3. 皿果草属　Omphalotrigonotis
   4. 小坚果背面有 2 层碗状凸起;花托金字塔状 ··········· 4. 盾果草属　Thyrocarpus
  3. 小坚果背面无碗状凸起。
   5. 小坚果肾形,密生小疣状凸起 ··············· 5. 斑种草属　Bothriospermum
   5. 小坚果四面体形或卵球形,无小疣状凸起。
    6. 小坚果四面体形;花冠辐射状 ············· 6. 附地菜属　Trigonotis
    6. 小坚果卵球形;花冠管状或高脚碟状 ········· 7. 紫草属　Lithospermum

1. 厚壳树属　Ehretia P. Browne

乔木或灌木。单叶,互生;叶片全缘或有锯齿,具叶柄。聚伞花序呈伞房状或圆锥状,腋生或顶生；花小，白色；花萼 5 浅裂，裂片与花冠裂片在蕾中均呈覆瓦状排列；花冠管状或钟状，5 裂，裂片开展或弯曲；雄蕊 5 枚，着生于花冠管上，花药卵球形或长圆球形，花丝细长，通常伸出花冠外；子房球形，2 室，每室含 2 粒胚珠，花柱顶生，柱头 2 深裂，头状或棒状。核果球形，内果皮成熟时分裂为 2 个具 2 粒种子或 4 个具 1 粒种子的分核；种子直立，种皮薄，胚乳少量。

约 50 种，主要分布于非洲和亚洲，3 种在美洲北部和加勒比地区；我国有 14 种，广布于长江以南各省、区；浙江有 2 种；杭州有 1 种。

厚壳树　（图 2-447）

Ehretia acuminata R. Br. ——*E. thyrsiflora* (Siebold & Zucc.) Nakai

落叶乔木，高 3～15m，具纵裂的灰黑色树皮。小枝褐色，有短糙毛或近无毛，皮孔明显；腋芽椭圆球形，扁平，通常单一。叶倒卵形、倒卵状椭圆形、长椭圆状倒卵形或长圆状椭圆形，长 7～20cm，宽 3～10.5cm，先端短渐尖或急尖，基部楔形或圆形，边缘有整齐的锯齿，上面疏生短糙伏毛，下面仅脉腋有簇毛，侧脉 5～7 对；叶柄长 0.7～3cm。花小，密集排列成大型圆锥花序，顶生或腋生，有香气；花序梗及花梗疏生短毛；花冠白色，钟状，花冠管长约 1mm，裂片 5 枚，长圆形，长 2～3mm；雄蕊 5 枚，着生在花冠管上，花丝长约 3mm；雌蕊稍短于雄蕊，花柱 2 裂。核果橘红色，近球形，直径为 3～4mm。花期 6 月，果期 7—8 月。$2n=30,32,36$。

见于余杭区（径山、良渚、塘栖）、西湖景区（梅家坞、杨公堤、桃源岭），生于山坡林中或灌丛中。分布于广东、广西、贵州、河南、湖南、江苏、江西、山东、四川、台湾、云南；不丹、印度、印度尼西亚、日本、越南、澳大利亚也有。

可作建筑用材。

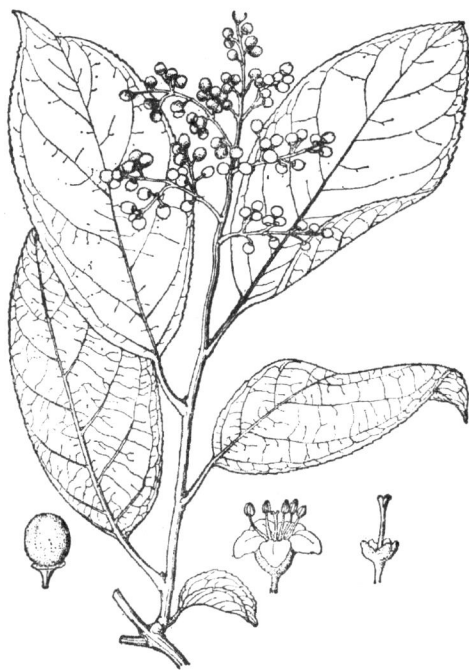

图 2-447　厚壳树

2. 聚合草属　Symphytum L.

多年生草本，有硬毛或糙伏毛。茎通常有分枝。基生叶多数，有柄；茎生叶互生，在上部偶对生；叶片卵形、长圆状卵形、椭圆形至披针形，先端渐尖，基部常狭窄下延。镰刀状聚伞花序在茎的上部呈圆锥状，无苞片；花萼 5 裂，裂片线形；花冠筒状钟形，淡紫红色至白色，稀为黄色，檐部 5 浅裂，喉部具 5 个披针形附属物，附属物边缘有乳头状腺体；雄蕊 5 枚，内藏；子房 4 裂，花柱丝形，通常伸出花冠外。小坚果 4 枚，斜卵球形，通常有疣点和网状皱纹，较少平滑，着生面在基部，碗状，边缘常具细齿。

约 20 种，分布于亚洲、欧洲及非洲北部，世界各地均有栽培；我国、浙江及杭州栽培 1 种。

聚合草　（图 2-448）

Symphytum officinale L.

多年生草本,高 30～90cm,全株被硬毛和短伏毛。根发达,主根粗壮。茎数条,直立或斜生,有分枝。基生叶多数,具长柄,叶片长圆状卵形,长 8～30cm,宽 3～11cm,先端渐尖,两面生糙伏毛,下面脉上尤密,全缘;茎中部和上部叶较小,无柄,基部下延。花序含多数花;花萼裂至近基部,裂片披针形;花白色、淡紫色或紫红色,排列成下垂的蝎尾状花序;花序梗长 1～2cm,与花梗、花萼均被糙毛;花梗长 3～4mm;花萼 5 深裂,裂片披针形,长 3～4mm;花冠宽筒状,长 1.4cm,上部 5 浅裂,裂片宽卵形,先端翻卷;雄蕊 5 枚,内藏,花丝短,生于花冠管中部;子房通常不育。小坚果 4 枚,斜卵球形,长 3～4mm,黑色。花期 5—10 月。

区内有栽培。原产于美洲北部;福建、河北、辽宁、台湾、新疆有栽培;哈萨克斯坦、吉尔吉斯斯坦、塔吉克斯坦、土库曼斯坦、乌兹别克斯坦、欧洲也有。

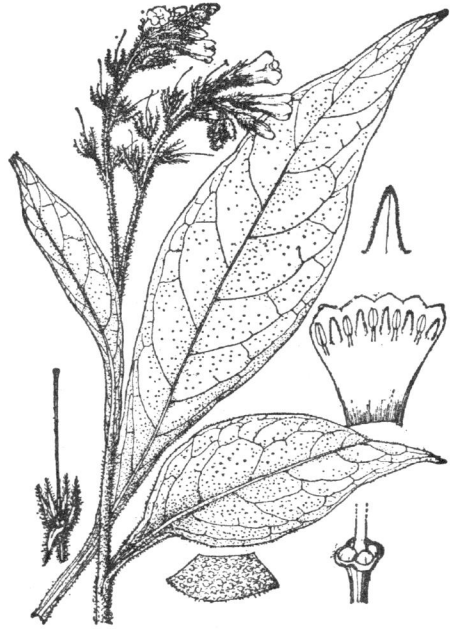

图 2-448　聚合草

3. 皿果草属　Omphalotrigonotis W. T. Wang

一年生草本。茎直立,分枝或不分枝。叶互生,具叶柄;叶片椭圆状卵形,有短糙伏毛。镰刀状聚伞花序不具苞片,顶生;花小,具短梗;花萼近钟状,5 裂至基部,裂片长圆形,果期稍增大;花冠蓝色,近辐射状,5 浅裂,裂片在蕾中呈覆瓦状排列,附属物小,新月形;雄蕊 5 枚,着生于花冠管中部稍上,内藏,花丝极短;子房 4 裂,花柱着生于子房裂片之间,不伸出花冠,柱头头状。小坚果 4 枚,四面体形,背面具碗状凸起,着生面居腹面 3 个面的会合处;种子有膜质种皮,具胚。

2 种,均为我国特有种,分布于长江下游地区;浙江有 1 种;杭州有 1 种。

本属小坚果背面有碗状凸起,是与近缘的附地菜属 *Trigonotis* Stev. 不同之处。

皿果草　（图 2-449）

Omphalotrigonotis cupulifera（I. M. Johnst.）W. T. Wang——*Trigonotis cupulifera* I. M. Johnst.

多年生草本。茎通常 1 条,长 40～45cm,基部稍匍匐,常生不定根,上部渐升或有少数分枝,疏生短伏毛。

图 2-449　皿果草

叶无基生叶;茎下部叶有长柄,叶柄长达 4.5cm;叶片椭圆状卵形或狭椭圆形,长 2～5.5cm,宽 1～2.5cm,顶端钝或稍圆,有短尖,基部圆形或近之,两面具短伏毛。聚伞花序生于茎和分枝顶端,顶端弯曲,果期伸长可长达 18cm,有短伏毛,无苞片;花有短梗,长约 1mm;花萼钟状,长 1.5～2mm,果期增长,达 3mm,5 裂至近基部;花冠蓝色,花冠管长约 1.5mm;子房 4 深裂,花柱长约 1mm。小坚果 4 枚,褐色,四面体形,呈"十"字形平展,长约 1mm,背面有碗状凸起,直径约为 1.5mm。花期 4—5 月,果期 6 月。

见于西湖景区(梵村、灵峰、龙井),生于山坡、水田边、路边或草丛中。分布于安徽、广西北部、湖南、江西。

4. 盾果草属　Thyrocarpus Hance

一年生草本。茎单一,或数条直立或斜生,有分枝,常有开展粗糙毛。基生叶大,具柄;茎生叶较小,互生,近无柄。花小,具短柄,排列成有叶状苞片的聚伞花序,外形似总状;花萼 5 裂至基部,果期稍增大;花冠紫色或白色,漏斗状,檐部 5 裂,裂片宽卵形,喉部具 5 个附属物;雄蕊 5 枚,着生于花冠管中部,内藏,具短花丝,花药卵形或长圆形;子房 4 裂,花柱短,不伸出花冠外,柱头头状。小坚果 4 枚,卵球形,背腹稍扁,密生疣状凸起,背面有 2 层凸起,内层凸起碗状,膜质,全缘,外层角质,有篦齿状牙齿,着生面在腹面顶部;种子卵球形,直立,背腹扁。

约 3 种,分布于我国和越南;我国有 2 种;浙江有 2 种;杭州有 1 种。

盾果草　(图 2-450)

Thyrocarpus sampsonii Hance

一年生草本,全株有开展糙毛。茎 1 至数条,直立或斜生,高 15～40cm,常基部分枝成丛生状。基生叶丛生,具柄,匙形,长 3.5～15cm,宽 0.8～5.5cm,两面有细毛及细糙毛;茎生叶逐步缩小,叶片狭长圆形或倒披针形,近无柄。花序狭长,长 6～18cm,有叶状苞片,苞片狭卵形至披针形;花梗长约 2mm,果时略增长;花萼长 2.5～3mm,5 深裂,裂片狭卵形;花冠紫色或蓝色,檐部直径为 4～5mm,裂片 5 枚,倒卵圆形;雄蕊 5 枚,内藏,花药卵球形;花柱短于雄蕊。小坚果 4 枚,卵球形,长 1.5～2mm,基部膨大,密生瘤状凸起,上面有 2 层直立的碗状凸起,外层有齿,齿狭三角形,顶端不膨大,内层全缘。花、果期 4—8 月。

区内常见,生于山坡、路边、水边或岩石灌丛中。分布于安徽、广东、广西、贵州、河南、湖北、湖南、江苏、江西、陕西、四川、台湾、云南;越南也有。

图 2-450　盾果草

5. 斑种草属　Bothriospermum Bunge

一年生或越年生草本,被伏毛及硬毛,硬毛基部具基盘。茎直立、斜生或伏卧。单叶,互生;叶片全缘。花小,蓝色或白色,具柄,排列为具苞片的镰刀状聚伞花序;花萼 5 裂,裂片披针形,狭或宽,果期通常不增大;花冠管短,喉部有 5 个鳞片状附属物,檐部 5 裂,裂片先端圆钝,在蕾中呈覆瓦状排列;雄蕊 5 枚,着生于花冠管基部,内藏;花药卵球形,圆钝,花丝极短;子房 4 裂,花柱短,柱头头状。小坚果 4 枚,肾形,直立,背部密生小疣状凸起,腹面中部凹陷,基部着生于平坦的花托上;种子通常不弯曲,子叶平展。

约 5 种,广布于亚洲热带及温带;我国有 5 种,分布于西南、东南至东北地区;浙江有 1 种;杭州有 1 种。

柔弱斑种草　细叠子草　（图 2-451）

Bothriospermum zeylanicum（J. Jacq.）Druce——
B. tenellum（Hornem.）Fisch. & Mey.

一年生草本。茎细弱,丛生,高 15～30cm,直立或斜生,被向上贴伏的糙伏毛。叶互生,叶片狭椭圆形或长圆状椭圆形,长 1～3.5cm,宽 0.6～1.5cm,先端急尖,基部楔形,两面被向上贴伏的糙伏毛;上部叶无柄,下部叶有柄。聚伞花序柔弱细长,可达 12cm;苞片叶状,向上逐渐缩小;花小,具短花梗;花萼 5 深裂几达基部,裂片线状披针形,长 1～1.5mm,果期可增大至 3mm,外面被糙伏毛,内面无毛或中部以上散生伏毛;花冠蓝色或淡蓝色,长 3mm,5 中裂,裂片卵圆形;雄蕊 5 枚;子房 4 深裂,花柱内藏。小坚果 4 枚,肾形,长约 1mm,密生小疣状凸起,腹面呈纵椭圆形凹陷。花期 4—5 月,果期 6—7 月。

图 2-451　柔弱斑种草

见于西湖区(蒋村)、余杭区(仓前),生于山坡草丛中。分布于福建、广东、广西、贵州、海南、河北、黑龙江、湖南、吉林、江西、辽宁、内蒙古、宁夏、山东、山西、陕西、四川、台湾、云南;阿富汗、印度、印度尼西亚、日本、哈萨克斯坦、朝鲜半岛、吉尔吉斯斯坦、巴基斯坦、俄罗斯、塔吉克斯坦、土库曼斯坦、乌兹别克斯坦、越南也有。

6. 附地菜属　Trigonotis Stev.

一年生或多年生草本。茎单一或丛生,直立或铺散,通常被糙毛或柔毛,稀无毛。单叶,互生;叶片全缘,具柄。花小,有梗,聚伞花序单一或二歧式分枝,无苞片或下部的花梗具苞片,稀全具苞片(花单生于腋外);花萼 5 深裂,结实后不增大或稍增大;花冠蓝色或白色,5 中裂,裂片在花蕾中呈覆瓦状排列,喉部具附属物 5 个;雄蕊 5 枚,内藏,花药长圆形或椭圆形,花丝短;子房深 4 裂,花柱线形,通常短于花冠管,柱头头状。小坚果 4 枚,半球状四面体形、倒三棱锥状四面体形或斜三棱锥状四面体形,平滑无毛或被短柔毛,有锐棱或具软骨质钝棱,无柄或有短柄;胚直立。

约 58 种,分布于亚洲、欧洲中部;我国有 39 种,分布于西南部至东北部;浙江有 1 种;杭州有 1 种。

附地菜 (图 2-452)

Trigonotis peduncularis (Trevis.) Benth. ex Baker & S. Moore

一年生草本。茎通常多条丛生,稀单一,直立或斜生,高 10~35cm,基部多分枝,被短糙伏毛。基生叶密集,有长柄,叶片椭圆状卵形、椭圆形或匙形,长 0.8~3cm,宽 0.5~1.5cm,先端钝圆有小尖头,基部近圆形,两面具短糙伏毛;茎下部叶似基生叶,中部以上的叶近无柄。聚伞花序顶生,似总状,长达 20cm,果时可达 25cm,只在基部有 2~3 枚苞片;花梗长 2~3mm;花萼长 1.5~2mm,5 深裂,裂片长圆形或披针形;花冠淡蓝色,长约 2mm,5 裂,裂片卵圆形,与花冠管近等长,喉部黄色,有 5 个附属物;雄蕊 5 枚,内藏;子房 4 裂。小坚果 4 枚,三角状四面体形,长约 1mm,有稀疏的短毛或无毛,具短柄,棱尖锐。花、果期 3—6 月。

区内常见,生于田边、地边、沟边、山坡杂草中。分布于福建、甘肃、广西、河北、黑龙江、吉林、江西、辽宁、内蒙古、宁夏、山东、山西、陕西、西藏、新疆、云南;亚洲温带、欧洲东部也有。

图 2-452 附地菜

7. 紫草属 **Lithospermum** L.

一年生或多年生草本或半灌木,有糙伏毛或硬毛。单叶,互生;叶片全缘,无托叶。花单生于叶腋或构成有苞片的顶生镰刀状聚伞花序;花萼 5 裂至基部,裂片果期稍增大;花白色、黄色或蓝紫色,管状或高脚碟状,喉部有毛或褶皱,稀具 5 个附属物,檐部 5 裂,裂片钝圆,在花蕾时覆瓦状排列;雄蕊 5 枚,内藏,花丝短,花药椭圆形,先端钝,有小尖头;子房 4 裂,花柱丝形,不伸出花冠管,柱头头状;胚珠 4 颗。小坚果 4 枚,卵球形,平滑或有疣状凸起,着生面位于腹面基部。

约 50 种,分布于非洲、亚洲、欧洲、美国;我国有 5 种,分布于西南至西北、华北、东北;浙江有 3 种;杭州有 1 种。

梓木草 (图 2-453)

Lithospermum zollingeri A. DC.

多年生匍匐草本。匍匐茎长 15~30cm,有伸展的糙毛;花茎高 5~20cm。基生叶倒披针形或匙形,长 2.5~

图 2-453 梓木草

9cm，宽 0.7～2cm，全缘，两面均有短硬毛，下面的毛较密；茎生叶似基生叶，但较小，常近无柄。花序长约 5cm；苞片无柄，披针形，长 1.2～2cm，有白色短硬毛；花萼长 4～6mm，5 裂至近基部，裂片披针状线形；花冠蓝色，花冠管长 0.8～1.1cm，内面上部有 5 条具短毛的纵褶，外面被白色短硬毛，檐部直径约为 1cm，5 裂，裂片卵圆形或扁圆形，长 4～6mm；雄蕊 5 枚，生于花冠管中部之下，花药顶端有短尖；子房 4 裂，柱头 2 浅裂。小坚果 4 枚，椭圆球形，长 2.5～3mm，白色光滑。花期 4—6 月，果期 7—8 月。$2n=16$。

区内常见，生于山坡、路边、岩石上或林下草丛中。分布于安徽、甘肃东南部、贵州、江苏、陕西、四川、台湾；日本、朝鲜半岛也有。

可作药用。

113. 马鞭草科　Verbenaceae

灌木或乔木，少数藤本或草本。叶对生；单叶或掌状复叶，无托叶。花序通常为聚伞状、穗状、总状或由聚伞花序再组成伞房状或圆锥状，常有苞片；花两性，两侧或辐射对称；花萼杯状、钟状或管状，宿存，顶端常 4～5 齿裂或平截状；花冠二唇形或为略不相等的 4～5 裂；雄蕊 4 枚，稀 2 或 5～6 枚，生于花冠管上，花药 2 室，内向纵裂或裂缝上宽下窄呈孔裂状；花盘不显著；子房上位，通常由 2 枚心皮组成，全缘或 4 裂，极少深裂，2 室，每室具 2 枚胚珠，或因假隔膜成 4～10 室，每室具 1 枚胚珠，花柱顶生，稀下陷于子房裂片中。核果、浆果状核果或蒴果；种子通常无胚乳，胚直立。

约 91 属，2000 种，主要分布于热带和亚热带地区；我国有 20 属，182 种，主要分布于长江以南地区；浙江有 9 属，33 种，7 变种；杭州有 6 属，13 种，2 变种。

本科许多种类可供药用、观赏及材用。

本科的很多成员现已移入唇形科 Lamiaceae，如下述的莸属 *Caryopteris* Bunge、紫珠属 *Callicarpa* L.、大青属 *Clerodendrum* L.、豆腐柴属 *Premna* L.、牡荆属 *Vitex* L.。本志暂采用传统的马鞭草科的概念。

分属检索表

1. 花无梗，组成穗状花序或密集排列成头状 ………………………………………… 1. **马鞭草属** *Verbena*
1. 花有梗，组成聚伞花序、圆锥花序等。
　2. 4 瓣裂的蒴果；半灌木或多年生草本而茎基部木质化 ……………………… 2. **莸属** *Caryopteris*
　2. 核果或浆果状核果；灌木或小乔木。
　　3. 花序全部腋生，花辐射对称 ………………………………………… 3. **紫珠属** *Callicarpa*
　　3. 花序顶生或有时顶生兼腋生，花冠二唇形或不等 5 裂。
　　　4. 花冠 5 裂，裂片稍不等长，但不呈二唇形，花萼果时明显增大 ……… 4. **大青属** *Clerodendrum*
　　　4. 花冠 4 裂或 5 裂，二唇形，花萼果时仅稍增大。
　　　　5. 单叶；花冠 4 裂，裂片大小不悬殊；小枝通常圆柱形 ……………… 5. **豆腐柴属** *Premna*
　　　　5. 掌状复叶（仅单叶蔓荆为单叶）；花冠 5 裂，下唇中央 1 裂片明显较大；小枝四棱形 ………
………………………………………………………………………………………… 6. **牡荆属** *Vitex*

1. 马鞭草属　Verbena L.

草本或半灌木。茎常四方形。叶对生,近无柄,边缘有齿至羽状深裂。穗状花序延伸或短缩,顶生或腋生;花生于狭窄的苞片腋内,蓝色或淡红色;花萼膜质,管状,有 5 条棱,延伸成 5 枚齿;花冠管直或弯,向上扩展成开展的 5 裂片,略二唇形;雄蕊 4 枚,着生于花冠管中部,2 枚在上,2 枚在下,花丝短,花药卵球形,药室平行或微叉开;子房 4 室,每室具 1 枚胚珠,花柱短,柱头 2 浅裂。果实包藏于宿存萼内,成熟后 4 瓣裂;种子无胚乳。

约 250 种,主要分布于热带至温带美洲;我国有 3 种;浙江及杭州均有。

分 种 检 索 表

1. 穗状花序细长如鞭,长达 25cm,花冠长 4～8mm ·················· 1. 马鞭草　V. officinalis
1. 穗状花序缩短成伞房状,长 1.5～3.5cm,花冠长 1～2.5cm。
　2. 叶片长圆形或披针状三角形,边缘有缺刻状锯齿;花冠长 2～2.5cm ········· 2. 美女樱　V. hybrida
　2. 叶片 2～3 回羽状深裂,裂片线形;花冠长约 1.2cm ··············· 3. 细叶美女樱　V. tenera

1. 马鞭草　(图 2-454)

Verbena officinalis L.

多年生草本,高 30～80cm。茎四方形,节和棱上有硬毛。叶对生,卵圆形至长圆状披针形,长 2～8cm,宽 1～5cm;基生叶边缘通常有粗锯齿和缺刻,茎生叶多数 3 深裂,裂片边缘有不整齐的锯齿,两面有粗毛。穗状花序顶生或腋生,细弱,结果时可长达 25cm;花小,无柄,最初密集,结果时疏离;每朵花有 1 枚苞片,苞片稍短于花萼,具硬毛;花萼长约 2mm,具硬毛,顶端有 5 枚齿;花冠淡紫红色,长 4～8mm,裂片 5 枚。蒴果长圆球形,长约 2mm,外果皮薄,成熟时 4 瓣裂。花、果期 4—10 月。2n=14。

见于江干区(丁桥)、滨江区(浦沿)、余杭区(鸬鸟)、西湖景区(灵峰、梅家坞、西溪湿地、云栖),生于山坡、溪沟边、地边、路旁或村边荒地。分布于安徽、福建、甘肃、广东、广西、贵州、海南、湖北、湖南、江苏、江西、山西、陕西、四川、台湾、西藏、新疆、云南;全世界的温带至热带均有。

可作药用。

图 2-454　马鞭草

2. 美女樱　(图 2-455)

Verbena hybrida Voss

直立草本,高约 40cm,全株被灰白色长毛。茎四方形。叶片长圆形或三角状披针形,长 3～7cm,宽 1.5～3cm,先端急尖,基部楔形,下延至叶柄,边缘具缺刻状圆锯齿,两面均被灰白色糙伏毛；叶柄短。穗状花序顶生，长 2～3.5cm，多数小花密集排列成伞房状；苞片狭披针形，长约 5mm，有长硬毛；花萼长圆筒形，长 1～1.5cm，外面被灰白色长毛；花冠紫色、红色或白色，长 2～2.5cm，顶端 5 裂，花冠管长约 1.8cm；雄蕊内藏。果实圆柱形，长约为花萼的一半，网纹明显。花、果期 5—10 月。

区内常见栽培。原产于南美洲；我国各省多有引种栽培。

可供观赏。

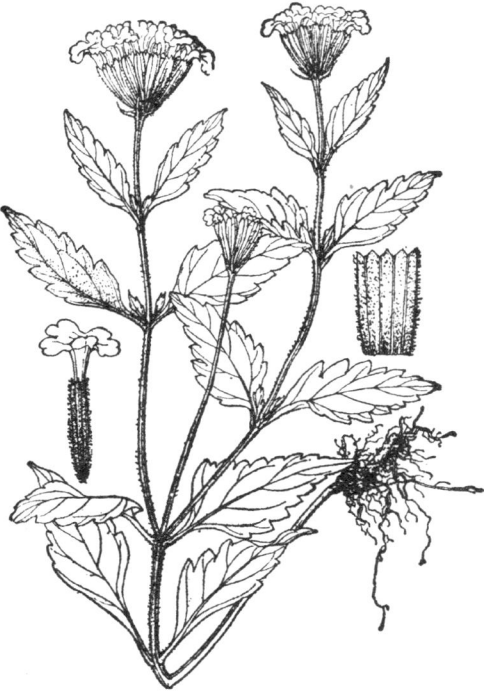

图 2-455　美女樱

图 2-456　细叶美女樱

3. 细叶美女樱　（图 2-456）

Verbena tenera Spreng.

与上种的区别在于：本种叶片为 2～3 回羽状分裂，裂片线形，被毛较稀；花较小，花萼长约 7mm，花冠长约 1.2cm。花、果期 6—10 月。

区内常见栽培。原产于巴西；我国各省多有引种栽培。

可供观赏。

2. 莸属　Caryopteris Bunge

直立或披散灌木、半灌木，很少草本。枝圆柱形或四方形。单叶，对生，叶片全缘或具齿，通常具黄色腺点。聚伞花序腋生或顶生，常再排列成伞房状或圆锥状，很少单花腋生；萼宿存，钟状，通常 5 裂，裂片三角形或披针形，结果时略增大；花冠通常 5 裂，二唇形，下唇中间一裂片较大，全缘或流苏状；雄蕊 4 枚，二长二短，或几等长，伸出花冠外，花丝通常着生于花冠管喉部；子房不完全 4 室，每室具 1 枚胚珠，胚珠下垂或倒生；花柱线形，伸出花冠管外，柱头 2 裂。

蒴果小,通常球形,成熟后分裂成 4 个果瓣,瓣缘锐尖或内弯,腹面内凹成穴而抱着种子。

约 16 种,分布于亚洲中部和东部;我国有 14 种,广布于各地;浙江有 2 种,1 变种;杭州有 2 种。

1. 兰香草　（图 2-457）

Caryopteris incana (Thunb. ex Houtt.) Miq.

直立半灌木,高 20～80cm。嫩枝圆柱形,略带紫色,被灰白色柔毛;老枝毛渐脱落。叶片厚纸质,卵状披针形或长圆形,长 1.5～6cm,宽 0.8～3cm,顶端钝或尖,基部宽楔形或近圆形至平截,边缘有粗齿,很少近全缘,被短柔毛,两面有黄色腺点,背脉明显;叶柄被柔毛,长 0.5～1.7cm。聚伞花序紧密,腋生和顶生,无苞片和小苞片;花萼杯状,开花时长约 2mm,果时可达 5mm,外面密被短柔毛;花冠淡紫色或紫蓝色,二唇形,外面具短柔毛,花冠管长约 3.5mm,喉部有毛环,花冠 5 裂,下唇中裂片较大,边缘流苏状;雄蕊 4 枚,与花柱均伸出花冠管外;子房顶端被短毛,柱头 2 裂。蒴果倒卵球形,上半部被粗毛,直径约为 2.5mm。花、果期 8—11 月。

见于滨江区(长河、浦沿)、萧山区(城厢)、余杭区(径山)、西湖景区(葛岭、虎跑、屏风山、棋盘山、桃源岭、玉皇山等),生于草坡、林缘或路旁。分布于安徽、福建、广东、广西、湖北、湖南、江苏、江西、台湾;日本、朝鲜半岛也有。

可作药用。

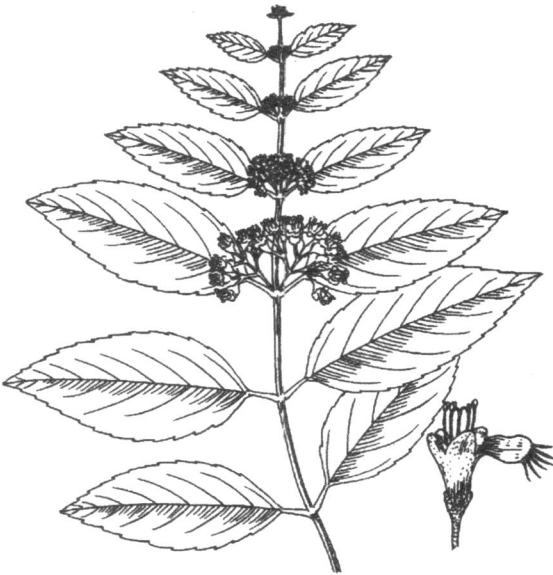

图 2-457　兰香草

图 2-458　单花莸

2. 单花莸　（图 2-458）

Caryopteris nepetaefolia (Benth.) Maxim.

多年生草本,有时蔓生。茎基部木质化,高 10～50cm。枝四方形,被向下弯曲的柔毛。叶片纸质,宽卵形至近圆形,长 1.5～4.5cm,宽 1～3.5cm,先端钝,基部宽楔形至圆形,边缘具 4～6 对钝齿,两面均被柔毛及腺点;叶柄长 3～8mm,被柔毛。单花腋生,有长 1～2cm 的纤细花梗,近花梗中部有两枚锥形细小苞片;花萼杯状,长约6mm,果时增大可达1cm,两面均被柔毛和腺点,5裂,裂片卵圆形至卵状披针形;花冠蓝白色,有紫色条纹和斑点,外面疏生细毛和腺点,喉部通常被柔毛,下唇中裂片较大,全缘,花冠管长0.6~0.8cm;雄蕊4枚,与花柱均伸出花冠管外;子房密生茸毛。蒴果4瓣裂,果瓣倒卵形,表面被粗毛,不明显凹凸成网纹,长约4mm。花、果期4—8月。

见于西湖区(双浦)、余杭区(百丈、径山、良渚、中泰)、西湖景区(飞来峰、九曜山、玉皇山、云栖),生于山坡、林缘或沟边。分布于安徽、福建、江苏。

与上种的主要区别在于:本种茎蔓生;枝四方形;单花腋生,花冠下唇中裂片全缘。

3. 紫珠属　Callicarpa L.

落叶灌木,稀为乔木、藤本或攀援灌木。小枝圆柱形或四棱形,通常被毛,稀无毛。单叶,对生,有柄或近无柄,边缘有锯齿,稀全缘,通常被毛和腺点;无托叶。聚伞花序腋生;苞片细小;花小,辐射对称;花萼杯状或钟状,稀为管状,顶端4深裂至截头状,宿存;花冠紫色、红色或白色,顶端4裂;雄蕊4枚,着生于花冠管基部,花丝长于花冠,或与花冠近等长,花药卵球形至长圆球形,药室纵裂或顶端裂缝扩大成孔状;子房上位,4室,每室具1枚胚珠;花柱通常长于雄蕊,柱头膨大,不裂或不明显的2裂。果实为核果或浆果状核果,成熟时通常紫色或红色,外果皮薄,中果皮通常肉质,内果皮骨质,熟后形成4个分核;种子小,长圆球形,种皮膜质,无胚乳。

约140种,主要分布于热带和亚热带亚洲,少数种分布于美洲,极少数种可延伸到亚洲和北美洲的温带地区;我国有48种,16变种,4变型,分布于西南部至台湾;浙江有13种,4变种;杭州有4种,1变种。

分 种 检 索 表

1. 叶片下面和花各部均有暗红色腺点。
　　2. 小枝、叶片下面、花序及花萼均密被星状毛;花丝长为花冠的2倍,药室纵裂 …… 1. 紫珠　C. bodinieri
　　2. 植株除嫩枝和花序梗略有星状毛外无毛;花丝与花冠近等长或略长,但不到花冠的2倍,药室孔裂 …
　　　………………………………………………………………………… 2. 华紫珠　C. cathayana
1. 叶片下面和花各部有明显或不明显的黄色腺点。
　　3. 花序梗长为叶柄的3~4倍。
　　　4. 小枝被毛;叶片基部楔形 ……………………………………… 3. 白棠子树　C. dichotoma
　　　4. 小枝、叶片和花序均无毛;叶片基部浅心形至圆形 …… 4. 秃红紫珠　C. rubella var. subglabra
　　3. 花序梗短于叶柄或与之近等长 ………………………………………… 5. 老鸦糊　C. giraldii

1. 紫珠　(图 2-459)

Callicarpa bodinieri H. Lév.

灌木,高约2m。小枝、叶柄和花序均被星状毛。叶片卵状或倒卵状长椭圆形,长7~18cm,宽4~8cm,先端长渐尖至短尖,基部楔形,边缘有细钝锯齿,表面干后暗棕褐色,有短柔毛,背面灰棕色,密被星状柔毛,两面密生暗红色或红色细粒状腺点;叶柄长0.5~1cm。聚伞花序宽3~4.5cm,4~5分歧;花序梗长不超过1cm;苞片细小,线形;花萼长约1mm,外被星状毛和暗红色腺点,萼齿钝三角形;花冠紫红色,长约 3mm,被星状柔毛和暗红色腺点;雄蕊长约 6mm,花药椭圆球形,药室纵裂,药隔有暗红色腺点;子房有毛。果实球形,熟时紫色,无毛,直径约为 2mm。花期 6—7 月,果期 8—11 月。

　　见于西湖景区(飞来峰),生于山坡、林缘或灌丛中。分布于安徽、广东、广西、贵州、河南南部、湖北、湖南、江苏南部、江西、四川、云南;越南也有。杭州新记录。

　　可作药用。

图 2-459　紫珠

图 2-460　华紫珠

2. 华紫珠　(图 2-460)

Callicarpa cathayana H. T. Chang

　　灌木,高 1～3m。小枝纤细,幼嫩稍有星状毛,老后脱落。叶片卵状椭圆形至卵状披针形,薄纸质,长 4～10cm,宽 1.5～4cm,先端长渐尖,基部楔形下延,两面近无毛,有红色或红褐色的腺点,侧脉在两面稍隆起,细脉和网脉下陷,边缘密生细锯齿;叶柄长 4～8mm。聚伞花序细弱,宽约 1.5cm,3～4 次分歧,略有星状毛;花序梗长 4～7mm;苞片细小;花萼杯状,具星状毛和红色腺点,萼齿不明显;花冠淡紫红色,长约 3mm,有红色腺点;花丝等于或稍长于花冠,花药长圆球形,药室孔裂;子房无毛,花柱略长于雄蕊。果实球形,紫色,直径约为 2mm。花期 6—8 月,果期 9—11 月。

　　区内常见,生于山坡、沟边林下或灌丛中。分布于安徽、福建、广东、广西、河南、湖北、江苏、江西、云南。

3. 白棠子树　(图 2-461)

Callicarpa dichotoma (Lour.) K. Koch

　　多分枝的小灌木,高 1～2.5m。小枝细长,略呈四棱形,淡紫红色,幼嫩部分有星状毛。叶片倒卵形,纸质,长 3～6cm,宽 1～2.5cm,先端急尖至渐尖,基部楔形,边缘仅上半部具数个粗锯齿,两面近无毛,下面密生下凹的细小黄色腺点;叶柄长不超过5mm。聚伞花序细弱,宽 1～2.5cm,2～3 次分歧,着生于叶腋上方;花序梗长 1～1.5cm,略有星状毛;花冠淡紫红色,长约 2mm,无毛;花丝长约为花冠的 2 倍,花药卵球形,药室纵裂;子房无毛,具黄色腺点。果实球形,紫色,直径约为 2mm。花期 6—7 月,果期 9—11 月。2n=36。

见于拱墅区(半山)、西湖区(蒋村)、余杭区(径山)、西湖景区(梵村、九溪、云栖),生于山坡、溪沟边或灌丛中。分布于安徽、福建、广东、广西、贵州、河北、河南、湖北、湖南、江苏、江西、山东、台湾;日本、朝鲜半岛、越南也有。

可作药用。

4. 秃红紫珠

Callicarpa rubella var. subglabra (P'ei) Chang

图 2-461 白棠子树

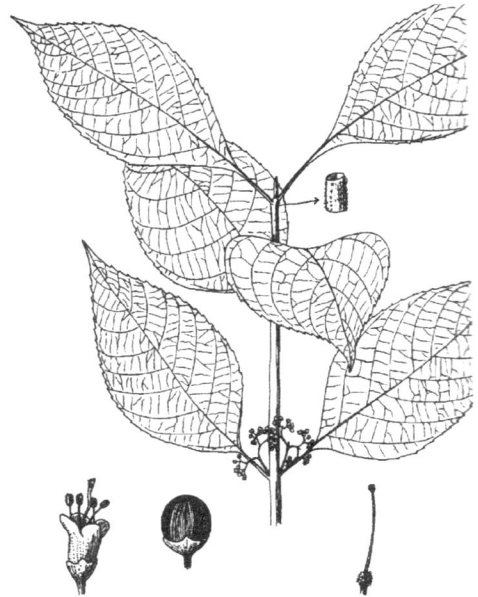

灌木,高约 2m。小枝、叶片、花序、花萼、花冠均无毛。叶片倒卵形或倒卵状椭圆形,长7～13cm,宽 2.5～6cm,顶端尾尖或渐尖,基部浅心形至圆形,边缘具锯齿,有黄色腺点;叶柄长 6mm。聚伞花序宽 2～4cm;花序梗长 1.5～3cm;花冠淡紫红色、淡黄绿色或白色,长约3mm;雄蕊长为花冠的 2 倍,药室纵裂。果实球形,紫红色,直径约为 2mm。花期 6—7 月,果期 9—11 月。

见于西湖区(留下、双浦),生于山坡、沟谷林中或灌丛中。分布于广东、广西、贵州、湖南、江西。

5. 老鸦糊 (图 2-462)

Callicarpa giraldii Hesse ex Rehder

灌木,高 1～4m。小枝圆柱形,灰黄色,被星状毛。叶片纸质,宽椭圆形至披针状长圆形,长6～15cm,宽 3～6cm,先端渐尖,基部楔形或下延成狭楔形,边缘有锯齿,表面黄绿色,近无毛,背面淡绿色,疏被星状毛,密被细小黄色腺点;主脉、侧脉和细脉在叶背隆起,细脉近平行;叶柄长 1～2cm。聚伞花序宽 2～3cm,被星状毛,4～5 次分歧;花序梗长0.5～1cm;花萼钟状,疏被星状毛,老后常脱落,具黄色腺点,长约 1.3mm,萼齿钝三角形;花冠紫红色,稍被毛,长约 3mm;雄蕊长约 6mm,花药卵球形,药室纵裂,药隔有黄色腺点;子房疏生星状毛,后常脱落。果实球形,初时疏被星状毛,熟时无毛,紫色,直径为

图 2-462 老鸦糊

2～3mm。花期 5—6 月,果期 7—11 月。

　　见于余杭区(径山、鸬鸟)、西湖景区(飞来峰),生于山坡或灌丛中。分布于安徽、福建、甘肃、广东、广西、贵州、河南、湖北、湖南、江苏、江西、陕西、四川、云南。

　　可作药用。

4. 大青属　Clerodendrum L.

　　落叶灌木或小乔木,少攀援灌木或草本。冬芽圆锥状;幼枝四棱形或圆柱形,有浅或深棱槽;植物体常具腺点、盘状腺体、鳞片状腺体或毛。单叶,对生,叶片全缘、波状或有锯齿,稀分裂。花序由聚伞花序组成伞房状、圆锥状或短缩成头状;苞片宿存或早落;花萼钟状或杯状,顶端近平截或有 5 枚钝齿至 5 深裂,花后多少增大,宿存,全部或部分包被果实;花冠高脚杯状或漏斗状,顶端 5 裂,裂片略不等大;雄蕊 4 枚,着生于花冠管上部,花药卵球形或长卵球形,纵裂;子房 4 室,每室具 1 枚胚珠,花柱线形,与雄蕊均生出花冠管外,柱头 2 浅裂。浆果状核果,内有 4 个分核;种子长圆球形,无胚乳。

　　约 400 种,主要分布于热带和亚热带,少数分布于温带;我国有 34 种,各地均有分布;浙江有 9 种;杭州有 3 种。

分 种 检 索 表

1. 尖齿臭茉莉　(图 2-463)

Clerodendrum lindleyi Decne. & Planch.

　　灌木,高约 1m。幼枝近四棱形,老枝近圆形,被短柔毛。叶片纸质,宽卵形或心形,长 7～15cm,宽 6～12cm,先端急尖,基部浅心形,边缘具不规则锯齿或小齿,两面被短柔毛,脉上较密,基部脉腋有数个盘状腺体;叶柄长 4～10cm,被短柔毛。聚伞花序密集排列成头状,顶生,花序梗被短柔毛;苞片叶状,披针形,长2.5～4cm,常宿存;花萼钟状,被柔毛和少数盘状腺体,萼齿线状披针形,长 4～10mm;花冠紫红色或淡红色,花冠管长 2～3cm,裂片倒卵形,长5～7mm;雄蕊与花柱均伸出花冠外,花柱长于雄蕊。核果近球形,直径为5～6mm,成熟时蓝黑色;宿存萼紫红色。花期 6—7月,果期 9—11 月。

　　见于西湖景区(飞来峰),生于山坡、路边或屋旁。分布于安徽、福建、广东、广西、贵州、湖南、江苏、江西、

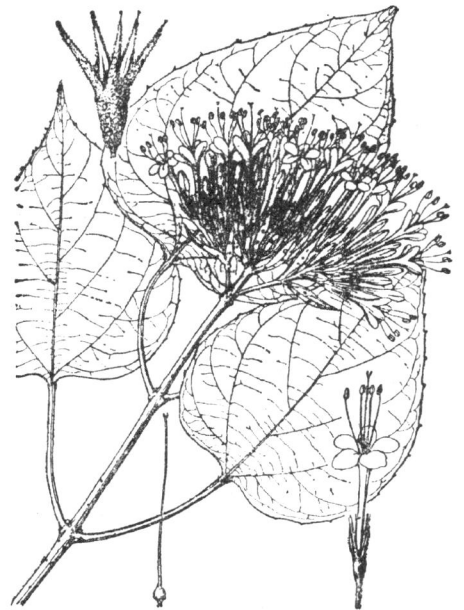

图 2-463　尖齿臭茉莉

四川、云南。

　　花可供观赏；根、叶供药用。

2. 大青　（图 2-464）

Clerodendrum cyrtophyllum Turcz.

　　灌木或小乔木，高 1～6m。幼枝被短柔毛，枝黄褐色，髓白色坚实；冬芽圆锥状，芽鳞褐色，被毛。叶片纸质，有臭味，椭圆形、卵状椭圆形或长圆状披针形，长 8～20cm，宽 3～8cm，先端渐尖或急尖，基部圆形或宽楔形，通常全缘，两面沿脉疏生短柔毛，背面常有腺点，侧脉 6～10 对；叶柄长 2～6cm。伞房状聚伞花序，生于枝顶或叶腋，长 10～16cm，宽 20～25cm；花序梗常略呈披散状下垂；苞片线形；花萼杯状，长 3～4mm；花小，有橘香味；花冠白色，外面疏生细毛和腺点，花冠管长约 1cm，顶端 5 裂，裂片卵形，长约 0.5cm；雄蕊 4 枚，花丝长约 1.6cm，与花柱同伸出花冠外；子房 4 室，每室具 1 枚胚珠，常不完全发育；柱头 2 浅裂。果实球形或倒卵球形，直径约为 8mm，成熟时蓝紫色，为红色的宿存萼所托。花、果期 6 月至翌年 2 月。

　　区内常见，生于山坡、林下或溪谷边。分布于安徽、福建、广东、广西、贵州、海南、河南、湖北、湖南、江西、四川、台湾、云南；朝鲜半岛、马来西亚、越南也有。

　　可作药用。

图 2-464　大青

图 2-465　海州常山

3. 海州常山　（图 2-465）

Clerodendrum trichotomum Thunb.

　　灌木或小乔木，高 1～6m。幼枝、叶柄、花序轴等多少被黄褐色柔毛或近于无毛，老枝灰白色，具皮孔，髓白色，有淡黄色薄片状横隔。叶片纸质，卵形、卵状椭圆形或三角状卵形，长 6～16cm，宽 3～13cm，先端渐尖，基部宽楔形至截形，偶心形，全缘或有时边缘具波状齿，两面幼时疏生短柔毛,下面脉上较密,老时上面近无毛,稀全部无毛;叶柄长 2～8cm。伞房状聚伞花序顶生或腋生,通常二歧分枝,疏散,长 6～15cm;花序梗长 3～6cm;苞片叶状,狭椭圆形,早落;花萼花蕾时绿白色,后紫红色,长 1.1～1.5cm,5 深裂;花芳香;花冠白色,花冠管长 2cm,顶端 5 裂,裂片长椭圆形;雄蕊 4 枚,与花柱同伸出花冠外;花柱较雄蕊短,柱头 2 裂。核果近球形,直径为6～8mm,包藏于增大的宿存萼内,成熟时蓝黑色。花、果期 7—11 月。

见于西湖区(蒋村)、萧山区(楼塔)、余杭区(鸬鸟)、西湖景区(北山路、葛岭、虎跑、南屏山),生于山坡、地边、屋旁或灌丛中。分布于除内蒙古、西藏、新疆之外的全国各地;印度、日本、朝鲜半岛、东南亚也有。

可作药用。

5. 豆腐柴属　Premna L.

乔木或灌木,有时攀援。枝条通常圆柱形,常有黄白色腺状皮孔。单叶,对生,叶片全缘或有锯齿,无托叶。花序位于小枝顶端,通常由聚伞花序组成紧密如球或开展的伞房花序、延伸成塔状的圆锥花序、有间断的穗形总状花序;苞片通常呈锥形、线形,稀披针形;花萼呈杯状或钟状,宿存,果时略增大,顶端 2～5 裂或几平截,裂片相等或二唇形;花冠顶端常 4 裂,多少呈二唇形,花冠管短,其喉部常有 1 圈白色柔毛;雄蕊 4 枚,通常 2 枚长 2 枚短,内藏或外露,花药近圆形;子房为完全或不完全的 4 室,每室具 1 枚胚珠;花柱丝状,柱头 2 裂。果实为核果,外果皮通常质薄,内果皮为坚硬不分裂的 4 室,或由于不育而为 2～3 室;种子长圆球形,种皮薄,无胚乳。

约 200 种,分布于东半球的热带和亚热带地区;我国有 46 种,5 变种,广布于长江流域及其以南;浙江有 1 种;杭州有 1 种。

豆腐柴　(图 2-466)

Premna microphylla Turcz.

落叶灌木。幼枝有柔毛,老枝变无毛。叶片纸质,揉之有气味,卵状披针形、椭圆形或卵形,长 4～11cm,宽 1.5～5cm,先端急尖或渐尖,基部渐狭窄下延至叶柄两侧,全缘至有不规则粗齿,两面无毛至有短柔毛;叶柄长 0.2～1.5cm。聚伞花序组成顶生塔形的圆锥花序,几无毛;花萼杯状,长 1.5mm,果时略增大,密被毛至几无毛,边缘常有睫毛,近整齐的 5 浅裂;花冠淡黄色,长 5～8mm,内部有柔毛,以喉部较密,外有柔毛和腺点,顶端 4 浅裂,略呈二唇形;雄蕊内藏。核果球形至倒卵球形,幼时绿色,成熟时紫黑色。花期 5～6 月,果期 8—10 月。

区内常见,生于山坡林下、水库边或林缘。分布于安徽、福建、广东、广西、贵州、海南、河南、湖北、湖南、江西、四川、台湾、云南;日本也有。

叶可制豆腐;根、叶可作药用。

图 2-466　豆腐柴

6．牡荆属　Vitex L.

常绿或落叶乔木或灌木。小枝通常四棱形,无毛或有微柔毛。掌状复叶,稀单叶。圆锥状聚伞花序顶生或腋生;苞片小;花萼钟状,稀管状或漏斗状,顶端近平截或有 5 小齿,有时略为二唇形,外面常有微柔毛和黄色腺点,宿存,结果时稍增大;花冠白色、浅蓝色、淡蓝紫色或淡黄色,略长于萼,二唇形,上唇 2 裂,下唇 3 裂,中间的裂片较大;雄蕊 4 枚,2 枚长 2 枚短或近等长,内藏或伸出花冠外;子房近球形或微卵球形,2～4 室,每室有胚珠 1～2 枚,花柱丝状,柱头 2 裂。核果干燥或浆果状,球形或倒卵形,中果皮肉质,内果皮骨质,果实成熟时通常蓝色或黑色;种子倒卵球形、长圆球形或近圆球形,无胚乳。

约 250 种,主要分布于热带和温带地区;我国有 14 种,多数分布于长江以南地区;浙江有 2 种,2 变种;杭州有 1 变种。

牡荆 （图 2-467）

Vitex negundo L. var. **cannabifolia** （Siebold & Zucc.） Hand.-Mazz.

落叶灌木,高 1～3m。小枝四棱形,密被灰白色茸毛。掌状复叶,小叶 3～5 枚;小叶片长椭圆状披针形,中间小叶片长 6～13cm,宽 2～4cm,边缘常具较多粗锯齿,稀在枝条上部的叶片仅具少数锯齿至全缘,下面淡绿色,疏生短柔毛;叶柄密被短柔毛。圆锥状聚伞花序顶生,较宽大,长可超过 20cm;花萼钟状,长 2～3mm,顶端 5 浅裂;花冠淡紫色,顶端 5 裂,二唇形,花冠管略长于花萼;雄蕊与花柱均伸出花冠管外;子房近无毛。核果近球形,黑褐色,直径约为 2mm。花、果期 6—11 月。

区内常见,生于山坡、林中或灌丛中。分布于广东、广西、贵州、河北、河南、湖南、四川;印度、尼泊尔、东南亚也有。

图 2-467　牡荆

与原种黄荆 *V. negundo* L. 的区别在于：本变种小叶边缘有锯齿,叶下面淡绿色,疏生短柔毛;原种小叶边缘有缺刻状锯齿,叶下面灰白色,密被细茸毛。

114．唇形科　Lamiaceae

一年生至多年生草本,稀半灌木或灌木,常含芳香油。茎直立、上升或匍匐状,与分枝常具 4 条棱及沟槽。叶常为单叶,不分裂至羽状深裂,稀羽状复叶,对生或轮生,极少互生;具柄,无托叶。聚伞花序多花至单花,在节上形成轮伞花序,或由聚伞花序或轮伞花序再组成顶生或腋生的总状、穗状、头状或圆锥状复合花序;花常两性,两侧对称,稀辐射对称;花萼基部合生成钟状、管状或壶状,通常顶端 5 裂,二唇形,稀单唇形或近等大;花冠联合成管状或钟状,(4)5 裂,通常二唇形,稀单唇形、假单唇形或辐射对称;雄蕊 4 枚,二强,稀退化为 2 枚;花盘肉质,全缘或 2~4 裂;心皮 2 枚,子房上位,分裂为 4 室,中轴胎座,每室具 1 枚胚珠,花柱单一,着生在子房底。果通常裂成 4 枚小坚果,稀核果状。

约 220 属,3500 种,全球广布,以地中海地区和亚洲西南部为多;我国有 97 属,807 种;浙江有 43 属,110 种,24 变种;杭州有 28 属,51 种,6 变种。

本科很多植物是常用中草药、提炼芳香油或工业用油的原料,观赏花卉,蜜源植物。

分 属 检 索 表

1. 花冠单唇形或假单唇形,子房不分裂或 4 深裂,花柱不着生于子房基部;小坚果联合面高于子房的 1/2。
　2. 花冠单唇形,唇片 5 裂,花丝显著伸出花冠外 ………………………………… 1. 香科科属　*Teucrium*
　2. 花冠假单唇形,上唇极短,下唇大,3 裂,花丝仅略伸出花冠管 ………………… 2. 筋骨草属　*Ajuga*
1. 花冠通常为二唇形,子房 4 全裂,花柱着生于子房基部;小坚果仅基部着生于花托上,极稀具基部至背部的联合面(薰衣草属)。
　3. 果萼 2 裂,后裂片背部有盾片;子房有柄;小坚果及种子多少横生 ………… 3. 黄芩属　*Scutellaria*
　3. 果萼 4~5 裂,后裂片背部无盾片;子房通常无柄;小坚果及种子直生。
　　4. 雄蕊上升或平展而直生向前。
　　　5. 花盘裂片与子房裂片对生;小坚果的合生面自基部至背部,果脐显著 …… 4. 薰衣草属　*Lavandula*
　　　5. 花盘裂片与子房裂片互生;小坚果的合生面在基部,果脐较小。
　　　　6. 叶片下面通常有腺体。
　　　　　7. 花药非球形,药室平行或叉开,顶端不贯通,稀近于贯通,但花粉散出后绝不平展。
　　　　　　8. 花冠明显二唇形,具不相似的唇片,上唇外凸,弧状、镰刀状或盔状。
　　　　　　　9. 叶不分裂;花冠下唇中裂片无爪状狭柄,后对雄蕊下倾,前对雄蕊上升,花盘裂片相等 ……………………………………………………… 5. 藿香属　*Agastache*
　　　　　　　9. 叶常分裂;花冠下唇中裂片的基部具爪状狭柄,后对雄蕊上升,前对雄蕊多少向前直伸,花盘前裂片较大 ………………………… 6. 裂叶荆芥属　*Schizonepeta*
　　　　　　8. 花冠近于辐射对称,有近于相似或略有分化的裂片,上唇如分化则扁平或外凸。
　　　　　　　10. 能育雄蕊 4 枚,近等长。
　　　　　　　　11. 花冠 2/3 式;叶多全缘。
　　　　　　　　　12. 花萼 5 枚齿相等,13~15 条脉,小苞片卵形或披针形;叶较大 …………
　　　　　　　　　　………………………………………………………… 7. 牛至属　*Origanum*
　　　　　　　　　12. 花萼二唇形,3/2 式,10~13 条脉,苞片微小;叶狭小 ……………………
　　　　　　　　　　…………………………………………………………… 8. 百里香属　*Thymus*
　　　　　　　　11. 花冠近辐射对称,檐部 4 裂;叶片有锯齿 ……………………… 9. 薄荷属　*Mentha*
　　　　　　　10. 能育雄蕊 2 枚,前对或后对雄蕊退化。
　　　　　　　　13. 轮伞花序排列成顶生的总状花序,后对雄蕊能育,前对雄蕊退化 …………
　　　　　　　　　………………………………………………………… 10. 石荠苎属　*Mosla*
　　　　　　　　13. 轮伞花序腋生,前对雄蕊能育,后对雄蕊退化成棍棒状 ………………………
　　　　　　　　　…………………………………………………………… 11. 地笋属　*Lycopus*
　　　　　7. 花药球形,药室叉叉开,在顶端贯通为 1 室,花粉散出后平展。
　　　　　　14. 叶对生;花序常偏向一侧,花冠二唇或近于二唇,上唇略外凸,花丝无毛。
　　　　　　　15. 花序为顶生穗状花序,花萼具 5 枚齿。

1. 香科科属　Teucrium L.

草本、半灌木或灌木。叶对生;叶片全缘、具齿或分裂。轮伞花序有 2 至多花,腋生或排成穗状花序;花萼管状或钟状,萼齿 5 枚,相等或近二唇形;花冠单唇形,唇片具 5 枚裂片,集中于唇片前端,与花冠管成直角,中裂片极发达,两侧 2 对裂片短小;雄蕊 4 枚,均自花冠后方弯曲处伸出,前对较长,花药极叉开,花丝伸出冠外甚长;花盘全缘或略具齿;花柱不着生于子房底,顶端具近相等 2 浅裂。小坚果通常倒卵球形,光滑或具网纹。

约 260 种,广布于全球,但地中海地区种类最多;我国有 18 种;浙江有 4 种;杭州有 2 种。

1. 血见愁　(图 2-468)

Teucrium viscidum Blume

多年生草本。具匍匐茎;地上茎直立,高 30～70cm,下部无毛或几近无毛,上部具夹生腺毛的短柔毛。叶柄长 1～3cm,近无毛;叶片卵圆形至卵圆状长圆形,长 3～10cm,先端急尖或短渐尖,基部圆形、阔楔形至楔形,下延,边缘为带重齿的圆齿,两面近无毛。假穗状花序生于茎及短枝上部,在茎上者由于下部有短的花枝而俨如圆锥花序,长 3～7cm,密被腺毛,由密集具 2 朵花的轮伞花序组成;苞片披针形,较开放的花稍短或等长;花梗短,长不及 2mm,密被具腺长柔毛;花萼小,钟形,长 2.8mm,宽 2.2mm,外面密被具腺长柔毛,内面在齿下被稀疏微柔毛,齿缘具缘毛,10 条脉,萼齿 5 枚,直伸,近等大,长不及萼筒长的 1/2,上 3 枚齿卵状三角形,先端钝,下 2 枚齿三角形,稍锐尖,果时花萼呈圆球形,直径为 3mm,有时甚小;花冠白色、淡红色或淡紫色,长 6.5～7.5mm,花冠管长 3mm,稍伸出,唇片与花冠管成大角度的钝角,中裂片正圆形,侧裂片卵圆状三角形,先端钝;雄蕊伸出,前对与花冠等长;花柱与雄蕊等长;花盘盘状,浅 4 裂;子房圆球形,顶端被泡状毛。小坚果扁球形,长 1.3mm,黄棕色,合生面超过果长的 1/2。花期为 7—9 月。$2n = 32$。

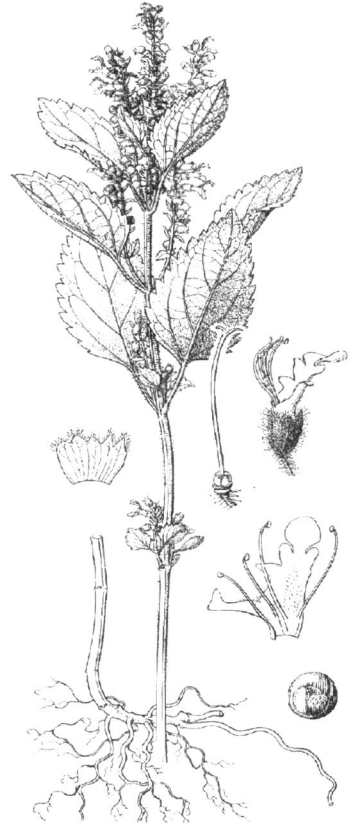

见于西湖区(留下)、西湖景区(飞来峰、云栖、龙井、将军山),生于林下草丛中、溪沟旁、石缝中。分布于安徽、福建、甘肃、广东、广西、贵州、湖北、湖南、江苏、江西、陕西、四川、台湾、西藏、云南;印度、印度尼西亚、日本、朝鲜半岛、缅甸、菲律宾也有。

图 2-468　血见愁

2. 庐山香科科　(图 2-469)

Teucrium pernyi Franch——T. *ningpoense* Hemsl.

多年生草本。具根状茎及匍匐茎;地上茎直立,高 30～80cm,密被白色弯曲的短柔毛,中上部常有短于叶的短分枝。叶片卵状披针形,长 2～4cm,宽 1～3cm,分枝上叶小,先端渐尖或长渐尖,基部楔形或宽楔形下延,边缘具粗锯齿,两面有微柔毛,下面脉上毛较密,侧脉 3～5 对。轮伞花序常具 2 朵花,偶达 6 朵花,组成顶生穗状花序;苞片卵圆形至披针形,长 3～ 5mm,有短柔毛;花萼钟形,长 4.5～5.5mm,下方基部一面膨大,外面有微柔毛,

图 2-469　庐山香科科

喉部内具环毛,檐部二唇形,上唇 3 枚齿,下唇 2 枚齿,各齿具发达的网状脉;花冠白色,长 1～1.1cm,花冠管长 4.5～5mm,外面疏生微柔毛;雄蕊超出花冠管 1 倍以上,花药平叉开。小坚果表面具网纹,长约 1mm,具明显的腺点。花期 7—9 月,果期 10—11 月。

区内常见,生于竹林中、路旁。分布于安徽、福建、广东、广西、河北、河南、湖南、江苏、江西。

与上种的区别在于:本种花萼明显二唇形,雄蕊超出花冠管 1 倍以上,植物体被无腺的短柔毛。

2. 筋骨草属　Ajuga L.

一年生或多年生草本,全株常有多节柔毛。茎直立或略匍匐。基生叶簇生,茎生叶对生;叶片边缘具齿或缺刻。轮伞花序 2 至多花,组成间断或密集的假穗状花序;花白色、蓝色或粉红色,常近无梗;花萼钟状或漏洞状,萼齿 5 枚,近相等,常具 10 条脉;花冠管挺直或微弯,常有毛环,冠檐假单唇形,上唇极短而直立,下唇宽大,伸长,3 裂,中裂片常倒心形或近扇形;雄蕊 4 枚,二强,前对较长;子房 4 裂,花柱非基生,顶端 2 浅裂。小坚果倒卵状三棱形,背部具网纹,侧腹面具宽大合生面。

40～50 种,广布于欧洲和亚洲温带地区;我国有 18 种;浙江有 2 种;杭州有 2 种。

1. 金疮小草　(图 2-470)

Ajuga decumbens Thunb.

一年生或越年生草本。茎基部分枝成丛生状,伏卧,上部上升,高 10～20cm。基生叶少到多数,花时常存在;茎生叶数对,叶片匙形、倒卵状披针形,长 3～7cm,宽 1.5～3cm,先端钝至圆形,基部渐狭,下延成翅柄,边缘具不整齐的波状圆齿,侧脉 4～5 对。轮伞花序多花,腋生,排列成长 5～12cm、间断的假穗状花序;苞叶下部者与茎生叶同形,上部者苞片状;花萼长 4～5mm,被疏柔毛,萼齿三角形或狭三角形;花冠白色带紫脉或紫色,花冠管长 7～8mm,挺直,基部略膨大,外面疏生柔毛,内面近基部有毛环;雄蕊伸出花冠外;花柱长于雄蕊。小坚果长约 2mm。花期 4—6 月,果期 5—8 月。$2n=32$。

见于西湖区(留下)、余杭区(余杭)、西湖景区(茅家埠、飞来峰、六和塔、云栖),生于林下、林缘路边、荒地草丛中。分布于安徽、福建、广东、广西、贵州、海南、湖北、湖南、江苏、江西、青海、四川、台湾、云南;日本、朝鲜半岛也有。

图 2-470　金疮小草

全草含黄酮类及生物碱等,具清热解毒、凉血平肝、止血消肿之功效。

2. 紫背金盘　筋骨草　(图 2-471)

Ajuga nipponensis Makino

一年生或越年生草本。茎近直立,高 15～35cm,常从基部分枝。基生叶在花时常不存在;

茎生叶数对,中部的叶最大,叶片宽椭圆形或卵状椭圆形,长 2～7cm,宽 1.2～5cm,先端钝,基部楔形,边缘具不整齐的波状牙齿,侧脉 4～5 对;叶柄长1～2cm,基生叶柄可更长。轮生花序多花,生于茎中部以上,向上渐密集组成顶生穗状花序;苞叶下部者与茎生叶同形,向上渐变小,呈苞片状;花萼钟形,长 4～5mm,萼齿狭三角形或三角形;花冠白色具深色条纹或淡紫色,长 8～12mm,花冠管基部微膨大,外面有短柔毛,内无毛,近基部有毛环;雄蕊伸出花冠外;花柱细,长于雄蕊。小坚果长 1.5～2mm。花期 5—7 月,果期 6—8 月。$2n=32$。

　　见于西湖景区(桃源岭),生于路边草丛、山坡林缘及疏林下。分布于福建、广东、广西、贵州、海南、河北、湖南、江苏、江西、四川、台湾、云南;日本、朝鲜半岛也有。

　　与上种的主要区别在于:本种植株近直立,花时常无基生叶;茎中部叶片宽椭圆形或卵状椭圆形;轮伞花序生于茎中部以上,成稍密集的假穗状花序。

图 2-471　紫背金盘

3. 黄芩属　Scutellaria L.

草本或半灌木。茎直立或匍匐上升。叶对生;叶片常具齿或羽状分裂,有时近全缘。轮伞花序具 2 枚花,排列成顶生的总状花序;苞片与茎生叶同形或向上变小成苞片;花萼钟形,檐部二唇形,果时闭合,后开裂成不等大 2 枚裂片,上裂片脱落,下裂片宿存,上裂片背部常有一个半圆形盾片;花冠管伸出,前方基部膝曲成囊,内面无毛环,冠檐二唇形,上唇盔形,下唇 3 裂;雄蕊 4 枚,前对较长,花药退化成 1 室,后对花药 2 室,药室裂口均具髯毛;花盘前方常成指状增大,后方延长成子房柄;子房 4 裂,花柱顶端不等 2 浅裂。小坚果横生,扁球形或卵球形,具瘤。

　　约 350 种,广布于全球,但热带非洲少见;我国有近 100 种;浙江有 11 种;杭州有 4 种。

　　本属植物有些种类可以入药,有些花大而美丽,可以栽培供观赏。

分 种 检 索 表

1. 茎具匍匐茎,末端有块状茎;轮伞花序具 2 朵花,生于茎中上部或分枝的叶腋⋯⋯⋯⋯ 1. 假活血草　*S. tuberifera*
1. 茎无匍匐茎和块状茎;轮伞花序具 2 朵花,排列成顶生或腋生的总状花序。
　2. 叶片卵圆形或肾圆形,基部心形,下面常紫色;花冠上、下唇近相等 ⋯⋯⋯⋯ 2. 印度黄芩　*S. indica*
　2. 叶片卵形或三角状卵形,基部截形至近圆形,下面不带紫色;花冠下唇比上唇长。
　　3. 叶较大,通常长 3cm 以上,宽 1.5cm 以上;花较大,花冠长 1.7～2cm ⋯⋯⋯ 3. 京黄芩　*S. pekinensis*
　　3. 叶片较小,长一般不超过 3cm,宽 1.5cm 以下;花较小,花冠长 1.5cm 以下 ⋯⋯ 4. 半枝莲　*S. barbata*

1. 假活血草　(图 2-472)

Scutellaria tuberifera C. Y. Wu & C. Chen

　　一年生草本。根状茎斜行,细弱,在节上生出纤维状的细根及长而无叶的匍匐茎,在末端常具块状茎,块状茎球形或卵球形,直径为 5～8mm;地上茎直立或基部伏地而上升,高 10～25

(～30)cm,四棱形,通常密被平展的具节疏柔毛,不分枝或有时从基部节上分枝。茎下部的叶圆形、圆状卵圆形或肾形,长 0.5～1cm,宽 0.8～1.3cm,先端钝或圆形,基部深心形,边缘具近于规则的4～7对圆齿,草质,上面绿色,下面苍白色,掌状脉,叶柄伸长,长 3～15cm;茎中部及上部叶卵圆形或披针状卵圆形,长1～1.8(～2.4)cm,宽 1.2～1.5(～2)cm,先端极钝,基部浅心形或近截形,叶柄向茎上部渐短,长 0.4～1.5cm。花生于茎中部以上或茎上部的叶腋内,初时直立,其后下垂;花梗长 2～3mm,被平展疏柔毛,基部有 1 对钻形、长约1mm 的小苞片;花冠淡紫或蓝紫色,长约 6mm,外疏被短柔毛,内无毛,冠檐二唇形,上唇短小,直立,长圆形,下唇向上伸展,梯形,先端及两侧微缺,两侧裂片长圆状卵圆形,比上唇片稍短,几全部与上唇片合生;雄蕊 4 枚,前对较长,微露出,后对较短,内藏,花丝扁平,前对内侧、后对两侧下部被小疏柔毛;花柱细长,先端锐尖,微裂,子房 4 裂,裂片等大。小坚果黄褐色,卵球形,直径约为 2mm,背面具瘤状凸起,腹面隆起成圆锥形,光滑,顶端具果脐。花期 3—4 月,果期 4 月。

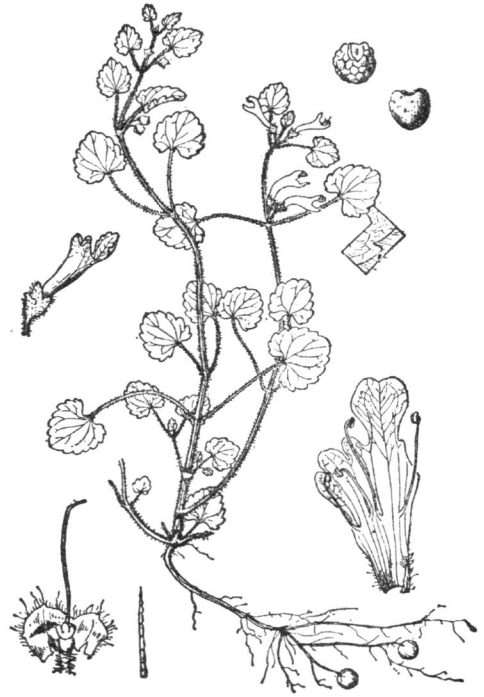

图 2-472　假活血草

见于西湖景区(九溪、桃源岭),生于山坡上、溪边草丛中。分布于安徽、江苏、云南。

2. 印度黄芩　韩信草　(图 2-473)

Scutellaria indica L.

多年生草本,全株有白色柔毛。茎直立,基部稍倾卧,高 10～40cm,被开展或下曲毛。叶片卵圆形或肾圆形,长 2～4.5cm,宽 1.5～3.5cm,先端钝或圆形,基部浅心形,边缘有圆锯齿,两面有糙伏毛,下面常带紫红色,侧脉 4～5 对;叶柄长 0.5～2.5cm。花对生,排列成长 3～8cm 的顶生总状花序,常偏向一侧;花梗长 2～3mm;最下 1 对苞叶与茎生叶同形,其余苞片状;花萼长 2～2.5mm,果时长达 4mm;花冠蓝紫色,长 1.5～1.8cm,外面疏生微柔毛,花冠管长 1～1.3cm,前方基部膝曲,上唇先端微凹,下唇与上唇等长,中裂片具深紫色斑点;花丝下部有小柔毛;花盘肥厚,前方稍隆起;花柱细长。小坚果卵状三棱形,长约 2mm,具小瘤状凸起。花期 4—6 月,果期 5—7 月。

区内常见,生于山坡、路边、竹林下草丛。分布于安徽、福建、广东、广西、贵州、河南、湖北、湖南、江苏、江西、陕西、四川、台湾、云南;柬埔寨、印度、印度尼西亚、日本、老挝、马来西亚、缅甸、泰国、越南也有。$2n=26$。

全草入药,有清热解毒、活血止血、散瘀消肿之效。

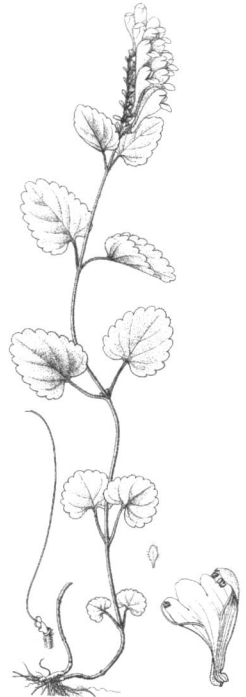

图 2-473　印度黄芩

3. 京黄芩　（图 2-474）

Scutellaria pekinensis Maxim.

多年生草本。具细长根状茎；地上茎直立，高20～40cm，沿棱有向上的白色柔毛。叶片卵圆形或三角状卵形，长 2～4.5cm，宽 1～3cm，先端急尖或钝，基部圆形或近截形，边缘有钝锯齿，两面疏被贴伏柔毛，侧脉 3～4 对；叶柄长 0.5～2cm。花对生，排列成长 3～8cm 的顶生总状花序，常偏向一侧；花梗长 2～3mm；最下 1 对苞叶与茎生叶同形，其余苞片状；花萼长 2.5～3mm，果时长达 5mm；花冠蓝紫色，长 1.7～2cm，外面被具腺短柔毛，花冠管前方基部膝曲，上唇先端微凹，下唇比上唇长，中裂片宽卵形；花丝下部有短柔毛；花盘肥厚，前方隆起；花柱细长。小坚果卵球形，长约 1.5mm，具小瘤状凸起。花期 5—7 月，果期 7—9 月。

见于西湖景区（云栖、桃源岭），生于山坡林下、路边草丛中。分布于安徽、福建、河北、河南、黑龙江、湖北、吉林、江苏、江西、内蒙古、山东、陕西、四川；日本、朝鲜半岛、俄罗斯也有。

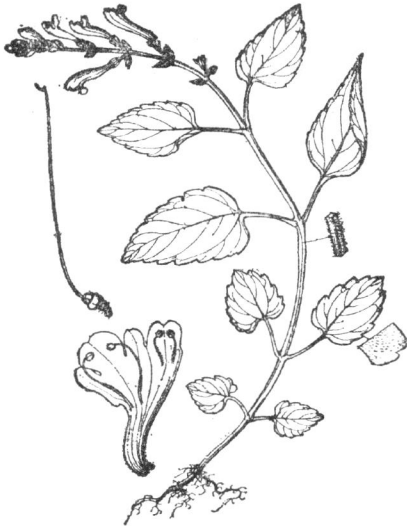

图 2-474　京黄芩

图 2-475　半枝莲

4. 半枝莲　（图 2-475）

Scutellaria barbata D. Don

多年生草本。茎高 15～20cm，不分枝或少分枝，无毛。叶片卵形、三角状卵或卵状披针形，长 1～3cm，宽 0.5～1.5cm，先端急尖或稍钝，基部宽楔形，边缘有浅钝齿，上面近无毛，下面沿脉疏生贴伏短毛或近无毛，侧脉 2～3 对；叶柄长 1～3mm。花对生，偏向一侧，排列成长 4～10cm、顶生的总状花序；下部苞片叶状，向上部逐渐变小而全缘；花梗长 1～2mm，有微柔毛；花萼长 2～2.5mm，果时长达 4mm，外面沿脉有微柔毛，盾片高约 1mm，果时高达 2mm；花冠蓝紫色，长 1～1.4cm，有短柔毛，花冠管基部囊状增大；花丝下部疏生短柔毛；花盘盘状，后方延伸成短子房柄。小坚果褐色，直径约为 1mm。花期 5—8 月，果期 7—10 月。$2n=24, 26$。

见于萧山区（长河）、余杭区（径山）、西湖景区（九溪、桃源岭），生于池塘边湿地。分布于福建、广东、广西、贵州、河北、河南、湖北、湖南、江苏、江西、山东、陕西、四川、台湾、云南；印度、日本、朝鲜半岛、老挝、缅甸、尼泊尔、泰国、越南也有。

全草药用,具清热解毒、利尿消肿的功效。

4. 薰衣草属　Lavandula L.

半灌木或小灌木,稀为草本。叶线形至披针形或羽状分裂。轮伞花序具 2～10 朵花,通常在枝顶聚集成顶生间断或近连续的穗状花序;苞片形状多样,比萼短或超过萼,具脉纹或无,小苞片小,存在或无;花蓝色或紫色,具短梗或近无梗;花萼卵状管形或管形,直立,具 13～15 条脉,5 枚齿,二唇形,上唇 1 枚齿,有时较宽大或稍伸长成附属物,下唇 4 枚齿,短而相等,有时上唇 2 枚齿,较下唇 3 枚齿狭,果期稍增大;花冠管外伸,在喉部近扩大,冠檐二唇形,上唇 2 裂,下唇 3 裂;雄蕊 4 枚,内藏,前对较长,花药会合成 1 室;子房 4 裂,花柱着生在子房基部,顶端 2 裂,裂片压扁,卵圆形,常粘合;花盘相等 4 裂,裂片与子房裂片对生。小坚果光滑,有光泽,具有一基部着生面。

约 28 种,分布于大西洋群岛、地中海地区、巴基斯坦及印度;我国栽培 2 种;浙江栽培 1 种;杭州栽培 1 种。

薰衣草
Lavandula angustifolia Mill.

半灌木或矮灌木。分枝,被星状茸毛,在幼嫩部分较密;老枝灰褐色或暗褐色,皮层条状剥落,具有长的花枝及短的更新枝。叶线形或披针状线形,在花枝上的叶较大,疏离,长 3～5cm,宽 0.3～0.5cm,被密的或疏的灰色星状茸毛,干时灰白色或橄榄绿色,在更新枝上的叶小,簇生,长不超过 1.7cm,宽约 0.2cm,密被灰白色星状茸毛,干时灰白色,均先端钝,基部渐狭成极短柄,全缘,边缘外卷,中脉在下面隆起,侧脉及网脉不明显。轮伞花序通常具 6～10 朵花,多数,在枝顶聚集成间断或近连续的穗状花序,穗状花序长 3(～5)cm,花序梗长约为花序本身 3 倍,密被星状茸毛;苞片菱状卵圆形,先端渐尖成钻状,具 5～7 条脉,干时常带锈色,被星状茸毛,小苞片不明显;花具短梗,蓝色,密被灰色、分枝或不分枝茸毛;花萼卵状管形或近管形,长 4～5mm,具 13 条脉,内面近无毛,二唇形,上唇 1 枚齿较宽而长,下唇具 4 枚短齿,齿相等而明显;花冠长约为花萼的 2 倍,具 13 条脉纹,外面被与花萼同一毛被,但基部近无毛,内面在喉部及冠檐部分被腺状毛,中部具毛环,冠檐二唇形,上唇直伸,2 裂,裂片较大,圆形,且彼此稍重叠,下唇开展,3 裂,裂片较小;雄蕊 4 枚,着生在毛环上方,不外伸,前对较长,花丝扁平,无毛,花药被毛;花柱被毛,在先端压扁,卵球形;花盘 4 浅裂,裂片与子房裂片对生。小坚果 4 枚,光滑。花期 6 月。$2n=54$。

区内有栽培。原产于地中海地区。

为一种观赏及芳香油植物。

5. 藿香属　Agastache Clayton ex Gronovius

多年生草本。叶对生;叶片边缘有锯齿。轮伞花序多花,组成顶生而密集的穗状花序;花萼管状倒圆锥形,具 5 枚齿,内面无毛环;花冠淡紫蓝色,花冠二唇形,上唇直立,先端 2 裂,下唇开展,3 裂,中裂片较大;雄蕊 4 枚,伸出花冠外,后对较大,花药卵球形,2 室,初平行,后多少叉开;花盘平顶,近全缘;子房深 4 裂,花柱顶端短 2 裂。小坚果 4 枚,光滑,顶端有毛。

约 9 种,仅 1 种产于东亚,其余 8 种均产于北美洲;我国有 1 种;浙江及杭州也产。

藿香　(图 2-476)

Agastache rugosa (Fisch. & Mey.) O. Ktze.

多年生草本,全株有强烈香味。茎粗壮直立,高 0.5～1m,上部有分枝,具细短毛。叶片心状卵形或长圆状披针形,长 3～10cm,宽 1.5～6cm,先端尾状渐尖,基部心形,边缘具粗齿,上面近无毛,下面脉上有柔毛,密生凹陷腺点;叶柄长 0.7～2.5cm。轮伞花序多花,密集排列成顶生的长 3～8cm 的穗状花序;聚伞花序具长约 3mm 的短梗;苞片披针状线形,长 3～4mm;花萼长约 6mm,被黄色小腺点及具腺微柔毛,有明显 15 条脉,萼齿三角状披针形;花冠淡紫红色或淡红色,长约 8mm,花冠管稍伸出于萼,上唇直伸,先端微缺,下唇 3 裂,中裂片较宽大,先端微凹,平展;雄蕊均伸出花冠外,花丝无毛;花柱与雄蕊近等长。小坚果卵状长圆球形,长约 2mm,腹面具棱。花期 8—10 月,果期 9—11 月。2n=18。

区内有栽培。全国各地均有栽培;日本、朝鲜半岛、俄罗斯、北美洲也有。

全草入药,和中祛暑,治感冒、中暑及呕吐等。

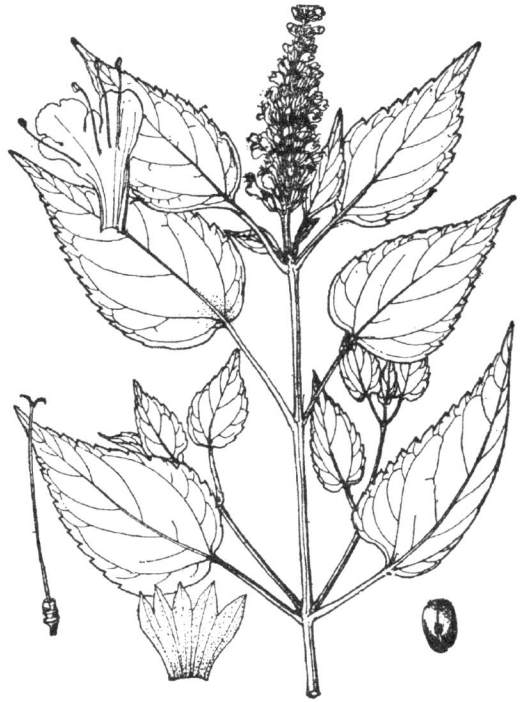

图 2-476　藿香

6. 裂叶荆芥属　Schizonepeta Briq.

多年生或一年生草本。叶指状 3 裂、羽状、2 回羽状深裂。花序为由轮伞花序组成的顶生穗状花序;花萼具 15 条脉,通常齿间弯缺处的 2 条脉不相会成结,稀形成不明显的结,倒圆锥形,具斜喉,内面无毛环;花冠浅紫色至蓝紫色,略超出萼,花冠管内面无毛,向上部急骤增大成喉部,冠檐二唇形,上唇直立,先端 2 裂,下唇平伸,3 深裂,中裂片宽大,先端微凹,基部爪状变狭,边缘全缘或具齿,侧裂片较之小许多;雄蕊 4 枚,均能育,后对上升至上唇片之下或超过之,前对向前面直伸,药室初平行,最后水平叉开;花柱先端 2 裂,裂片近相等;花盘 4 浅裂,前裂片明显较大。小坚果平滑,无毛,极少于先端微被小毛,基生于花盘裂片间,着生面小,白色。

3 种,1 变种,分布于东亚;我国有 3 种;浙江有 1 种;杭州有 1 种。

裂叶荆芥　(图 2-477)

Schizonepeta tenuifolia (Benth.) Briq.

一年生草本。茎高 0.3～1m,四棱形,多分枝,被灰白色疏短柔毛,茎下部的节及小枝基部通常微红色。叶通常为指状 3 裂,大小不等,长 1～3.5cm,宽 1.5～2.5cm,先端锐尖,基部楔状渐狭并下延至叶柄,裂片披针形,宽 1.5～4mm,中间的较大,两侧的较小,全缘,草质,上面暗橄榄绿色,被微柔毛,下面带灰绿色,被短柔毛,脉上及边缘较密,有腺点;叶柄长 2～10mm。

花序为多数轮伞花序组成的顶生穗状花序，长 2～13cm，通常生于主茎上的较长大而多花，生于侧枝上的较小而疏花，但均为间断的；苞片叶状，下部的较大，与叶同形，上部的渐变小，乃至与花等长，小苞片线形，极小；花萼管状钟形，长约 3mm，直径为 1.2mm，被灰色疏柔毛，具 15 条脉，萼齿 5 枚，三角状披针形或披针形，先端渐尖，长约 0.7mm，后面的较前面的为长；花冠青紫色，长约 4.5mm，外被疏柔毛，内面无毛，花冠管向上扩展，冠檐二唇形，上唇先端 2 浅裂，下唇 3 裂，中裂片最大；雄蕊 4 枚，后对较长，均内藏，花药蓝色；花柱先端近相等 2 裂。小坚果长圆状三棱形，长约 1.5mm，直径约为 0.7mm，褐色，有小点。花期 7—9 月，果期在 9 月以后。2n＝24。

区内有栽培。分布于甘肃、贵州、河北、河南、黑龙江、辽宁、青海、陕西、陕西、四川；朝鲜半岛也有。

全草及花穗为常用中药和芳香油植物。

图 2-477　裂叶荆芥

7. 牛至属　Origanum L.

多年生草本或半灌木。叶对生；叶片全缘或具疏齿。雌花、两性花常异株；轮伞花序在茎及分枝顶端密集排列成小穗状花序，后者再排成伞房状圆锥花序；苞片和小苞片叶状；花萼钟形，内面喉部有毛环，具 10～15 条脉，萼齿 5 枚，近三角形，几等大；花冠管外伸，冠檐近二唇形，上唇直立，先端微凹，下唇 3 裂，中裂片较大；雄蕊 4 枚，前对较长；花盘平顶；花柱外伸，顶端具不等 2 浅裂。小坚果卵球形，略具棱角，无毛。

15～20 种，主要分布于亚洲西南部和中部；我国有 1 种；浙江及杭州也有。

牛至　（图 2-478）

Origanum vulgare L.

多年生草本。具根状茎；地上茎高 25～60cm，具倒向的短柔毛。叶片卵圆形或卵形，长 1～3cm，宽 0.7～2cm，先端钝，基部楔形或近圆形，全缘或偶有疏齿，两面有细柔毛和腺点，侧脉 3～4 对；叶柄长 4～9mm，密被细毛。花多数，密集排列成顶生伞房状圆锥花序，常着生于茎及分枝的中上部；苞片和小苞片长圆状倒卵形，长约 5mm；花萼钟形，长约 2.5mm，外面有细毛和腺点，内面喉部有毛环，萼齿三角形，近等大；花冠紫红色或淡红色，长 5～6mm，两性花的花冠管超出花萼，而雌花的花冠管则短于花萼；在两性花中，后对雄蕊短于上

图 2-478　牛至

唇,前对略伸出冠外,药室叉开,在雌花中则前、后对雄蕊近等长,均内藏,药室平行,药隔退化。小坚果卵球形,长约 0.6mm,褐色,无毛。花期 6—7 月,果期 9 月。2n=30。

见于西湖景区(桃源岭),生于平地草丛中。分布于安徽、福建、甘肃、广东、广西、贵州、河南、湖北、湖南、江苏、江西、陕西、四川、台湾、西藏、新疆、云南;哈萨克斯坦、吉尔吉斯斯坦、非洲、欧洲也有。

茎、叶含挥发油,具发汗解表、消暑化湿、活血祛瘀的功效。

8. 百里香属　Thymus L.

矮小半灌木。叶小,全缘或每侧具 1～3 枚小齿;苞叶与叶同形,至顶端变成小苞片。轮伞花序紧密排成头状花序或疏松排成穗状花序;花具梗;花萼管状钟形或狭钟形,具 10～13 条脉,二唇形,上唇开展或直立,3 裂,裂片三角形或披针形,下唇 2 裂,裂片钻形,被硬缘毛,喉部被白色毛环;花冠管内藏或外伸,冠檐二唇形,上唇直伸,微凹,下唇开裂,3 裂,裂片近相等或中裂片较长;雄蕊 4 枚,分离,外伸或内藏,前对较长,花药 2 室,药室平行或叉开;花盘平顶;花柱先端 2 裂,裂片钻形,相等或近相等。小坚果卵球形或长圆球形,光滑。

300～400 种,分布于非洲北部、欧洲及亚洲温带;我国有 11 种,2 变种,多分布于黄河以北地区;浙江栽培 1 种;杭州栽培 1 种。

麝香草　普通百里香
Thymus vulgaris L.

芳香半灌木。茎近直立,高 15～20cm,分枝细而坚硬,近木质化,圆柱形,密被白色细柔毛,叶腋内常有极短的分枝,使叶片似簇生状。叶近无柄;叶片线形至卵形,长 3～7mm,宽 1～2mm,先端稍钝,基部狭窄,上面近无毛或有微柔毛,散生少数不明显腺点,下面有短柔毛并有橙红色腺点,花茎上的叶片为披针形至卵形。轮伞花序少到多花,彼此疏离再形成长 4～6cm 的顶生总状花序;花梗细,与萼筒等长;花萼长约 3mm,萼筒长 1～1.5mm,喉部内面有白色硬毛环,外面散生橙红色腺点,上唇 3 枚齿,披针形,长约 1mm,下唇 2 枚齿,钻形,长 1.5～2mm,有缘毛;花冠粉红色或淡紫色,长约 4mm,花冠管不伸出萼外,上唇直伸,先端微凹,下唇 3 裂,裂片近相等或中裂片稍大,外面散生少数橙红色腺点;雄蕊内藏;花柱远伸出花冠外。花期 6月。2n=30。

区内有栽培。原产于欧洲南部。

可以用作岩石上及沿阶的观赏花卉;也可提取芳香油。

9. 薄荷属　Mentha L.

多年生、稀一年生芳香草本。叶对生;叶片通常具锯齿。轮伞花序常具多花,腋生,远离或密集排列成顶生的头状或穗状花序,苞片叶状或苞片状;花两性或单性,雌雄同株或异株;花萼钟形、漏斗形或管状钟形,萼齿 5 枚,相等,稀二唇裂,喉部常有长毛;花冠漏斗形,花冠管内藏,冠檐 4 裂,近于整齐;雄蕊 4 枚,近等长,花药 2 室,药室平行;花柱顶端具相等 2 浅裂。小坚果卵球形,顶端钝或圆形,稀有毛。

约 30 种,大多分布于北温带地区,少数种类分布于南半球;我国野生 6 种,栽培 6 种;浙江有 3 种；杭州有 3 种。

　　本属植物多含挥发油，为重要芳香植物资源，可以作香料及供药用。

分 种 检 索 表

1. 茎多分枝，上部常被毛；叶片长圆状披针形；轮伞花序腋生，彼此远离，苞片与叶同形 ……………………
　 …………………………………………………………………………………… 1. 薄荷　M. canadensis
1. 植株无毛；轮伞花序顶生，组成连续或下部间断的穗状花序，苞片与叶常不同形，苞片通常较小，线形或线
　 状披针形，或者下部苞片与叶同形。
　　2. 叶片皱波状，卵形或卵状披针形，边缘具锐齿；萼齿在果时稍靠合；花序在顶端密集 ………………
　　 …………………………………………………………………………… 2. 皱叶留兰香　M. crispata
　　2. 叶片非皱波状，长圆形、椭圆状披针形或披针形，上部叶无柄或近无柄；萼齿在果时不靠合；穗状花序细
　　　长而下部间断 …………………………………………………………………… 3. 留兰香　M. spicata

1. 薄荷　（图 2-479）

Mentha canadensis L. ——*M. haplocalyx* Briq.

　　多年生草本。茎下部匍匐，上部直立，高约
30～80cm，多分枝，有倒向柔毛。叶片长圆状披针形
或卵状披针形，长 3～8cm，宽 0.8～3cm，先端急尖或
稍钝，基部楔形，边缘在基部以上疏生牙齿状锯齿，
两面疏生微柔毛和腺点，侧脉 5～6 对；叶柄长 0.5～
2cm。轮伞花序腋生，具多花；花梗纤细，长 2～
3mm；花萼管状钟形，长约 2.5mm，外面有微柔毛及
腺点；花冠淡红色、青紫色或白色，长 4～5mm，冠檐
4 裂，上唇裂片较大，先端 2 浅裂，下唇 3 枚裂片全
缘；雄蕊伸出，前对较长，花丝无毛。小坚果卵球形，
黄褐色，具小腺窝。花、果期 8—10 月。

　　区内有栽培。分布于全国各地；柬埔寨、日本、
朝鲜半岛、马来西亚、缅甸、俄罗斯、泰国、越南、北美
洲也有。

2. 皱叶留兰香　（图 2-480）

图 2-479　薄荷

Mentha crispata Schrad. ex Willd.

　　多年生草本。茎直立，高 30～60cm，钝四棱形，常带紫色，无毛，不育枝仅贴地生。叶无柄
或近于无柄，卵形或卵状披针形，长 2～3cm，宽 1.2～2cm，先端锐尖，基部圆形或浅心形，边缘
有锐裂的锯齿，坚纸质，上面绿色，皱波状，脉纹明显凹陷，下面淡绿色，脉纹明显隆起且带白
色。轮伞花序在茎及分枝顶端密集排列成穗状花序，此花序长 2.5～3cm，直径约为 1cm，不间
断或基部 1～2 轮伞花序稍间断；苞片线状披针形，稍长于花萼；花梗长 1mm，略被微柔毛；花
萼钟形，花时长 1.5mm，外面近无毛，具腺点，具 5 条脉，不明显，萼齿 5 枚，三角状披针形，长
0.7mm，边缘具缘毛，果时稍靠合；花冠淡紫，长 3.5mm，外面无毛，花冠管长 2mm，冠檐具 4
枚裂片，裂片近等大，上裂片先端微凹；雄蕊 4 枚，伸出，近等长，花丝丝状，无毛，花药卵圆球

形,2室;花柱伸出,先端相等2浅裂,裂片钻形,子房褐色,无毛;花盘平顶。小坚果卵球状三棱形,长0.7mm,茶褐色,基部淡褐色,略具腺点,顶端圆。

　　区内有栽培。原产于欧洲。

　　嫩枝、叶常作香料。

图 2-480　皱叶留兰香

图 2-481　留兰香

3. 留兰香　(图 2-481)

Mentha spicata L.

　　多年生草本。茎直立,高30~60cm,钝四棱形,常带紫色,无毛,不育枝仅贴地生。叶无柄或近于无柄,卵形或卵状披针形,长2~3cm,宽1.2~2cm,先端锐尖,基部圆形或浅心形,边缘有锐裂的锯齿,坚纸质,上面绿色,皱波状,脉纹明显凹陷,下面淡绿色,脉纹明显隆起且带白色。轮伞花序在茎及分枝顶端密集排列成穗状花序,此花序长2.5~3cm,直径约为1cm,不间断或基部1~2轮伞花序稍间断;苞片线状披针形,稍长于花萼;花梗长1mm,略被微柔毛;花萼钟形,花时长1.5mm,外面近无毛,具腺点,具5条脉,不明显,萼齿5枚,三角状披针形,长0.7mm,边缘具缘毛,果时稍靠合;花冠淡紫,长3.5mm,外面无毛,花冠管长2mm,冠檐具4枚裂片,裂片近等大,上裂片先端微凹;雄蕊4枚,伸出,近等长,花丝丝状,无毛,花药卵球形,2室;花柱伸出,先端相等2浅裂,裂片钻形,子房褐色,无毛;花盘平顶。小坚果卵球状三棱形,长0.7mm,茶褐色,基部淡褐色,略具腺点,顶端圆。$2n=36,48$。

　　区内有栽培。原产于欧洲。

　　嫩枝、叶常作香料。

10. 石荠苧属 Mosla Buch.-Ham. ex Maxim.

一年生草本,植物体有香气,多少有毛。叶对生;叶片边缘有锯齿,下面有腺点,有柄。轮伞花序具 2 朵花,排列成顶生的总状花序;花萼钟形,具 10 条脉,果时增大,内面喉部有毛,萼齿 5 枚,近相等或下唇 2 枚齿较长;花冠管伸出或内藏,内面无毛或具毛环,冠檐二唇形,上唇微凹,下唇 3 裂,中裂片较大;雄蕊 4 枚,后对能育,花药 2 室,平叉开,前对退化;花盘前方裂片呈指状凸起;花柱基生,先端 2 浅裂。小坚果近球形,具疏网纹或深雕纹。

约 22 种,分布于亚洲东部、东南部和南部;我国有 12 种;浙江有 7 种;杭州有 5 种。

分 种 检 索 表

1. 花序上花密集,苞片大,一般大于 5mm,近圆形,花萼不为明显二唇形,萼齿近相等 5 裂;小坚果具漩涡状深雕纹。
   2. 叶片较宽,卵形或披针形;花大,长约 1cm,聚集成紧密或稍疏离的总状花序 ……………………………………………………………………………… 1. **杭州石荠苧** *M. hangchowensis*
   2. 叶片较窄,线形、线状披针形;花较小,长 6～7mm,轮伞花序密集排列成头状或短总状 ………………………………………………………………………………………… 2. **石香薷** *M. chinensis*
1. 花序上花稀疏,苞片较小,一般不超过 3mm,披针形、卵状披针形或心形;花萼为明显的二唇形;小坚果具网纹。
   3. 叶线状披针形;苞片心形,宽大于长,长 1.5～2.5mm ……………… 3. **苏州荠苧** *M. soochowensis*
   3. 叶卵形;苞片披针形或卵状披针形。
      4. 植物体密被短柔毛,植株秋冬变棕红色;小坚果具密网纹,网眼下凹……… 4. **石荠苧** *M. scabra*
      4. 植物体无毛或近无毛,植株秋冬变黄色或灰色;小坚果具疏网纹,网眼不下凹………………………………………………………………………………… 5. **小鱼仙草** *M. dianthera*

1. 杭州石荠苧 (图 2-482)

Mosla hangchowensis Matsuda

一年生草本。茎高 50～60cm,多分枝,分枝纤弱,茎、枝均四棱形,被短柔毛及棕色腺体,有时具混生的平展疏柔毛。叶披针形,长 1.5～4.2cm,宽 0.5～1.3cm,先端急尖,基部宽楔形,边缘具疏锯齿,纸质,上面榄绿色,下面灰白色,两面均被短柔毛及满布的棕色凹陷腺点;叶柄长 0.5～1.4cm,腹凹背凸,被短柔毛及棕色凹陷腺点。总状花序顶生于主茎及分枝上,长 1～4cm,密花或有时疏花;苞片大,宽卵形或近圆形,长 5～6mm,宽 4～5mm,先端急尖或尾尖,下面具凹陷的腺点,边缘具睫毛,绿色或紫色;花梗短,被短柔毛。花萼钟形,长约 3.5mm,宽约 2.5mm,外被疏柔毛,内面无毛,萼齿 5 枚,披针形,长约为花萼长 3/4,后齿略长;花冠紫色,为花萼长之 3 倍,外面被短柔毛,内面在下唇之下方花冠管上略

图 2-482 杭州石荠苧

被短柔毛,冠檐二唇形,上唇微缺,下唇3裂,中裂片大,反折向下,圆形,内面被短柔毛,侧裂片较小,直立,卵形;雄蕊4枚,后对着生于上唇基部,微伸出,花丝扁平无毛,较花药为短,花药线形,2室,室略叉开,长约2mm,药隔明显,前对雄蕊较小,着生于下唇中裂片基部,不育;花柱超出花冠上唇;花盘前方呈指状膨大。小坚果球形,直径约为2.1mm,淡褐色,具深窝点。花、果期6—9月。

　　见于西湖景区(葛岭、孤山、桃源岭),生于向阳山坡、草丛、岩石边。分布于浙江。

2. 石香薷　华荠苎　(图 2-483)

Mosla chinensis Maxim.

　　一年生草本。茎高 10～40cm,纤维,有下向白色疏柔毛。叶片线形披针形,长1.5～3.5cm,宽1.5～5mm,先端渐尖或急尖,基部渐狭,边缘具不明显的疏浅锯齿,叶两面均疏生短柔毛及棕色凹陷腺点;叶柄长2～4mm。轮伞花序密集排列成顶生的头状或穗状花序;苞片覆瓦状排列,圆形或卵形,长4～9mm,先端尾尖,两面疏生柔毛,背面具凹陷腺点,边缘有长睫毛;花萼钟形,长约3mm,果时长可达6mm,外面有白色绵毛及腺点,萼齿5枚,近相等;花冠紫红色、淡红色至白色,长4～5mm,外面有短柔毛,花冠管喉部有长柔毛;雄蕊及雌蕊均内藏。小坚果球形,直径约为1.2mm,具深穴状雕纹。花期7—8月,果期9—10月。2n=18。

　　见于西湖区(留下)、余杭区(鸬鸟)、西湖景区(黄龙洞、六和塔),生于向阳山坡、路边草丛。分布于安徽、福建、广东、广西、贵州、湖北、湖南、江苏、江西、山东、四川、台湾;越南也有。

　　全草入药,为中药之“香薷”,其中野生者称“青香薷”,栽培者称“江香薷”,具解表、清暑、和中、解毒之效。

图 2-483　石香薷

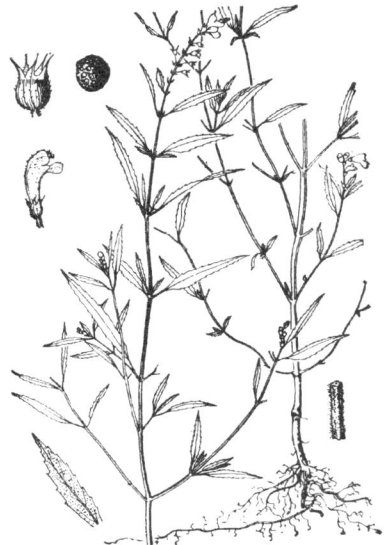

3. 苏州荠苎　(图 2-484)

Mosla soochowensis Matsuda

　　一年生草本。茎高12～50cm,纤细,多分枝,分枝纤细,伸长,茎、枝均四棱形,被疏短柔毛。叶线状披针形或披针形,长1.2～2.2(～3.5)cm,宽0.2～0.4(～1)cm,先端渐尖,基部渐狭成楔形,边缘具细锯齿但近基部全缘,上面橄绿色,被微柔毛,略被腺点,下面略淡,脉上被极疏短硬毛,满布深凹腺点;叶柄长2～7mm,腹凹背凸,略被微柔毛。总状花序长2～5cm,疏花;苞片小,心形,稀增大成圆形或椭圆形,长1.5～2.5mm,上面被微柔毛,下面满布凹腺点,具肋;花梗纤细,长1～3mm,果时伸长,被微柔毛;花萼钟形,长约3mm,宽约2.1mm,外面被疏柔毛及黄色腺体,内面在喉部

图 2-484　苏州荠苎

被疏柔毛,萼齿 5 枚,二唇形,后 3 枚齿披针形,长约 1.5mm,前 2 枚齿狭披针形,长 2～2.2mm,深裂,果时花萼增大,基部前方呈囊状;花冠紫色,长 6～7mm,外面被微柔毛,内面在下唇直至花冠管上略被短柔毛,冠檐二唇形,上唇直立,微凹,下唇 3 裂,中裂片较大;雄蕊 4 枚,后对雄蕊略伸出,前对不育,内藏;花柱超出花冠,先端相等 2 裂;花盘前方呈指状膨大。小坚果球形,直径约为 1mm,褐色或黑褐色,具网纹。花期 7—10 月,果期 9—11 月。

　　见于西湖景区(北高峰、葛岭、九溪、上天竺、桃源岭、玉皇山等),生于向阳山坡、草丛、岩石边。分布于安徽、江苏、江西。

4. 石荠苎　土香薷　(图 2-485)

Mosla scabra (Thunb.) C. Y. Wu & H. W. Li

　　一年生草本。茎高 40～80cm,多分枝,密被短柔毛。叶片卵形或卵状披针形,长 1.5～4.5cm,宽 0.6～2cm,先端急尖或钝,基部圆形或楔形,边缘具锯齿,上面有灰色微柔毛,下面密布凹陷或黄色腺点,沿脉上有毛;叶柄长 0.3～1.6cm。轮伞花序组成长 2.5～15cm 的顶生总状花序;苞片卵状披针形至卵形,长 2～3.5mm;花萼钟形,长 2～3mm,果时长达 4～5mm,外面疏生柔毛,脉纹显著;花冠粉红色,长 3.5～5mm,外面有微柔毛,内面基部具毛环,花冠管向上渐扩大,上唇直立,下唇中裂片边缘具齿;花柱外伸。小坚果球形,直径约为 1mm,黄褐色,有密网纹,网眼下凹。花、果期 6—10 月。$2n=18$。

　　区内常见,生于向阳山坡、路边草丛。分布于安徽、福建、甘肃、广东、广西、河南、湖北、湖南、江苏、江西、辽宁、陕西、四川、台湾;日本、越南也有。

5. 小鱼仙草　疏花荠苎　(图 2-486)

Mosla dianthera (Buch.-Ham.) Maxim.

　　一年生草本。茎多分枝,高 20～60cm,无毛或在棱上有短毛。叶片卵形、卵状披针形,长 1～3cm,宽 0.5～1.7cm,先端渐尖或急尖,基部楔形或宽楔形,边缘具锐尖疏齿,两面无毛或近无毛,下面散布凹陷腺点;叶柄长 0.5～1.5cm。轮伞花序疏离,组成长 4～10cm 的顶生总状花序;苞片披针形或线形披针形,长约 3mm,先端渐尖;花梗长 1～2mm,果时可达 4mm;花萼钟形,长 2～3mm,果时增大,外面脉上有短硬毛;花冠淡紫色,长约 5mm,外面有微柔毛;雄蕊内藏;花柱伸出。小坚果近球

图 2-485　石荠苎

图 2-486　小鱼仙草

形,直径为 1～1.2mm,淡褐色,具疏网纹,常具腺点。花、果期 9—10 月。2n＝18。

　　见于西湖区(留下)、余杭区(塘栖)、西湖景区(虎跑),生于山坡林缘、路旁或荒地草丛中。分布于福建、广东、广西、贵州、湖北、湖南、江苏、江西、陕西、四川、台湾、云南;不丹、印度、日本、马来西亚、尼泊尔、巴基斯坦、越南也有。

11. 地笋属　Lycopus L.

　　多年生草本。常具肥大的根状茎。叶片具锐锯齿或羽状分裂。轮伞花序多花,腋生,无花序梗;小苞片卵形至线状钻形;花萼钟形,具相等 4～5 枚齿,有时先端具刺尖;花冠管内藏或略伸出,钟形,喉部内面有柔毛,冠檐二唇形,上唇全缘或微凹,下唇 3 裂,中裂片稍大;雄蕊 4 枚,前对能育,花药 2 室,药室平行,后略叉开,后对消失或退化成棍棒状;花柱顶端具近相等 2 浅裂。小坚果楔状倒卵球形,顶端平截,腹面多少具棱。

　　约 10 种,广布于东半球温带地区及北美洲;我国有 4 种;浙江有 1 变种;杭州有 1 变种。

硬毛地笋　硬毛地瓜儿苗　(图 2-487)

Lycopus lucidus Turcz. var. *hirtus* Regel

多年生草本。根状茎横走,白色,顶端肥大成圆柱形;地上茎高 80～110cm,通常不分枝,四棱形,棱上常有多节短硬毛,节上密被硬毛。叶近无柄或具极短柄;叶片披针形,多少弧弯,长 3.5～10cm,宽 1～3cm,先端渐尖,基部渐狭,边缘具尖锐锯齿,上面有细伏毛,下面脉上有刚毛状硬毛,并散生凹陷腺点,侧脉多对,与中脉在下面隆起。轮伞花序近圆球形;花萼钟形,长约 5mm,萼齿 5 枚,披针状三角形,具刺尖头;花冠白色,长约 5mm;前端雄蕊超出于花冠,后对雄蕊退化成棍棒状;花盘平顶;花柱伸出花冠外。小坚果卵球状四边形,长约 1.6mm,有腺点。花期 8—10 月,果期 10—11 月。

　　区内有栽培。分布于安徽、福建、甘肃、广东、广西、贵州、河北、黑龙江、湖北、湖南、吉林、江苏、江西、辽宁、内蒙古、山东、山西、陕西、四川、台湾、云南;日本、俄罗斯也有。

图 2-487　硬毛地笋

　　根状茎可腌制作蔬菜;全草也可供药用。

12. 香薷属　Elsholtzia Willd.

　　草本、半灌木或灌木。叶对生;叶片边缘具锯齿。轮伞花序组成顶生或腋生的穗状花序,常偏向一侧;苞片宿存,宽卵形、圆形、倒卵形或线状钻形,常呈覆瓦状排列;花萼钟形或管形,果时常增大,萼齿 5 枚,近等长或前 2 枚齿较长;花冠淡紫色或玫瑰红色,花冠管直或微弯,冠檐二唇形,上唇直立,先端全缘,下唇开展,3 裂,中裂片较大;雄蕊 4 枚,通常伸出,前对较长,稀前对雄蕊不育,花药球形,药室略叉开或极叉开,其后会合;花盘前方裂片呈指状膨大;花柱顶端2浅裂。小坚果卵球形至长圆球形,具瘤或光滑。

约40种,主产于亚洲东部,少数种延伸至欧洲及北美洲;我国有33种;浙江有5种;杭州有3种。

分 种 检 索 表

1. 叶片下面有金黄色腺点;苞片先端有长可达 4mm 的芒状尖头 ························ 1. 香薷　E. ciliata
1. 叶片下面有淡黄色凹陷腺点;苞片先端有长 1~2.5mm 的芒尖。
　　2. 叶片卵形或宽卵形;苞片边缘和背面均具毛 ······················· 2. 紫花香薷　E. argyi
　　2. 叶片长圆状披针形或披针形;苞片仅边缘具毛 ················· 3. 海州香薷　E. splendens

1. 香薷 （图 2-488）

Elsholtzia ciliata（Thunb.）Hyland.

一年生草本。茎高可达 50cm,钝四棱形。叶片卵状披针形或椭圆状披针形,长 2~5.5cm,宽 1~2.5cm,先端渐尖或长渐尖,基部宽楔形或楔形,下延至柄成明显狭翼,边缘具锯齿,上面疏生小硬毛,下仅脉上有小硬毛,散生金黄色腺点,侧脉 6~7 对;叶柄长 1~3cm。穗状花序偏向一侧,长 2~5cm;苞片宽卵圆形或扁圆形,先端有长 2~4mm 的芒状小尖头,有缘毛,背面无毛而有腺点;花萼长约 4mm;花冠淡紫色,长 6~7mm,外面有疏柔毛;雄蕊均能育,前对较长,花药紫色。小坚果长圆球形,长约 1mm。花、果期 9—11 月。

见于西湖区(留下)、西湖景区(飞来峰),生于路旁灌丛。分布于全国除青海、新疆外其他省、区;柬埔寨、印度、日本、老挝、马来西亚、蒙古、缅甸、俄罗斯、泰国、越南也有。

图 2-488　香薷

2. 紫花香薷　野薄荷 （图 2-489）

Elsholtzia argyi H. Lév.

一年生草本。茎直立,高 0.5~1m,钝四棱形,有白色短柔毛。叶片卵形至宽卵形,长 2.5~5.5cm,宽 1.5~4cm,先端短渐尖或渐尖,基部宽楔形至截形,边缘具圆齿状锯齿,上面疏生柔毛,下面沿脉有短柔毛,密生淡黄色凹陷腺点,侧脉 5~6 对;叶柄长 0.5~3cm。穗状花序偏向一侧,长 1.5~5cm;苞片圆形或倒宽卵形,先端具长 1~2.5mm 的芒状尖头,背面有白色柔毛及黄色腺点,具缘毛;花萼长 3~3.5mm,果时可达 6mm,萼齿 5 枚,近相等,先端具芒刺,边缘具长缘毛;花冠玫瑰红紫色,长 6~7mm,外面密被白色多节柔毛;雄蕊均能育,前对较

图 2-489　紫花香薷

长,花药黑紫色。小坚果长圆球形,长约 1mm。花、果期 9—11 月。

见于西湖景区(中天竺),生于山坡林缘、灌丛。分布于安徽、福建、广东、广西、贵州、湖北、湖南、江苏、江西、四川;日本、越南也有。

3. 海州香薷 (图 2-490)

Elsholtzia splendens Nakai ex F. Maekawa——
E. lungtanensis Sun ex C. H. Hu

一年生草本。茎直立,高 15～40cm,有 2 列疏柔毛,基部以上多分枝。叶片长圆状披针形或披针形,长 1.5～3.5cm,宽 0.5～1.5cm,先端短渐尖或渐尖,基部宽楔形或楔形,下延至柄成狭翼,边缘有整齐尖锯齿,上面有小纤毛,下面仅脉上有小纤毛,密布凹陷腺点;叶柄长 3～10mm。穗状花序偏向一侧,长 1～4cm;苞片近圆形或宽卵圆形,有缘毛,疏生腺点,先端具长 1～1.5mm 的芒状小尖头;花萼长 2.5～3mm,外面有白色短毛,疏生腺点,萼齿 5 枚,近相等;花冠玫瑰红紫色,长 5～7mm,外面密被长柔毛,内面有毛环;雄蕊均能育,前对较长。小坚果长圆球形,长 1.5mm。花期 8—10 月,果期 10—11 月。$2n=18$。

见于西湖景区(吴山、五云山),生于山坡林缘、路边草丛。分布于广东、河北、河南、湖北、江苏、江西、辽宁、山东;朝鲜半岛也有。杭州新记录。

全草可供药用。

图 2-490 海州香薷

13. 绵穗苏属 Comanthosphace S. Moore

多年生草本或半灌木,全体常密被星状茸毛。叶对生;叶片具锯齿。轮伞花序具 6～10 朵花,集成顶生长穗状花序;苞片叶状或鳞片状,早落;花萼管状钟形,外面有星状茸毛,具 10 条脉,萼齿 5 枚,短三角形,前 2 枚齿稍宽大;花冠淡紫红至紫色,外面有茸毛,冠檐二唇形,上唇 2 裂或偶全缘,下唇 3 裂,中裂片较大,多少成浅囊状;雄蕊 4 枚,前对略长,花药卵球形,横向开裂;花盘平顶;花柱顶端具相等的 2 浅裂。小坚果三棱状长圆球形,具金黄色腺点。

约 6 种,分布于我国和日本;我国有 3 种;浙江有 1 种,1 变种;杭州有 1 变种。

绒毛绵穗苏 (图 2-491)

Comanthosphace ningpoensis (Hemsl.) Hand.-Mazz. var. **stellipilioides** C. Y. Wu

多年生草本。具木质的根状茎;地上茎直立,高 0.6～1m,基部圆柱形,上部呈钝四棱形,近无毛。叶片椭圆形或宽椭圆形,长 7～22cm,宽 3～12cm,先端渐尖,基部楔形,边缘在基部以上有锯齿,幼时两面疏生星状毛,老时常秃净,下面密被灰白色星状毛,侧脉 6～10 对,下面明显隆起;叶柄长 3～12mm。穗状花序顶生,长 15～25cm,有时亦可生于茎端叶腋呈三歧状;

花序轴、花梗及花的各部均有星状白茸毛;苞片下部者叶状,向上渐变小成鳞片状;花萼管状钟形,长约4mm;花冠紫红色至紫色,长6~7mm,花冠管内面中部有密集毛环;雄蕊远伸出花冠外,前对略长。小坚果卵形或三棱状长圆球形,长约 3mm,有金黄色腺点。花、果期7—10月。

　　见于余杭区(鸬鸟),生于山坡疏林下、毛竹林、林缘草丛。分布于江西。杭州新记录。

14. 香简草属　Keiskea Miq.

　　草本或半灌木,全株有具节的毛。叶对生;叶片边缘具锯齿。轮伞花序有 2 朵花,组成顶生和腋生、偏向一侧的总状花序;有苞片;花萼钟形,外面有毛或腺点,5 深裂,萼齿披针形,近相等或后齿略小;花冠二唇形,上唇 2 裂,下唇 3 裂,中裂片较长;雄蕊 4枚,前对较长,花药卵球形,2 室,药室略叉开,顶端贯通;花盘斜杯状,后方裂片呈指状膨大;花柱顶端 2 浅裂。小坚果近球形或长圆球形,无毛。

　　约 6 种,分布于我国和日本;我国有 5 种;浙江有 2 种;杭州有 2 种。

图 2-491　绒毛绵穗苏

1. 香薷状香简草　(图 2-492)
Keiskea elsholtzioides Merr.

　　草本。茎高约 40cm,圆柱形,带紫红色,近无毛,幼枝密生平展的纤毛状柔毛。叶卵形或卵状长圆形,大小变异很大,长 1.5~15cm,宽 1.2~8cm,先端渐尖,基部楔形至近圆形,稀浅心形,边缘具圆齿状锯齿或粗锯齿,近革质或厚纸质,上面深绿色,疏生短硬毛,近于粗糙,下面淡绿色,疏生短纤毛,满布凹陷腺点;叶柄长达 5.5~7cm,腹凹背凸,凹槽被毛同于幼枝,背部具条纹。总状花序顶生或腋生,幼时较短,开花后延长至 18cm,花多少远离;苞片宿存,阔卵状圆形,长约 8mm,宽约 4mm,先端凸渐尖,边缘具白色纤毛;花梗长约 2.5mm,与花序轴密生平展的纤毛状柔毛;花萼钟形,长约 3mm,外被纤毛状硬毛,萼齿 5 枚,披针形、长圆状披针形或卵状披针形,边缘疏具纤毛,内面在齿间有纤毛状硬毛束,长约 2mm,果时花萼增大;花冠白色,染以紫色,长约 8mm,外面被微柔毛,内面在花冠管中部稍下方有横向的柔毛状髯毛环;雄蕊 4

图 2-492　香薷状香简草

枚,伸出,后对长出花冠约 4mm,前对长出约 7mm,花丝直伸,伸出部分紫色,花药 2 室,室略叉开;花柱纤细,超出雄蕊,先端近相等 2 浅裂,裂片钻形,子房无毛。小坚果近球形,直径约为 1.6mm,紫褐色,无毛。花期 6—10 月,果期 10 月以后。

见于萧山区(楼塔)、西湖景区(黄龙洞、紫云洞),生于草丛中。分布于安徽、广东、湖北、湖南、江西。

2. 中华香简草 （图 2-493）

Keiskea sinensis Diels

多年生草本,具块状根。茎直立,高 30～70cm,近无毛或有时棱上有倒向疏柔毛。叶片卵形,上部叶有时变小成宽卵形,先端渐尖或尾状渐尖,基部楔形至近圆形,边缘具锯齿或浅齿,上面脉上有短伏毛,下面近无毛,密布黄色腺点;叶柄长 1～3cm。总状花序长 4～7cm,近基部有数花不发育;苞片卵形,排列较稀疏,长约 2mm,有短柔毛;花萼钟形,长约 3mm,果时可增大至 6～7mm,萼筒上散生金黄色腺点,萼齿近相等;花冠白色,边缘略带黄色,长 4～5mm,内面有黄色树脂状腺点;雄蕊伸出;花柱顶端具不相等的 2 浅裂。小坚果三棱状球形,直径约为 2mm,有疏网纹。花期 9—10 月,果期 11 月。

见于西湖景区(栖霞岭),生于山坡岩石边。分布于安徽、江苏。

与上种的主要区别在于:本种苞片卵形,长约 2mm;花白色,花萼长 5～7mm;叶柄短,长 0.8～2.5cm。

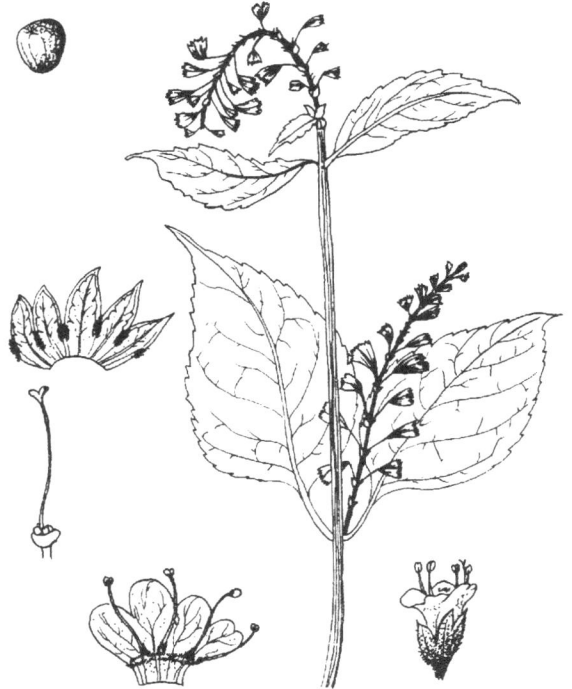

图 2-493　中华香简草

15. 水蜡烛属　Dysophylla Blume

草本植物。茎具通气组织。叶 3～10 枚轮生,无柄,线形至倒披针形,全缘或具疏齿,通常近无毛。轮伞花序多花,在茎或分枝顶部密集组成紧密而连续或极少于基部间断的穗状花序;苞片与花等长或略短;花极小,无梗;花萼钟形,外面被毛,内面无毛,萼齿 5 枚,短,通常无结晶体;花冠自花萼伸出,花冠管向上渐增大,冠檐 4 裂,裂片近相等,后裂片全缘或微缺;雄蕊 4 枚,伸出,花丝极长,近相等,直立,具髯毛,花药顶生,小,近球形,贯通为 1 室;花柱与雄蕊近等长,先端 2 浅裂,裂片等长,钻形;花盘平顶,近全缘。小坚果近球形,小,光滑。

约 27 种,2 变种,主要分布于亚洲,大多数在印度,其中有 1 种至澳大利亚;我国有 7 种,2 变种;浙江有 2 种;杭州有 1 种。

水蜡烛　（图 2-494）

Dysophylla yatabeana Makino

多年生草本。茎高 40～60cm，无毛，顶部被微柔毛，不分枝或稀具短的分枝。叶 3～4 枚轮生，狭披针形，长 3.5～4.5cm，宽 5～7mm，先端渐狭具钝头，基部无柄，边缘全缘或于上部具疏而不明显的锯齿，纸质，上面榄绿色，下面稍淡，并被不明显的褐色小腺点，两面无毛。穗状花序长 2.8～7cm，直径约为 1.5cm，紧密而连续，有时基部间断；苞片线状披针形，其长几与花冠相等，常带紫色；花萼卵钟形，长 1.6～2mm，外面被疏柔毛及锈色腺点，萼齿 5 枚，三角形，长约为萼筒 1/2；花冠紫红色，为花萼长之 2 倍，无毛，冠檐近相等 4 裂；雄蕊 4 枚，极伸出，花丝密被紫红色髯毛；花柱略伸出于雄蕊，先端相等 2 浅裂；花盘平顶。小坚果未见。花期 8—10 月。$2n=34$。

　　文献记载区内有分布，生于水塘边、水稻田内或湿润空旷地。分布于安徽、贵州、湖南；日本、朝鲜半岛也有。

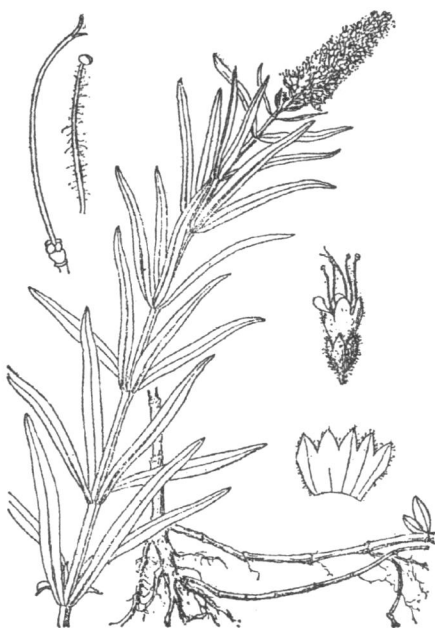

图 2-494　水蜡烛

16．活血丹属　Glechoma L.

　　多年生草本，通常具匍匐茎。茎匍匐状或上升，基部分枝。叶对生，具长柄；叶片圆形、心形或肾形，边缘具齿。轮伞花序具 2～6 朵花，腋生；花萼管状或钟状，近喉部微弯，萼檐呈不明显二唇形，上唇 3 枚齿略长，下唇 2 枚齿较短；花冠管状，红紫色，上部膨大，冠檐二唇裂，上唇直立，先端微凹或 2 裂，下唇平展，3 裂；雄蕊 4 枚，药室叉开成直角；花盘全缘或具微齿，前方呈指状膨大；花柱顶端近相等 2 裂，子房无毛。小坚果长圆状卵球形。

　　约 8 种，分布于亚洲、欧洲，南、北美洲有栽培；我国有 5 种；浙江有 1 种；杭州有 1 种。

活血丹　连钱草　（图 2-495）

Glechoma longituba（Nakai）Kupr.

　　多年生匍匐草本。茎细长柔弱，基部节上生根，高 10～20cm，四棱形，幼时有毛。叶片心形、肾心形或肾形，长 1～3cm，宽 1.2～4cm，先端钝圆，基部心形，边缘具圆齿，上面疏生伏毛，下面常带紫色，有柔毛；叶柄长 1～6cm。轮伞花序通常具 2 朵花；花梗长约 2mm；花萼

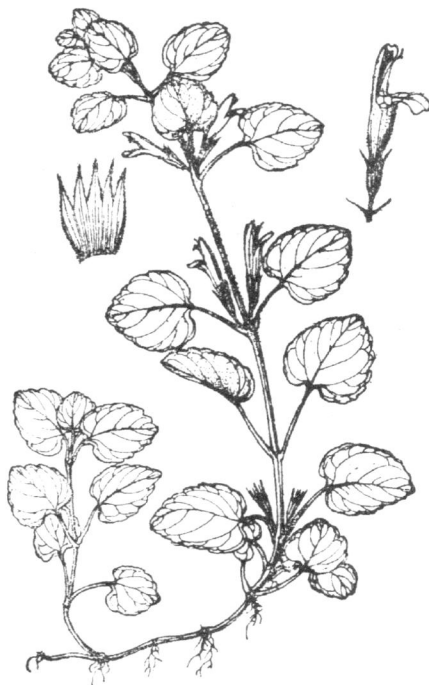

图 2-495　活血丹

管状,长 8～10mm,外面有长柔毛,萼齿先端芒状,边缘具缘毛;花冠淡紫红色,下唇具深色斑点,花冠管直立,有长筒与短筒二型,长筒者长约 2cm,短筒者常藏于花萼内,长 1～1.4cm,外面有柔毛;雄蕊内藏,后对较长,花丝无毛。小坚果长圆状卵球形,长约 1.5mm,顶端圆。花期 4—5 月,果期 5—6 月。

　　区内常见,生于山坡、路旁、水沟旁、地边及荒地草丛中。分布于全国除甘肃、青海、西藏、新疆外的所有省、区;朝鲜半岛、俄罗斯也有。

　　茎、叶含挥发油,具清热解毒、排石通淋之效。

17. 夏枯草属　Prunella L.

　　多年生草本。叶对生。轮伞花序具 6 朵花,密集排列成顶生穗状花序;苞片宽大,膜质,常为覆瓦状排列;花萼管状钟形,近背腹扁平,萼檐二唇形,果时喉部缢缩闭合;花冠管内面基部有毛环,冠檐二唇形,上唇直立,盔状,下唇 3 裂,中裂片较大,具齿状小裂片;雄蕊 4 枚,前对较长,均上升至上唇之下,花丝先端 2 裂,下裂片具花药,上裂片成钻形,药室叉开;花盘近平顶;花柱顶端相等 2 裂。小坚果圆球形、卵球形至长圆球形,基部有白色果脐。

　　约 7 种,分布于亚洲、欧洲、非洲和北美洲;我国有 4 种;浙江有 1 种;杭州有 1 种。

夏枯草　(图 2-496)

Prunella vulgaris L.

　　多年生草本。具匍匐根状茎;地上茎基部匍匐,上部直立,高 15～40cm,常带紫红色。叶片卵形或卵状长圆形,长 1.5～5.5cm,宽 0.7～2cm,先端钝,基部圆形或宽楔形,下延至叶柄成狭翅,边几近全缘,侧脉 3～4 对;叶柄长 1～3cm,上部的渐缩短。轮伞花序密集排列成长 2～5cm 的顶生穗状花序;苞片膜质,扁心形,长 7～8mm,先端尾尖,浅紫色;花萼管状钟形,长 8～10mm,萼檐二唇形,果时喉部闭合;花冠蓝紫色或红紫色,有时白色,长 1.2～1.7cm,花冠上唇圆形,多少呈盔状,下唇较短;雄蕊 4 枚,药室 2 枚,极叉开;子房无毛,花柱纤细,伸出冠外。小坚果长圆状卵球形,长约 1.8mm。花期 5—7 月,果期 7—9 月。2n＝28。

　　见于拱墅区(半山)、西湖区(留下)、西湖景区(三台山、四眼井、玉皇山),生于山脚、路旁、林下草丛。分布于福建、甘肃、广东、广西、贵州、河南、

图 2-496　夏枯草

湖北、湖南、江西、陕西、四川、台湾、西藏、新疆、云南;不丹、印度、日本、朝鲜半岛、哈萨克斯坦、吉尔吉斯斯坦、尼泊尔、巴基斯坦、塔吉克斯坦、土库曼斯坦、乌兹别克斯坦、西亚、非洲、欧洲、北美洲也有。

　　全草含挥发油,可供药用,能清肝火、散郁结;也可代茶饮用。

变种白花夏枯草 var. *albiflora*（Koidz.）Nakai 与原种的区别在于：花白色。鉴于花色变化在唇形科中普遍存在,故不予分列。

18. 益母草属 Leonurus L.

一年生、越年生或多年生草本。茎直立,常分枝。叶对生;叶片具粗锯齿或缺刻或掌状分裂。轮伞花序腋生,具多花,下部间隔较疏,上部较密集;小苞片钻形或刺针形;花萼倒圆锥形或钟状管形,萼檐稍呈二唇形,萼齿 5 枚,针刺状,上唇 2 枚齿较长;花冠管伸出,冠檐二唇形,上唇直立,全缘,下唇 3 裂,常开展;雄蕊 4 枚,前对较长;花药 2 室,药室平行;花盘平顶;花柱顶端相等 2 裂。小坚果扁三棱形,顶端平截,无毛。

约 20 种,分布于亚洲、欧洲、非洲、南美洲、北美洲;我国有 12 种;浙江有 1 种;杭州有 1 种。

益母草 （图 2-497）

Leonurus artemisia（Lour.）S. Y. Wu——*L. heterophyllus* Sweet

一年生、越年生草本。茎直立,粗壮,高 40～100cm,有倒向糙伏毛,老时渐秃净。叶片形状变化大,基生的圆心形,直径为 4～9cm,边缘5～9浅裂,下部茎生叶掌状 3 全裂,上部茎生叶线形或线状披针形,全缘或具稀牙齿;基生叶的叶柄长可达 18cm,往上渐短,至上部叶近无柄。轮伞花序具 8～15 朵花;小苞片针刺状,长 3～4mm;花萼钟状管形,长约 7mm,具明显 5 条脉,下唇萼齿靠合,上唇萼齿较短;花冠紫红色或粉红色,有时白色,长约 1.2cm,花冠管长约 5mm,内面近基部有毛环;雄蕊均延伸在上唇下,花药卵球形;子房无毛。小坚果三棱状长圆球形,长约 2mm,顶端平截,光滑。花期 5—7 月,果期 8—9 月。

区内常见,生于山坡路旁草丛。分布于安徽、福建、甘肃、广东、广西、贵州、海南、河北、河南、黑龙江、湖北、湖南、吉林、江苏、江西、辽宁、内蒙古、宁夏、青海、山东、山西、陕西、四川、台湾、西藏、新疆、云南;柬埔寨、日本、朝鲜半岛、老挝、马来西亚、缅甸、泰国、越南、非洲、北美洲、南美洲也有。

全草和小坚果均可入药,分别名"益母草""茺蔚子"。

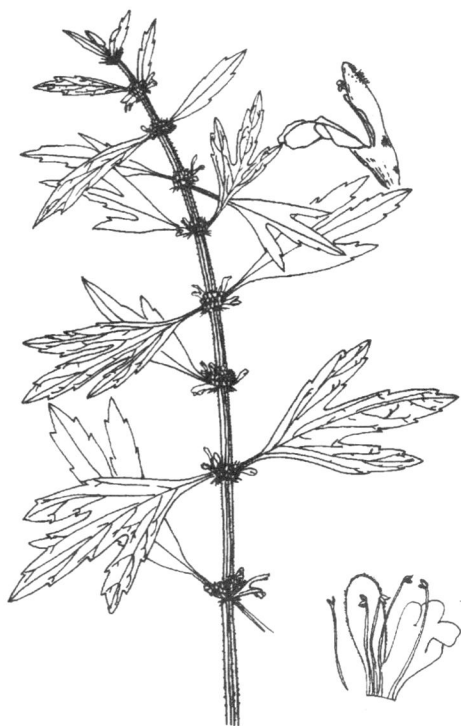

图 2-497 益母草

19. 野芝麻属 Lamium L.

一年生或多年生草本。叶对生,具柄;叶片边缘常具钝齿。轮伞花序腋生,多花;小苞片线形或披针形,有时芒刺状;花萼管状钟形或倒圆锥状钟形,萼齿 5 枚,披针状钻形,近相等;花冠管直或弯曲,冠檐二唇形,上唇直立,先端圆或微凹,多少盔状内弯,下唇 3 裂,中裂片较大;雄蕊 4 枚,前对较长,花药 2 室,药室平开叉;花盘具圆齿;花柱顶端相等 2 浅裂。小坚果长圆状或倒卵状三棱形,顶端截形。

约 40 种,分布于亚洲、欧洲、非洲,北美洲有引种;我国有 4 种;浙江有 2 种;杭州有 2 种。

1. 宝盖草　佛座　(图 2-498)

Lamium amplexicaule L.

越年生小草本。茎高 10～30cm,基部多分枝,幼时有倒向短毛,后渐脱落。叶片圆形或肾形,长 1.2～2.5cm,先端圆,基部截形或心形,边缘具深圆齿,两面有伏毛;下部叶有长柄,上部叶近无柄。轮伞花序具 6～10 朵花,其中常有闭花授粉的花;小苞片披针形,有毛;花萼钟状,长5～6mm,萼齿披针状钻形,与萼筒近等长,均有长柔毛;花冠紫红色至粉红色,长 1.2～1.8cm,外面除上唇有短毛外,余部及内面均无毛,花冠管内面无毛环;雄蕊内藏,花丝无毛,花药有毛;子房无毛。小坚果倒卵球形三棱状,长约 2mm,有白色疣状凸起。花、果期 4—5 月。$2n=18$。

区内常见,生于海拔 450m 以下的农地和宅旁荒地。分布于安徽、福建、甘肃、贵州、河南、湖北、湖南、江苏、青海、陕西、四川、西藏、新疆、云南;塔吉克斯坦、土库曼斯坦、乌兹别克斯坦、西亚、非洲、欧洲也有。

图 2-498　宝盖草

图 2-499　野芝麻

2. 野芝麻　(图 2-499)

Lamium barbatum Siebold & Zucc.

多年生草本。具根状茎;地上茎高 20～70cm,基部稍倾斜,中空,常有倒向糙毛。叶片卵状心形或卵状披针形,长 2～8cm,宽 2～5.5cm,先端急尖至尾状渐尖,基部浅心形,边缘有牙齿状锯齿,两面有伏毛;叶柄长 1.5～6.5cm。轮伞花序具 4～14 朵花;苞片狭线形;花萼钟形,长 1.3～1.5cm,萼筒长约 5mm,疏生伏毛,萼齿披针状钻形,具缘毛;花冠白色或略带淡黄色,长 2～3cm,花冠管基部狭,稍上方成囊状膨大,外面上部有毛,内面近基部有毛环,上唇弓状内屈,长 1～1.3cm,下唇较短,侧裂片先端有一针状小齿;花丝有微柔毛,花药有毛;子房无毛;小坚果楔形倒卵球形,具 3 条棱,长约 3mm。花期 4—5 月,果期 6—8 月。

区内常见,生于荒地、山坡路旁及林缘草丛。分布于安徽、甘肃、河北、河南、黑龙江、湖北、湖南、吉林、江苏、辽宁、内蒙古、山东、山西、陕西、四川;日本、朝鲜半岛、俄罗斯也有。

全草入药;亦为良好的蜜源植物。

与上种的主要区别在于:本种叶片卵形或心形,先端尾尖至长渐尖,边缘具牙齿状锯齿;花白色。

20. 小野芝麻属　Galeobdolon Adans.

一年生或多年生草本,稀灌木状。叶各式,具柄。轮伞花序具 2～8 朵花;苞片比花萼短,线形,早落;花几无梗或明显具梗;花萼钟形,外面被毛,内面仅在齿上被毛,其余部分无毛,具 5 条脉,脉间的副脉不明显,萼齿 5 枚,披针形,后 3 枚齿略大于前 2 枚齿;花冠紫红色或粉红色,伸出,长为花萼的 1.5～2 倍,外面被各式毛被,通常在上唇上的较密,花冠管略超出花萼,内面有毛环,冠檐二唇形,上唇直伸,长圆形,稀为倒卵圆形,先端钝或微缺,一般较花冠管为短,稀与之近等长,下唇平展,3 裂,中裂片大,倒心形至倒卵圆形,边缘微波状或全缘,侧裂片较小,近圆形或卵圆形;雄蕊 4 枚,前对较长,花药卵球形,2 室,室叉开;花柱丝状,先端近相等 2 浅裂,子房裂片先端截形,无毛,或稀于顶部有短硬毛;花盘环状至漏斗状,近平顶。小坚果三棱状长圆球形、倒卵球形至倒圆锥形,顶端近截形,基部渐狭,无毛或顶端被短毛。

约 6 种,2 变种,其中 1 种花为黄色,分布于西欧及伊朗北部,1 种分布至日本,其余 4 种均产于我国东部、南部至西南的四川;浙江有 1 种;杭州有 1 种。

小野芝麻　(图 2-500)

Galeobdolon chinense (Benth.) C. Y. Wu

一年生草本,根有时具块根。茎高 10～60cm,四棱形,具槽,密被污黄色茸毛。叶卵圆形、卵圆状长圆形至阔披针形,长 1.5～4cm,宽 1.1～2.2cm,先端钝至急尖,基部阔楔形,边缘为具圆齿状锯齿,草质,上面橄榄绿色,密被贴生的纤毛,下面较淡,被污黄色茸毛;叶柄长 5～15mm。轮伞花序具 2～4 朵花;苞片极小,线形,长约 6mm,早落;花萼管状钟形,长约 1.5cm,直径约为 0.7cm,外面密被茸毛,萼齿披

图 2-500　小野芝麻

针形,长 4～6mm,先端渐尖呈芒状;花冠粉红色,长约 2.1cm,外面被白色长柔毛,尤以上唇为甚,花冠管内面下部有毛环,冠檐二唇形,上唇长 1.1cm,倒卵圆形,基部渐狭,下唇长约 8mm,宽约 9mm,3 裂,中裂片较大,侧裂片与之相似,近圆形;雄蕊花丝扁平,无毛,花药紫色,无毛;花柱丝状,先端不相等 2 浅裂,子房无毛;花盘杯状。小坚果三棱状倒卵球形,长约 2.1mm,直径为 0.9mm,顶端截形。花期 3—5 月,果期在 6 月以后。

区内常见,生于山坡林下、竹林下、山坡路旁草丛。分布于安徽、福建、广东、广西、湖南、江苏、江西、台湾。

21. 水苏属　Stachys L.

多年生或一年生草本,稀小灌木。叶对生;叶片全缘或具齿。轮伞花序具 2 至多花,常多数组成顶生的穗状花序;苞片叶状,上部的变小成苞片状;花萼具 5 或 10 条脉,萼齿 5 枚,等大或后 3 枚齿较大;花冠管内藏或伸出,内面常有毛环,冠檐二唇形,上唇直立,常微呈盔状,下唇 3 裂,中裂片大;雄蕊 4 枚,前对较长,花药 2 室,药室略叉开或平叉开,稀平行;花盘常平顶;花柱顶端相等 2 浅裂。小坚果卵球形或长圆球形,光滑或具瘤。

约 300 种,除大洋洲外,广布于全球;我国有 18 种;浙江有 4 种;杭州有 1 种。

水苏　（图 2-501）

Stachys japonica Miq.

多年生草本。有横走根状茎;地上茎单一,直立,高 25～80cm,仅节上有小刚毛。叶片长圆状披针形至披针形,长 2.5～8cm,宽 1～3cm,先端钝尖,基部圆形至浅心形,边缘具圆齿状锯齿;叶柄长 0.5～1.5cm,向上渐变短。轮伞花序具 6～8 朵花,下部疏离,上部密集排列成长 5～12cm 的穗状花序;苞片下部叶状,向上渐变小;花萼钟形,长约 7mm,外面被具腺柔毛,萼齿等大,三角状披针形,先端具刺尖;花冠粉红色或淡红紫色,长 1.3～1.5cm,花冠管长约 6mm,上唇直立,长约 5mm,外面有微柔毛,下唇开展,长 7～8mm,中裂片最大;雄蕊均延至上唇下,药室平叉开;花柱稍超出雄蕊。小坚果三棱状卵球形,直径约为 1.5mm。花期 5—7 月,果期 7—8 月。

见于江干区(丁桥、凯旋)、西湖景区(灵峰、茅家埠、桃源岭、杨梅岭、九溪),生于溪沟边或水田边湿地、路旁草丛。分布于安徽、福建、河北、河南、江苏、江西、辽宁、内蒙古、山东;日本、俄罗斯也有。

根状茎及全草入药,可清热解毒、祛痰止咳。

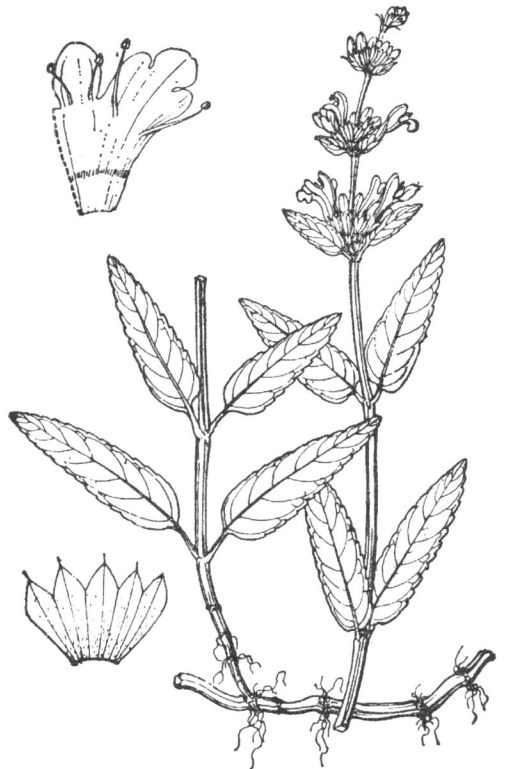

图 2-501　水苏

22. 鼠尾草属　Salvia L.

草本、半灌木或灌木。叶对生，单叶或羽状复叶，叶片或小叶片不分裂或分裂。轮伞花序2至多花组成总状、穗状或圆锥花序；花萼卵形、管形或钟形，内面有毛或无毛，萼檐常为二唇形，稀具相等5枚齿；花冠管内藏或外伸，内面常有毛环，冠檐二唇形，上唇常直立，先端微凹或全缘，下唇平展，3裂，中裂片常较大；前对雄蕊能育，花丝短，药隔延长成线形，以关节与花丝顶端连接成"丁"字形，上臂顶端生有能育药室，下臂顶端着生有粉或无粉药室，二下臂分离或联合，后对雄蕊退化；花柱顶端2浅裂。小坚果略具三棱，平滑无毛。

900(～1100)种，分布于热带和温带地区；我国有84种；浙江有12种；杭州有8种。

本属很多植物可作药用，有些供观赏用。

分 种 检 索 表

1. 叶为单叶，仅华鼠尾草基生叶和下部茎生叶可为3出羽状复叶。
 2. 花较大，花冠长1.5～4cm，花梗均被具腺柔毛。
  3. 叶两面被毛。
   4. 叶片卵形或三角状卵形；花深红色 ·················· 1. **朱唇** *S. coccinea*
   4. 叶片长圆形或椭圆形；花紫色或蓝色 ·············· 2. **撒尔维亚** *S. officinalis*
  3. 叶片无毛，或腹面疏生伏毛，背面仅沿脉有短柔毛 ··········· 3. **一串红** *S. splendens*
 2. 花较小，花冠长1.2cm以下，花梗被短柔毛。
  5. 基生叶和茎生叶均为单叶，叶片上面明显皱缩；花冠长4～5mm ······· 4. **荔枝草** *S. plebeia*
  5. 基生叶和茎下部叶常为3出羽状复叶，叶片上面不明显皱缩；花冠长8～11mm ······
                 5. **华鼠尾草** *S. chinensis*
1. 叶均为羽状复叶。
 6. 顶生小叶基部楔形；花较小，长1.5cm以下 ·············· 6. **鼠尾草** *S. japonica*
 6. 顶生小叶基部圆形或浅心形；花较大，长1.5cm以上。
  7. 花萼管状，花冠管平伸；小叶5～9枚 ·············· 7. **南丹参** *S. bowleyana*
  7. 花萼钟状，花冠管向上弯曲；小叶3～5枚 ·············· 8. **丹参** *S. miltiorrhiza*

1. 朱唇　（图2-502）

Salvia coccinea Buc'hoz ex Etl.

一年生或多年生草本。根纤维状，密集。茎直立，高达70cm，四棱形，具浅槽，被开展的长硬毛及向下弯的灰白色疏柔毛，单一或多分枝，分枝细弱，伸长。叶片卵圆形或三角状卵圆形，长2～5cm，宽1.5～4cm，先端锐尖，基部心形或近截形，边缘具锯齿或钝锯齿，草质，上面绿色，被短柔毛，下面灰绿色，被灰色的短茸毛；叶柄长0.5～2cm，被下向的疏柔毛及开展的长硬毛或仅被茸毛状柔毛。轮伞花序具4至多花，疏离，组成顶生总状花序；苞片卵圆形，比花梗长，先端尾状渐尖，基部圆形，上面无毛，下面被疏柔毛，边缘具长缘毛；花梗长2～3mm，与花序轴密被白色向下的短疏柔毛；花萼筒状钟形，长7～9mm，外被短疏柔毛及微柔毛，其间混生浅黄色腺点，内面在中部及以上被微硬伏毛，二唇形，上唇卵圆形，长约2.5mm，宽3mm，全缘，先端具小尖头，边缘被小缘毛，下唇与上唇近等长，深裂成2枚齿，齿卵状三角形，先端锐尖；花冠深红色或绯红色，长2～2.3cm，外被短柔毛，内面无毛，花冠管长约1.6cm，基部宽

1.5mm,斜向上升,向上渐宽,至喉部宽达 4mm,冠檐二唇形,上唇比下唇短,伸直,长圆形,长约 6mm,宽约 4mm,先端微凹,下唇较上唇稍长,长 7mm,宽 8.5mm,3 裂,中裂片最大,倒心形,长 5mm,宽 8.5mm,先端微缺,边缘波状,侧裂片卵圆形,短,宽 2mm;能育雄蕊 2 枚,伸出,花丝长约 4mm,药隔长约 1.5cm,极纤细,近伸直,下臂药室不育,顶端彼此分离,上、下臂近等长;花柱伸出,先端稍增大,2 裂,后裂片极小,不明显;花盘平顶。小坚果倒卵球形,长 1.5~2.5mm,黄褐色,具棕色斑纹。花期 4—7 月。

区内常见栽培。原产于美洲;全国各地均有栽培,云南有归化。

花美观,供观赏用;全草又可入药,治血崩、高热、腹痛不适。

图 2-502 朱唇

图 2-503 撒尔维亚

2. 撒尔维亚 (图 2-503)

Salvia officinalis L.

多年生草本。根木质。茎直立,基部木质,四棱形,被白色短茸毛,多分枝。叶片长圆形、椭圆形或卵圆形,长 1~8cm,宽 0.6~3.5cm,先端锐尖或突尖,稀有变锐尖,基部圆形或近截形,边缘具小圆齿,坚纸质,两面具细皱,被白色短茸毛;叶柄长 3cm 至近无柄,腹凹背凸,密被白色短茸毛。轮伞花序具 2~18 朵花,组成顶生、长 4~18cm 的总状花序;最下部苞片叶状,上部的宽卵圆形,先端渐尖,基部圆形,无柄,比花萼长,被疏的短茸毛或短缘毛;花梗长约 3mm,与花序轴密被白色短茸毛;花萼钟形,开花时长 1~1.1cm,结果时增大,长达 1.5cm,外面在脉上及边缘被短茸毛,余部满布金黄色腺点,多少带紫色,内面满布微硬伏毛,二唇形,几裂至中部,上唇浅裂成 3 枚齿,齿锥尖,中齿较小,下唇半裂成 2 枚齿,齿三角形,先端渐尖;花冠紫色或蓝色,长 1.8~1.9cm,外被短茸毛,以上唇较密,内面离花冠管基部约 3mm 处有水平向不完全的疏柔毛毛环,花冠管直伸,长约 9mm,在毛环上渐增大,至喉部宽约 7mm,冠檐二唇形,上唇直伸,倒卵圆形,长约 6mm,宽 5.5mm,先端微凹,下唇宽大,长、宽约 1cm,中裂片倒心形,长 5mm,宽 8mm,先端微缺,侧裂片卵圆形,先端锐尖,由于脉向上伸延成小尖头,宽约 3mm;能育雄蕊 2 枚,伸至上唇,内藏,花丝扁平,长约 5mm,药隔长约 3mm,上、下臂等长,下药室较小,彼此联合;花柱外伸,先端不相等 2 浅裂,后裂片短;花盘前方稍膨大。小坚果近球形,直径约为 2.5mm,暗褐色,光滑。花期 4—6 月。$2n=14$。

区内有栽培。原产于欧洲。

药用及芳香油植物。

3. 一串红 (图 2-504)

Salvia splendens Sellow ex Schult.

半灌木状草本。茎高 40～80cm,无毛。叶片卵形或卵圆形,长 2.5～7cm,宽 2～4.5cm,先端渐尖,基部截形或圆形,边缘具锯齿,两面无毛,下面具腺点;叶柄长 1～3cm,无毛。轮伞花序具 2～6 朵花,组成长 8～20cm 的顶生总状花序;苞片卵圆形,红色,常在花未开时包围花蕾;花梗与花序轴密被红色的具腺柔毛;花萼钟形,红色,长 15～16mm,花后增大长达 20mm,外面沿脉有红色具腺柔毛;花冠红色,长 3～4cm,外面有微柔毛,内面无毛;能育雄蕊的花丝长约 5mm,药隔长约 13mm,上、下臂近等长,二下臂顶端不联合;花柱顶端不等 2 裂。小坚果椭圆球形,长约 3.5mm。花、果期 6—10 月。

区内常见栽培。原产于巴西;全国庭院中广泛栽培。

图 2-504 一串红

图 2-505 荔枝草

4. 荔枝草 雪见草 (图 2-505)

Salvia plebeia R. Br.

越年生草本。茎直立,高 20～70cm,有下向的灰白色短柔毛。基生叶多数,密集排列成莲座状,叶片卵状椭圆形或长圆形,上面显著皱缩,边缘具钝锯齿;茎生叶长卵形或宽披针形,长

2～7cm,宽0.8～3cm,先端钝或急尖,基部圆形,边缘具圆齿,两面有短柔毛,下面并散生黄褐色小腺点;叶柄长0.6～3cm,密被短柔毛。轮伞花序具6朵花,密集排列成顶生、长5～15cm的总状花序,花序轴与花梗均密被短柔毛;花萼钟形,长2.5～3mm,果时达4mm,外面有短柔毛及腺点;花冠淡红色,长4～5mm,花冠管内面有毛环;能育雄蕊花丝与药隔各长约1.5mm,药隔上、下臂等长;花盘前方裂片微隆起;花柱顶端不等2裂。小坚果卵球形,直径约为0.5mm。花期5—6月,果期6—7月。$2n=16$。

区内常见,生于旷野草地、路旁草丛、池塘边湿地。分布于全国除甘肃、青海、西藏、新疆外的所有省、区;阿富汗、印度、印度尼西亚、日本、朝鲜半岛、马来西亚、缅甸、俄罗斯、泰国、越南、澳大利亚也有。

全草入药,可清热解毒、利尿消肿、凉血止血。

5. 华鼠尾草　紫参　（图2-506）
Salvia chinensis Benth.

多年生草本。有细长的根状茎;地上茎基部有时倾卧,上部直立,高20～80cm,有倒生短柔毛或长毛,有时在上部及花序轴有腺毛。单叶或下部为3出羽状复叶,叶片宽卵形、卵形或卵状椭圆形,长1.5～8cm,宽0.7～5cm,先端钝或急尖,基部心形或圆形,边缘有圆齿或钝锯齿,两面疏生伏毛或近无毛;下部的叶柄长可达7cm。轮伞花序具6朵花,集成长6～20cm的顶生总状花序;花萼钟形,长5～6mm,沿脉有长柔毛,内面喉部有毛环;花冠紫色,长8～11mm,外面有短柔毛,内面基部以上有斜向不完全疏毛环;能育雄蕊外伸,药隔关节处有毛,上臂具药室,下臂瘦小、无药室,二下臂分离;花盘前方裂,略膨大;花柱顶端不相等2裂。小坚果椭圆状卵球形,长约1.5mm。花期6—9月,果期9—11月。

见于西湖景区(茅家埠、六和塔、龙井、烟霞洞、云栖、中天竺等),生于山坡林下、林缘灌丛、路旁草丛。分布于安徽、福建、广东、广西、湖北、湖南、江苏、江西、山东、四川、台湾。

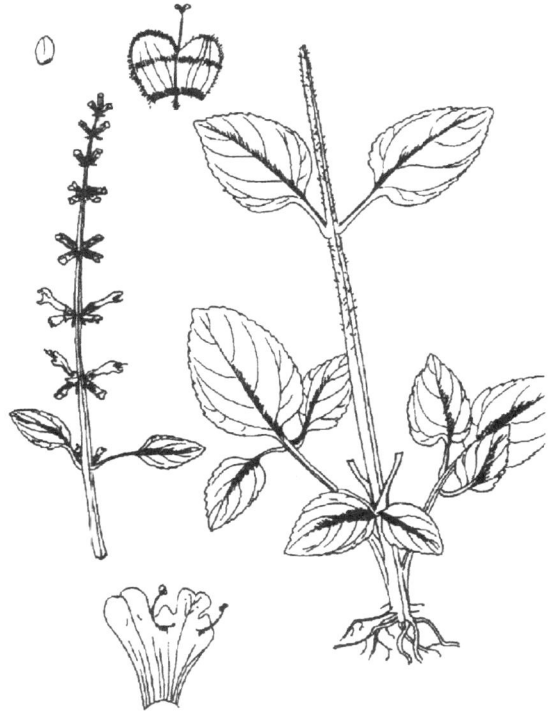

图2-506　华鼠尾草

全草药用,有清热解毒、利湿、活血、镇痛之效。

6. 鼠尾草　（图2-507）
Salvia japonica Thunb.

多年生草本。具根状茎;地上茎高30～70cm,常沿棱疏生长柔毛,有时近无毛。茎下部叶常为2回羽状复叶,叶柄长5～9cm;茎上部叶为1回羽状复叶或3出羽状复叶,具短柄;顶生小叶片披针形或菱形,长可达9cm,宽3.5cm,先端渐尖,基部楔形,边缘具锯齿,两面疏生柔毛或近无毛,侧生小叶较小,披针状卵形,先端渐尖,基部偏斜,近无柄。轮伞花序具 2～6 朵花,组成顶生的总状花序,花序轴密被具腺或无腺疏柔毛;花萼管形,长 6～6.5mm,外面疏生具腺柔毛,内面在喉部有白色的毛环,檐部二唇形;花冠淡红紫色,稀白色,长约 12mm,外面密被长柔毛,内面基部以上有斜生的疏柔毛环,花冠管长约 9mm;能育雄蕊花丝长约 1mm,药隔长约 6mm,上臂具药室,下臂无药室,二下臂分离;花盘前方裂片略膨大;花柱顶端不相等 2 裂。小坚果椭圆球形,长约 1.7mm,无毛。花期 5—8 月,果期 7—9 月。2n＝16。

　　见于西湖景区(飞来峰、虎跑),生于山坡林下、林缘灌丛中。分布于安徽、福建、广东、广西、湖北、江苏、江西、四川、台湾。

图 2-507　鼠尾草

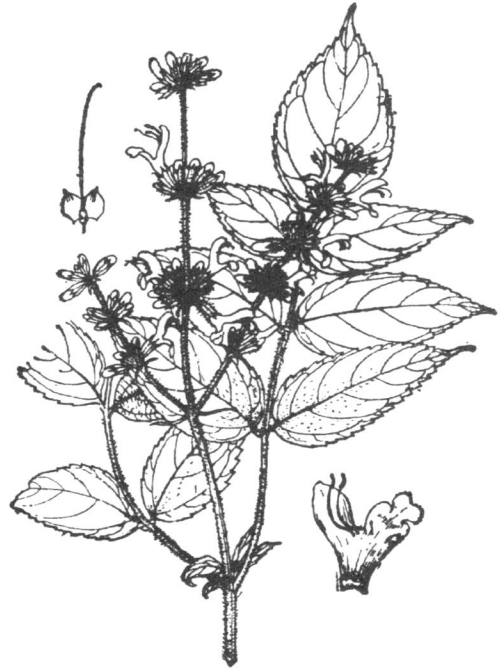

图 2-508　南丹参

7. 南丹参　(图 2-508)

Salvia bowleyana Dunn

　　多年生草本。根肥厚,表面红赤色。茎较粗壮,高 40～90cm,有下向长柔毛。叶为羽状复叶,小叶 5～9 片,顶生小叶片常为卵状披针形,长 4～7cm,宽 1.5～3.5cm,先端渐尖或尾状渐尖,基部圆形或浅心形,边缘具圆齿状锯齿或锯齿,两面疏生短柔毛或仅沿脉上有短柔毛,侧脉 5～6 对,侧生小叶片常较小,基部偏斜;叶柄长 4～6cm,有长柔毛。轮伞花序组成顶生总状或圆锥花序;花萼管形,长 8～10mm,外面疏生具腺柔毛及短柔毛,内面在喉部有白色长刚毛;花冠淡紫或紫红色,偶有黄白色,长 1.7～2.4cm,外面有微柔毛,内面靠近花冠管基部斜生毛环,花冠管长 1～1.2cm;能育雄蕊花丝长达 4mm,花隔长达 18mm,二下臂顶端联合;花柱顶端不相等 2 裂。小坚果椭圆球形,长约 3mm。花期 5—7 月,果期 7—8 月。

　　见于西湖区(留下)、萧山区(河上)、余杭区(良渚),生于林下山谷、溪沟边。分布于福建、广东、广西、湖南、江西。

8. 丹参 (图2-509)

Salvia miltiorrhiza Bunge

多年生草本。根圆柱形,肉质,表面朱红色,断面白色。茎高40～80cm,密被长柔毛。叶为羽状复叶;小叶3～5片,小叶片卵圆形或椭圆状卵形,长2.5～10cm,宽1～4.5cm,顶生小叶常较侧生小叶大,先端急尖或渐尖,基部圆形或浅心形,边缘具圆齿,两面均有柔毛;叶柄长3～7cm。轮伞花序具4～8朵花,下部疏离,上部密集组成总状花序;花序轴密被长柔毛及具腺长柔毛;花萼钟形,长9～11mm,花后稍增大,外面疏生长柔毛或具腺长柔毛,萼檐二唇形;花冠蓝紫色,长2～2.8mm,外面有具腺短柔毛,内面近基部以上有不完全毛环;能育雄蕊的花丝长3.5～4mm,药隔长15～20mm,二下臂顶端联合;花盘前方裂片稍膨大;花柱顶端具不相等2裂。小坚果黑色,椭圆球形,长约3mm。花期5—7月,果期7—9月。

见于西湖区(留下)、余杭区(塘栖)。分布于安徽、河北、河南、湖北、湖南、江苏、山东、山西、陕西;日本也有。

根供药用,具祛瘀生新、活血调经、养血安神之效。

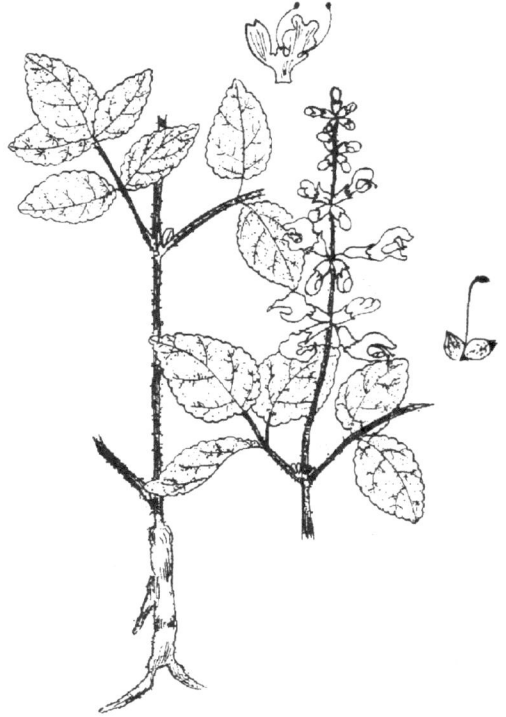

图2-509　丹参

23. 美国薄荷属　Monarda L.

一年生或多年生的直立草本。叶具柄,边缘具齿。花苞片与茎生叶同形,较小,常具艳色;小苞片小;轮伞花序密集多花,在枝顶成单个头状花序,或为多个而远离;花萼管状,伸长,直立或稍弯,具15条脉,萼齿5枚,近相等,在喉部常常有长柔毛或硬毛;花冠鲜艳,有红、紫、白、灰白、黄色,常具斑点,花冠管伸出花萼或内藏,内无毛环,喉部稍扩大,冠檐二唇形,上唇狭窄,直伸或弓形,全缘或微凹,下唇开展,浅3裂,中裂片较大,先端微缺;前对雄蕊能育,插生于下唇下方花冠管内,常常靠上唇伸出,花丝分离,无齿,花药线形,中部着生,初时2室,室极叉开,后贯通为1室,后对雄蕊退化,极小或不存在;花柱先端2裂,裂片钻形,近相等;花盘平顶。小坚果卵球形,光滑。

6～7(～12)种,分布于北美洲;我国栽培2种,供观赏用;浙江栽培1种;杭州栽培1种。

拟美国薄荷　美国薄荷　(图2-510)

Monarda fistulosa L.

一年生草本。茎钝四棱形,带红色或多少具紫红色斑点,下部不分枝,无毛或仅于节上被柔毛,上部分枝,茎、枝均密被倒向白色柔毛。叶片披针状卵圆形或卵圆形,长达8cm或以上,宽达 3cm，先端渐尖，基部圆形或近截形，边缘具不相等的锯齿，纸质，上面绿色，下面较淡，两面均被柔毛，但渐变稀疏，沿脉上较密，下面密布凹陷腺点，侧脉 10～11 对，与中脉在上面稍凹陷，下面隆起；叶柄长 0.2～1.5cm，腹凹背凸，被柔毛。轮伞花序多花，在茎、枝顶部密集排列成直径达 5cm 的头状花序；苞片叶状，变小，全缘，密被短柔毛及腺点，具短柄或近无柄；小苞片线形，长约 1cm，向上弯曲，被疏柔毛及腺点；花梗短，长约 1mm，被微柔毛；花萼管状，狭窄，长 7～9mm，外被短柔毛及棕色腺点，内面在喉部密被 1 圈白色长髯毛，具 15 条脉，萼齿5 枚，钻形，先端具硬刺尖头，长约 1mm，等大，常与自喉部生出长髯毛环等长，混在一起且不易分清；花冠紫红色，长为花萼 3～4 倍，外密被柔毛及腺点，冠檐二唇形，上唇斜上举，稍内弯，全缘，下唇近平展，3 裂，中裂片较长，顶端微缺；能育雄蕊 2 枚，靠着上唇外伸，花丝无毛，花药线形，中部着生；花柱超出雄蕊，被短柔毛，先端为不相等 2 浅裂；花盘平顶。小坚果倒卵球形，顶部平截。花期 6—7 月。$2n=18$。

图 2-510　拟美国薄荷

　　区内有栽培。原产于北美洲。

　　常各地栽培供观赏，花冠颜色鲜艳。

24. 风轮菜属　Clinopodium L.

　　多年生草本。叶对生；叶片边缘具锯齿。轮伞花序少至多花，生于茎及分枝的上部叶腋；苞片叶状，向上渐变小，呈苞片状，或全为苞片状；花萼管形，具 13 条脉，基部常一边膨胀，喉部内面具不明显的疏毛环，萼檐二唇形，具 5 枚齿，上唇 3 枚齿较短；花冠紫红色、淡红色或白色，冠檐二唇形，上唇直伸，先端微凹，下唇 3 裂，中裂片较大；雄蕊 4 枚，前对较长，有时后对不育；花柱顶端极不相等 2 裂；花盘平顶。小坚果卵球形或近球形，无毛。

　　约 20 种，分布于亚洲东部、中部及欧洲；我国有 11 种；浙江有 4 种；杭州有 3 种。

分 种 检 索 表

1. 植株纤细，茎粗不超过 1.5mm；花较小，长 4～5mm。
　　2. 茎有倒向短柔毛；叶片下面脉上疏生短毛；花萼脉上有短硬毛 ················ 1. 细风轮菜　C. gracile
　　2. 茎近无毛；叶片两面均无毛；花萼外面近无毛 ···························· 2. 光风轮菜　C. confine
1. 植株较粗壮，茎粗 2～3mm；花较大，长 6～9mm ···························· 3. 风轮菜　C. chinense

1. 细风轮菜　瘦风轮菜　（图 2-511）

Clinopodium gracile（Benth.）Matsumura

　　多年生纤细草本。具白色根状茎；地上茎分枝，柔弱上升，高 8～25cm，有倒向的短柔毛。叶片卵圆形或卵形,长1~3cm,宽 0.8~2cm,先端钝或急尖,基部圆形或宽楔形,边缘具锯齿,上面近无毛,下面脉上疏生短毛,侧脉 2~3 对;叶柄长 3~15mm,密被短柔毛。轮伞花序组成长 4~11cm 的顶生短总状花序;花梗长 1~3mm,有微柔毛;花萼管形,长约 3mm,果时略增大,脉上有短硬毛,上唇 3 枚齿较短,三角形,果时外翻,下唇 2 枚齿较长,披针形,平伸,边缘均有睫毛;花冠粉红色或淡紫色,长 4~5mm,外面有微柔毛,上唇直伸,下唇稍开展;前对雄蕊能育,药室略叉开,后对雄蕊不育。小坚果卵球形,长约 0.7mm。花、果期 5—10 月。

区内常见,生于墙脚、林缘、路旁草丛中。分布于安徽、福建、广东、广西、贵州、湖北、湖南、江苏、江西、陕西、四川、台湾、云南;印度、印度尼西亚、日本、老挝、马来西亚、缅甸、泰国、越南也有。

全草可入药,具清热解毒、消肿止痛之效。

图 2-511 细风轮菜

图 2-512 光风轮菜

2. 光风轮菜 (图 2-512)

Clinopodium confine (Hance) O. Ktze.

植株形态与上种非常相似,区别在于:本种茎基部匍匐状,茎上近无毛或仅在棱上有微柔毛;叶片卵圆形,两面均无毛;轮伞花序多花,每轮花序处总苞片常明显;花萼光滑或近无毛,仅下唇 2 裂齿缘具有睫毛。花、果期 5—9 月。

见于江干区(彭埠)、萧山区(新塘)、西湖景区(九溪),生于路边和地边草丛。分布于安徽、福建、广东、广西、贵州、湖北、河南、湖南、江苏、江西、四川。

3. 风轮菜 （图 2-513）

Clinopodium chinense（Benth.）O. Ktze

多年生草本。茎基部匍匐,密被下向白色柔毛。叶片卵形或长卵形,长 1.5～5cm,宽0.8～2.5cm,先端急尖或稍钝,基部圆形或宽楔形,边缘具整齐的锯齿,两面均有短或长柔毛,侧脉 5～7 对,下面隆起;叶柄长0.5～1cm。轮伞花序多花密集,球形或半球形,直径达 2cm;苞片线状钻形,长 3～7mm,无明显中脉;花序梗长 1～2mm,有多数分枝;花萼狭管形,长4.5～6mm,沿脉有长柔毛,萼齿 5 枚,二唇形,上唇 3 枚齿近外翻,下唇 2 枚齿直伸;花冠淡红或紫红色,长 6～9mm,外面有微柔毛,冠檐二唇形,上唇直伸,先端微凹,下唇 3 裂;雄蕊 4 枚,前对稍长,均内藏。小坚果近圆球形,直径为 0.8～0.9mm。花、果期 5—10 月。

区内常见,生于路旁、林缘、山坡灌丛中。分布于安徽、福建、广东、广西、湖北、湖南、江苏、江西、山东、台湾、云南;日本也有。

全草可入药,具清热解毒、凉血止血之效。

图 2-513　风轮菜

25. 紫苏属　Perilla L.

一年生草本。叶对生;叶片边缘具锯齿。轮伞花序具 2 朵花,组成顶生和腋生偏向一侧的总状花序;苞片宽卵形;花萼钟状,果时增大,萼檐二唇形,具 5 枚齿,上唇 3 枚齿,中齿较小,下唇 2 枚齿,喉部有疏毛环;花冠管短,冠檐近二唇形,上唇先端微凹,下唇 3 裂,中裂片较大;雄蕊 4 枚,近相等或前对稍长,花药 2 室,药室初平行,后叉开;花盘杯状,前方裂片成指状膨大;花柱顶端具相等 2 浅裂。小坚果近球形,有网纹。

1 种,3 变种,产于亚洲;我国各地有野生或栽培;浙江有 1 种,3 变种;杭州有 1 种,2 变种。

分 种 检 索 表

1. 叶缘有粗锯齿。
  2. 叶宽卵形,疏生短柔毛;小坚果直径为 1～1.5mm ┄┄┄┄┄┄┄┄┄┄┄┄┄┄ 1. 紫苏　P. frutescens
  2. 叶卵形,被长柔毛;小坚果直径为 1.5～2.8mm ┄┄┄┄┄┄┄┄┄┄┄ 1a. 野生紫苏　var. purpuraeus
1. 叶缘具狭而深的锯齿┄┄┄┄┄┄┄┄┄┄┄┄┄┄┄┄┄┄┄┄┄┄┄┄┄ 1b. 回回苏　var. crispa

1. 紫苏 （图 2-514）

Perilla frutescens（L.）Britt.

一年生草本。茎直立,高 0.5～1.5m,有长柔毛,棱及节上尤密。叶片宽卵形,长 6～15cm,宽 2.5～12cm,先端急尖或尾尖,基部圆形或宽楔形,边缘有粗锯齿,两面绿色或紫色,或仅下面紫色,上面疏生毛,下面有贴生柔毛,侧脉 7～8 对;叶柄长 2.5～12cm,密被长柔毛。

轮伞花序具 2 朵花,组成偏向一侧、长 2～15cm 的总状花序;苞片卵圆形或近圆形,直径为 4mm,先端急尖,具腺点;花萼钟形,长约 3mm,果时增大,萼筒外面密生长柔毛,并杂有黄色腺点,萼檐二唇形,上唇宽大,萼齿近三角形,下唇比上唇稍长,萼齿披针形;花冠白色、粉红色或紫红色,长 3～4mm,外面略有微柔毛,冠檐二唇形;雄蕊几不外伸,前对稍长。小坚果三棱状球形,直径为 1.5～2.8mm,具网纹。花期 8—10 月,果期 9—11 月。2n=40。

区内常见,生于路旁、林缘草丛、山坡疏林下。分布于福建、广东、广西、贵州、河北、江苏、江西、陕西、四川、台湾、西藏、云南;不丹、柬埔寨、印度、印度尼西亚、日本、朝鲜半岛、老挝、越南也有。

全草供药用,全草中药名紫苏,梗名苏梗,叶名苏叶,果实名紫苏子;地上部分可作香料;果实还可榨油供食用。

图 2-514　紫苏

1a. 野生紫苏

var. purpuraeus (Hayata) H. W. Li

与原种的区别在于:本变种茎、叶疏生短柔毛,叶片较小,卵形,长 4.5～7.5cm,宽 2.8～5cm,两面疏生柔毛;果萼较小,长 4～5.5mm,下部疏生柔毛及腺点;小坚果较小,直径为 1～1.5mm。

产地、生境、用途同原种。

1b. 回回苏

var. crispa (Thunb.) Hand.-Mazz.

与原种的区别在于:本变种叶片为紫色,上面皱曲,边缘具狭而深的锯齿,常呈撕裂状或条裂状;花紫色。

区内有栽培。全国各地均有栽培。

供药用及香料用。

26. 香茶菜属　Isodon (Schrader ex Benth.) Spach

多年生草本或灌木、半灌木,常具木质结节状根状茎。叶对生或有时轮生,叶片边缘具锯齿,有柄。轮伞花序组成总状或圆锥状花序,下部苞片与茎生叶同形,上部渐变小,呈苞片状;花萼钟形,果时多少增大,具相等 5 枚齿或呈二唇形;花冠管伸出,基部上方呈浅囊状或具短矩,上唇外翻,先端 4 浅裂,下唇全缘,常成舟状;雄蕊 4 枚,二强,花药贯通成 1 室;花盘前方裂片成指状膨大;花柱顶端具相等 2 浅裂。小坚果近球形或卵球形。

约 100 种,主产于亚洲,仅少数分布至非洲;我国有 77 种;浙江有 8 种;杭州有 2 种。

该属植物多数含有二萜类化合物,具有抗癌、抗菌消炎和护肝的作用。

1. 香茶菜 （图 2-515）

Isodon amethystoides（Benth.）H. Hara——*Rabdosia amethystoides*（Benth.）Hara

多年生直立草本。根状茎肥大,疙瘩状,木质;地上茎高 0.3～1.5m,四棱形,具槽,密被向下贴生疏柔毛或短柔毛。叶卵状圆形、卵形至披针形,长 0.8～11cm,宽 0.7～3.5cm,先端渐尖、急尖或钝,基部骤然收缩后长渐狭或阔楔状渐狭而成具狭翅的柄,草质,上面榄绿色,下面较淡均密被白色或黄色小腺点;叶柄长 0.2～2.5cm 不等。花序为由聚伞花序组成的顶生圆锥花序,疏散,聚伞花序多花,长 2～9cm,直径为 1.5～8cm,分枝纤细而极叉开;花梗长 3～8mm,花序梗长 1～4cm;花萼钟形,外面疏生极短硬毛或近无毛,满布白色或黄色腺点,萼齿 5枚,近相等,三角状,果萼直立,阔钟形;花冠白色、蓝白色或紫色,上唇带紫蓝色,长约 7mm,外疏被短柔毛,内面无毛,冠檐二唇形,上唇先端具 4 圆裂,下唇阔圆形;雄蕊及花柱与花冠等长,均内藏。成熟小坚果卵球形,长约 2mm,宽约 1.5mm,黄栗色,被黄色及白色腺点。花期 6—10 月,果期 9—11 月。

见于西湖景区（宝石山、飞来峰、四眼井、万松岭、桃源岭、云栖）,生于林下或草丛中的湿润处。分布于安徽、福建、广东、广西、贵州、湖北、江西、台湾。

全草和根均可入药。

本种在叶形、叶的大小及茎与叶的毛被方面,变异幅度极大,但圆锥花序疏散、聚伞花序分枝极叉开、果萼阔钟形且直立等特征则是共同的。

图 2-515 香茶菜

图 2-516 溪黄草

2. 溪黄草 （图 2-516）

Isodon serra（Maxim.）Kudo——*Rabdosia serra*（Maxim.）Hara

多年生草本。根状茎肥大,粗壮,有时呈疙瘩状;地上茎直立,高达 1.5（～2）m,钝四棱形,具 4 条浅槽,有细条纹,带紫色,基部木质,近无毛,向上密被倒向微柔毛;上部多分枝。茎生叶对生,卵圆形、卵圆状披针形或披针形,长 3.5～10cm,宽 1.5～4.5cm,先端近渐尖,基部楔形,边缘具粗大内弯的锯齿,草质,上面暗绿色,下面淡绿色;叶柄长 0.5～3.5cm,上部具渐宽大的翅,腹凹背凸,密被微柔毛。圆锥花序生于茎及分枝顶上,长 10～20cm,下部常分枝,因而植株上部全体组成庞大疏松的圆锥花序,圆锥花序由具 5 至多数的聚伞花序组成,聚伞花序具梗,花序梗长 0.5～1.5cm,花梗长 1～3mm;花冠紫色,长达 6mm,外被短柔毛,内面无毛,冠檐二唇形,上唇外反,长约 2mm,先端具相等 4 圆裂,下唇阔卵圆形,长约 3mm,内凹;雄蕊 4 枚,内藏。花柱丝状,内藏,先端相等 2 浅裂。成熟小坚果阔卵球形,长 1.5mm,顶端圆,具腺点及白色髯毛。花、果期 8—9 月。

见于西湖景区(梵村),生于林下或草丛中的湿润处。分布于安徽、甘肃、广东、广西、贵州、河南、黑龙江、湖南、吉林、江苏、江西、辽宁、陕西、四川、台湾;朝鲜半岛、俄罗斯也有。

与上种的主要区别在于:本种茎上密被倒向微柔毛;聚伞花序 5 至多花排列成较密的圆锥花序;花冠紫色。

27. 鞘蕊花属　Coleus Lour.

直立或基部匍匐的草本或灌木。叶对生,具柄,边缘具齿。轮伞花序具 6 至多花,疏松或密集,排列成总状花序或圆锥花序,花梗明显,苞片早落或不存在;花萼卵状钟形或钟形,具 5 枚齿或明显呈二唇形,后齿通常增大,结果时花萼增大,下倾或下弯,喉部内面无毛或被长柔毛;花冠远伸出花萼,直伸或下弯,喉部扩大或不扩大,冠檐二唇形,上唇(3)4 裂,十分外反,下唇全缘,伸长,凹陷成舟状,基部狭;雄蕊 4 枚,下倾,内藏于下唇片,花丝在基部或至中部合生成鞘包围花柱基部,但常与花冠管离生,稀有近合生的,药室通常会合;花柱先端相等 2 浅裂;花盘前方膨大。小坚果卵球形至圆球形,光滑,具瘤或点。

90(～150)种,产于东半球热带及澳大利亚;我国有 6 种,1 变种,其中 1 种广为栽培;浙江栽培 1 种;杭州栽培 1 种。

五彩苏　(图 2-517)

Coleus scutellarioides (L.) Benth.

直立或上升草本。茎通常紫色,四棱形,被微柔毛,具分枝。叶膜质,其大小、形状及色泽变异很大,通常卵圆形,长 4～12.5cm,宽 2.5～9cm,先端钝至短渐尖,基部宽楔形至圆形,边缘具圆齿状锯齿或圆齿,色泽多样,有黄色、暗红色、紫色及绿色,下面常散布红褐色腺点;叶柄伸长,长 1～5cm,扁平,被微柔毛。轮伞花序多花,花时直径约为 1.5cm,多数密集排列成长5～10(～25)cm、宽 3～5(～8)cm 的简单或分枝的圆锥花序,花梗长约 2mm,与序轴被微柔毛,苞片宽卵圆形,长 2～3mm,先端尾尖,被微柔毛及腺点,脱落;花冠浅紫至紫或蓝色,长 8～13mm,外被微柔毛,花冠管骤然下弯,至喉部增大至 2.5mm,冠檐二唇形,上唇短,直立,4 裂,下唇延长,凹

图 2-517　五彩苏

凹,舟形;雄蕊 4 枚,内藏,花丝在中部以下合生成鞘状;花柱超出雄蕊,伸出,先端相等 2 浅裂;花盘前方膨大。小坚果宽卵球形或圆球形,压扁,褐色,具光泽,长1～1.2mm。花期 7 月。

区内常见栽培,常供观赏。分布于福建、广东、广西、台湾,全国广泛栽培;印度、印度尼西亚、马来西亚、菲律宾也有。

28. 罗勒属　Ocimum L.

草本,半灌木或灌木,极芳香。叶具柄,具齿。轮伞花序通常具 6 朵花,极稀近 10 朵花,多数排列成具梗的穗状或总状花序,此花序单一顶生或多数复合组成圆锥花序,苞片细小,早落,常具柄,极全缘,极少比花长;花通常白色,小或中等大,花梗直伸,先端下弯;花萼卵状或钟状,果时下倾,外面常被腺点,内面喉部无毛或偶有柔毛,萼齿 5 枚,呈二唇形,上唇 3 枚齿,中齿圆形或倒卵圆形,宽大,边缘呈翅状下延至萼筒,花后反折,侧齿常较短,下唇 2 枚齿,较狭,先端渐尖或刺尖,有时十分靠合;花冠管稍短于花萼或极稀伸出花萼,内面无毛环,喉部常膨大,呈斜钟状,冠檐二唇形,上唇近相等 4 裂,稀有 3 裂,下唇几不或稍伸长,下倾,极全缘,扁平或稍内凹;雄蕊 4 枚,伸出,前对较长,均下倾于花冠下唇,花丝丝状,离生或前对基部靠合,均无毛,或后对基部具齿或柔毛簇附属器,花药卵圆状肾形,会合成 1 室,或其后平铺;花盘具齿,齿不超过子房,或前方 1 枚齿呈指状膨大,其长超过子房;花柱超出雄蕊,先端 2 浅裂,裂片近等大,钻形或扁平。小坚果卵球形或近球形,光滑或有具腺穴陷,湿时具黏液,基部有 1 个白色果脐。

100～150 种,分布于全球温暖地带,在非洲及巴西较亚洲多,非洲南部尤为广布;我国有 5 种,3 变种;浙江及杭州有 1 种,2 变种。

本属为主要芳香油植物之一,又可供药用及观赏。

分 种 检 索 表

1. 叶两面近无毛;花冠淡紫色,雄蕊略超出花冠。
　　2. 叶卵圆形至长卵圆形,长 2.5～5cm ··· 1. **罗勒**　*O. basilicum*
　　2. 叶长圆形,长 2.5cm 以下 ··· 1a. **疏毛罗勒**　var. *pilosum*
1. 叶两面密被柔毛状茸毛;花冠白黄色,雄蕊与花冠近等长 ·······································
　　··· 2. **毛叶丁香罗勒**　*O. gratissimum* var. *suave*

1. 罗勒

Ocimum basilicum L.

一年生草本,高 20～80cm。具圆锥形主根及自其上生出的密集须根。茎直立,钝四棱形,绿色,常染有红色,多分枝。叶卵圆形至长卵圆形,长 2.5～5cm,宽 1～2.5cm,先端微钝或急尖,基部渐狭,边缘具不规则牙齿或近于全缘,两面近无毛,下面具腺点;叶柄伸长,长约 1.5cm,向叶基多少具狭翅,被微柔毛。总状花序顶生于茎、枝上,通常长 10～20cm,由多数具 6 朵花交互对生的轮伞花序组成,下部的轮伞花序远离,彼此相距可达 2cm,上部轮伞花序靠近,苞片细小,倒披针形,花梗明显,长 3～5mm,先端明显下弯;花冠淡紫色,或上唇白色,下唇紫红色,伸出花萼,长约 6mm,外面在唇片上被微柔毛,内面无毛,冠檐二唇形,上唇宽大,长 3mm,宽 4.5mm,4 裂,裂片近相等,近圆形,常具波状皱曲,下唇长圆形,长 3mm,宽 1.2mm,下倾,全缘,近扁平;雄蕊 4 枚,分离,略超出花冠,插生于花冠管中部,花丝丝状,后对花丝基部具齿状附属物,其上有微柔毛,花药卵球形,会合成 1 室;花柱超出雄蕊,先端相等 2 浅裂;花盘平顶,具 4 枚齿,齿不超出子房。小坚果卵球形,长 2.5mm,宽 1mm,黑褐色,有具腺的穴陷,基部有一白色果脐。花期通常 7—9 月,果期 9—12 月。

区内有栽培。原产于印度;分布于安徽、福建、广东、广西、贵州、河北、河南、湖北、湖南、吉林、江苏、江西、四川、台湾、新疆、云南;亚洲其他地方、非洲也有。

1a. 疏毛罗勒
var. pilosum (Willd.) Benth.

与原种的区别在于:本变种茎多分枝,上升;叶小,长圆形,长 2.5cm 以下;叶柄及轮伞花序多被疏柔毛;总状花序延长。

区内有栽培。分布于安徽、福建、贵州、广东、广西、河北、河南、江苏、江西、四川、台湾、云南;亚洲其他地方和非洲也有。

2. 毛叶丁香罗勒 (图 2-518)
Ocimum gratissimum L. var. suave (Willd.) Hook. f.

直立灌木,极芳香。茎高 0.5～1m,多分枝,茎、枝均四棱形,被长柔毛或在棱角上毛被脱落而近于无毛,干时红褐色,髓部白色,充满。叶卵圆状长圆形或长圆形,长 5～12cm,宽 1.5～6cm,向上渐变小,先端长渐尖,基部楔形至长渐狭,坚纸质,微粗糙,两面密被柔毛状茸毛及金黄色腺点,脉上茸毛密集,叶柄长 1～3.5cm,扁平,密被柔毛状茸毛;花序下部苞叶长圆形,细小,长 2～2.5cm,近于无柄。总状花序长 10～15cm,顶生及腋生,直伸,具长 1.5～2.5cm 的花序梗,在茎、枝顶端常呈三叉状,中央者最长,两侧较短,均由具 6 朵花的轮伞花序所组成,花序各部被柔毛,苞片卵圆状菱形至披针形,花梗明显,长约 1.5cm,被柔毛;花冠白黄色至白色,长约 4.5mm,稍超出花萼,外面在唇片上被微柔毛及腺点,内面无毛,冠檐二唇形,上唇宽大,4 裂,裂片近相等,下唇稍长于上唇,长圆形,长约 1.5mm,全缘,扁平;雄蕊 4 枚,分离,插生于花冠管中部,近等长,花丝丝状,后对花丝基部

图 2-518 毛叶丁香罗勒

具齿状附属器,无毛,花药卵球形,会合成 1 室;花柱超出雄蕊,先端相等 2 浅裂;花盘呈四齿状凸起,前方 1 枚齿稍超过子房,其余 3 枚齿略与子房相等。小坚果近球状,直径约为 1mm,褐色,多皱纹,有具腺的穴陷.基部具一白色果脐。花期 10 月,果期 11 月。

区内有栽培。原产于热带非洲;分布于安徽、福建、广东、广西、贵州、河北、河南、江苏、江西、四川、台湾、云南;亚洲其他地方、非洲也有。

与罗勒的区别在于:本变种为灌木;叶片较大,长 5～12cm;轮伞花序圆锥状;果萼下垂,具 5 枚齿,上面 3 枚齿的中间齿宽倒卵形,边缘具下延的窄翅,两侧齿微小,下面 2 枚齿靠合。

115. 茄科　Solanaceae

草本、灌木或小乔木。茎直立、匍匐或攀援状。单叶,有时为羽状复叶,互生或花枝上不等大的二叶双生;无托叶。花单生、簇生或成聚伞花序,稀为总状花序,两性,稀杂性,辐射对称,或稍两侧对称,通常 4 或 5 基数;花萼常 5 裂,果时宿存;花冠辐射状、漏斗状、高脚碟状、钟状或坛状,通常 5 裂;雄蕊与花冠裂片同数而互生,有时具 1 枚退化雄蕊,花药直立或向内弯曲,有时靠合或合生成管状而围绕花柱;子房上位,通常由 2 枚心皮合生而成,2 室,有时 1 室,或具不完全的假隔膜而在下部分隔成 4 室,稀 3～5 室,花柱线形,柱头头状或 2 浅裂;中轴胎座;胚珠多数,稀少数至 1 枚。果实为浆果或蒴果;种子多数,圆盘形或肾脏形,扁平;胚乳丰富,肉质,胚成钩状、环状或螺旋状卷曲。

约 95 属,2300 种,广泛分布于全世界温带及热带地区,美洲热带种类最为丰富;我国有 20 属,101 种;浙江有 14 属,30 种,8 变种;杭州有 7 属,12 种,4 变种。

本科很多种为著名的药用植物,也有较多的常用蔬菜和观赏植物。

分 属 检 索 表

1. 浆果,多汁液或少汁液,不开裂。
　2. 花萼在花后显著增大;果萼完全或不完全包围浆果 ·································· 1. 酸浆属　Physalis
　2. 花萼在花后不显著增大;果萼仅基部贴生或不包围浆果。
　　3. 花单生或近簇生。
　　　4. 有刺小灌木;花冠漏斗状 ·· 2. 枸杞属　Lycium
　　　4. 无刺草本或半灌木;花冠辐射状 ···································· 3. 辣椒属　Capsicum
　　3. 花排列成聚伞花序,极稀单生。
　　　5. 花药顶端无长尖头,孔裂,花 5 数;叶常为单叶 ···················· 4. 茄属　Solanum
　　　5. 花药顶端渐成一长尖头,纵裂,花 5～7 数;叶常为羽状复叶 ········· 5. 番茄属　Lycopersicon
1. 蒴果 2 瓣裂。
　6. 花常排成顶生圆锥状或总状聚伞花序,花冠管状或漏斗状 ················ 6. 烟草属　Nicotiana
　6. 花单生于叶腋 ·· 7. 碧冬茄属　Petunia

1. 酸浆属　Physalis L.

一年生或多年生草本。茎直立或铺散,无毛或被柔毛。单叶,互生或枝上端不等大二叶双生,叶全缘、深波状或具不规则齿。花单生于叶腋或枝腋,具梗;花萼钟状,5 浅裂或中裂,果时增大成膀胱状,完全包围果实,有 10 条纵肋,五棱形或十棱形,顶端闭合,基部常凹陷;花冠白色或黄色,辐射状或辐射状钟形,5 浅裂或五角形;雄蕊 5 枚,较花冠短,着生于花冠近基部,花丝丝状,基部扩大,花药椭圆球形,纵裂;子房 2 室,花柱丝状,柱头不显著 2 浅裂;胚珠多数。浆果球状,多汁;种子多数,扁平,盘形或肾脏形,有网纹状凹穴,胚极弯曲,子叶半圆棒形。

约 75 种,大多数分布于美洲热带及温带地区,少数分布于欧亚大陆及东南亚;我国有 6

种,2 变种;浙江有 2 种,2 变种;杭州有 1 种,2 变种。

分 种 检 索 表

1. 多年生草本;茎不分枝;花冠辐射状,白色 ………………………… 1. 挂金灯　*P. alkekengi* var. *francheti*
1. 一年生草本;茎多分枝;花冠钟状,淡黄色。
　　2. 全株被短柔毛或近无毛 ………………………………………… 2. 苦蘵　*P. angulata*
　　2. 全株密被长柔毛 ……………………………………………… 2a. 毛苦蘵　var. *villosa*

1. 挂金灯　酸浆　(图 2-519)

Physalis alkekengi L. var. **francheti**（Mast.）Makino

多年生草本,高 30～80cm。茎基部常匍匐,略带木质,不分枝,节稍膨大,上部疏具柔毛。单叶,茎下部的互生,上部成假对生,长卵形至阔卵形,有时菱状卵形,长 5～15cm,宽 2～8cm,先端渐尖,基部偏斜,狭楔形,下延至叶柄,边缘波状或具少数粗锯齿,两面无毛,仅边缘密具短毛,叶柄长 1～3.5cm。花单生于叶腋;花梗长 6～16mm,花梗近无毛;花萼阔钟状,长约 6mm,裂片 5 枚,狭三角形,被短柔毛;花冠辐射状,白色,直径为 15～20mm,5 裂,外面有短柔毛,边缘有缘毛;雄蕊 5 枚,较花冠为短;子房 2 室。浆果球状,橙红色,直径为 1～1.5cm,外面为膨大宿存萼包围;果萼似灯笼,长 2.5～4cm,直径为 2～3.5cm,薄革质,网脉显著,有 10 条纵肋,基部稍内凹,无毛;种子多数,肾脏形,淡黄色,长约 2mm。花期 7—10 月,果期 10—11 月。$2n=24$。

区内有栽培。我国除西藏外,广泛分布和栽培;日本、朝鲜半岛也有。

图 2-519　挂金灯

2. 苦蘵　(图 2-520)

Physalis angulata L.

一年生草本。茎高 30～50cm,多分枝,分枝纤细;全株被短柔毛或近无毛。叶片卵形至卵状椭圆形,长 3～6cm,宽 2～4cm,顶端渐尖或急尖,基部阔楔形至楔形,偏斜,全缘或有不等大的锯齿,两面近无毛,叶柄长 1～5cm。花单生于叶腋;花梗纤细,长 5～12mm,被短柔毛;花萼钟状,5 中裂,密被短柔毛,裂片披针形;花冠钟状,淡黄色,喉部常有紫色斑纹,5 浅裂,直径为 5～8mm;雄蕊 5 枚,花药紫色或有时黄色,长约 1.5mm。浆果球形,直径为 1～1.2cm,被膨大的宿存萼包围;果萼卵球状,薄纸质,成熟时草绿色或黄绿色,

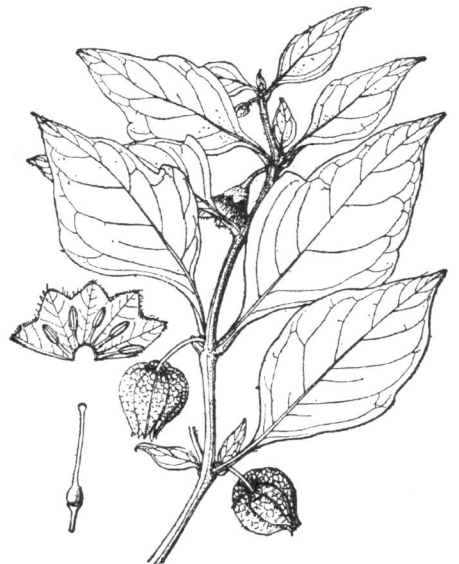

图 2-520　苦蘵

直径为 1.5～2.5cm；种子圆盘状，长约 2mm。花期 7—9 月，果期 9—11 月。2n＝48。

区内常见，生于山坡林下、林缘、溪边及宅旁。分布于华东、华中、华南及西南；日本、印度、澳大利亚和美洲也有。

全草入药。

与上种的区别在于：本种为一年生草本，无根状茎；花冠淡黄色，辐射状钟形，花药紫色；果萼熟时草绿色或淡黄绿色，具细柔毛，薄纸质。

2a. 毛苦蘵

var. **villosa** Bonati

与原种的区别在于：本变种全体密生长柔毛，果时不脱落。

见于西湖景区（秦望山），生于草丛中。分布于湖北、江西、云南；越南也有。

2. 枸杞属 Lycium L.

灌木，通常有棘刺，稀无刺。单叶，互生或数枚簇生，叶片全缘，有叶柄或近于无柄。花单生于叶腋或簇生于极度缩短的侧枝上；花萼钟状，2～5 裂，花后不甚增大，宿存；花冠漏斗状，稀筒状或近钟状，常 5 裂，稀 4 裂；雄蕊 5 枚，着生于花冠管的中部或中部之下，花丝基部常有 1 圈茸毛，花药长椭圆球形，纵裂；子房 2 室，花柱丝状，柱头 2 浅裂，胚珠多数或少数。浆果长圆球形或卵球形，通常红色；种子多数或由于不发育仅有少数，扁平、肾形，种皮骨质，密布网纹状凹穴。

约 80 种，主要分布于南美洲，少数种类分布于欧亚大陆温带；我国有 7 种，2 变种，主要分布于北部和西北部；浙江有 2 种；杭州有 1 种。

枸杞 （图 2-521）

Lycium chinense Mill.

灌木，高 0.5～2m。枝条细弱，多分枝，常拱状弯曲或下垂，幼枝有棱角，棘刺生于叶腋或小枝顶端。叶互生或 2～4 枚簇生于短枝，卵形、卵状菱形、长椭圆形、卵状披针形，长 1.5～5cm，宽 0.5～2.5cm，栽培者有时更大，顶端急尖，基部楔形，全缘，叶柄长 0.2～1cm。花单生或 2 至数朵簇生，花梗长 1～2cm，向顶端渐增粗；花萼钟状，长 3～4mm，通常 3 中裂或 4～5 齿裂，裂片多少有缘毛；花冠漏斗状，淡紫色，长 9～12mm，管部向上骤然扩大，5 深裂，裂片卵形，先端圆钝，平展或稍向外反曲，边缘有缘毛；雄蕊 5 枚，花丝近基部密生茸毛并交织成椭圆状的毛丛，与毛丛等高处的花冠管内壁亦密生 1 圈茸毛；子房上位，2 室，花柱稍伸出雄蕊，柱头头状。浆果红色，卵球状或长椭圆状卵球形，长 7～15mm，栽培者长可

图 2-521 枸杞

达 2.2cm,直径为 5～8mm;种子扁肾脏形,长 2.5～3mm,黄色。花期 6—9 月,果期 7—11 月。$2n=24$。

区内常见栽培,生于山坡、荒地、丘陵地、盐碱地、路旁及村边宅旁。我国各省、区均有分布和栽培;日本、朝鲜半岛、欧洲有栽培或逸为野生。

可用于绿化观赏;果实、根皮、叶均有药用价值;种子油可制油。

3. 辣椒属　Capsicum L.

一年生或多年生草本或半灌木。茎直立,多分枝。单叶互生,全缘或浅波状,具柄。花单生或数朵生于叶腋或枝腋;花梗直立或下垂;花萼阔钟状至杯状,全缘或具 5(～7)枚小齿,果时稍增大,宿存;花冠辐射状,5 裂;雄蕊 5 枚,贴生于花冠管基部,花丝丝状,花药纵裂;子房 2室,稀 3 室,花柱细长,胚珠多数。果俯垂或直立,浆果大小、形状和色泽变化大,无汁,果皮肉质或近革质;种子多数,扁圆盘形。

约 25 种,主要分布于南美洲及中美洲;我国有 2 种及若干栽培变种;浙江有 1 种,3 变种;杭州栽培 1 种,2 变种。

分 种 检 索 表

1. 果长于 3cm。
　2. 果长指状,顶端渐尖,常弯曲 ·························· 1. 辣椒　*C. annuum*
　2. 果近球形、圆柱形或扁球形 ·························· 1a. 菜椒　var. *grossum*
1. 果较小,长 1.5～3cm ·························· 1b. 朝天椒　var. *conoides*

1. 辣椒　牛角椒　长辣椒　(图 2-522)
Capsicum annuum L.

一年生草本。茎直立,高 40～80cm,基部常木质化,近无毛或微生柔毛。叶互生,长圆状卵形、卵形或卵状披针形,长 2～13cm,宽 1～4cm,先端短渐尖或急尖,基部狭楔形,全缘,叶柄长 1～7cm。花单生于叶腋或枝腋,俯垂;花萼杯状,具不显著 5 枚齿;花冠白色,辐射状,5 裂,裂片卵形;花药灰紫色,花丝基部贴生于花冠管上;花柱纤细,柱头头状。浆果长指状,顶端渐尖且常弯曲,成熟后成红色、橙色或紫红色,味辣,果梗较粗壮,俯垂;种子扁肾形,长 2～5mm,淡黄色。花、果期 5—11 月。

区内常见栽培。原产于墨西哥至哥伦比亚;栽培品种较多,现在世界各国普遍栽培。

为重要的蔬菜和调味品。

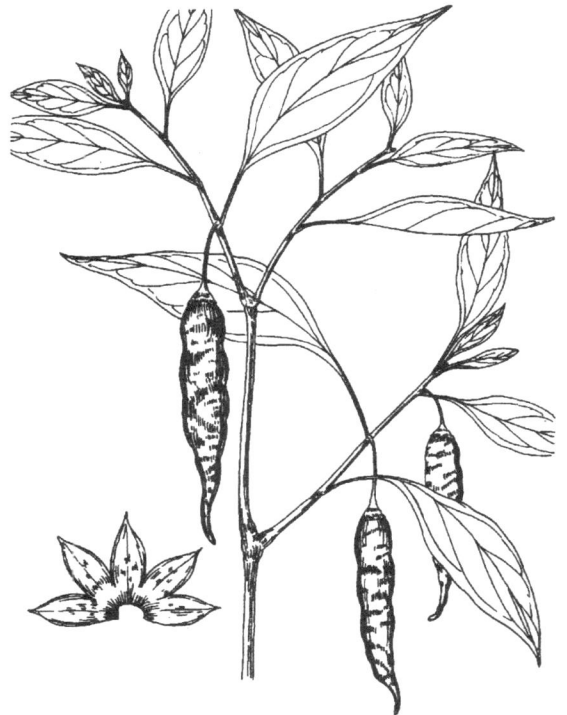

图 2-522　辣椒

1a. 菜椒　灯笼椒

var. grossum（L.）Sendt.

与原种的区别在于：本变种果大型，近球状、圆柱状或扁球状，多纵沟，顶端截形或稍内陷，基部截形且常稍向内凹入，味不辣而略带甜。

我国南北均有栽培。我国各地广泛栽培；世界各地常见栽培。

为重要的蔬菜。

1b. 朝天椒

var. conoides（Mill.）Irish

与原种的区别在于：本变种果梗及果均直立，果较小，圆锥状，长 1.5～3cm，成熟后红色或紫色，味极辣。

我国南北均有栽培。我国各地广泛栽培；世界各地常见栽培。

可食用，也常作为盆景栽培。

4. 茄属　Solanum L.

草本、灌木或藤本，稀小乔木。茎具刺或无刺。叶互生，稀双生，全缘，波状或分裂，稀为复叶。花成聚伞花序、圆锥花序或伞形花序，稀单生，顶生、腋生或腋外生；花两性；花萼通常4～5裂，不包被果实；花冠星状或漏斗状辐射形，白色、紫色、红紫色或黄色，通常 5 浅裂；雄蕊 5 枚，稀 4 或 6 枚，着生于花冠管喉部，花丝短，花药长椭圆形、椭圆形或卵状椭圆形，通常粘合成一圆筒，顶孔开裂；子房 2 室，花柱单一，柱头钝圆，稀 2 浅裂，胚珠多数。浆果或大或小，近球状、椭圆球状，有时为其他形状；种子近卵球形至肾形，通常两侧压扁，外面具网纹状凹穴。

约 1200 种，分布于全世界热带及亚热带地区，少数分布于温带地区，主要产于美洲的热带；我国有 41 种，1 变种；浙江有 11 种，1 变种；杭州有 6 种。

分 种 检 索 表

1. 茎直立。
　　2. 具块状茎；奇数羽状复叶 ………………………………………………… 1. 马铃薯　S. tuberosum
　　2. 无块状茎；单叶。
　　　　3. 一年生草本；叶片卵形至卵状椭圆形；果实紫色或白色。
　　　　　　4. 花常单生；果实大，直径远远超过 1cm，深紫色或白绿色 ……………… 2. 茄　S. melongena
　　　　　　4. 短蝎尾状或近伞状花序；果实小，直径不超过 1cm，紫黑色 ……… 3. 龙葵　S. nigrum
　　　　3. 小灌木；叶狭长圆形至披针形；果实橙红色或橘黄色 …………… 4. 珊瑚樱　S. pseudo-capsicum
1. 茎蔓生或匍匐。
　　5. 植株无毛或疏生短柔毛；叶片卵状或三角状披针形，基部稀 3 浅裂 ……… 5. 野海茄　S. japonense
　　5. 植株有多节的长柔毛；叶片全缘至基部 3～5 浅裂 ………………………… 6. 白英　S. lyratum

1. 马铃薯　土豆　（图 2-523）

Solanum tuberosum L.

多年生草本。茎直立，高 30～90cm，无毛或被疏柔毛；地下茎块状，扁圆球形或长圆球形，直径为3～10cm。叶为奇数羽状复叶,长 10～20cm,叶柄长 2.5～5cm;小叶 6～9 对,常大小相间,卵形至长圆形,最大者长达 7cm,宽达 5.5cm,最小者长、宽均不及 1cm,先端尖,基部稍不等,全缘,两面均被白色疏柔毛,小叶柄长 1～8mm。聚伞花序顶生,后侧生,花梗有柔毛;花萼辐射状,直径约为 1cm,外面被疏柔毛,5 裂,裂片披针形,先端长渐尖;花冠白色或蓝紫色,辐射状,直径为 1.2～3cm,裂片 5 枚,三角形,长约 5mm;雄蕊 5 枚,长丝极短;子房卵球形,无毛,花柱长约 8mm,柱头头状。浆果圆球状,光滑,直径约为 1.5cm;种子扁平,黄色。花、果期9—10 月。$2n=24,48$。

区内常见栽培。原产于南美洲;我国各地均有栽培;现广泛种植于全球温带地区。

块状茎富含淀粉,可供食用。

图 2-523　马铃薯

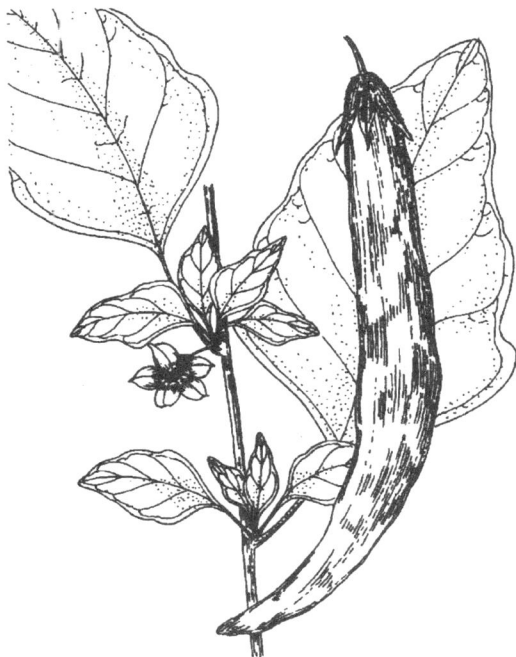

图 2-524　茄

2. 茄 (图 2-524)

Solanum melongena L.

一年生直立草本至亚灌木,高可达 1m。小枝、叶柄及花梗均被星状茸毛,小枝多为紫色(野生的往往有皮刺)。叶互生,卵形至长圆状卵形,长 5～18cm,宽 3～11cm,先端钝,基部偏斜,边缘浅波状或深波状圆裂,上面疏被星状茸毛,下面较密,侧脉每边 4～5 条,叶柄长 1～4.5cm(野生的具皮刺)。能孕花常单生,花柄长 1～1.8cm,毛被较密,花后常下垂,不孕花蝎尾状,与能孕花并出;花萼近钟形,直径约为 2.5cm,外面密被星状茸毛及小皮刺,萼裂片披针形,先端锐尖;花冠辐射状,直径约为 3cm,裂片三角形;雄蕊 5 枚,着生于花冠管喉部,花丝长约 2.5mm,花药长约 7.5mm;子房圆球形,顶端密被星状毛,花柱长 4～7mm,中部以下被星状茸毛,柱头浅裂。浆果,形状、大小变异极大。花、果期5—9 月。$2n=24$。

区内常见栽培。原产于亚洲热带地区;我国各地均有栽培。

果可供食用。

3. 龙葵 （图 2-525）

Solanum nigrum L.

一年生直立草本，高 0.2～1m。茎绿色或紫色，近无毛或被微柔毛。单叶，互生，卵形或卵状椭圆形，2.5～10cm，宽 1.5～5.5cm，先端短尖，基部楔形至阔楔形而下延至叶柄，全缘或具不规则的波状粗齿，叶两面光滑或被稀疏短柔毛，叶脉每边 5～6 条，叶柄长 1～2.5cm。蝎尾状花序，有花 3～10 朵，腋外生，花序梗长 1～2.5cm，花梗长 5～10mm，近无毛或具短柔毛；花萼小，浅杯状，直径为 1.5～2mm，5 裂，裂片卵状三角形；花冠白色，辐射状，5 深裂，裂片卵圆形，长约 4mm；雄蕊 5 枚，花丝短，花药黄色；子房卵球形，无毛，花柱长约 1.5mm，中部以下被白色茸毛，柱头小，头状。浆果球形，直径为 4～8mm，熟时紫黑色，有光泽；种子多数，近卵球形，直径为 1.5～2mm，两侧压扁，黄色，具细网纹。花期 6—9 月，果期 7—11 月。

区内常见，生于山坡林缘、灌丛中、田边、荒地及村庄附近。分布于我国各省、区；亚洲、欧洲、美洲的温带至热带地区也有。

全株可供药用。

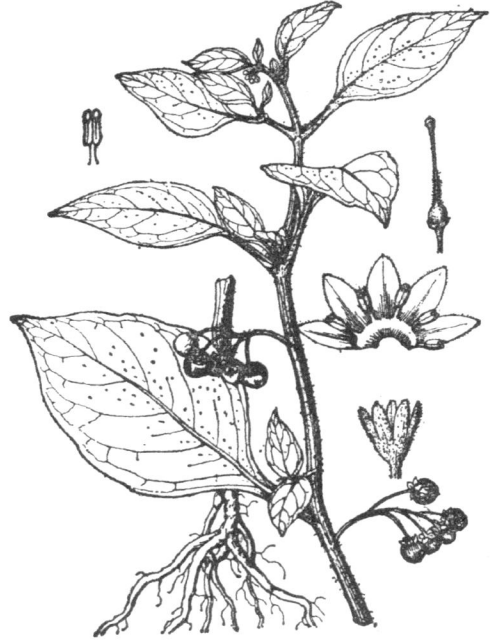

图 2-525　龙葵

4. 珊瑚樱 （图 2-526）

Solanum pseudo-capsicum L.

直立小灌木。高 30～60cm，多分枝；全株光滑无毛。单叶，互生，狭长圆形至披针形，长 1～6cm，宽 0.5～1.5cm，先端尖或钝，基部狭楔形下延成叶柄，全缘或波状，两面均光滑无毛，中脉在下面凸出，侧脉 6～7 对，叶柄长 2～10mm。花多单生，很少成蝎尾状花序，腋外生或近对叶生，无或近无花序梗，花梗长 3～5mm；花萼 5 深裂，裂片长 2.5～3mm；花冠白色，辐射状，花冠管隐于萼内，长不及 1mm，5 裂，裂片卵形，长约 5mm；花丝长不及 1mm，花药黄色，矩圆球形，长约 2mm；子房近圆球形，直径约为 1mm，花柱短，柱头截形。浆果橙红色或橘黄色，直径为 1～1.5cm，萼宿存，果柄长约 1cm，顶端膨大；种子盘状，扁平，直径为 2～3mm。花期初夏，果期秋末。

图 2-526　珊瑚樱

区内有栽培。原产于南美洲;福建、安徽、广东、广西、江西、上海、四川有栽培。
果实鲜艳,常作盆景及供观赏用;全株有毒,不能食用。

5. 野海茄　（图 2-527）

Solanum japonense Nakai

多年生草质藤本。茎细长,无毛或小枝被疏柔毛。叶三角状宽披针形或卵状披针形,长 3～9cm,宽 1.5～5cm,先端渐尖或长渐尖,基部圆形或楔形,边缘波状,有时 3 浅裂,侧裂片短而钝,中裂片卵状披针形,先端长渐尖,无毛或在两面均被具节疏柔毛,中脉明显,侧脉纤细,通常每边 5 条;在小枝上部的叶较小,卵状披针形;叶柄长 0.5～2.5cm,无毛或具疏柔毛。聚伞花序顶生或腋外生,花序梗长 1～2cm,近无毛。花梗长 6～10mm,无毛,顶膨大;花萼浅杯状,5 裂,萼齿三角形,长约 0.5mm;花冠紫色,直径约为 1cm,先端 5 深裂,裂片披针形,长 4mm;花丝长约 3mm,花药长圆球形,长 2～3mm;子房卵球形.直径不及 1mm,花柱纤细,长约 5mm,柱头头状。浆果圆球形,直径约为 1cm,成熟后红色;种子肾形,直径约为 2mm。花期 6—7 月,果期 8—10 月。

见于余杭区(径山),生长于荒坡、山谷、水边、路旁及山崖疏林下。分布于黑龙江、吉林、沈阳、安徽、广东、广西、河北、河南、湖南、江苏、青海、陕西、四川、新疆、云南;日本、朝鲜半岛也有。

图 2-527　野海茄

6. 白英　白毛藤　（图 2-528）

Solanum lyratum Thunb. ——S. *cathayanum* C. Y. Wu & S. C. Huang

多年生草质藤本,长 0.5～3m。茎及小枝均密被具节长柔毛,基部有时木质化。叶互生,琴形或卵状披针形,长 2.5～8cm,宽 1.5～6cm,基部常戟形,3～5 深裂,裂片全缘,侧裂片先端钝,中裂片较大,通常卵形,先端渐尖,两面均被白色发亮的长柔毛,中脉明显,侧脉在下面较清晰,通常每边 5～7 条;叶柄长 0.5～3cm,被具节长柔毛。聚伞花序顶生或腋外生,疏花,花序梗长 1～4cm,被具节的长柔毛,花梗长 0.5～1.5cm,无毛,顶端稍膨大,基部具关节;花萼杯状,无毛,5 浅裂,裂片先端圆钝;花冠蓝紫色或白色,直径约为 1.1cm,花冠管隐

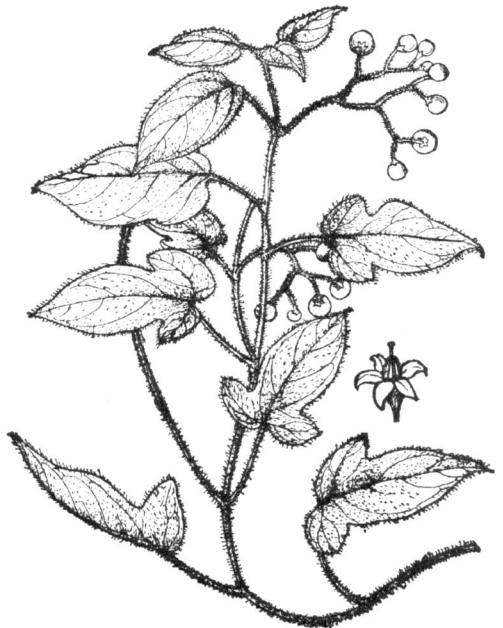

图 2-528　白英

于萼内,长约 1mm,冠檐 5 深裂,裂片椭圆状披针形,反折;雄蕊 5 枚,花丝长约 1mm,花药长圆球形,长约 3mm;子房卵球形,直径不及 1mm,花柱丝状,长约 6mm,柱头小,头状。浆果球状,成熟时红色,直径约为 8mm;种子近盘状,扁平,直径约为 1.5mm。花期 7—8 月,果期 10—11 月。$2n=24$。

区内常见,生于山谷草地或路旁、田边。分布于安徽、福建、甘肃、广东、广西、贵州、海南、河南、湖北、湖南、江苏、江西、山东、山西、陕西、四川、台湾、西藏、云南;柬埔寨、日本、朝鲜半岛、老挝、缅甸、泰国和越南也有。

全草入药。

5. 番茄属　Lycopersicon Mill.

一年生或多年生草本,稀亚灌木。茎直立或平卧。羽状复叶或裂叶,互生,小叶大小不等,边缘具锯齿或分裂。圆锥式聚伞花序腋外生;花萼辐射状,5～7 裂,果时不增大或稍增大,开展;花冠辐射状,5～7 裂,管部短;雄蕊 5～7 枚,插生于花冠喉部,花丝极短,花药伸长,向顶端渐尖,靠合成圆锥状,药室平行,纵裂;子房 2 或多室,花柱单一,柱头稍头状,胚珠多数。浆果多汁,扁球状或近球状;种子多数,扁圆球形。

9 种,分布于南、北美洲;我国栽培 1 种;浙江及杭州也有。

番茄　西红柿　（图 2-529）
Lycopersicon esculentum Mill.

一年生草本。全株生柔毛和腺毛,有强烈气味。茎直立,高 0.6～2m,基部木质化。叶为羽状复叶或羽状深裂,长 10～40cm;小叶常 5～9 枚,大小不等,卵形或矩圆形,长 5～7cm,边缘有不规则锯齿或裂片。聚伞花序腋外生,常具花 3～10 朵,花序梗长 2～5cm,花梗长 1～1.5cm;花萼辐射状,5～7 深裂,裂片披针形,长约 1.2cm,果时宿存;花冠黄色,辐射状,直径为 1～2cm,5～7 裂;雄蕊 5～7 枚,花药粘合成圆锥状;子房 2～6 室。浆果扁球状或近球状,肉质而多汁液,品种较多,其大小、形状和色泽也有不同,常为橘黄色、粉红色或鲜红色,光滑;种子多数,黄色。花期 4—9 月,果期 5—10 月。$2n=24$。

区内常见栽培。原产于南美洲;我国广泛栽培。

果实为重要的蔬菜和水果;茎、叶含有番茄素,可用作杀虫剂。

图 2-529　番茄

6. 烟草属 Nicotiana L.

　　一年生或多年生草本、亚灌木或灌木,常有腺毛,有强烈气味。单叶,互生,叶片全缘或浅波状。花单生,圆锥或总状聚伞花序,顶生或近顶生;花萼筒状钟形,5 裂,果时常稍增大,宿存,不完全或完全包围果实;花冠筒状、漏斗状或高脚碟状,管部伸长或稍宽,檐 5 裂至几乎全缘;雄蕊 5 枚,贴生在花冠管中部以下,不伸出或伸出花冠外,花丝丝状,花药纵裂;子房 2 室,花柱单生,具 2 裂柱头。蒴果 2 裂;种子多数,细小,压扁状。

　　约 95 种,分布于非洲、美洲和大洋洲;我国栽培 4 种;浙江有 2 种;杭州有 1 种。

花烟草 （图 2-530）

Nicotiana alata Link & Otto

　　多年生草本。茎直立,高 0.6～1.5m;全体被腺毛。茎下部的叶为宽椭圆形,长 13～16cm,先端钝尖或渐尖,基部稍抱茎或具翅状柄,向上呈卵形或卵状矩圆形,长 7～12cm,宽 3～4cm,先端渐尖,近无柄或基部具耳,接近花序的叶为披针形。总状聚伞花序顶生,较疏散,花梗长 5～20mm;花萼杯状或钟状,长 15～25mm,裂片钻形,不等长;花冠淡绿色,高脚碟形,管长 5～10cm,直径为 3～5mm,檐部 5 裂,裂片卵形,2 枚较其余 3 枚为长;雄蕊 5 枚,不等长,其中 1 枚较短,花丝丝状,花药圆球形。蒴果卵球状,长 1～1.7cm;种子椭圆球形,长约 0.7mm,灰褐色。花、果期为夏秋季。$2n=18$。

　　区内常见栽培。原产于阿根廷和巴西;我国各地均有栽培。

　　可供观赏。

图 2-530　花烟草

7. 碧冬茄属 Petunia Juss.

　　一年生或多年生草本,常有腺毛。茎直立,多分枝。单叶,互生或上部对生;叶片全缘,近无柄或基部具耳。花单生顶端或腋生;花萼 5 深裂或几乎全裂,裂片矩圆形或条形;花冠漏斗状或高脚碟状,管部圆柱状或向上渐扩大,檐部 5 裂,对称或偏斜而稍二唇形,裂片短而阔,覆瓦状排列;雄蕊 5 枚,着生于花冠管中部或下部,不伸出花冠,其中 1 枚较短,稀不育或退化,花丝丝状,花药纵裂;子房 2 室,柱头不明显 2 裂,胚珠多数。蒴果 2 瓣裂;种子近球形或卵球形,表面布网纹状凹穴。

　　约 3 种,分布于南美洲;我国栽培 1 种;浙江及杭州也有。

碧冬茄　矮牵牛　（图 2-531）

Petunia hybrida Vilm.

一年生草本,高 25～60cm,全株有腺毛。叶在茎上部近对生,无柄,下部互生,具短柄;叶片卵形,长 3～8cm,宽 1～4.5cm,先端急尖,基部阔楔形或楔形,全缘,两面被短毛,侧脉不显著,每边 5～7 条。花单生于叶腋,花梗长 3～5cm;花萼 5 深裂,裂片条形,长 1～1.5cm,宽约 3.5mm,顶端钝,果时宿存;花冠白色或紫堇色,有各式条纹,漏斗状,长 5～7cm,管部向上渐扩大,檐部开展,5 浅裂;雄蕊 4 枚长 1 枚短;花柱稍超过雄蕊。蒴果圆锥状,长约 1cm,2 瓣裂,各裂瓣顶端又 2 浅裂;种子极小,近球形,直径约为 0.5mm,褐色。花期 6—8 月。$2n=14,28$。

区内常见栽培。原产于阿根廷;我国各地公园中常见栽培;世界各国也普遍栽培。

图 2-531　碧冬茄

中名索引

▋拉丁名索引

B

花榈木

香港黄檀

常春油麻藤

直酢浆草

野老鹳草

楝叶吴萸

苦树

瓜子金

一叶萩

油桐

铁冬青

雷公藤

野鸦椿　　　　　　　　　　　　　　　　　　　　　青榨槭

尖叶清风藤　　　　　　　　　　　　　　　　　　猫乳

蛇葡萄　　　　　　　　　　　　　　　　　　　　田麻

中华猕猴桃

毛花连蕊茶

紫花地丁

中国旌节花

秋海棠

芫花

蔓胡颓子

圆叶节节菜

珙桐

马银花

杜鹃

毛果珍珠花

锦花紫金牛

假婆婆纳

毛茛叶报春

白檀

赤杨叶

芬芳野茉莉

赛山梅 　　　　　　　　　　　　　　　流苏树

醉鱼草 　　　　　　　　双蝴蝶 　　　　　　　　贵州娃儿藤

飞蛾藤 　　　　　　　　　　　　　　　梓木草

单花莸

兰香草

印度黄芩

杭州石荠苎

小野芝麻

水苏

枸杞